Springer
Berlin
Heidelberg
New York
Hongkong
London
Mailand
Paris
Tokio

K. Eriksson · D. Estep · C. Johnson

Angewandte Mathematik: Body and Soul

[VOLUME 1]

Ableitungen und Geometrie in $\mathrm{I\!R}^3$

Übersetzt von Josef Schüle
Mit 192 Abbildungen

Springer

Kenneth Eriksson
Claes Johnson

Chalmers University of Technology
Department of Mathematics
41296 Göteborg, Sweden
e-mail: keneth|claes@math.chalmers.se

Donald Estep

Colorado State University
Department of Mathematics
Fort Collins, CO 80523-1874
USA
e-mail: estep@math.colostate.edu

Übersetzer:
Josef Schüle

Technische Universität Braunschweig
Rechenzentrum
Hans-Sommer-Str. 65
38106 Braunschweig

Mathematics Subject Classification (2000): 15-01, 34-01, 35-01, 49-01, 65-01, 70-01, 76-01

ISBN 978-3-540-21401-4 (Hardcover)
ISBN 978-3-642-31922-8 (Softcover)

Bibliografische Information der Deutschen Bibliothek
Die Deutsche Bibliothek verzeichnet diese Publikation in der Deutschen Nationalbibliografie; detaillierte
bibliografische Daten sind im Internet über <http://dnb.ddb.de> abrufbar.

Springer-Verlag ist ein Unternehmen von Springer Science+Business Media
springer.de

Satz: Josef Schüle, Braunschweig
Druckdatenerstellung: LE-T$_E$X Jelonek, Schmidt & Vöckler GbR, Leipzig,
Einbandgestaltung: *design & production* GmbH, Heidelberg

Gedruckt auf säurefreiem Papier   SPIN: 10995525   46/3141/tr-543210

*Den Studierenden der Chemieingenieurwissenschaften an der
Chalmers Universität zwischen 1998-2002, die mit
Begeisterung an der Entwicklung des Reformprojekts, das zu
diesem Buch geführt hat, teilgenommen haben.*

Vorwort

Ich gebe zu, dass alles und jedes in seinem Zustand verharrt, solange es keinen Grund zur Veränderung gibt. (Leibniz)

Die Notwendigkeit für eine Reform der Mathematikausbildung

Die Ausbildung in Mathematik muss nun, da wir in ein neues Jahrtausend schreiten, reformiert werden. Diese Überzeugung teilen wir mit einer schnell wachsenden Zahl von Forschern und Lehrern sowohl der Mathematik als auch natur- und ingenieurwissenschaftlicher Disziplinen, die auf mathematischen Modellen aufbauen. Dies hat natürlich seine Ursache in der Revolution der elektronischen Datenverarbeitung, die grundlegend die Möglichkeiten für den Einsatz mathematischer und rechnergestützter Techniken in der Modellbildung, Simulation und der Steuerung realer Vorgänge verändert hat. Neue Produkte können mit Hilfe von Computersimulationen in Zeitspannen und zu Kosten entwickelt und getestet werden, die um Größenordnungen kleiner sind als mit traditionellen Methoden, die auf ausgedehnten Laborversuchen, Berechnungen von Hand und Versuchszyklen basieren.

Von zentraler Bedeutung für die neuen Simulationstechniken sind die neuen Disziplinen des so genannten Computational Mathematical Modeling (CMM) wie die rechnergestützte Mechanik, Physik, Strömungsmechanik, Elektromagnetik und Chemie. Sie alle beruhen auf der Kombination von

Lösungen von Differentialgleichungen auf Rechnern und geometrischer Modellierung/Computer Aided Design (CAD). Rechnergestützte Modellierung eröffnet auch neue revolutionäre Anwendungen in der Biologie, Medizin, den Ökowissenschaften, Wirtschaftswissenschaften und auf Finanzmärkten.

Die Ausbildung in Mathematik legt die Grundlage für die natur- und ingenieurwissenschaftliche Ausbildung an Hochschulen und Universitäten, da diese Disziplinen weitgehend auf mathematischen Modellen aufbauen. Das Niveau und die Qualität der mathematischen Ausbildung bestimmt daher maßgeblich das Ausbildungsniveau im Ganzen. Die neuen CMM/CAD Techniken überschreiten die Grenze zwischen traditionellen Ingenieurwissenschaften und Schulen und erzwingen die Modernisierung der Ausbildung in den Ingenieurwissenschaften in Inhalt und Form sowohl bei den Grundlagen als auch bei weiterführenden Studien.

Unser Reformprogramm

Unser Reformprogramm begann vor etwa 20 Jahren in Kursen in CMM für fortgeschrittene Studierende. Es hat über die Jahre erfolgreich die Grundlagenausbildung in Infinitesimalrechnung und linearer Algebra beeinflusst. Unser Ziel wurde der Aufbau eines vollständigen Lehrangebots für die mathematische Ausbildung in natur- und ingenieurwissenschaftlichen Disziplinen, angefangen bei Studierenden in den Anfangssemestern bis hin zu Graduierten. Bis jetzt umfasst unser Programm folgende Bücher:

1. *Computational Differential Equations, (CDE)*

2. *Angewandte Mathematik: Body & Soul I–III, (AM I–III)*

3. *Applied Mathematics: Body & Soul IV–, (AM IV–).*

Das vorliegende Buch *AM I–III* behandelt in drei Bänden I–III die Grundlagen der Infinitesimalrechnung und der linearen Algebra. *AM IV–* erscheint ab 2003 als Fortsetzungsreihe, die speziellen Anwendungsbereichen gewidmet ist, wie *Dynamical Systems (IV)*, *Fluid Mechanics (V)*, *Solid Mechanics (VI)* und *Electromagnetics (VII)*. Das 1996 erschienene Buch *CDE* kann als erste Version des Gesamtprojekts *Applied Mathematics: Body & Soul* angesehen werden.

Außerdem beinhaltet unser Lehrangebot verschiedene Software (gesammelt im *mathematischen Labor*) und ergänzendes Material mit schrittweisen Einführungen für Selbststudien, Aufgaben mit Lösungen und Projekten. Die Website dieses Buches ermöglicht freien Zugang dazu. Unser Ehrgeiz besteht darin eine "Box" mit einem Satz von Büchern, Software und Zusatzmaterial anzubieten, die als Grundlage für ein vollständiges Studium, angefangen bei den ersten Semestern bis zu graduierten Studien, in angewandter Mathematik in natur- und ingenieurwissenschaftlichen Disziplinen dienen kann. Natürlich hoffen wir, dass dieses Projekt durch ständig neu hinzugefügtes Material schrittweise ergänzt wird.

Basierend auf *AM I–III* haben wir seit Ende 1999 das Studium in angewandter Mathematik für angehende Chemieingenieure beginnend mit Erstsemesterstudierenden an der Chalmers Universität angeboten und Teile des Materials von *AM IV–* in Studiengängen für fortgeschrittene Studierende und frisch Graduierte eingesetzt.

Schwerpunkte des Lehrangebots:

- Das Angebot basiert auf einer Synthese von Mathematik, Datenverarbeitung und Anwendung.

- Das Lehrangebot basiert auf neuer Literatur und gibt damit von Anfang an eine einheitliche Darstellung, die auf konstruktiven mathematischen Methoden unter Einbeziehung von Berechnungsmethoden für Differentialgleichungen basiert.

- Das Lehrangebot enthält als integrierten Bestandteil Software unterschiedlicher Komplexität.

- Die Studierenden erarbeiten sich fundierte Fähigkeiten, um in Matlab Berechnungsmethoden umzusetzen und Anwendungen und Software zu entwickeln.

- Die Synthese von Mathematik und Datenverarbeitung eröffnet Anwendungen für die Ausbildung in Mathematik und legt die Grundlage für den effektiven Gebrauch moderner mathematischer Methoden in der Mechanik, Physik, Chemie und angewandten Disziplinen.

- Die Synthese, die auf praktischer Mathematik aufbaut, setzt Synergien frei, die es schon in einem frühen Stadium der Ausbildung erlauben, komplexe Zusammenhänge zu untersuchen, wie etwa Grundlagenmodelle mechanischer Systeme, Wärmeleitung, Wellenausbreitung, Elastizität, Strömungen, Elektromagnetismus, Diffusionsprozesse, molekulare Dynamik sowie auch damit zusammenhängende Multi-Physics Probleme.

- Das Lehrangebot erhöht die Motivation der Studierenden dadurch, dass bereits von Anfang an mathematische Methoden auf interessante und wichtige praktische Probleme angewendet werden.

- Schwerpunkte können auf Problemlösungen, Projektarbeit und Präsentationen gelegt werden.

- Das Lehrangebot vermittelt theoretische und rechnergestützte Werkzeuge und baut Vertrauen auf.

- Das Lehrangebot enthält einen Großteil des traditionellen Materials aus Grundlagenkursen in Analysis und linearer Algebra.

- Das Lehrangebot schließt vieles ein, das ansonsten oft in traditionellen Programmen vernachlässigt wird, wie konstruktive Beweise aller grundlegenden Sätze in Analysis und linearer Algebra und fortgeschrittener Themen sowie nicht lineare Systeme algebraischer Gleichungen bzw. Differentialgleichungen.

- Studierenden soll ein tiefes Verständnis grundlegender mathematischer Konzepte, wie das der reellen Zahlen, Cauchy-Folgen, Lipschitz-Stetigkeit und konstruktiver Werkzeuge für die Lösung algebraischer Gleichungen bzw. Differentialgleichungen, zusammen mit der Anwendung dieser Werkzeuge in fortgeschrittenen Anwendungen wie etwa der molekularen Dynamik, vermittelt werden.

- Das Lehrangebot lässt sich mit unterschiedlicher Schwerpunktssetzung sowohl in mathematischer Analysis als auch in elektronischer Datenverarbeitung umsetzen, ohne dabei den gemeinsamen Kern zu verlieren.

AM I–III in Kurzfassung

Allgemein formuliert, enthält *AM I–III* eine Synthese der Infinitesimalrechnung, linearer Algebra, Berechnungsmethoden und eine Vielzahl von Anwendungen. Rechnergestützte/praktische Methoden werden verstärkt behandelt mit dem doppelten Ziel, die Mathematik sowohl verständlich als auch benutzbar zu machen. Unser Ehrgeiz liegt darin, Studierende früh (verglichen zur traditionellen Ausbildung) mit fortgeschrittenen mathematischen Konzepten (wie Lipschitz-Stetigkeit, Cauchy-Folgen, kontrahierende Operatoren, Anfangswertprobleme für Differentialgleichungssysteme) und fortgeschrittenen Anwendungen wie Lagrange-Mechanik, Vielteilchen-Systeme, Bevölkerungsmodelle, Elastizität und Stromkreise bekannt zu machen, wobei die Herangehensweise auf praktische/rechnergestützte Methoden aufbaut.

Die Idee dahinter ist es, Studierende sowohl mit fortgeschrittenen mathematischen Konzepten als auch mit modernen Berechnungsmethoden vertraut zu machen und ihnen so eine Vielzahl von Möglichkeiten zu eröffnen, um Mathematik auf reale Probleme anzuwenden. Das steht im Widerspruch zur traditionellen Ausbildung, bei der normalerweise der Schwerpunkt auf analytische Techniken innerhalb eines eher eingeschränkten konzeptionellen Gebildes gelegt wird. So leiten wir Studierende bereits im zweiten

Halbjahr dazu an (in Matlab) einen eigenen Löser für allgemeine Systeme gewöhnlicher Differentialgleichungen auf gesundem mathematischen Boden zu schreiben (hohes Verständnis und Kenntnisse in Datenverarbeitung), wohingegen traditionelle Ausbildung sich oft zur selben Zeit darauf konzentriert, Studierende Kniffe und Techniken der symbolischen Integration zu vermitteln. Solche Kniffe bringen wir Studierenden auch bei, aber unser Ziel ist eigentlich ein anderes.

Praktische Mathematik: Body & Soul

In unserer Arbeit kamen wir zu der Überzeugung, dass praktische Gesichtspunkte der Infinitesimalrechnung und der linearen Algebra stärker betont werden müssen. Natürlich hängen praktische und rechnergestützte Mathematik eng zusammen und die Entwicklungen in der Datenverarbeitung haben die rechnergestützte Mathematik in den letzten Jahren stark vorangetrieben. Zwei Gesichtspunkte gilt es bei der mathematischen Modellierung zu berücksichtigen: Den symbolischen Aspekt und den praktisch numerischen. Dies reflektiert die Dualität zwischen infinit und finit bzw. zwischen kontinuierlich und diskret. Diese beiden Gesichtspunkte waren bei der Entwicklung einer modernen Wissenschaft, angefangen bei der Entwicklung der Infinitesimalrechnung in den Arbeiten von Euler, Lagrange und Gauss bis hin zu den Arbeiten von von Neumann zu unserer Zeit vollständig miteinander verwoben. So findet sich beispielsweise in Laplaces grandiosem fünfbändigen Werk *Mécanique Céleste* eine symbolische Berechnung eines mathematischen Modells der Gravitation in Form der Laplace-Gleichung zusammen mit ausführlichen numerischen Berechnungen zur Planetenbewegung in unserem Sonnensystem.

Beginnend mit der Suche nach einer exakten und strengen Formulierung der Infinitesimalrechnung im 19. Jahrhundert begannen sich jedoch symbolische und praktische Gesichtspunkte schrittweise zu trennen. Die Trennung beschleunigte sich mit der Erfindung elektronischer Rechenmaschinen ab 1940. Danach wurden praktische Aspekte in die neuen Disziplinen numerische Analysis und Informatik verbannt und hauptsächlich außerhalb mathematischer Institute weiterentwickelt. Als unglückliches Ergebnis zeigt sich heute, dass symbolische reine Mathematik und praktische numerische Mathematik weit voneinander entfernte Disziplinen sind und kaum zusammen gelehrt werden. Typischerweise treffen Studierende zuerst auf die Infinitesimalrechnung in ihrer reinen symbolischen Form und erst viel später, meist in anderem Zusammenhang, auf ihre rechnerische Seite. Dieser Vorgehensweise fehlt jegliche gesunde wissenschaftliche Motivation und sie verursacht schwere Probleme in Vorlesungen der Physik, Mechanik und angewandten Wissenschaften, die auf mathematischen Modellen beruhen.

Durch eine frühe Synthese von praktischer und reiner Mathematik eröffnen sich neue Möglichkeiten, die sich in der Synthese von Body & Soul widerspiegelt: Studierende können mit Hilfe rechnergestützter Verfahren bereits zu Beginn der Infinitesimalrechnung mit nichtlinearen Differentialgleichungssystemen und damit einer Fülle von Anwendungen vertraut gemacht werden. Als weitere Konsequenz werden die Grundlagen der Infinitesimalrechnung, mit ihrer Vorstellung zu reellen Zahlen, Cauchy-Folgen, Konvergenz, Fixpunkt-Iterationen, kontrahierenden Operatoren, aus dem Schrank mathematischer Skurrilitäten in das echte Leben mit praktischen Erfahrungen verschoben. Mit einem Schlag lässt sich die mathematische Ausbildung damit sowohl tiefer als auch breiter und anspruchsvoller gestalten. Diese Idee liegt dem vorliegenden Buch zugrunde, das im Sinne eines Standardlehrbuchs für Ingenieure alle grundlegenden Sätze der Infinitesimalrechnung zusammen mit deren Beweisen enthält, die normalerweise nur in Spezialkursen gelehrt werden, zusammen mit fortgeschrittenen Anwendungen wie nichtlineare Differentialgleichungssysteme. Wir haben festgestellt, dass dieses scheinbar Unmögliche überraschend gut vermittelt werden kann. Zugegeben, dies ist kaum zu glauben ohne es selbst zu erfahren. Wir hoffen, dass die Leserin/der Leser sich dazu ermutigt fühlt.

Lipschitz-Stetigkeit und Cauchy-Folgen

Die üblichen Definitionen der Grundbegriffe *Stetigkeit* und *Ableitung*, die in den meisten modernen Büchern über Infinitesimalrechnung zu finden sind, basieren auf *Grenzwerten*: Eine reellwertige Funktion $f(x)$ einer reellen Variablen x heißt stetig in $\bar{x}$, wenn $\lim_{x \to \bar{x}} f(x) = f(\bar{x})$ ist. $f(x)$ heißt ableitbar in $\bar{x}$ mit der Ableitung $f'(\bar{x})$, wenn

$$\lim_{x \to \bar{x}} \frac{f(x) - f(\bar{x})}{x - \bar{x}}$$

existiert und gleich $f'(\bar{x})$ ist. Wir gebrauchen dafür andere Definitionen, die ohne den störenden Grenzwert auskommen: Eine reellwertige Funktion $f(x)$ heißt Lipschitz-stetig auf einem Intervall $[a, b]$ mit der Lipschitz-Konstanten L_f, falls für alle $x, \bar{x} \in [a, b]$

$$|f(x) - f(\bar{x})| \leq L_f |x - \bar{x}|$$

gilt. Ferner heißt $f(x)$ bei uns ableitbar in $\bar{x}$ mit der Ableitung $f'(\bar{x})$, wenn eine Konstante $K_f(\bar{x})$ existiert, so dass für alle x in der Nähe von $\bar{x}$

$$|f(x) - f(\bar{x}) - f'(\bar{x})(x - \bar{x})| \leq K_f(\bar{x})|x - \bar{x}|^2$$

gilt. Somit sind unsere Anforderungen an die Stetigkeit und Differenzierbarkeit strenger als üblich; genauer gesagt, wir verlangen *quantitative* Größen

L_f und $K_f(\bar{x})$, wohingegen die üblichen Definitionen mit Grenzwerten *rein qualitativ* arbeiten.

Mit diesen strengeren Definitionen vermeiden wir pathologische Fälle, die Studierende nur verwirren können (besonders am Anfang). Und, wie ausgeführt, vermeiden wir so den (schwierigen) Begriff des Grenzwerts, wo in der Tat keine Grenzwertbildung stattfindet. Somit geben wir Studierenden keine Definitionen der Stetigkeit und Differenzierbarkeit, die nahe legen, dass die Variable x stets gegen $\bar{x}$ strebt, d.h. stets ein (merkwürdiger) Grenzprozess stattfindet. Tatsächlich bedeutet Stetigkeit doch, dass die Differenz $f(x) - f(\bar{x})$ klein ist, wenn $x - \bar{x}$ klein ist und Differenzierbarkeit bedeutet, dass $f(x)$ lokal nahezu linear ist. Und um dies auszudrücken, brauchen wir nicht irgendeine Grenzwertbildung zu bemühen.

Diese Beispiele verdeutlichen unsere Philosophie, die Infinitesimalrechnung *quantitativ* zu formulieren, statt, wie sonst üblich, rein qualitativ. Und wir glauben, dass dies sowohl dem Verständnis als auch der Exaktheit hilft und dass der Preis, der für diese Vorteile zu bezahlen ist, es wert ist bezahlt zu werden, zumal die verloren gegangene allgemeine Gültigkeit nur einige pathologische Fälle von geringerem Interesse beinhaltet. Wir können unsere Definitionen natürlich lockern, zum Beispiel zur Hölder-Stetigkeit, ohne deswegen die quantitative Formulierung aufzugeben, so dass die Ausnahmen noch pathologischer werden.

Die üblichen Definitionen der Stetigkeit und Differenzierbarkeit bemühen sich um größtmögliche Allgemeinheit, eine der Tugenden der reinen Mathematik, die jedoch pathologische Nebenwirkungen hat. Bei einer praktisch orientierten Herangehensweise wird die praktische Welt ins Interesse gestellt und maximale Verallgemeinerungen sind an sich nicht so wichtig.

Natürlich werden auch bei uns Grenzwertbildungen behandelt, aber nur in Fällen, in denen der Grenzwert als solches zentral ist. Hervorzuheben ist dabei die Definition einer *reellen Zahl* als Grenzwert einer Cauchy-Folge rationaler Zahlen und die Lösung einer algebraischen Gleichung oder Differentialgleichung als Grenzwert einer Cauchy-Folge von Näherungslösungen. Cauchy-Folgen spielen bei uns somit eine zentrale Rolle. Aber wir suchen nach einer konstruktiven Annäherung mit möglichst praktischem Bezug, um Cauchy-Folgen zu erzeugen.

In Standardwerken zur Infinitesimalrechnung werden Cauchy-Folgen und Lipschitz-Stetigkeit im Glauben, dass diese Begriffe zu kompliziert für Anfänger seien, nicht behandelt, wohingegen der Begriff der reelle Zahlen undefiniert bleibt (offensichtlich glaubt man, dass ein Anfänger mit diesem Begriff von Kindesbeinen an vertraut sei, so dass sich jegliche Diskussion erübrige). Im Gegensatz dazu spielen diese Begriffe von Anfang an eine entscheidende Rolle in unserer praktisch orientierten Herangehensweise. Im Besonderen legen wir erhöhten Wert auf die grundlegenden Gesichtspunkte der Erzeugung reeller Zahlen (betrachtet als möglicherweise nie endende dezimale Entwicklung).

Wir betonen, dass eine konstruktive Annäherung das mathematische Leben nicht entscheidend komplizierter macht, wie es oft von Formalisten/Logikern führender mathematischer Schulen betont wird: Alle wichtigen Sätze der Infinitesimalrechnung und der linearen Algebra überleben, möglicherweise mit einigen unwesentlichen Änderungen, um den quantitativen Gesichtspunkt beizubehalten und ihre Beweise strenger führen zu können. Als Folge davon können wir grundlegende Sätze wie den der impliziten Funktionen, den der inversen Funktionen, den Begriff des kontrahierenden Operators, die Konvergenz der Newtonschen Methode in mehreren Variablen mit vollständigen Beweisen als Bestandteil unserer Grundlagen der Infinitesimalrechnung aufnehmen: Sätze, die in Standardwerken als zu schwierig für dieses Niveau eingestuft werden.

Beweise und Sätze

Die meisten Mathematikbücher wie auch die über Infinitesimalrechnung praktizieren den Satz-Beweis Stil, in dem zunächst ein Satz aufgestellt wird, der dann bewiesen wird. Dies wird von Studierenden, die oft ihre Schwierigkeiten mit der Art und Weise der Beweisführung haben, selten geschätzt.

Bei uns wird diese Vorgehensweise normalerweise umgekehrt. Wir formulieren zunächst Gedanken, ziehen Schlussfolgerungen daraus und stellen dann den zugehörigen Satz als Zusammenfassung der Annahme und der Ergebnisse vor. Unsere Vorgehensweise lässt sich daher eher als Beweis-Satz Stil bezeichnen. Wir glauben, dass dies in der Tat oft natürlicher ist als der Satz-Beweis Stil, zumal bei der Entwicklung der Gedanken die notwendigen Ergänzungen, wie Hypothesen, in logischer Reihenfolge hinzugefügt werden können. Der Beweis ähnelt dann jeder ansonsten üblichen Schlussfolgerung, bei der man ausgehend von einer Anfangsbetrachtung unter gewissen Annahmen (Hypothesen) Folgerungen zieht. Wir hoffen, dass diese Vorgehensweise das oft wahrgenommene Mysterium von Beweisen nimmt, ganz einfach schon deswegen, weil die Studierenden gar nicht merken werden, dass ein Beweis geführt wird; es sind einfach logische Folgerungen wie im täglichen Leben auch. Erst wenn die Argumentationslinie abgeschlossen ist wird sie als Beweis bezeichnet und die erzielten Ergebnisse zusammen mit den notwendigen Hypothesen in einem Satz zusammengestellt. Als Folge davon benötigen wir in der Latexfassung dieses Buches die Satzumgebung, aber nicht eine einzige Beweisumgebung; der Beweis ist nur eine logische Gedankenfolge, die einem Satz, der die Annahmen und das Hauptergebnis beinhaltet, vorangestellt wird.

Das mathematische Labor

Wir haben unterschiedliche Software entwickelt, um unseren Lehrgang in einer Art *mathematischem Labor* zu unterstützen. Einiges dieser Software dient der Veranschaulichung mathematischer Begriffe wie die Lösung von Gleichungen, Lipschitz-Stetigkeit, Fixpunkt-Iterationen, Differenzierbarkeit, der Definition des Integrals und der Analysis von Funktionen mehrerer Veränderlichen; anderes ist als Ausgangsmodell für eigene Computerprogramme von Studierenden gedacht; wieder anderes, wie die Löser für Differentialgleichungen, sind für Anwendungen gedacht. Ständig wird neue Software hinzugefügt. Wir wollen außerdem unterschiedliche Multimedia-Dokumente zu verschiedenen Teilen des Stoffes hinzuzufügen.

In unserem Lehrprogramm erhalten Studierende von Anfang an ein Training im Umgang mit *MATLAB*© als Werkzeug für Berechnungen. Die Entwicklung praktischer mathematischer Gesichtspunkte grundlegender Themen wie reelle Zahlen, Funktionen, Gleichungen, Ableitungen und Integrale geht Hand in Hand mit der Erfahrung, Gleichungen mit Fixpunkt-Iterationen oder der Newtonschen Methode zu lösen, der Quadratur, numerischen Methoden oder Differentialgleichungen. Studierende erkennen aus ihrer eigenen Erfahrung, dass abstrakte symbolische Konzepte tief mit praktischen Berechnungen verwurzelt sind, was ihnen einen direkten Zugang zu Anwendungen in physikalischer Realität vermittelt.

Besuchen sie http://www.phi.chalmers.se/bodysoul/

Das *Applied Mathematics: Body & Soul* Projekt hat eine eigene Website, die zusätzliches einführendes Material und das mathematische Labor (*Mathematics Laboratory*) enthält. Wir hoffen, dass diese Website für Studierende zum sinnvollen Helfer wird, der ihnen hilft, den Stoff (selbständig) zu verdauen und durchzugehen. Lehrende mögen durch diese Website angeregt werden. Außerdem hoffen wir, dass diese Website als Austauschforum für Ideen und Erfahrungen im Zusammenhang mit diesem Projekt genutzt wird und wir laden ausdrücklich Studierende und Lehrende ein, sich mit eigenem Material zu beteiligen.

Anerkennung

Die Autoren dieses Buches möchten ihren herzlichen Dank an die folgenden Kollegen und graduierten Studenten für ihre wertvollen Beiträge, Korrekturen und Verbesserungsvorschläge ausdrücken: Rickard Bergström, Niklas Eriksson, Johan Hoffman, Mats Larson, Stig Larsson, Mårten Levenstam, Anders Logg, Klas Samuelsson und Nils Svanstedt, die alle aktiv an unserem Reformprojekt teilgenommen haben. Und nochmals vielen Dank allen Studierenden des Studiengangs zum Chemieingenieur an der Chalmers Universität, die damit belastet wurden, neuen, oft unvollständigen Materialien ausgesetzt zu sein und die viel enthusiastische Kritik und Rückmeldung gegeben haben.

Dem MacTutor Archiv für Geschichte der Mathematik verdanken wir die mathematischen Bilder. Einige Bilder wurden aus älteren Exemplaren des Jahresberichts des Schwedischen Technikmuseums, Daedalus, kopiert.

My heart is sad and lonely
for you I sigh, dear, only
Why haven't you seen it
I'm all for you body and soul
(Green, Body and Soul)

Inhalt Band 1

21 Analytische Geometrie in $\mathbb{R}^3$ 339

Band 1

Ableitungen und Geometrie im $\mathbb{R}^3$

$$|u(x_j) - u(x_{j-1})| \leq L_u |x_j - x_{j-1}|$$

$$u(x_j) - u(x_{j-1}) \approx u'(x_{j-1})(x_j - x_{j-1})$$

$$a \cdot b = a_1 b_1 + a_2 b_2 + a_3 b_3$$

1 Was ist Mathematik?

Die Frage nach den ultimativen Grundlagen und der ultimativen Bedeutung der Mathematik bleibt offen; wir wissen nicht, in welche Richtung eine endgültige Lösung zu finden sein wird oder ob eine letzte objektive Antwort überhaupt existiert. „Mathematisierung" mag eine kreative Tätigkeit mit einzigartiger Orginalität für Menschen, wie Sprache oder Musik sein deren historische Entscheidungen einer vollständigen objektiven Rationalisierung widerstehen. (Weyl)

1.1 Einleitung

Zunächst beginnen wir mit einer kurzen Vorstellung der Mathematik und der Rolle der Mathematik in unserer Gesellschaft.

1.2 Die moderne Welt: Automatisierte Produktion und Datenverarbeitung

Die Massenproduktion der *industriellen Gesellschaft* wurde durch *automatisierte Massenproduktion* materieller Güter wie Lebensmittel, Kleidungsstücke, Wohnungen, Fernseher, CD-Spieler und Autos ermöglicht. Wenn diese Güter von Hand hergestellt werden müssten, wären sie Privilegien einiger weniger.

Abb. 1.1. Erstes Bild zur Buchdrucktechnik (von Danse Macabre, Lyon 1499)

Ganz analog beruht die aufkommende Informationsgesellschaft auf dem Massenkonsum automatisierter Datenverarbeitung durch Computer. Sie erzeugt eine neue „virtuelle Realität", revolutioniert Technik, Kommunikation, Verwaltung, Wirtschaft, Medizin und Unterhaltungsindustrie. Die Informationsgesellschaft bietet nicht-materielle Güter in Form von Wissen, Information, Belletristik, Filme, Spiele und Kommunikationsmittel. Der moderne PC oder Laptop ist ein mächtiges Datenverarbeitungsgerät zur Massenproduktion und zum Massenkonsum von Informationen, sei es in Form von Wörtern, Bildern, Filmen oder Musik.

Schlüsselschritte für die Automatisierung oder Mechanisierung der Produktion waren: Gutenbergs Erfindung des Buchdrucks (Deutschland, 1450), die automatische Maschine für Uhrenzahnräder von Christoffer Polhem (Schweden, 1700), die spinnende Jenny (England, 1764), der mit Lochkarten gesteuerte Webstuhl von Jacquard (Frankreich, 1801) und Fords Fließband (USA, 1913), vgl. Abb. 1.1, Abb. 1.2 und Abb. 1.3.

Schlüsselschritte bei der Automatisierung der Datenverarbeitung waren: Der Abacus (antikes Griechenland, Römisches Reich), der Rechenschieber (England, 1620), Pascals mechanischer Rechner (Frankreich, 1650), die Differenzenmaschinen von Babbage (England, 1830) und Scheutz (Schweden, 1850), der Electronic Numerical Integrator and Computer (ENIAC) (USA, 1945) und der Personal Computer (PC) (USA, 1980), vgl. Abb. 1.5, Abb. 1.6, Abb. 1.7 und Abb. 1.8.

Die Differenzenmaschine konnte einfache Differentialgleichungen lösen und wurde für die Berechnung von Computertabellen von Elementarfunktionen wie dem Logarithmus benutzt. ENIAC war einer der ersten modernen Computer (elektronisch und programmierbar). Er bestand aus 18000 Vakuumröhren auf 140 Quadratmetern mit einem Gewicht von 30 Ton-

Abb. 1.2. Christoffer Polhems Maschine für Uhrenzahnräder (1700), die spinnende Jenny (1764) and Jaquards programmierbarer Webstuhl (1801)

Abb. 1.3. Fords Fließband (1913)

Abb. 1.4. Rechenhilfe der Inkakultur

nen und hatte einen Energieverbrauch von ca. 200 Kilowatt. Er wurde als wesentlicher Teil der Bemühungen der Alliierten im Zweiten Weltkrieg benutzt, um Differentialgleichungen für ballistische Tabellen zu berechnen. Ein moderner Laptop für ca. 2000 Euro, einem 2 GHz Prozessor und 512 MByte internem Speicher besitzt die hunderttausendfache Verarbeitungsfähigkeit einer ENIAC.

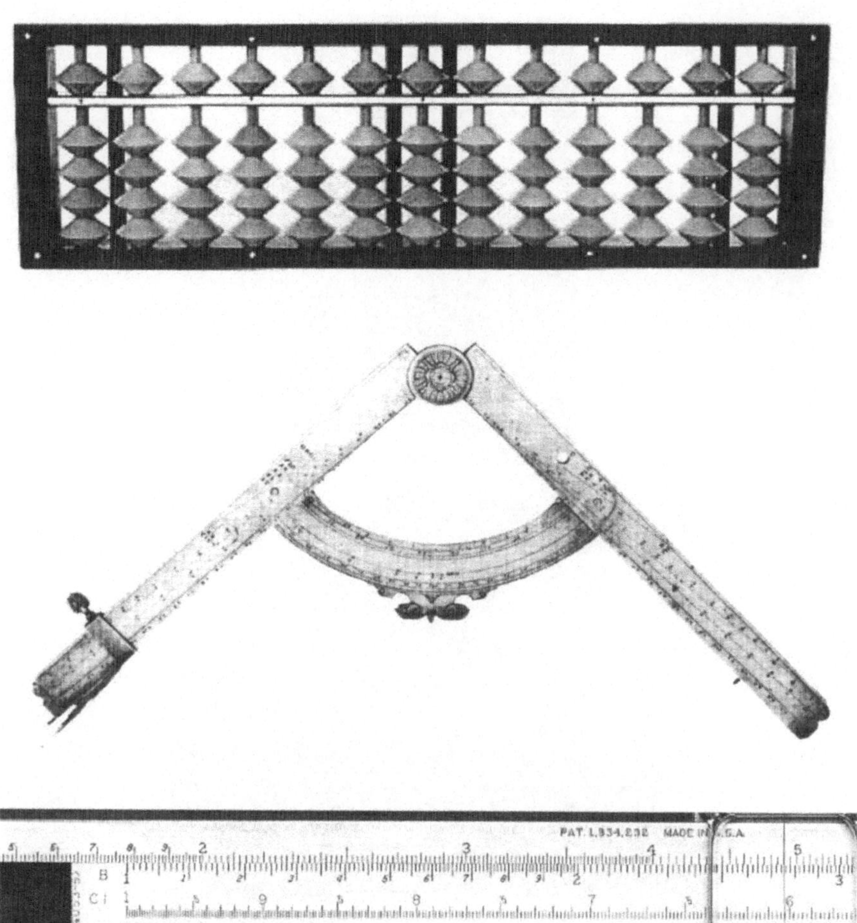

Abb. 1.5. Klassische Rechenhilfen: Abacus (300 v.Chr.-), Galileos Kompass (1597) und Rechenschieber (1620-)

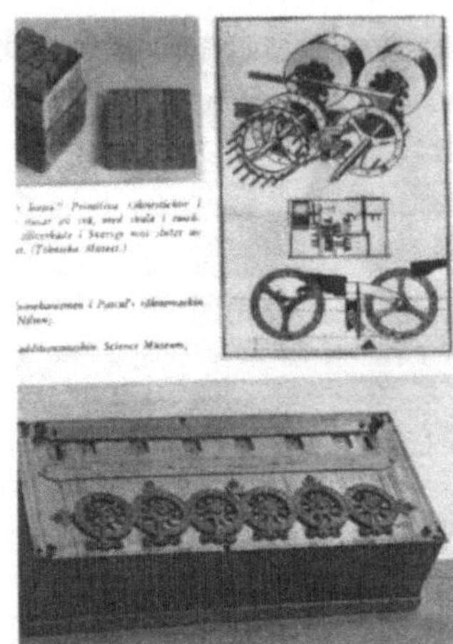

Abb. 1.6. Napiers Rechenstäbchen (1617), Pascals mechanischer Rechner (1630), Babbages Differenzenmachine (1830) und schwedische Differenzenmachine von Scheutz (1850)

Abb. 1.7. Odhners mechanischer Rechner, der in Göteburg, Schweden, zwischen 1919–1950 hergestellt wurde

Abb. 1.8. ENIAC Electronic Numerical Integrator and Calculator (1945)

Automatisierung beruht auf der häufigen Wiederholung eines bestimmten *Algorithmuses* oder Schemas mit immer neuen Daten. Der Algorithmus kann aus einer Folge relativ einfacher Schritte bestehen, die zusammen einen komplizierten Prozess bilden. Bei der automatisierten Fabrikation, wie etwa beim Fließband in der Automobilindustrie, wird physikalisches Material entsprechend einem strengen Ablaufplan verändert. In der automatisierten Datenverarbeitung werden die 1en und 0en des Mikroprozessors in jeder Sekunde milliardenfach verändert, so wie es ein Computerprogramm vorgibt. Ganz ähnlich kann die genetische Information eines Organismuses als Algorithmus zur Erzeugung eines lebenden Wesens, wenn wir nur das Wechselspiel mit seiner Umgebung sehen, betrachtet werden. Eine genetische Information mehrfach (mit kleinen Veränderungen) zu realisieren, erzeugt eine Population. Massenproduktion ist der Schlüssel zu immer komplizierteren Strukturen in Anlehnung an die Natur: Elementarteilchen → Atom → Molekül und Molekül → Zelle → Lebewesen → Population oder das Muster unserer Gesellschaft: Individuum → Gruppe → Gesellschaft oder Computer → Computernetzwerk → globales Netz.

1.3 Die Rolle der Mathematik

Mathematik kann als Rechensprache aufgefasst werden und ist deshalb zentral für die moderne Informationsgesellschaft. Mathematik ist auch Wissenschaftssprache und deshalb zentral für die industrielle Gesellschaft, die aus der *wissenschaftlichen Revolution* im 17. Jahrhundert, die von Leibniz und Newton mit der Formulierung der Infinitesimalrechnung eingeläutet wurde, erwuchs. Mit Hilfe der Infinitesimalrechnung konnten die grundlegenden Gesetze der Mechanik und der Physik, wie etwa das Newtonsche Gesetz, formuliert werden; als *mathematische Modelle* in Form von *Differentialgleichungen*. Mit Hilfe dieser Modelle konnten reale Phänomene vorausberechnet (*simuliert*) und (mehr oder weniger) kontrolliert werden und industrielle Prozesse konnten darauf begründet werden.

Der Massenkonsum materieller wie auch nicht-materieller Güter, der als Eckstein unserer modernen demokratischen Gesellschaft angesehen wird, wurde durch die Automatisierung der Produktion wie der Datenverarbeitung erst ermöglicht. Deswegen ist Mathematik zentral für die technischen Möglichkeiten unserer modernen Gesellschaft, die sich um automatisierte Produktion materieller Güter und automatisierte Datenverarbeitung von Informationen dreht.

Die Vision einer virtuellen Realität, die auf automatisierten Berechnungen beruht, wurde bereits von Leibniz im 17. Jahrhundert formuliert und von Babbage ab 1830 mit seiner analytischen Maschine weiterentwickelt. Diese Vision wird schließlich im modernen Computerzeitalter verwirklicht, in der Synthese von Body and Soul der Mathematik.

Wir geben im Folgenden einige Beispiele für den heutigen Gebrauch der Mathematik, die auf unterschiedliche Arten mit automatisierter Datenverarbeitung verknüpft sind.

1.4   Entwurf und Herstellung von Autos

In der Automobilindustrie können Fahrzeugteile oder komplette Automobile mit Hilfe des Computer Aided Designs CAD modelliert werden. Das CAD-Modell beschreibt die Geometrie des Automobils in mathematischen Ausdrücken und das Modell kann am Bildschirm dargestellt werden. Die Eigenschaften des Entwurfs können in Computersimulationen getestet werden, wozu Differentialgleichungen auf Hochleistungsrechnern gelöst werden, wobei das CAD-Modell die Eingabe der geometrischen Daten liefert. Die CAD-Daten können ferner direkt bei der automatisierten Produktion verwendet werden. Diese neue Technik revolutioniert die komplette industrielle Herstellung vom Entwurf bis zur Montage.

1.5   Wettervorhersagen und globale Erwärmung

Wettervorhersagen benötigen die Lösung von Differentialgleichungen, die die Vorgänge in der Atmosphäre beschreiben, auf Supercomputern. Einigermaßen verlässliche tägliche Wettervorhersagen werden routinemäßig für die Zeiträume von einigen wenigen Tagen durchgeführt. Mit der Länge des Zeitraums nimmt die Verlässlichkeit schnell ab und mit den aktuell verfügbaren Rechnern sind Tagesvorhersagen für die nächsten zwei Wochen unmöglich.

Dagegen lassen sich Durchschnittswerte für die Temperatur und die Niederschlagsmenge mit der heute verfügbaren Rechenleistung über Monate vorhersagen, was auch routinemäßig durchgeführt wird.

Jahresdurchschnittstemperaturen werden in Langzeitstudien über 20–50 Jahre ebenfalls durchgeführt, um Klimaveränderungen, wie die globale Erwärmung, durch die Nutzung fossiler Brennstoffe, vorherzusagen. Die Verlässlichkeit dieser Simulationen wird diskutiert.

1.6   Navigation: Von den Sternen zu GPS

Seit den Babyloniern war die Navigation mit Hilfe der Planeten, der Sterne, dem Mond und der Sonne die treibende Kraft hinter der Entwicklung der Geometrie und der Mathematik. Mit einer Uhr, einem Sextanten und mathematischen Tabellen konnten die Seefahrer im 18. Jahrhundert ihre Position mehr oder weniger genau bestimmen. Aber das Ergebnis hing stark von der Genauigkeit der Uhr und den Beobachtungen ab und schnell hatten sich große Fehler eingeschlichen. In der Vergangenheit war Navigation nie eine einfache Sache.

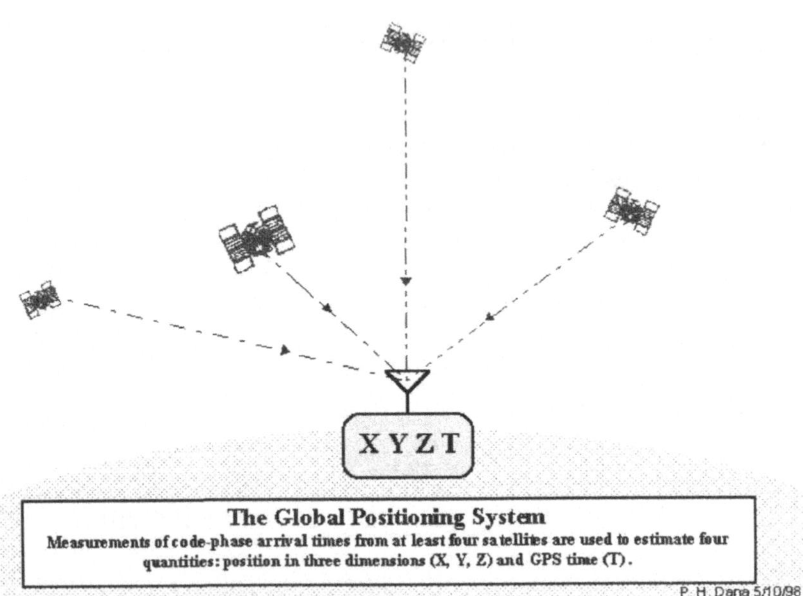

Abb. 1.9. GPS-System mit 4 Satelliten

Während des letzten Jahrzehnts wurden die klassischen Navigationsmethoden durch GPS, dem Global Positioning System, ersetzt. Mit einem GPS-Gerät, das für einige hundert Euro erworben werden kann, zur Hand können wir unsere Koordinaten (Länge und Breite) mit einem Knopfdruck auf 50 m genau bestimmen. GPS basiert auf einer einfachen mathematischen Methode, die schon den Griechen bekannt war: Wenn wir unseren Abstand zu drei Punkten mit bekannten Koordinaten im Raum kennen, können wir unsere Position berechnen. GPS macht sich dieses Prinzip zunutze und misst den Abstand zu drei Satelliten mit bekannten Positionen und errechnet daraus seine eigene Position. Um diese Technik zu nutzen, müssen wir Satelliten ins All schießen, sie in Zeit und Raum exakt verfolgen und die entsprechenden Abstände messen. Dies wurde erst im letzten Jahrzehnt möglich. Natürlich werden die Satelliten durch Computer gesteuert und der Mikroprozessor im GPS in unserer Hand misst den Abstand und berechnet daraus die Koordinaten.

GPS hat die Tür zum Massenkonsum in der Navigation aufgestoßen, was vorher das Privileg einiger weniger war.

1.7 Medizinische Tomographie

Der Computertomograph erzeugt ein Bild über des Innere eines menschlichen Körpers, indem er eine bestimmt Integralgleichung in sehr komplexen Berechnungen löst. Die Daten werden aus der Abschwächung sehr schwacher Röntgenstrahlen, die durch den Körper aus verschiedenen Richtungen geschickt werden, erhalten. Diese Technik eröffnet den Massenkonsum medizinischer Bilder und veränderte radikal die medizinische Forschung und Diagnose.

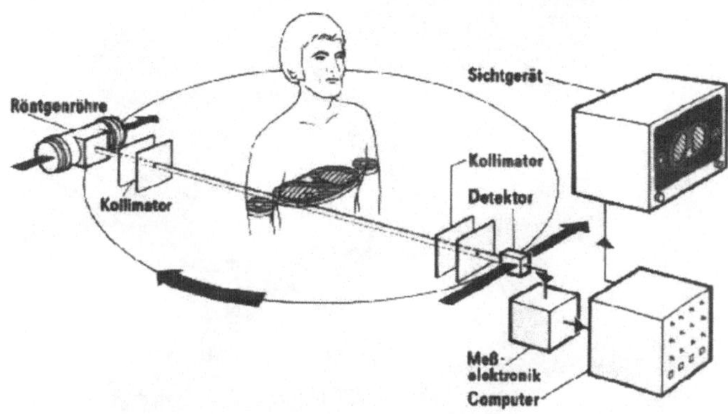

Abb. 1.10. Medizinischer Tomograph

1.8 Molekulare Dynamik und Arzneimittelforschung

Die traditionelle Art neue Arzneimittel zu entdecken ist sehr kosten- und zeitintensiv. Zunächst werden geeignete organisch-chemische Substanzen, etwa in den Regenwäldern Südamerikas, gesucht. Wurde so eine neue organische Verbindung entdeckt, wird sie von Arzneimittel- und Chemieunternehmen lizenziert und in breit angelegten Laborversuchen wird ihre Brauchbarkeit untersucht. Wie Verbindungen interagieren können und welche Wechselwirkungen für die Beherrschung von Krankheiten oder für die Linderung körperlicher Beschwerden wahrscheinlich sinnvoll sein mögen, verlangt ein immenses Expertenwissen organischer Chemiker. Dieses Expertenwissen ist notwendig, um die Zahl der durchzuführenden Laborversuche einzuschränken. Ansonsten wäre die Vielzahl an Möglichkeiten überwältigend.

Die Nutzung von Computern bei der Suche nach neuen Arzneimitteln nimmt sehr rasch zu. Ihr Einsatzgebiet ist die Entdeckung neuer Verbindungen ohne teure Expeditionen im südamerikanischen Regenwald. Bei dieser Suche kann der Computer bereits mögliche Konfigurationen von Molekülen klassifizieren und wahrscheinliche Wechselwirkungen vorhersagen, was die Zahl der Laborversuche drastisch verringert.

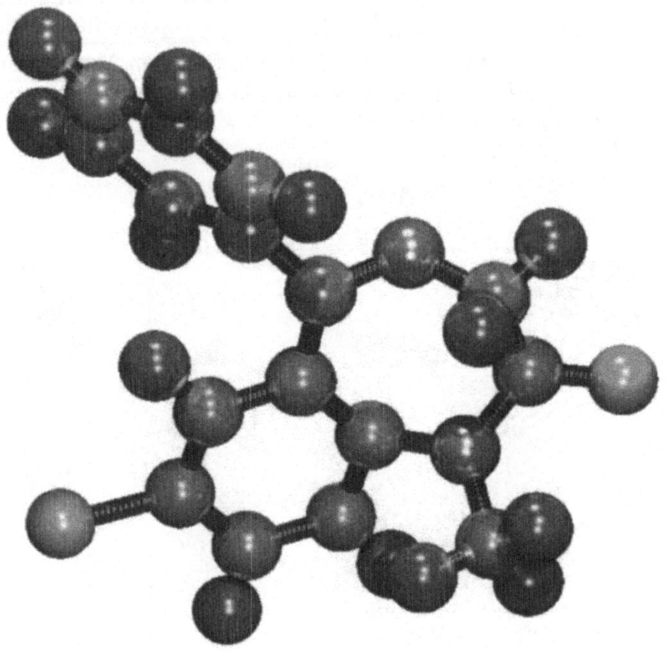

Abb. 1.11. Das Valiummolekül

1.9   Wirtschaft: Aktien und Optionen

Das Modell von Black-Scholes zur Bewertung von Optionen hat einen neuen Markt für sogenannte Derivate als Ergänzung zum Aktienmarkt erzeugt. Optionen richtig zu bewerten, ist mathematisch kompliziert und sehr rechenintensiv und Börsenmakler mit exzellenter Software (mit Antwortzeiten von Sekunden) haben klare Handelsvorteile.

1.10   Sprachen

Mathematik ist eine *Sprache*. Es gibt viele unterschiedliche Sprachen. Unsere Muttersprache, sei es nun Englisch, Schwedisch, Deutsch etc., ist unsere wichtigste Sprache, die ein dreijähriges Kind bereits ziemlich gut beherrschen kann. In der angeborenen Sprache schreiben zu lernen, erfordert größere Mühe und nimmt einen Großteil der ersten Schuljahre ein. In einer Fremdsprache sprechen und schreiben zu lernen, ist ein wichtiger Bestandteil einer höheren Schulbildung.

Sprache wird für die *Kommunikation* mit anderen Menschen, um zusammenzuarbeiten, Erfahrungen auszutauschen oder Kontrolle auszuüben, benötigt. Mit der Entwicklung moderner Kommunikationsmittel wird die Kommunikationen in unsere Gesellschaft zunehmend wichtiger.

Mit Hilfe von Sprache können wir *Modelle* für interessante Phänomene aufstellen und an Hand dieser Modelle können wir diese Phänomene besser *verstehen* oder *vorhersagen*. Innerhalb eines Modells können weitere Modelle zur *Analyse*, d.h. zur genaueren Untersuchung, einzelner Teile aufgestellt werden, oder wir können Modelle für das Wechselspiel verschiedener Teile in einer *Synthese* zum Verständnis des Ganzen zusammenführen. Ein *Roman* ist wie ein Modell der realen Welt, ausgedrückt in einer geschriebenen Sprache, etwa in Deutsch. In einem Roman können die Charaktere der Romanfiguren analysiert werden und zwischenmenschliche Beziehungen können dargestellt und untersucht werden.

Ameisen in einem Ameisenhaufen oder Bienen in einem Bienenstock haben auch eine Sprache zur Kommunikation. Tatsächlich findet man in der modernen Biologie auch die Formulierung „miteinander reden" für die Wechselwirkung von Zellen und Proteinen untereinander.

Es hat den Anschein, dass menschliche Wesen ihre Sprache benutzen, wenn sie *denken*, und dass wir im Gehirn Sprache als Modell verwenden, wenn wir verschiedene Möglichkeiten in Gedankenspielen (*Simulationen*) durchgehen: „Wenn das passiert, dann tue ich das und wenn stattdessen jenes eintritt, werde ich so und so handeln ...". Unseren Tagesablauf zu planen oder unsere Terminplanung kann ebenso als eine Art von Modellierung und Simulation von Ereignissen betrachtet werden. Simulationen, bei denen wir unsere Sprache einsetzen, scheinen in unserem Kopf ständig abzulaufen.

Es gibt auch andere Sprachen, wie die Sprache der Musik mit ihrer Notation in Noten, Takten, Pausen usw. Eine Partitur ist wie ein Modell für die eigentliche Musik. Für einen geübten Komponisten kann das Modell der geschriebenen Partitur der gespielten Musik sehr nahe kommen. Für Amateure mag die Partitur nichts-sagend sein, weil sie wie eine Fremdsprache ist, die nicht verstanden wird.

1.11 Mathematik als Wissenschaftssprache

Mathematik ist als Wissenschaftssprache und Technologiesprache für die Mechanik, Astronomie, Physik, Chemie und Disziplinen wie Strömungs-, Festkörpermechanik, Elektromagnetik usw. bezeichnet worden. Die mathematische Sprache wird eingesetzt im Umgang mit *geometrischen* Begriffen wie *Position, Form* und *mechanischen* Begriffe wie *Geschwindigkeit, Kraft* und *Feld.* Ganz allgemein dient Mathematik jenen Bereichen als Sprache, die mit *Zahlen* beschrieben werden, für *quantitative* Gesichtspunkte, wie die Wirtschaft, die Buchhaltung, die Statistik usw. Mathematik dient als Grundlage für die modernen elektronischen *Kommunikationsmittel,* wo Information als Folge von 0en und 1en kodiert, übertragen, verändert und gespeichert wird.

Worte der mathematischen Sprache werden oft unserer normalen Sprache entnommen, wie Punkt, Gerade, Kreis, Geschwindigkeit, Funktion, Abbildung, Grenzen, Folgen, Gleichheit, Ungleichheit usw.

Ein mathematisches Wort, Ausdruck oder Begriff sollte eine spezifische Bedeutung haben, die mit anderen schon bekannten Begriffen und Ausdrücken definiert wird. Dasselbe Prinzip findet sich im Thesaurus, wo relativ komplizierte Worte mit Hilfe einfacherer Worte erklärt werden. Am Anfang solcher Definitionsketten werden gewisse fundamentale Worte oder Ausdrücke benutzt, die nicht mit Hilfe bereits definierter Werte definierbar sind. Grundlegende Zusammenhänge zwischen fundamentalen Begriffen können in *Axiomen* beschrieben werden. Grundlegende Begriffe der *euklidischen* Geometrie sind der *Punkt* und die *Gerade,* und ein grundlegendes euklidisches Axiom besagt, dass jedes Paar verschiedener Punkte genau durch eine Gerade verbunden werden kann. Ein *Satz* ist eine Aussage, die aus Axiomen oder anderen Sätzen durch logisches Überlegen gefolgert wird. Diese Folgerung wird *Beweis* des Satzes genannt.

1.12   Fundamentale Bereiche der Mathematik

Fundamentale Bereiche der Mathematik sind

- Geometrie

- Algebra

- Analysis.

Geometrie beschäftigt sich mit Objekten wie *Geraden, Dreiecken* und *Kreisen.* Algebra und Analysis arbeiten mit *Zahlen* und *Funktionen.* Grundbereiche der mathematischen Ausbildung in den Ingenieurs- oder den Naturwissenschaften sind

- Infinitesimalrechnung

- Lineare Algebra.

Infinitesimalrechnung ist ein Zweig der Analysis, der sich mit Eigenschaften von Funktionen wie *Stetigkeit* und Operationen auf Funktionen wie

Ableitung und *Integration* auseinander setzt. Infinitesimalrechnung ist in der Untersuchung *linearer Funktionen* oder linearer Abbildungen mit der linearen Algebra verbunden und mit der analytischen Geometrie, die geometrische Fragen algebraisch formuliert. Fundamentale Bereiche der Infinitesimalrechnung sind:

- Funktion

- Ableitung

- Integral.

Lineare Algebra kombiniert Geometrie und Algebra und ist verbunden mit der analytischen Geometrie. Grundbegriffe der linearen Algebra sind

- Vektor

- Vektorraum

- Projektion, Orthogonalität

- lineare Abbildung.

Dieses Buch lehrt die Grundlagen der Infinitesimalrechnung und der linearen Algebra, die den mathematischen Unterbau für die meisten Anwendungen bilden.

1.13   Was ist Wissenschaft?

Die beiden Komponenten

- Gleichungen aufstellen (Modellierung)

- Gleichungen lösen (Berechnung)

können als theoretischer Kern der *Naturwissenschaften* angesehen werden. Zusammen bilden sie die Substanz der *mathematischen Modellierung* und der *rechnergestützten mathematischen Modellierung*. Der erste wirklich große Triumph der Naturwissenschaften und der mathematischen Modellierung ist das Newtonsche Modell. Darin wird unser Planetensystem als ein Satz von Differentialgleichungen beschrieben, entsprechend dem Newtonschen Gesetz, das Beschleunigung und Kraft, invers proportional zum Quadrat des Abstands, in Zusammenhang stellt. Ein *Algorithmus* kann als eine Vorgehensweise oder praktische Vorschrift für die Lösung einer gegebenen Gleichung durch Berechnung angesehen werden. Durch Anwendung eines Algorithmuses und seine Berechnung können reale Phänomene simuliert und Vorhersagen getroffen werden.

Traditionelle Rechentechniken waren symbolische oder numerische Rechnungen mit Papier und Bleistift, Tabellen, Rechenschieber und mechanischer Rechenmaschine. Automatisierte Berechnungen mit Computern, Analoga des natürlichen Prinzips der ständigen Wiederholung einfacher Operationen, öffnen uns neue Simulationsfelder für reale Phänomene und mögliche Anwendungen ergeben sich schnell in Naturwissenschaften, Technik, Medizin und Wirtschaft.

Mathematik ist die Grundlage für (i) die Formulierung wie (ii) die Lösung von Gleichungen. Mathematik liefert die Sprache, um Gleichungen aufzustellen und Werkzeuge, um sie zu lösen.

Mathematischen Ruhm erlangt man durch das Aufstellen oder Lösen von Gleichungen. Der Erfolg manifestiert sich üblicherweise darin, dass die Gleichung oder die Lösungsmethode mit dem Namen des Erfinders verknüpft wird. Beispiele par excellence sind: Newtonsche Methode, Euler-Gleichungen, Lagrange-Gleichung, Poisson-Gleichung, Laplace-Gleichung, Navier-Gleichung, Navier-Stokes-Gleichungen, Boussinesq-Gleichung, Einstein-Gleichung, Schrödinger-Gleichung, Black-Scholes-Formel .... Auf die meisten werden wir im Folgenden wieder finden.

1.14   Was ist Bewusstsein?

Man glaubt, dass Hirnaktivitäten aus elektrischen/chemischen Signalen/Wellen bestehen, die Milliarden von Synapsen zu einer Art Berechnung in großem Maßstab verbinden. Die Frage nach dem menschlichen *Bewusstsein* hat in der Entwicklung der menschlichen Kulturen seit den antiken Griechen eine zentrale Rolle gespielt und heutzutage versuchen Informatiker sein nicht fassbares Wesen in verschiedenen Ausprägungen künstlicher Intelligenz einzufangen. Die Vorstellung, dass sich Gehirnaktivitäten in einen (kleinen) *bewussten* „rationalen" Teil und einen (großen) *unbewussten* „irrationalen" Teil einteilen lassen, ist seit den Tagen von Freud weithin akzeptiert. Der rationale Teil ist für die „Analyse" und die „Kontrolle" im Hinblick auf einen „Sinn" zuständig und übernimmt somit die Rolle der Seele. Der Großteil der „Berechnung" wird dem Körper in dem Sinne zugeordnet, dass er „nur" aus elektrischen/chemischen Wellen besteht. Wir treffen dieselben Gesichtspunkte in der numerischen Optimierung wieder, wobei der Optimierungsalgorithmus die Rolle der Seele spielt, die die Berechnungsbemühungen zu einem Ziel drängt, wohingegen die zugrunde liegenden Berechnungen die Rolle des Körpers übernehmen.

Wir wurden in dem Gedanken erzogen, dass das Bewusstsein die geistigen „Berechnungen" kontrolliert, aber wir wissen, dass dies oft nicht der Fall ist. In der Tat scheinen wir ausgesprochene Fähigkeiten bei der nachträglichen Rationalisierung entwickelt zu haben: Was auch immer passiert, außer es war ein „Unfall" oder etwas völlig „Unerwartetes", wird von uns als Folge eines zuvor ausgedachten rationalen Plans gedeutet. Somit verwandeln wir a posteriori Beobachtungen in a priori Vorhersagen.

1.15 Wie man mit Verständnisschwierigkeiten zum Stoff zurecht kommt und dieses Buch sogar als sinnvollen Helfer begreifen kann

Wir wollen dieses einleitende Kapitel mit einigen Vorschlägen abschließen, die dem Leser/der Leserin helfen sollen, die Herausforderung zu meistern, dieses Buches zum ersten Mal zu lesen und gedanklich sogar so weit zu kommen, dieses Buch als sinnvollen Helfer statt als Gegenteil zu betrachten. Aus unserer Lehrerfahrung mit dem Stoff in diesem Buch wissen wir, dass es eine ziemliche Frustration und negative Empfindungen hervorrufen kann, die nicht sehr hilfreich sind.

Mathematik ist schwierig: Stecken Sie Sich eigene Ziele

Zunächst einmal müssen wir zugeben, dass Mathematik ein schwieriges Fach ist: Daran führt kein Weg vorbei. Außerdem sollte man sich klar darüber werden, dass ein glückliches Leben mit einer akademischen oder industriellen Karriere auch möglich ist, wenn man nur Grundkenntnisse in Mathematik besitzt. Dafür gibt es viele Beispiele, auch unter Nobelpreisträgern. Somit ist es ratsam, sich ein Ziel für das Studium der Mathematik zu stecken, das realistisch ist und Interesse und Neigungen einzelner Studierender entspricht. Viele Studierende der Ingenieurwissenschaften haben andere vorrangige Ziele als die Mathematik, aber es gibt auch Studierende, die Mathematik und theoretische ingenieurwissenschaftliche Gebiete, die Mathematik benutzen, mögen. Somit wird bei einer Gruppe von Studierenden, die einem Kurs zu diesem Buch folgen, das mathematische Interesse sehr unterschiedlich sein und es ist nur angemessen, wenn dies bei der Zielsetzung berücksichtigt wird.

Fortgeschrittene Studien: Bleiben Sie offen und zuversichtlich

Das Buch enthält ziemlich viel Material für „Fortgeschrittene", das üblicherweise in einführenden Mathematikkursen nicht zu finden ist. Das kann man überspringen und dabei doch glücklich bleiben. Es ist wahrscheinlich besser mit einer kleinen Menge mathematischer Werkzeuge richtig vertraut zu sein und diese auch zu verstehen und daraus die Fähigkeit zu ziehen, sich mit Selbstvertrauen neuen Herausforderungen zu stellen, als wieder und wieder daran zu scheitern, eine zu große Portion zu verdauen. Mathematik ist so reichhaltig, dass selbst ein Vollzeitstudium nur einen kleinen

Bereich abdecken kann. Die wichtigste Fähigkeit muss sein, neuen Stoff offen und mit etwas Zuversicht anzugehen!

Einige Teile der Mathematik sind einfach

Auf der anderen Seite gibt es auch viele Teile der Mathematik, die nicht so schwer, ja geradezu „einfach", sind, wenn sie erst richtig verstanden wurden. Daher enthält das Buch sowohl schwierigen als auch einfachen Stoff und bei Studierenden überwiegt beim ersten Eindruck der schwierigere. Um dem abzuhelfen, haben wir die wichtigsten, nicht trivialen Fakten in kurzen Zusammenfassungen gesammelt, die wir bildlich als *Werkzeugkoffer* bezeichnen. Wir haben Werkzeugkoffer zu folgenden Themen zusammengestellt: *Infinitesimalrechnung I und II, lineare Algebra, Differentialgleichungen, Anwendungen, Fourier-Analyse* und *Funktionalanalysis*. Der Leser/die Leserin wird diese Werkzeugkoffer erstaunlich kurz finden: Nur einige Seiten, alle zusammen zwischen 15 und 20 Seiten. Werden diese richtig verstanden, so wird dieser Stoff lange weiterhelfen und es ist „alles", was man vom Studium der Mathematik für weitere Studien und das berufliche Leben in anderen Disziplinen behalten muss. Da das Buch ca. 1200 Seiten umfasst, bedeutet das zwischen 50 und 100 Buchseiten pro Seite Zusammenfassung. Das heißt auch, dass das Buch mehr als nur das absolute Minimum an Informationen gibt mit dem Ehrgeiz, mathematische Begriffe geschichtlich und hinsichtlich ihrer Anwendbarkeit einzuordnen. Also hoffen wir, dass Studierende nicht von der ziemlich großen Anzahl an Worten abgeschreckt werden und sich stattdessen daran erinnern, dass die wesentlichen Fakten des Buches letztendlich in nur zwischen 15 und 20 Seiten enthalten sind. Bei etwa eineinhalb Jahren Mathematikstudium bedeutet das effektiv eine drittel Seite pro Woche!

Zunehmende/Abnehmende Bedeutung der Mathematik

Das Buch berücksichtigt sowohl die zunehmende Bedeutung der Mathematik in der heutigen Informationsgesellschaft, als auch die abnehmende Bedeutung von vielem in der analytischen Mathematik, das traditionelle Lehrpläne füllt. Studierende sollten also glücklich darüber sein, dass viele der klassischen Formeln nicht länger ein Muss sind und dass ein richtiges Verständnis verhältnismäßig weniger grundlegender mathematischer Fakten bei der Bewältigung des modernen Lebens und der Wissenschaften genügt.

Welche Kapitel können beim ersten Lesen ausgelassen werden?

Einige Kapitel, die Anwendungen gewidmet sind, sind mit einem * gekennzeichnet und können beim ersten Lesen übersprungen werden, ohne den roten Faden zu verlieren und stattdessen später behandelt werden.

Aufgaben zu Kapitel 1

1.1. Finden Sie heraus, welche Nobelpreisträger ihren Preis für das Aufstellen oder Lösen von Gleichungen gewonnen haben.

1.2. Formulieren Sie Gedanken zum „Denken" und „Berechnen".

1.3. Finden Sie mehr zu den im Text genannten Themen heraus.

1.4. (a) Mögen oder hassen Sie Mathematik oder liegen Ihre Empfindungen dazwischen? Erläutern Sie Ihren Gesichtspunkt. (b) Formulieren Sie, was Sie von Ihrem Mathematikstudium erwarten.

1.5. Formulieren Sie grundlegende Gesichtspunkte der Naturwissenschaften.

Abb. 1.12. Linke Person: „Ist es nicht erstaunlich, dass man den Abstand zu Sirius, Aldebaran und Cassiopeja berechnen kann?". Rechte Person: „Ich finde es noch erstaunlicher, dass man weiß, wie sie heißen!" (Assar von Ulf Lundquist)

2
Das mathematische Labor

Es grenzt an ein Wunder, dass moderne Unterweisungsmethoden bis jetzt noch nicht vollständig die heilige Wissbegierde erstickt haben. (Einstein)

2.1 Einleitung

Das Buch wird durch verschiedene Software im *mathematischen Labor* vervollständigt, die frei auf der Website des Buches erhältlich ist. Das *mathematische Labor* enthält verschiedene Arten von Software, die unter den folgenden Rubriken organisiert sind: *Math Experience* (Mathematikerfahrungen), *Tools* (Werkzeuge), *Applications* (Anwendungen) und *Students Lab.* (studentisches Labor).

In der Rubrik *Mathematikerfahrungen* werden mathematische Begriffe der Analysis und der linearen Algebra wie das Lösen von Gleichungen, die Lipschitz-Stetigkeit, die Fixpunkt-Iteration, die Differenzierbarkeit, die Definition des Integrals und Grundlagen für Funktionen mit mehreren Variablen veranschaulicht.

Werkzeuge enthält (i) *Fertigprodukte* wie verschiedene Löser von Differentialgleichungen und (ii) *Umgebungen*, die Studierenden helfen sollen, ihre eigenen Werkzeuge wie Löser für Gleichungssysteme und Differentialgleichungen zu erstellen.

Anwendungen enthält weiter entwickelte Software wie *DOLFIN* (Dynamic Object Oriented Library for FInite Elements) und *Tanganyika* zur multi-adaptiven Lösung gewöhnlicher Differentialgleichungen.

Das *studentische Labor* enthält Beiträge studentischer Projekte und hoffentlich wird es zur Inspirationsquelle, bei der Wissen von alten auf neue Studierende übertragen wird.

2.2 Mathematikerfahrung

Unter der Rubrik Mathematikerfahrung findet sich eine Sammlung von *MATLAB*© GUI Software, die entwickelt wurde, um ein tieferes Verständnis wichtiger mathematischer Begriffe und Ideen wie zum Beispiel Konvergenz, Stetigkeit, Linearisierung, Differentiation, Taylor-Polynome, Integration etc. zu vermitteln. Die Idee dabei ist, auf dem Bildschirm ein interaktives „Computer-Labor" zur Verfügung zu stellen, in dem Studierende, angeleitet durch einige wohl formulierte Fragen, sich selbständig bemühen können (a) Begriffe und Konzepte als solches und (b) die mathematischen Formeln und Gleichungen, die diese Begriffe beschreiben, vollständig zu verstehen. So kann man zum Beispiel im „Taylor Lab" (vgl. Abb. 2.1) eine Funktion eingeben oder aus einer Auswahl auswählen und dazu die polynomiale Taylor-Entwicklung in verschiedenen Graden betrachten und ihre Abhängigkeit vom Entwicklungspunkt, der mit der Maus verschoben werden kann, oder vom Abstand zum Entwicklungspunkt, durch Vergrößern oder Verkleinern der Ansicht untersuchen. Man kann sich auch einen Film ansehen, in dem nach und nach Terme in der Taylor-Entwicklung hinzugefügt werden. Im „MultiD Lab" (vgl. Abb. 2.2) kann eine Funktion $u(x_1, x_2)$ definiert werden, ihr Integral über eine Kurve oder ein Gebiet berechnet werden und ihr Gradientenfeld, ein Kontur-Plot, Tangentenflächen etc. betrachtet werden. Auch Vektorfelder (u, v) lassen sich untersuchen, ihre Divergenz und Rotation betrachten und die Integrale dieser Größen berechnen, um die fundamentalen Sätze der Vektorrechnung zu verifizieren, das durch (u, v) abgebildete Gebiet und die Jakobi-Matrix der Abbildung kann betrachtet werden usw., usw.

Die folgenden Labore sind unter der Website des Buches verfügbar:

- Func lab - Relationen und Funktionen, inverse Funktionen etc.

- Graph Gallery - Elementarfunktionen und ihre Parameterabhängigkeit

- Cauchy lab - behandelt Folgen und Konvergenz

- Lipschitz lab - Stetigkeitsbegriff

- Root lab - Bisektion und Fixpunkt-Iteration

- Linearisierung und Ableitung

- Newton lab - verdeutlicht das Newton-Verfahren

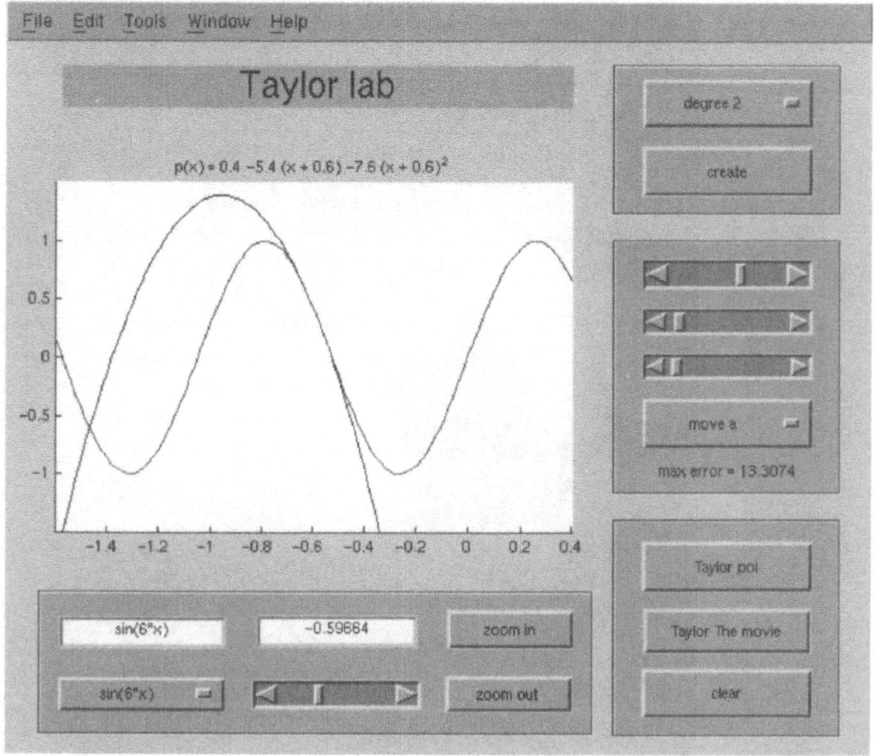

Abb. 2.1. Taylor lab

- Taylor lab - Polynome

- Opti lab - elementare Optimierung

- Piecewise polynomial lab - über stückweise polynomiale Näherungen

- Integration lab - Euler- und Riemann-Summen, adaptive Integration

- Dynamical system lab

- Pendulum lab - Auswirkungen von Linearisierung und Approximation

- Vector algebra - berechnet graphische Vektoren

- Analytic geometry - verbindet Geometrie und lineare Algebra

- MultiD Calculus - Integration und Vektorrechnung

- FE-lab - verdeutlicht die Methode der finiten Elemente

- Adaptive FEM - verdeutlicht adaptive finite Elementtechniken

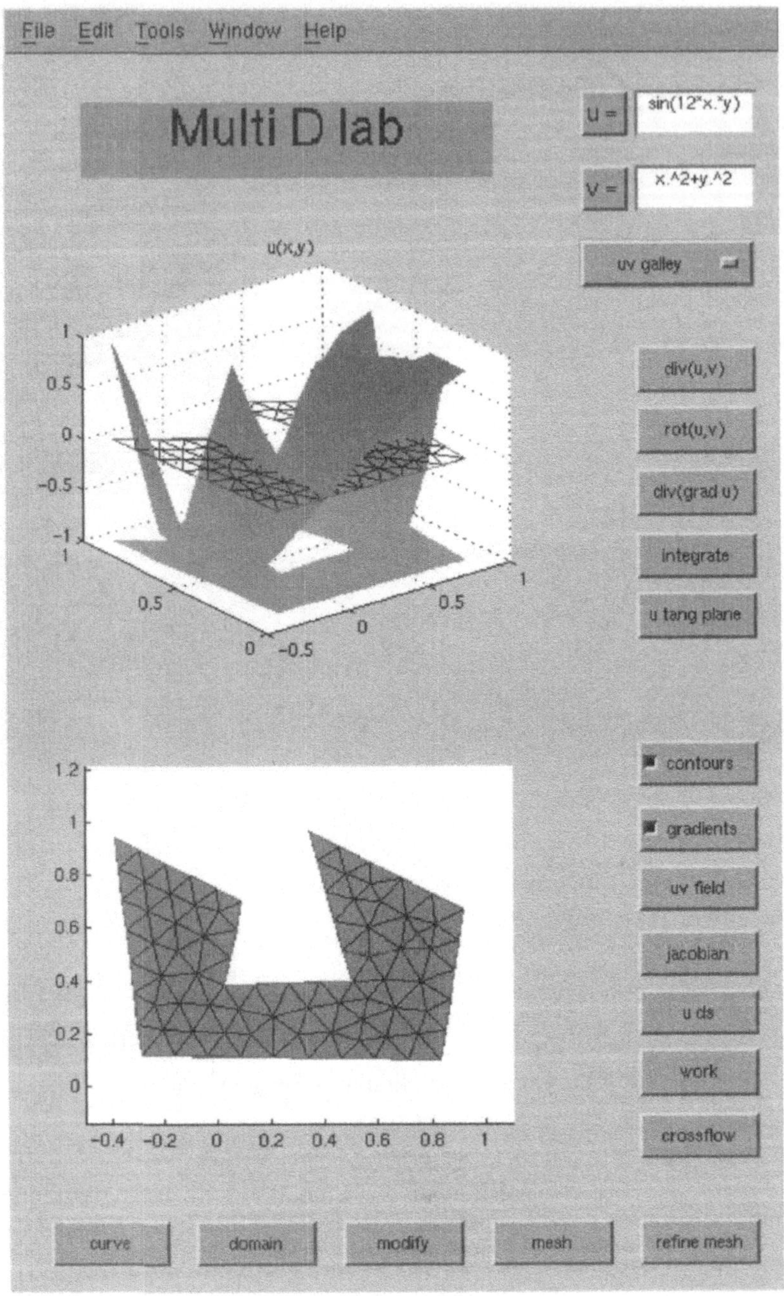

Abb. 2.2. MultiD Calculus lab

- Poisson lab - Lösungen von Grundgleichungen etc.

- Fourier lab

- Wavelet lab

- Optimal control lab - Kontrollprobleme im Zusammenhang mit Differentialgleichungen

- Archimedes lab - für Experimente im Zusammenhang mit dem archimedischen Prinzip

3

Einführung in die Modellbildung

Das beste materielle Modell für eine Katze ist eine andere oder noch besser dieselbe Katze. (Rosenblueth/Wiener in „Philosophy of Science" 1945)

3.1 Einleitung

Zu Beginn wollen wir zwei grundlegende Beispiele für den Einsatz der Mathematik bei der Beschreibung realer Situationen geben. Das erste Beispiel stammt aus der Hauswirtschaft und das zweite aus der Vermessung. Beide Probleme waren seit den Babyloniern wichtige Anwendungen für die Mathematik. Die Modelle sind sehr einfach, verdeutlichen dabei aber doch grundlegende Ideen.

3.2 Modell einer Mittagssuppe

Sie wollen zusammen mit Ihrer Freundin eine Suppe für das Mittagessen bereiten. Einem Rezept folgend, bitten Sie Ihre Freundin in einem Lebensmittelladen für 10 Euro Kartoffeln, Mohrrüben und Rindfleisch im Gewichtsverhältnis 3:2:1 einzukaufen. Oder anders formuliert, Ihre Freundin bekommt 10 Euro für die Zutaten, die so zu kaufen sind, dass die Kartoffeln dreimal so viel wiegen wie das Rindfleisch und die Menge an Mohrrüben doppelt so schwer ist wie das Rindfleisch. Im Lebensmittelladen erfährt Ihre Freundin, dass 1 Kilo Kartoffeln 1 Euro kostet, Mohrrüben gibt es für

2 Euro das Kilo und das Rindfleisch kostet 8 Euro pro Kilo. Somit steht Ihre Freundin vor dem Problem, wie viel sie von jeder Zutat kaufen soll, um dafür genau 10 Euro auszugeben.

Eine Möglichkeit ist es, dieses Problem durch Ausprobieren zu lösen: Ihre Freundin nimmt im Verhältnis 3:2:1 eine gewisse Menge Zutaten an die Kasse, lässt sich von der Verkäuferin den Preis sagen und wiederholt das ganze so lange, bis sie genau 10 Euro bezahlen muss. Wahrscheinlich können sich sowohl Ihre Freundin als auch die Verkäuferin bessere Möglichkeiten ausdenken, um den Nachmittag zu verbringen. Eine andere Möglichkeit ist, ein *mathematisches Modell* für das Problem aufzustellen und mit dessen Hilfe die zu kaufenden Mengen genau zu berechnen. Die grundlegende Idee dabei ist, das Problem mit Gehirnschmalz, Papier und Bleistift oder einem Taschenrechner zu lösen, anstatt durch rein körperliche Arbeit.

Das mathematische Modell lässt sich wie folgt aufstellen: Zunächst bemerken wir, dass es genügt, wenn wir die zu kaufende Menge Rindfleisch berechnen, um genau zu wissen was einzukaufen ist, denn wir brauchen genau doppelt soviel Karotten wie Fleisch und dreimal so viele Kartoffeln wie Rindfleisch. Wir wollen die Größe, die wir berechnen, mit x bezeichnen. Das *Symbol x*, die *Unbekannte*, steht für eine unbekannte Größe, in unserem Fall der zu kaufenden Menge Rindfleisch in Kilo, die wir aus der uns verfügbaren Information berechnen wollen.

Wenn wir x Kilo Rindfleisch kaufen, dann kostet es $8x$ Euro, da

$$\text{Fleischkosten in Euro} = x\,\text{Kilo} \times 8\,\frac{\text{Euro}}{\text{Kilo}} = 8x\,\text{Euro}.$$

Da die Kartoffeln dreimal so viel wiegen sollen wie das Fleisch, wiegen die Kartoffeln $3x$ Kilo und kosten $3x$ Euro, da ein Kilo Kartoffeln einen Euro kostet. Schließlich brauchen wir noch $2x$ Karotten, die 2-mal $2x = 4x$ Euro kosten, da sie 2 Euro pro Kilo kosten. Somit lassen sich die Kosten für unseren Einkauf berechnen, indem wir die Preise für die einzelnen Zutaten zusammenzählen:

$$8x + 3x + 4x = 15x.$$

Da wir davon ausgehen, dass wir 10 Euro für den Einkauf haben, erhalten wir die Beziehung

$$15x = 10, \tag{3.1}$$

die uns den Zusammenhang zwischen den zu erwartenden Kosten und dem verfügbaren Geld liefert. Das ist eine *Gleichung* der Unbekannten x und weiterer Daten, die sich aus unserem tatsächlichen Problem ergeben. Aus dieser Gleichung kann Ihre Freundin nun ausrechnen, wie viel Fleisch zu kaufen ist. Dazu werden beide Seiten der Gleichung (3.1) durch 15 geteilt, was uns $x = 10/15 = 2/3 \approx 0.67$ Kilo Fleisch liefert. Die Menge Mohrrüben ergibt sich dann zu $2 \times 2/3 = 4/3 \approx 1.33$ Kilo und schließlich $3 \times 2/3 = 2$ Kilo für die Kartoffeln.

Das *mathematische Modell* für das Problem ist $15x = 10$, wobei x für die Menge Fleisch steht, $15x$ bezeichnet die Gesamtkosten und 10 ist das verfügbare Geld. Das Modell besteht darin, dass die Gesamtkosten $15x$ für die Zutaten als Vielfaches der Menge Fleisch x ausgedrückt werden. Beachten Sie, dass wir in unserem Modell nur die wirklich wichtigen Informationen für den Kauf von Kartoffeln, Mohrrüben und Rindfleisch für die Suppe berücksichtigt haben und uns nicht durch die Preise anderer Waren, die wir nicht benötigen, wie Eis oder Bier, haben stören lassen. Für mathematische Modelle ist es wichtig und manchmal schwierig festzustellen, welche Informationen benötigt werden.

Eine gute Eigenschaft mathematischer Modelle ist ihre Wiederverwendbarkeit zur Simulation verschiedener Probleme. So ergibt zum Beispiel das Modell $15x = 15$, falls man 15 Euro zum Ausgeben hat, die Lösung $x = 1$ und bei 25 Euro lautet das Modell $15x = 25$ mit der Lösung $x = 25/15 = 5/3$. Ganz allgemein lautet das Modell $15x = y$, falls man einen Betrag y ausgeben kann. In diesem Modell benutzen wir zwei Symbole x und y, unter der Annahme, dass der Betrag y gegeben und die Menge an Rindfleisch x die gesuchte Unbekannte ist, die sich aus der Modellgleichung $(15x = y)$ ergibt. Die Rollen können auch vertauscht sein: Man kann sich auch vorstellen, dass die Menge Rindfleisch x gegeben ist und die Kosten, bzw. die Ausgaben, (aus der Formel $y = 15x$) berechnet werden müssen. Im ersten Fall betrachten wir die Fleischmenge x als Funktion der Ausgaben y und im zweiten die Ausgaben y als Funktion von x.

Wichtigen Größen, bekannten oder unbekannten, Symbole zuzuweisen, ist ein wichtiger Schritt bei der mathematischen Modellierung. Die Idee, unbekannten Größen Symbole zuzuweisen, wurde bereits von den Babyloniern eingesetzt (die oft Modelle wie das der Mittagssuppe benutzten, um die Beköstigung der vielen Menschen zu organisieren, die am Bewässerungssystem arbeiteten).

Angenommen, wir können die Gleichung $15x = 10$ nicht lösen, weil wir zu ungeschickt in der Lösung von Gleichungen sind (wir könnten den Trick mit der Division durch 15 vergessen haben, den wir in der Schule gelernt haben). Wir könnten dann durch geschicktes Ausprobieren wie folgt nach einer Lösung suchen. Zunächst nehmen wir an, dass $x = 1$ ist. Daraus ergeben sich Kosten von 15 Euro, was zu viel ist. Dann versuchen wir es mit einer geringeren Menge Fleisch, z.B. $x = 0,6$, und berechnen die Kosten zu 9 Euro, was zu wenig ist. Darauf versuchen wir es mit einem Wert zwischen $0,6$ und 1, etwa $x = 0,7$, und erhalten Kosten von $10,5$ Euro, was ein bisschen zu viel ist. Daraus folgern wir, dass der richtige Wert zwischen $0,6$ und $0,7$ liegen muss, wahrscheinlich etwas näher bei $0,7$. So können wir weitermachen, bis wir so viele Dezimalstellen von x gefunden haben, wie wir wollen. So probieren wir beispielsweise genau wie vorher als nächstes, dass x zwischen $0,66$ und $0,7$ liegen muss. In diesem Fall wissen wir die genaue Antwort $x = 2/3 = 0,66666\ldots$. Die gerade beschriebene Methode des Ausprobierens ist ein Modell dafür, Essen zur Kasse zu bringen, um die

Verkäuferin den Preis berechnen zu lassen. Mit diesem Modell berechnen wir den Preis selbst, ohne die Waren körperlich einzusammeln und zur Kasse zu bringen, was das Ausprobieren doch erheblich erleichtert.

3.3   Das Modell vom schlammigen Hof

Einer der Autoren besitzt ein Haus mit einem Hinterhof mit 100m × 100m, der die unangenehme Eigenschaft hat, bei jedem Regen zu einem schlammigen See zu werden. Auf der linken Seite von Abb. 3.1 ist ein Blick auf

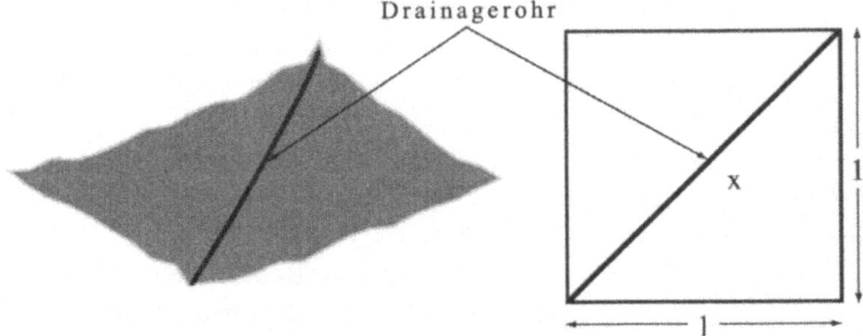

Abb. 3.1. Blick auf einen Hof mit schlechter Drainage zusammmen mit einem Modell, dass die Größenordnungen wiedergibt

den Hof zu sehen. Aufgrund des Gefälles auf dem Hof hat sich sein Besitzer schon seit längerem ausgedacht, das Problem durch einen flachen Graben entlang der Diagonalen des Hofs zu beheben, in dem ein perforiertes Plastikrohr verlegt wird. Nun stellt sich für ihn die Frage, wie viele Meter Rohr er kaufen muss. Eine Vermessung des Eigentums liefert nur die Grundstücksgrenzen und die Positionen der Ecken, da eine persönliche direkte Messung der Diagonalen durch den Schlamm hindurch nicht so einfach ist. Deswegen hat er sich entschieden, den Abstand mathematisch zu berechnen. Kann ihm Mathematik bei seinen Bemühungen helfen?

Eine Untersuchung des Grundstücks und der Karte deutet darauf, dass der Hof durch ein horizontales Quadrat modelliert werden kann (das Gefälle scheint gering zu sein) und wir müssen daher versuchen, die Länge der Diagonalen des Quadrats zu berechnen. Wir skizzieren das Modell auf der rechten Seite von Abb. 3.1, wobei wir mit Einheiten von 100m arbeiten, so dass die Größe des Feldes jetzt 1 × 1 ist. Die Länge der Diagonalen bezeichnen wir mit x. Jetzt erinnern wir uns an den Satz von Pythagoras, nach dem $x^2 = 1^2 + 1^2 = 2$ gilt. Um die Länge x des Drainagerohrs zu bestimmen, müssen wir also die Gleichung

$$x^2 = 2 \tag{3.2}$$

lösen. Die Gleichung $x^2 = 2$ zu lösen, scheint zunächst irreführenderweise einfach zu sein; die positive Lösung ist schließlich $x = \sqrt{2}$. Aber in ein Geschäft zu gehen und $\sqrt{2}$ Einheiten eines Rohrs zu verlangen, wird nicht unbedingt das gewünschte Ergebnis zeitigen. Vorgefertigte Rohre sind nicht auf die Länge $\sqrt{2}$ genormt und Metermaße zeigen $\sqrt{2}$ nicht an, weswegen ein Verkäufer etwas genauere Information über den Wert von $\sqrt{2}$ benötigt, um die richtige Rohrlänge auszumessen.

Wir können durch Ausprobieren versuchen, den Wert von $\sqrt{2}$ zu präzisieren, und einfach probieren, dass $1^2 = 1 < 2$ ist und $2^2 = 4 > 2$. Daher wissen wir, dass $\sqrt{2}$ irgendetwas zwischen 1 und 2 ist. Als nächstes probieren wir $1.1^2 = 1,21$, $1,2^2 = 1,44$, $1,3^2 = 1,69$, $1,4^2 = 1,96$, $1,5^2 = 2,25$, $1,6^2 = 2,56$, $1,7^2 = 2,89$, $1,8^2 = 3,24$, $1,9^2 = 3,61$. Offensichtlich liegt $\sqrt{2}$ zwischen $1,4$ und $1,5$. Als nächstes können wir uns an der dritten Dezimale versuchen. Jetzt finden wir heraus, dass $1,41^2 = 1,9881$ und $1,42^2 = 2,0164$ ist. Also liegt $\sqrt{2}$ offensichtlich zwischen $1,41$ und $1,42$ und wahrscheinlich etwas näher an $1,41$. Es scheint so, dass wir auf diese Art und Weise so viele Dezimalen von $\sqrt{2}$ bestimmen können, wie wir wollen und somit können wir das Problem, wie viel Drainagerohr wir kaufen müssen, als gelöst betrachten.

Im Weiteren werden wir auf viele Gleichungen treffen, deren Lösung verschiedene Ausprobiertechniken verlangen. Tatsächlich können die meisten mathematischen Gleichungen nicht exakt durch algebraische Umformungen gelöst werden, wie wir es (wenn wir schlau genug wären) beim Modell der Mittagssuppe gekonnt hätten (3.1). Konsequenterweise ist das Ausprobieren immens wichtig in der Mathematik. Des Weiteren werden wir sehen, dass die Lösung von Gleichungen wie $x^2 = 2$ uns direkt ins Zentrum der Mathematik führt, von Pythagoras und Euklid durch die Streitigkeiten bei der Gründung der Mathematik mit ihrem Gipfel in den 1930ern und weiter in die Neuzeit der modernen Computer.

3.4   Ein Gleichungssystem: Das Mittagssuppe/Eiscreme Modell

Angenommen, wir möchten unsere Mittagssuppe mit etwas Eiscreme zu 3 Euro das Kilo abschließen und dabei immer noch insgesamt 10 Euro ausgeben. Wie viel von jedem müsste dann gekauft werden?

Also, wenn wir y Kilo Eis nehmen, belaufen sich die Gesamtkosten auf $15x + 3y$, was uns auf die Gleichung $15x + 3y = 10$ führt. Sie drückt aus, dass die Gesamtkosten dem verfügbaren Geld entsprechen. Jetzt haben wir zwei Unbekannte x und y und wir benötigen daher eine weitere Gleichung. Wir könnten natürlich $x = 0$ setzen, nach $y = 10/3$ auflösen und alles Geld für Eis ausgeben. Dies würde gegen einige Regeln verstoßen, die wir als kleine Kinder gelernt haben. Die benötigte zweite Gleichung könnte aus der

Vorstellung erwachsen, die Menge an Eiscreme (ungesundes Essen) gegen die Menge an Möhren (gesundes Nahrungsmittel) auszubalancieren, zum Beispiel nach der Formel $2x = y + 1$ oder $2x - y = 1$. Zusammen erhalten wir so das folgende System aus zwei Gleichungen mit zwei Unbekannten x und y:

$$15x + 3y = 10,$$
$$2x - y = 1.$$

Auflösen der zweiten Gleichung nach y führt zu $y = 2x - 1$, das eingesetzt in die erste Gleichung, ergibt:

$$15x + 6x - 3 = 10, \quad \text{d.h.} \quad 21x = 13, \quad \text{d.h.} \quad x = \frac{13}{21}.$$

Einsetzen von $x = \frac{13}{21} \approx 0,60$ in die Gleichung $2x - y = 1$ liefert schließlich für die Menge Eis $y = \frac{5}{21} \approx 0,24$. Damit haben wir die Lösung des Gleichungssystems, das das aktuelle Problem modelliert, erhalten.

3.5   Gleichungen aufstellen und lösen

Wir wollen die Modelle für die Mittagssuppe und den schlammigen Hof aus dem Blickwinkel, die oben angeführten Gleichungen aufzustellen und zu lösen, betrachten. Gleichungen aufzustellen entspricht dem systematischen Sammeln von Informationen und Gleichungen zu lösen bedeutet, Schlüsse aus den gesammelten Informationen zu ziehen.

Wir begannen bei der Beschreibung der physikalischen Situation der Modelle für die Mittagssuppe und den schlammigen Hof in Form mathematischer Gleichungen. Dieser Aspekt bezieht sich nicht alleine auf die Mathematik, sondern schließt alle Informationen aus der Physik, Wirtschaft, Geschichte, Psychologie etc. ein, die für die modellierte Situation von Bedeutung sein kann. Die Gleichungen, die wir in den Modellen für die Mittagssuppe und den schlammigen Hof erhalten haben, nämlich $15x = 10$ und $x^2 = 2$, sind Beispiele für *algebraische Gleichungen*, in denen sowohl Daten als auch Unbekannte x Zahlen sind. Wenn wir kompliziertere Situationen betrachten, werden wir oft auf Modelle treffen, in denen Daten und die Unbekannten *Funktionen* sind. Solche Modelle enthalten üblicherweise Ableitungen und Integrale und werden *Differentialgleichungen* bzw. *Integralgleichungen* bezeichnet.

Der zweite Aspekt ist die *Lösung* der Modellgleichungen, um die Unbekannten zu bestimmen und neue Informationen über das aktuelle Problem zu erhalten. Im Falle des Mittagssuppenmodells können wir die Modellgleichung $15x = 10$ exakt lösen und die Lösung $x = 2/3$ als rationale Zahl darstellen. Im Modell für den schlammigen Hof greifen wir zu einer iterativen „Ausprobierstrategie", um so viele Dezimalstellen der Lösung $x = \sqrt{2}$

zu berechnen wie nötig. Allgemein ist es so, dass wir manchmal die Lösung einer Modellgleichung explizit formulieren können, aber meist müssen wir mit einer Näherungslösung zufrieden sein, deren Dezimalstellen wir durch iterative Berechnungen bestimmen können.

Es gibt keinen Grund dafür, darüber enttäuscht zu sein, dass Gleichungen für mathematische Modelle im Allgemeinen nicht exakt gelöst werden können. Es ist besser, eine komplizierte aber genaue mathematische Modellgleichung, die nur näherungsweise gelöst werden kann, vor sich zu haben als eine einfache ungenaue Modellgleichung, die exakt lösbar ist! Das Wunderbare an Computern ist, dass sie auch für komplizierte genaue Modellgleichungen genaue Lösungen berechnen können, wodurch die Modellierung realer Phänomene möglich wird.

Aufgaben zu Kapitel 3

3.1. Angenommen, 1 Kilo Kartoffeln kostet im Lebensmittelgeschäft 40 Cent, Mohrrüben 80 Cent pro Kilo und Rindfleisch 40 Cent pro 100g. Stellen Sie die Modellgleichung für den Gesamtpreis auf.

3.2. Angenommen, Sie ändern das Rezept für die Suppe so, dass Sie die gleiche Menge Kartoffeln und Möhren enthält, und dass deren Gewicht zusammen das sechsfache der Rindfleischmenge ist. Stellen Sie die Modellgleichung für den Gesamtpreis auf.

3.3. Angenommen, Sie wollen Zwiebeln im Verhältnis 2 : 1 zum Fleisch in die Suppe tun. Das Verhältnis der anderen Zutaten bleibt gleich. Im Geschäft kosten die Zwiebeln 1 Euro pro Kilo. Stellen Sie die Modellgleichung für den Gesamtpreis auf.

3.4. Während Sie in einem Fluggerät über dem Flughafen in einer Höhe von 1 Kilometer fliegen, sehen Sie Ihre Wohnanlage am Fenster auftauchen. Sie wissen, dass der Flughafen 4 km von Ihrer Wohnanlage entfernt ist. Wie weit sind Sie von zu Hause und einem kalten Bier entfernt, wenn Ihre Wohnanlage die Höhe 0 hat?

3.5. Stellen Sie ein Modell für die Drainage eines Hofs mit drei ungefähr gleichen Seiten der Länge 2 auf, wobei das Rohr von einer Ecke zum Mittelpunkt der gegenüberliegenden Seite verläuft. Wie viel Rohr wird benötigt?

3.6. Vater und Kind spielen mit einer Wippe mit einem 12m langen Sitzbrett. Stellen Sie ein Modell für den Lagerpunkt des Sitzbretts auf, so dass die Wippe vollständig ausbalanciert ist, wenn der Vater 85 Kilo wiegt und das Kind 22,5 Kilo. Hinweis: Das Hebelgesetz besagt, dass das Produkt aus dem Abstand vom Drehpunkt und der entsprechenden Masse auf beiden Seiten gleich sein muss, damit der Hebel sich im Gleichgewicht befindet.

4
Kurzer Kurs zur Infinitesimalrechnung

Mathematik genießt den völlig falschen Ruf fehlerfreie Schlussfolgerungen zu erzielen. Seine Fehlerfreiheit ist nichts anderes als Gleichheit. Zwei mal zwei ist nicht vier, sondern genau zwei mal zwei und das ist es, was wir in Kurzform vier nennen. Und so türmt sich Folgerung auf Folgerung, außer dass mit der Höhe die Gleichheit aus dem Blickwinkel entschwindet. (Goethe)

4.1 Einleitung

Die Naturwissenschaften werden allgemein als eine Kombination aus der Formulierung und der Lösung von Gleichungen angesehen. Die bloßen Bestandteile dieses Bildes betrachten wir nun aus einem mathematischen Gesichtspunkt. Wir bieten einen kurzen Einblick in die Hauptthemen der Infinitesimalrechnung, die wir beim Erarbeiten dieser Buchreihe entdecken werden. Im Besonderen werden wir auf die magischen Worte *Funktion*, *Ableitung* und *Integral* treffen. Falls Sie schon eine Vorstellung dieser Begriffe haben, werden Sie einiges des Skizzierten verstehen. Falls Sie mit diesem Stoff bisher nicht vertraut sind, können Sie in diesem Kapitel einen ersten Eindruck erhalten, worum es sich bei der Infinitesimalrechnung handelt, ohne dass Sie erwarten sollten, die Feinheiten zu diesem Zeitpunkt zu verstehen. Vergessen Sie nicht, dass wir nur die Schauspieler hinter dem Vorhang vorstellen wollen, bevor das eigentliche Schauspiel beginnt!

Wir hoffen, dass die Leserin/der Leser auf den wenigen Seiten dieses Kapitels einen Blick für das Wesentliche der Infinitesimalrechnung bekommt.

Eigentlich ist das zwar völlig unmöglich, weil die Infinitesimalrechnung so viele Formeln und Einzelheiten umfasst, dass man sehr leicht überwältigt und entmutigt werden kann. Deswegen wollen wir die Leserin/den Leser zwingen, die folgenden wenigen Seiten durchzublättern, um eine schnelle Vorstellung zu bekommen und um später mit einem „Aha-Erlebnis" darauf zurückkommen zu können.

Auf der anderen Seite mag die Leserin/der Leser überrascht sein, dass etwas, das scheinbar so einfach auf einigen wenigen Seiten erklärt werden kann, in diesem Buch (und anderen Büchern) in Wahrheit mehrere hundert Seiten zur Auflösung benötigt. Wir scheinen nicht in der Lage zu sein diesen „Widerspruch" auflösen zu können, etwa in der Art „was schwer aussieht kann auch einfach sein" oder umgekehrt. Kurze Zusammenfassungen der Infinitesimalrechnung finden sich auch in den Kapiteln „Werkzeugkoffer Infinitesimalrechnung I+II", die die Vorstellung untermauern, dass ein Konzentrat der Infinitesimalrechnung tatsächlich auf ein paar Seiten gegeben werden kann.

4.2   Algebraische Gleichungen

Wir untersuchen *algebraische Gleichungen* der Form: Gesucht sei $\bar{x}$, so dass

$$f(\bar{x}) = 0, \tag{4.1}$$

wobei $f(x)$ eine *Funktion* von x ist. Dabei heißt $f(x)$ eine Funktion von x, falls für jede Zahl x eine Zahl $y = f(x)$ existiert. Oft wird $f(x)$ durch eine algebraische Formel definiert: Z.B. $f(x) = 15x - 10$ wie im Modell der Mittagssuppe, oder $f(x) = x^2 - 2$ wie im Modell für den schlammigen Hof.

Wir nennen $\bar{x}$ eine *Lösung* der Gleichung $f(x) = 0$, falls $f(\bar{x}) = 0$. Die Lösung der Gleichung $15x - 10 = 0$ ist $\bar{x} = \frac{2}{3}$. Die positive Lösung der Gleichung $x^2 - 2 = 0$ ist $\sqrt{2} \approx 1,41$. Wir werden verschiedene Methoden zur Berechnung einer Lösung $\bar{x}$ von $f(\bar{x}) = 0$ betrachten, wie das Ausprobieren, das oben kurz im Zusammenhang mit dem Modell für den schlammigen Hof angeführt wurde.

Wir werden auch *Systeme algebraischer Gleichungen* kennen lernen, wobei wir mehrere Unbekannte finden müssen, die mehreren Gleichungen genügen wie im Mittagssuppen/Eiscreme Modell.

4.3   Differentialgleichungen

Wir werden auch die folgende *Differentialgleichung* untersuchen: Gesucht sei eine Funktion $x(t)$, so dass für alle t

$$x'(t) = f(t) \tag{4.2}$$

gilt, wobei $f(t)$ eine vorgegebene Funktion ist, und $x'(t)$ die *Ableitung* der Funktion $x(t)$ bezeichnet. Diese Gleichung hat mehrere neue Zutaten. Zum einen suchen wir eine *Funktion* $x(t)$ mit einer Menge unterschiedlicher Werte $x(t)$ für verschiedene Werte der Variablen t und nicht nur einen einzigen Wert von x wie bei der oben betrachteten Lösung der algebraischen Gleichung $x^2 = 2$. Tatsächlich lernten wir etwas Ähnliches schon beim Problem der Mittagssuppe kennen, als wir einen beliebigen Geldbetrag y ausgeben konnten. Dies führte zur Gleichung $15x = y$ mit der Lösung $x = y/15$, die von der Variablen y abhängt, d.h. $x = x(y) = \frac{y}{15}$. Zum anderen beinhaltet die Gleichung $x'(t) = f(t)$ die Ableitung $x'(t)$ von $x(t)$, so dass wir Ableitungen untersuchen müssen.

Ein wichtiger Bestandteil der Infinitesimalrechnung ist es, (i) zu erklären, was eine Ableitung ist und (ii) die Differentialgleichung $x'(t) = f(t)$ für eine vorgegebene Funktion $f(t)$ zu lösen. Die Lösung $x(t)$ der Differentialgleichung $x'(t) = f(t)$ wird *Integral* von $f(t)$ genannt oder alternativ „Stammfunktion" von $f(t)$. Somit ist die Suche nach der Stammfunktion $x(t)$ einer vorgegebenen Funktion $f(t)$ eines der grundlegenden Probleme der Infinitesimalrechnung, entsprechend der Lösung der Differentialgleichung $x'(t) = f(t)$.

Wir versuchen jetzt (i) die Bedeutung von (4.2) sowie die Bedeutung der Ableitung $x'(t)$ der Funktion $x(t)$ zu erklären und (ii) einen Hinweis zu geben, wie die Lösung $x(t)$ der Differentialgleichung $x'(t) = f(t)$, ausgedrückt durch die vorgegebene Funktion $f(t)$, gefunden werden kann.

Wir wollen uns als konkretes Beispiel ein Auto auf der Autobahn vorstellen. Dabei stehe t für die *Zeit*, $x(t)$ sei der zur Zeit t *zurückgelegte Weg* und $f(t)$ sei die *jeweilige Geschwindigkeit* des Autos zur Zeit t, vgl. Abb. 4.1.

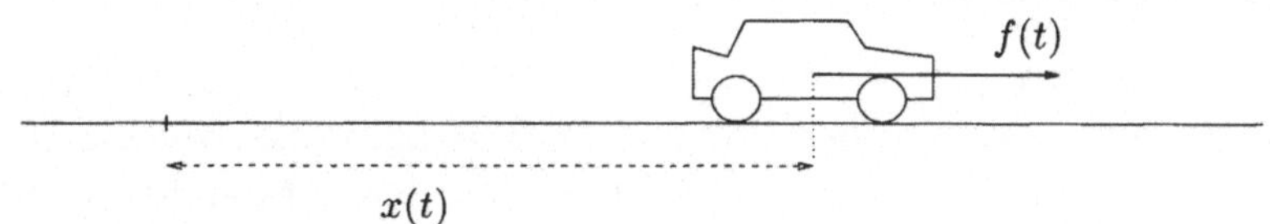

Abb. 4.1. Autobahn mit Auto (Volvo?) mit Geschwindigkeit $f(t)$ und zurückgelegter Wegstrecke $x(t)$

Wir wählen eine Anfangszeit, $t = 0$, und eine Endzeit, $t = 1$, und wir beobachten das Auto, wie es sich von seiner Ausgangsposition $x(0) = 0$ zur Zeit $t = 0$ über eine Folge dazwischenliegender anwachsender Zeiten $t_1, t_2, \dots$ mit den zugehörigen Abständen $x(t_1), x(t_2), \dots$, zur Endzeit $t = 1$ am Endpunkt $x(1)$, bewegt. Folglich gehen wir davon aus, dass $0 = t_0 < t_1 < \dots < t_{n-1} < t_n \dots < t_N = 1$ eine Folge von Zeiten mit entsprechenden Abständen $x(t_n)$ und Geschwindigkeiten $f(t_n)$ ist, vgl. Abb. 4.2. Für zwei aufeinander folgende Zeitpunkte t_{n-1} und t_n erwarten wir

$$x(t_n) \approx x(t_{n-1}) + f(t_{n-1})(t_n - t_{n-1}), \qquad (4.3)$$

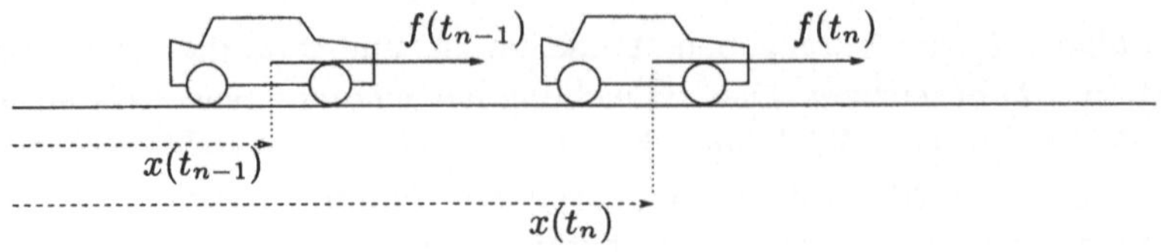

Abb. 4.2. Abstände und Geschwindigkeiten zu den Zeiten t_{n-1} und t_n

was besagt, dass der Abstand $x(t_n)$ zur Zeit t_n dadurch erhalten wird, dass zum Abstand $x(t_{n-1})$ zur Zeit t_{n-1} das Produkt $f(t_{n-1})(t_n - t_{n-1})$ aus der Geschwindigkeit $f(t_{n-1})$ zur Zeit t_{n-1} und der *Zeitspanne* $t_n - t_{n-1}$ addiert wird. Das kommt daher, weil

Abstandsänderung = Durchschnittsgeschwindigkeit $\times$ verstrichene Zeit,

oder, der in der Zeit zwischen t_{n-1} und t_n zurückgelegte Weg entspricht der (Durchschnitts-)Geschwindigkeit, multipliziert mit der Länge der Zeitspanne $t_n - t_{n-1}$. Beachten Sie, dass wir genauso gut $x(t_n)$ und $x(t_{n-1})$ durch die Formel

$$x(t_n) \approx x(t_{n-1}) + f(t_n)(t_n - t_{n-1}), \tag{4.4}$$

in der t_{n-1} durch t_n im $f(t)$-Ausdruck ersetzt wurde, hätten verknüpfen können. Wir gebrauchen das „ungefähr gleich" Zeichen $\approx$, weil wir die Geschwindigkeit $f(t_{n-1})$ oder $f(t_n)$ benutzen, die nicht wirklich der Durchschnittsgeschwindigkeit in der Zeitspanne zwischen t_{n-1} und t_n entspricht, aber ähnlich sein sollte, falls die Zeitspanne kurz ist (und die Geschwindigkeit sich nicht sehr schnell ändert).

Beispiel 4.1. Ist $x(t) = t^2$, dann gilt $x(t_n) - x(t_{n-1}) = t_n^2 - t_{n-1}^2 = (t_n + t_{n-1})(t_n - t_{n-1})$, und (4.3) und (4.4) besagen, dass wir die Durchschnittsgeschwindigkeit $(t_n + t_{n-1})$ durch $2t_{n-1}$ bzw. $2t_n$ approximieren.

Formel (4.3) ist zentral für die Infinitesimalrechnung! Sie enthält sowohl die Ableitung von $x(t)$ als auch das Integral von $f(t)$. Zunächst einmal erhalten wir, durch Verschieben von $x(t_{n-1})$ nach links und Division mit der Zeitspanne $t_n - t_{n-1}$,

$$\frac{x(t_n) - x(t_{n-1})}{t_n - t_{n-1}} \approx f(t_{n-1}). \tag{4.5}$$

Dies ist das Gegenstück zu Gleichung (4.2). Diese Formel vermittelt uns ein Gefühl dafür, wie die Ableitung $x'(t_{n-1})$ zu definieren ist, um die Gleichung $x'(t_{n-1}) = f(t_{n-1})$ zu erfüllen:

$$x'(t_{n-1}) \approx \frac{x(t_n) - x(t_{n-1})}{t_n - t_{n-1}}. \tag{4.6}$$

Diese Formel besagt, dass die Ableitung $x'(t_{n-1})$ ungefähr der *Durchschnittsgeschwindigkeit*

$$\frac{x(t_n) - x(t_{n-1})}{t_n - t_{n-1}}$$

in der Zeit zwischen t_{n-1} und t_n entspricht. Daher können wir folgern, dass die Gleichung $x'(t) = f(t)$ besagt, dass *die Ableitung $x'(t)$ des zurückgelegten Weges $x(t)$ nach der Zeit t der momentanen Geschwindigkeit $f(t)$ entspricht*. Formel (4.6) besagt ihrerseits, dass die Geschwindigkeit $x'(t_{n-1})$ zur Zeit t_{n-1}, d.h die *momentanen Geschwindigkeit* zur Zeit t_{n-1}, ungefähr der *Durchschnittsgeschwindigkeit* während der Zeitspanne (t_{n-1}, t_n) gleicht. Wir haben nun etwas vom Rätsel der in (4.3) versteckten Ableitung enthüllt.

Als nächstes betrachten wir die (4.3) entsprechende Formel für die Zeitspanne zwischen t_{n-2} und t_{n-1}, die wir durch einfaches Ersetzen in (4.3) erhalten:

$$x(t_{n-1}) \approx x(t_{n-2}) + f(t_{n-2})(t_{n-1} - t_{n-2}). \tag{4.7}$$

Diese Formel ergibt zusammen mit (4.3)

$$x(t_n) \approx \overbrace{x(t_{n-2}) + f(t_{n-2})(t_{n-1} - t_{n-2})}^{\approx x(t_{n-1})} + f(t_{n-1})(t_n - t_{n-1}). \tag{4.8}$$

Dieses Einsetzen können wir bis $x(t_0) = x(0) = 0$ wiederholen, und wir erhalten

$$\begin{aligned}
x(t_n) \approx X_n = {} & f(t_0)(t_1 - t_0) + f(t_1)(t_2 - t_1) + \cdots \\
& + f(t_{n-2})(t_{n-1} - t_{n-2}) + f(t_{n-1})(t_n - t_{n-1}).
\end{aligned} \tag{4.9}$$

Beispiel 4.2. Die Geschwindigkeit sei $f(t) = \frac{t}{1+t}$ und wachse mit der Zeit t von Null bei $t = 0$ an. Wie groß ist dann der zurückgelegte Weg $x(t_n)$ zur Zeit t_n? Um eine (genäherte) Antwort zu erhalten, berechnen wir die Näherung X_n, gemäß (4.9):

$$\begin{aligned}
x(t_n) \approx X_n = {} & \frac{t_1}{1 + t_1}(t_2 - t_1) + \frac{t_2}{1 + t_2}(t_3 - t_2) + \cdots \\
& + \frac{t_{n-2}}{1 + t_{n-2}}(t_{n-1} - t_{n-2}) + \frac{t_{n-1}}{1 + t_{n-1}}(t_n - t_{n-1}).
\end{aligned}$$

Bei „identischen" Zeitspannen $k = t_j - t_{j-1}$ für alle j lässt sich dies zu

$$\begin{aligned}
x(t_n) \approx X_n = {} & \frac{k}{1 + k}k + \frac{2k}{1 + 2k}k + \cdots \\
& + \frac{(n-2)k}{1 + (n-2)k}k + \frac{(n-1)k}{1 + (n-1)k}k
\end{aligned}$$

vereinfachen. Für $k = 0,05$ sind die jeweiligen Summen für $n = 1, 2, \ldots, N$ berechnet und die Ergebnisse X_n, die $x(t_n)$ annähern, in Abb. 4.3 wiedergegeben.

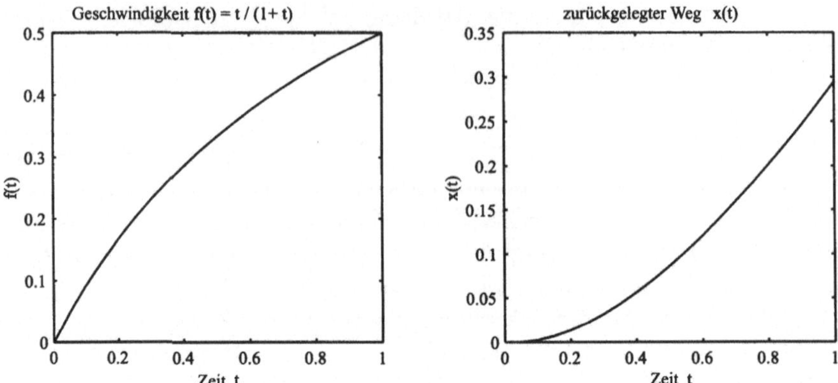

Abb. 4.3. Zurückgelegter Weg X_n als Näherung für $x(t)$ für $f(t) = \frac{t}{1+t}$ zu den Zeitschritten $k = 0,05$

Wir kehren jetzt zu (4.9) zurück und erhalten für $n = N$

$$x(1) = x(t_N) \approx f(t_0)(t_1 - t_0) + f(t_1)(t_2 - t_1) + \cdots$$
$$+ f(t_{N-2})(t_{N-1} - t_{N-1}) + f(t_{N-1})(t_N - t_{N-1}).$$

Somit entspricht also $x(1)$ (näherungsweise) einer Summe von Ausdrücken $f(t_{n-1}) \cdot (t_n - t_{n-1})$, wobei n von $n = 1$ bis $n = N$ läuft. Wir können das mit Hilfe des *Summenzeichens* Σ verkürzt schreiben:

$$x(1) \approx \sum_{n=1}^{N} f(t_{n-1})(t_n - t_{n-1}). \tag{4.10}$$

Diese Formel drückt aus, dass sich der zurückgelegte Weg $x(1)$ als Summe aller Weginkremente $f(t_{n-1})(t_n - t_{n-1})$ für $n = 1, \ldots, N$ schreiben lässt. Wir können diese Formel als Variante folgender „Teleskopformel"

$$x(1) = x(t_N) \overbrace{-x(t_{N-1}) + x(t_{N-1})}^{=0} \overbrace{-x(t_{N-2}) + x(t_{N-2})}^{=0} \cdots$$
$$+ \overbrace{-x(t_1) + x(t_1)}^{=0} -x(t_0)$$
$$= \underbrace{x(t_N) - x(t_{N-1})}_{\approx f(t_{N-1})(t_N - t_{N-1})} + \underbrace{x(t_{N-1}) - x(t_{N-2})}_{\approx f(t_{N-2})(t_{N-1} - t_{N-2})} + x(t_{N-2}) \cdots - x(t_1)$$
$$+ \underbrace{x(t_1) - x(t_0)}_{\approx f(t_0)(t_1 - t_0)}$$

betrachten, in der der zurückgelegte Weg $x(1)$ als Summe aller Weginkremente $x(t_n) - x(t_{n-1})$ (unter der Annahme, dass $x(0) = 0$) formuliert wird, unter Berücksichtigung von

$$x(t_n) - x(t_{n-1}) \approx f(t_{n-1})(t_n - t_{n-1}).$$

In der Teleskopformel erscheint jeder Wert $x(t_n)$, außer $x(t_N) = x(1)$ und $x(t_0) = 0$, zweimal mit unterschiedlichem Vorzeichen.

In der Sprache der Infinitesimalrechnung wird die Formel (4.10) als

$$x(1) = \int_0^1 f(t)\,dt \qquad (4.11)$$

geschrieben, wobei das $\approx$ durch ein $=$, die Summe Σ durch das *Integral* $\int$ und die Zeitspannen $t_n - t_{n-1}$ durch dt ersetzt wurden. Die Folge von „diskreten" Zeitpunkten t_n, die von der Zeit 0 zur Zeit 1 laufen (oder eher in kleinen Schritten „springen") entsprechen der *Integrationsvariablen* t, die („stetig") von 0 nach 1 läuft. Die rechte Seite von (4.11) nennen wir das *Integral* von $f(t)$ von 0 nach 1. Wir haben nun etwas vom Rätsel des in (4.11) versteckten Integrals enthüllt, das sich durch Summation der Grundformel (4.3) ergibt.

Die Schwierigkeiten mit der Infinitesimalrechnung hängen kurz formuliert damit zusammen, dass wir in (4.5) mit einer kleinen Zahl, nämlich der Zeitspanne $t_n - t_{n-1}$, dividieren, was Geschicklichkeit verlangt, und dass wir in (4.10) eine große Zahl von Näherungen summieren. Natürlich stellt sich dabei die Frage, ob die genäherte Summe, d.h. die Summe der Näherungen $f(t_{n-1})(t_n - t_{n-1})$ von $x(t_n) - x(t_{n-1})$, noch eine vernünftige Näherung der „tatsächlichen" Summe $x(1)$ ist. Bedenken Sie dabei, dass eine Summe vieler kleiner Fehler sich sehr wohl zu einem großen Fehler aufschaukeln kann.

Nun haben wir einen ersten Einblick der Infinitesimalrechnung erhalten. Zur Wiederholung: Im Zentrum steht die Formel

$$x(t_n) \approx x(t_{n-1}) + f(t_{n-1})(t_n - t_{n-1})$$

oder mit $f(t) = x'(t)$

$$x(t_n) \approx x(t_{n-1}) + x'(t_{n-1})(t_n - t_{n-1}),$$

die eine Verbindung zwischen zurückgelegten Wegstrecken und der mit Zeitspannen multiplizierten Geschwindigkeit herstellt. Diese Formel beinhaltet sowohl die Definition des Integrals, denken Sie an (4.10), die durch Summation erhalten wurde, als auch die Definition der Ableitung $x'(t)$, vergleichen Sie (4.6), die wir durch Division mit $t_n - t_{n-1}$ erhalten haben. Im Folgenden werden wir die überraschend starke Aussagekraft dieser scheinbar einfachen Beziehungen enthüllen.

4.4   Verallgemeinerung

Wir werden auch auf die folgende Verallgemeinerung von (4.2) treffen

$$x'(t) = f(x(t), t), \qquad (4.12)$$

in der die Funktion f auf der rechten Seite nicht nur von t, sondern auch von der unbekannten Lösung $x(t)$ selbst abhängig ist. Das Analogon von Formel (4.3) nimmt dann die Form

$$x\,(t_n) \approx x\,(t_{n-1}) + f\,(x(t_{n-1}), t_{n-1})\,(t_n - t_{n-1}) \qquad (4.13)$$

an, bzw. nach Änderung von t_{n-1} in t_n im f-Ausdruck unter Berücksichtigung von (4.4)

$$x\,(t_n) \approx x\,(t_{n-1}) + f\,(x(t_n), t_n)\,(t_n - t_{n-1}), \qquad (4.14)$$

wobei, wie oben, $0 = t_0 < t_1 < \ldots < t_{n-1} < t_n \ldots < t_N = 1$ eine Folge von Zeitpunkten ist.

Unter Verwendung von (4.13) können wir nach und nach Näherungen für $x(t_n)$ für $n = 1, 2, \ldots, N$ bestimmen, wobei wir von $x(t_0)$ als gegebenem Anfangswert ausgehen. Gehen wir dagegen von (4.14) aus, so erhalten wir in jedem Schritt eine algebraische Gleichung zur Bestimmung von $x(t_n)$, da die rechte Seite ebenfalls von $x(t_n)$ abhängt.

Dadurch wird die Näherungslösung der Differentialgleichung (4.12) für $0 < t < 1$ auf die Berechnung von $x(t_n)$ für $n = 1, 2, \ldots, N$ zurückgeführt, unter Verwendung der expliziten Formel (4.13) bzw. der algebraischen Gleichung $X_n = X(t_{n-1}) + f(X_n, t_n)(t_n - t_{n-1})$ mit der Unbekannten X_n.

Wir betrachten das grundlegende Beispiel der Differentialgleichung

$$x'(t) = x(t) \qquad \text{für } t > 0, \qquad (4.15)$$

für die $f(x(t), t) = x(t)$ gilt. Hier nimmt (4.13) die Form

$$x(t_n) \approx x(t_{n-1}) + x(t_{n-1})(t_n - t_{n-1}) = (1 + (t_n - t_{n-1}))x(t_{n-1})$$

an. Sind die Zeitspannen $t_n - t_{n-1} = \frac{1}{N}$ für $n = 1, \ldots, N$ konstant, so erhält man die Formel

$$x(t_n) \approx \left(1 + \frac{1}{N}\right) x(t_{n-1}) \quad \text{für } n = 1, \ldots, N.$$

Wenn wir diese Formel wiederholt einsetzen, $x(t_n) \approx (1+\frac{1}{N})(1+\frac{1}{N})x(t_{n-2})$, usw. erhalten wir schließlich

$$x(1) \approx \left(1 + \frac{1}{N}\right)^N x(0). \qquad (4.16)$$

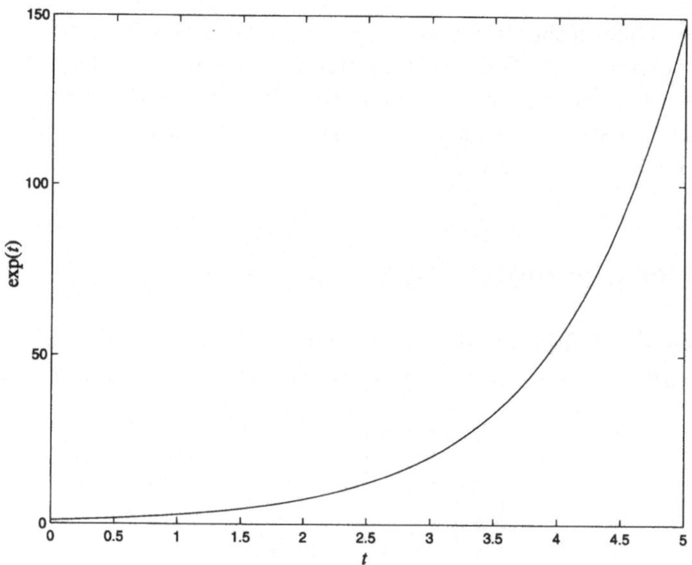

Abb. 4.4. Graph von exp(t): Exponentielles Wachstum

Später werden wir sehen, dass es in der Tat eine exakte Lösung der Gleichung $x'(t) = x(t)$ für $t > 0$, die $x(0) = 1$ genügt, gibt. Wir werden sie mit $x(t) = exp(t)$ bezeichnen und *Exponentialfunktion* nennen. Formel (4.16) liefert die folgende Näherungsformel für $exp(1)$, wobei $exp(1) = e$ üblicherweise als *Basis des natürlichen Logarithmus'* bezeichnet wird:

$$e \approx \left(1 + \frac{1}{N}\right)^N. \tag{4.17}$$

Unten angeführt sind Werte für $(1 + \frac{1}{N})^N$ für verschiedene N:

N	$(1 + \frac{1}{N})^N$
1	2
2	2,25
3	2,37
4	2,4414
5	2,4883
6	2,5216
7	2,5465
10	2,5937
20	2,6533
100	2,7048
1000	2,7169
10000	2,7181

Mit der Differentialgleichung $x'(t) = x(t)$ für $t > 0$ kann beispielsweise die Entwicklung einer Bakterienpopulation modelliert werden, die mit der Zuwachsrate $x'(t)$ wächst, die der aktuellen Zahl an Bakterien $x(t)$ zum Zeitpunkt t entspricht. Nach jeder Zeiteinheit hat sich solch eine Population um den Faktor $e \approx 2,72$ vervielfacht.

4.5   Der Jugendtraum von Leibniz

Eine Form der Infinitesimalrechnung hat sich Leibniz bereits als Jugendlicher ausgedacht. Der junge Leibniz pflegte sich mit Tabellen der Art

n	1	2	3	4	5	6	7
n^2	1	4	9	16	25	36	49
	1	3	5	7	9	11	13
	1	2	2	2	2	2	2

oder

n	1	2	3	4	5
n^3	1	8	27	64	125
	1	7	19	37	61
	1	6	12	18	24
	1	5	6	6	6

die Zeit zu vertreiben. Dabei ist unter jeder Zahl die Differenz dieser Zahl und der links von ihr stehenden Zahl geschrieben. Aus dieser Schreibweise wird deutlich, dass sich jede Zahl in den Tabellen als Summe der Zahl links von ihr und der Zahl in der Reihe unter ihr ergibt. Zum Beispiel erhalten wir für die Quadrate n^2 in der ersten Tabelle die Formel

$$n^2 = (2n - 1) + (2(n - 1) - 1) + \cdots + (2 \cdot 2 - 1) + (2 \cdot 1 - 1), \quad (4.18)$$

die sich umgeformt schreiben lässt als

$$n^2 + n = 2(n + (n - 1) + \cdots + 2 + 1) = 2\sum_{k=1}^{n} k. \quad (4.19)$$

Das entspricht der Fläche des dreiecksförmigen („triangulären") Gebiets in Abb. 4.5, in der jeder Ausdruck (inklusive dem Faktor 2) der Summe der Flächen einer der aus Quadraten bestehenden Säulen entspricht.

Die Formel (4.19) ist ein Analogon der Formel

$$x^2 = 2\int_0^x y\,dy,$$

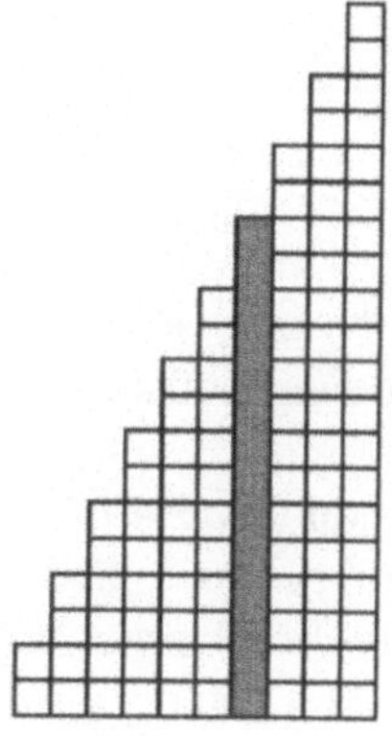

Abb. 4.5.

wobei x, y und dy den Zahlen n, k und 1 entsprechen und $\int_0^x$ die Summe $\sum_{k=1}^{n}$ ersetzt. Beachten Sie, dass in der Summe $n^2 + n$ in (4.19) der n-Ausdruck verglichen zu n^2 für große n vernachlässigbar ist.

Nach Division durch n^2 lässt sich (4.18) auch schreiben als

$$1 = 2 \sum_{k=1}^{n} \frac{k}{n}\frac{1}{n} - \frac{1}{n}, \tag{4.20}$$

was analog ist zu

$$1 = 2 \int_0^1 y\,dy.$$

Hierbei entsprechen dy und y den Zahlen $\frac{1}{n}$ und $\frac{k}{n}$ und $\int_0^1$ symbolisiert $\sum_{k=1}^{n}$. Beachten Sie, dass der Ausdruck $-\frac{1}{n}$ in (4.20) als kleiner Fehlerausdruck fungiert, der mit wachsendem n kleiner wird.

Aus der zweiten Tabelle mit n^3 können wir ganz ähnlich die Gleichung

$$n^3 = \sum_{k=1}^{n} (3k^2 - 3k + 1) \tag{4.21}$$

erhalten, die analog zur Formel

$$x^3 = \int_0^x 3y^2\,dy$$

ist, wobei x, y und dy den Zahlen n, k und 1 entsprechen.

Nach Division durch n^3 lässt sich (4.21) auch als

$$1 = \sum_{k=0}^{n} 3 \left(\frac{k}{n} \right)^2 \frac{1}{n} - \frac{1}{n} \sum_{k=0}^{n} 3 \frac{k}{n}\frac{1}{n} + \frac{1}{n^2}$$

formulieren, die analog ist zu

$$1 = \int_0^1 3y^2 dy,$$

wobei y und dy den Brüchen $\frac{1}{n}$ und $\frac{k}{n}$ entsprechen und $\int_0^1$ dem Summenzeichen $\sum_{k=0}^n$. Die auftretenden Fehlerausdrücke werden wiederum mit wachsendem n kleiner.

Beachten Sie, dass sich beispielsweise n^3 durch wiederholte Anwendung der Summation auch dadurch berechnen lässt, dass man bei den konstanten Differenzen 6 anfängt und die Tabelle von unten her aufbaut.

4.6 Zusammenfassung

Man kann die Infinitesimalrechnung als Wissenschaft zur Lösung von Differentialgleichungen ansehen. Mit einer ähnlich oberflächlichen Aussage kann lineare Algebra als Wissenschaft zur Lösung algebraischer Gleichungen betrachtet werden. Wir können dann die grundlegenden Studiengebiete der linearen Algebra und der Infinitesimalrechnung durch die folgenden Probleme charakterisieren:

$$\text{Suche } x, \text{ so dass } f(x) = 0 \quad \text{(algebraische Gleichung)}, \quad (4.22)$$

wobei $f(x)$ eine vorgegebene Funktion von x ist, und:

$$\text{Suche } x(t), \text{ so dass } x'(t) = f(x(t), t)$$

$$\text{für } t \in (0,1], \ x(0) = 0 \quad \text{(Differentialgleichung)}, \quad (4.23)$$

wobei $f(x, t)$ eine vorgegebene Funktion von x und t ist. Wenn Sie sich an diese grobe Charakterisierung im weiteren Verlauf dieses Buches erinnern, mag es Ihnen beim mathematischen Dschungel an Notationen und Techniken der linearen Algebra und der Infinitesimalrechnung behilflich sein.

Wir werden größtenteils einen *praktischen* Zugang zur Lösung von Gleichungen suchen, wobei wir *Algorithmen* nach dem Kriterium aussuchen, welche mehr oder weniger Arbeit benötigen, um eine Lösung zu bestimmen oder zu berechnen. Algorithmen sind wie Rezepte, bei denen ein Schritt nach dem anderen zur Lösung führt. Während wir praktisch konstruierend die Lösung von Gleichungen entwickeln, werden wir verschiedene Typen *Zahlen* benötigen, wie die *natürlichen Zahlen*, die *ganzen Zahlen* und die *rationalen Zahlen*. Wir werden auch die Begriffe *reelle Zahlen, reelle Variable, reellwertige Funktion, Zahlenfolge, Konvergenz, Cauchy-Folge* und *Lipschitz-stetige Funktion* benötigen.

Diese Begriffe sollen unsere treuen Diener und nicht terrorisierenden Herrscher sein, wie es in der mathematischen Ausbildung oft der Fall ist.

Um diesen Standpunkt zu erlangen, werden wir uns bemühen, die Begriffe zu entzaubern, indem wir, wenn irgend möglich, einen praktischen Zugang zu ihnen geben. So, als ob wir versuchen, hinter den Vorhang der mathematischen Bühne zu schauen, auf der Mathematiklehrer oft eindrucksvoll anzuschauende Phänomene und Zaubertricks vorführen und wir werden sehen, dass Studenten diese Standardtricks sehr wohl selbst beherrschen können und darüber hinaus neue Kniffe lernen können, die sogar besser als die alten sein können.

4.7   Leibniz: Erfinder der Infinitesimalrechnung und Universalgenie

Gottfried Wilhelm von Leibniz (1646–1716) ist vielleicht der vielseitigste Wissenschaftler, Mathematiker und Philosoph aller Zeiten. Newton und Leibniz haben unabhängig voneinander unterschiedliche Formulierungen der Infinitesimalrechnung entwickelt; die Schreibweise und der Formalismus von Leibniz wurde schnell berühmt und sie sind es, die heute noch benutzt werden und auf die wir im Weiteren treffen werden. Leibniz griff tapfer grundlegende Probleme der Physik, Philosophie und Psychologie des *Leib-Seele*-Problems in seinem Werk *Système nouveau de la nature et de la communication des substances, aussi bien que de l'union, qu'il y a entre l'âme et le corps* auf. In diesem Werk stellte Leibniz seine Theorie der *prästabilierten Harmonie von Leib und Seele* auf; in der verwandten *Monadologie* beschreibt er *einfache Substanzen* (einfach im Sinne von unteilbar), die *Monaden*, die jede für sich eine verschwommene unvollständige Wahrnehmung vom Rest der Welt haben und somit in Besitz einer Art primitiver Seele sind. Die moderne Variante der Monadologie ist die *Quantenmechanik*, einer der atemberaubendsten wissenschaftlichen Errungenschaften des zwanzigsten Jahrhunderts.

Es folgt eine Beschreibung von Leibniz aus dem Brockhaus Lexikon: „Leibniz' Universalgelehrtheit resultiert keineswegs nur aus seiner unglaublichen Belesenheit und seinem schier unerschöpflichen Wissensdrang, sie hat auch einen methodischen Grund darin, dass es nach Leibniz Leitgedanken gibt, die in allen Wissenschaften wiederkehren. Dieses Denken, das, da es auf Gemeinsamkeiten ausgerichtet ist und vom Wesen her versöhnend ist, ermöglichte überhaupt erst die universale Gelehrtheit von Leibniz. Nicht aufgrund der hohen Spezifizierung und Detailfülle der Einzelwissenschaften gibt es nach Leibniz keine Universalgelehrten mehr, sondern weil das versöhnende Denken zugunsten eines polarisierenden und ausschließenden Denkens aufgegeben wurde, weil Rationalität aufgesplittert wurde in einzelwissenschaftliche Rationalitäten."

Abb. 4.6. Leibniz, Erfinder der Infinitesimalrechnung: „Theoria cum praxis". „Als ich mir zum Ziel setzte, die Einheit von Leib und Seele zu reflektieren, wurde ich scheinbar auf das offene Meer zurückgeworfen. Ich konnte nämlich keine Erklärung dafür finden, wie der Leib etwas in der Seele verursacht oder umgekehrt... Übrig bleibt nur meine Hypothese der *prästabilierten Harmonie*, d.h. einem göttlichen Kunstgriff, der beide Substanzen von Anfang an so formt, dass sie zwar ihren eigenen Gesetzen folgen, die ihnen innewohnen, aber dennoch im Gleichschritt bleiben, so als ob sie sich gegenseitig beeinflussen, oder als ob Gott immer wieder ordnend und korrigierend eingreifen würde"

Aufgaben zu Kapitel 4

4.1. Leiten Sie mathematische Modelle der Form $y = f(x)$ her, die die Auslenkung x in Abhängigkeit von der Kraft $y = f(x)$ für die folgenden mechanischen Systeme beschreiben. Dabei soll es sich in den ersten beiden Fällen um einen elastischen Faden handeln und im dritten Fall um eine elastische Feder an einem elastischen Faden. Finden Sie Näherungsmodelle der Form $y = x^r$, mit $r = 1, 3, \frac{1}{2}$.

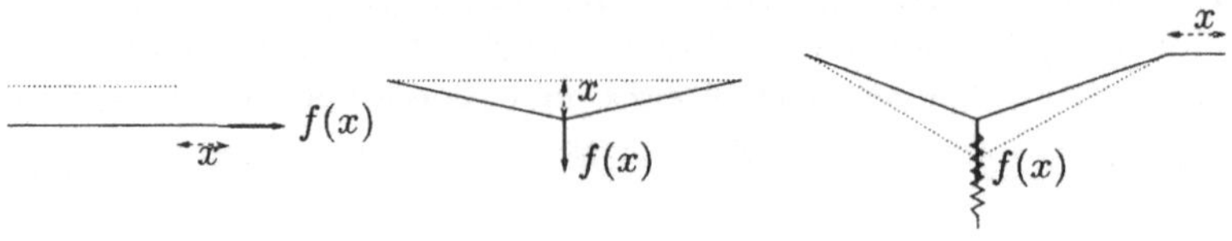

Abb. 4.7.

4.2. Lösen Sie wie Galileo die folgenden Differentialgleichungen: (a) $x'(t) = v$, (b) $x'(t) = at$, wobei v und a Konstanten sind.

4.3. Betrachten Sie die folgende Tabelle.

0	0	2	4	8	16	32	64
0	2	4	8	16	32	64	128
2	4	8	16	32	64	128	256

Erkennen Sie einen Zusammenhang zur Exponentialfunktion?

4.4. Die Fläche eines Kreises mit Radius 1 ist gleich π. Berechnen Sie untere und obere Grenzen für π, indem Sie die Kreisfläche mit den Flächen der einbeschriebenen und umbeschriebenen Vielecke vergleichen, vgl. Abb. 4.8.

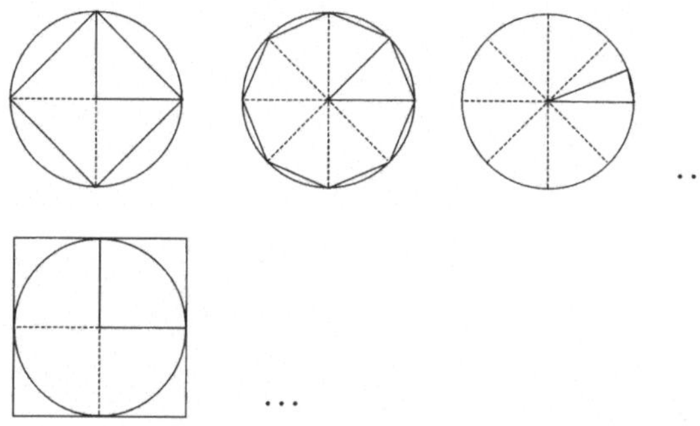

Abb. 4.8.

4.5. Lösen Sie das Mittagssuppe/Eiscreme-Problem, wobei Sie die Gleichung $2x = y + 1$ durch $x = 2y + 1$ ersetzen.

5
Natürliche und ganze Zahlen

„Aber", mögen sie sagen, „nichts davon erschüttert meinen Glauben, dass 2 plus 2 4 ergibt". Sie haben recht, außer in unwesentlichen Fällen ... und nur in unwesentlichen Fällen zweifeln sie daran, ob ein gewisses Tier ein Hund ist oder eine gewisse Länge weniger als ein Meter ist. Zwei muss zwei von irgendwas sein, und die Aussage „2 plus 2 macht 4" ist wertlos, wenn sie nicht angewendet werden kann. Zwei Hunde plus zwei Hunde sind sicherlich vier Hunde, aber es mögen Fälle vorkommen, wo sie zweifeln, ob zwei davon wirklich Hunde sind. „Na gut, aber auf jeden Fall sind es vier Tiere", mögen sie einwenden. Aber es gibt Mikroorganismen, bei denen es fraglich ist, ob sie Tiere oder Pflanzen sind. „Na gut, dann eben lebende Organismen", mögen sie einwenden. Aber es gibt Dinge, bei denen man zweifelt, ob es lebende Organismen sind oder nicht. Sie mögen mir jetzt antworten wollen: „Zwei Größen plus zwei Größen sind vier Größen". Wenn sie mir dann erklärt haben, was sie unter „Größen" verstehen, werde ich meine Argumente wiederholen. (Russell)

5.1 Einleitung

In diesem Kapitel wollen wir wiederholen, wie natürliche und ganze Zahlen konstruktiv definiert werden und wie die grundlegenden Rechenregeln, die wir in der Schule gelernt haben, bewiesen werden können. Unser Ziel ist es, ein kurzes Beispiel zu geben, wie eine mathematische Theorie aus sehr grundlegenden Tatsachen entwickelt werden kann. Wir wollen den Leser befähigen, beispielsweise seiner Großmutter zu erklären, *warum* 2 mal 3 das gleiche ergibt wie 3 mal 2. Fragen dieser Art beantworten zu können, vertieft das Verständnis von den ganzen Zahlen und ihren Rechenregeln, so dass es tiefer geht als die Tatsachen, die man in der Schule lernt, ein für allemal als gegeben zu akzeptieren. Ein wichtiger Gesichtspunkt dieses Prozesses ist es, gesichert geltende Tatsachen zu *hinterfragen*. Ein Prozess, der dem *Warum*-Fragen folgt und zu neuen Einsichten führen kann und zur Erkenntnis, dass neue Wahrheiten Alte ersetzen.

5.2   Die natürlichen Zahlen

Die *natürlichen Zahlen* wie $1, 2, 3, 4, \ldots$ sind aus unserer Erfahrung mit dem *Zählen* geläufig, wo wir bei 1 angefangen wiederholt 1 *addieren*. So ist $2 = 1 + 1$, $3 = 2 + 1 = 1 + 1 + 1$, $4 = 3 + 1 = 1 + 1 + 1 + 1$, $5 = 4 + 1 = 1 + 1 + 1 + 1 + 1$ und so weiter. Zu zählen ist eine allgegenwärtige Tätigkeit in menschlicher Gesellschaft: Wir zählen die Minuten, die wir auf den Bus warten und die Jahre unseres Lebens; die Verkäuferin zählt das Wechselgeld im Laden, der Lehrer zählt die Prüfungspunkte und Robinson Crusoe zählte die Tage, indem er Kerben in einen Baumstamm schnitzte. In all diesen Fällen steht die Einheit 1 für Unterschiedliches; Minuten und Jahre, Cents, Prüfungspunkte, Tage; aber der Vorgang des Zählens ist stets derselbe. Kinder lernen bereits sehr früh zu zählen und können etwa mit 3 bis 10 zählen. Intelligente Schimpansen können auch lernen auf 10 zu zählen. Kinder im Alter von 5 Jahren können lernen bis 100 zu zählen.

Die *Summe* $n + m$, die durch Addieren zweier natürlichen Zahlen n und m erhalten wird, ist die natürliche Zahl, die man dadurch erhält, dass Einsen zunächst n-mal und dann nochmals m-mal addiert werden. Wir nennen n und m *Summanden* der Summe $n + m$. Die Gleichheit $2 + 3 = 5 = 3 + 2$ entspricht der Tatsache, dass

$$(1 + 1) + (1 + 1 + 1) = 1 + 1 + 1 + 1 + 1 = (1 + 1 + 1) + (1 + 1).$$

Sie kann etwa mit der Beobachtung erklärt werden, dass wir 5 Kekse vertilgen können, indem wir zunächst 2 und dann 3 Kekse essen oder ebenso gut zuerst 3 Kekse verspeisen und dann 2 Kekse. Mit eben diesen Argumenten können wir das *Kommutativ-Gesetz der Addition*

$$m + n = n + m$$

beweisen, sowie das *Assoziativ-Gesetz der Addition*

$$m + (n + p) = (m + n) + p,$$

wobei m, n und p natürliche Zahlen sind.

Das *Produkt* $m \times n = mn$, das wir durch *Multiplikation* zweier natürlichen Zahlen m und n erhalten, ist diejenige natürliche Zahl, die sich ergibt, wenn wir m-mal n zu sich selbst addieren. Die Zahlen m und n eines Produkts $m \times n$ werden *Faktoren* genannt. Das *Kommutativ-Gesetz der Multiplikation*

$$m \times n = n \times m \tag{5.1}$$

besagt nichts anderes, als dass die m-malige Addition von n zu sich selbst mit der n-maligen Addition von m zu sich selbst gleich ist. Diese Tatsache lässt sich dadurch absichern, dass wir ein rechteckiges Punktraster mit m Zeilen und n Spalten zeichnen und die Gesamtzahl der $m \times n$ Punkte auf zwei Arten zählen: Als erstes summieren wir die m Punkte in jeder Spalte und addieren dann die n Spalten und als zweites summieren wir die n Punkte in jeder Zeile und addieren dann die m Zeilen, vgl. Abb. 5.1.

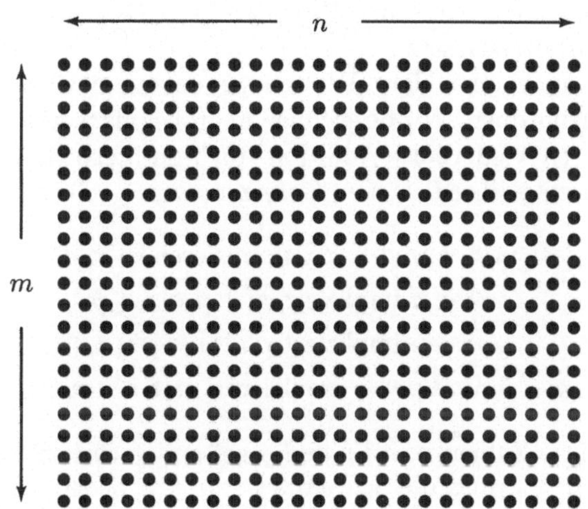

Abb. 5.1. Veranschaulichung des Kommutativ-Gesetzes der Multiplikation $m \times n = n \times m$. Wir erhalten dieselbe Summe unabhängig davon, ob wir spaltenweise oder zeilenweise zählen

Ganz ähnlich können wir das *Assoziativ-Gesetz der Multiplikation*

$$m \times (n \times p) = (m \times n) \times p \tag{5.2}$$

beweisen sowie das *Distributiv-Gesetz*, das Addition und Multiplikation verbindet

$$m \times (n + p) = m \times n + m \times p, \tag{5.3}$$

für die natürlichen Zahlen m, n und p. Beachten Sie, dass wir uns dabei an die *Konvention* halten, und Multiplikationen vor Summationen ausführen, falls dies nicht anders angedeutet ist. So bedeutet beispielsweise $2 + 3 \times 4$ $2 + (3 \times 4) = 24$ und nicht $(2 + 3) \times 4 = 20$. Um diese Konvention außer Kraft zu setzen, können wir Klammern benutzen, wie in $(2 + 3) \times 4 = 5 \times 4$. Aus (5.3) (und (5.1)) erhalten wir die nützliche Formel

$$(m + n)(p + q) = (m + n)p + (m + n)q = mp + np + mq + nq. \tag{5.4}$$

Wir definieren $n^2 = n \times n$, $n^3 = n \times n \times n$ und ganz allgemein

$$n^p = \quad n \times n \times \cdots \times n,$$
$$(p \text{ Faktoren})$$

für die natürlichen Zahlen n und p und bezeichnen n^p als die *p-te Potenz* von n oder „n hoch p". Die grundlegenden Eigenschaften

$$\left(n^p\right)^q = n^{pq}$$
$$n^p \times n^q = n^{p+q}$$
$$n^p \times m^p = (nm)^p$$

folgen direkt aus der Definition, dem Assoziativ-Gesetz der Multiplikation und dem Distributiv-Gesetz.

Wir haben auch eine klare Vorstellung davon, natürliche Zahlen der Größe nach anzuordnen. Wir bezeichnen m größer als n, geschrieben $m > n$, falls wir m durch wiederholte Addition von 1 zu n erhalten. Die Ungleichheitsrelation genügt ihren eigenen Gesetzen, wie

$$m < n \text{ und } n < p \text{ implizieren } m < p$$
$$m < n \text{ impliziert } m + p < n + p$$
$$m < n \text{ impliziert } p \times m < p \times n$$
$$m < n \text{ und } p < q \text{ implizieren } m + p < n + q,$$

die für natürliche Zahlen n, m, p und q gelten. Natürlich bedeutet $n > m$ dasselbe wie $m < n$ und die Schreibweise $m \leq n$ bedeutet, dass entweder $m < n$ oder $m = n$ gilt.

Natürliche Zahlen können mit Hilfe einer nach rechts verlängerbaren waagrechten Linie mit aufeinander folgenden Markierungen für 1, 2, 3 im Einheitsabstand dargestellt werden, vgl. Abb. 5.2. Sie wird *Zahlenstrahl* genannt. Dieser Strahl wirkt wie ein Lineal, das Punkte in nach rechts ansteigender Folge besitzt. Mit Hilfe des Zahlenstrahls können wir alle arith-

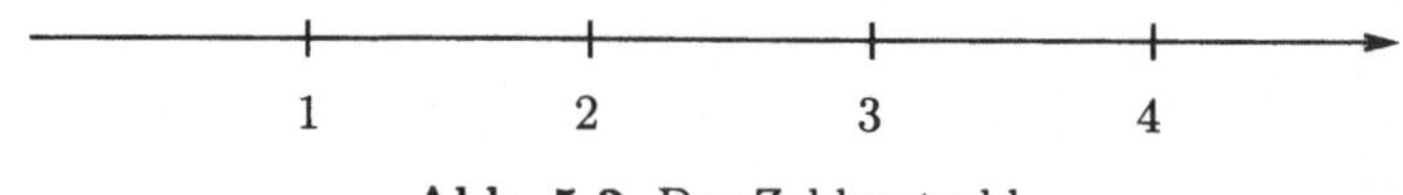

1   2   3   4

Abb. 5.2. Der Zahlenstrahl

metischen Operationen verdeutlichen. Beispielsweise bedeutet eine Addition von 1 zu einer natürlichen Zahl eine Position nach rechts zu gehen; von der Position n zu $n + 1$ und ähnlich bedeutet die Addition von p eine Verschiebung um p Einheiten nach rechts.

Wir können den Zahlenstrahl um eine Einheit nach links ausdehnen und diesen Punkt mit 0 markieren, den wir als *Null* bezeichnen. Wir können 0 als Ausgangspunkt benutzen, um durch einen Schritt nach rechts auf die Markierung 1 zu kommen. Wir können diese Operation als $0 + 1 = 1$ bezeichnen und im Allgemeinen gilt

$$0 + n = n + 0 = n \tag{5.5}$$

für jede natürliche Zahl n. Weiter definieren wir $n \times 0 = 0 \times n = 0$ und $n^0 = 1$.

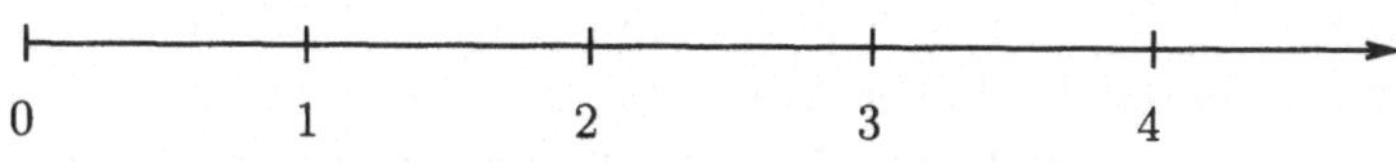

Abb. 5.3. Erweiterter Zahlenstrahl mit 0

Natürliche Zahlen als Summe von Einsen wie in $1+1+1+1+1$ oder $1+1+1+1+1+1+1+1+1$ darzustellen, d.h. wie Kerben in einen Baumstamm oder wie Perlen auf einem Faden, wird für größere Zahlen unpraktisch. Bequemer ist es, verschiedene *Stellen* zu benutzen, um natürliche Zahlen beliebiger Größe zu schreiben. In einer Zahlendarstellung zur *Basis 10* benutzen wir die Ziffern 0, 1, 2, 3, 4, 5, 6, 7, 8 und 9, um jede natürliche Zahl eindeutig als Summe von Ausdrücken der Form

$$d \times 10^p \tag{5.6}$$

auszudrücken, wobei d eine der Ziffern $0,1,2,\ldots,9$ und p eine natürliche Zahl oder 0 ist. Beispielsweise ist

$$4711 = 4 \times 10^3 + 7 \times 10^2 + 1 \times 10^1 + 1 \times 10^0.$$

Normalerweise benutzen wir eine Zahlendarstellung zur Basis 10, wobei die Basiswahl natürlich auf das Zählen mit den Fingern zurückgeht.

Zur Zahlendarstellung kann jede natürliche Zahl als Basis gewählt werden. Computer nutzen normalerweise eine *binäre* Darstellung zur Basis 2, wobei eine natürliche Zahl als Folge von Nullen und Einsen ausgedrückt wird. Beispielsweise ist die Zahl 9 gleich

$$1001 = 1 \times 2^3 + 0 \times 2^2 + 0 \times 2^1 + 1 \times 2^0. \tag{5.7}$$

Wir werden später auf dieses Thema zurückkommen.

5.3   Gibt es eine größte natürliche Zahl?

Die Erkenntnis, dass Zählen durch hinzufügen von 1 immer und immer fortgesetzt werden kann, d.h. die Erkenntnis, dass es zu jeder natürlichen Zahl n eine natürliche Zahl $n + 1$ gibt, ist ein wichtiger Schritt in der Entwicklung eines Kindes in den ersten Schuljahren. Bei jeder natürlichen

Zahl, die ich als größte natürliche Zahl bezeichnen würde, könnten Sie 1 hinzufügen und behaupten, dass diese Zahl größer sei und ich müsste wahrscheinlich zugeben, dass es keine größte natürliche Zahl geben kann. Der Zahlenstrahl lässt sich nach rechts beliebig ausdehnen.

Natürlich ist diese Vorstellung mit einer Art unbegrenztem *Gedankenexperiment* verbunden. In der Realität könnten Zeit und Raum Grenzen setzen. Gegebenenfalls ist Robinsons Baumstamm voll mit Kerben und es scheint unmöglich eine natürliche Zahl mit etwa 10^{50} Ziffern im Computer zu speichern, da die Zahl aller Atome im Universum auf eine Zahl dieser Größenordnung geschätzt wird. Die Anzahl Sterne im Universum ist wahrscheinlich endlich, obwohl wir dazu neigen, deren Zahl für grenzenlos zu halten.

Wir können daher sagen, dass es *im Prinzip* keine größte natürliche Zahl gibt, wohingegen wir *in der Praxis* höchstwahrscheinlich nie mit natürlichen Zahlen größer als 10^{100} zu tun haben. Mathematiker sind an Prinzipien interessiert und sie betonen daher gerne zuerst, was prinzipiell gilt und erst zu einem späteren Zeitpunkt, was praktisch gilt. Andere Menschen ziehen es vor, sich an die Realität zu halten. Natürlich sind Prinzipien sehr wichtig und nützlich, aber man sollte nie aus den Augen verlieren, was prinzipiell wahr und was tatsächlich wahr ist.

Die Vorstellung, dass es prinzipiell keine größte natürliche Zahl geben kann, ist eng mit dem Begriff der *Unendlichkeit* verknüpft. Wir können sagen, dass es *unendlich viele* natürlich Zahlen gibt oder dass die *Menge der natürlichen Zahlen unendlich groß* ist, in der Hinsicht, dass wir immer weiter zählen können oder beliebig oft aufhören können; es ist immer möglich, woanders aufzuhören und wiederum 1 hinzuzufügen. Mit dieser Vorstellung ist es nicht so schwer, die Unendlichkeit in den Griff zu bekommen; sie bedeutet einfach, dass wir nie an ein Ende kommen. Unendlich viele Schritte bedeutet, dass wir unabhängig von der Zahl der Schritte, die wir schon gemacht haben, die *Möglichkeit* haben einen weiteren Schritt zu tun. Es gibt keine Grenzen oder Beschränkungen. Unendlich viele Kekse zu haben bedeutet, dass wir immer wieder einen Keks nehmen können, *wann immer wir wollen und unabhängig davon, wie viele Kekse wir schon gegessen haben*. Die Möglichkeit scheint realistischer (und angenehmer) als tatsächlich unendlich viele Kekse zu essen.

5.4   Die Menge ℕ aller natürlichen Zahlen

Wir können die *Menge* $\{1, 2, 3, 4, 5\}$, bestehend aus den ersten fünf natürlichen Zahlen $1, 2, 3, 4, 5$ leicht begreifen. Dies kann man durch Hinschreiben der Zahlen $1, 2, 3, 4$ und 5 auf ein Blatt Papier erreichen und die Zahlen als Einheit betrachten wie eine Telefonnummer. Wir können sogar die Menge $\{1, 2, \ldots, 100\}$ der ersten 100 natürlichen Zahlen $1, 2, 3, \ldots, 99, 100$ auf die gleiche Weise begreifen. Wir können auch einzelne große Zahlen begreifen; beispielsweise können wir die Zahl 1.000.000.000 begreifen, indem wir uns vorstellen, was wir für 1.000.000.000 Euro kaufen könnten. Wir fühlen uns auch bei dem Gedanken wohl, dass wir prinzipiell zu jeder natürlichen Zahl 1 hinzufügen können. Wir könnten sogar zustimmen, mit N alle natürlichen Zahlen zu bezeichnen, die wir erhalten, indem wir immer wieder 1 hinzufügen.

Wir können uns N als die *Menge der möglichen natürlichen Zahlen* denken, wobei klar ist, dass sich diese Menge immer im Bau befindet und nie wirklich fertig werden kann. Es ist wie beim Hochbau, wo ständig neue Geschäfte oben hinzugefügt werden können ohne eine Begrenzung durch das Stadtbauamt oder die Statik. Wir verstehen, dass N eher eine Möglichkeit verkörpert als etwas Existierendes, so wie wir es oben ausgeführt haben.

Die Definition von N als die Menge der möglichen natürlichen Zahlen ist etwas vage, weil der Ausdruck „möglich" etwas vage ist. Wir sind daran gewohnt, dass etwas, das für Sie möglich ist, für mich unmöglich sein kann und umgekehrt. Wessen „möglich" ist das gültige? Hiermit wollen wir die Tür für jedermann einen Spalt offen lassen, um sich eine eigene Vorstellung von N, als der Menge der individuell „möglichen natürlichen Zahlen", zu machen.

Wenn wir mit der zugegeben Unbestimmtheit der Vorstellung von N, als der „Menge *aller möglichen* natürlichen Zahlen", nicht glücklich sind, können wir stattdessen nach einer Definition der „Menge *aller* natürlichen Zahlen", die allgemeiner wäre, suchen. Natürlich würde jeder Versuch diese Menge zu zeigen, indem man alle natürlichen Zahlen auf ein Blatt Papier schreibt, jäh durch die Realität unterbrochen werden. Dieser Möglichkeit beraubt, auch prinzipiell, stellt sich die Frage, ob wir bezüglich der Bedeutung von N als „die Menge aller natürlichen Zahlen" eine Hilfe von einer Art „Big Brother" erhalten können.

Die Vorstellung einer universellen Big Brother Definition für schwierige mathematische Begriffe, die die Unendlichkeit in einer oder einer anderen Art beinhalten, wie beispielsweise N, wuchs stark gegen Ende des 19. Jahrhunderts. Der Kopf dieser Schule war Cantor, der eine vollständig neue Theorie aufstellte, die sich mit unendlichen Mengen und unendlichen Zahlen beschäftigte. Cantor glaubte, die Menge der natürlichen Zahlen als eine einzige vollständige Größe zu begreifen, um daraus weitere Mengen mit noch größerem Ausmaß an Unendlichkeit zu konstruieren. Cantors Arbeiten hatten tief greifenden Einfluss auf die Sicht der Unendlichkeit in der Mathematik, aber seine Theorien über unendliche Mengen wurden nur von wenigen verstanden und von noch wenigeren verwendet. Was heute übrig geblieben ist von Cantors Werk, ist der feste Glaube bei einer Mehrzahl von Mathematikern, dass die Menge aller natürlichen Zahlen als ein eindeutig definiertes vollständiges Wesen betrachtet werden kann, das mit N bezeichnet wird. Eine Minderheit von Mathematikern, Anhänger des Konstruktivismus angeführt von Kronecker, haben sich Cantors Ideen widersetzt und stellen sich ℕ eher etwas unbestimmt definiert vor, als die Menge aller möglichen natürlichen Zahlen, wie wir das oben vorgeschlagen haben.

Das Resultat scheint zu sein, dass es keine Übereinstimmung über die Definition von ℕ gibt. Welche Interpretation von ℕ Sie bevorzugen, bleibt Ihnen, wie bei einer Religion, alleine überlassen. Eine gewisse Zweideutigkeit bleibt bei dieser Bezeichnung haften. Das spiegelt wider, dass wir *Namen* für Dinge benutzen, die wir nicht vollständig begreifen, wie *die Welt, Seele, Liebe, Jazzmusik, Ego, Glück* etc. Wir alle haben unsere eigene Vorstellung von der Bedeutung dieser Worte.

Wir persönlich neigen zur Vorstellung von ℕ als die „Menge aller möglichen natürlichen Zahlen". Zugegebenermaßen ist das etwas vage (aber ehrlich) und diese Unbestimmtheit scheint keine Probleme bei unserer Arbeit zu erzeugen.

5.5 Ganze Zahlen

Wenn wir die Addition einer natürlichen Zahl p mit einer Bewegung um p Einheiten auf dem Zahlenstrahl nach rechts assoziieren, können wir die *Subtraktion* von p als Bewegung um p Einheiten nach links einführen. Bei dem Bild von Keksen in einer Schachtel können wir uns die Addition so vorstellen, dass wir Kekse entsprechend in die Schachtel legen und bei der Subtraktion nehmen wir Kekse heraus. Wenn wir beispielsweise 12 Kekse in der Schachtel haben und 7 davon aufessen, wissen wir, dass 5 übrig bleiben. Die 12 Kekse kamen ursprünglich in die Schachtel, weil einzelne Kekse in die Schachtel gelegt wurden und wir können Kekse herausnehmen oder subtrahieren, indem wir sie einzeln wieder aus der Schachtel nehmen. Mathematisch schreiben wir das als $12 - 7 = 5$, was eine andere Schreibweise für $5 + 7 = 12$ ist.

Bei der Subtraktion treffen wir sofort auf eine Komplikation, die wir bei der Addition nicht vorfanden. Während die Summe $n + m$ zweier natürlichen Zahlen immer eine natürliche Zahl ergibt, ist die Differenz $n - m$ nur dann eine natürliche Zahl, wenn $m < n$ gilt. Beispielsweise treffen wir auf die Differenz $12 - 15$, wenn wir aus der Schachtel mit 12 Keksen 15 herausnehmen wollen. Derartige Situationen geschehen häufiger. Wenn wir uns einen Titaniumfahrradrahmen zu 2500 Euro kaufen wollen, aber nur 1500 Euro auf der Bank haben, wissen wir, dass wir uns 1000 Euro leihen müssen. Diese 1000 Euro sind eine Schuld und kein positiver Betrag bei unseren Spareinlagen und somit keine natürliche Zahl.

Um solche Situationen behandeln zu können, *erweitern* wir die natürlichen Zahlen $1, 2, 3, \ldots$ um die negativen Zahlen $-1, -2, -3, \ldots$ zusammen mit 0. Das Ergebnis ist die Menge der *ganzen Zahlen*

$$\mathbb{Z} = \{\cdots, -3, -2, -1, 0, 1, 2, 3, \cdots\} = \{0, \pm 1, \pm 2, \pm 3, \cdots\}.$$

Wir sagen zu 1, 2, 3, ..., *positive ganze Zahlen* und zu -1, -2, -3,... *negative ganze Zahlen*. Bildlich stellen wir uns vor, dass der Zahlenstrahl der natürlichen Zahlen nach links erweitert wird und wir markieren den Punkt links von 0 im Abstand einer Einheit mit -1 und so weiter. So erhalten wir die Zahlengerade, vgl. Abb. 5.4.

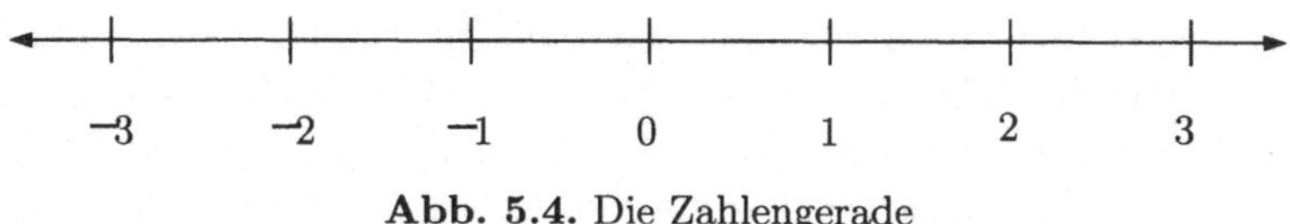

Abb. 5.4. Die Zahlengerade

Wir können die Summe $n + m$ zweier ganzer Zahlen n und m folgendermaßen als Ergebnis der Addition von m zu n definieren. Sind n und m natürliche Zahlen oder positive ganze Zahlen, dann erhalten wir $n + m$ wie üblich, indem wir bei 0 beginnen, zunächst n Einheiten nach rechts und dann nochmals m Einheiten nach rechts gehen. Ist n positiv und m negativ, dann erhalten wir $n + m$, indem wir bei 0 anfangen, uns n Einheiten nach rechts und dann m Einheiten nach links bewegen. Ganz ähnlich ist es, wenn n negativ und m positiv ist. Wir beginnen bei 0, bewegen uns n Einheiten nach links und dann m Einheiten nach rechts und erhalten so $n + m$. Schließlich erhalten wir die Summe $n + m$ zweier negativer Zahlen n und m, indem wir bei 0 beginnend zunächst n Einheiten nach links und dann m weitere Einheiten nach links gehen. Bei der Addition von 0 bewegen wir uns weder nach rechts noch nach links und somit gilt $n + 0 = n$ für alle ganzen Zahlen n. Jetzt haben wir die Addition von den natürlichen Zahlen auf die ganzen Zahlen übertragen.

Als nächstes wollen wir die *Subtraktion* definieren. Dazu einigen wir uns zunächst darauf, dass wir mit $-n$ die ganze Zahl bezeichnen, die ein umgekehrtes Vorzeichen als die ganze Zahl n hat. Somit gilt für jede ganze Zahl n, dass $-(-n) = n$, da ein zweimal umgekehrtes Vorzeichen wieder das Ausgangsvorzeichen ergibt, und $n + (-n) = (-n) + n = 0$, wobei wir daran denken, dass eine Bewegung von n Einheiten vorwärts und rückwärts, beginnend bei 0, wieder bei 0 endet. Jetzt definieren wir $n - m = -m + n = n + (-m)$, was wir m abziehen (*subtrahieren*) von n nennen. Wir erkennen, dass die Subtraktion von m von n das gleiche ist, wie die Addition von $-m$ zu n.

Schließlich müssen wir noch die Multiplikation auf ganze Zahlen übertragen. Um eine Vorstellung zu bekommen, wie wir das am besten machen, multiplizieren wir als Richtschnur zunächst die Gleichung $n + (-n) = 0$, in der n eine natürliche Zahl ist, mit der natürlichen Zahl m. Wir erhalten $m \times n + m \times (-n) = 0$, d.h. $m \times (-n) = -(m \times n)$, da ja $m \times n + (-(m \times n)) = 0$ gilt. Das führt uns zur Definition $m \times (-n) = -(m \times n)$ für positive ganze Zahlen m und n und analog $(-n) \times m = -(n \times m)$. Beachten Sie, dass mit dieser Definition $-n \times m$, sowohl $(-n) \times m$ als auch $-(n \times m)$ bedeuten kann. Speziell erhalten wir $(-1) \times n = -n$ für die positive ganze Zahl n. Um schließlich das Produkt $(-n) \times (-m)$ für positive ganze Zahlen n und m zu definieren, multiplizieren wir die Gleichungen $n+(-n) = 0$ und $m+(-m) = 0$ und erhalten so $n \times m + n \times (-m) + (-n) \times m + (-n) \times (-m) = 0$, was uns zur Gleichung $-n \times m + (-n) \times (-m) = 0$ führt, d.h. $(-n) \times (-m) = n \times m$. Diese Gleichung nehmen wir nun als Definition für das Produkt zweier negativer Zahlen $(-n)$ und $(-m)$. Speziell gilt $(-1) \times (-1) = 1$. Jetzt haben wir das Produkt zweier beliebiger ganzer Zahlen definiert (natürlich soll $n \times 0 = 0 \times n = 0$ für jede beliebige ganze Zahl n gelten).

Zusammenzufassend haben wir die Addition und die Multiplikation ganzer Zahlen definiert und können nun alle vertrauten Regeln für die Rechnung mit ganzen Zahlen überprüfen, wie das Kommutativ-, Assoziativ- und Distributiv-Gesetz, die wir oben für die natürlichen Zahlen formuliert haben.

Beachten Sie, dass wir auch sagen könnten, dass wir die negativen Zahlen $-1, -2, \ldots$ aus den natürlichen Zahlen $1, 2, \ldots$ durch eine Spiegelung an 0 *konstruiert* haben, wobei jede natürliche Zahl n zum Spiegelbild $-n$ wird. Somit könnten wir auch sagen, dass wir die Zahlengerade durch Spiegelung an 0 aus dem Zahlenstrahl *konstruiert* haben. Kronecker sagt, dass die natürlichen Zahlen von Gott gegeben sind und dass alle anderen Zahlen wie die negativen ganzen Zahlen von Menschen konstruiert seien.

Eine andere Möglichkeit $-n$ für eine natürliche Zahl n zu konstruieren oder zu definieren, bietet die Vorstellung von $-n$ als Lösung $x = -n$ der Gleichung $n + x = 0$, da ja $n + (-n) = 0$, oder genauso gut als Lösung von $x + n = 0$, da $(-n) + n = 0$. Diese Vorstellung ist leicht von n auf $-n$ übertragbar, d.h. auf die negativen ganzen Zahlen, indem wir $-(-n)$ als Lösung von $x + (-n) = 0$ betrachten. Da $n + (-n) = 0$, schließen wir mit der vertrauten Formel $-(-n) = n$. Zusammenzufassend können wir $-n$ als Lösung der Gleichung $x + n = 0$ für jede ganze Zahl n betrachten.

Des weiteren können wir die Ordnungsrelationen von den natürlichen Zahlen zu allen Zahlen in $\mathbb{Z}$ übertragen, indem wir $m < n$ sagen, wenn m links von n auf der Zahlengerade liegt, d.h. wenn m negativ und n positiv oder 0 ist oder n negativ ist aber $-m > -n$ gilt. Diese Ordnungsrelation ist ein bisschen verwirrend, weil wir beispielsweise -1000 für sehr viel größer halten als -10. Dennoch schreiben wir $-1000 < -10$, was besagt, dass -1000 kleiner ist als -10. Was uns fehlt, ist ein Maß für die *Größe* einer Zahl, ohne Rücksicht auf das Vorzeichen. Das ist das Thema im folgenden Abschnitt.

5.6 Absolutwert und Abstand zwischen Zahlen

Wie oben angedeutet, kann eine Diskussion zur *Größe* einer Zahl, ohne Rücksicht auf das Vorzeichen, nützlich sein. Aus diesem Grund definieren wir den *Absolutwert* $|p|$ der Zahl p durch

$$|p| = \begin{cases} p, & p \geq 0 \\ -p, & p < 0. \end{cases}$$

Beispielsweise ist $|3| = 3$ und $|-3| = 3$. Somit misst, wie gewünscht $|p|$ die *Größe* einer Zahl p, ohne Rücksicht auf das Vorzeichen. Beispielsweise ist $|-1000| > |-10|$.

Oft sind wir am Unterschied zweier Zahlen p und q interessiert, wobei uns in erster Linie die *Größe* des Unterschieds und nicht das Vorzeichen interessiert, d.h. wir suchen $|p - q|$ als den *Abstand* der beiden Zahlen auf der Zahlengeraden.

Beispielsweise wollen wir eine Türzarge kaufen und messen dafür mit dem Metermaß die eine Seite der Türöffnung mit 2 cm und die andere mit 82 cm. Natürlich gehen wir nicht in den Baumarkt und fragen den Verkäufer nach einer Türzarge die bei 2 cm anfängt und bei 82 cm aufhört. Stattdessen werden wir dem Verkäufer nur sagen, dass wir $82 - 2 = 80$ cm brauchen. Hier ist 80 der Abstand zwischen 82 und 2. Wir definieren den *Abstand* zweier ganzer Zahlen p und q als $|p - q|$.

Indem wir den Absolutwert benutzen, stellen wir sicher, dass der Abstand zwischen p und q derselbe ist wie der Abstand zwischen q und p, beispielsweise $|5 - 2| = |2 - 5|$.

In diesem Buch werden wir oft mit Ungleichheiten zwischen Absolutwerten zu tun haben. Wir geben ein Beispiel, das jedem Studierenden am Herzen liegt.

Beispiel 5.1. Angenommen, dass wir ein „Gut" geben, falls Studierende bei insgesamt 100 Punkten um maximal 5 Punkte von 79 abweichen und wir eine Punkteliste für diese Note erstellen wollen. Diese beinhaltet alle Punkte x, die einen Abstand von maximal 5 von 79 haben, was sich als

$$|x - 79| \leq 5 \tag{5.8}$$

formulieren lässt. Dabei gibt es zwei Fälle: $x < 79$ und $x \geq 79$. Ist $x \geq 79$, dann ist $|x - 79| = x - 79$ und (5.8) wird zu $x - 79 \leq 5$ oder $x \leq 84$. Ist dagegen $x < 79$, so ist $|x - 79| = -(x - 79)$ und (5.8) bedeutet $-(x - 79) \leq 5$, bzw. $(x - 79) \geq -5$ oder $x \geq 74$. Verwenden wir diese Ergebnisse, so haben wir $79 \leq x \leq 84$ als eine Möglichkeit und $74 \leq x < 79$ als weitere Möglichkeit, oder anders formuliert $74 \leq x \leq 84$.

Ganz allgemein haben wir bei $|x| < b$ die zwei Möglichkeiten $-b < x < 0$ und $0 \leq x < b$, was bedeutet, dass $-b < x < b$ gilt. Eigentlich können wir beide Fälle zur gleichen Zeit lösen.

Beispiel 5.2. $|x - 79| \leq 5$ bedeutet, dass

$$\begin{array}{ccccc}
-5 & \leq & x - 79 & \leq & 5 \\
74 & \leq & x & \leq & 84.
\end{array}$$

Um $|4 - x| \leq 18$ zu lösen, schreiben wir

$$\begin{array}{ccccl}
-18 & \leq & 4 - x & \leq & 18 \\
18 & \geq & x - 4 & \geq & -18 \;\; \textit{(Achtung, geändert!)} \\
22 & \geq & x & \geq & -14
\end{array}$$

Beispiel 5.3. Um die folgende Ungleichung für x

$$|x - 79| \geq 5 \tag{5.9}$$

zu lösen, nehmen wir zunächst an, dass $x \geq 79$ gilt, wodurch (5.9) zu $x - 79 \geq 5$, bzw. $x \geq 84$ wird. Ist dagegen $x \leq 79$, wird (5.9) zu $-(x - 79) \geq 5$ oder $(x - 79) \leq -5$ bzw. $x \leq -74$. Die Antwort ist folglich, dass alle x, für die $x \geq 84$ oder $x \leq 74$ gilt, die Ungleichung (5.9) lösen.

Zum Abschluss möchten wir daran erinnern, dass die Multiplikation einer Ungleichung mit einer negativen Zahl wie (-1) die Ungleichung umkehrt:

$$m < n \quad \text{impliziert} \quad -m > -n.$$

5.7 Division mit Rest

Wir definieren die *Division mit Rest* einer natürlichen Zahl n durch eine andere natürliche Zahl m mit $n > m$ als den Vorgang, die nicht negativen ganzen Zahlen p und $r < m$ zu berechnen, so dass $n = pm + r$ gilt. Die eindeutige Existenz von p und r ergibt sich dadurch, dass wir die Folge natürlicher Zahlen $m, 2m, 3m, \ldots$ betrachten und feststellen, dass es ein eindeutiges p gibt, so dass $pm \leq n < (p+1)m$, vgl. Abb. 5.5.

$$m = 5 \text{ und } n = pm + r \text{ mit } r = 2 < m$$

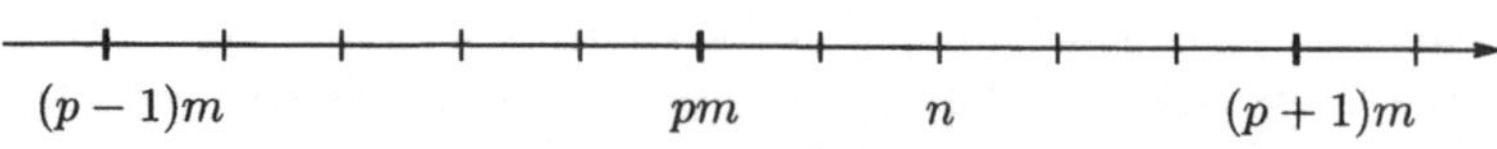

Abb. 5.5. Veranschaulichung von $pm \leq n < (p+1)m$

Indem wir $r = n - pm$ setzen, erhalten wir die gesuchte Darstellung $n = pm + r$, wobei $0 \leq r < m$ gilt. Wir nennen r den *Rest* der Division von n durch m. Ist der Rest Null, erhalten wir eine *Faktorisierung* $n = pm$ von n als das Produkt der *Faktoren* p und m.

Wir können das richtige p bei der Division mit Rest von n durch m durch wiederholte Subtraktion von m erhalten. Zum Beispiel können wir bei $n = 63$ und $m = 15$ schreiben

$$63 = 15 + 48$$
$$63 = 15 + 15 + 33 = 2 \times 15 + 33$$
$$63 = 3 \times 15 + 18$$
$$63 = 4 \times 15 + 3,$$

und erhalten so $p = 4$ und $r = 3$.

Eine systematischere Vorgehensweise für die Division mit Rest ist der *Divisionsalgorithmus*, wie er in der Schule beigebracht wird. Wir haben hier zwei Beispiele ($63 = 4 \times 15 + 3$ und $2418610 = 19044 \times 127 + 22$) in Abb. 5.6.

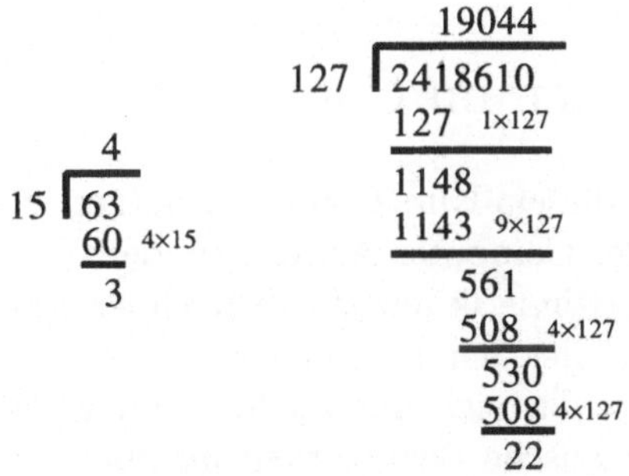

Abb. 5.6. Zwei Beispiele der Schuldivision

5.8 Zerlegung in Primzahlen

Ein *Teiler* einer natürlichen Zahl n ist eine natürliche Zahl m, mit der sich n ohne Rest teilen lässt, d.h. $n = pm$ mit einer natürlichen Zahl p. Zum Beispiel sind sowohl 2 als auch 3 Teiler von 6. Jede natürliche Zahl n hat die Teiler n und 1, da $1 \times n = n$. Eine natürliche Zahl n wird *Primzahl* genannt, wenn sie nur die Teiler 1 und n hat. Die ersten Primzahlen (ohne die 1, da solche Teiler nicht von großem Interesse sind) sind $2, 3, 5, 7, 11, \ldots$. Die einzige gerade Primzahl ist 2. Angenommen, wir haben die natürliche Zahl n und suchen zwei Teiler $n = pq$. Dazu gibt es zwei Möglichkeiten: Entweder sind die einzigen Teiler 1 und n, d.h. n ist Primzahl oder wir finden zwei Teiler p und q, von denen keiner 1 oder n ist. Es ist übrigens einfach, ein Programm zu schreiben, um alle Teiler einer natürlichen Zahl n zu finden, indem systematisch n durch alle natürlichen Zahlen kleiner als n geteilt wird. Im zweiten Fall müssen sowohl p als auch q kleiner als

n sein. Tatsächlich genügt sogar $p \leq n/2$ und $q \leq n/2$, da der kleinste mögliche Teiler ungleich 1 die 2 ist. Wir können das Spiel fortsetzen und p und q weiter faktorisieren. Entweder sind die Zahlen Primzahlen oder wir können sie in kleinere natürliche Zahlen faktorisieren. Dann wiederholen wir das Ganze mit den kleineren Teilern. Dieser Vorgang wird schließlich beendet sein, da n endlich ist und die Teiler bei jedem Schritt nicht größer als halb so groß wie die Teiler beim vorangehenden Schritt sein können. Wenn der Vorgang beendet ist, haben wir n in ein Produkt von Primzahlen *zerlegt*. Diese Zerlegung ist abgesehen von der Reihenfolge eindeutig. Eine Konsequenz der Zerlegung in Primzahlen ist die folgende Tatsache: Angenommen, wir wüssten, dass 2 ein Teiler von n ist. Ist $n = pq$ irgendeine Faktorisierung von n, so folgt, dass mindestens einer der Teiler p und q durch 2 teilbar sein muss. Dasselbe gilt für die Primzahlen 3,5,7 etc., d.h. für jede Primzahl.

5.9 Ganze Zahlen im Computer

Da wir begleitend zu diesem Kurs Computer nutzen werden, müssen wir einige Eigenschaften der Computer-Arithmetik deutlich machen. Wir unterscheiden dabei die Arithmetik auf einem Rechner von der „theoretischen" Arithmetik, die wir in der Schule lernen.

Das Grundproblem das sich uns stellt, wenn wir einen Computer benutzen, ist die physikalische Begrenztheit an Speicher. Ein Rechner muss Zahlen auf einem physikalischen Gerät speichern, das nicht „unendlich" sein kann. Daher *kann ein Rechner nur eine endliche Anzahl von Zahlen darstellen.* Jede Programmiersprache hat eine endliche Grenze für die Zahlen, die sie darstellen kann. Im Allgemeinen haben Programmiersprachen INTEGER und LONG INTEGER Datentypen, wobei eine INTEGER Zahl eine ganze Zahl im Bereich $-32768, -32767, \ldots, 32767$ sein kann; das sind die Zahlen die in 2 Byte Platz finden. Ein LONG INTEGER Datentyp ist eine ganze Zahl im Bereich $-2147483648, -2147483647, \ldots, 2147483647$, die 4 Byte Platz benötigt (ein „Byte" Speicher besteht aus 8 „Bits", die jedes entweder eine 0 oder eine 1 speichern können). Das kann ernste Konsequenzen haben, wie jeder sofort herausfindet, der eine Schleife programmiert, in der ein ganzzahliger Index über die angegebenen Grenzen hinausgeht. Vor allem können wir nicht prüfen, ob eine Behauptung für alle ganzen Zahlen Gültigkeit hat, indem wir mit dem Computer alle möglichen Fälle testen.

Aufgaben zu Kapitel 5

5.1. Nennen Sie fünf Situationen in Ihrem Leben, in denen Sie zählen. Was ist dabei die Einheit „1"?

5.2. Nutzen Sie den Zahlenstrahl, um folgende Gleichungen zu interpretieren und zu beweisen: (a) $x + y = y + x$ und (b) $x + (y + z) = (x + y) + z$. Diese gelten für alle natürlichen Zahlen x, y und z.

5.3. Benutzen Sie (zwei- und dreidimensionale) Punktemuster, um Folgendes zu interpretieren und zu beweisen: (a) das Distributiv-Gesetz der Multiplikation $m \times (n + p) = m \times n + m \times p$ und (b) das Assoziativ-Gesetz $(m \times n) \times p = m \times (n \times p)$.

5.4. Benutzen Sie die Definition von n^p für natürliche Zahlen n und p, um zu beweisen, dass (a) $(n^p)^q = n^{pq}$ und (b) $n^p \times n^q = n^{p+q}$ für natürliche Zahlen n, p, q gilt.

5.5. Beweisen Sie, dass $m \times n = 0$ nur dann gilt, wenn $m = 0$ oder $n = 0$ für natürliche Zahlen m und n gilt. Welche Bedeutung hat *oder* dabei? Beweisen Sie, dass für $p \neq 0, p \times m = p \times n$ genau dann gilt, wenn $m = n$ ist. Was ist, wenn $p = 0$ ist?

5.6. Zeigen Sie mit Hilfe von (5.4), dass für ganze Zahlen n und m gilt:

$$\begin{aligned} (n + m)^2 &= n^2 + 2nm + m^2 \\ (n + m)^3 &= n^3 + 3n^2 m + 3nm^2 + m^3 \\ (n + m)(n - m) &= n^2 - m^2. \end{aligned} \qquad (5.10)$$

5.7. Benutzen Sie die Zahlengerade, um die vier möglichen Fälle bei der Definition von $n + m$ für ganze Zahlen n und m zu veranschaulichen.

5.8. Teilen Sie (a) 102 durch 18, (b) -4301 durch 63 und (c) 650912 durch 309 nach der Schuldivisionsmethode.

5.9. (a) Finden Sie alle natürlichen Zahlen, die 40 ohne Rest teilen. (b) Wiederholen Sie das Gleiche für 80.

5.10. (*Abstrakt*) Benutzen Sie die Schuldivisionsmethode, um zu zeigen, dass

$$\frac{a^3 + 3a^2 b + 3ab^2 + b^3}{a + b} = a^2 + 2ab + b^2.$$

5.11. (a) Schreiben Sie eine *MATLAB*$^{©}$ Funktion, die testet, ob eine vorgegebene natürliche Zahl n Primzahl ist. Hinweis: Teilen Sie n systematisch durch alle kleineren natürlichen Zahlen zwischen 2 und $n/2$, um festzustellen, ob sie Teiler von n sind. Erklären Sie, weswegen es genügt, bis $n/2$ zu testen. (b) Benutzen Sie diese Funktion für eine *MATLAB*$^{©}$ Funktion, die alle Primzahlen kleiner als ein vorgegebenes n findet. (c) Geben Sie alle Primzahlen kleiner als 1000 an.

5.12. Finden Sie für die folgenden ganzen Zahlen die Primzahlzerlegung; (a) 60, (b) 96, (c) 112 und (d) 129.

5.13. Finden Sie zwei natürliche Zahlen p und q, so dass pq den Teiler 4 enthält, aber weder p noch q durch 4 teilbar sind. Das bedeutet, dass aus der Tatsache, dass eine natürliche Zahl m Teiler eines Produkts $n = pq$ ist, nicht gefolgert werden kann, dass m Teiler einer der Zahlen p oder q ist. Warum widerspricht das nicht der Tatsache, dass wenigstens einer der Zahlen p oder q durch 2 teilbar sein muss, wenn das Produkt pq durch 2 teilbar ist?

5.14. Finden Sie die *ungültigen* Aussagen

$$a < b \text{ impliziert } a - c < b - c$$
$$(a + b)^2 = a^2 + b^2$$
$$\big(c(a + b)\big)^2 = c^2(a + b)^2$$
$$ac < bc \text{ impliziert } a < b$$
$$a - b < c \text{ impliziert } a < c + b$$
$$a + bc = (a + b)c$$

Finden Sie für jedes Beispiel Zahlen, die die Ungültigkeit der Aussage beweisen.

5.15. Lösen Sie die folgenden Ungleichungen:

$$\text{(a) } |2x - 18| \leq 22 \qquad \text{(b) } |14 - x| < 6$$

$$\text{(c) } |x - 6| > 19 \qquad \text{(d) } |2 - x| \geq 1$$

5.16. Weisen Sie nach, dass die folgenden Aussagen für beliebige ganze Zahlen a, b und c richtig sind: (a) $|a^2| = a^2$, (b) $|a|^2 = a^2$, (c) $|ab| = |a||b|$, (d) $|a+b| \leq |a|+|b|$, (e) $|a - b| \leq |a| + |b|$, (f) $|a + b - c| \leq |a| + |b| + |c|$, (g) $|a| \leq |a - b| + |b|$ und (h) $|a| - |b| \leq |a - b|$

5.17. Zeigen Sie, dass sich die Ungleichungen (e)-(h) in Aufgabe 5.16 aus (d) ergeben, wenn Sie berücksichtigen, dass $|a| = |-a|$ für jede ganze Zahl a gilt.

5.18. Schreiben Sie ein kleines Programm in einer Programmiersprache Ihrer Wahl, das die größte Zahl findet, die in der Sprache darstellbar ist. Hinweis: Normalerweise geschieht einer der folgenden zwei Möglichkeiten, wenn Sie versuchen einer ganze Zahl einen zu großen Wert zuzuweisen: Entweder bekommen Sie eine Fehlermeldung, oder der Rechner gibt der Variablen einen negativen Wert.

6
Mathematische Induktion

Traditionell stehen Anhänger der Induktion und der Deduktion in
Opposition zueinander. Meiner Meinung nach ist das so vernünftig,
als ob die beiden Enden eines Wurms sich stritten. (Whitehead)

6.1 Induktion

Carl Friedrich Gauss (1777–1885), der auch Prinz der Mathematik genannt
wurde, ist einer der größten Mathematiker aller Zeiten. Zusätzlich zu einer unglaublichen Fähigkeit zu rechnen (was im 19. Jahrhundert besonders wichtig war) und einer unübertroffenen Fähigkeit mathematisch zu
beweisen, hatte Gauss eine erfinderische Vorstellungskraft und ein pausen-
loses Interesse an der Natur. Ihm gelangen wichtige Entdeckungen in einem
atemberaubend breiten Bereich in reiner und angewandter Mathematik. Er
war auch ein Pionier im Sinne eines Baumeisters, der sich tief in viele der
bis dahin akzeptierten mathematischen Wahrheiten eingrub, um wirklich
zu verstehen, was jedermann für wahr „hielt". Vielleicht ist die einzige wirklich unglückselige Seite von Gauss, dass er seine Arbeit nur sehr spärlich
dokumentierte und viele Mathematiker, die ihm folgten, waren dazu verurteilt, Dinge neu zu erfinden, die er bereits wusste.

Die folgende Geschichte wird über Gauss im Alter von 10 Jahren in
der Schule berichtet. Sein altmodischer Arithmetiklehrer wollte vor seinen
Schülern angeben, indem er sie bat, viele aufeinander folgende Zahlen von
Hand zu addieren. Der Lehrer wusste (aus einem Buch), dass dies einfach

und genau durch die folgende nette Formel geleistet wird:

$$1 + 2 + 3 + \cdots + (n-1) + n = \frac{n(n+1)}{2}. \qquad (6.1)$$

Dabei bedeutet „$\cdots$", dass wir alle natürlichen Zahlen zwischen 1 und n addieren. Mit Hilfe dieser Formel können die $n - 1$ Additionen auf der rechten Seite durch eine Multiplikation und eine Division ersetzt werden, was eine beträchtliche Arbeitsersparnis ist, besonders dann, wenn man für die Rechnung auf eine Schiefertafel und einen Griffel angewiesen ist.

Der Lehrer stellte der Klasse die Aufgabe, die Summe $1 + 2 + \cdots + 99$ zu berechnen, aber bereits kurz darauf meldete sich Gauss und legte seine Schiefertafel mit der richtigen Antwort (4950) auf das Lehrerpult, während der Rest der Klasse noch mit den Anfängen kämpfte. Wie brachte es der junge Gauss fertig, die Summe so schnell zu berechnen? Kannte er bereits die nette Formel (6.1)? Natürlich nicht, aber er leitete sie mit den folgenden klugen Argumenten sofort her: Um die Summe $1 + 2 + \cdots + 99$ zu bilden, gruppieren wir die Zahlen paarweise wie folgt:

$$1 + \cdots + 99$$
$$= (1 + 99) + (2 + 98) + (3 + 97) + \cdots (49 + 51) + 50$$
$$= 49 \times 100 + 50 = 49 \times 2 \times 50 + 50 = 99 \times 50,$$

was mit der Formel (6.1) für $n = 99$ übereinstimmt. Mit dieser Argumentation lässt sich die Gültigkeit von (6.1) für jede natürliche Zahl n beweisen.

Ein moderner Lehrer, der nicht angeben muss, könnte die Formel (6.1) anschreiben und die Schüler bitten, sie etwa für $n = 99$ anzuwenden, und sie dann nach Hause schicken, um den Trick bei ihren Eltern zu probieren.

Wir wollen uns jetzt dem Problem stellen, die Gültigkeit der Formel (6.1), da wir sie jetzt kennen, für jede natürliche Zahl n zu beweisen. Angenommen, wir seien nicht so schlau wie Gauss und kämen nicht auf die Idee, wie oben gezeigt, die Zahlen paarweise zu betrachten. Wir sind also gefragt, die Richtigkeit einer Formel zu *prüfen*, und diese nicht erst zu *finden* und dann ihre Gültigkeit zu beweisen. Dies ist wie in einem multiple choice Test, bei dem uns die Frage gestellt wird, ob König Gustaf Adolf II von Schweden 1632 oder 1932 gestorben ist oder ob er noch lebt, im Unterschied zur direkten Frage, in welchem Jahr der König gestorben sei. Jeder weiß, dass multiple choice Fragen einfacher zu beantworten sind als direkte Fragen.

Wir sind also aufgefordert die Gültigkeit von Formel (6.1) für jede natürliche Zahl n zu zeigen. Ihre Wahrheit für $n = 1 : 1 = 1 \times 2/2$, für $n = 2 :$ $1 + 2 = 3 = 2 \times 3/2$ und für $n = 3 : 1 + 2 + 3 = 6 = 3 \times 4/2$ zu beweisen, ist sehr einfach. Jedoch wäre es sehr ermüdend, ihre Gültigkeit auf diese Weise für jede natürliche Zahl, eine nach der anderen, bis zu $n = 1000$ zu zeigen. Natürlich könnten wir den Computer zur Hilfe nehmen, aber auch der Computer würde für sehr große n an Grenzen stoßen. Außerdem haben

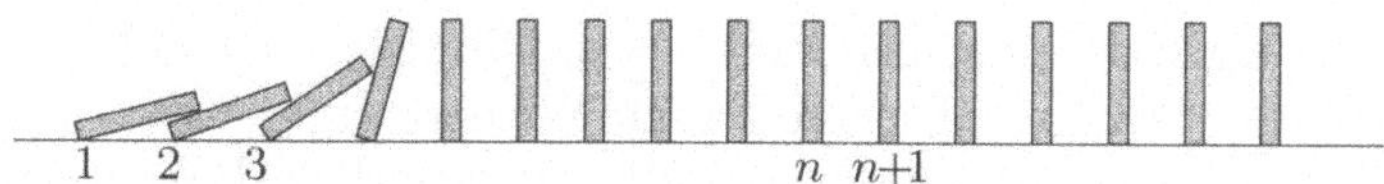

Abb. 6.1. Das Prinzip der Induktion: Fällt n um dann wird $n+1$ umfallen, d.h. wenn 1 umfällt, dann fallen sie alle!

wir noch im Hinterkopf, dass unabhängig davon, wie viele natürliche Zahlen n wir schon geprüft haben, immer noch natürliche Zahlen übrig bleiben, die wir noch nicht geprüft haben.

Gibt es nicht einen anderen Weg, um die Gültigkeit von (6.1) für jede natürliche Zahl n zu beweisen? Ja, wir können das Prinzip der *mathematischen Induktion* bemühen, das darauf beruht, dass eine Formel *automatisch* für $n+1$ gültig ist, wenn wir ihre Gültigkeit für n gezeigt haben.

Der erste Schritt ist, zu prüfen, ob die Formel für $n = 1$ gilt. Diesen einfachen Schritt haben wir schon gemacht. Der verbleibende Schritt, der *induktive Schritt*, ist der Nachweis, dass, wenn die Formel für eine bestimmte natürliche Zahl gültig ist, sie auch für die nächste natürliche Zahl gilt. Das Prinzip der mathematischen Induktion behauptet, dass die Formel dann für jede beliebige natürliche Zahl n wahr sein muss. Wahrscheinlich sind Sie bereit, dieses Prinzip rein intuitiv zu akzeptieren: Wir wissen, dass die Formel für $n = 1$ gilt. Durch den induktiven Schritt gilt sie auch für die nächste Zahl, d.h. für $n = 2$, und somit für $n = 3$, wiederum durch den induktiven Schritt, und somit für $n = 4$ u.s.w. Da wir auf diese Art jede natürliche Zahl erreichen, können wir auch ziemlich sicher sein, dass die Formel für jede natürliche Zahl Gültigkeit hat. Natürlich basiert das Prinzip der mathematischen Induktion auf der Überzeugung, dass wir sicherlich jede natürliche Zahl erreichen, wenn wir bei 1 beginnen und genügend oft 1 dazu addieren.

Jetzt wollen wir den Induktionsschritt unternehmen, um (6.1) zu beweisen. Wir nehmen dazu an, dass Formel (6.1) für $n = m - 1$ gültig ist, wobei $m \geq 2$ eine natürliche Zahl ist. Anders formuliert, nehmen wir an, dass

$$1 + 2 + 3 + \cdots + m - 1 = \frac{(m-1)m}{2} \tag{6.2}$$

gilt. Wir wollen nun die Formel für die nächste natürliche Zahl $n = m$ *beweisen.* Dazu addieren wir m zu beiden Seiten von (6.2):

$$\begin{aligned}
1 + 2 + 3 + \cdots + m - 1 + m &= \frac{(m-1)m}{2} + m \\
&= \frac{m^2 - m}{2} + \frac{2m}{2} = \frac{m^2 - m + 2m}{2} \\
&= \frac{m(m+1)}{2},
\end{aligned}$$

was uns die Richtigkeit der Formel für $n = m$ zeigt. Somit wissen wir, dass, wenn (6.1) für eine bestimmte natürliche Zahl $n = m - 1$ gilt, sie auch für die nächste natürliche Zahl $n = m$ Gültigkeit hat, d.h. wir haben den induktiven Schritt vollzogen. Durch Wiederholung dieses induktiven Schritts können wir sehen, dass (6.1) für jede natürliche Zahl n gilt.

Wir können den Beweis des induktiven Schritts alternativ auch wie folgt formulieren, wobei wir auf die Einführung der natürlichen Zahl m verzichten. Bei dieser Umformulierung nehmen wir an, dass (6.1) gilt, wenn wir n durch $n - 1$ ersetzen, d.h. wir nehmen an, dass

$$1 + 2 + 3 + \cdots + n - 1 = \frac{(n-1)n}{2}.$$

Hinzufügen von n auf beiden Seiten liefert

$$1 + \cdots + n - 1 + n = \frac{(n-1)n}{2} + n = \frac{n(n+1)}{2},$$

was (6.1) entspricht. Somit können wir den induktiven Schritt zum Beweis von (6.1) auch so vornehmen, dass wir die Gültigkeit von (6.1) annehmen und dabei n durch $n - 1$ ersetzen.

Formeln wie (6.1) stehen eng mit grundlegenden Integrationsformeln der Infinitesimalrechnung in Verbindung, auf die wir später treffen werden und sie treten beispielsweise auch bei der Zinseszins-Berechnung und beim Zusammenzählen von Tierpopulationen auf. Diese Formeln sind also nicht nur zum Eindruckmachen zu gebrauchen.

Viele Studierende finden, dass der Beweis einer Eigenschaft wie (6.1) für ein bestimmtes n wie 1, 2 oder 100 nicht sonderlich schwer ist. Aber der verallgemeinernde induktive Schritt: Unter der Annahme, dass die Formel wahr ist für eine vorgegebene natürliche Zahl und dann nachweisen, dass sie auch für die nächste natürliche Zahl stimmt, wird beschwerlich, weil die vorgegebene Zahl nicht konkret angegeben wird. Lassen Sie Sich nicht durch dieses fremdartige Gefühl davon abbringen, es zu versuchen: Wie oft in der Mathematik ist es nicht so schwer, das Problem zu lösen, als sich vorzustellen, das Problem lösen zu müssen (wie zum Zahnarzt zu gehen). Einige Induktionsprobleme durchzuarbeiten ist eine gute Übung, um sich an einige der Argumente, auf die wir später treffen werden, zu gewöhnen.

Die Induktionsmethode mag sinnvoll sein, um die Gültigkeit einer Formel zu beweisen, aber zunächst muss die Formel irgendwie *gefunden* werden, was ein gute Portion Intuition, Ausprobieren oder sonst eine Einsicht (wie die kluge Idee von Gauss) verlangt. Induktion kann Ihnen helfen, weil es Ihnen eine Methodik (Annahme der Gültigkeit für eine natürliche Zahl und anschließend die Gültigkeit für die nächste beweisen) an die Hand gibt, aber Sie müssen einen guten Ausgangspunkt oder eine Vermutung haben.

Sie können versuchen, auf Formel (6.1) durch Ausprobieren zu kommen, wenn Sie erst einmal den Mut aufbringen eine Formel zu suchen. Sie könnten argumentieren, dass der Durchschnittswert der Zahlen 1 bis n etwa $n/2$ ist und da n Zahlen zu addieren sind, sollte ihre Summe irgendwie $n\frac{n}{2}$

sein, was der richtigen Formel $(n+1)\frac{n}{2}$ sehr nahe kommt. Sie müssen nicht Gauss sein, um das zu erkennen.

Im Folgenden geben wir drei weitere Beispiele, die die mathematische Induktion verdeutlichen.

Beispiel 6.1. Zunächst geben wir die folgende Formel für die Summe einer *endlichen geometrischen Reihe* an:

$$1 + p + p^2 + p^3 + \cdots + p^n = \frac{1 - p^{n+1}}{1 - p}, \tag{6.3}$$

wobei p der *Quotient* ist, von dem angenommen wird, dass er eine vorgegebene natürliche Zahl sei, und n ist eine natürliche Zahl. Beachten Sie, dass p fest vorgeben ist und sich nicht ändert und die Induktion gilt der Zahl n mit $n + 1$ Termen in der Reihe. Die Formel (6.3) gilt für $n = 1$, da

$$1 + p = \frac{(1 - p)(1 + p)}{1 - p} = \frac{1 - p^2}{1 - p},$$

wobei wir die Formel $a^2 - b^2 = (a - b)(a + b)$ benutzen. Unter der Annahme, dass sie gültig sei, wenn wir n durch $n - 1$ ersetzen, erhalten wir

$$1 + p + p^2 + p^3 + \cdots + p^{n-1} = \frac{1 - p^n}{1 - p}.$$

Nach Addition von p^n auf beiden Seiten erhalten wir

$$\begin{aligned}
1 + p + p^2 + p^3 + \cdots + p^{n-1} + p^n &= \frac{1 - p^n}{1 - p} + p^n \\
&= \frac{1 - p^n}{1 - p} + \frac{p^n(1 - p)}{1 - p} \\
&= \frac{1 - p^{n+1}}{1 - p},
\end{aligned}$$

womit der induktive Schritt bewiesen ist.

Natürlich lässt sich (6.3) noch einfacher beweisen, da $(1-p)(1+p+p^2+p^3+\ldots+p^n) = 1+p+p^2+p^3+\ldots+p^n-p-p^2-p^3-\ldots-p^n-p^{n+1} = 1-p^{n+1}$ gilt und wir dann nur noch durch $(1 - p)$ dividieren müssen.

Beispiel 6.2. Induktion kann auch benutzt werden, um Eigenschaften, die keine Summationen beinhalten, zu beweisen. Als Beispiel zeigen wir eine nützliche Ungleichung. Für jede feste natürliche Zahl p gilt

$$(1 + p)^n \geq 1 + np \tag{6.4}$$

für jede beliebige natürliche Zahl n. Die Ungleichung (6.4) ist sicherlich für $n = 1$ gültig, da $(1 + p)^1 = 1 + 1 \times p$. Die Annahme, dass sie für $n - 1$ wahr ist, liefert

$$(1 + p)^{n-1} \geq 1 + (n - 1)p.$$

Multiplikation beider Seiten mit der positiven Zahl $1 + p$ ergibt

$$(1 + p)^n = (1 + p)^{n-1}(1 + p) \geq (1 + (n - 1)p)(1 + p)$$
$$= 1 + (n - 1)p + p + (n - 1)p^2 = 1 + np + (n - 1)p^2.$$

Da $(n-1)p^2$ nicht negativ ist, können wir es von der rechten Seite abziehen und erhalten so (6.4).

6.2   Insektenpopulationen

Mit Hilfe der Induktion werden oft Modelle hergeleitet. Wir stellen nun ein Beispiel vor, das das Wachstum einer Insektenpopulation betrifft. Wir betrachten dazu eine vereinfachte Situation einer Insektenpopulation, wobei die Erwachsenen sich während des ersten Sommers ihres Lebens vermehren und dann vor dem nächsten Sommer sterben. Wir wollen verstehen, wie sich die Population der Insekten von Jahr zu Jahr verändert. Das ist eine wichtige Fragestellung, wenn die Insekten zum Beispiel Krankheiten tragen oder die Ernte fressen. Im Allgemeinen gibt es viele Faktoren, die die Reproduktionsrate beeinflussen: Nahrungsversorgung, Wetter, Insektenvernichtungsmittel und sogar die Populationsgröße selbst. Aber in der ersten Modellbildungsphase vereinfachen wir all dies und nehmen an, dass die Zahl der Nachkommen in jeder Fortpflanzungsperiode der Anzahl in der Periode lebender Insekten *proportional* ist. Experimentell ist das oft eine vernünftige Annahme, wenn die Population nicht zu groß ist.

Weil wir Insektenpopulationen über mehrere Jahre beschreiben wollen, müssen wir eine Notation einführen, die es uns einfach macht, Variablennamen für verschiedene Jahre zu benutzen. Deswegen indizieren wir. Wir bezeichnen mit P_0 die erste oder *Anfangspopulation* und mit $P_1, P_2, \ldots, P_n, \ldots$ die Populationen in den Folgejahren $1, 2, \ldots, n, \ldots$. Der tiefgestellte *Index* bei P_n ist praktisch, um das Jahr zu kennzeichnen. Entsprechend unserer Annahme, ist P_n stets proportional zu P_{n-1}. Unsere Modellierungsannahme ist, dass die Population P_n, nach jeder beliebigen Anzahl an Jahren n, der Population des Vorjahres P_{n-1} *proportional*, d.h. ein Vielfaches davon, ist. Bezeichnet R die Proportionalitätskonstante, so haben wir

$$P_n = RP_{n-1}. \tag{6.5}$$

Unter der Annahme, dass wir die Anfangspopulation P_0 kennen, stellt sich die Frage, wann die Population eine gewisse Schwelle M erreicht. Anders formuliert, wir suchen das kleinste n, so dass $P_n \geq M$.

Um das zu erreichen, wollen wir eine Formel finden, die die Abhängigkeit von P_n mit n direkt ausdrückt. Dies können wir mit Hilfe der Induktion für (6.5) erreichen. Da (6.5) auch für $n - 1$ gilt, d.h. $P_{n-1} = RP_{n-2}$, erhalten wir nach Substitution:

$$P_n = RP_{n-1} = R(RP_{n-2}) = R^2 P_{n-2}.$$

Nun substituieren wir für $P_{n-2} = RP_{n-3}, P_{n-3} = RP_{n-4}$ usw. Nach $n-2$ Substitutionen erhalten wir

$$P_n = R^n P_0. \tag{6.6}$$

Da R und P_0 bekannt sind, haben wir somit eine explizite Formel für P_n in Abhängigkeit von n. Beachten Sie, dass die Art, wie wir hierbei mit Induktion umgehen, anders scheinen mag als im vorherigen Beispiel. Aber dieser Unterschied ist nur oberflächlich. Damit das Induktionsargument dem des vorigen Beispiels ähnelt, können wir annehmen, dass (6.6) für $n-1$ gilt und (6.5) benutzen, um zu zeigen, dass dies auch für n gilt.

Zurück zur Frage, in welchem Jahr n die Population P_n die Schwelle M erreicht ($P_n \geq M$). Es ergibt sich nun

$$R^n \geq M/P_0. \tag{6.7}$$

Ist $R > 1$, wächst R^n sicherlich soweit an, dass dies eintritt. Ist beispielsweise $R = 2$, wächst P_n sehr schnell mit n. Ist $P_0 = 1000$, so ist $P_1 = 2000$, $P_5 = 32\,000$ und $P_{10} = 1.024.000$.

Abb. 6.2. Gauss 1831: „... so protestiere ich zuvörderst gegen den Gebrauch einer unendlichen Größe als einer Vollendeten, welcher in der Mathematik niemals erlaubt ist. Das Unendliche ist nur eine *façon de parler*, indem man eigentlich von Grenzen spricht, denen gewisse Verhältnisse so nahe kommen als man will, während anderen ohne Einschränkung zu wachsen verstattet ist"

Aufgaben zu Kapitel 6

6.1. Zeigen Sie durch Induktion für folgende Formeln

$$(a) \qquad 1^2 + 2^2 + 3^2 + \cdots + n^2 = \frac{n(n+1)(2n+1)}{6} \qquad (6.8)$$

und

$$(b) \qquad 1^3 + 2^3 + 3^3 + \cdots + n^3 = \left(\frac{n(n+1)}{2}\right)^2, \qquad (6.9)$$

dass sie für alle natürlichen Zahlen n gelten.

6.2. Zeigen Sie durch Induktion, dass die folgende Formel für alle natürlichen Zahlen n gültig ist:

$$\frac{1}{1 \times 2} + \frac{1}{2 \times 3} + \frac{1}{3 \times 4} + \cdots + \frac{1}{n(n+1)} = \frac{1}{n+1}.$$

6.3. Zeigen Sie durch Induktion, dass die folgenden Ungleichungen für alle natürlichen Zahlen n gelten:

$$(a)\ 3n^2 \geq 2n + 1, \qquad (b)\ 4^n \geq n^2.$$

6.4. Modellieren Sie eine Insektenpopulation, die eine einzige Fortpflanzungsperiode während des Sommers hat. Die Erwachsenen vermehren sich während des ersten Sommers ihres Lebens und sterben vor dem nächsten Sommer. Formulieren Sie die Insektenpopulation als eine Funktion des Jahres, unter der Annahme, dass die ausgeschlüpften Nachkommen in jeder Fortpflanzungsperiode dem Quadrat der Zahl Erwachsener proportional ist.

6.5. Modellieren Sie eine Insektenpopulation, die eine einzige Fortpflanzungsperiode während des Sommers hat. Die Erwachsenen vermehren sich während des ersten Sommers ihres Lebens und sterben vor dem nächsten Sommer. Allerdings töten und essen die Erwachsenen einige ihrer Nachkommen. Leiten Sie eine Gleichung her, die die Insektenpopulation eines Jahres in Abhängigkeit von der Population im Vorjahr angibt, unter der Annahme, dass die ausgeschlüpften Nachkommen in jeder Fortpflanzungsperiode der Anzahl Erwachsener und die Zahl der getöteten Nachkommen dem Quadrat der Zahl der Erwachsenen proportional ist.

6.6. *(Schwierig)* Modellieren Sie eine Insektenpopulation, die eine einzige Fortpflanzungsperiode während des Sommers hat. Die Erwachsenen vermehren sich während des ersten und zweiten Sommers ihres Lebens und sterben vor dem dritten Sommer. Formulieren Sie die Insektenpopulation für ein beliebiges Jahr (außer dem ersten) in Abhängigkeit von den vergangenen zwei Jahren, unter der Annahme, dass die ausgeschlüpften Nachkommen in jeder Fortpflanzungsperiode der Zahl der lebenden Insekten proportional ist.

6.7. Leiten Sie Formel (6.1) her, indem Sie die Summe

$$
\begin{array}{ccccccccc}
 & 1 & + & 2 & + & \cdots & + & n-1 & + & n \\
+ & n & + & n-1 & + & \cdots & + & 2 & + & 1 \\
\hline
 & n+1 & + & n+1 & + & \cdots & + & n+1 & + & n+1
\end{array}
$$

beweisen und zeigen, das dies bedeutet, dass $2(1+2+\cdots+n) = n \times (n+1)$ gilt.

6.8. *(Schwierig)* Zeigen Sie durch Induktion an der Schuldivisionsmethode, dass die Formel für die geometrische Reihe (6.3) für folgenden Ausdruck stimmt:

$$
\frac{p^{n+1} - 1}{p - 1}
$$

7
Rationale Zahlen

Das Hauptziel aller unserer Untersuchungen der äußeren Welt sollte
die Entdeckung der rationalen Ordnung und Harmonie sein, die Gott
ihr gegeben hat und die er uns in der Sprache der Mathematik zu
erkennen gibt. (Kepler)

7.1 Einleitung

Wir lernen in der Schule, dass eine *rationale Zahl* r eine Zahl ist, die sich als
$r = \frac{p}{q}$ schreiben lässt, wobei p und $q \neq 0$ ganze Zahlen sind. Solche Zahlen
werden auch gebrochene Zahlen, Quotienten oder Verhältnisse genannt.
Wir nennen p den *Zähler* und q den *Nenner* des Bruchs oder des Quotienten.
Wir wissen, dass $\frac{p}{1} = p$ und dass die rationalen Zahlen die ganzen Zahlen
beinhalten. Der Grund für die Einführung der rationalen Zahlen ist der,
dass wir mit ihnen auch Gleichungen der Form

$$qx = p$$

lösen können, in der p und $q \neq 0$ ganze Zahlen sind. Die Lösung ist $x = \frac{p}{q}$.
Im Modell der Mittagssuppe trafen wir auf die Gleichung $15x = 10$ in dieser
Form, mit der Lösung $x = \frac{10}{15} = \frac{2}{3}$. Es ist offenbar, dass wir die Gleichung
$15x = 10$ nicht hätten lösen können, wenn wir uns auf die natürlichen
Zahlen beschränkt hätten. Somit sollten Sie und Ihre Freundin glücklich
darüber sein, dass es die rationalen Zahlen gibt.

Wenn die natürliche Zahl m ein Teiler der natürlichen Zahl n ist, so
dass $n = pm$ mit der natürlichen Zahl p gilt, dann ist $p = \frac{n}{m}$ und $\frac{n}{m}$ ist

eine natürliche Zahl. Besitzt die Division von n durch m einen von Null verschiedenen Rest, so dass $n = pm + r$ mit $0 < r < m$, dann ist $\frac{n}{m} = p + \frac{r}{m}$ keine natürliche Zahl.

7.2 Wie die rationalen Zahlen konstruiert werden

Angenommen, Ihre Freundin hat einen etwas seltsamen schulischen Hintergrund und nie etwas von rationalen Zahlen gehört, sie ist aber glücklicherweise sehr mit ganzen Zahlen vertraut und sehr wissbegierig. Wie könnten Sie Ihr schnell erklären, was rationale Zahlen *sind* und wie mit ihnen gerechnet werden kann? Anders formuliert, wie könnten Sie Ihr verständlich machen, wie rationale Zahlen aus ganzen Zahlen *konstruiert* werden und wie rationale Zahlen addiert, subtrahiert, multipliziert und dividiert werden? Eine Möglichkeit wäre, einfach zu sagen, dass $x = \frac{p}{q}$ „so ein Ding" sei, das die Gleichung $qx = p$ löse, wobei p und $q \neq 0$ ganze Zahlen sind. Beispielsweise könnte schnell die Bedeutung von $\frac{1}{2}$ verständlich gemacht werden, indem man sagt, dass das die Lösung der Gleichung $2x = 1$ ist, d.h. $\frac{1}{2}$ ist die Größe, die mit 2 multipliziert 1 ergibt. Wir würden dann die Notation $x = \frac{p}{q}$ benutzen, um anzuzeigen, dass der Zähler p der rechten Seite entspricht und dass der Nenner q der Faktor auf der linken Seite der Gleichung $qx = p$ ist. Wir würden uns dann ebenso $x = \frac{p}{q}$ als *Paar* oder genauer noch als ein *geordnetes Paar* $x = (p, q)$ vorstellen, mit einer *ersten Komponente* p, die für die rechte Seite steht und einer *zweiten Komponente* q, die als Faktor auf der linken Seite der Gleichung $qx = p$ steht. Beachten Sie, dass die Schreibweise $\frac{p}{q}$ nichts anderes ist als das Paar ganzer Zahlen p und q alternativ anzuordnen, mit einem „oberen" p und einem „unteren" q; der waagrechte Strich in $\frac{p}{q}$, durch den p und q getrennt sind, ist nur das Gegenstück des trennenden Kommas in (p, q).

Jetzt könnten wir direkt einige dieser Paare (p, q) oder „neuen Dinger" mit bereits bekannten Objekten identifizieren. So wäre ein Paar (p, q) mit $q = 1$ gleichzusetzen mit der ganzen Zahl p, da in dem Fall die Gleichung $1x = p$ die Lösung $x = p$ besitzt. Wir könnten dann $(p, 1) = p$ schreiben, entsprechend der gewohnten Schreibweise $\frac{p}{1} = p$.

Angenommen, Sie möchten nun, nachdem Sie die Vorstellung vermittelt haben, dass rationale Zahlen geordnete Paare (p, q) aus ganzen Zahlen p und $q \neq 0$ sind, Ihrer Freundin beibringen, wie mit rationalen Zahlen mit den Regeln, die uns, die wir rationale Zahlen kennen, vertraut sind, umzugehen ist. Wir könnten uns inspirieren lassen, wie wir die rationalen Zahlen $(p, q) = \frac{p}{q}$ als das Ding, das die Gleichung $qx = p$ für ganze Zahlen p und $q \neq 0$ löst, konstruiert haben. Angenommen, wir möchten beispielsweise verstehen, wie die rationalen Zahlen $x = (p, q) = \frac{p}{q}$ und $y = (r, s) = \frac{r}{s}$ multipliziert werden. Wir beginnen mit den definierenden Gleichungen $qx = p$ und $sy = r$ und multiplizieren beide Seiten, wobei wir berücksichtigen, dass

$xs = sx$ und $qxsy = qsxy = qs(xy)$. Wir erhalten

$$qs(xy) = pr,$$

woraus wir schließen, dass

$$xy = (pr, qs) = \frac{pr}{qs},$$

da $z = xy$ sichtlich die Gleichung $qsz = pr$ löst. Somit erhalten wir die uns bekannte Regel

$$xy = \frac{p}{q} \times \frac{r}{s} = \frac{pr}{qs} \quad \text{oder} \quad (p,q) \times (r,s) = (pr, qs), \tag{7.1}$$

die besagt, dass Zähler und Nennen getrennt multipliziert werden.

Um einen Hinweis zu bekommen, wie rationale Zahlen $x = (p,q) = \frac{p}{q}$ und $y = (r,s) = \frac{r}{s}$ addiert werden, beginnen wir wiederum bei den Definitionsgleichungen $qx = p$ und $sy = r$. Nach Multiplikation beider Seiten von $qx = p$ mit s und beider Seiten von $sy = r$ mit q, erhalten wir $qsx = ps$ und $qsy = qr$. Aus diesen Gleichungen erhalten wir mit Hilfe des Distributiv-Gesetzes für ganze Zahlen $qs(x + y) = qsx + qsy$, dass

$$qs(x + y) = ps + qr,$$

was uns die Vorschrift

$$x + y = \frac{p}{q} + \frac{r}{s} = \frac{ps + qr}{qs} \quad \text{oder} \quad (p,q) + (r,s) = (ps + qr, qs) \tag{7.2}$$

liefert. Dies entspricht der geläufigen Art der Addition zweier rationalen Zahlen mit einem gemeinsamen Zähler.

Wir können ferner feststellen, dass für $s \neq 0$, $qx = p$ nur dann gilt, wenn auch $sqx = sp$ gilt (vgl. Aufgabe 5.5), da die beiden Gleichungen $qx = p$ und $sqx = sp$ die gleiche Lösung x besitzen:

$$\frac{p}{q} = x = \frac{sp}{sq} \quad \text{oder} \quad (p,q) = (sp, sq). \tag{7.3}$$

Das besagt, dass ein gemeinsamer von Null verschiedener Faktor s in Nenner und Zähler gekürzt oder umgekehrt eingeführt werden kann.

Mit der Inspiration der obigen Berechnungen können wir jetzt die rationalen Zahlen als geordnete Paare (p,q) *definieren*, wobei p und $q \neq 0$ ganze Zahlen sind und wir beschließen $(p,q) = \frac{p}{q}$ zu schreiben. Inspiriert von (7.3) *definieren* wir $(p,q) = (sp, sq)$ für $s \neq 0$, und betrachten so (p,q) und (sp, sq) als (zwei verschiedene Darstellungen für) ein und dieselbe rationale Zahl, wie etwa $\frac{6}{4} = \frac{3}{2}$.

Als Nächstes *definieren* wir die Multiplikation $\times$ und Addition $+$ rationaler Zahlen durch (7.1) und (7.2). Ferner können wir die rationale Zahl $(p,1)$ der ganzen Zahl p gleichsetzen, da p die Gleichung $1x = p$ löst. So können wir die rationalen als *Erweiterung* der ganzen Zahlen sehen, ähnlich wie die ganzen Zahlen als Erweiterung der natürlichen Zahlen. Wir bemerken, dass $p + r = (p,1) + (r,1) = (p + r, 1) = p + r$ ebenso wie $pr = (p,1) \times (r,1) = (pr,1)$ gilt, und dass Addition und Multiplikation rationaler Zahlen, die ganze Zahlen sind, wie bisher ausgeführt werden.

Somit können wir die Division $(p,q)/(r,s)$ zweier rationalen Zahlen (p,q) und (r,s) mit $q, r \neq 0$ als Lösung x der Gleichung $(r,s)x = (p,q)$ betrachten. Da $(r,s)(ps,qr) = (rps, sqr) = (p,q)$ gilt, ergibt sich

$$x = (p,q)/(r,s) = \frac{(p,q)}{(r,s)} = (ps, qr),$$

was wir ebenso in der Form

$$\frac{\frac{p}{q}}{\frac{r}{s}} = \frac{ps}{qr}$$

schreiben können. Schließlich können wir die rationalen Zahlen wie folgt *anordnen*: Wir *definieren* die rationale Zahl (p,q) (mit $q \neq 0$) als positiv, falls p und q das gleiche Vorzeichen haben und schreiben dafür $(p,q) > 0$. Für zwei rationale Zahlen (p,q) und (r,s) schreiben wir $(p,q) < (r,s)$ falls $(r,s) - (p,q) > 0$ gilt. Beachten Sie, dass sich diese Differenz aus $(r,s) - (p,q) = (qr - sp, sq)$ ergibt, da $-(p,q)$ eine gebräuchliche Schreibweise für $(-p,q)$ ist. Beachten Sie ferner, dass $-(p,q) = (-p,q) = (p,-q)$, wie aus

$$-\frac{p}{q} = \frac{-p}{q} = \frac{p}{-q}$$

ersichtlich ist.

Der *Absolutwert* $|r|$ einer rationalen Zahl $r = (p,q) = \frac{p}{q}$ wird wie bei natürlichen Zahlen durch

$$|r| = \begin{cases} r & \text{falls } r \geq 0, \\ -r & \text{falls } r < 0 \end{cases} \tag{7.4}$$

definiert, wobei wie oben $-r = -(p,q) = -\frac{p}{q} = \frac{-p}{q} = \frac{p}{-q}$ gilt.

Mit Hilfe der Gesetze für ganze Zahlen, die uns schon bekannt sind, können wir jetzt alle gewohnten Gesetze für die Rechnung mit rationalen Zahlen zeigen.

Natürlich bezeichnet x^n (x rational, n natürlich) das Produkt aus n Faktoren von x. Für die natürliche Zahl n und $x \neq 0$ schreiben wir auch

$$x^{-n} = \frac{1}{x^n}.$$

Nach der Definition von $x^0 = 1$ für die rationale Zahl x, haben wir auch x^n für jede rationale Zahl $x \neq 0$ und jede ganze Zahl $n \leq 0$ definiert.

Schließlich prüfen wir, ob wir tatsächlich Gleichungen der Form $qx = p$, oder $(q,1)x = (p,1)$ mit ganzen Zahlen p und $q \neq 0$, lösen können. Die Lösung ist $x = (p,q)$, da $(p,1)(p,q) = (qp,q) = (p,1)$.

Also haben wir die rationalen Zahlen aus den ganzen Zahlen *konstruiert*, in dem Sinne, dass wir jede rationale Zahl $\frac{p}{q}$ als ein geordnetes Paar (p, q) ganzer Zahlen p und $q \neq 0$ betrachten. Die Rechenregeln für rationale Zahlen haben wir angegeben, indem wir sie auf die Rechenregeln für ganze Zahlen zurückgeführt haben.

Abschließend bemerken wir, dass jede Größe, die wir durch Addition, Subtraktion, Multiplikation und Division rationaler Zahlen erhalten (unter Vermeidung der Division durch 0) wieder einer rationalen Zahl entspricht. Mathematisch gesprochen ist die Menge der rationalen Zahlen „abgeschlossen" gegenüber arithmetischen Operationen, da diese Operationen nicht aus der Menge herausführen. Hoffentlich ist Ihre (aufnahmefähige) Freundin jetzt zufrieden.

7.3 Zur Notwendigkeit der rationalen Zahlen

Die Notwendigkeit der rationalen Zahlen wird bereits früh in der Schule erklärt. Die ganzen Zahlen alleine sind ein zu grobes Instrument und wir benötigen Brüche, um eine zufriedenstellende Genauigkeit zu erreichen. Unsere tägliche Erfahrung liefert dafür genug Gründe, etwa beim Abmessen verschiedener Güter. Wenn wir ein standardisiertes Messsystem erzeugen, wie das englische Fuß-Pfund System oder das metrische System wählen wir beliebige Größen als Einheitsmaße. Beispielsweise den Meter oder das Yard für Abstände, das Pfund oder das Kilogramm für das Gewicht und die Minute oder die Sekunde für die Zeit. Alles wird in Bezug auf diese Einheiten gemessen. Aber selten ergibt eine Messung ein ganzes Vielfaches dieser Einheiten und somit sind wir gezwungen, mit Teilen dieser Einheiten zurechtzukommen. Die einzige Möglichkeit dies zu vermeiden wäre, winzige Einheiten (wie die italienische Lire) zu wählen, aber das ist unpraktisch. Wir geben sogar gewissen Teileinheiten eigene Namen; Zentimeter sind 1/100 eines Meters, Millimeter sind 1/1000 eines Meters, Inche sind 1/12 eines Fußes, Unzen sind 1/16 eines Pfunds u.s.w.

Betrachten Sie das Problem 76cm zu 5m zu addieren. Dazu wandeln wir die Meter in Zentimeter, 5m=500cm, und erhalten dann 576cm. Aber das ist genau dasselbe wie einen gemeinsamen Nenner für die beiden Abstände, nämlich Zentimeter, d.h. 1/100 eines Meters, zu finden und dann das Ergebnis zu addieren.

7.4 Dezimale Entwicklungen der rationalen Zahlen

Die nützlichste Art eine rationale Zahl darzustellen, ist die Dezimaldarstellung wie $1/2 = 0,5$, $5/2 = 2,5$ und $5/4 = 1,25$. Ganz allgemein betrachtet, ist eine *endliche Dezimaldarstellung* eine Zahl der Form

$$\pm p_m p_{m-1} \cdots p_2 p_1 p_0, q_1 q_2 \cdots q_n, \tag{7.5}$$

wobei die *Ziffern* $p_m, p_{m-1}, \ldots, p_0, q_0, \ldots, q_n$ alle aus der Menge $0, 1, \ldots, 9$ stammen und m und n natürliche Zahlen sind. Die Dezimaldarstellung (7.5) ist eine Kurzschreibweise für die Zahl

$$\pm p_m 10^m + p_{m-1} 10^{m-1} + \cdots + p_1 10^1 + p_0 10^0$$
$$+ q_1 10^{-1} + \cdots + q_{n-1} 10^{-(n-1)} + q_n 10^{-n}.$$

Zum Beispiel

$$432,576 = 4 \times 10^2 + 3 \times 10^1 + 2 \times 10^0 + 5 \times 10^{-1} + 7 \times 10^{-2} + 6 \times 10^{-3}.$$

Der ganzzahlige Teil der Dezimalzahl (7.5) ist $p_m p_{m-1} \cdots p_1 p_0$, wohingegen $0, q_1 q_2 \cdots q_n$ Dezimal- oder Nachkommastellen sind. Für das Beispiel gilt: 432,576=432 + 0,576.

Dezimaldarstellungen werden berechnet, indem man die Schuldivision „hinter" dem Dezimalkomma fortsetzt, statt sie zu beenden, wenn der Rest gefunden wurde. Wir verdeutlichen das in Abb. 7.1.

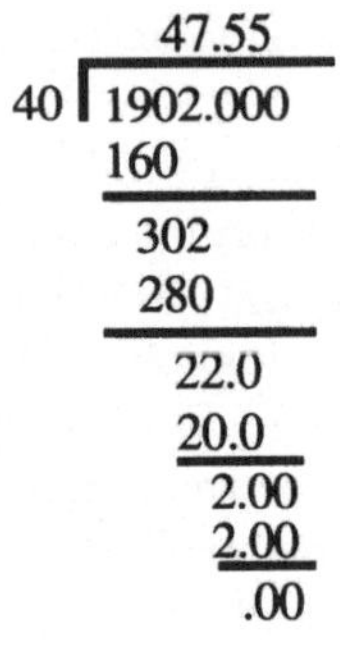

$$
\begin{array}{r|l}
 & 47.55 \\
\hline
40 & 1902.000 \\
 & 160 \\
\hline
 & 302 \\
 & 280 \\
\hline
 & 22.0 \\
 & 20.0 \\
\hline
 & 2.00 \\
 & 2.00 \\
\hline
 & .00 \\
\end{array}
$$

Abb. 7.1. Dezimaldarstellung mit Hilfe der Schuldivisionsmethode

Da sie eine Summe rationaler Zahlen ist, ist eine endliche Dezimaldarstellung notwendigerweise eine rationale Zahl. Das kann auch dadurch verdeutlicht werden, dass $p_m p_{m-1} \cdots p_1 p_0, q_1 q_2 \cdots q_n$ als Quotient ganzer Zahlen geschrieben wird:

$$p_m p_{m-1} \cdots p_1 p_0, q_1 q_2 \cdots q_n = \frac{p_m p_{m-1} \cdots p_1 p_0 q_1 q_2 \cdots q_n}{10^n},$$

wie $423,576 = 423576/10^3$.

7.5 Periodische Dezimaldarstellungen rationaler Zahlen

Bei der Berechnung von Dezimaldarstellungen rationaler Zahlen nach der Schuldivisionsmethode stößt man schnell auf folgende interessante Beobachtung: Einige Dezimaldarstellungen „hören nicht auf". Anders formuliert, so enden einige Dezimaldarstellungen nie, d.h. sie enthalten eine *unendliche* Zahl von Null verschiedener Dezimalstellen. So ist beispielsweise die Lösung der Gleichung $15x = 10$ im Modell der Mittagssuppe $x = 2/3 = 0,666\ldots$. Ferner ist $10/9 = 1,11111\ldots$, wie in Abb. 7.2 dargestellt. Dabei benut-

$$
\begin{array}{r}
1.1111\ldots \\
9\,\overline{)\,10.0000\ldots} \\
\underline{9} \\
1.0 \\
\underline{.9} \\
.10 \\
.09 \\
\underline{} \\
.010 \\
.009 \\
\underline{} \\
.0010
\end{array}
$$

Abb. 7.2. Die Dezimalentwicklung von 10/9 hört nicht auf

zen wir das Wort „unendlich" um anzudeuten, dass die Dezimaldarstellung endlos fortgeführt werden kann. Wir können viele Beispiele für unendliche Dezimaldarstellungen finden:

$$\frac{1}{3} = 0,3333333333\cdots$$

$$\frac{2}{11} = 0,18181818181818\cdots$$

$$\frac{4}{7} = 0,571428571428571428571428\cdots$$

Wir schließen daraus, dass das System der rationalen Zahlen $\frac{p}{q}$, mit den ganzen Zahlen p und $q \neq 0$, und das Dezimalsystem nicht vollständig zueinander passen. Gewisse rationale Zahlen dezimal darzustellen ist mit einer endlichen Zahl Dezimalstellen unmöglich, solange wir keine Ungenauigkeiten akzeptieren wollen.

Wir stellen fest, dass sich bei allen oben angeführten Beispielen unendlicher Dezimaldarstellungen die Ziffern ab einer Dezimalstelle wiederholen. Die Ziffern bei 10/9 und 1/3 wiederholen sich sofort, die Ziffern von 2/11 wiederholen sich nach 2 Dezimalstellen und die Ziffern von 4/7 wiederholen sich nach 6 Zeichen. Wegen dieser Wiederholung nennen wir derartige Dezimaldarstellungen *periodisch*.

Tatsächlich stellen wir bei der Schuldivision zur Berechnung von Dezimaldarstellungen von p/q fest, dass die Dezimaldarstellung jeder rationalen Zahl entweder endlich (falls der Rest irgendwann Null wird) oder periodisch (falls der Rest niemals Null wird) ist. Um zu erkennen, dass dies die einzigen Alternativen sind, nehmen wir an, dass die Darstellung nicht endlich sei. Bei jedem Divisionsschritt ist der Rest folglich ungleich Null und der Rest entspricht, unter Vernachlässigung des Dezimalzeichens, einer natürlichen Zahl r, die offensichtlich $0 < r < q$ genügt. Anders ausgedrückt, kann der Rest höchstens $q - 1$ verschiedene Werte annehmen. Nach höchsten q Schritten muss daher die Schuldivision einen Rest ergeben, der mindestens schon einmal aufgetreten ist. Aber nach diesem ersten Auftreten werden sich alle Reste wiederholen und deswegen wird die Dezimaldarstellung periodisch sein.

Die Periode einer rationalen Zahl kann sehr groß sein. Hier ein Beispiel:

$$\frac{1043}{439} = 2{,}3758542141230068337129840546697038724373576309794988610478359908883826879271070615034168564920273348519362186788154897494305239179954441913439635535307517084282460136674259681093394077448747152619589977220956719817767653758542141230068337129840546697038724373576309794988610478359908883826879271070615034168564920273348519362186788154897494305239179954441913439635535307517084282460136674259681093394077448747152619589977220956719817767655\ldots$$

Wenn wir einmal die Periodizität der Dezimaldarstellung einer rationalen Zahl gefunden haben, können wir ihre vollständige Dezimaldarstellung als bekannt ansehen, in dem Sinne, dass wir den Wert jeder Dezimale der Darstellung angeben können, ohne den Schuldivisions-Algorithmus fortsetzen zu müssen. So sind wir beispielsweise vollkommen sicher, dass die 231. Ziffer von $10/9 = 1{,}111\ldots$ gleich 1 ist und die 103. Ziffer von $0{,}56565656\ldots$ eine 5.

Eine rationale Zahl mit einer unendlichen Dezimaldarstellung kann nicht exakt mit Hilfe einer endlichen Dezimaldarstellung wiedergegeben werden. Wir bemühen uns nun den Fehler abzuschätzen, den die Verkürzung einer unendlichen periodischen Darstellung auf eine endliche erzeugt. Natürlich ist der Fehler gleich der Zahl, die sich aus den beim Verkürzen auf eine endliche Darstellung weggelassenen Ziffern ergibt. Wenn wir beispielsweise auf 3 Nachkommastellen verkürzen, erhalten wir

$$\frac{10}{9} = 1,111 + 0,0001111\ldots$$

mit dem Fehler $0,0001111\ldots$, was sicher kleiner ist als 10^{-3}. Ganz analog wäre der Fehler kleiner als 10^{-n}, wenn wir nach n Dezimalstellen abschneiden.

Da sich diese Diskussion direkt um die unendliche Dezimaldarstellung dreht, die durch das Abschneiden weg fällt, und da wir uns bisher noch nicht damit beschäftigt haben, wie mit unendlichen Dezimaldarstellungen umzugehen ist, wollen wir das Problem nun von einem etwas anderen Blickwinkel aus angehen. Wir wollen die Dezimaldarstellung von $10/9$, die wir nach n Nachkommastellen abschneiden, mit $1,1\ldots1_n$ (d.h. mit n Stellen gleich 1 hinter dem Komma) bezeichnen:

$$1,11\ldots11_n = 1 + 10^{-1} + 10^{-2} + \ldots + 10^{-n+1} + 10^{-n}.$$

Mit Hilfe der Formel (6.3) für die geometrische Reihe können wir die Summe auf der rechten Seite berechnen und erhalten

$$1,11\ldots11_n = \frac{1 - 10^{-n-1}}{1 - 0,1} = \frac{10}{9}(1 - 10^{-n-1}), \tag{7.6}$$

und somit

$$\frac{10}{9} = 1,11\ldots11_n + \frac{10^{-n}}{9}. \tag{7.7}$$

Der Fehler, den wir durch das Abschneiden machen, ist somit $10^{-n}/9$, der der Einfachheit halber durch 10^{-n} beschränkt ist. Der Fehler $10^{-n}/9$ wird so klein, wie wir wollen, indem wir nur n groß genug wählen und so können wir $1,11\ldots11_n$ so weit an $10/9$ annähern, wie wir wollen, indem wir n groß genug wählen. Das führt uns dazu, dass wir die Bedeutung von

$$\frac{10}{9} = 1,11111111\ldots$$

so übersetzen, dass wir die Zahlen $1,11\ldots_n$ so weit wir wollen an $10/9$ annähern können, indem wir n groß wählen. Insbesondere ergibt das für den Fehler

$$\left|\frac{10}{9} - 1,11\cdots11_n\right| \leq 10^{-n}.$$

Der Fehler wird kleiner als jede vorgegebene positive Zahl, wenn wir nur genügend viele Dezimalstellen der niemals endenden Dezimaldarstellung von $\frac{10}{9}$ einbeziehen.

Wir wollen ein weiteres Beispiel geben, bevor wir verallgemeinern. Wir berechnen $2/11 = 0,1818181818\ldots$. Nehmen wir die ersten m Paare der

Ziffernfolge 18, so erhalten wir

$$0,1818\ldots18_m = \frac{18}{100} + \frac{18}{10000} + \frac{18}{1000000} + \cdots + \frac{18}{10^{2m}}$$

$$= \frac{18}{100}\left(1 + \frac{1}{100} + \frac{1}{100^2} + \cdots + \frac{1}{100^{m-1}}\right)$$

$$= \frac{18}{100}\frac{1-(100^{-1})^m}{1-100^{-1}} = \frac{18}{100}\frac{100}{99}(1-100^{-m})$$

$$= \frac{2}{11}(1-100^{-m}),$$

d.h.

$$\frac{2}{11} = 0,1818\ldots18_m + \frac{2}{11}100^{-m},$$

und somit

$$\left|\frac{2}{11} - 0,1818\ldots18_m\right| \leq 100^{-m}.$$

Wir interpretieren die Bedeutung von $2/11 = 0,1818181818\ldots$ so, dass wir die Zahlen $0,1818\ldots18_m$ so weit an $2/11$ annähern können, wie wir wollen, indem wir m genügend groß wählen.

Jetzt betrachten wir den allgemeinen Fall einer unendlichen periodischen Dezimaldarstellung der Form

$$p = 0,q_1q_2\ldots q_n q_1q_2\ldots q_n q_1q_2\ldots q_n\ldots,$$

wobei jede Periode aus den n Ziffern $q_1\ldots q_n$ bestehe. Schneiden wir die Dezimaldarstellung nach m Perioden ab, so erhalten wir mit Hilfe von (6.3)

$$p_m = \frac{q_1q_2\ldots q_n}{10^n} + \frac{q_1q_2\ldots q_n}{10^{n2}} + \cdots + \frac{q_1q_2\ldots q_n}{10^{nm}}$$

$$= \frac{q_1q_2\ldots q_n}{10^n}\left(1 + \frac{1}{10^n} + \frac{1}{(10^n)^2} + \cdots + \frac{1}{(10^n)^{m-1}}\right)$$

$$= \frac{q_1q_2\ldots q_n}{10^n}\frac{1-(10^{-n})^m}{1-10^{-n}} = \frac{q_1q_2\ldots q_n}{10^n-1}\left(1-(10^{-n})^m\right),$$

d.h.

$$\frac{q_1q_2\ldots q_n}{10^n-1} = p_m + \frac{q_1q_2\ldots q_n}{10^n-1}10^{-nm},$$

und somit

$$\left|\frac{q_1q_2\ldots q_n}{10^n-1} - p_m\right| \leq 10^{-nm}.$$

Zusammenfassend können wir die Bedeutung von

$$p = \frac{q_1q_2\ldots q_n}{10^n-1}$$

so interpretieren, dass der Unterschied zwischen der abgeschnittenen Dezimaldarstellung p_m von p und $q_1 q_1 \ldots q_n/(10^n - 1)$ kleiner als jede positive Zahl gemacht werden kann, indem wir die Anzahl der Perioden m groß genug wählen, d.h. indem wir mehr Nachkommastellen von p berücksichtigen. Somit können wir p gleich einer rationalen Zahl, nämlich $p = q_1 q_1 \ldots q_n/(10^n - 1)$, setzen.

Beispiel 7.1. $0,123123\ldots$ entspricht der rationalen Zahl $\frac{123}{99}$ und $4,1212\ldots$ ist gleich $4 + \frac{12}{9} = \frac{4 \times 9 + 12}{9} = \frac{48}{9}$.

Wir fassen zusammen, dass jede unendliche periodische Dezimaldarstellung einer rationalen Zahl gleich gesetzt werden kann und umgekehrt. Wir können daher die Diskussion in diesem Abschnitt in folgendem grundlegendem Satz zusammenfassen:

Satz 7.1 *Die Dezimaldarstellung einer rationalen Zahl ist periodisch. Eine periodische Dezimaldarstellung ist gleich einer rationalen Zahl.*

7.6 Mengenschreibweise

Wir haben bereits mehrere Beispiele von *Mengen* kennengelernt, z.B. die Menge $\{1, 2, 3, 4, 5\}$ der ersten 5 natürlichen Zahlen und die (unendliche) Menge $\mathbb{N} = \{1, 2, 3, 4, \ldots\}$ aller (möglichen) natürlichen Zahlen. Eine Menge wird durch ihre *Elemente* definiert. Beispielsweise besteht die Menge $A = \{1, 2, 3, 4, 5\}$ aus den Elementen 1,2,3,4 und 5. Um zu kennzeichnen, dass ein Objekt ein Element einer Menge ist, benutzen wir das Zeichen $\in$, z.B. $4 \in A$. Ferner gilt $7 \in \mathbb{N}$ aber $7 \notin A$. Um eine Menge zu definieren, müssen wir in einer Weise ihre Elemente angeben. In den beiden gegebenen Beispielen, konnten wir die Elemente innerhalb der Mengenklammern $\{$ und $\}$ einfach auflisten. Wenn wir auf komplizierte Mengen treffen, müssen wir unsere Notation weiter entwickeln. Eine bequeme Art um Elemente einer Menge anzugeben, besteht darin, einen charakteristische Eigenschaft zu nennen. Beispielsweise $A = \{n \in \mathbb{N} : n \leq 5\}$, was bedeutet „die Menge der natürlichen Zahlen n, mit $n \leq 5$". Als ein weiteres Beispiel kann die Menge der *ungeraden* natürlichen Zahlen angegeben werden, als $\{n \in \mathbb{N} : n \text{ ungerade}\}$ oder auch $\{n \in \mathbb{N} : n = 2j - 1 \text{ für } j \in \mathbb{N}\}$. Der Doppelpunkt : hat hierbei die Bedeutung „für die gilt".

Sind die Mengen A und B gegeben, können wir neue Mengen konstruieren. Im Besonderen bezeichnen wir mit $A \cup B$ die *Vereinigung* von A und B, die aus allen Elementen, die mindestens in einer der Mengen A oder B enthalten sind, besteht und mit $A \cap B$ den *Schnitt* von A und B, der aus allen Elementen besteht, die sowohl in A als auch in B enthalten sind. Ferner bezeichnet $A \setminus B$ die Teilmenge von Elementen aus A, die *nicht* in B enthalten sind, was als „Subtraktion" von B (genauer von $B \cup A$) von A

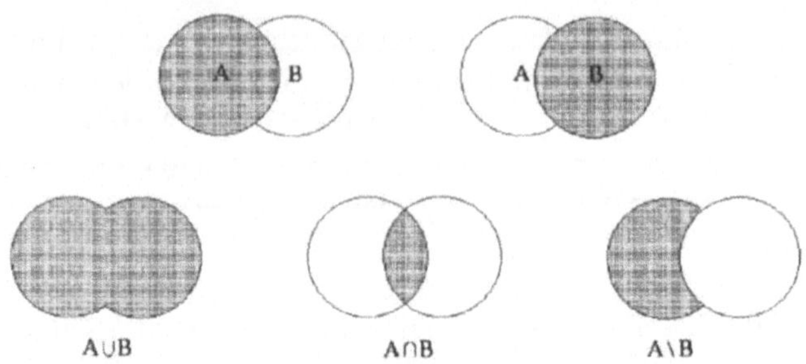

Abb. 7.3. Die Mengen $A \cup B$, $A \cap B$ und $A \setminus B$

interpretiert werden kann, vgl. Abb. 7.3. Des Weiteren bezeichnet $A \times B$ die *Produktmenge* von A und B. Das ist die Menge aller möglichen *geordneten Paare* (a, b), wobei $a \in A$ und $b \in B$ gilt.

Beispiel 7.2. Ist $A = \{1, 2, 3\}$ und $B = \{3, 4\}$, dann sind $A \cup B = \{1, 2, 3, 4\}$, $A \cap B = \{3\}$, $A \setminus B = \{1, 2\}$ und $A \times B = \{(1, 3), (1, 4), (2, 3), (2, 4), (3, 3), (3, 4)\}$.

7.7   Die Menge $\mathbb{Q}$ der rationalen Zahlen

Es ist allgemein üblich, die Menge aller möglichen rationalen Zahlen mit $\mathbb{Q}$ zu bezeichnen, d.h. die Menge aller Zahlen x der Form $x = p/q = (p, q)$, wobei p und $q \neq 0$ ganze Zahlen sind. Oft lassen wir dabei das „möglich" weg und sagen einfach, dass $\mathbb{Q}$ die Menge der rationalen Zahlen bezeichnet, die geschrieben werden können als

$$\mathbb{Q} = \left\{ x = \frac{p}{q} : p, q \in \mathbb{Z}, \; q \neq 0 \right\}.$$

Wir können $\mathbb{Q}$ ebenso als Menge der Zahlen mit endlichen oder periodischen Dezimaldarstellungen formulieren.

7.8   Die rationale Zahlengerade und Intervalle

Erinnern Sie sich daran, dass wir die ganzen Zahlen mit der Zahlengerade, einer Geraden, auf der wir Punkte in festen Abständen markiert haben, dargestellt haben? Wir können auch die rationalen Zahlen mit Hilfe einer Gerade darstellen. Dazu beginnen wir mit der Zahlengerade für die ganzen Zahlen und fügen die rationalen Zahlen hinzu, die eine Nachkommastelle besitzen:

$$- \ldots, -1, (-0, 9), (-0, 8); \ldots, (-0, 1), 0, (0, 1), (0, 2), \ldots, (0, 9), 1, \ldots$$

Dazu fügen wir dann rationale Zahlen mit zwei Nachkommastellen:

$$-\ldots, (-0,99), (-0,98), \ldots, (-0,01), 0, (0,01), \ldots, (0,98), (0,99), 1, \ldots.$$

Dann dazu die rationalen Zahlen mit $3, 4, \ldots$ Nachkommastellen, wie in Abb. 7.4 dargestellt. Wir erkennen, dass ganz schnell so viele Punkte zu

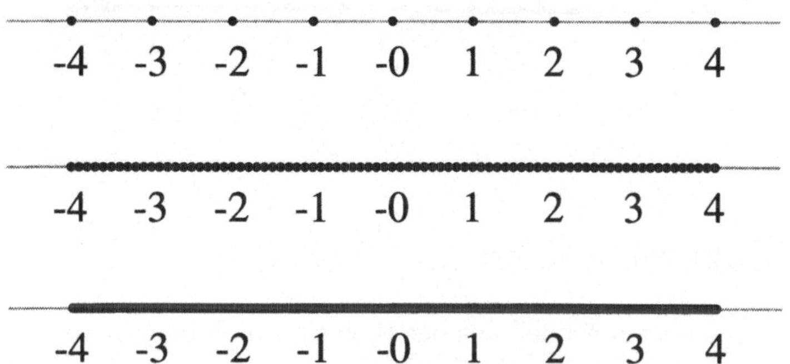

Abb. 7.4. Auffüllen der Zahlengerade für rationalen Zahlen zwischen -4 und 4, beginnend mit ganzen Zahlen, Dezimalzahlen mit einer, und dann zwei Nachkommastellen u.s.w.

zeichnen sind, dass die Zahlengerade durchgezogen aussieht. Eine durchgezogene Linie würde bedeuten, dass alle Zahlen rational sind. Darauf kommen wir später zurück. Wir nennen die Gerade die *rationale Zahlengerade*.

Für vorgegebene rationale Zahlen a und b mit $a \leq b$ bezeichnen wir alle rationalen Zahlen x, für die $a \leq x \leq b$ gilt, als *abgeschlossenes Intervall*. Wir schreiben für das Intervall $[a, b]$, bzw.

$$[a, b] = \{x \in \mathbb{Q} : a \leq x \leq b\}.$$

a und b werden Endpunkte des Intervalls genannt. Ganz ähnlich definieren wir *offene* (a, b) und *halboffene* Intervalle $[a, b)$ und $(a, b]$ durch

$$(a, b) = \{x \in \mathbb{Q} : a < x < b\},$$

$$[a, b) = \{x \in \mathbb{Q} : a \leq x < b\} \text{ und } (a, b] = \{x \in \mathbb{Q} : a < x \leq b\}.$$

In ähnlicher Weise können wir für alle rationalen Zahlen größer als eine Zahl a schreiben:

$$(a, \infty) = \{x \in \mathbb{Q} : a < x\} \text{ und } [a, \infty) = \{x \in \mathbb{Q} : a \leq x\}.$$

Die Menge der Zahlen kleiner als a wird analog formuliert. Wir stellen Intervalle auch graphisch dar, indem wir die Punkte auf der rationalen Zahlengeraden markieren, wie in Abb. 7.5 gezeigt. Beachten Sie, wie ungefüllte oder gefüllte Kreise benutzt werden, um die Endpunkte für offene oder abgeschlossene Intervalle zu markieren.

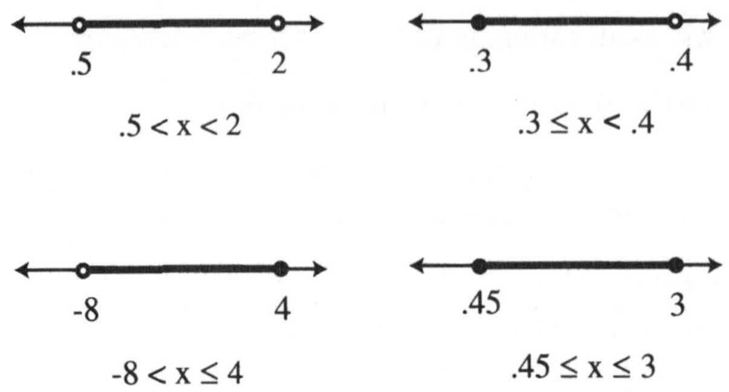

Abb. 7.5. Verschiedene Intervalle auf der rationalen Zahlengerade

7.9 Bakterienwachstum

Wir stellen jetzt ein Modell aus der Biologie zur Populationsdynamik vor, das die Verwendung rationaler Zahlen voraussetzt.

Einige Bakterien können einige Aminosäuren, die sie zur Proteinherstellung und zur Zellreproduktion benötigen, nicht selbst produzieren. Werden derartige Bakterien in Nährlösung, die genügend Aminosäuren enthält, kultiviert, verdoppelt sich deren Population in regelmäßigen Zeitintervallen, etwa innerhalb einer Stunde. Ist P_0 die Anfangspopulation zum aktuellen Zeitpunkt und P_n die Population in n Stunden, dann gilt

$$P_n = 2P_{n-1} \tag{7.8}$$

für $n \geq 1$. Das Modell ähnelt (6.5), das wir zur Beschreibung der Insektenpopulation in Modell 6.2 benutzt haben. Falls die Bakterien mit dieser Rate weiter wachsen können, wissen wir von diesem Modell, dass $P_n = 2^n P_0$ gilt. Ist jedoch nur eine begrenzte Menge Aminosäuren vorhanden, konkurrieren die Bakterien um diese Ressource. Als Folge davon wird die Population sich nicht jede Stunde verdoppeln. Die Frage stellt sich, was passiert mit der Bakterienpopulation mit der Zeit? Wächst sie weiter an, nimmt sie auf Null ab (aussterben), oder wird sie gegen einen konstanten Wert streben?

Um dies zu modellieren, soll sich die Proportionalitätskonstante 2 in (7.8) so mit der Population verändern können, dass sie mit steigender Population abnimmt. So nehmen wir beispielhaft an, dass eine Konstante $K > 0$ existiert, so dass die Population zur Stunde n der Gleichung

$$P_n = \frac{2}{1 + P_{n-1}/K}\, P_{n-1} \tag{7.9}$$

genügt. Somit ist die Proportionalitätskonstante $2/(1+P_{n-1}/K)$ stets kleiner als 2 und nimmt mit steigendem P_{n-1} ab. Wir wollen hervorheben, dass viele andere Funktionen ebenfalls dieses Verhalten haben. Die richtige Wahl ist die Funktion, die Ergebnisse liefert, mit der experimentelle Labordaten reproduziert werden. Bei der Wahl, die wir getroffen haben, werden experimentelle Daten gut wiedergegeben und (7.9) wurde nicht nur als Modell für Bakterien, sondern auch für menschliche Populationen und die Fischerei benutzt.

Wir suchen jetzt eine Formel, die ausdrückt, wie P_n von n abhängt. Dazu definieren wir $Q_n = 1/P_n$ und aus (7.9) wird (bitte nachprüfen!)

$$Q_n = \frac{Q_{n-1}}{2} + \frac{1}{2K}.$$

Wie im Insektenmodell benutzen wir jetzt Induktion:

$$
\begin{aligned}
Q_n &= \frac{1}{2}Q_{n-1} + \frac{1}{2K} \\
&= \frac{1}{2^2}Q_{n-2} + \frac{1}{2K} + \frac{1}{4K} \\
&= \frac{1}{2^3}Q_{n-3} + \frac{1}{2K} + \frac{1}{4K}\frac{1}{8K} \\
&\quad\vdots \\
&= \frac{1}{2^n}Q_0 + \frac{1}{2K}\left(1 + \frac{1}{2} + \cdots + \frac{1}{2^{n-1}}\right).
\end{aligned}
$$

Mit jeder Stunde, die verstreicht, fügen wir einen weiteren Ausdruck zur Summe für Q_n hinzu, wobei uns interessiert, wie Q_n sich verändert, wenn n anwächst. Mit Hilfe der Formel für die Summe der geometrischen Reihe (6.3), die für die Summe rationaler Zahlen ebenso gilt wie für ganze Zahlen, erhalten wir

$$P_n = \frac{1}{Q_n} = \frac{1}{\frac{1}{2^n}Q_0 + \frac{1}{K}\left(1 - \frac{1}{2^n}\right)}. \tag{7.10}$$

7.10 Chemisches Gleichgewicht

Die Löslichkeit ionischer Ausfällungen ist ein wichtiges Thema in der analytischen Chemie. Für das Gleichgewicht

$$\mathrm{A}_x\mathrm{B}_y \rightleftharpoons x\,\mathrm{A}^{y+} + y\,\mathrm{B}^{x-} \tag{7.11}$$

einer gesättigten Lösung schwach löslicher Elektrolyte wird die Löslichkeitsproduktkonstante durch

$$K_{sp} = [\mathrm{A}^{y+}]^x[\mathrm{B}^{x-}]^y \tag{7.12}$$

gegeben. Die Löslichkeitsproduktkonstante ist z.B. für die Löslichkeit von Elektrolyten und für Vorhersagen wichtig, ob sich Niederschläge unter vorgegebenen Bedingungen bilden oder nicht.

Wir werden sie benutzen, um die Löslichkeit von $Ba(JO_3)_2$ in einer 0,020 molaren Lösung von KJO_3 zu bestimmen:

$$Ba(IO_3)_2 \rightleftharpoons Ba^{2+} + 2JO_3^-.$$

Dabei ist K_{sp} für $Ba(JO_3)_2$ $1,57 \times 10^{-9}$. Wir bezeichnen die Löslichkeit von $Ba(JO_3)_2$ mit S. Die Stöchiometrie besagt, dass $S = [Ba^{2+}]$, wohingegen Jodationen sowohl vom Lösungsmittel KJO_3 (somit 0,02 molar) als auch von $Ba(JO_3)_2$ (2 Ionen pro Eintrag) frei gesetzt werden. Somit ergibt sich die Jodatkonzentration aus der Summe der beiden Einträge:

$$[JO_3^-] = (0,02 + 2S).$$

Einsetzen in (7.12) ergibt die Gleichung

$$S\,(0,02 + 2S)^2 = 1,57 \times 10^{-9}. \tag{7.13}$$

Aufgaben zu Kapitel 7

7.1. Erklären Sie Ihrer Freundin, was rationale Zahlen sind und wie man mit ihnen rechnet. Vertauschen Sie auch die Rollen.

7.2. Beweisen Sie das Kommutativ-, Assoziativ- und Distributiv-Gesetz für rationale Zahlen.

7.3. Verifizieren Sie die Kommutativ- und Distributiv-Gesetze für die Addition und Multiplikation rationaler Zahlen anhand der Definitionen der Addition und Multiplikation.

7.4. Zeigen Sie anhand der üblichen Definitionen der Multiplikation und Addition rationaler Zahlen, dass $r(s + t) = rs + rt$ für rationale Zahlen r, s und t.

7.5. Bestimmen Sie die Lösungsmengen der folgenden Ungleichungen:

(a) $|3x - 4| \leq 1$ (b) $|2 - 5x| < 6$

(c) $|14x - 6| > 7$ (d) $|2 - 8x| \geq 3$.

7.6. Verifizieren Sie, dass für rationale Zahlen r, s und t gilt:

$$|s - t| \leq |s| + |t|, \tag{7.14}$$

$$|s - t| \leq |s - u| + |t - u|, \tag{7.15}$$

und

$$|st| = |s|\,|t|. \tag{7.16}$$

7.7. Eine Person läuft mit $2,4$m/Sekunde auf einem Schiff zum Bug, während sich das Schiff mit 32km/Stunde bewegt. Wie groß ist die Geschwindigkeit des Läufers für einen stationären Beobachter? Interpretieren Sie die Berechnung als Suche nach einem gemeinsamen Nenner.

7.8. Berechnen Sie Dezimaldarstellungen für (a) $3/7$, (b) $2/13$ und (c) $5/17$.

7.9. Berechnen Sie Dezimaldarstellungen für (a) $432/125$ und (b) $47,8/80$.

7.10. Finden Sie rationale Zahlen für die Dezimaldarstellungen
(a) $0,42424242\ldots$, (b) $0,881188118811\ldots$ und (c) $0,4290542905\ldots$.

7.11. Stellen Sie die folgenden Mengen auf der rationalen Zahlengeraden dar:

$\quad$ (a) $\{x \in \mathbb{Q} : -3 < x\}$

$\quad$ (b) $\{x \in \mathbb{Q} : -1 < x \leq 2 \text{ und } 0 < x < 4\}$

$\quad$ (c) $\{x \in \mathbb{Q} : -1 \leq x \leq 3 \text{ oder } -2 < x < 2\}$

$\quad$ (d) $\{x \in \mathbb{Q} : x \leq 1 \text{ oder } x > 2\}$.

7.12. Finden Sie eine Gleichung für die Menge an $Ba(JO_3)_2$ in Milligramm, die in 150ml Wasser bei $25°C$ mit $K_{sp} = 1,57 \times 10^{-9}$ mol^2/Liter^3 lösbar ist. Die Reaktionsgleichung lautet:

$$Ba(IO_3)_2 \rightleftharpoons Ba^{2+} + 2JO_3^-.$$

7.13. Sie investieren Geld in einen Pfandbrief, der 9% Zinsen pro Jahr erbringt und Sie legen die eingenommenen Zinsen in weitere Pfandbriefanteile an. Formulieren Sie ein Modell, das Ihnen bei einem Anfangskapital von C_0 Euro Ihr Vermögen nach n Jahren liefert. Schauen Sie Sich den Wachstum Ihres Vermögens über die Jahre n beispielsweise mit $MATLAB^{©}$ an.

8
Pythagoras und Euklid

(1) Mathematische Regeln regieren das Universum.
(2) Philosophie kann der geistigen Reinigung dienen.
(3) Die Seele kann mit dem Göttlichen verschmelzen.
(4) Gewisse Symbole haben mystische Bedeutung.
(5) Alle Brüder des Ordens müssen strenge Loyalität und Geheimhaltung befolgen.
(Glaubenssätze des Pythagoras)

8.1 Einleitung

In diesem Kapitel werden wir einige grundlegende und nützliche Tatsachen der *Geometrie* behandeln. Dabei werden wir Verbindungen zu den Ursprüngen der Mathematik im antiken Griechenland vor 2500 Jahren ziehen. Insbesondere zu zwei Idolen: Pythagoras und Euklid. In ihren Arbeiten finden wir die Wurzeln für die meisten Themen, die wir unten behandeln.

8.2 Der Satz von Pythagoras

Wahrscheinlich haben Sie schon von dem *Satz von Pythagoras* für ein *rechtwinkliges* Dreieck gehört, da er zu den grundlegendsten und wichtigsten Ergebnissen der Geometrie zählt. Erinnern Sie Sich, dass wir den Satz von Pythagoras bereits im Modell vom schlammigen Hof benutzt haben? Haben die einem rechten Winkel benachbarten Seiten die Längen a und b, und hat die gegenüberliegende Seite (die Hypotenuse) die Länge c, dann besagt der Satz von Pythagoras, vgl. Abb. 8.1.

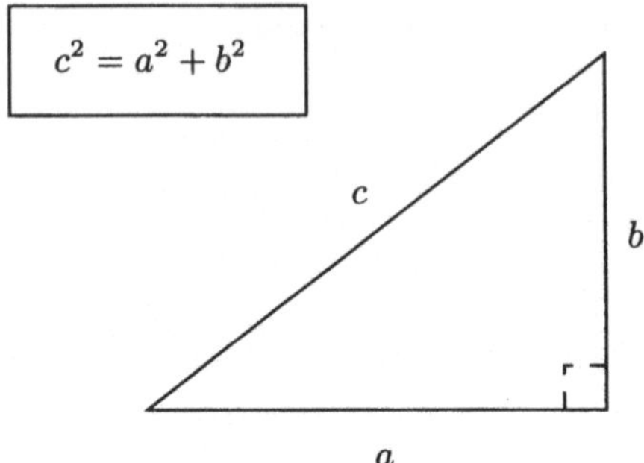

Abb. 8.1. Der Satz von Pythagoras

Angenommen, so unwahrscheinlich es auch sei, Ihre Freundin habe noch nie von diesem Ergebnis gehört. Wie könnten wir sie davon überzeugen, dass der Satz von Pythagoras wahr ist? D.h., wie können wir ihn *beweisen*? Wir könnten wie folgt argumentieren: Konstruiere ein Rechteck, dass das Dreieck einschließt, dessen eine Seite die Hypotenuse ist und dessen parallele Seite durch die Ecke mit dem rechten Winkel verläuft, vgl. Abb. 8.2. Wir haben somit drei Dreiecke, zwei neue angrenzend an das ursprüngliche. Alle diese Dreiecke haben dieselbe Form, d.h. sie haben die gleichen Winkel: Ein rechter Winkel von 90°, einen Winkel der Größe α und einen der Größe β, vgl. Abb. 8.2. Das rührt daher, dass $\alpha + \beta = 90°$, da die Winkelsumme in einem Dreieck immer 180° beträgt und ein rechter Winkel 90° besitzt. Da die Dreiecke die gleichen Winkel haben, haben sie auch dieselbe Form oder anders formuliert, die Dreiecke sind *ähnlich*. Das bedeutet, dass die Seitenverhältnisse für entsprechende Seiten für alle drei Dreiecke gleich

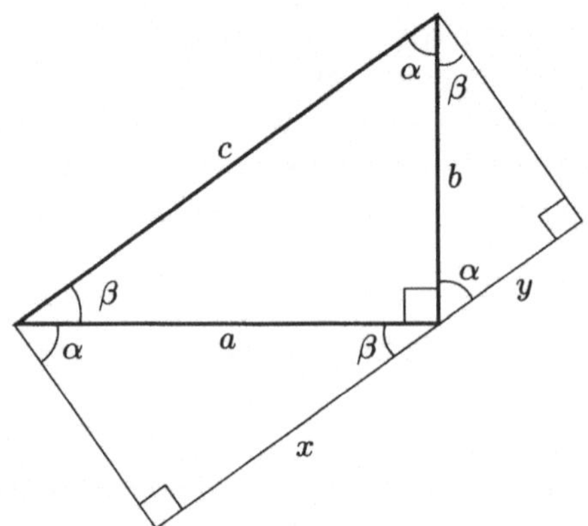

Abb. 8.2. Beweis des Satzes von Pythagoras

sind. Indem wir diese Tatsache zweimal ausnutzen, erhalten wir $x/a = a/c$ und $y/b = b/c$. Daraus folgern wir, dass $c = x + y = a^2/c + b^2/c$ oder $c^2 = a^2 + b^2$ gilt, was genau dem Satz von Pythagoras entspricht, vgl. Abb. 8.2.

Das sollte Ihre Freundin überzeugen, vorausgesetzt, dass Sie angemessen mit (i) der Tatsache, dass die Winkelsumme in einem Dreieck 180° ist, und (ii) den Eigenschaften *ähnlicher Dreiecke* vertraut ist. Falls nicht, sollten wir unserer Freundin mit den folgenden zwei Abschnitten behilflich sein.

8.3   Die Winkelsumme in Dreiecken beträgt 180°

Wir betrachten ein Dreieck mit den Ecken A, B und C und den Winkeln α, β und γ, wie es in Abb. 8.3 dargestellt ist. Wir erinnern daran, dass der Winkel zwischen zwei Geraden (oder Strecken), die sich in einem Punkt treffen, ein Maß dafür ist, um wie viel die eine der Linien zur anderen Linie gedreht wurde. Die gebräuchlichste Einheit dafür ist „Drehung" oder „Umdrehung". Der Zeiger einer Uhr macht eine volle Umdrehung von 12 zu 12 und eine halbe Umdrehung von 12 zu 6. Schlagen wir die erste Seite einer Zeitung nach hinten um, dann haben wir sie um eine volle Umdrehung rotiert. Wenn wir alleine am Frühstückstisch sitzen und daher genug Platz haben, schlagen wir die Seite einfach nur um, was einer halben Umdrehung entspricht. Normalerweise nutzen wir eine *Gradeinteilung* um Winkel zu messen, wobei eine volle Umdrehung 360 Grad entspricht. Somit hat eine halbe Umdrehung 180 Grad und eine viertel Umdrehung entspricht einem *rechten Winkel* mit 90 Grad.

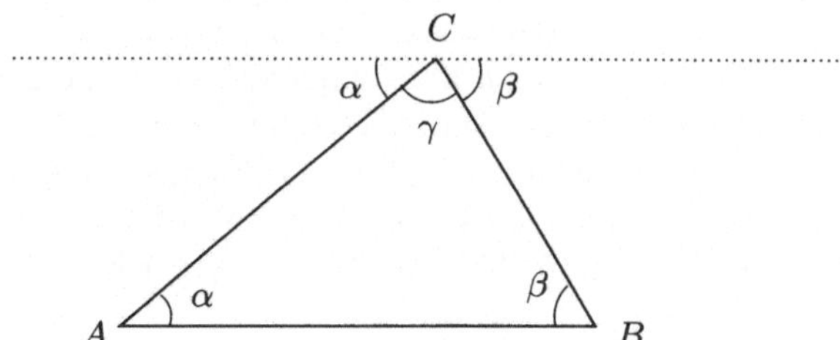

Abb. 8.3. Die Winkelsumme in einem Dreieck beträgt 180°

Zurück zum Dreieck in Abb. 8.3; wir fragen uns, warum $\alpha + \beta + \gamma = 180°$ gilt. Dazu zeichnen wir durch die Ecke C eine Gerade parallel zur Grundlinie AB. Die Winkel in C sind α, γ und β und zusammen bilden sie einen Winkel von 180°, was wir zeigen wollten. Dabei benutzen wir die Tatsache, dass eine Gerade, die zwei parallele Geraden schneidet, diese im gleichen Winkel schneidet, vgl. Abb. 8.4. Diese Aussage ist das berühmte fünfte *Axiom* der Geometrie von Euklid, das auch *Parallelen Axiom* genannt wird.

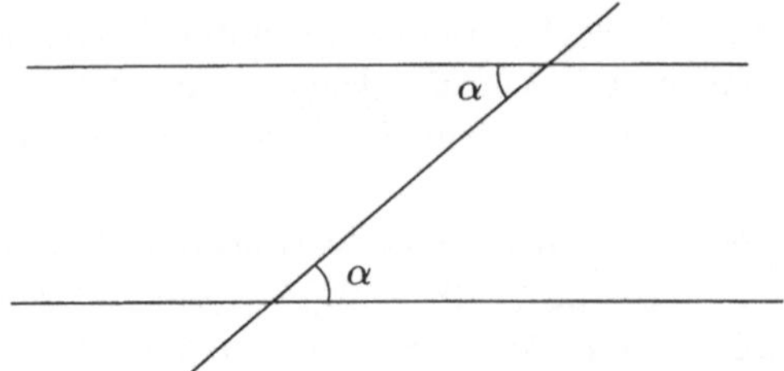

Abb. 8.4. Zwei parallele Linien werden von einer dritten geschnitten

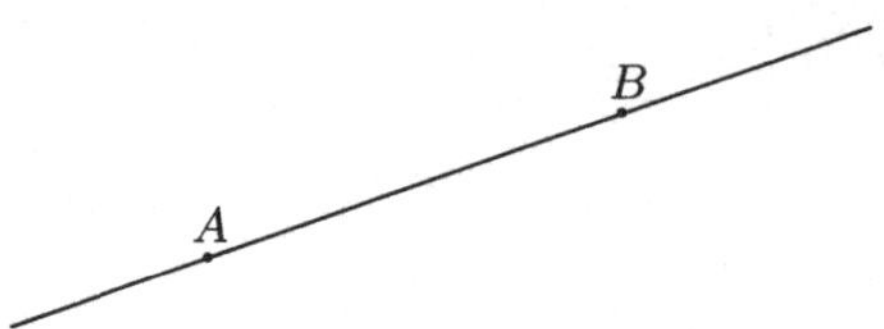

Abb. 8.5. Euklids erstes Axiom: Zwei verschiedene Punkte lassen sich mit genau einer Geraden verbinden

Ein Axiom ist dabei etwas, das wir für wahr annehmen, ohne weiter auf eine Begründung zu warten. Wir können die Gültigkeit eines Axioms intuitiv oder wie eine Spielregel akzeptieren. Die euklidische Geometrie basiert auf fünf Axiomen, wobei das erste besagt, dass zwei Punkte eindeutig durch eine gerade Strecke miteinander verbunden werden können, vgl. Abb. 8.5. In diesen Axiomen erscheinen undefinierte Begriffe, wie *Punkte* und *Gerade*. Wenn wir an diese Begriffe denken, benutzen wir unsere Intuition aus dem täglichen Leben. Das zweite Axiom behauptet, dass eine Strecke zu einer Geraden verlängert werden kann. Das dritte Axiom besagt, dass sich aus Zentrum und Radius ein Kreis konstruieren lässt und das vierte Axiom behauptet, dass alle rechten Winkel gleich sind.

Euklidische Geometrie behandelt *ebene* Geometrie, was auch als Geometrie auf einer *flachen Oberfläche* betrachtet werden kann. Wir können uns vorstellen, dass ein Fußballfeld flach ist, aber wir wissen, dass sehr

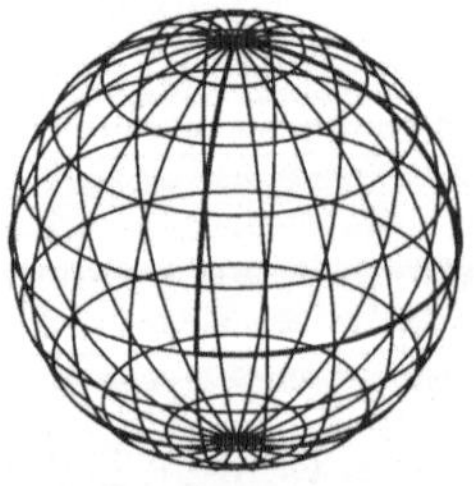

Abb. 8.6. Ein „Dreieck"auf der Erdoberfläche mit einer Ecke am Nordpol und zwei Ecken auf dem Äquator mit 90° Longitudenabstand

große Flächen auf der Erde nicht vollständig flach sein können. Geometrie auf gebogenen Flächen wird *nicht-euklidische Geometrie* genannt. Nicht-euklidische Geometrie hat einige überraschende Eigenschaften und es gibt insbesondere kein Parallelen Axiom. Folglich kann die Winkelsumme in einem Dreieck auf der gebogenen Oberfläche der Erde von 180° abweichen. Betrachten Sie dazu Abb. 8.6, wo die Winkelsumme im angedeuteten Dreieck mit drei rechten Winkel (können Sie es erkennen?) 270° ist, also wirklich nicht 180°.

8.4 Ähnliche Dreiecke

Zwei Dreiecke mit denselben Winkeln heißen *ähnlich*. Euklid sagt, dass das Verhältnis entsprechender Seiten zweier ähnlicher Dreiecke gleich ist. Wenn ein Dreieck Seiten der Länge a, b und c hat, dann wird ein ähnliches Dreieck Seiten der Länge $\bar{a} = ka$, $\bar{b} = kb$ und $\bar{c} = kc$ haben, wobei $k > 0$ ein gemeinsamer *Skalierungsfaktor* ist, vgl Abb. 8.7. Anders formuliert ist das Verhältnis entsprechender Seiten gleich: $\frac{ka}{kb} = \frac{a}{b}$, $\frac{ka}{kc} = \frac{a}{c}$ und $\frac{kb}{kc} = \frac{b}{c}$. Eine andere Betrachtungsweise dieser Tatsache ist, dass sich die Winkel in einem Dreieck nicht ändern, wenn wir dessen *Größe* verändern, indem wir die Seitenlängen um einen gemeinsamen Faktor ändern. Dies gilt nicht für die nicht-euklidische Geometrie. Wenn wir die Größe eines (großen) Dreiecks auf der Oberfläche der Erde vergrößern, werden die Winkel auch größer. Wir stellen den Beweis, dass ähnliche Dreiecke tatsächlich proportionale Seiten haben, als Herausforderung an den Leser, vgl. Aufgabe 8.4.

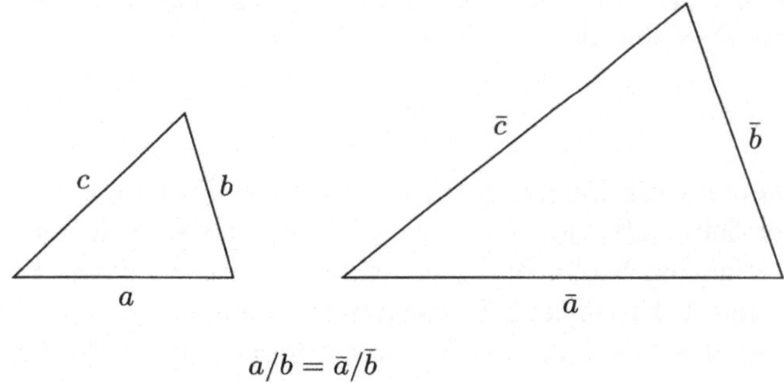

$$a/b = \bar{a}/\bar{b}$$

Abb. 8.7. Die Seiten von ähnlichen Dreiecken sind proportional

8.5 Wann stehen zwei Gerade senkrecht?

Wir wollen mit einer weiteren Anwendung des Satzes von Pythagoras fortfahren, die von fundamentaler Wichtigkeit sowohl für die Infinitesimalrech-

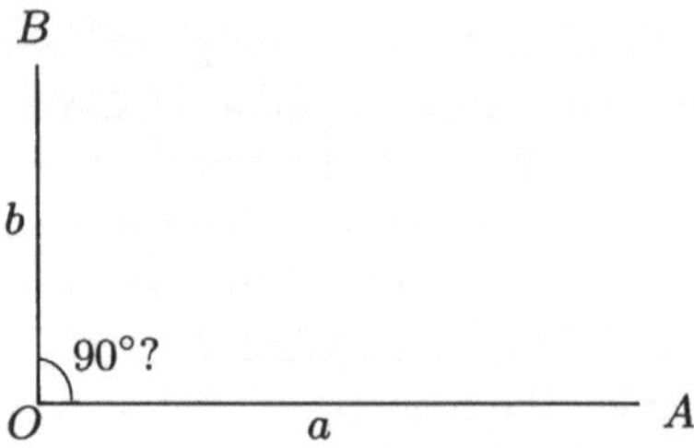

Abb. 8.8. Sind diese zwei Geraden(stücke) senkrecht?

nung als auch die lineare Algebra ist. Sie hat Zimmerleuten als grundlegendes theoretisches Werkzeug über Jahrhunderte gedient. Wir stellen die Frage: Wie können wir entscheiden, ob zwei sich schneidende Geraden einer euklidischen Ebene einen rechten Winkel bilden, d.h. ob die beiden Geraden rechtwinklig (orthogonal) sind oder nicht, vgl. Abb. 8.8? Diese Frage stellt sich typischerweise beim Bau eines rechtwinkligen Gebäudes. Angenommen, die Geraden schneiden sich im Punkt O und angenommen, dass eine der Geraden durch Punkte A und die andere durch Punkt B auf der Fläche geht, vgl. Abb. 8.8. Wir betrachten jetzt das Dreieck AOB und fragen dabei, ob der Winkel AOB gleich 90° ist, d.h. ob die Seite OA rechtwinklig zur Seite OB ist, vgl. Abb. 8.9. Wir könnten das direkt mit einem tragbaren rechten Winkel überprüfen, aber das würde Spielraum für falsche Entscheidungen geben, insbesondere dann, wenn die Größe des tragbaren rechten Winkels viel kleiner ist als das Dreieck AOB selbst. Das wäre üblicherweise immer beim Legen eines Fundaments für ein Gebäude der Fall. Eine andere Möglichkeit bietet der Gebrauch des Satzes von Pythagoras. Wir erwarten, dass der Winkel BOA 90° beträgt, wenn

$$a^2 + b^2 = c^2 \tag{8.1}$$

erfüllt ist, wobei a die Länge der Seite OA ist, b die Länge der Seite OB und c die der Seite AB, vgl. Abb. 8.9. Wir werden das in Kürze beweisen, wollen aber zunächst beobachten, wie ein Zimmermann dieses Ergebnis in der Praxis benutzt. Er würde 3 Stücke mit den Längen 3,4, und 5 Einheiten von einer Schnur schneiden. Das Besondere gerade dieser Zahlen ist, dass

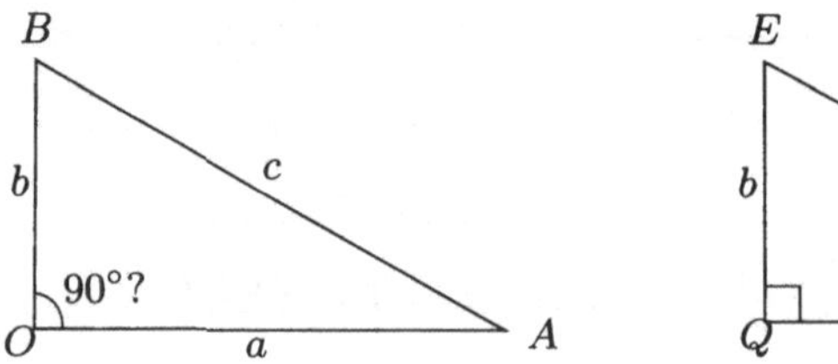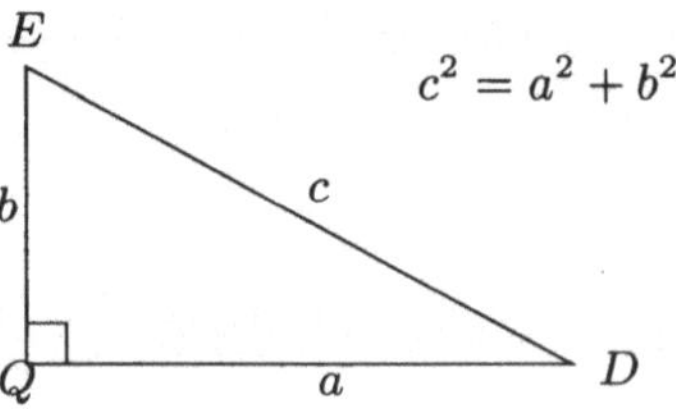

Abb. 8.9. Test auf Rechtwinkligkeit

sie in die Gleichung (8.1) passen:

$$3^2 + 4^2 = 5^2. \tag{8.2}$$

Wenn unsere Vermutung richtig ist, dann muss ein Dreieck mit den Seitenlängen 3,4 und 5 einen rechten Winkel haben. Angenommen, dass $a = 3$ und $b = 4$ ist, so könnten wir im Dreieck AOB prüfen, ob es einen rechten Winkel hat, indem wir die Schnur mit Länge 5 auf AB legen und kontrollieren, ob $c = 5$ ist. Falls ja, dann ist der Winkel AOB 90°. Mit Hilfe dreier Schnurstücke der Längen 3,4 und 5 Einheiten kann ein Zimmermann somit einen rechten Winkel konstruieren. Die Einheitswahl ist bei praktischen Anwendungen dieser Idee wichtig. Sehr kurze Schnüre wären zwar preiswert, aber die Genauigkeit würde darunter leiden. Sehr lange Stücke wären sehr unhandlich.

Nun zurück zur Vermutung, dass ein Dreieck AOB einen rechten Winkel hat, falls $a^2 + b^2 = c^2$. Um uns zu überzeugen, könnten wir Euklids Argumenten folgen: Konstruiere ein rechtwinkliges Dreieck DQE mit rechtem Winkel in Q mit Seitenlänge $DQ = a$ und Seitenlänge $EQ = b$. Dann ist nach dem Satz von Pythagoras das Quadrat der Länge von DE gleich $a^2 + b^2$. Mit der Annahme, dass $a^2 + b^2 = c^2$, ist die Seite DE gleich c. Somit haben die Dreiecke DQE und AOB die gleichen Seitenlängen und wären daher ähnlich. Folglich wäre der Winkel AOB gleich dem Winkel DQE, der 90° ist, womit wir bewiesen haben, dass AOB rechtwinklig ist.

Wir können $a^2 + b^2 = c^2$ als Prüfstein für die Orthogonalität der Seiten OA und OB nehmen, indem wir den Trick des Zimmermanns benutzen, aber das könnte immer noch eine gewisse Unsicherheit hinterlassen, wenn wir beispielsweise Schnüre benutzen müssen, die viel kleiner als das Fundament sind.

Angenommen, wir wüssten die Koordinaten (a_1, a_2) der Ecke A und die Koordinaten (b_1, b_2) der Ecke B. Dies wäre der Fall, wenn das Dreieck über diese Koordinaten definiert würde, wenn wir beispielsweise eine Karte benutzen, um das Dreieck zu identifizieren. Somit hätten wir

$$a^2 = a_1^2 + a_2^2, \quad b^2 = b_1^2 + b_2^2, \quad c^2 = (b_1 - a_1)^2 + (b_2 - a_2)^2,$$

wobei sich die letzte Gleichung aus Abb. 8.10 ergibt. Wir folgern, dass

$$c^2 = b_1^2 + a_1^2 - 2b_1 a_1 + b_2^2 + a_2^2 - 2b_2 a_2 = a^2 + b^2 - 2(a_1 b_1 + a_2 b_2)$$

und wir erkennen, dass $a^2 + b^2 = c^2$ genau dann gilt, wenn

$$a_1 b_1 + a_2 b_2 = 0. \tag{8.3}$$

Somit wird unser Test auf Orthogonalität reduziert auf die Überprüfung der algebraischen Gleichung $a_1 b_1 + a_2 b_2 = 0$. Wenn wir die Koordinaten (a_1, a_2) und (b_1, b_2) kennen, lässt sich diese Bedingung einfach durch Multiplikation

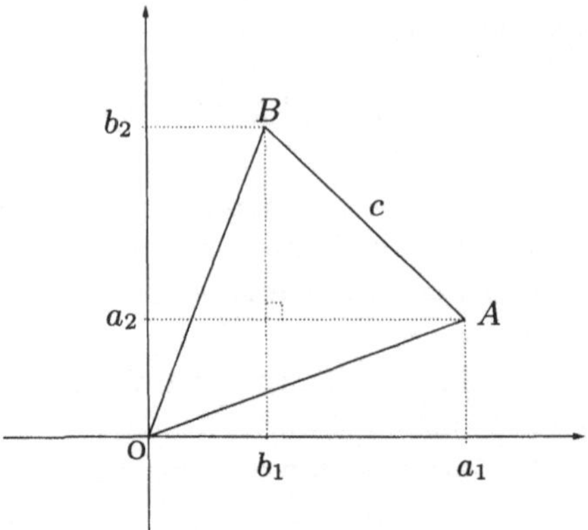

Abb. 8.10.

von Zahlen überprüfen und ist daher nicht länger Geschmackssache oder eine einsame Entscheidung (bis auf Rundungsfehler).

Die magische Formel (8.3) zur Überprüfung der Orthogonalität wird im Folgenden eine wichtige Rolle spielen. Sie wandelt eine geometrische Beobachtung (Orthogonalität) in eine arithmetische Gleichung um.

8.6   GPS Navigation

GPS (Global Positioning System) ist eine wundervolle neue Erfindung. Es wurde vom amerikanischen Militär in den 80ern entwickelt, hat aber inzwischen wichtige zivile Anwendungen. Sie können einen GPS Empfänger für weniger als 200 Euro kaufen und bei Ihrer Wanderung in den Bergen in der Tasche mit sich tragen, auf Ihrem Segelboot auf dem Ozean oder in Ihrem Auto bei einer Fahrt durch die Wüste oder München. Auf Knopfdruck an Ihrem Empfänger erhalten sie Ihre aktuellen Koordinaten: Breiten- und Längengrad als ein geordnetes Zahlenpaar (57,25;12,60). Dabei ist die erste Zahl (57,25) die Breite und die zweite Zahl (12,60) die Länge. Die Genauigkeit liegt bei etwa 10 Metern. Etwas aufwändigere Nutzung von GPS kann eine Genauigkeit von 1 Millimeter liefern.

Wenn sie Ihre Koordinaten kennen, können sie Ihre aktuelle Position auf einer Karte bestimmen und ablesen, in welche Richtung Sie Ihr Ziel erreichen. Somit löst GPS das Hauptproblem der Navigation: Die Bestimmung der aktuellen Koordinaten auf einer Karte. Vor GPS konnte das sehr schwer sein, mit unzuverlässigen Ergebnissen. Die Breite zu bestimmen war verhältnismäßig einfach, wenn man die Sonne sah und ihre Höhe über dem Horizont mit Hilfe eines Sextanten zur Mittagszeit messen konnte. Die Bestimmung des Längengrads war sehr viel schwieriger und verlangte eine gute Uhr. Der Hauptgrund für all die Mühe bei der Entwicklung genauer

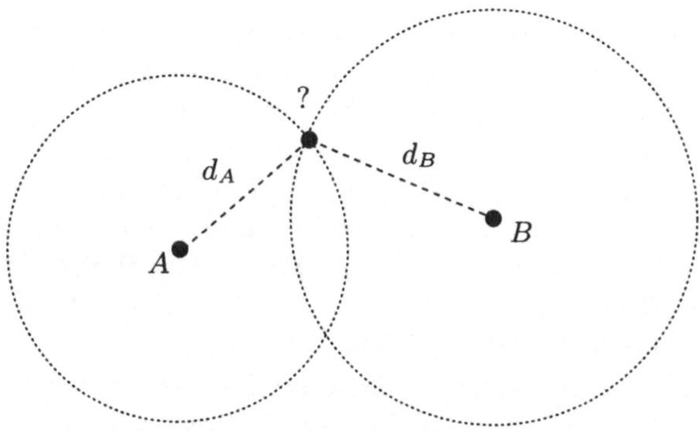

Abb. 8.11. Positionsbestimmung mit GPS

Uhren oder Chronometern im 18. Jahrhundert war die Bestimmung der
Länge auf See. Vor den Chronometern konnte das Ergebnis äußerst unge-
nau sein: Man konnte glauben, wie Columbus, nach Indien zu kommen,
obwohl man tatsächlich in der Nähe von Amerika war!

GPS basiert auf einem einfachen (und klugen) mathematischen Prinzip.
Wir stellen die Grundlagen vor, unter der Annahme, dass unsere Erde eine
euklidische Ebene mit einem Koordinatensystem ist. Das Problem ist, unsere Koordinaten zu bestimmen. Angenommen, wir könnten den Abstand
zu zwei Punkten A und B mit genauen Positionen, die wir mit d_A und d_B
bezeichnen, messen. Mit dieser Information wissen wir, dass wir uns auf
einem der Schnittpunkte der Kreise um A mit Radius d_A und um B mit
Radius d_B, wie in Abb. 8.11 dargestellt, befinden müssen. Beachten Sie,
dass diese Kreise nach dem 3. euklidischen Axiom existieren.

Um die Koordinaten (x_1, x_2) des Schnittpunkts herauszufinden, müssen
wir das folgende System zweier Gleichungen mit den beiden Unbekannten
x_1 und x_2 lösen:

$$(x_1 - a_1)^2 + (x_2 - a_2)^2 = d_A^2 \quad \text{und} \quad (x_1 - b_1)^2 + (x_2 - b_2)^2 = d_B^2.$$

Wenn wir dieses Gleichungssystem gelöst haben, können wir bestimmen,
wo wir sind, vorausgesetzt, dass wir über zusätzliche Information verfügen,
die uns besagt, welche der beiden möglichen Lösungen die richtige ist. Bei
drei Dimensionen müssten wir unseren Abstand zu drei Punkten im Raum
mit bekannten Positionen bestimmen und ein Gleichungssystem mit drei
Gleichungen in drei Unbekannten lösen, die den Schnitten dreier Kugeln
entsprechen.

GPS arbeitet mit 24 Satelliten, die in Vierergruppen auf 6 Orbitalen
kreisen. Jeder Satellit besitzt einen kreisförmigen Orbit in ca. 26.000 km
Höhe mit einer Umrundungszeit von 12 Stunden. Jeder Satellit trägt eine
genaue Uhr und ein System überwacht die Position der Satelliten in jedem
Augenblick. Ein GPS Empfänger empfängt ein Signal von jedem sichtba-
ren Satelliten, das die Position und die Uhrzeit des Satelliten enthält. Der

Empfänger berechnet den Zeitunterschied, indem er die empfangene Zeit
mit seiner eigenen vergleicht und berechnet dann an Hand der Lichtgeschwindigkeit die Abstände. Das GPS berechnet seine Position aus den
Abständen zu den Satelliten und deren Positionen als einer der beiden
Schnittpunkte dreier Kugeln. Einer dieser Punkte liegt weit draußen im
Raum und kann ausgeschlossen werden, solange wir uns auf der Erde befinden. Als Ergebnis erhalten wir unsere Position im Raum, charakterisiert
durch Längen-, Breitengrad und Höhe über dem Meer. Praktisch wird ein
vierter Satellit benötigt, um die Uhren der Satelliten und des Empfängers
zu kalibrieren, was nötig ist, um die Abstände richtig zu berechnen. Sind
mehr als vier Satelliten sichtbar, löst das GPS eine Näherungslösung der
kleinsten Fehlerquadrate aus dem sich ergebenden überbestimmten Gleichungssystem. Die Genauigkeit wächst mit der Zahl der Satelliten an.

GPS verknüpft Geometrie mit Arithmetik oder Algebra. Jeder physikalische Punkt im Raum kann durch ein Zahlentripel mit Länge, Breite und
Höhe charakterisiert werden.

8.7 Geometrische Definition von $\sin(v)$ und $\cos(v)$

Betrachten Sie ein rechtwinkliges Dreieck mit Winkel v und Seiten der
Länge a, b und c wie in Abb. 8.12. Wir erinnern uns an die Definitionen

$$\cos(v) = \frac{a}{c} \quad \sin(v) = \frac{b}{c}.$$

Beachten Sie, dass die Werte $\cos(v)$ und $\sin(v)$ nicht von dem speziellen

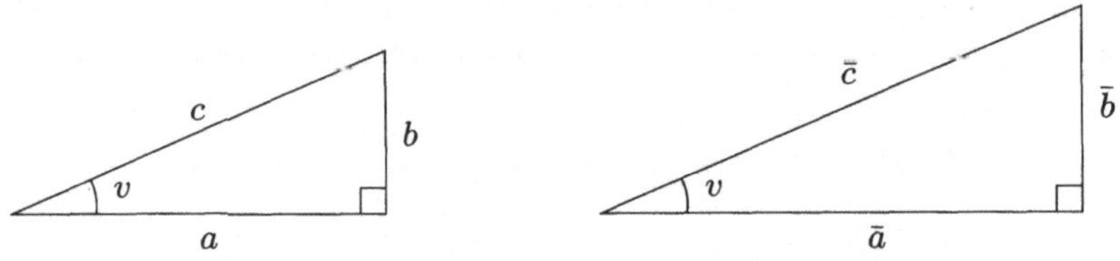

Abb. 8.12. $\cos(v) = a/c$ und $\sin(v) = b/c$

Dreieck abhängen, das wir benutzen, sondern nur von v. Das liegt daran, dass ein anderes rechtwinkliges Dreieck mit demselben Winkel v und
den Seiten $\bar{a}$, $\bar{b}$ und $\bar{c}$, wie rechts in Abb. 8.12 gezeigt, zu dem zunächst
betrachteten Dreieck *ähnlich* wäre. Und die Verhältnisse entsprechender
Seiten in ähnlichen Dreiecken sind gleich, wie wir bereits gezeigt haben.
Anders formuliert, $a/c = \bar{a}/\bar{c}$ und $b/c = \bar{b}/\bar{c}$. Z.B. können wir ein Dreieck
mit $c = 1$ wählen, so dass $\cos(v) = a$ und $\sin(v) = b$ gilt. Wenn wir dieses Dreieck, wie in Abb. 8.13 dargestellt, in den *Einheitskreis* $x_1^2 + x_2^2 = 1$
einbetten, dann ist $a = x_1$ und $b = x_2$, d.h. $\cos(v) = x_1$ und $\sin(v) = x_2$.

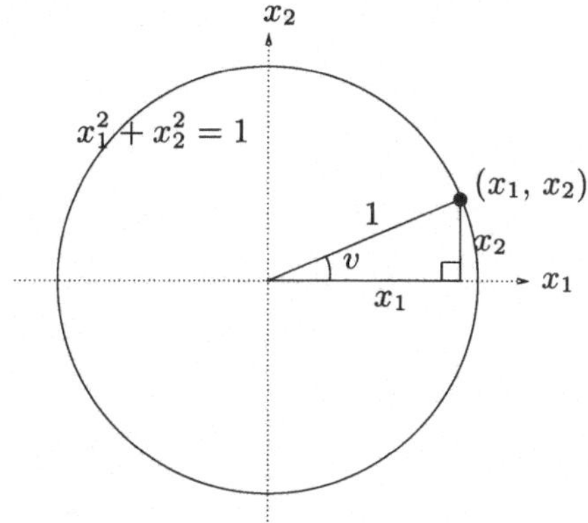

Abb. 8.13. $\cos(v) = x_1$ und $\sin(v) = x_2$

Diese Einbettung ermöglicht es auch, die Definition von $\cos(v)$ und $\sin(v)$ auszuweiten, insbesondere zu Winkeln v mit $90° \leq v < 180°$.

8.8   Geometrischer Beweis von Additionsformeln für $\cos(v)$

Als eine Anwendung der Definition von $\sin(v)$ und $\cos(v)$ geben wir einen geometrischen Beweis für die folgende berüchtigte Formel:

$$\cos(\beta - \alpha) = \cos(\beta)\cos(\alpha) + \sin(\beta)\sin(\alpha). \tag{8.4}$$

Der Beweis wird in den folgenden Abbildungen gegeben und er beruht auf dem Gebrauch der Definitionen von $\cos(v)$ und $\sin(v)$, wobei jeweils $v = \alpha$, $v = \beta$ und $v = \beta - \alpha$ gilt. Betrachten Sie die zwei rechtwinkligen Dreiecke links in Abb. 8.14 mit der gemeinsamen Seite der Länge 1. Die Länge der anderen Seiten sind mit Hilfe der vorhandenen Winkel als Sinus- oder Kosinus-Ausdrücke angegeben. Auf der rechten Seite von Abb. 8.14 sind zwei andere rechtwinklige Dreiecke mit einem Winkel β gezeichnet. Aus den Definitionen von $\cos(\beta)$ und $\sin(\beta)$ wissen wir, dass die Grundseite des linken größeren Dreiecks $\cos(\beta)\cos(\alpha)$ lang ist und die Grundseite des kleineren oberen rechten Dreiecks $\sin(\beta)\sin(\alpha)$ misst. Daraus können wir folgern, dass $\cos(\beta - \alpha) = \cos(\beta)\cos(\alpha) + \sin(\beta)\sin(\alpha)$ gilt. Aus Abb. 8.14 können wir ganz ähnlich folgern, dass

$$\sin(\beta - \alpha) = \sin(\beta)\cos(\alpha) - \cos(\beta)\sin(\alpha). \tag{8.5}$$

Unten werden wir $\cos(v)$ und $\sin(v)$ als die Lösung bestimmter fundamentaler Differentialgleichungen neu definieren. Insbesondere werden dann $\cos(v)$ und $\sin(v)$ für beliebige „Winkel" v definiert, inklusive auch für

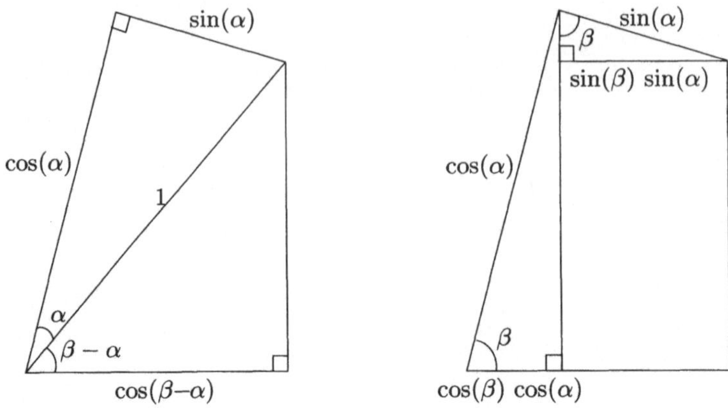

Abb. 8.14. Warum $cos(\beta - \alpha) = cos(\beta)cos(\alpha) + sin(\beta)sin(\alpha)$ gilt

v größer als $180°$ und kleiner als $0°$, wobei die letzteren zu Winkeln gehören, die entstehen, wenn man den Punkt (x_1, x_2) im Uhrzeigersinn, beginnend bei $(1,0)$ auf dem Einheitskreis in Abb. 8.13, bewegt. Dabei ist $sin(v) = -sin(-v)$ und $cos(v) = cos(-v)$, in Übereinstimmung mit den Beziehungen $cos(v) = x_1$ und $sin(v) = x_2$.

8.9   Erinnerung an einige Flächenformeln

Wir möchten die/den Leserin/Leser an die folgenden wohl bekannten Formeln für die Flächen von Rechtecken, Dreiecken und Kreisen, dargestellt in Abb. 8.15, erinnern. Wir werden später auf diese wichtigen Formeln zurückkommen und sie etwas genauer begründen.

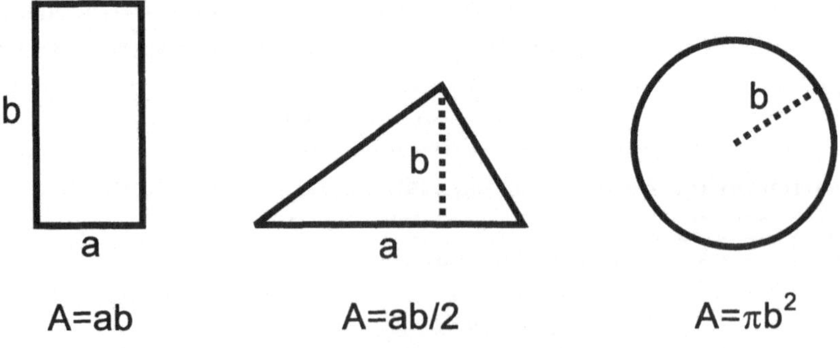

Abb. 8.15. Einige weit verbreitete Formeln für Flächen A

8.10 Griechische Mathematik

Griechische Mathematik wird von den Schulen von Pythagoras und Euklid beherrscht. Die Schule von Pythagoras baut auf *Zahlen* auf, d.h. ist arithmetisch, und die von Euklid auf *Geometrie*. 2000 Jahre später, im 17. Jahrhundert, führte Descartes beide Gebiete in der *analytischen Geometrie* zusammen.

Mathematik wurde gewöhnlich in Babylonien und Griechenland für praktische Berechnungen zur Astronomie, Navigation etc. benutzt, wohingegen die Pythagoräer „die Mathematik von einer Fähigkeit der Sklaven in eine Ausbildung für Aristokraten (freie Männer) umwandelten". Aus diesem Grund waren experimentelle Wissenschaften und die Mechanik im klassischen Griechenland schlecht entwickelt. Stattdessen dominierte das Prinzip logischer Herleitung.

Pythagoras wurde 585 v.Chr. auf der Insel Samos vor der Küste von Kleinasien geboren und gründete seine eigene Schule auf Croton, einer griechischen Siedlung in Süd-Italien. Die pythagoräische Schule war eine Bruderschaft, die ihre wichtigsten Kenntnisse geheim hielt. Die Pythagoräer verkehrten mit Aristokraten und Pythagoras selbst wurde aus politischen Gründen um 497 v.Chr. ermordet, worauf sich seine Anhänger in ganz Griechenland verstreuten.

Die platonische Schule, Akademie genannt, wurde in Athen 387 v.Chr. von Platon (427–347 v.Chr.), einem großen idealistischen Philosophen, gegründet. Platon war ein Anhänger der Pythagoräer und sagte, dass „Arithmetik einen sehr großen und erhöhenden Effekt hat und die Seele zwingt, über abstrakte Zahlen nachzudenken und sich gegen die Einführung sichtbarer und berührbarer Objekte bei der Argumentation wehrt ...". Platon liebte Mathematik, weil sie die Existenz der wunderbaren Welt perfekter Objekte wie Zahlen, Dreiecke, Punkte etc. beweise, die Platon so spannend fand. Platon betrachtete die reale Welt als unvollkommen und verdorben.

Die Entdeckung (wir werden später darauf zurückkommen), dass die Länge der Diagonale eines Quadrats der Länge eins, bezeichnet durch die Zahl $\sqrt{2}$, sich nicht als Bruch zweier natürlichen Zahlen schreiben lässt, d.h. dass $\sqrt{2}$ keine *rationale Zahl* ist, war ein schwerer Rückschlag für den Glauben von Pythagoras, dass das Universum durch Relationen zwischen natürlichen Zahlen verstanden werden könne. Letztendlich führte das zur Entwicklung der Schule von Euklid, die auf Geometrie anstatt auf Arithmetik aufbaute, bei der die irrationale Natur von $\sqrt{2}$ verarbeitet werden konnte oder genauer vermieden werden konnte. Für Euklid war die Diagonale eines Quadrates nur eine geometrische Größe, die eine bestimmte Länge hatte. Man musste sie nicht mit der Hilfe von Zahlen ausdrücken. Die Länge war, was sie war, nämlich die Länge der Diagonale eines Quadrats der Länge eins. In ähnlicher Weise „geometrisierte" Euklid die Arithmetik. Z.B. kann das Produkt ab zweier Zahlen a und b als Fläche eines Rechtecks mit den Seitenlängen a und b betrachtet werden.

Das Musterbeispiel eines auf logischer Deduktion aufgebauten Systems ist *„Elemente"*, ein monumentales Werk von Euklid über Geometrie in dreizehn Bänden. Die Folgerungen reichen von *Axiomen* und *Definitionen*, bis hin zu *Sätzen*, die nach logischen Regeln hergeleitet werden.

Um logische Abhängigkeiten auszudrücken, wurde eine eigene Sprache entwickelt. So bedeutet beispielsweise $A \Rightarrow B$, „wenn A dann B", d.h. B folgt aus A, so dass, wenn A gültig ist, auch B gültig ist, was auch als „A *impliziert* B" formuliert wird. Ähnlich bedeutet $A \Leftarrow B$, dass A aus B folgt. Wenn A impliziert B und B impliziert A, sagen wir, dass A und B äquivalent sind, ausgedrückt durch $A \Leftrightarrow B$.

Beispiel 8.1. $x > 0 \Rightarrow x + 1 > 0$.

Band I beginnt mit Definitionen und Axiomen und wird mit Kongruenzsätzen und Parallelen fortgesetzt und beweist den Satz von Pythagoras. Die Bände I-IV behandeln geradlinige Figuren, die sich aus Geradenstücken zusammensetzen. Band V behandelt Proportionen (!) und wird als wahrscheinlich die größte Errungenschaft der euklidischen Geometrie betrachtet. Band VI behandelt ähnliche Objekte (!!). Die Bände VII-IX sind der Arithmetik, d.h. den Eigenschaften der ganzen und rationalen Zahlen gewidmet. Band X betrachtet irrationale Zahlen wie $\sqrt{2}$. Die Bände XI, XII und XIII behandeln die Geometrie in drei Dimensionen und diskutieren die fünf regulären (platonischen) Körper.

8.11   Die euklidische Ebene $\mathbb{Q}^2$

Wenn wir das Parallelen Axiom akzeptieren, welches insbesondere zum Beweis, dass die Winkelsumme in einem Dreieck 180° beträgt, geführt hat, bedeutet das, dass wir annehmen auf einer ebenen Fläche oder *euklidischen Ebene* zu arbeiten.

Somit nehmen wir an, dass die/der Leserin/Leser eine intuitive Vorstellung der *euklidischen Ebene* hat, die man sich vorstellen muss, als sehr große ebene Fläche, die in alle Richtungen ohne Grenzen ausgedehnt ist. Beispielsweise wie ein endloser ebener Parkplatz ohne ein einziges parkendes Auto. In dieser euklidischen Ebene, die wir uns aus *Punkten* bestehend denken, stellen wir uns ein *Koordinatensystem* vor, das aus zwei sich im rechten Winkel, im so genannten *Ursprungspunkt*, schneidenden Geraden, besteht. Weiter denken wir uns, dass jede dieser Koordinatenachsen eine Kopie der rationalen Zahlengerade ist, vgl. Abb. 8.16.

Eine der Koordinatenachsen identifizieren wir als Achse 1 und die andere als Koordinatenachse 2. Somit lassen sich zu jedem *Punkt* in der Ebene zwei *Koordinaten* x_1 und x_2 angeben, wobei x_1 dem Schnittpunkt der Geraden parallel zur Achse 2 durch diesen Punkt mit Achse 1 entspricht und umgekehrt. Wir schreiben die Koordinaten in der Form (x_1, x_2), was wir uns

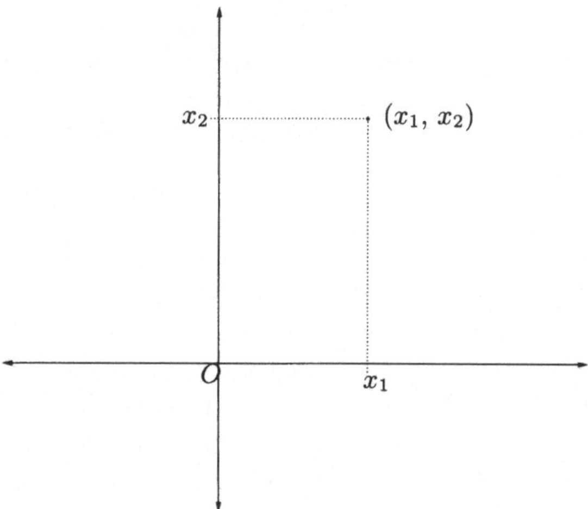

Abb. 8.16. Koordinatensystem der euklidischen Ebene

als *geordnetes Paar* rationaler Zahlen mit einer *ersten Komponente* $x_1 \in \mathbb{Q}$ und einer *zweiten Komponente* $x_2 \in \mathbb{Q}$ denken. Somit können wir die euklidische Ebene formulieren als Menge $\mathbb{Q}^2 = \{(x_1, x_2) : x_1, x_2 \in \mathbb{Q}\}$, d.h. als Menge der geordneten Paare (x_1, x_2) mit rationalen Zahlen x_1 und x_2. Zu jedem Punkt in der euklidischen Ebene gehören seine Koordinaten als geordnete Paare rationaler Zahlen und zu jedem geordneten Paar rationaler Zahlen kann ein Punkt in der Ebene mit diesen Koordinaten zugeordnet werden.

8.12   Von Pythagoras über Euklid zu Descartes

Jedem geometrischen Punkt in der euklidischen Ebene können also Koordinaten als geordnete Paare rationaler Zahlen zugeordnet werden. Das verbindet geometrische Punkte mit der Arithmetik oder *Algebra*, die auf Zahlen aufbaut, und ist eine sehr grundlegende und fruchtvolle Verbindung. Das war die Vorstellung von Descartes, der der Idee von Pythagoras folgte, und Geometrie auf Zahlen aufbaute. Euklid drehte dies um und begründete Zahlen auf Geometrie.

Wir werden später öfter auf die Verbindung von Geometrie und Algebra zurückkommen. Es ist wahrscheinlich einer der grundlegensten Ideen der gesamten Mathematik. Die Zuordnung von Zahlen zu Punkten im Raum eröffnet mächtige Möglichkeiten und erlaubt es, mit Zahlen zu arbeiten statt mit Punkten. Das ist die „Arithmetisierung" der Geometrie von Descartes im 17. Jahrhundert, die der Infinitesimalrechnung vorausging und die Geschichte der Menschheit veränderte.

Die Vorstellung von Pythagoras und Descartes, Geometrie auf Zahlen aufzubauen führt uns jedoch in sehr ernste Schwierigkeiten, die uns zwingen werden, die rationalen Zahlen auf die *reellen Zahlen* auszuweiten, die die so genannten *irrationalen Zahlen* enthalten. Diese aufregende Geschichte wird im Folgenden aufgelöst werden.

8.13   Nicht-euklidische Geometrie

Aber nicht jede nützliche Geometrie basiert auf den euklidischen Axiomen. Im letzten Jahrhundert haben Physiker beispielsweise mit Hilfe der nicht-euklidischen Geometrie erklärt, wie sich das Universum verhält. Einer der ersten Menschen, die sich mit nicht-euklidischer Geometrie beschäftigten, war der große Mathematiker Gauss.

Das Interesse von Gauss an der nicht-euklidischen Geometrie gibt uns einen guten Einblick, wie sein Verstand arbeitete. Im Alter von 16 begann Gauss, die euklidische Geometrie ernsthaft in Frage zu stellen. Zu Lebzeiten Gauss', hatte die euklidische Geometrie einen nahezu heiligen Status und wurde von vielen Mathematikern und Philosophen als eine der hohen Wahrheiten betrachtet, die niemals in Frage gestellt werden können. Dennoch bekümmerte Gauss die Tatsache, dass euklidische Geometrie sich auf Postulate stützte, die sich offensichtlich nicht beweisen ließen, wie etwa, dass sich zwei parallele Gerade niemals treffen. Er entwickelte eine Theorie der nicht-euklidischen Geometrie, in der sich parallele Geraden treffen *können* und mit dieser Theorie ließ sich die Welt so gut beschreiben wie mit der euklidischen Geometrie. Gauss veröffentlichte seine Theorie nicht, da er zu viele Kontroversen fürchtete, aber er entschloss sich, sie zu prüfen. In der euklidischen Geometrie ist die Winkelsumme in einem Dreieck $180°$, wohingegen dies in der nicht-euklidischen Geometrie nicht zutrifft. So hat Gauss bereits Jahrhunderte vor dem Zeitalter der modernen Physik ein Experiment durchgeführt, um zu sehen, ob das Universum „gekrümmt" ist, indem er Winkel von Dreiecken, die durch drei Berggipfel definiert sind, gemessen hat. Unglücklicherweise war die Genauigkeit seiner Messinstrumente nicht gut genug, um diese Frage zu klären.

Aufgaben zu Kapitel 8

8.1. Welcher Punkt hat die Koordinaten (Länge;Breite) (57,25;12,60)? Bestimmen Sie Ihre eigenen Koordinaten.

8.2. Leiten Sie (8.5) aus Abb. 8.14 her.

8.3. Geben Sie einen weiteren Beweis für den Satz von Pythagoras.

8.4. (a) Beweisen Sie mit Euklids Axiomen, dass die Seiten zweier Dreiecke mit denselben Winkeln proportional sind (Hinweis: Machen Sie ausgiebig von Axiom 5 Gebrauch). (b) Zeigen Sie, dass die drei Geraden, die jeden Winkel in einem Dreieck halbieren, sich in genau einem Punkt innerhalb des Dreiecks schneiden. (Hinweis: Zerlegen Sie das gegebene Dreieck in drei Dreiecke mit einer gemeinsamen Ecke im Schnittpunkt zweier Winkelhalbierenden). (c) Zeigen Sie, dass die drei Geraden, die jeweils eine der Ecken mit dem Seitenmittelpunkt der gegenüberliegenden Seite verbinden, einen gemeinsamen Schnittpunkt innerhalb des Dreiecks haben.

Abb. 8.17. Zwei klassische Werkzeuge

9

Was ist eine Funktion?

Der, der Praxis ohne Theorie liebt, ist wie ein Seemann, der ohne
Ruder und Kompass zur See fährt und niemals weiß, wo er die Angel
auswirft. (Leonardo da Vinci)

Alle Bibeln oder heiligen Schriften sind die Ursachen für folgende
Irrtümer gewesen:
1. Dass der Mensch zwei wirklich existierende Prinzipien hat, nämlich
einen Körper & eine Seele.
2. Dass Energie, das Böse genannt, allein vom Körper kommt & Vernunft, das Gute genannt, allein von der Seele.
3. Dass Gott den Menschen bis in alle Ewigkeit dafür strafen wird,
wenn er seinen Energien folgt.
Doch im Gegensatz dazu ist Folgendes wahr:
1. Der Mensch hat keinen von seiner Seele getrennten Körper. Denn
was Körper genannt wird, ist nur ein Teil der Seele, der von den
fünf Sinnen wahrgenommen wird, den Hauptzugängen der Seele innerhalb der Zeitlichkeit.
2. Energie ist das einzige Leben und kommt aus dem Körper; Vernunft ist die Schranke oder äußere Begrenzung der Energie.
3. Energie ist ewige Freude. (William Blake 1757–1827)

9.1 Einleitung

Der Begriff *Funktion* ist fundamental für die Mathematik. Wir trafen auf
diesen Begriff bereits im Zusammenhang mit dem Modell der Mittagssuppe, wo die Gesamtkosten $15x$ (Euro) betragen, wenn x (Kilo) Rindfleisch

gekauft werden. Jeder Menge Fleisch x entsprechen Gesamtkosten in Höhe von $15x$. Wir sagen, dass die Gesamtkosten $15x$ eine Funktion von oder abhängig von der Menge Fleisch x sind.

Der Ausdruck Funktion und die heute übliche mathematische Schreibweise wurde von Leibniz (1646–1716) eingeführt, der sagte, dass $f(x)$, was als „f von x" gelesen wird, eine *Funktion* von x ist, falls für jeden Wert von x aus einer gegebenen Menge, innerhalb der x genommen werden kann, ein eindeutiger Wert $f(x)$ zugewiesen werden kann. Im Modell der Mittagssuppe ist $f(x) = 15x$. Es mag hilfreich sein, sich x als *Argument* zu denken, während $f(x)$ das zugehörige *Resultat* ist, so dass, wenn x sich ändert, sich der Wert von $f(x)$ entsprechend der Zuweisung ändert. So schreiben wir auch oft $x \to f(x)$, um anzudeuten, dass x auf $f(x)$ abgebildet wird. Wir stellen uns auch die Funktion f als „Maschine" vor, die x nach $f(x)$ umwandelt, vgl. Abb. 9.1.

$$f$$
$$x \;\to\; f(x)$$

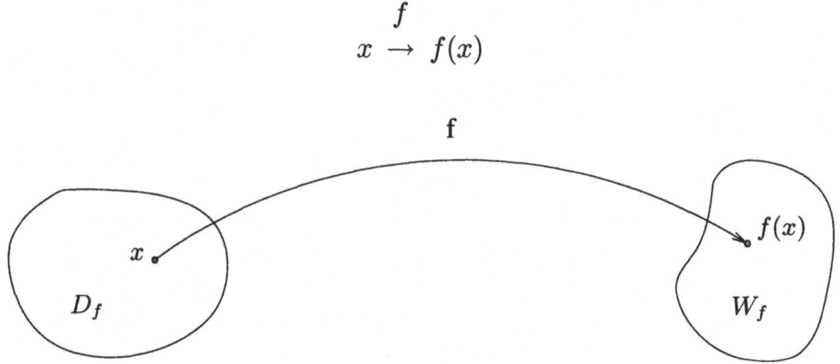

Abb. 9.1. Darstellung von $f : D_f \to W_f$

Wir bezeichnen x als *Variable*, da x verschiedene Werte annehmen kann oder als *Argument* der Funktion. Die vorgegebene Menge, in der sich x ändern kann, wird *Definitionsmenge* der Funktion genannt und $D(f)$ bezeichnet. Die Menge an Funktionswerten $f(x)$, die zu den Werten von x in der Definitionsmenge $D(f)$ gehören, wird *Wertebereich* $W(f)$ von $f(x)$ genannt. Wenn x sich innerhalb der Definitionsmenge $D(f)$ ändert, ändern sich die zugehörigen Werte $f(x)$ in $W(f)$. Wir schreiben dies oft symbolisch als $f : D(f) \to W(f)$, was verdeutlicht, dass für jedes $x \in D(f)$ ein Wert $f(x) \in W(f)$ zugewiesen wird.

Im Zusammenhang mit dem Modell für die Mittagssuppe mit $f(x) = 15x$ können wir $D(f) = [0,1]$ wählen, wenn wir entscheiden, dass die Menge Rindfleisch sich innerhalb des Intervalls $[0,1]$ ändern kann, wodurch $W(f) = [0,15]$. Für jede Fleischmenge x im Intervall $[0,1]$ gibt es zugehörige Gesamtkosten $f(x) = 15x$ im Intervall $[0,15]$. Denken Sie daran: Die Gesamtkosten $15x$ sind eine Funktion der Fleischmenge x. Wir können auch andere Mengen möglicher Werte für die Fleischmenge x als Definitionsmenge $D(f)$ wählen, wie $D(f) = [a,b]$, wobei a und b positive rationale

Zahlen sind, mit dem zugehörigen Wertebereich $W(f) = [15a, 15b]$ oder $D(f) = \mathbb{Q}^+$ mit zugehörigem Wertebereich $W(f) = \mathbb{Q}^+$. Dabei ist $\mathbb{Q}^+$ die Menge der positiven rationalen Zahlen. Wir können sogar die Funktion $x \to f(x) = 15x$ mit $D(f) = \mathbb{Q}$ und zugehörigem Wertebereich $W(f) = \mathbb{Q}$ betrachten, die uns vom Modell für die Mittagssuppe entfernt, da dort x nicht negativ sein kann. Für verschiedene Vorschriften $x \to f(x)$, d.h. verschiedene Funktionen $f(x)$, können wir daher unterschiedliche Definitionsmengen $D(f)$ und zugehörige Wertemengen $W(f)$ in Abhängigkeit von der Problemstellung zuordnen.

Im Allgemeinen wird für das Resultat einer Funktion ein variabler Name benutzt, wie z.B. $y = f(x)$. Damit wird der Wert der Variablen y durch den Wert der Funktion $f(x)$, die von x abhängt, bestimmt. Daher nennen wir x auch die *unabhängige Variable* und y die *abhängige Variable*. Die unabhängige Variable x nimmt Werte in der Definitionsmenge $D(f)$ an, wohingegen die abhängige Variable y Werte im Wertebereich $W(f)$ annimmt.

Beachten Sie, dass die Namen für die unabhängige und die abhängige Variable bei einer Funktion f anders lauten können. Die Namen x und y sind zwar allgemein üblich, aber diese Buchstaben sind nicht speziell. So bezeichnet $z = f(u)$ dieselbe Funktion, solange wir f nicht ändern, d.h. die Funktion $y = 15x$ kann genauso gut als $z = 15u$ geschrieben werden. In beiden Fällen wird durch die Funktion f eine gegebene Zahl x oder u mit 15 multipliziert, d.h. $15x$ oder $15u$. Wir sagen zwar „die Funktion $f(x)$", obwohl es richtiger wäre, nur „die Funktion f" zu sagen, da f der „Name" der Funktion ist, wohingegen $f(x)$ eher eine Beschreibung oder Definition der Funktion ist. Nichtsdestotrotz werden wir oft den etwas saloppen Ausdruck „die Funktion $f(x)$" benutzen, da es sowohl den Namen der Funktion wie auch ihre Beschreibung/Definition wiedergibt.

Beispiel 9.1. Die Funktion $x \to f(x) = x^2$, oder in Kurzschreibweise $f(x) = x^2$, kann mit Definitionsmenge $D(f) = \mathbb{Q}^+$ und Wertebereich $W(f) = \mathbb{Q}^+$ betrachtet werden, vgl. Abb. 9.2, aber ebenso mit Definitionsmenge $D(f) = \mathbb{Q}$ und Wertebereich $W(f) = \mathbb{Q}^+$, aber auch mit $D(f) = \mathbb{Z}$ und $W(f) = \{0, \pm 1, \pm 2, \pm 4, \ldots\}$.

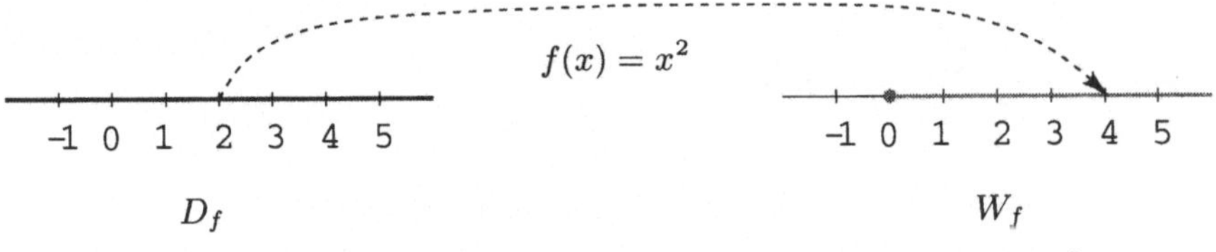

Abb. 9.2. Veranschaulichung von $f : \mathbb{Q} \to \mathbb{Q}^+$ mit $f(x) = x^2$

Beispiel 9.2. Für die Funktion $f(z) = z + 3$ können wir z.B. $D(f) = \mathbb{N}$ mit $W(f) = \{4, 5, 6, \ldots\}$, oder $D(f) = \mathbb{Z}$ mit $W(f) = \mathbb{Z}$ wählen.

Beispiel 9.3. Wir können die Funktion $f(n) = 2^{-n}$ mit $D(f) = \mathbb{N}$ und $W(f) = \{\frac{1}{2}, \frac{1}{4}, \frac{1}{8}, \ldots\}$ betrachten.

Beispiel 9.4. Für die Funktion $x \to f(x) = 1/x$ können wir $D(f) = \mathbb{Q}^+$ und $W(f) = \mathbb{Q}^+$ wählen. Für jedes x in $\mathbb{Q}^+$ ist der Wert $f(x) = 1/x$ in $\mathbb{Q}^+$ und somit ist $W(f)$ eine Untermenge von $\mathbb{Q}^+$. Entsprechend ist für jedes y in $\mathbb{Q}^+$ ein x in $\mathbb{Q}^+$ mit $y = 1/x$ und somit $W(f) = \mathbb{Q}^+$, d.h. $W(f)$ nimmt den gesamten $\mathbb{Q}^+$ an.

Während die Definitionsmenge $D(f)$ einer Funktion $f(x)$ oft durch den Zusammenhang oder die Eigenschaften von $f(x)$ gegeben ist, ist es oft schwierig, die zugehörige Wertemenge $W(f)$ genau zu bestimmen. Wir lesen daher oft $f : D(f) \to B$ in der Bedeutung, dass die zugehörigen Werte von $f(x)$, für jedes x in $D(f)$, innerhalb der Menge B liegen. Der Wertebereich $W(f)$ ist somit in B enthalten, aber die Menge B kann auch größer sein als $W(f)$. Das befreit uns davon, genau herauszufinden, wie $W(f)$ aussieht, was nötig wäre, um $f : D(f) \to W(f)$ einen tieferen Sinn zu geben. Wir sagen, dass f $D(f)$ auf $W(f)$ abbildet, da jedes Element der Menge $W(f)$ sich als $f(x)$ für ein $x \in D(f)$ schreiben lässt. Wenn wir $f : D(f) \to B$ schreiben, sagen wir, dass f $D(f)$ in B abbildet.

Die Schreibweise $f : D(f) \to B$ dient eher dem Zweck, die Eigenschaften oder die Art der Funktionswerte $f(x)$ wiederzugeben, als zu präzisieren, welche Funktionswerte angenommen werden, wenn x sich in $D(f)$ ändert. So bedeutet beispielsweise $f : D(f) \to \mathbb{N}$, dass die Funktionswerte $f(x)$ natürliche Zahlen sind. Wir werden im weiteren Funktionen $x \to f(x)$ kennen lernen, in denen die Variable x nicht nur eine Zahl symbolisiert, sondern etwas Allgemeineres wie ein Zahlenpaar und entsprechend kann auch $f(x)$ ein Zahlenpaar sein. Die Schreibweise $f : D(f) \to B$, mit den richtigen Mengenbezeichnungen für $D(f)$ und B, kann die Information tragen, dass x eine Zahl ist und $f(x)$ ein Zahlenpaar. Wir werden unten auf viele konkrete Beispiele treffen.

Beispiel 9.5. Die Funktion $f(x) = x^2$ genügt $f : \mathbb{Q} \to [0, \infty)$ mit $D(f) = \mathbb{Q}$ und $W(f) = [0, \infty)$. Wir könnten auch $f : \mathbb{Q} \to \mathbb{Q}$ schreiben, wodurch angezeigt wird, dass x^2 eine rationale Zahl ist, falls x es auch ist, vgl. Abb. 9.2.

Beispiel 9.6. Die Funktion

$$f(x) = \frac{x^3 - 4x^2 + 1}{(x - 4)(x - 2)(x + 3)}$$

ist für alle rationalen Zahlen $x \neq 4, 2, -3$ definiert. Daher ist es ganz natürlich, $D(f) = \{x \in \mathbb{Q} : x \neq 4, x \neq 2, x \neq -3\}$ zu definieren. Wir setzen die Definitionsmenge oft als die größtmöglichste Zahlenmenge an, für die eine Funktion definiert ist. Die Wertemenge ist schwer zu berechnen, aber sicherlich gilt $f : D(f) \to \mathbb{Q}$.

9.2 Funktionen im täglichen Leben

Im täglichen Leben stolpern wir alle Nase lang über Funktionen. Ein Autoverkäufer legt für jedes Auto x in seinem Betrieb einen Preis $f(x)$ fest, der eine Zahl ist. Hierbei kann $D(f)$ eine Zahlenmenge sein, falls die Autos fest nummeriert sind, oder $D(f)$ kann auch eine Beschreibungsliste sein, wie {VW92blau, Opel93grün, ...} und $W(f)$ ist die Menge aller möglichen Preise der Autos in $D(f)$. Wenn das Finanzamt die Steuern berechnet, wird eine Zahl $f(x)$, das sind die Steuern, die wir schulden, mit einer anderen Zahl x, das ist das Einkommen, verknüpft. Sowohl die Definitionsmenge $D(f)$ als auch die Wertemenge $W(f)$ hängen ganz entschieden davon ab, woher der politische Wind weht.

Jede Größe, die von der Zeit abhängt, kann als Funktion der Zeit angesehen werden. Die tägliche Spitzentemperatur in Grad Celsius in Stockholm im Jahr 1999 ist eine bestimmte Funktion $f(x)$ vom Tag x, mit $D(f) = \{1, 2, \ldots, 365\}$ und $W(f)$ ist üblicherweise eine Untermenge von $[-30, 30]$. Der Preis $f(x)$ einer Aktie an einem Handelstag an der Frankfurter Börse ist eine Funktion der Tageszeit x mit $D(f) = [9:00, 19:00]$ und $W(f)$ ist die Schwankungsbreite des Aktienpreises an dem Tag. Die Rocklänge variiert über die Jahre um das Knie herum und ist ein guter Indikator für das wirtschaftliche Klima. Die Größe eines Menschen ändert sich in seinem Leben und die Dicke der Ozonschicht über Jahre.

Wir können genauso gut mehrere Größen, die gleichzeitig von der Zeit abhängen, betrachten, wie etwa die Temperatur $t(x)$ in Celsiusgraden und die Windgeschwindigkeit $w(x)$ in Meter pro Sekunde in Amsterdam als Funktion der Zeit x, wobei x sich über den Monat Januar erstreckt. Wir können die zwei Werte $t(x)$ und $w(x)$ zu einem Zahlenpaar „$t(x)$ und $w(x)$" kombinieren, was wir in der Form $f(x) =$„$t(x)$ und $w(x)$" oder kürzer $f(x) = (t(x), w(x))$ schreiben können, wobei die Klammer das Paar umschließt. So würde beispielsweise $f(10) = (-30, 20)$ die Information liefern, dass es am 10. Januar bis zu -30° Celsius kalt war und ein starker Wind mit 20 Metern pro Sekunde blies. Aus dieser Information könnten wir die gefühlten Temperaturen zu -50° Celsius berechnen, indem wir den Wind berücksichtigen.

Ebenso kann die Argumentvariable x ein Zahlenpaar repräsentieren wie die Temperatur und die Windgeschwindigkeit und das Resultat könnte die gefühlte Temperatur sein, bei der der Wind berücksichtigt wird (Finden Sie die Formel heraus!).

Zusammenfassend können wir sagen, dass das Argument x einer Funktion $f(x)$ beliebig sein kann, angefangen bei einfachen Zahlen, Zahlenpaaren aber auch Beschreibungen für Autos. Das Gleiche gilt auch für das Resultat $f(x)$.

Beispiel 9.7. Die Volkszählung von 1890 in den USA wurde mit Hilfe des Lochkartensystems von Hermann Hollerith (1860–1829) durchgeführt. Dabei wurden die Daten für jede Person (Geschlecht, Alter, Adresse, etc.) in Form von positionierten Löchern in einer Karte von der Größe eines Geldscheins eingegeben, die dann automatisch mit einer Maschine, bei der elektrische Schaltkreise durch Nadeln an den Lochstellen geschlossen wurden, gelesen werden konnten, vgl. Abb. 9.3. Die Gesamtbevölkerung wurde nach einer Zählzeit von drei Monaten mit dem Hollerith System zu 62,622,250 gezählt, wofür ursprünglich eine Projektzeit von 2 Jahren veranschlagt war. Offensichtlich können wir das Hollerith System als eine Funktion der Menge aller Einwohner der USA von einem Lochkartenstabel ansehen. Um sein System noch weiter auszunutzen, gründete Hollerith die Tabulating Machine Company, die 1924 in International Business Machines Corporation IBM umbenannt wurde.

Abb. 9.3. Hermann Hollerith, Erfinder der Lochkartenmaschine: „Mein Freund Dr. Billings schlug mir eines Abends im Gasthaus vor, dass es eine mechanische Möglichkeit zur Durchführung der Volkszählung geben sollte, etwas in der Art wie der Webstuhl von Jacquard, bei dem Löcher in einer Karte das Webmuster steuern"

Beispiel 9.8. Ein Buch besteht aus einer Menge von Seiten, die von 1 bis N nummeriert sind. Wir können die Funktion $f(n)$ einführen, die auf $D(f) = \{1, 2, \ldots, N\}$ definiert ist, wobei $f(n)$ die tatsächliche Seite im Buch mit Seitenzahl n angibt. In diesem Fall erstreckt sich der Wertebereich $W(f)$ auf die Gesamtzahl der Seiten im Buch.

Beispiel 9.9. Ein Film besteht aus einer Folge von Bildern, die mit einer Rate von 16 Bildern pro Sekunde abgespielt werden. Üblicherweise folgen wir einem Film vom ersten bis zum letzten Bild. Hinterher diskutieren wir verschiedene Szenen im Film, die eine Untermenge der Gesamtzahl an Bildern ist. Sehr wenige Menschen, wie der Regisseur, können den Film als Folge von Einzelbildern in der Definitionsmenge, das sind alle Bilder im Film, sehen. Bei der Aufnahme nummerieren sie die Bildsequenzen $1, 2, 3, \ldots, N$, wobei $1, 2, \ldots, 16$ die Bilder kennzeichnen, die hintereinander in der ersten Sekunde gespielt werden, und N ist das letzte Bild. Wir können somit den Film als eine Funktion $f(n)$ mit $D(f) = \{1, 2, \ldots, N\}$ ansehen, die jeder Zahl n in $D(f)$ eine Bildsequenz mit Zahl n zuweist.

Beispiel 9.10. Das Telefonverzeichnis einer Stadt wie Hamburg ist einfach nur eine gedruckte Form der Funktion $f(x)$, die jeder aufgeführten Person x eine Telefonnummer zuweist. Ist zum Beispiel $x = $Hans Schmidt, dann ist $f(x) = 46322345567$ die Telefonnummer von Hans Schmidt. Wenn wir eine Telefonnummer suchen, ist unser erster Gedanke das Telefonbuch, d.h. die gedruckte Version des gesamten Definitionsbereichs der Funktion f, und dann die Suche nach dem Resultat, d.h. der Telefonnummer eines Individuums im Definitionsbereich. Bei diesem Beispiel ordnen wir die Definitionsmenge einzelner Namen von in Hamburg lebenden Menschen so an, dass die Suche nach einem besonderen Argument einfach wird. D.h. wir ordnen die Individuen alphabetisch. Wir könnten die Individuen stattdessen auch nach ihrer Steuernummer anordnen.

Es gibt einen wichtigen Gesichtspunkt bei den drei Beispielen Buch, Film und Telefonverzeichnis, der nicht bei der Formulierung dieser Objekte als Funktionen $x \rightarrow f(x)$ mit vorgegebener Definitionsmenge $D(f)$ und Wertebereich $W(f)$ berücksichtigt wird, nämlich die *Anordnung* in $D(f)$. Buchseiten und Bilder in einem Film werden fortlaufend nummeriert und die Definitionsmenge bei einem Verzeichnis ist alphabetisch geordnet. Beim Buch und beim Film hilft die Anordnung für das Verständnis, und ein Verzeichnis ohne eine Anordnung ist nahezu unbenutzbar. Sicherlich gehört das Hin-und-Herschalten zwischen Filmen heutzutage fast schon zum Lebensstil, aber die Gefahr etwas nicht zu verstehen oder zu verpassen liegt auf der Hand. Um die Hauptgedanken eines Buches oder die Haupthandlung in einem Film *als Ganzes* zu begreifen, ist es notwendig, die Seiten in einer gewissen Reihenfolge zu lesen und die Bilder geordnet anzuschauen. Die Anordnung hilft uns, ein Gesamtverständnis zu bekommen.

Die Haupteigenschaften einer Funktion $f(x)$ einzufangen, kann ähnlich nützlich sein. Manchmal hilft uns die Zeichnung oder Veranschaulichung der Funktion mit Hilfe einer geeigneten Anordnung von $D(f)$. Wir werden uns jetzt der graphischen Darstellung von Funktionen $f(x)$, wobei $D(f)$ und $W(f)$ Untermengen von $\mathbb{Q}$ sind, widmen und dabei die natürliche Anordnung in $\mathbb{Q}$ benutzen. Dabei wollen wir versuchen, die Eigenschaften einer gegebenen Funktion „als Ganzes" zu begreifen.

9.3   Darstellung von Funktionen ganzer Zahlen

Bis jetzt haben wir eine Funktion entweder durch Auflisten aller ihrer Werte in einer Tabelle wie dem Telefonbuch oder durch Zuweisung zu einer Formel wie $f(n) = n^2$ mit dem jeweiligen Definitionsbereich charakterisiert. Ein Bild von dem Verhalten der Funktion zu haben, kann nützlich sein oder anders formuliert, es kann sinnvoll sein, eine Funktion geometrisch darzustellen. Funktionen darzustellen ist eine Art Sichtbarmachung der Funktion, so dass wir ihre Eigenschaften „in einem Blick" oder als etwas Konkretes begreifen können. So können wir beispielsweise eine Funktion als in einem Bereich ansteigend und einem anderen abnehmend beschreiben, ohne sie genauer zu spezifizieren.

Wir beginnen mit der Beschreibung der Darstellung von Funktionen $f : \mathbb{Z} \to \mathbb{Z}$. Denken Sie daran, dass ganze Zahlen geometrisch durch die Zahlengerade dargestellt werden. Um Argument und Resultat einer Funktion $f : \mathbb{Z} \to \mathbb{Z}$ zu zeigen, benötigen wir daher zwei Zahlengeraden, so dass wir die Punkte in $D(f)$ auf einer und die Punkte in $W(f)$ auf der anderen markieren können. Bequemerweise werden diese Zahlengeraden senkrecht zueinander angeordnet, vgl. Abb. 9.4. Wenn wir die Schnittpunkte waagrechter Linien, die durch die Markierungen der senkrechten Zahlengeraden gehen, mit senkrechten Linien, die durch die Markierungen der waagrechten

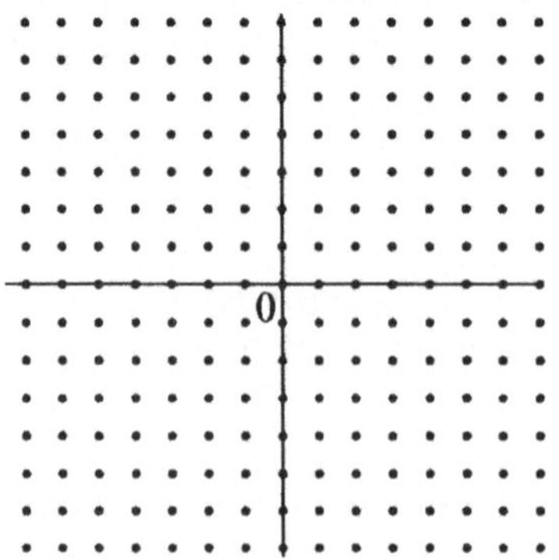

Abb. 9.4. Die Koordinatenebene ganzer Zahlen

Zahlengeraden verlaufen, markieren, erhalten wir ein Gitter wie in Abb. 9.4. Dieses wird *Koordinatenebene ganzer Zahlen* genannt. Die Zahlengeraden werden *Achsen* der Koordinatenebene genannt und der Schnittpunkt der beiden Zahlengeraden wird *Ursprung* bezeichnet und mit 0 markiert.

Wie wir gesehen haben, kann eine Funktion $f : \mathbb{Z} \to \mathbb{Z}$ durch eine Tabelle, bei der die Argumente den Resultaten gegenübergestellt werden, dargestellt werden. Eine solche Tabelle ist in Abb. 9.5 für $f(n) = n^2$ wiedergegeben. Wir können eine derartige Tabelle auch in der Koordinatenebene darstellen, indem wir nur die Punkte markieren, die zu Einträgen in der Tabelle gehören, d.h. durch Markierung jedes Schnittpunkts der Linie senkrecht beim Argument mit der waagrecht beim Resultat. Wir zeigen das Bild für $f(n) = n^2$ in Abb. 9.5.

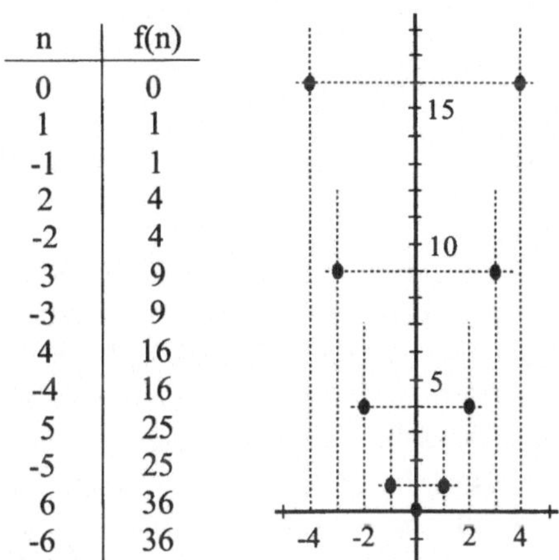

n	f(n)
0	0
1	1
-1	1
2	4
-2	4
3	9
-3	9
4	16
-4	16
5	25
-5	25
6	36
-6	36

Abb. 9.5. Tabelle für $f(n) = n^2$ und eine Darstellung der zur Funktion $f(n) = n^2$ gehörenden Punkte mit den ganzen Zahlen als Definitionsmenge

Beispiel 9.11. In Abb. 9.6 tragen wir n, n^2 und 2^n entlang der vertikalen Achse gegen $n = 1, 2, 3, \ldots, 6$ auf der waagrechten Achse auf. Die Abbildung legt nahe, dass 2^n schneller mit n wächst als n und n^2. In Abb. 9.7 ist n^{-1}, n^{-2} und 2^{-n} für $n = 1, 2, 3, \ldots, 6$ aufgetragen. Wir können erkennen, dass 2^{-n} am schnellsten abnimmt und n^{-1} am langsamsten. Vergleichen Sie dieses Ergebnis mit Abb. 9.6.

Anstatt die Punkte einer Funktion in einer Tabelle aufzulisten, können wir die Punkte in der Koordinatenebene mathematisch gesehen auch als *geordnete Zahlenpaare* darstellen. Dazu ordnen wir dem Schnittpunkt einer vertikalen Geraden durch n (auf der waagrechten Zahlengeraden) und einer waagrechten Gerade durch m (auf der vertikalen Zahlengeraden) das Zahlenpaar (n, m) zu. Das sind die *Koordinaten* des Punktes. Mit dieser Notation können wir die Funktion $f(n) = n^2$ als die Menge geordneter Paare

$$\{(0,0),\ (1,1),\ (-1,1),\ (2,4),\ (-2,4),\ (3,9),\ (-3,9),\ \ldots\}$$

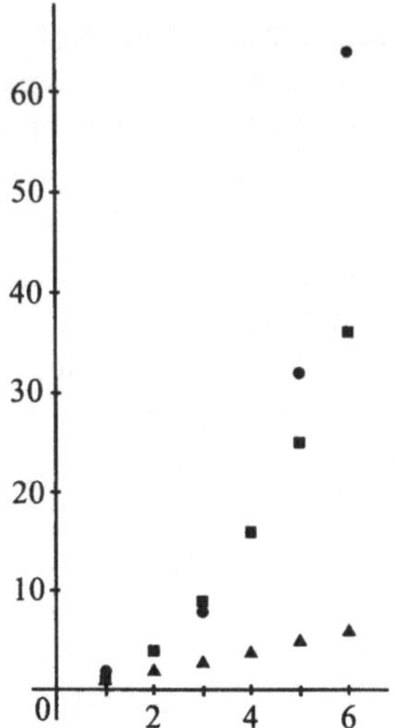

Abb. 9.6. Zeichnungen der Funktionen ▲ $f(n) = n$, ■ $f(n) = n^2$ und
● $f(n) = 2^n$ mit $D(f) = \mathbb{N}$

formulieren. Beachten Sie, dass wir bei dieser Schreibweise die erste Zahl
mit der waagrechten Lage des Punktes und die zweite Zahl mit der vertikalen Lage verbinden. Dies ist eine willkürliche Wahl.

Wir können die Vorstellung, dass Funktionen eine Abbildung ihres Definitionsbereichs in den Wertebereich sind, durch ihren Graphen schön veranschaulichen. Betrachten Sie Abb. 9.5. Wir beginnen mit einem Punkt
im Definitionsbereich auf der waagrechten Achse, folgen einer Linie senkrecht nach oben bis zum Punkt in der Zeichnung der Funktion und folgen
einer horizontalen Linie zur senkrechten Achse. Anders formuliert, können
wir das Resultat zu einem bestimmten Argument dadurch finden, dass wir
zuerst einer senkrechten und dann einer waagrechten Linie folgen.

Beachten Sie, dass bei Funktionen mit $D(f) = \mathbb{N}$ oder $D(f) = \mathbb{Q}$ nur Teile der Funktion dargestellt werden können, einfach deswegen, weil wir prak-

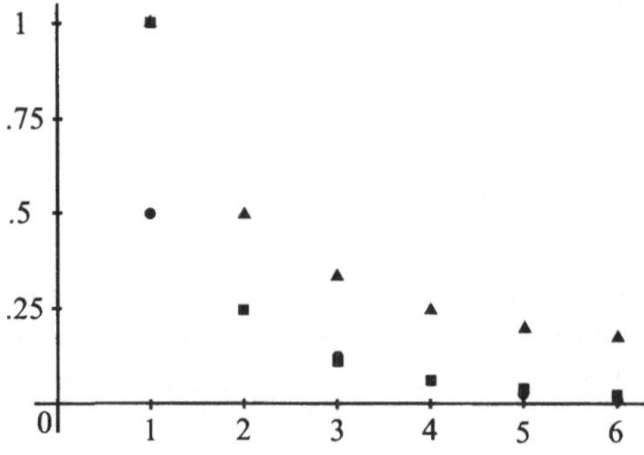

Abb. 9.7. Zeichnungen der Funktionen ▲ $f(n) = n^{-1}$, ■ $f(n) = n^{-2}$ und
● $f(n) = 2^{-n}$ mit $D(f) = \mathbb{N}$

tisch den Zahlenstrahl, oder die Zahlengerade nicht „unendlich" verlängern können. Natürlich muss auch eine tabellarische Darstellung solch einer Funktion auf eine endliche Zahl von Argumenten eingeschränkt werden. Nur eine beschreibende Formel der Funktionswerte, wie $f(n) = n^2$ (zusammen mit der Angabe von $D(f)$), kann in diesen Fällen ein vollständiges Bild geben.

9.4   Darstellung von Funktionen rationaler Zahlen

Nun betrachten wir Darstellungen von Funktionen $f : \mathbb{Q} \to \mathbb{Q}$. Wir gehen wie bei Funktionen ganzer Zahlen vor und zeichnen Funktionen rationaler Zahlen auf der *rationalen Koordinatenebene*. Zur Konstruktion gehen wir von zwei rationalen Zahlengeraden im rechten Winkel aus, die wir Achsen nennen, die sich im Ursprung schneiden. Dann markieren wir jeden Punkt mit rationalen Koordinaten. Natürlich, wenn wir uns an Abb. 7.4 erinnern, würde solch eine Ebene schwarz vor Punkten erscheinen, selbst wenn sie es nicht wirklich wäre. Wir verzichten auf ein Beispiel!

Wenn wir wieder die Zeichnung einer Funktionen rationaler Zahlen damit beginnen, dass wir eine Liste von Werten aufschreiben, erkennen wir sofort, dass die Zeichnung einer rationalen Funktion komplizierter ist als die Zeichnung einer ganzzahligen Funktion. Wenn wir Werte einer ganzzahligen Funktion berechnen, können wir nicht *alle* Werte berechnen, weil es unendlich viele ganze Zahlen gibt. Stattdessen wählen wir eine kleinste und eine größte ganze Zahl und beschränken uns auf die Berechnung der Funktionswerte für die ganzen Zahlen dazwischen. Aus demselben Grund können wir nicht alle Werte einer rationalen Funktion berechnen. Aber nun müssen wir die Liste auch in einer anderen Hinsicht einschränken: Wie vorher müssen wir eine kleinste und eine größte Zahl für die Tabelle wählen, aber wir müssen auch entscheiden, wie viele Punkte wir zwischen den kleinen und großen Werten benutzen wollen. Anders gesagt, können wir nicht die Funktionswerte in *allen* rationalen Zahlen zwischen zwei rationalen Zahlen berechnen. Das bedeutet, dass eine Tabelle von rationalen Funktionswerten immer „Lücken" zwischen den Punkten, an denen wir die Funktion auswerten, hat. Hier ein Beispiel zum besseren Verständnis.

Beispiel 9.12.   Wir tabellieren einige Funktionswerte für $f(x) = \frac{1}{2}x + \frac{1}{2}$ definiert für die rationalen Zahlen:

x	$\frac{1}{2}x + \frac{1}{2}$	x	$\frac{1}{2}x + \frac{1}{2}$
-5	-2	$-0,6$	$0,2$
$-2,8$	$-0,9$	$0,2$	$0,6$
-2	$-0,5$	1	1
$-1,2$	$-0,1$	3	2
-1	0	5	3

und stellen dann die Funktionswerte in Abb. 9.8 dar.

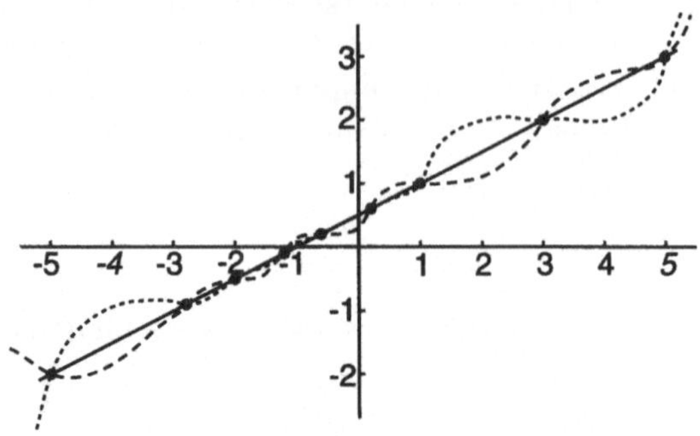

Abb. 9.8. Graphische Darstellung der Funktionswerte von $f(x) = \frac{1}{2}x + \frac{1}{2}$ zusammen mit mehreren anderen Funktionen, die dieselben Werte an den ausgewählten Punkten annehmen

Die aufgelisteten Werte deuten stark darauf hin, diese Punkte durch eine Gerade zu verbinden, um die Funktion zu zeichnen. Wie können jedoch nicht sicher sein, dass dies wirklich der korrekte Graph ist, da es viele Funktionen gibt, die in den berechneten Punkten mit $\frac{1}{2}x + \frac{1}{2}$ übereinstimmen. Zwei haben wir in Abb. 9.8 dargestellt. Daher müssen wir normalerweise eine Funktion an viel mehr Punkten auswerten als wir in Abb. 9.8 benutzt haben, um ihren Graphen richtig darzustellen. Auf der anderen Seite ist es unmöglich, $f(x)$ für alle möglichen rationalen Zahlen x zu berechnen, so dass wir letzten Endes immer noch Werte zwischen den berechneten Punkten raten müssen, unter der Annahme, dass die Funktion an diesen Stellen sich nicht seltsam verhält. $MATLAB^{©}$ überbrückt beim Zeichnen die Lücken zwischen berechneten Punkten beispielsweise mit geraden Segmenten.

Die Entscheidung, ob wir eine für rationale Zahlen definierte Funktion oft genug ausgewertet haben, um in der Lage zu sein, ihr Verhalten zu raten oder nicht, ist ein interessantes und wichtiges Problem. Es ist nebenbei nicht nur ein theoretisches Problem: Wenn wir Größen für ein Experiment messen müssen, die theoretisch auf einer Linie liegen müssten, bekommen wir wahrscheinlich die Zeichnung einer Funktion, die einer Linie nahe kommt, die aber aufgrund experimenteller Fehler kleine Ausschläge aufweisen wird.

Bei dieser Entscheidung kann uns tatsächlich die Infinitesimalrechnung behilflich sein. Für den Augenblick wollen wir annehmen, dass sich die zu zeichnenden Funktionen sanft zwischen den Probenpunkten ändern, was größtenteils für die Funktionen, die wir in diesem Buch behandeln, zutrifft.

Wir beenden dieses Kapitel mit einem weiteren Beispiel einer Zeichnung. Im nächsten Kapitel werden wir viel mehr Zeit auf graphische Darstellungen verwenden.

Beispiel 9.13. Wir führen einige Funktionswerte von $f(x) = x^2$ definiert auf den rationalen Zahlen an:

x	x^2		x	x^2		x	x^2
-4	16		$-0,8$	$0,64$		$2,3$	$5,29$
$-3,5$	$12,25$		$-0,4$	$0,16$		$2,4$	$5,76$
$-3,1$	$9,618$		0	0		3	9
-2	4		$0,2$	$0,04$		$3,1$	$9,61$
$-1,8$	$3,24$		$1,2$	$1,44$		$3,6$	$12,96$
$-1,4$	$1,96$		$1,5$	$2,25$		$3,7$	$13,69$
-1	1		$2,21$	$4,8841$		4	16

und zeichnen die Funktionswerte in Abb. 9.9.

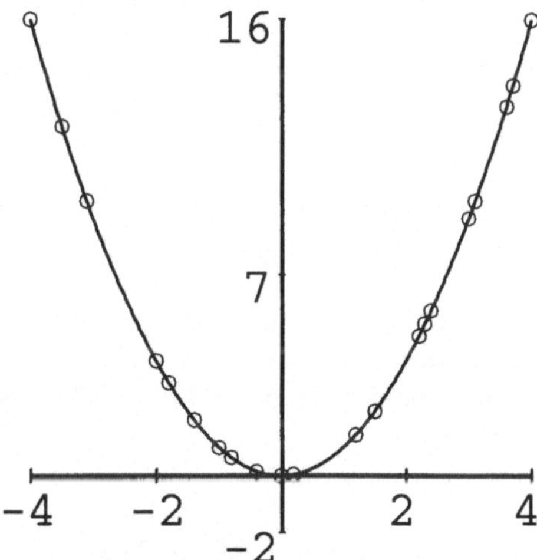

Abb. 9.9. Zeichnung einiger Punkte, die durch $f(x) = x^2$ gegeben sind und mit einer glatten Kurve verbunden wurden

9.5 Eine Funktion zweier Variabler

Wir geben ein Beispiel für eine Funktion zweier Variabler. Die Gesamtkosten im Mittagssuppe/Eiscreme Modell betrugen

$$15x + 3y,$$

wobei x für die Fleischmenge und y für die Menge Eiscreme stand. Wir können die Gesamtkosten $15x + 3y$ als eine Funktion $f(x, y) = 15x + 3y$ zweier Variabler x und y betrachten. Für jeden Wert von x und y gibt es einen entsprechenden Funktionswert $f(x, y) = 15x + 3y$, der die Gesamtkosten angibt. Dabei sind für uns sowohl x als auch y unabhängige

Variable, die frei verändert werden können, entsprechend jeder beliebigen Kombination von Rindfleisch und Eiscreme, wohingegen der Funktionswert $z = f(x,y)$ eine abhängige Variable ist. Für jedes Paar von Werten x und y gibt es einen zugehörigen Wert $z = f(x,y) = 15x + 3y$. Wir schreiben $(x,y) \rightarrow f(x,y) = 15x + 3y$ und bezeichnen dabei das Paar x und y mit (x,y).

Dies führt uns zu einer natürlichen und sehr wichtigen Erweiterung des bisherigen Funktionsbegriffs: Eine Funktion kann von zwei unabhängigen Variablen abhängen. Angenommen, wir lassen für die Funktion $f(x,y) = 15x + 3y$ Änderungen in x und y im Intervall $[0,\infty)$ zu, so schreiben wir $f : [0,\infty) \times [0,\infty) \rightarrow [0,\infty)$, um anzuzeigen, dass für jedes $x \in [0,\infty)$ und $y \in [0,\infty)$, d.h. für jedes Paar $(x,y) \in [0,\infty) \times [0,\infty)$ ein eindeutiger Wert $f(x,y) = 15x + 3y \in [0,\infty)$ existiert.

Beispiel 9.14. Ihre Freundin muss für x Kilo Rindfleisch und y Kilo Eiscreme einen Preis von $p = 15x + 3y$ bezahlen, d.h. $p = f(x,y)$, wobei $f(x,y) = 15x + 3y$.

Beispiel 9.15. Die Zeit t für eine Radtour hängt von der Tourlänge s und von der (Durchschnitts-)Geschwindigkeit v mit $\frac{s}{v}$ ab, d.h. $t = f(s,v) = \frac{s}{v}$.

Beispiel 9.16. Der Druck p in einem idealen (dünnen) Gasgemisch hängt von der Temperatur T und dem Volumen V, das das Gas einnimmt, wie $p = f(T,V) = \frac{nRT}{V}$ ab, wobei n die Anzahl der Mole Gas angibt und R die universelle Gaskonstante ist.

9.6   Funktionen mehrerer Variabler

Natürlich können wir weiter gehen und Funktionen, die von mehreren Variablen abhängen, betrachten.

Beispiel 9.17. Wenn Sie Ihrer Freundin freie Hand beim Einkauf von Fleisch x, Mohrrüben y und Kartoffeln z bei der Mittagssuppe geben, werden die Kosten k der Suppe $k = 8x + 2y + z$ betragen und von den drei Variablen x, y und z abhängen. Somit werden die Kosten gegeben durch $k = f(x,y,z)$ mit $f(x,y,z) = 8x + 2y + z$.

Beispiel 9.18. Die Temperatur u an einem bestimmten Punkt der Erde hängt sowohl von den drei Raumkoordinaten x, y und z als auch von der Zeit t ab, d.h. $u = f(x,y,z,t)$.

Wenn wir mehr als nur ein paar unabhängige Variable betrachten, wird es bald nötig, die Schreibweise anzupassen und eine Art Indizierung der Variablen zu verwenden, wie z.B. x_1, x_2 und x_3 für die Raumkoordinaten anstatt x, y und z. Die Temperatur u im letzten Beispiel wird dann durch die Funktion $u = f(x, t)$ gegeben, wobei $x = (x_1, x_2, x_3)$ drei Raumkoordinaten enthält.

Aufgaben zu Kapitel 9

9.1. Identifizieren Sie vier Funktionen in Ihrem täglichen Umfeld und bestimmen Sie jeweils die Definitionsmenge und den Wertebereich.

9.2. Bestimmen Sie für die Funktion $f(x) = 4x - 2$ den Wertebereich bei (a) $D(f) = (-2, 4]$, (b) $D(f) = (3, \infty)$, (c) $D(f) = \{-3, 2, 6, 8\}$.

9.3. Finden Sie für die Funktion $f(x) = 2 - 13x$ den Definitionsbereich $D(f)$ zur Wertemenge $W(f) = [-1, 1] \cup (2, \infty)$.

9.4. Bestimmen Sie die Definitionsmenge und den Wertebereich der Funktion $f(x) = x^3/100 + 75$, wobei die Funktion $f(x)$ die Temperatur in einem Aufzug mit x Personen beschreibt, der Platz für 9 Personen bietet.

9.5. Bestimmen Sie Definitionsmenge und Wertebereich von $H(t) = 50 - t^2$, wobei $H(t)$ eine Funktion ist, die die Höhe in Metern für einen zur Zeit $t = 0$ fallengelassenen Ball angibt.

9.6. Finden Sie den Wertebereich der Funktion $f(n) = 1/n^2$ über $D(f) = \{n \in \mathbb{N} : n \geq 1\}$.

9.7. Bestimmen Sie den Definitionsbereich und eine Menge B, in der die Wertemenge enthalten ist, für die Funktion $f(x) = 1/(1 + x^2)$.

9.8. Finden Sie die Definitionsbereiche der Funktionen

$$\text{(a)}\ \frac{2 - x}{(x + 2)x(x - 4)(x - 5)} \qquad \text{(b)}\ \frac{x}{4 - x^2} \qquad \text{(c)}\ \frac{1}{2x + 1} + \frac{x^2}{x - 8}.$$

9.9. (*Schwierig*) Betrachten Sie die Funktion $f(n)$, definiert auf den natürlichen Zahlen, wobei $f(n)$ der Rest ist, den man bei der Division von n durch 5 mit der Schuldivisionsmethode erhält. So ist z.B. $f(1) = 1$, $f(6) = 1$, $f(12) = 2$, etc. Bestimmen Sie $W(f)$.

9.10. Stellen Sie die Abbildung $f : \mathbb{N} \to \mathbb{Q}$ für zwei Intervalle da, wobei $f(n) = 2^{-n}$.

9.11. Zeichnen Sie die folgenden Funktionen $f : \mathbb{Z} \to \mathbb{Z}$ nachdem Sie eine Tabelle mit mindestens 5 Werten berechnet haben: (a) $f(n) = 4 - n$, (b) $f(n) = 2n - n^2$, (c) $f(n) = (n + 1)^3$.

9.12. Zeichnen Sie drei verschiedene Kurven, die durch die Punkte $(-2, -1)$, $(-1, -5)$, $(0; 0, 25)$, $(1; 1, 5)$ und $(3, 4)$ gehen.

9.13. Zeichnen Sie die Funktionen: (a) 2^{-n}, (b) 5^{-n} und (c) 10^{-n}; definiert über den natürlichen Zahlen n. Vergleichen Sie die Zeichnungen.

9.14. Zeichnen Sie die Funktion $f(n) = \frac{10}{9}(1 - 10^{-n-1})$ definiert auf den natürlichen Zahlen.

9.15. Zeichnen Sie die Funktion $f : \mathbb{Q} \to \mathbb{Q}$ mit $f(x) = x^3$, nachdem Sie eine Wertetabelle angelegt haben.

9.16. Schreiben Sie eine $MATLAB^{©}$ Funktion, die zwei rationale Argumente x und y akzeptiert und deren Summe $x + y$ zurückgibt.

9.17. Schreiben Sie eine $MATLAB^{©}$ Funktion, die zwei Argumente x und y, die zwei Geschwindigkeiten symbolisieren, akzeptiert und den Zeitgewinn pro Kilometer wiedergibt, der sich aus der Geschwindigkeitserhöhung von x auf y ergibt.

10
Polynomfunktionen

Manchmal dachte er für sich „Warum?" und manchmal dachte er, „Weswegen?", und manchmal dachte er „Inwiefern welches?" (Pu-Bär)

Er war einer der originellsten und unabhängigsten Männer, der niemals etwas so tat oder formulierte wie ein anderer. Das Resultat war, dass man bei seinen Vorlesungen nur sehr schlecht Notizen machen konnte, so dass wir hauptsächlich auf Rankines Lehrbuch angewiesen waren. Gelegentlich vergaß er bei den höheren Klassen, dass er Vorlesungen halten sollte und nachdem wir etwa zehn Minuten gewartet hatten, schickten wir den Hausmeister, um ihm bestellen zu lassen, dass die Klasse auf ihn wartete. Er pflegte dann durch die Tür zu stürmen, ein Exemplar von Rankine vom Tisch zu nehmen, es offensichtlich zufällig zu öffnen, die ein oder andere Formel anzuschauen und zu behaupten, dass sie falsch sei. Er ging dann zur Tafel, um dies zu beweisen. Er schrieb mit dem Rücken zu uns an die Tafel, sprach mit sich selbst und von Zeit zu Zeit wischte er alles weg und sagte, dass es falsch sei. Dann fing er in einer neuen Zeile an, und so weiter. Gegen Ende der Stunde beendete er normalerweise eine Zeile, wischte sie nicht weg und sagte, dass dies jetzt bewiese, dass Rankine doch recht gehabt hätte. (Rayleigh über Reynolds)

10.1 Einleitung

Wir untersuchen nun Polynomfunktionen, die für die Infinitesimalrechnung und die lineare Algebra immens wichtig sind. Eine *Polynomfunktion* oder ein *Polynom* $f(x)$ hat die Form

$$f(x) = a_0 + a_1 x + a_2 x^2 + a_3 x^3 + \cdots + a_n x^n, \qquad (10.1)$$

wobei $a_0, a_1, \ldots, a_n$ gegebene rationale Zahlen sind, die *Koeffizienten* genannt werden. Die Variable x kann sich innerhalb einer Teilmenge der rationaler Zahlen verändern. Der Wert einer Polynomfunktion $f(x)$ kann direkt durch Addition und Multiplikation rationaler Zahlen berechnet werden. Die Funktion für die Mittagssuppe $f(x) = 15x$ ist ein Beispiel für ein *lineares Polynom* mit $n = 1$, $a_0 = 0$ und $a_1 = 15$. Die Funktion für den schlammigen Hof $f(x) = x^2$ ist ein Beispiel einer *quadratischen Funktion*, mit $n = 2$, $a_0 = a_1 = 0$ und $a_2 = 1$.

Wenn alle Koeffizienten a_i Null sind, dann ist $f(x) = 0$ für alle x und wir nennen $f(x)$ das *Nullpolynom*. Ist n der größte Index mit $a_n \neq 0$, so sagen wir, dass n der *Grad* oder die Ordnung von $f(x)$ ist. Die einfachsten Polynome außer dem Nullpolynom sind die *konstanten* Polynome $f(x) = a_0$ vom Grad 0. Der nächst einfache Fall sind *lineare* Polynome $f(x) = a_0 + a_1 x$ vom Grad 1 und *quadratische* Polynome $f(x) = a_0 + a_1 x + a_2 x^2$ vom Grad 2 (unter der Annahme, dass $a_1 \neq 0$, bzw. $a_2 \neq 0$), zu denen wir gerade Beispiele gegeben haben. Ein Polynom dritten Grades haben wir bereits im Modell zur Löslichkeit von $Ba(IO_3)_2$ im Abschnitt 7.10 kennengelernt.

Polynome sind zentrale „Bausteine" von Funktionen, und es wird für uns später sehr nützlich sein, wenn wir uns jetzt etwas Mühe geben, einiges über sie zu lernen und Polynome zu verstehen. Desweiteren werden wir noch andere Funktionen wie die *Elementarfunktionen*, zu denen die trigonometrischen Funktionen wie $\sin(x)$ und die Exponentialfunktion $\exp(x)$ gehören, kennen lernen. Alle Elementarfunktionen sind Lösungen gewisser zentraler Differentialgleichungen, und die Auswertung derartiger Funktionen erfordert die Lösung der zugehörigen Differentialgleichung. Daher heißen diese Funktionen nicht elementar, weil sie elementar einfach auszuwerten sind, was für Polynome zutrifft, sondern weil sie zentralen „elementaren" Differentialgleichungen genügen.

In der Geschichte der Mathematik gab es zwei grandiose Versuche „allgemeine Funktionen" als (i) Polynomfunktionen (Potenzreihen) und (ii) trigonometrische Funktionen (Fourierreihen) auszudrücken. In der *finiten Elemente Methode* werden allgemeine Funktionen mit Hilfe *stückweise definierter Polynome* beschrieben.

Wir beginnen mit linearen und quadratischen Polynomen, bevor wir allgemeine Polynomfunktionen betrachten.

10.2   Lineare Polynome

Wir beginnen mit dem linearen Polynom $y = f(x) = mx$, wobei m eine rationale Zahl ist. Wir schreiben hier m anstelle von a_1, weil dies die gebräuchlichere Schreibweise ist. Wir können $D(f) = \mathbb{Q}$ wählen und mit $m \neq 0$ auch $W(f) = \mathbb{Q}$. Wenn y irgendeine rationale Zahl ist, dann ergibt $x = y/m$ eingesetzt in $f(x) = mx$ den Wert von $f(x) = y$. Anders formuliert, bildet für $m \neq 0$ die Funktion $f(x) = mx$ $\mathbb{Q}$ in $\mathbb{Q}$ ab.

Eine Betrachtungsweise für die Menge an Paaren (x, y), die $y = mx$ genügt, ist die, dass die Paare auch $y/x = m$ erfüllen. Angenommen, (x_0, y_0) und (x_1, y_1) seien zwei Punkte, die $y/x = m$ erfüllen. Wenn wir ein Dreieck mit einer Ecke im Ursprung und einer Seite der Länge x_0 parallel zur x-Achse und die andere Seite der Länge y_0 parallel zur y-Achse zeichnen und anschließend das entsprechende Dreieck für den anderen Punkt mit den Seitenlängen x_1 und y_1 wiederholen, vgl. Abb. 10.1, so bedeutet die Bedingung

$$\frac{y_0}{x_0} = m = \frac{y_1}{x_1},$$

dass die beiden Dreiecke ähnlich sind. Tatsächlich muss jeder Punkt (x, y), der $y/x = m$ genügt, ein Dreieck bilden, das dem Dreieck für (x_0, y_0) ähnlich ist, vgl. Abb. 10.1. D.h., dass derartige Punkte auf einer Geraden liegen, die wie angedeutet durch den Ursprung verläuft.

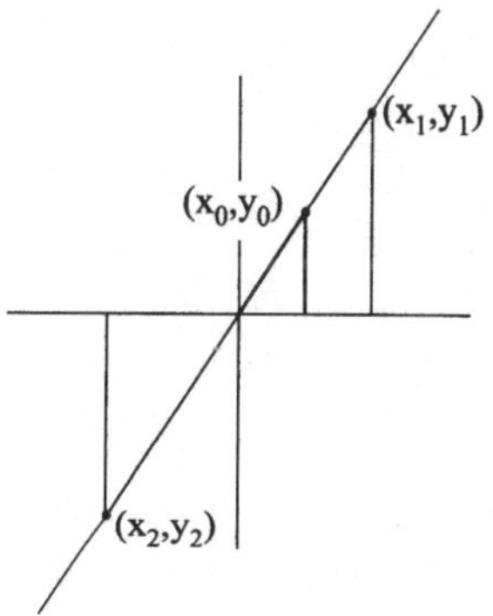

Abb. 10.1. Punkte, die $y = mx$ genügen, formen ähnliche Dreiecke. In der Abbildung ist $m = 3/2$

Umgangssprachlich wird m oder das Verhältnis von y zu x auch Anstieg über einer Strecke genannt, wohingegen Mathematiker zu m Steigung der Geraden sagen. Wenn wir uns vorstellen, auf einer geraden ansteigenden Straße zu stehen, dann sagt uns die Steigung, wie hoch wir für einen waagrechten Abstand klettern müssen. Anders ausgedrückt: Je größer die Steigung m, desto steiler ist die Gerade. Die Gerade verläuft übrigens abwärts, wenn die Steigung negativ ist. In Abb. 10.2 haben wir verschiedene Geraden dargestellt. Ist die Steigung $m = 0$, dann liegt eine waagrechte Gerade direkt auf der x-Achse vor. Andererseits ist eine senkrechte Gerade eine Menge an Punkten (x, y) mit $x = a$ für eine Konstante a. Senkrechte Geraden haben keine wohl-definierte Steigung.

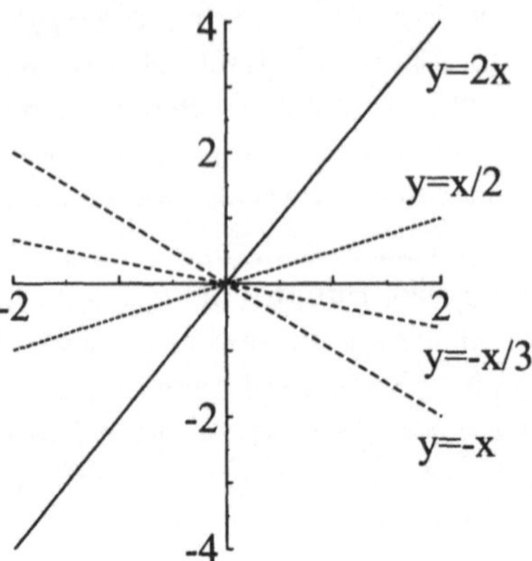

Abb. 10.2. Beispiele von Geraden

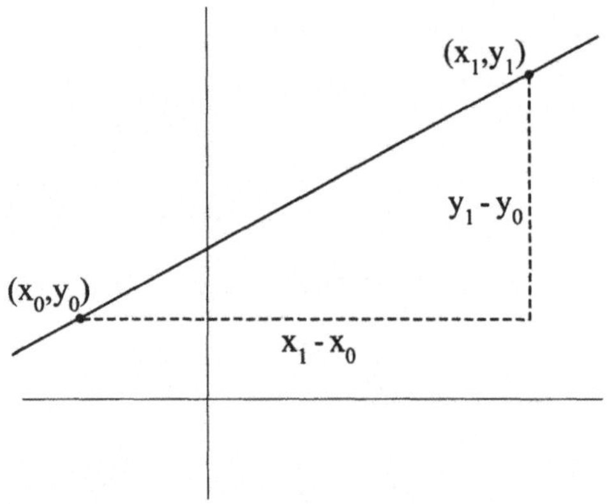

Abb. 10.3. Die Steigung jeder Geraden wird durch den Anstieg über einer Strecke bestimmt

Mit Hilfe der Steigung anzugeben, ob eine Gerade ansteigt oder abfällt, hängt nicht davon ab, ob die Gerade durch den Ursprung geht. Wir können an jedem Punkt der Geraden beginnen und uns waagrecht um die Strecke x bewegen um herauszufinden, ob eine Gerade ansteigt oder abfällt, vgl. Abb. 10.3. Bei zwei Punkten (x_0, y_0) und (x_1, y_1) ist $y_1 - y_0$ der Anstieg auf der Strecke $x_1 - x_0$. Somit ist die Steigung der Geraden durch die Punkte (x_0, y_0) und (x_1, y_1)

$$m = \frac{y_1 - y_0}{x_1 - x_0}.$$

Ist (x, y) ein beliebiger Punkt auf der Geraden, dann wissen wir, dass

$$\frac{y - y_0}{x - x_0} = m = \frac{y_1 - y_0}{x_1 - x_0}$$

bzw.

$$(y - y_0) = m(x - x_0). \tag{10.2}$$

Dies wird die *Punkt-Steigungs-Form* der Geraden genannt.

Beispiel 10.1. Wir bestimmen die Geradengleichung durch $(4, -5)$ und $(2, 3)$. Die Steigung ist

$$m = \frac{3 - (-5)}{2 - 4} = -4$$

und die Gerade ist durch $y - 3 = -4(x - 2)$ definiert.

Wir können (10.2) in die Form (10.1) bringen, indem wir (10.2) ausmultiplizieren und nach y auflösen. Das führt zur *Steigung-Schnitt-Form*:

$$y = mx + b \tag{10.3}$$

mit $b = y_0 - mx_0$. b wird $y - Achsenabschnitt$ der Geraden genannt, da ihr Graph die y-Achse im Punkt $(0, b)$ schneidet. Der Unterschied zwischen den Kurven von $y = mx$ und $y = mx + b$ ist einfach der, dass jeder Punkt auf $y = mx + b$ senkrecht um den Abstand b vom zugehörigen Punkt auf $y = mx$ *verschoben* ist. Anders ausgedrückt können wir $y = mx + b$ dadurch zeichnen, dass wir zunächst $y = mx$ zeichnen und dann die Gerade senkrecht um b bewegen, wie in Abb. 10.4 dargestellt. Ist $b > 0$, dann bewegen wir die Gerade aufwärts und für $b < 0$ abwärts. Augenscheinlich können wir die Steigung-Schnitt-Form direkt aus zwei Punkten bestimmen.

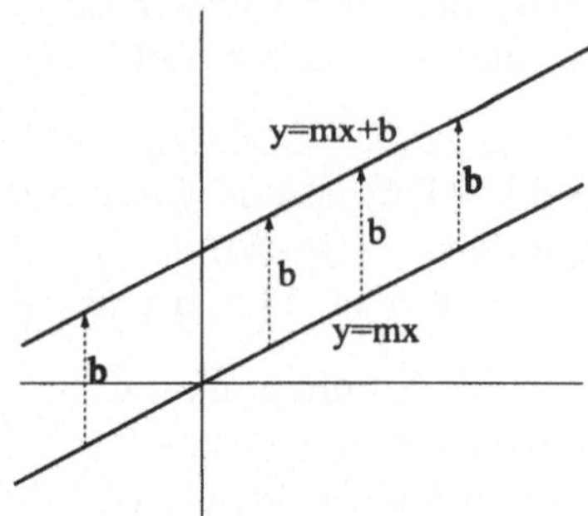

Abb. 10.4. Den Graphen von $y = mx + b$ erhält man durch senkrechtes Verschieben des Graphen von $y = mx$ um b. In der Abbildung ist $b > 0$

Beispiel 10.2. Wir bestimmen die Geradengleichung durch $(-3, 5)$ und $(4, 1)$. Die Steigung beträgt

$$m = \frac{1 - 5}{4 - (-3)} = -\frac{4}{7}.$$

Um den Schnitt mit der y-Achse zu finden, setzen wir einen der Punkte in die Gleichung $y = -\frac{4}{7}x + b$ ein, z.B.

$$5 = -\frac{4}{7} \times (-3) + b,$$

woraus sich $b = 23/7$ und $y = -\frac{4}{7}x + \frac{23}{7}$ ergibt.

Eine bekannte Kurve zu verschieben, kann beim Zeichnen sehr nützlich sein. So können wir, wenn wir einmal $y = 4x$ gezeichnet haben, schnell durch Verschieben die Funktionen $y = 4x - 12$, $y = 4x - \frac{1}{5}$, $y = 4x + 1$ und $y = 4x + 113,45$ darstellen.

10.3   Parallele Geraden

Wir wollen jetzt eine Verbindung zum Parallelen Axiom der euklidischen Geometrie ziehen, das wir im Kapitel „Euklid und Pythagoras" diskutierten. Zunächst seien $y = mx + b_1$ und $y = mx + b_2$ zwei Geraden mit gleicher Steigung m, aber unterschiedlichen y-Achsenabschnitten b_1 und b_2, so dass die Geraden nicht identisch sind. Die beiden Geraden können sich niemals schneiden, da es kein x gibt, das $mx + b_1 = mx + b_2$ erfüllt, da $b_1 \neq b_2$. Wir folgern, dass zwei Geraden mit derselben Steigung im Sinne der euklidischen Geometrie parallel sind.

Andererseits schneiden sich zwei Geraden $y = m_1 x + b_1$ und $y = m_2 x + b_2$ mit verschiedenen Steigungen $m_1 \neq m_2$, da wir die Gleichung $m_1 x + b_1 = m_2 x + b_2$ eindeutig lösen können mit $x = (b_1 - b_2)/(m_2 - m_1)$. Wir folgern, dass zwei Geraden, repräsentiert durch zwei lineare Polynome $y = m_1 x + b_1$ und $y = m_2 x + b_2$, dann und nur dann parallel sind, wenn $m_1 = m_2$.

Beispiel 10.3. Wir bestimmen die Gleichung der Geraden, die parallel zur Geraden durch $(2,5)$ und $(-11,6)$ ist und durch den Punkt $(1,1)$ geht. Die Steigung der Gleichung muss $m = (6 - 5)/((-11) - 2) = -1/13$ sein. Daher gilt $1 = -1/13 \times 1 + b$, bzw. $b = 14/13$ und $y = -\frac{1}{13}x + \frac{14}{13}$.

Beispiel 10.4. Wir können den Schnittpunkt der beiden Geraden $y = 2x + 3$ und $y = -7x - 4$ bestimmen, indem wir $2x + 3 = -7x - 4$ setzen. Addition von $7x$ und Subtraktion von 3 auf beiden Seiten liefert $2x + 3 + 7x - 3 = -7x - 4 + 7x - 3$ und somit $9x = -7$ bzw. $x = -7/9$. Die y-Koordinate lässt sich aus beiden Gleichungen ermitteln: $y = 2x + 3 = 2(\frac{-7}{9}) + 3 = \frac{13}{9}$ bzw. $y = -7x - 4 = -7(\frac{-7}{9}) - 4 = \frac{13}{9}$.

10.4   Senkrechte Geraden

Als Nächstes wollen wir zeigen, dass zwei Geraden, die durch zwei lineare Polynome $y = m_1 x + b_1$ und $y = m_2 x + b_2$ repräsentiert werden, dann und nur dann *senkrecht* zueinander sind, d.h. einen Winkel von $90°$ oder $270°$ einschließen, wenn $m_1 m_2 = -1$.

Da die Werte von b_1 und b_2 verändert werden können, ohne damit die Richtungen der Geraden zu beeinflussen, genügt es, die Aussage für zwei Gerade zu beweisen, die durch den Ursprung gehen. Angenommen, die Linien sind senkrecht zueinander. Dann müssen m_1 und m_2 unterschiedliche Vorzeichen haben, da ansonsten beide Geraden ansteigen oder beide abfallen und dann nicht senkrecht sein können. Nun betrachten wir die in Abb. 10.5 dargestellten Dreiecke. Die Geraden sind genau dann senkrecht, wenn die Winkel Θ_1 und Θ_2, die die Geraden mit der x-Achse bilden, zusammen $90°$ ergeben. Dies kann nur dann der Fall sein, wenn die gezeichneten Dreiecke ähnlich sind. Das bedeutet, dass $1/|m_1| = |m_2|$ ist,

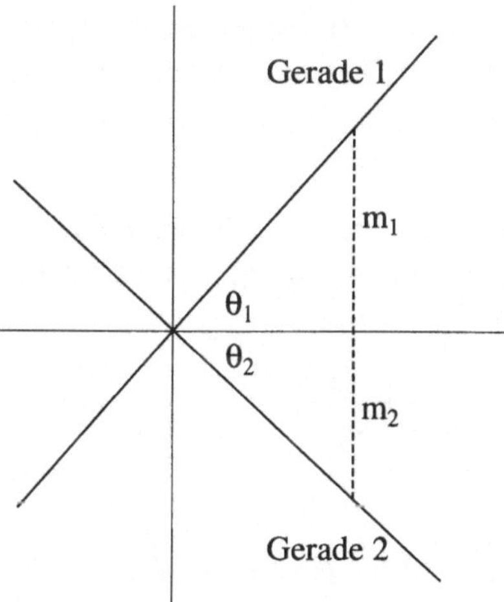

Abb. 10.5. Ähnliche Dreiecke, definiert durch senkrechte Geraden mit Steigungen m_1 und m_2. Die Winkel Θ_1 und Θ_2 ergeben zusammen $90°$

bzw. $|m_1||m_2| = 1$. Das ist der Beweis, da m_1 und m_2 unterschiedliche Vorzeichen haben, bzw. $m_1 m_2 < 0$.

Abschließend folgt aus der Annahme $m_1 m_2 = -1$, dass die zwei Dreiecke ähnlich sind, woraus sich Orthogonalität schließen lässt.

Beispiel 10.5. Wir können die Gleichung für die Gerade, die senkrecht zur Geraden durch $(2, 5)$ und $(-11, 6)$ ist und durch den Punkt $(1, 1)$ verläuft, bestimmen. Die Steigung der ersten Gerade ist $m = (6 - 5)/(-11 - 2) = -1/13$. Daher ist die Steigung der gesuchten Gerade $-1/(-1/13) = 13$. Somit ist $1 = 13 \times 1 + b$, mit $b = -12$ und $y = 13x - 12$.

Wir werden auf parallele und orthogonale Geraden in einer etwas allgemeineren Betrachtung im Kapitel „analytische Geometrie in $\mathbb{R}^2$" zurückkommen. Insbesondere werden die bis jetzt ausgeschlossenen Fälle vertikaler oder horizontaler Geraden in natürlicher Weise einbezogen.

10.5 Quadratische Polynome

Das allgemeine quadratische Polynom hat die Form

$$f(x) = a_2 x^2 + a_1 x + a_0,$$

mit den Konstanten a_2, a_1 und a_0, wobei wir $a_2 \neq 0$ annehmen (ansonsten fallen wir auf den linearen Fall zurück).

Wir zeigen, wie eine derartige Funktion gezeichnet werden kann, wenn wir Überlegungen aus dem vorausgegangenen Abschnitt nutzen. Wir beginnen mit dem einfachsten Beispiel einer quadratischen Funktion

$$y = f(x) = x^2.$$

Der Definitionsbereich von f ist die Menge der rationalen Zahlen, wohingegen der Wertebereich nur nicht negative rationale Zahlen enthält. Wir führen hier einige der Werte an:

x	x^2	x	x^2	x	x^2	x	x^2
-3	9	$-0,5$	$0,25$	$0,1$	$0,01$	2	4
-2	4	$-0,1$	$0,01$	$0,5$	$0,25$	3	9
-1	1	0	0	1	1	4	16

Wir können erkennen, dass $f(x) = x^2$ für $x > 0$ *anwächst*, d.h. wenn $0 < x_1 < x_2$ gilt, dann ist $f(x_1) < f(x_2)$. Das folgt daraus, dass $x_1 < x_2$ bedeutet, dass $x_1 \times x_1 < x_2 \times x_1 < x_2 \times x_2$. Ganz ähnlich können wir auch zeigen, dass $f(x) = x^2$ für $x < 0$ *abnimmt*, d.h. wenn $x_1 < x_2 < 0$ gilt, dann ist $f(x_1) > f(x_2)$. Daraus sehen wir, dass die Funktion zumindest innerhalb der Werte, die wir berechnen, nicht sehr viel „wackeln" kann. Wir zeichnen die Werte von $f(x) = x^2$ in Abb. 10.6 zwischen $x = -3$ und $x = 3$ für 601 gleichmäßig verteilte Punkte.

Wir folgen den Überlegungen bei der Zeichnung von Geraden, um mit Hilfe einer Verschiebung allgemeine quadratische Funktionen zu zeichnen. Wir beginnen mit $f(x) = x^2$ und verändern deren Graphen, um daraus den Graphen jeder anderen quadratischen Funktion zu erhalten. Dabei müssen wir zwei Änderungsmethoden unterscheiden.

Die erste Änderungsmethode ist das *Skalieren*. Betrachten Sie die Zeichnungen der quadratischen Funktionen in Abb. 10.7. Jeder dieser Funktionen hat die Form $y = f(x) = a_2 x^2$ mit einer Konstanten a_2. Die Bilder haben alle dieselbe Grundform wie $y = x^2$. Aber die Höhen der Punkte für $y = a_2 x^2$ liegen um den Faktor $|a_2|$ höher oder tiefer als die der von $y = x^2$ in den entsprechenden Punkten: Höher, falls $|a_2| > 1$ und kleiner

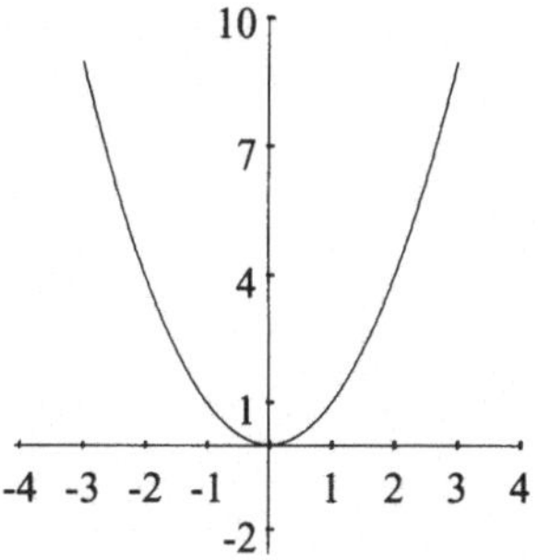

Abb. 10.6. Graph von $f(x) = x^2$. Das Polynom nimmt für $x < 0$ ab und für $x > 0$ zu

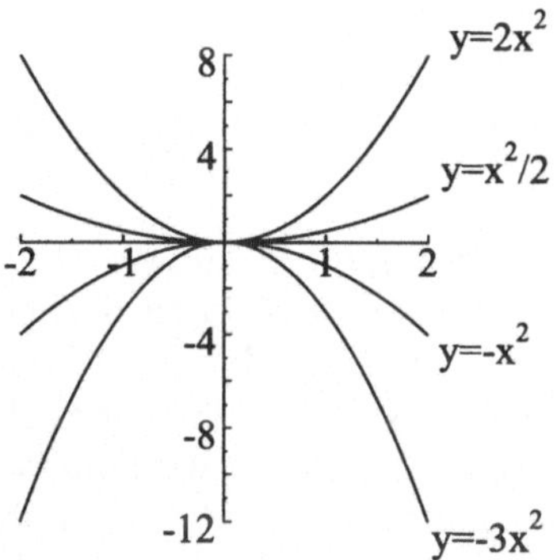

Abb. 10.7. Zeichnungen für vier verschiedene Skalierungen von $y = x^2$

bei $|a_2| < 1$. Ist $a_2 < 0$, dann ist die Zeichnung zusätzlich umgedreht oder an der x-Achse *gespiegelt*.

Die zweite Änderungsmethode, die wir betrachten, ist das Verschieben. Dabei haben wir die Möglichkeit waagrecht, senkrecht oder seitlich zu verschieben. Wir haben dazu Beispiele in Abb. 10.8 dargestellt. Graphen quadratischer Funktionen der Form $f(x) = (x+x_0)^2$ werden durch waagrechtes Verschieben des Graphen von $y = x^2$ nach rechts um den Abstand $|x_0|$ erzielt, falls $x_0 < 0$ und nach links um den Abstand x_0, falls $x_0 > 0$. Die einfachste Methode, um herauszufinden, in welche Richtung verschoben wird, ist die, die neue Position des *Scheitelpunktes*, das ist der kleinste oder der höchste Wert der quadratischen Funktion, zu berechnen. Bei $y = (x - 1)^2$ ist der kleinste Punkt in $x = 1$, und daher wird ihr Graph dadurch erhalten, dass der Graph von $y = x^2$ so verschoben wird, dass der Scheitelpunkt jetzt in $x = 1$ liegt. Bei $y = (x + 0,5)^2$ ist der Scheitelpunkt in $x = -0,5$, und wir erhalten den Graphen durch Verschiebung des Graphen von $y = x^2$ um $0,5$ nach links. Auf der anderen Seite erhalten wir die Graphen der Funktionen $y = x^2 + d$ durch senkrechtes Verschieben des Graphen von $y = x^2$, wobei wir dabei ähnlich vorgehen wie bei den Geraden und für $d > 0$ den Graphen nach oben verschieben und für $d < 0$ nach unten.

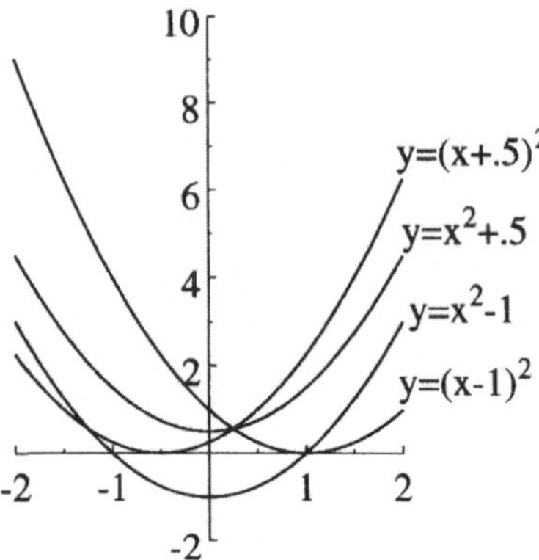

Abb. 10.8. Zeichnungen für vier verschiedene Verschiebungen von $y = x^2$

Mit allen bisherigen Überlegungen können wir nun den Graphen der Funktion $y = f(x) = a(x - x_0)^2 + d$ durch Skalierung und Verschiebung des Graphen von $y = x^2$ zeichnen. Dabei führen wir jede der Operationen in derselben Reihenfolge aus, wie wir es bei der arithmetischen Berechnung von Werten von $f(x)$ tun würden; zuerst wird um x_0 waagrecht verschoben, dann skaliert um a und zuletzt senkrecht um d verschoben.

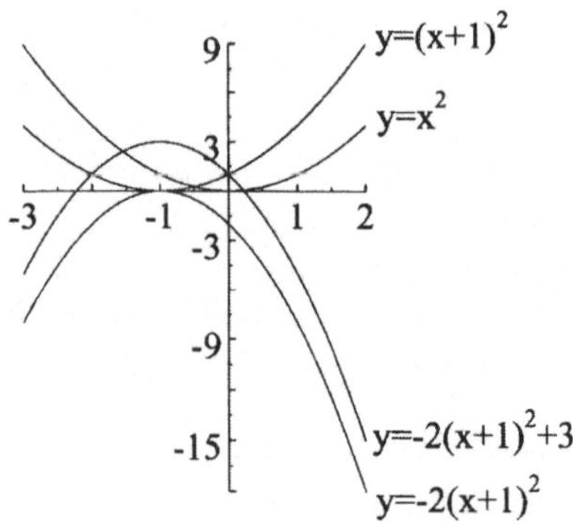

Abb. 10.9. Die systematische Zeichnung von $y = -2(x + 1)^2 + 3$

Beispiel 10.6. Wir bilden $y = -2(x+1)^2+3$ in Abb. 10.9 ab, indem wir mit $y = x^2$ beginnen, waagrecht verschieben zu $y = (x + 1)^2$, vertikal skalieren zu $y = -2(x+1)^2$ und schließlich vertikal verschieben, um $y = -2(x+1)^2+3$ zu erhalten.

Die Zeichnung der quadratischen Funktion $y = ax^2 + bx + c$ ist der letzte Schritt. Wir beginnen damit, diese in der Form $y = a(x - x_0)^2 + d$ zu schreiben. Dann können wir den Graphen einfach zeichnen. Um zu erklären wie das funktioniert, arbeiten wir ausgehend vom Beispiel $y = -2(x+1)^2 + 3$ rückwärts. Ausmultiplizieren liefert

$$y = -2(x^2 + 2x + 1) + 3 = -2x^2 - 4x - 2 + 3 = -2x^2 - 4x + 1.$$

Ist $y = -2x^2 - 4x + 1$ gegeben, so führen wir die folgenden Schritte aus:

$$\begin{aligned} y &= -2x^2 - 4x + 1 \\ &= -2(x^2 + 2x) + 1 \\ &= -2(x^2 + 2x + 1 - 1) + 1 \\ &= -2(x^2 + 2x + 1) + 2 + 1 \\ &= -2(x + 1)^2 + 3. \end{aligned}$$

Diese Vorgehensweise wird *quadratischen Ergänzung* genannt. Ist $x^2 + x$ geben, so addieren wir die Zahl m, so dass $x^2 + bx + m$ sich als Quadrat $(x - x_0)^2$ für ein geeignetes x_0 schreiben lässt. Natürlich müssen wir m wieder abziehen, um die Funktion nicht zu verändern. *Deswegen haben wir bei obigem Beispiel 1 innerhalb der Klammer addiert und subtrahiert!* Ausmultiplizieren liefert

$$(x - x_0)^2 = x^2 - 2x_0 x + x_0^2,$$

was übereinstimmen sollte mit

$$x^2 + bx + m.$$

Das bedeutet, dass $x_0 = -b/2$ und $m = x_0^2 = b^2/4$. Im obigen Beispiel ist $b = 2$, $x_0 = -1$ und $m = 1$.

Beispiel 10.7. Wir führen die quadratischen Ergänzung für $x^2 - 3x + 7$ durch. Somit ist $b = -3$, $x_0 = 3/2$ und $m = 9/4$ und wir erhalten

$$\begin{aligned} x^2 - 3x + 7 &= x^2 - 3x + \frac{9}{4} - \frac{9}{4} + 7 \\ &= \left(y - \frac{3}{2}\right)^2 + \frac{19}{4}. \end{aligned}$$

Beispiel 10.8. Wir führen die quadratischen Ergänzung für $6y^2 + 4y - 2$ durch. Zunächst formen wir dies um zu

$$6y^2 + 4y - 2 = 6\left(y^2 + \frac{2}{3}y\right) - 2.$$

Somit ist $b = 2/3$, $x_0 = -1/3$ und $m = 1/9$ und wir erhalten

$$6y^2 + 4y - 2 = 6\left(y^2 + \frac{2}{3}y + \frac{1}{9} - \frac{1}{9}\right) - 2$$
$$= 6\left(y + \frac{1}{3}\right)^2 - \frac{6}{9} - 2$$
$$= 6\left(y + \frac{1}{3}\right)^2 - \frac{8}{3}.$$

Beispiel 10.9. Wir führen die quadratischen Ergänzung für $\frac{1}{2}x^2 - 2x + 3$ durch.

$$\frac{1}{2}x^2 - 2x + 3 = \frac{1}{2}(x^2 - 4x) + 3$$
$$= \frac{1}{2}(x^2 - 4x + 4 - 4) + 3$$
$$= \frac{1}{2}(x - 2)^2 - 2 + 3$$
$$= \frac{1}{2}(x - 2)^2 + 1.$$

10.6 Arithmetik mit Polynomen

Wir wenden uns jetzt der Untersuchung von Polynomen mit allgemeinem Grad zu, wobei wir mit arithmetischen Eigenschaften beginnen. Denken Sie daran, dass das Ergebnis der Addition, Subtraktion oder Multiplikation zweier rationaler Zahlen wieder eine rationale Zahl ist. In diesem Abschnitt wollen wir zeigen, dass die analoge Eigenschaft auch für Polynome gilt.

Die Σ-Schreibweise für endliche Summen

Bevor wir die Arithmetik mit Polynomen untersuchen, wollen wir für den Umgang mit langen endlichen Summen die praktische Schreibweise mit dem griechischen Buchstaben Sigma Σ einführen. Gegeben seien $n + 1$ beliebige Größen $a_0, a_1, \ldots, a_n$ mit tiefgestellten Indizes. Wir schreiben dann die Summe

$$a_0 + a_1 + \cdots + a_n = \Sigma_{i=0}^n a_i.$$

Der *Index* der Summe ist i, das bei der Summierung alle ganzen Zahlen zwischen der *unteren Grenze*, die hier 0 ist, und der *oberen Grenze*, die hier n ist, annimmt.

Beispiel 10.10. Die endliche *harmonische Reihe* der Ordnung n lautet

$$\sum_{i=1}^n \frac{1}{i} = 1 + \frac{1}{2} + \frac{1}{3} + \cdots \frac{1}{n}$$

während die endliche *geometrische Reihe* der Ordnung n mit Faktor r

$$1 + r + r^2 + \cdots + r^n = \sum_{i=0}^{n} r^i.$$

lautet.

Betrachten Sie den Index i als *Attrappe*, in dem Sinne, dass er beliebig umbenannt werden kann oder die Summation so formuliert werden kann, dass sie bei einer anderen ganzen Zahl beginnt.

Beispiel 10.11. Die folgenden Summen sind identisch:

$$\sum_{i=1}^{n} \frac{1}{i} = \sum_{z=1}^{n} \frac{1}{z} = \sum_{i=0}^{n-1} \frac{1}{i+1} = \sum_{i=4}^{n+3} \frac{1}{i-3}.$$

Mit Hilfe der Σ-Schreibweise lässt sich das allgemeine Polynom (10.1) komprimierter schreiben als:

$$f(x) = \sum_{i=0}^{n} a_i x^i = a_0 + a_1 x^1 + \cdots + a_n x^n.$$

Beispiel 10.12. Wir können

$$1 + 2x + 4x^2 + 8x^3 + \cdots + 2^{20} x^{20} = \sum_{i=0}^{20} 2^i x^i$$

schreiben und

$$1 - x + x^2 - x^3 - \cdots - x^{99} = \sum_{i=0}^{99} (-1)^i x^i,$$

da $(-1)^i = 1$ für i gerade und $(-1)^i = -1$ für i ungerade.

Addition von Polynomen

Gegeben seien zwei Polynome

$$f(x) = a_0 + a_1 x^1 + a_2 x^2 + \cdots + a_n x^n$$

und

$$g(x) = b_0 + b_1 x^1 + b_2 x^2 + \cdots + b_n x^n.$$

Wir können ein neues Polynom $(f + g)(x)$ definieren und es wie folgt als *Summe* von $f(x)$ und $g(x)$ verstehen:

$$(f + g)(x) = (b_0 + a_0) + (b_1 + a_1)x^1 + (b_2 + a_2)x^2 + \cdots (b_n + a_n)x^n.$$

Somit können wir das Polynom $(f+g)(x)$ als Summe von $f(x)$ und $g(x)$ durch die Formel

$$(f+g)(x) = f(x) + g(x)$$

definieren. Weiter unten werden wir diese Definition auf allgemeine Funktionen ausdehnen.

Beispiel 10.13. Ist $f(x) = 1 + x^2 - x^4 + 2x^5$ und $g(x) = 33x + 7x^2 + 2x^5$, dann ist

$$(f+g)(x) = 1 + 33x + 8x^2 - x^4 + 4x^5,$$

wobei wir natürlich mit „fehlenden" Monomen, d.h. Termen mit Koeffizienten gleich Null, „auffüllen", um diese Definition zu nutzen.

Ganz allgemein fügen wir zu einem Polynom g vom Grade m

$$g(x) = \sum_{i=0}^{m} b_i x^i,$$

„fehlende" Koeffizienten $b_{m+1} = b_{m+2} = \cdots = b_n = 0$ hinzu, um dieses zum Polynom

$$f(x) = \sum_{i=0}^{n} a_i x^i$$

vom Grade n (mit den Annahmen, dass $a_n \neq 0$ und $m \leq n$) definitionsgemäß zu addieren.

Beispiel 10.14.

$$\sum_{i=0}^{15}(i+1)x^i + \sum_{i=0}^{30} x^i = \sum_{i=0}^{30} a_i x^i$$

mit

$$a_i = \begin{cases} i+2, & 0 \leq i \leq 15 \\ 1, & 16 \leq i \leq 30. \end{cases}$$

Multiplikation eines Polynoms mit einer Zahl

Gegeben sei das Polynom

$$f(x) = \sum_{i=0}^{n} a_i x^i,$$

sowie eine Zahl $c \in \mathbb{Q}$. Wir definieren ein neues Polynom mit der Schreibweise $(cf)(x)$ und bezeichnen es als *Produkt von $f(x)$ mit der Zahl c* wie folgt:

$$(cf)(x) = \sum_{i=0}^{n} c a_i x^i.$$

Äquivalent können wir $(cf)(x)$ auch definieren durch

$$(cf)(x) = cf(x) = c \times f(x).$$

Beispiel 10.15.

$$2,3 \times (1 + 6x - x^7) = 2,3 + 13,8x - 2,3x^7.$$

Gleichheit von Polynomen

Den obigen Definitionen folgend, sagen wir, dass zwei Polynome $f(x)$ und $g(x)$ gleich sind, falls $(f - g)(x)$ dem Null-Polynom entspricht, bei dem alle Koeffizienten Null sind, d.h., dass alle Koeffizienten in $f(x)$ und $g(x)$ gleich sind. Zwei Polynome sind nicht notwendigerweise gleich, weil sie zufälligerweise in einem Punkt den gleichen Wert annehmen!

Beispiel 10.16. $f(x) = x^2 - 4$ und $g(x) = 3x - 6$ nehmen beide für $x = 2$ den Wert Null an, sind aber nicht gleich.

Linearkombination von Polynomen

Wir können jetzt Polynome kombinieren, indem wir sie addieren und mit rationalen Zahlen multiplizieren, und dadurch wieder neue Polynome erhalten. Sind $f_1(x), f_2(x), \ldots, f_n(x)$ n gegebene Polynome und $c_1, c_2, \ldots, c_n$ n gegebene Zahlen, dann ist

$$f(x) = \sum_{m=1}^{n} c_m f_m(x)$$

ein neues Polynom, das *Linearkombination* der Polynome $f_1, f_2, \ldots, f_n$ mit den *Koeffizienten* $c_1, c_2, \ldots, c_n$ genannt wird.

Beispiel 10.17. Die Linearkombination von $2x^2$ und $4x - 5$ mit den Koeffizienten 1 und 2 ist

$$1(2x^2) + 2(4x - 5) = 2x^2 + 8x - 10.$$

Ein allgemeines Polynom

$$f(x) = \sum_{i=0}^{n} a_i x^i$$

kann als Linearkombination einzelner Polynome 1, x, $x^2, \ldots, x^n$, die *Monome* genannt werden, formuliert werden, vgl. Abb. 10.11, mit den Koeffizienten $a_0, a_1, \ldots, a_n$. Die Formulierung wird konsistent, wenn wir $x^0 = 1$ für alle x setzen.

Wir fassen zusammen:

Satz 10.1 *Eine Linearkombination von Polynomen ist ein Polynom. Ein allgemeines Polynom ist eine Linearkombination von Monomen.*

Als Folge der oben getroffenen Definitionen erhalten wir einige Regeln für Linearkombinationen von Polynomen, die Regeln für rationalen Zahlen entsprechen. Sind f, g und h Polynome und c eine rationale Zahl, so ist beispielsweise

$$f + g = g + f, \tag{10.4}$$

$$(f + g) + h = f + (g + h), \tag{10.5}$$

$$c(f + g) = cf + cg, \tag{10.6}$$

wobei wir zur Vereinfachung die Variable x weggelassen haben.

Multiplikation von Polynomen

Jetzt wenden wir uns der *Multiplikation* von Polynomen zu. Sind die zwei Polynome $f(x) = \sum_{i=0}^{n} a_i x_i$ und $g(x) = \sum_{j=0}^{m} b_j x_j$ gegeben, so können wir ein neues Polynom, das wir mit $(fg)(x)$ bezeichnen, definieren. Wir bezeichnen es als Produkt von $f(x)$ und $g(x)$ wie folgt:

$$(fg)(x) = f(x)g(x).$$

Wir betrachten zunächst das Produkt zweier Monome $f(x) = x^j$ und $g(x) = x^i$, um zu zeigen, dass $(fg)(x)$ tatsächlich ein Polynom ist:

$$(fg)(x) = f(x)g(x) = x^j x^i = x^j \times x^i = x^{j+i}.$$

Der Grad des Produkts ist gleich der Summe der Ordnungen der Monome.

Als Nächstes erhalten wir durch Anwendung des Distributiv-Gesetzes für ein Monom $f(x) = x^j$ und ein Polynom $g(x) = \sum_{i=0}^{n} a_i x_i$

$$(fg)(x) = x^j g(x) = a_0 x^j + a_1 x^j \times x + a_2 x^j \times x^2 + \cdots + a_n x^j \times x^n$$

$$= a_0 x^j + a_1 x^{1+j} + a_2 x^{2+j} + \cdots + a_n x^{n+j}$$

$$= \sum_{i=0}^{n} a_i x^{i+j},$$

d.h. ein Polynom der Ordnung $n + j$.

Beispiel 10.18.

$$x^3(2 - 3x + x^4 + 19x^8) = 2x^3 - 3x^4 + x^7 + 19x^{11}.$$

Schließlich erhalten wir für zwei Polynome $f(x) = \sum_{i=0}^{n} a_i x_i$ und $g(x) = \sum_{j=0}^{m} b_j x_j$

$$
\begin{aligned}
(fg)(x) = f(x)g(x) &= \left(\sum_{i=0}^{n} a_i x^i \right) \left(\sum_{i=0}^{m} b_i x^i \right) \\
&= \sum_{i=0}^{n} \left(a_i x^i \sum_{j=0}^{m} b_j x^j \right) = \sum_{i=0}^{n} \left(a_i \sum_{j=0}^{m} b_j x^{i+j} \right) \\
&= \sum_{i=0}^{n} \sum_{j=0}^{m} a_i b_j x^{i+j},
\end{aligned}
$$

ein Polynom vom Grad $n + m$. Hier ein Beispiel:

Beispiel 10.19.

$$
\begin{aligned}
(1 + 2x + 3x^2)(x - x^5) &= 1(x - x^5) + 2x(x - x^5) + 3x^2(x - x^5) \\
&= x - x^5 + 2x^2 - 2x^6 + 3x^3 - 3x^7 \\
&= x + 2x^2 + 3x^3 - x^5 - 2x^6 - 3x^7.
\end{aligned}
$$

Zusammenfassend:

Satz 10.2 *Das Produkt eines Polynoms mit Grad n mit einem Polynom vom Grad m ist ein Polynom vom Grad $n + m$.*

Die üblichen Kommutativ-, Assoziativ- und Distributiv-Gesetze gelten für

$$
\begin{aligned}
fg &= gf, & (10.7) \\
(fg)h &= f(gh), & (10.8) \\
(f + g)h &= fh + gh, & (10.9)
\end{aligned}
$$

wobei wir ebenfalls wieder die Variable x weggelassen haben.

Produkte zu berechnen ist sehr mühsam, aber es ist glücklicherweise nur selten notwendig. Sind die Polynome sehr kompliziert, können wir sie beispielsweise mit *MAPLE*© berechnen. Einige Beispiele auswendig zu können, mag vorteilhaft sein:

$$
\begin{aligned}
(x + a)^2 &= (x + a)(x + a) = x^2 + 2ax + a^2 \\
(x + a)(x - a) &= x^2 - a^2 \\
(x + a)^3 &= x^3 + 3ax^2 + 3a^2x + a^3.
\end{aligned}
$$

10.7   Graphen allgemeiner Polynome

Ein allgemeines Polynom mit einer Ordnung größer als 2 oder 3 kann eine
ziemlich komplizierte Funktion sein und es ist schwer, etwas Genaues über
ihre Graphen zu sagen. In Abb. 10.10 zeigen wir ein Beispiel. Ist der Grad
eines Polynoms hoch, dann zeigen die Zeichnungen die Tendenz große „Aus-
buchtungen" zu haben, die es schwierig machen, die Funktion zu zeichnen.
Der Wert des Polynoms in Abb. 10.10 ist $987940, 8$ für $x = 3$.

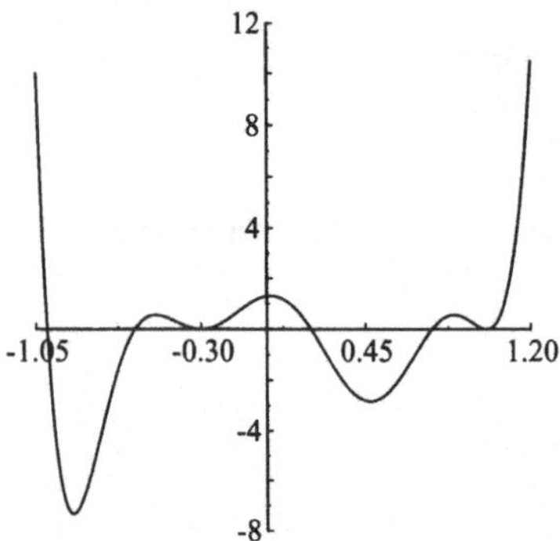

Abb. 10.10. Graph von $y = 1,296 + 1,296x - 35,496x^2 - 57,384x^3 + 177,457x^4$
$+203,889x^5 - 368,554x^6 - 211,266x^7 + 313,197x^8 + 70,965x^9 - 97,9x^{10} - 7,5x^{11}$
$+10x^{12}$

Auf der anderen Seite können wir Monome sehr einfach zeichnen. Die
Graphen der Monome vom Grad $n \geq 2$ mit geradem Grad n sehen ähnlich
aus, wie auch die Graphen aller höheren Polynome mit ungeradem Grad.
Einige Beispiele sind in Abb. 10.11 gezeigt. Eine der deutlichsten Eigen-

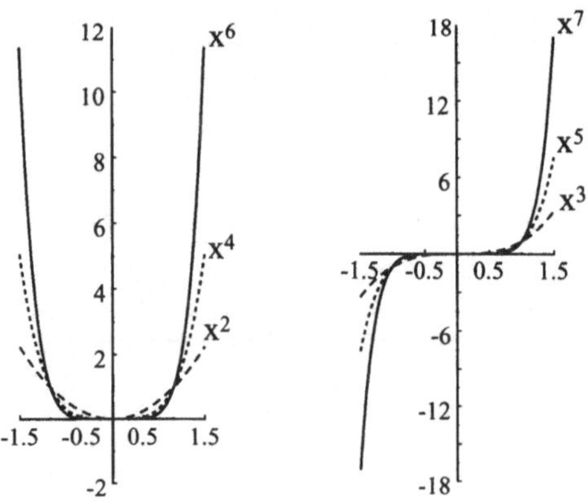

Abb. 10.11. Zeichnungen einiger Monome

schaften der Graphen von Monomen ist deren Symmetrie. Ist ihr Grad gerade, dann sind die Zeichnungen symmetrisch zur y-Achse, vgl. Abb. 10.12. Das bedeutet, dass der Wert der Monome für x und $-x$ der gleiche ist, oder anders formuliert $x^m = (-x)^m$ für m gerade. Ist der Grad ungerade, dann sind die Zeichnungen punktsymmetrisch zum Ursprung. Anders formuliert ist der Funktionswert für x negativ zum Funktionswert für $-x$, bzw. $(-x)^m = -x^m$ für m ungerade.

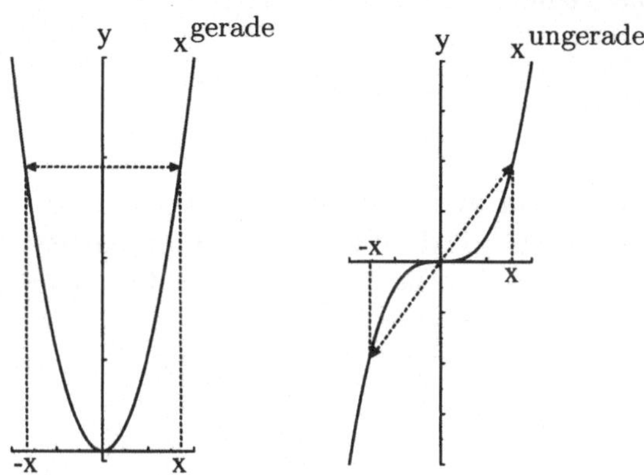

Abb. 10.12. Symmetrien bei Monomen gerader und ungerader Ordnung

Wir können die Überlegungen zur Skalierung und Verschiebung auf Graphen von Funktionen der Form $y = a(x - x_0)^m + d$ übertragen.

Beispiel 10.20. Wir zeigen in Abb. 10.13 $y = -0,5(x - 1)^3 - 6$, indem wir systematisch verschieben und skalieren. Glücklicherweise gibt es keine Prozedur wie die quadratische Ergänzung für Monome höherer Ordnung.

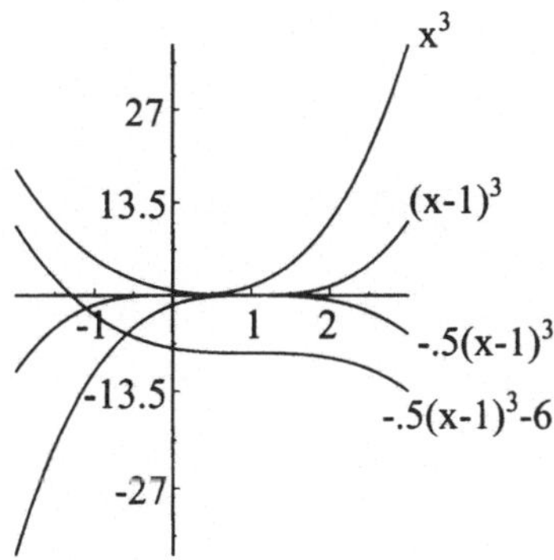

Abb. 10.13. Verfahren zur Zeichnung von $y = -0,5(x - 1)^3 - 6$

10.8   Stückweise definierte Polynomfunktionen

Wir begannen dieses Kapitel mit der Erklärung, dass Polynome Bausteine von Funktionen sind. Eine wichtige Klasse von Funktionen, die aus Polynomen konstruiert werden, sind die *stückweise definierten Polynome*. Das sind Funktionen, die auf Intervallen im Definitionsbereich Polynomen entsprechen.

Ein Beispiel kennen wir schon, nämlich

$$|x| = \begin{cases} x, & x \geq 0 \\ -x, & x < 0. \end{cases}$$

Die Funktion $|x|$ sieht für $x \geq 0$ aus wie $y = x$ und für $x < 0$ wie $y = -x$. Wir haben sie in Abb. 10.14 dargestellt. Das interessanteste am Graphen von $|x|$ ist die scharfe Ecke bei $x = 0$, die direkt am Übergangspunkt dieses stückweise definierten Polynoms liegt.

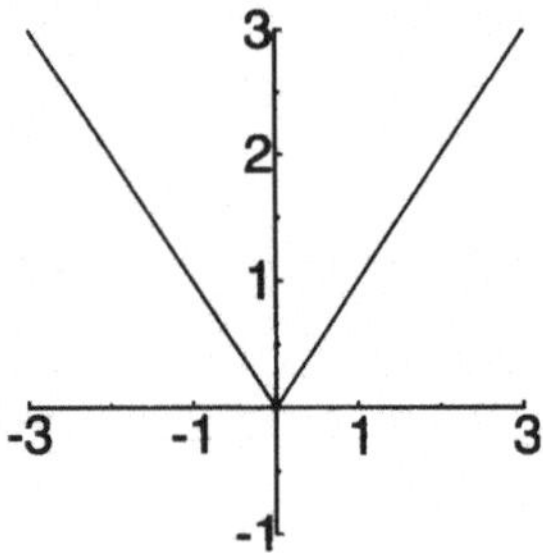

Abb. 10.14. Zeichnung von $y = |x|$

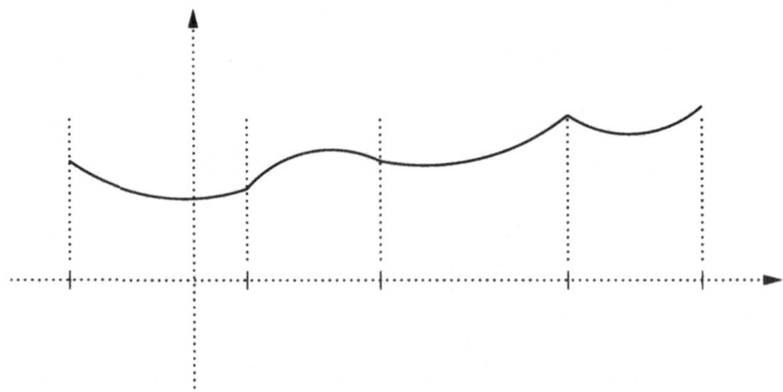

Abb. 10.15. Zeichnung einer stückweise definierten (quadratischen) Polynomfunktion

Aufgaben zu Kapitel 10

10.1. Bestimmen Sie die Punkt-Steigung-Form der Geraden durch die folgenden Punktepaare. Zeichnen Sie jeweils die Geraden.

$\quad$ (a) $(1,3)$ & $(2,7)$ $\qquad$ (b) $(-4,2)$ & $(-6,3)$

$\quad$ (c) $(3,7)$ & $(5,7)$ $\qquad$ (d) $(3,5;1,5)$ & $(2,1;11,8)$

$\quad$ (e) $(-3,2)$ & $(-3,3)$ $\qquad$ (f) $(2,-1)$ & $(4,-7)$.

10.2. Bestimmen Sie die Steigung-Schnitt-Form der Geraden durch die folgenden Punktepaare. Zeichnen Sie jeweils die Geraden.

$\quad$ (a) $(4,-6)$ & $(14,2)$ $\qquad$ (b) $(3,-2)$ & $(-1,4)$

$\quad$ (c) $(13,4)$ & $(13,89)$ $\qquad$ (d) $(4,4)$ & $(6,4)$

$\quad$ (e) $(-0,2;9)$ & $(-0,4;7)$ $\qquad$ (f) $(-1,-1)$ & $(-4,7)$.

10.3. Geben Sie eine Formel für den Schnitt mit der x-Achse einer Geraden der Form $y = mx + b$ in Abhängigkeit von m und b an.

10.4. Zeichnen Sie die Geraden $y = \frac{1}{2}x$, $y = \frac{1}{2}x - 2$, $y = \frac{1}{2}x + 4$ und $y = \frac{1}{2}x + 1$ durch Verschieben.

10.5. Sind die Geraden $2 - y = 7(4 - x)$ und $y = 7x - 13$ parallel?

10.6. Sind die Geraden $y = \frac{3}{11}x - 4$ und $y = 13 - \frac{11}{3}$ senkrecht zueinander?

10.7. Finden Sie den Schnittpunkt für die folgenden Geradenpaare:
(a) $y = 3x + 2$ und $y = -4x - 2$,
(b) $y - 5 = 7(x - 1)$ und $y + 3 = -4(x - 9)$.

10.8. Bestimmen Sie die Geraden durch den Punkt $(3,0)$, die (a) parallel und (b) senkrecht zur Geraden durch $(9,4)$ und $(-1,3)$ sind.

10.9. Bestimmen Sie die Geraden durch den Punkt $(1,2)$, die (a) parallel und (b) senkrecht zur Geraden durch $(-2,7)$ und $(8,8)$ sind.

10.10. Zeigen Sie, dass $f(x) = x^2$ für $x < 0$ abnimmt.

10.11. Zeichnen Sie die folgenden quadratischen Funktionen auf $-2 \leq x \leq 2$:
(a) $6x^2$, (b) $-\frac{1}{4}x^2$ und (c) $\frac{4}{3}x^2$

10.12. Zeichnen Sie die folgenden quadratischen Funktionen auf $-3 \leq x \leq 3$:
(a) $(x - 2)^2$, (b) $(x + 1,5)^2$ und (c) $(x + 0,5)^2$.

10.13. Zeichnen Sie die folgenden quadratischen Funktionen auf $-2 \leq x \leq 2$:
(a) $x^2 - 3$, (b) $x^2 + 2$ und (c) $x^2 - 0,5$.

10.14. Zeichnen Sie die folgenden quadratischen Funktionen auf $-3 \leq x \leq 3$:
(a) $-\frac{1}{2}(x-1)^2 + 2$, (b) $2(x+2)^2 - 5$ und (c) $\frac{1}{3}(x-3)^2 - 1$.

10.15. Führen Sie die quadratische Ergänzung für die folgenden quadratischen Funktionen durch und zeichnen Sie sie auf $-3 \leq x \leq 3$: (a) $x^2 + 4x + 5$,
(b) $2x^2 - 2x - \frac{1}{2}$ und (c) $-\frac{1}{3}x^2 + 2x - 1$.

10.16. Schreiben Sie die folgenden endlichen Summen in der Summenschreibweise. Prüfen Sie, ob die Anfangs- und die Endwerte richtig gewählt sind!

(a) $1 + \frac{1}{4} + \frac{1}{9} + \frac{1}{16} + \cdots + \frac{1}{n^2}$ (b) $-1 + \frac{1}{4} - \frac{1}{9} + \frac{1}{16} - \cdots \pm \frac{1}{n^2}$

(c) $1 + \frac{1}{2\times3} + \frac{1}{3\times4} + \cdots + \frac{1}{n\times(n+1)}$ (d) $1 + 3 + 5 + 7 + \cdots + 2n + 1$

(e) $x^4 + x^5 + \cdots + x^n$ (f) $1 + x^2 + x^4 + x^6 + \cdots + x^{2n}$.

10.17. Schreiben Sie die endliche Summe $\sum_{i=1}^{n} i^2$ um, so dass (a) i mit -1 beginnt, (b) i mit 15 beginnt, (c) der Koeffizient die Form $(i+4)^2$ hat und (d) i mit $n+7$ endet.

10.18. Gegeben seien $f_1(x) = -4 + 6x + 7x^3$, $f_2(x) = 2x^2 - x^3 + 4x^5$ und $f_3(x) = 2 - x^4$. Berechnen Sie die folgenden Polynome: (a) $f_1 - 4f_2$, (b) $3f_2 - 12f_1$, (c) $f_2 + f_1 + f_3$, (d) $f_2 f_1$, (e) $f_1 f_3$, (f) $f_2 f_3$, (g) $f_1 f_3 - f_2$, (h) $(f_1 + f_2)f_3$, (i) $f_1 f_2 f_3$.

10.19. Berechnen Sie für a konstant (a) $(x+a)^2$, (b) $(x+a)^3$, (c) $(x-a)^3$ und (d) $(x+a)^4$.

10.20. Berechnen Sie $f_1 f_2$ für $f_1(x) = \sum_{i=0}^{8} i^2 x^i$ und $f_2(x) = \sum_{j=0}^{11} \frac{1}{j+1} x^j$.

10.21. Zeichnen Sie die Funktion

$$f(x) = 360x - 942x^2 + 949x^3 - 480x^4 + 130x^5 - 18x^6 + x^7$$

mit *MATLAB*© oder *MAPLE*©. Wählen Sie ein gutes Intervall für die Zeichnung durch Ausprobieren. Sie sollten Zeichnungen für verschiedene Intervalle anfertigen und bei $-0,5 \leq x \leq 0,5$ beginnen und langsam vergrößern.

10.22. (a) Zeigen Sie, dass das Monom x^3 für alle x anwächst. (b) Zeigen Sie, dass das Monom x^4 für $x < 0$ abnimmt und für $x > 0$ ansteigt.

10.23. Zeichnen Sie die folgenden Monome auf $-3 \leq x \leq 3$: (a) x^3, (b) x^4 und (c) x^5.

10.24. Zeichnen Sie die folgenden Polynome auf $-3 \leq x \leq 3$:

(a) $\frac{1}{3}(x+2)^3 - 2$ (b) $2(x-1)^4 - 13$ (c) $(x+1)^5 - 1$.

10.25. Zeichnen Sie die folgenden stückweise definierten Polynome auf $-2 \leq x \leq 2$:

(a) $f(x) = \begin{cases} 1, & -2 \leq x \leq -1, \\ x^2, & -1 < x < 1, \\ x, & 1 \leq x \leq 2. \end{cases}$ (b) $f(x) = \begin{cases} -1 - x, & -2 \leq x \leq -1, \\ 1 + x, & -1 < x \leq 0, \\ 1 - x, & 0 < x \leq 1, \\ -1 + x, & 1 < x \leq 2. \end{cases}$

11

Kombinationen von Funktionen

Und er machte einen tiefen Seufzer und gab sich große Mühe Eule zuzuhören. (Pu-Bär)

11.1 Einleitung

In diesem Kapitel betrachten wir verschiedene Methoden, um durch Kombination alter Funktionen neue zu erzeugen. Wir versuchen oft komplizierte Funktionen als Kombinationen einfacherer bekannter Funktionen zu beschreiben. Im vorangegangen Kapitel sahen wir, wie allgemeine Polynome durch Addition des Vielfachen von Monomen, d.h. durch Linearkombinationen von Monomen, erzeugt werden können. In diesem Kapitel betrachten wir zunächst Linearkombinationen beliebiger Funktionen, dann Multiplikation und Division und schließlich zusammengesetzte Funktionen.

In vielen Bereichen ist die Kombination einfacher Dinge zu komplizierteren Gebilden ein grundlegender Bestandteil. Ein gutes Beispiel dafür ist die Musik: Akkorde und Harmonien werden aus einzelnen Tönen aufgebaut, komplizierte Rhythmen kann man durch Überlagerung einfacher Grundrhythmen erhalten, einzelne Instrumenten bilden zusammen ein Orchester. Ein anderes Beispiel ist ein großartiges Essen, das aus Vorspeise, Hauptgericht, Dessert und Kaffee besteht und zusammen mit Aperitif, Wein und Kognak beliebig kombiniert und variiert werden kann. Zusätzlich ist jedes Gericht für sich eine Kombination der Zutaten wie Rindfleisch, Möhren und Kartoffeln.

11.2 Summe zweier Funktionen und Produkt einer Funktion mit einer Zahl

Gegeben seien zwei Funktionen $f_1 : D_{f_1} \to \mathbb{Q}$ und $f_2 : D_{f_2} \to \mathbb{Q}$. Wir definieren eine neue Funktion $(f_1 + f_2)(x)$ und nennen sie die *Summe* von $f_1(x)$ und $f_2(x)$ mit folgender Vorschrift:

$$(f_1 + f_2)(x) = f_1(x) + f_2(x), \qquad \text{für } x \in D_{f_1} \cap D_{f_2}.$$

Natürlich gehen wir davon aus, dass x sowohl zu D_{f_1} als auch zu D_{f_2} gehört, damit $f_1(x)$ und $f_2(x)$ wohl definiert sind. So können wir auch schreiben $D_{f_1+f_2} = D_{f_1} \cap D_{f_2}$.

Sei eine Funktion $f : D_f \to \mathbb{Q}$ und eine Zahl $c \in \mathbb{Q}$ gegeben. Wir definieren eine neue Funktion $(cf)(x)$ und nennen sie das *Produkt* von $f(x)$ und c mit folgender Vorschrift:

$$(cf)(x) = cf(x) \qquad \text{für } x \in D_f.$$

Der Definitionsbereich von cf entspricht dem von f, d.h. $D_{cf} = D_f$.

Die Definitionen einer Summe von Funktionen und einem Produkt einer Funktion mit einer Zahl sind konsistent mit den oben festgelegten entsprechenden Definitionen für Polynome.

Beispiel 11.1. Die Funktion $f(x) = x^3 + 1/x$, definiert auf $D_f = \{x \in \mathbb{Q} : x \neq 0\}$, ist die Summe der Funktionen $f_1(x) = x^3$ mit Definitionsbereich $D_{f_1} = \mathbb{Q}$ und $f_2(x) = 1/x$ mit Definitionsbereich $D_{f_2} = \{x \in \mathbb{Q} : x \neq 0\}$. Die Funktion $f(x) = x^2 + 2^x$ definiert auf $\mathbb{Z}$ ist die Summe von x^2 definiert auf $\mathbb{Q}$ und 2^x definiert auf $\mathbb{Z}$.

11.3 Linearkombination von Funktionen

Gegeben seien n Funktionen $f_1 : D_{f_1} \to \mathbb{Q}, \ldots, f_n : D_{f_n} \to \mathbb{Q}$ und Zahlen $c_1, \ldots, c_n$. Wir definieren die *Linearkombination* von $f_1, \ldots, f_n$ mit den Koeffizienten $c_1, \ldots, c_n$, die wir $(c_1 f_1 + \cdots + c_n f_n)(x)$ bezeichnen und zwar mit folgender Vorschrift:

$$(c_1 f_1 + \cdots + c_n f_n)(x) = c_1 f_1(x) + \cdots + c_n f_n(x).$$

Der Definitionsbereich $D_{c_1 f_1 + \cdots + c_n f_n}$ der Linearkombination $c_1 f_1 + \cdots + c_n f_n$ ist die Schnittmenge der Definitionsbereiche $D_{f_1}, \ldots, D_{f_n}$.

Beispiel 11.2. Der Definitionsbereich der Linearkombination

$$-\frac{1}{x} + 2\frac{x}{1+x} + 6\frac{1+x}{2+x}$$

aus $\{\frac{1}{x}, \frac{x}{1+x}, \frac{1+x}{2+x}\}$ ist $\{x \in \mathbb{Q} : x \neq 0, x \neq -1, x \neq -2\}$.

Die Summenschreibweise ist nützlich, um allgemeine Linearkombinationen zu formulieren.

Beispiel 11.3. Die Linearkombination aus $\{\frac{1}{x}, \ldots, \frac{1}{x^n}\}$ gegeben durch

$$\frac{2}{x} + \frac{4}{x} + \frac{8}{x} + \cdots + \frac{2^n}{x^n} = \sum_{i=1}^{n} \frac{2^i}{x^i}$$

hat den Definitionsbereich $\{x \in \mathbb{Q} : x \neq 0\}$.

11.4 Multiplikation und Division von Funktionen

Wir multiplizieren Funktionen so, wie wir bei der Multiplikation von Polynomen vorgegangen sind. Gegeben seien zwei Funktionen $f_1 : D_{f_1} \to \mathbb{Q}$ und $f_2 : D_{f_2} \to \mathbb{Q}$. Wir definieren das *Produkt* der Funktionen $(f_1 f_2)(x)$ durch

$$(f_1 f_2)(x) = f_1(x) f_2(x) \qquad \text{für } x \in D_{f_1} \cap D_{f_2}$$

und den *Quotienten* der Funktionen durch

$$(f_1/f_2)(x) = \frac{f_1}{f_2}(x) = \frac{f_1(x)}{f_2(x)} \quad \text{für } x \in D_{f_1} \cap D_{f_2},$$

wobei wir natürlich annehmen, dass $f_2(x) \neq 0$ ist.

Beispiel 11.4. Die Funktion

$$f(x) = (x^2 - 3)^3 \left(x^6 - \frac{1}{x} - 3 \right)$$

mit $D_f = \{x \in \mathbb{Q} : x \neq 0\}$ ist das Produkt der Funktionen $f_1(x) = (x^2 - 3)^3$ und $f_2(x) = x^6 - 1/x - 3$. Die Funktion $f(x) = x^2 2^x$ ist das Produkt von x^2 und 2^x.

Beispiel 11.5. Der Definitionsbereich von

$$\frac{1 + 1/(x + 3)}{2x - 5}$$

ist die Schnittmenge von $\{x \in \mathbb{Q} : x \neq -3\}$ und $\{x \in \mathbb{Q} : x \neq 5/2\}$, bzw. $\{x \in \mathbb{Q} : x \neq -3, 5/2\}$.

11.5 Rationale Funktionen

Der Quotient f_1/f_2 zweier Polynome $f_1(x)$ und $f_2(x)$ wird *rationale Funktion* genannt. Dies ist das Analogon zu den rationalen Zahlen, die als Quotient zweier ganzer Zahlen definiert sind.

Beispiel 11.6. Die Funktion $f(x) = 1/x$ ist eine rationale Funktion definiert auf $\{x \in \mathbb{Q} : x \neq 0\}$. Die Funktion

$$f(x) = \frac{(x^3 - 6x + 1)(x^{11} - 5x^6)}{(x^4 - 1)(x + 2)(x - 5)}$$

ist eine rationale Funktion definiert auf $\{x \in \mathbb{Q} : x \neq 1, -1, -2, 5\}$.

In einem der Beispiele oben haben wir gesehen, dass $x - 3$ Teiler ist von $x^2 - 2x - 3$, da $x^2 - 2x - 3 = (x - 3)(x + 1)$, d.h.

$$\frac{x^2 - 2x - 3}{x - 3} = x + 1.$$

Ganz ähnlich lässt sich eine rationale Zahl p/q manchmal zu einer ganzen Zahl vereinfachen, falls q Teiler von p ohne Rest ist. Wir können mit der Schuldivision erkennen, ob dies stimmt. Es zeigt sich, dass die Schuldivision auch bei Polynomen benutzt werden kann. Bei der Schuldivision gleichen wir in jedem Schritt die führende Ziffer des Nenners gegen den Rest ab. Bei der Division von Polynomen schreiben wir diese als Linearkombination von Monomen, angefangen mit dem Monom höchster Ordnung, und gleichen nach und nach die Koeffizienten der Monome ab.

Beispiel 11.7. Hier sind einige Beispiele für Polynomdivisionen gegeben. In Abb. 11.1 geben wir ein Beispiel ohne Rest. Wir folgern, dass

$$\frac{x^3 + 4x^2 - 2x + 3}{x - 1} = x^2 + 5x + 3.$$

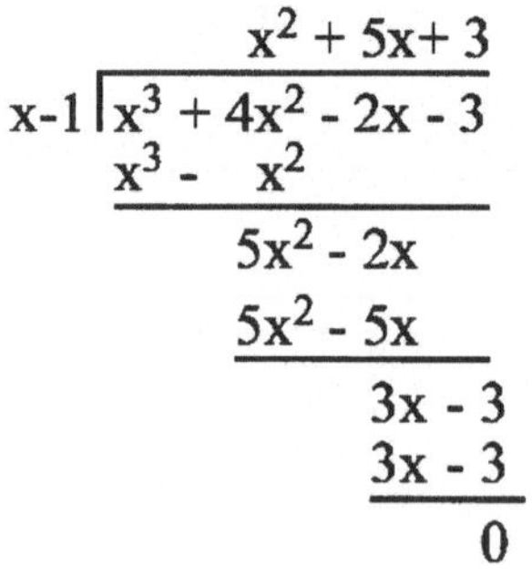

$$
\begin{array}{r}
x^2 + 5x + 3 \\
\hline
x-1\,\big)\;x^3 + 4x^2 - 2x - 3 \\
\underline{x^3 - x^2} \\
5x^2 - 2x \\
\underline{5x^2 - 5x} \\
3x - 3 \\
\underline{3x - 3} \\
0
\end{array}
$$

Abb. 11.1. Ein Beispiel für eine Polynomdivision ohne Rest

In Abb. 11.2 geben wir ein Beispiel mit Rest, d.h. wir führen die Division solange durch, bis der übrig gebliebene Zähler einen kleineren Grad besitzt

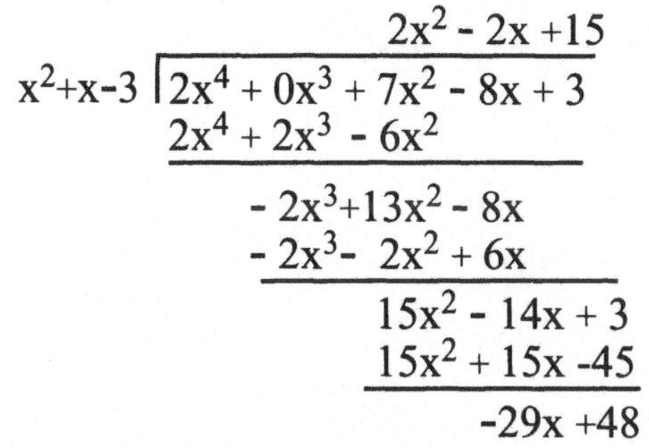

$$
\begin{array}{r}
2x^2 - 2x + 15 \\
\hline
x^2 + x - 3 \,\big)\, 2x^4 + 0x^3 + 7x^2 - 8x + 3 \\
\underline{2x^4 + 2x^3 - 6x^2 \quad\quad\quad\quad} \\
-2x^3 + 13x^2 - 8x \\
\underline{-2x^3 - 2x^2 + 6x \quad} \\
15x^2 - 14x + 3 \\
\underline{15x^2 + 15x - 45} \\
-29x + 48
\end{array}
$$

Abb. 11.2. Ein Beispiel für eine Polynomdivision mit Rest

als der Nenner. Beachten Sie, dass in unserem Beispiel im Nenner ein Ausdruck „fehlt", den wir mit Null als Koeffizient auffüllen, um die Division einfacher zu machen. Wir fassen zusammen, dass

$$
\frac{2x^4 + 7x^2 - 8x + 3}{x^2 + x - 3} = 2x^2 - 2x + 15 + \frac{-29x + 48}{x^2 + x - 3}.
$$

Wir werden uns jetzt dem Spezialfall zuwenden, dass der Nenner die Form $x - \bar{x}$ mit Grad eins hat, wobei $\bar{x}$ fest vorgegeben ist. Das führt zu

$$
f(x) = (x - \bar{x})g(x) + r(x), \tag{11.1}
$$

wobei das Restpolynom $r(x)$ vom Grad Null sein muss, d.h. konstant.

Das folgende Ergebnis ist besonders interessant. Ist $f(x)$ ein Polynom vom Grade n und $f(\bar{x}) = 0$, dann ist $x - \bar{x}$ ein *Teiler* von $f(x)$, d.h. die Division von $f(x)$ mit $x - \bar{x}$ ergibt

$$
f(x) = (x - \bar{x})g(x) + r(x), \tag{11.2}
$$

wobei $r(x) \equiv 0$. Andererseits ist für $r(x) \equiv 0$ auch $f(\bar{x}) = 0$. Um dies zu beweisen, bemerken wir, dass der Grad von $r(x)$ kleiner als der Grad von $x - \bar{x}$ sein muss, d.h. $r(x)$ ist tatsächlich eine Konstante. Weiter ist $r(\bar{x}) = 0$, da $f(\bar{x}) = 0$. D.h. aber, dass $r(x)$ eine Konstante ist, die Null ist, d.h. $r(x) \equiv 0$. Somit haben wir folgenden Satz bewiesen:

Satz 11.1 *Ist $\bar{x}$ eine Nullstelle des Polynoms $f(x)$, d.h. gilt $f(\bar{x}) = 0$, dann lässt sich $f(x)$ in die Form $f(x) = (x - \bar{x})g(x)$ zerlegen, wobei $g(x)$ ein Polynom ist, das eine Ordnung kleiner ist als der Grad von $f(x)$. Der Faktor $g(x)$ kann durch Polynomdivision von $f(x)$ mit $x - \bar{x}$ ermittelt werden.*

11.6   Zusammengesetzte Funktionen

Aus zwei gegebenen Funktionen f_1 und f_2 können wir eine neue Funktion f definieren, indem wir zunächst f_1 auf ein Argument anwenden und dann

f_2 auf das Ergebnis, d.h.

$$f(x) = f_2(f_1(x)).$$

Wir sagen, dass f die *zusammengesetzte* Funktion von f_2 und f_1 ist und schreiben $f = f_2 \circ f_1$, d.h.

$$(f_2 \circ f_1)(x) = f_2(f_1(x)).$$

Wir veranschaulichen diese Definition in Abb. 11.3.

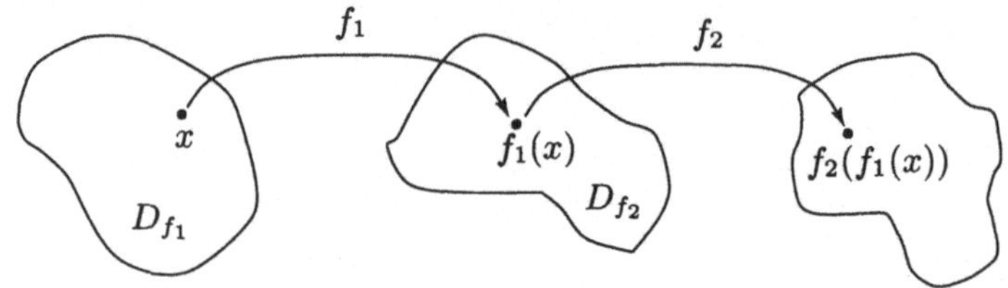

Abb. 11.3. Veranschaulichung der zusammengesetzten Funktion $f_2 \circ f_1$

Beispiel 11.8. Ist $f_1(x) = x^2$ und $f_2(x) = x + 1$, dann ist $f_1 \circ f_2 = f_1(f_2(x)) = (x + 1)^2$, wohingegen $f_2 \circ f_1 = f_2(f_1(x)) = x^2 + 1$ ist.

Dieses Beispiel veranschaulicht die allgemeine Regel, dass $f_2 \circ f_1 \neq f_1 \circ f_2$.

Die Bestimmung des Definitionsbereichs für die zusammengesetzte Funktion $f_2 \circ f_1$ kann kompliziert sein. Natürlich müssen wir zur Berechnung von $f_2(f_1(x))$ sicherstellen, dass x im Definitionsbereich von $f_1(x)$ ist, sonst wäre $f_1(x)$ undefiniert. Da wir f_2 auf das Resultat anwenden, muss $f_1(x)$ einen Wert ergeben, der im Definitionsbereich von f_2 liegt. Daher ist der Definitionsbereich von $f_2 \circ f_1$ die Menge von Punkten x in D_{f_1} für die $f_1(x)$ in D_{f_2} liegt.

Beispiel 11.9. Sei $f_1(x) = 3 + 1/x^2$ und $f_2(x) = 1/(x - 4)$. Dann ist $D_{f_1} = \{x \in \mathbb{Q} : x \neq 0\}$ und $D_{f_2} = \{x \in \mathbb{Q} : x \neq 4\}$. Daher müssen wir bei der Berechnung von $f_2 \circ f_1$ vermeiden, dass $3 + 1/x^2 = 4$, bzw. $1/x^2 = 1$ und somit $x = 1$ oder $x = -1$. Wir folgern, dass $D_{f_2 \circ f_1} = \{x \in \mathbb{Q} : x \neq 0, 1, -1\}$.

Aufgaben zu Kapitel 11

11.1. Bestimmen Sie den Definitionsbereich folgender Funktionen

(a) $3(x-4)^3 + 2x^2 + \dfrac{4x}{3x-1} + \dfrac{6}{(x-1)^2}$

(d) $\dfrac{(2x-3)\frac{2}{x}}{4x+6}$

(b) $2 + \dfrac{4}{x} - \dfrac{6x+4}{(x-2)(2x+1)}$

(e) $\dfrac{6x-1}{(2-3x)(4+x)}$

(c) $x^3\left(1 + \dfrac{1}{x}\right)$

(f) $\dfrac{4}{x+2} + \dfrac{6}{x^2+3x+2}$.

11.2. Schreiben Sie die folgenden Linearkombinationen in der Summenschreibweise und bestimmen Sie die Definitionsbereiche des Ergebnisses.

(a) $2x(x-1) + 3x^2(x-1)^2 + 4x^3(x-1)^3 + \cdots + 100x^{101}(x-1)^{101}$

(b) $\dfrac{2}{x-1} + \dfrac{4}{x-2} + \dfrac{8}{x-3} + \cdots + \dfrac{8192}{x-13}$.

11.3. (a) Sei $f(x) = ax+b$, wobei a und b Zahlen sind. Zeigen Sie, dass $f(x+y) = f(x) + f(y)$ für *alle* Zahlen x und y gilt. (b) Sei $g(x) = x^2$. Zeigen Sie, dass $g(x+y) \neq g(x) + g(y)$, außer für einige besondere Werte von x und y.

11.4. Wenden Sie Polynomdivision für die folgenden rationalen Funktionen an, und zeigen Sie, dass der Nenner den Zähler genau teilt, bzw. bestimmen Sie den Rest.

(a) $\dfrac{x^2+2x-3}{x-1}$

(b) $\dfrac{2x^2-7x-4}{2x+1}$

(c) $\dfrac{4x^2+2x-1}{x+6}$

(d) $\dfrac{x^3+3x^2+3x+2}{x+2}$

(e) $\dfrac{5x^3+6x^2-4}{2x^2+4x+1}$

(f) $\dfrac{x^4-4x^2-5x-4}{x^2+x+1}$

(g) $\dfrac{x^8-1}{x^3-1}$

(h) $\dfrac{x^n-1}{x-1}$, n in $\mathbb{N}$.

11.5. Seien $f_1(x) = 3x-5$, $f_2(x) = 2x^2+1$ und $f_3(x) = 4/x$ gegeben. Schreiben Sie Gleichungen für die folgenden Funktionen

(a) $f_1 \circ f_2$ (b) $f_2 \circ f_3$ (c) $f_3 \circ f_1$ (d) $f_1 \circ f_2 \circ f_3$.

11.6. Zeigen Sie für $f_1(x) = 4x+2$ und $f_2(x) = x/x^2$, dass $f_2 \circ f_1 \neq f_1 \circ f_2$.

11.7. Sei $f_1(x) = ax+b$ und $f_2(x) = cx+d$, wobei a, b, c und d rationale Zahlen sind. Stellen Sie eine Bedingung an die Zahlen a, b, c und d auf, so dass $f_2 \circ f_1 = f_1 \circ f_2$ gilt, und geben Sie ein Beispiel an.

11.8. Bestimmen Sie den Definitionsbereich von $f_2 \circ f_1$ für die gegebenen Funktionen f_1 und f_2

$\quad$ (a) $f_1(x) = 4 - \dfrac{1}{x}$ und $f_2(x) = \dfrac{1}{x^2}$

$\quad$ (b) $f_1(x) = \dfrac{1}{(x-1)^2} - 4$ und $f_2(x) = \dfrac{x+1}{x}$.

12
Lipschitz-Stetigkeit

Infinitesimalrechnung brauchte die Stetigkeit, und Stetigkeit sollte das unendlich Kleine brauchen, aber niemand konnte entdecken, was dieses unendlich Kleine sein könnte. (Russell)

12.1 Einleitung

Zeichnen wir die Funktion $f(x)$ einer rationalen Variablen x, so gewähren wir einen Vertrauensvorschuss, indem wir annehmen, dass die Funktionswerte $f(x)$ sich „sanft" oder „stetig" zwischen den ausgewählten Punkten x ändern, so dass wir den Graphen der Funktion zeichnen können, ohne den Bleistift anzuheben. Insbesondere gehen wir davon aus, dass die Funktionswerte $f(x)$ keine unverhofften Sprünge für irgendwelche x machen. Wir nehmen somit an, dass die Funktionswerte $f(x)$ sich nur um kleine Beträge ändern, wenn wir x um kleine Werte verändern. Ein grundlegendes Problem der Infinitesimalrechnung ist die Frage, wie viel sich die Funktionswerte $f(x)$ verändern, wenn x sich ändert, d.h. den „Grad an Stetigkeit" für eine Funktion zu messen. In diesem Kapitel gehen wir dieses grundlegende Problem mit dem Begriff der *Lipschitz-Stetigkeit* an, die eine wichtige Rolle bei der Variante der Infinitesimalrechnung, die in diesem Buch vorgestellt wird, spielt.

Ungleichheiten ($<$ und $\leq$) und Absolutwerte ($|\cdot|$) spielen eine große Rolle in diesem Kapitel, so dass eine Wiederholung der Regeln für den Umgang mit diesen Symbolen im Kapitel „Rationale Zahlen" durchaus vorteilhaft sein kann.

Abb. 12.1. Rudolph Lipschitz (1832–1903), Erfinder der Lipschitz-Stetigkeit:
„In der Tat, ich habe eine sehr nette Möglichkeit gefunden, um Stetigkeit auszudrücken... "

12.2   Lipschitz-Stetigkeit einer linearen Funktion

Wir beginnen mit dem Verhalten eines linearen Polynoms. Der Wert eines
konstanten Polynoms ändert sich nicht mit dem Argument x, so dass lineare
Polynome die ersten interessanten Beispiele sind. Die lineare Funktion sei
$f(x) = mx + b$, mit $m \in \mathbb{Q}$ und $b \in \mathbb{Q}$. Seien $f(x_1) = mx_1 + b$ und $f(x_2) =
mx_2 + b$ die Funktionswerte bei $x = x_1$ und $x = x_2$. Die Veränderung im
Argument ist folglich $|x_2 - x_1|$ und für die entsprechende Veränderung im
Resultat $|f(x_2) - f(x_1)|$ ergibt sich:

$$|f(x_2) - f(x_1)| = |(mx_2 + b) - (mx_1 + b)| = |m(x_2 - x_1)| = |m||x_2 - x_1|.$$
$$(12.1)$$

Anders formuliert, ist die Veränderung im Absolutbetrag der Funktions-
werte $|f(x_2) - f(x_1)|$ proportional zum Betrag der Änderung in den Argu-
menten $|x_2 - x_1|$, wobei die Proportionalitätskonstante gleich der Steigung
$|m|$ ist. Insbesondere bedeutet das, dass wir die Änderung beim Resultat
beliebig klein machen können, indem wir die Änderung bei den Argumenten klein machen, was unserer Vorstellung nahe kommt, dass eine lineare
Funktion sich stetig ändert.

Beispiel 12.1. $f(x) = 2x$ beschreibe die Kilometerzahl für ein „hin und
zurück" Fahrradrennen, mit x Kilometern in einer Richtung. Um die Gesamtstrecke um 4 Kilometer zu verlängern, verlängern wir die einfache
Strecke x um $4/2 = 2$ Kilometer. Um die Gesamtstrecke um $0,01$ Kilometer
zu verlängern, verlängern wir die einfache Strecke x um $0,005$ Kilometer.

Wir machen nun eine wichtige Beobachtung: Die Steigung m der linearen Funktion $f(x) = mx + b$ bestimmt, wie sehr der Funktionswert sich verändert, wenn x sich ändert. Je größer $|m|$ ist, d.h. je steiler die Gerade ist, desto stärker ändert sich der Funktionswert bei einer bestimmten Änderung in den Argumenten, wie wir in Abb. 12.2 veranschaulichen.

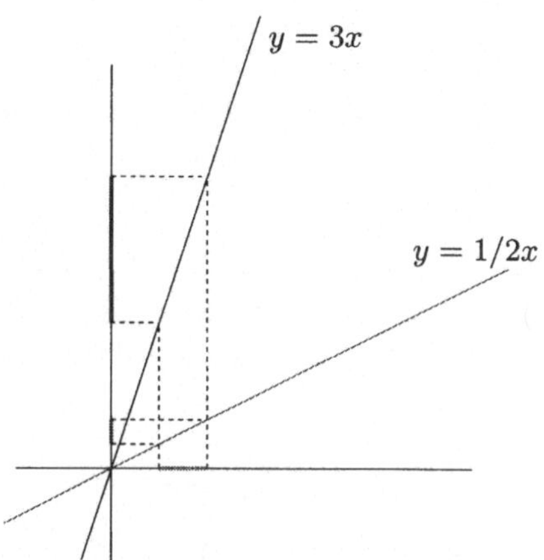

Abb. 12.2. Die Funktionswerte der beiden Funktionen ändern sich um verschiedene Werte bei vorgegebener Änderung in den Argumenten

Beispiel 12.2. Gegeben seien $f_1(x) = 4x + 1$ und $f_2(x) = 100x - 5$. Um den Funktionswert von $f_1(x)$ in x um einen Betrag von $0,01$ anzuheben, müssen wir den x-Wert um $0,01/4 = 0,0025$ verändern. Die gleiche Veränderung im Funktionswert von $f_2(x)$ in x erhalten wir bereits mit einer Veröndung von x um $0,01/100 = 0,0001$.

12.3 Definition der Lipschitz-Stetigkeit

Jetzt sind wir bereit, den Begriff der Lipschitz-Stetigkeit einzuführen. Er wurde entworfen, um Änderungen in Funktionswerten relativ zu Änderungen in der unabhängigen Variablen für eine allgemeine Funktion $f : I \rightarrow \mathbb{Q}$, wobei I eine Teilmenge der rationalen Zahlen ist, zu messen. Üblicherweise ist I ein Intervall rationaler Zahlen $\{x \in \mathbb{Q} : a \leq x \leq b\}$. Sind x_1 und x_2 Zahlen in I, dann ist $|x_2 - x_1|$ die Änderung im Argument und $|f(x_2) - f(x_1)|$ die entsprechende Änderung im Resultat. Wir sagen, dass f auf I *Lipschitz-stetig* ist zur *Lipschitz-Konstanten L_f*, falls es eine (notwendigerweise nicht negative) Konstante L_f gibt, so dass

$$|f(x_1) - f(x_2)| \leq L_f |x_1 - x_2| \qquad \text{für alle } x_1, x_2 \in I. \qquad (12.2)$$

Wie durch die Schreibweise angedeutet, hängt die Lipschitz-Konstante L_f von der Funktion f ab und kann daher für eine Funktion klein sein und für eine andere groß. Ist L_f klein, dann kann $f(x)$ sich nur geringfügig bei einer kleinen Veränderung in x ändern, wohingegen sich $f(x)$ bei einer kleinen Veränderung in x viel ändern kann, falls die Lipschitz-Konstante groß ist. Nochmals: L_f kann in Abhängigkeit von der Funktion f klein oder groß sein.

Beispiel 12.3. Eine lineare Funktion $f(x) = mx + b$ ist auf der Gesamtmenge der rationalen Zahlen $\mathbb{Q}$ Lipschitz-stetig zur Lipschitz-Konstanten $L_f = |m|$.

Beispiel 12.4. Wir zeigen, dass $f(x) = x^2$ auf dem Intervall $I = [-2, 2]$ zur Lipschitz-Konstanten $L_f = 4$ Lipschitz-stetig ist. Dazu wählen wir zwei Zahlen x_1 und x_2 innerhalb $[-2, 2]$. Die zugehörige Veränderung bei den Funktionswerten ist

$$|f(x_2) - f(x_1)| = |x_2^2 - x_1^2|.$$

Nun suchen wir eine Abschätzung in Abhängigkeit von den Argumenten $|x_2 - x_1|$. Mit den Regeln über Produkte von Polynomen aus Abschnitt 10.6 erhalten wir

$$|f(x_2) - f(x_1)| = |x_2 + x_1||x_2 - x_1|. \tag{12.3}$$

Wir haben zwar die gewünschte Differenz auf der rechten Seite, sie wird aber mit einem Faktor, der von x_1 und x_2 abhängt, multipliziert. Im Gegensatz dazu besitzt die vergleichbare Beziehung (12.1) für lineare Funktionen einen konstanten Faktor, nämlich $|m|$. An dieser Stelle müssen wir die Tatsache ausnutzen, dass x_1 und x_2 im Intervall $[-2, 2]$ liegen, was bedeutet, dass mit der Dreiecksungleichung

$$|x_2 + x_1| \le |x_2| + |x_1| \le 2 + 2 = 4$$

gilt. Daraus folgern wir, dass

$$|f(x_2) - f(x_1)| \le 4|x_2 - x_1|$$

für alle x_1 und x_2 im Intervall $[-2, 2]$.

Lipschitz-Stetigkeit erlaubt eine quantitative Abschätzung für das stetige Verhalten einer Funktion mit Hilfe der Lipschitz-Konstanten L_f. Wir wiederholen: Ist L_f mäßig groß, dann ergeben kleine Veränderungen im Argument x kleine Änderungen im Resultat der Funktion $f(x)$. Aber eine große Lipschitz-Konstante bedeutet, dass die Funktionswerte von $f(x)$ große Veränderungen zeigen können, wenn sich das Argument x nur um einen kleinen Wert verändert.

Es ist jedoch wichtig festzustellen, dass der Definition der Lipschitz-Stetigkeit (12.2) ein gewisses Maß an Ungenauigkeit innewohnt und wir müssen umsichtig sein, wenn wir in Fällen, wo die Lipschitz-Konstante groß ist, Schlüsse ziehen. Der Grund liegt darin, dass (12.2) nur eine **obere Abschätzung** gibt, um wie viel sich die Funktion verändert, und die tatsächliche Veränderung kann viel kleiner sein als durch die Konstante angedeutet.

Beispiel 12.5. Wir wissen von Beispiel 12.4, dass $f(x) = x^2$ zur Lipschitz-Konstanten $L_f = 4$ auf dem Intervall $I = [-2, 2]$ Lipschitz-stetig ist. Sie ist auch Lipschitz-stetig zur Lipschitz-Konstanten $L_f = 121$, da

$$|f(x_2) - f(x_1)| \leq 4|x_2 - x_1| \leq 121|x_2 - x_1|.$$

Aber der zweite Wert von L_f überschätzt die Änderungen in f bei Weitem, wobei der Wert $L_f = 4$ gerade richtig ist, wenn x_1 und x_2 nahe bei 2 liegen, da $2^2 - 1,9^2 = 0,39 = 3,9 \times (2 - 1,9)$ und $3,9 \approx 4$.

Um die Lipschitz-Konstante zu bestimmen, müssen wir Abschätzungen vornehmen und das Ergebnis kann stark davon abhängen, wie schwer die Abschätzungen zu berechnen sind und wie geschickt wir bei Abschätzungen sind.

Es ist auch wichtig festzustellen, dass die Größe und die Lage des Intervalls für die Definition wichtig ist, und dass wir davon ausgehen können, für ein anderes Intervall eine unterschiedliche Lipschitz-Konstante L_f zu erhalten.

Beispiel 12.6. Wir zeigen, dass $f(x) = x^2$ auf dem Intervall $I = [2, 4]$ Lipschitz-stetig ist zur Lipschitz-Konstanten $L_f = 8$. Wir beginnen bei (12.3) und erhalten für x_1 und x_2 in $[2, 4]$

$$|x_2 + x_1| \leq |x_2| + |x_1| \leq 4 + 4 = 8,$$

so dass

$$|f(x_2) - f(x_1)| \leq 8|x_2 - x_1|$$

für alle x_1 und x_2 in $[2, 4]$ gilt.

Der Grund dafür, dass die Lipschitz-Konstante im zweiten Beispiel größer ist, erkennt man am Graphen in Abb. 12.3, in der wir Veränderungen in f, die zu gleichen Abständen in x in der Nähe von $x = 2$ und $x = 4$ gehören, dargestellt haben. Da $f(x) = x^2$ in der Nähe von $x = 4$ steiler ist, verändert sich f bei einer Änderung im Argument in der Nähe von $x = 4$ stärker.

Beispiel 12.7. $f(x) = x^2$ ist auf dem Intervall $I = [-8, 8]$ Lipschitz-stetig zur Lipschitz-Konstanten $L_f = 16$ und auf $I = [-400, 200]$ zu $L_f = 800$.

Bei allen Beispielen zu $f(x) = x^2$ benutzen wir die Tatsache, dass das betrachtete Intervall endlich ist. Eine Menge rationaler Zahlen I ist *beschränkt* durch a, wenn $|x| \leq a$ für alle x in I, wobei a eine (endliche) rationale Zahl ist.

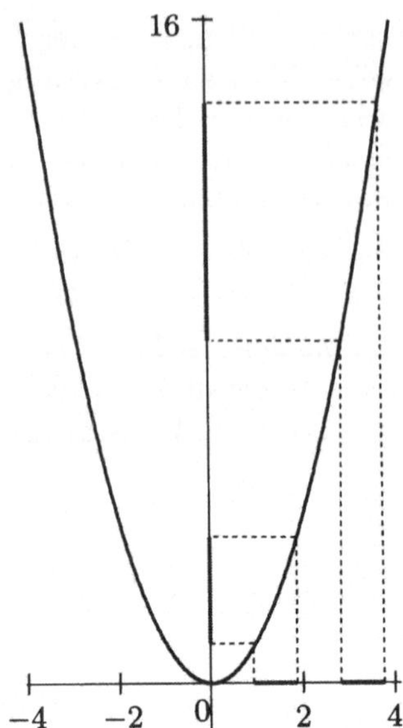

Abb. 12.3. Änderungen in $f(x) = x^2$ für identische Änderungen in x nahe bei $x = 2$ und $x = 4$

Beispiel 12.8. Die Menge der rationalen Zahlen $I = [-1, 500]$ ist beschränkt, jedoch nicht die Menge der geraden ganzen Zahlen.

Während lineare Funktionen Lipschitz-stetig auf der unbeschränkte Menge $\mathbb{Q}$ sind, sind nicht lineare Funktionen im allgemeinen nur auf einer beschränkten Menge Lipschitz-stetig.

Beispiel 12.9. Die Funktion $f(x) = x^2$ ist **nicht** Lipschitz-stetig auf der Menge der rationalen Zahlen $\mathbb{Q}$. Das folgt aus (12.3), da $|x_1 + x_2|$ beliebig groß werden kann, wenn man x_1 und x_2 frei in $\mathbb{Q}$ wählt. Somit ist es nicht möglich, eine Konstante L_f zu finden, dass

$$|f(x_2) - f(x_1)| = |x_2 + x_1||x_2 - x_1| \le L_f |x_2 - x_1|$$

für alle x_1 und x_2 in $\mathbb{Q}$ gilt.

Die Definition der Lipschitz-Stetigkeit geht auf den deutschen Mathematiker Rudolph Lipschitz (1832–1903) zurück, der seinen Stetigkeitsbegriff benutzte, um die Existenz von Lösungen für einige wichtige Differentialgleichungen zu beweisen. Dies ist nicht die übliche Stetigkeitsdefinition in Kursen zur Infinitesimalrechnung, die rein qualitativ vorgehen, wohingegen die Lipschitz-Stetigkeit eine quantitative Definition liefert. Sicherlich sind beide Definition eng miteinander verbunden, und eine Lipschitz-stetige Funktion ist auch im üblichen Sinne stetig, wohingegen es sein kann, dass es anders herum nicht gilt: Lipschitz-Stetigkeit ist eine stärkere Forderung.

Die quantitative Formulierung der Stetigkeit als Lipschitz-Stetigkeit vereinfacht jedoch viele Aspekte der mathematischen Analysis und die Verwendung der Lipschitz-Stetigkeit ist aus den Ingenieurwissenschaften und der
angewandten Mathematik nicht mehr wegzudenken. Sie hat darüber hinaus
den Vorteil, dass sie einige sehr technische Details bei der Definition der
Stetigkeit eliminiert, die knifflig sind, aber unwichtig für die Praxis.

12.4 Monome

Wir fahren mit der Untersuchung stetiger Funktionen fort und zeigen als
Nächstes, dass Monome auf beschränkten Intervallen Lipschitz-stetig sind,
wie wir es von ihren Graphen erwarten.

Beispiel 12.10. Wir zeigen, dass die Funktion $f(x) = x^4$ Lipschitz-stetig
auf $I = [-2, 2]$ ist zur Lipschitz-Konstanten $L_f = 32$. Wir wählen x_1 und
x_2 in I und wollen

$$|f(x_2) - f(x_1)| = |x_2^4 - x_1^4|$$

durch $|x_2 - x_1|$ abschätzen.

Um dies zu erreichen, zeigen wir zunächst, dass

$$x_2^4 - x_1^4 = (x_2 - x_1)(x_2^3 + x_2^2 x_1 + x_2 x_1^2 + x_1^3),$$

indem wir zunächst ausmultiplizieren

$$(x_2 - x_1)(x_2^3 + x_2^2 x_1 + x_2 x_1^2 + x_1^3)$$
$$= x_2^4 + x_2^3 x_1 + x_2^2 x_1^2 + x_2 x_1^3 - x_2^3 x_1 - x_2^2 x_1^2 - x_2 x_1^3 - x_1^4$$

und dann die Ausdrücke in der Mitte streichen und so $x_2^4 - x_1^4$ erhalten.
Daraus folgt, dass

$$|f(x_2) - f(x_1)| = |x_2^3 + x_2^2 x_1 + x_2 x_1^2 + x_1^3||x_2 - x_1|.$$

Jetzt haben wir den gewünschten Abstand $|x_2 - x_1|$ auf der rechten Seite
und müssen nur den Faktor $|x_2^3 + x_2^2 x_1 + x_2 x_1^2 + x_1^3|$ abschätzen. Mit der
Dreiecksungleichung erhalten wir

$$|x_2^3 + x_2^2 x_1 + x_2 x_1^2 + x_1^3| \leq |x_2|^3 + |x_2|^2|x_1| + |x_2||x_1|^2 + |x_1|^3.$$

Da x_1 und x_2 in I liegen, sind $|x_1| \leq 2$ und $|x_2| \leq 2$, so dass

$$|x_2^3 + x_2^2 x_1 + x_2 x_1^2 + x_1^3| \leq 2^3 + 2^2\,2 + 2\,2^2 + 2^3 = 32$$

und somit

$$|f(x_2) - f(x_1)| \leq 32|x_2 - x_1|.$$

Beachten Sie, dass die Lipschitz-Konstante $L_f = 4$ für $f(x) = x^2$ auf I ist. Die Tatsache, dass die Lipschitz-Konstante auf $[-2, 2]$ von x^4 größer ist als die von x^2, ist nicht überraschend, wenn wir die Graphen der beiden Funktionen vergleichen, vgl. Abb. 10.11.

Wir können dieselbe Technik anwenden um zu zeigen, dass die Funktion $f(x) = x^m$ Lipschitz-stetig ist, wobei m jede natürliche Zahl sein kann.

Beispiel 12.11. Die Funktion $f(x) = x^m$ ist auf jedem Intervall $I = [-a, a]$ Lipschitz-stetig, wobei a eine positive rationale Zahl ist, mit der Lipschitz-Konstanten $L_f = ma^{m-1}$. Sind x_1 und x_2 in I gegeben, so wollen wir

$$|f(x_2) - f(x_1)| = |x_2^m - x_1^m|$$

durch $|x_2 - x_1|$ abschätzen. Dazu benutzen wir die Tatsache, dass

$$x_2^m - x_1^m = (x_2 - x_1)(x_2^{m-1} + x_2^{m-2}x_1 + \cdots + x_2 x_1^{m-2} + x_1^{m-1})$$
$$= (x_2 - x_1) \sum_{i=0}^{m-1} x_2^{m-1-i} x_1^i.$$

Um dies zu zeigen, multiplizieren wir zunächst aus

$$(x_2 - x_1) \sum_{i=0}^{m-1} x_2^{m-1-i} x_1^i = \sum_{i=0}^{m-1} x_2^{m-i} x_1^i - \sum_{i=0}^{m-1} x_2^{m-1-i} x_1^{i+1}.$$

Um zu erkennen, dass sich viele Ausdrücke in der Mitte der beiden Summen auf der rechten Seite gegenseitig aufheben, lösen wir den ersten Ausdruck der ersten Summe und den letzten Ausdruck der zweiten Summe heraus

$$(x_2 - x_1) \sum_{i=0}^{m-1} x_2^{m-1-i} x_1^i = x_2^m + \sum_{i=1}^{m-1} x_2^{m-i} x_1^i - \sum_{i=0}^{m-2} x_2^{m-1-i} x_1^{i+1} - x_1^m$$

und ändern den Index in der zweiten Summe und erhalten so

$$(x_2 - x_1) \sum_{i=0}^{m-1} x_2^{m-1-i} x_1^i$$
$$= x_2^m + \sum_{i=1}^{m-1} x_2^{m-i} x_1^i - \sum_{i=1}^{m-1} x_2^{m-i} x_1^i - x_1^m = x_2^m - x_1^m.$$

Es ist zwar mühsam, aber sich zu vergewissern, dass diese Argumentation richtig ist, ist eine gute Übung.

Das bedeutet, dass

$$|f(x_2) - f(x_1)| = \left| \sum_{i=0}^{m-1} x_2^{m-1-i} x_1^i \right| |x_2 - x_1|.$$

Jetzt haben wir den ersehnten Abstand $|x_2 - x_1|$ auf der rechten Seite und müssen nur noch den Faktor

$$\left| \sum_{i=0}^{m-1} x_2^{m-1-i} x_1^i \right|$$

abschätzen. Aus der Dreiecksungleichung ergibt sich

$$\left| \sum_{i=0}^{m-1} x_2^{m-1-i} x_1^i \right| \leq \sum_{i=0}^{m-1} |x_2|^{m-1-i} |x_1|^i.$$

Da x_1 und x_2 in $[-a, a]$ liegen, sind $|x_1| \leq a$ und $|x_2| \leq a$. Somit

$$\left| \sum_{i=0}^{m-1} x_2^{m-1-i} x_1^i \right| \leq \sum_{i=0}^{m-1} a^{m-1-i} a^i = \sum_{i=0}^{m-1} a^{m-1} = m a^{m-1}$$

und

$$|f(x_2) - f(x_1)| \leq m a^{m-1} |x_2 - x_1|.$$

12.5   Linearkombinationen von Funktionen

Nun, da wir gesehen haben, dass die Monome auf beschränkten Intervallen Lipschitz-stetig sind, ist es nur noch ein kurzer Schritt um zu zeigen, dass jedes Polynom auf einem beschränkten Intervall Lipschitz-stetig ist. Aber statt dies nur für Polynome zu zeigen, zeigen wir, dass eine Linearkombination beliebiger Lipschitz-stetiger Funktionen auch Lipschitz-stetig ist.

Angenommen, dass f_1 auf dem Intervall I Lipschitz-stetig zur Konstanten L_1 ist und f_2 Lipschitz-stetig zur Konstanten L_2. Beachten Sie, dass wir hier (und im Folgenden) die Schreibweise vereinfachen und z.B. L_1 schreiben statt L_{f_1}. Dann ist auch $f_1 + f_2$ Lipschitz-stetig auf I mit der Konstanten $L_1 + L_2$, da, wenn wir zwei Punkte x und y in I wählen, aufgrund der Dreiecksungleichung gilt:

$$\begin{aligned}
|(f_1 + f_2)(y) - (f_1 + f_2)(x)| &= |(f_1(y) - f_1(x)) + (f_2(y) - f_2(x))| \\
&\leq |f_1(y) - f_1(x)| + |f_2(y) - f_2(x)| \\
&\leq L_1|y - x| + L_2|y - x| \\
&= (L_1 + L_2)|y - x|.
\end{aligned}$$

Dieselbe Argumentation zeigt, dass $f_2 - f_1$ Lipschitz-stetig ist mit der Konstanten $L_1 + L_2$ (natürlich nicht $L_1 - L_2$!). Noch einfacher zu zeigen ist, dass, wenn $f(x)$ Lipschitz-stetig zur Lipschitz-Konstanten L ist, auch das Produkt $cf(x)$ Lipschitz-stetig auf I ist, mit der Lipschitz-Konstanten $|c|L$.

Von diesen beiden Tatsachen ist es nur noch ein kurzer Schritt, das Ergebnis auf jede Linearkombination Lipschitz-stetiger Funktionen auszuweiten. Angenommen, $f_1, \ldots, f_n$ seien Lipschitz-stetig auf I mit den Lipschitz-Konstanten $L_1, \ldots, L_n$. Wir arbeiten mit Induktion und beginnen daher mit der Linearkombination zweier Funktionen. Aus den obigen Bemerkungen folgt, dass $c_1 f_1 + c_2 f_2$ Lipschitz-stetig ist mit der Konstanten $|c_1|L_1 + |c_2|L_2$. Sei $i \leq n$ gegeben. Wir nehmen an, dass $c_1 f_1 \cdots + c_{i-1} f_{i-1}$ Lipschitz-stetig ist mit der Konstanten $|c_1|L_1 + \cdots + |c_{i-1}|L_{i-1}|$. Um die Behauptung für i zu zeigen, schreiben wir

$$c_1 f_1 \cdots + c_i f_i = (c_1 f_1 \cdots + c_{i-1} f_{i-1}) + c_i f_i.$$

Aber die Annahme, dass $c_1 f_1 \cdots + c_{i-1} f_{i-1}$ Lipschitz-stetig ist, bedeutet, dass wir $c_1 f_1 \cdots + c_i f_i$ als Summe zweier Lipschitz-stetiger Funktionen geschrieben haben, nämlich $(c_1 f_1 \cdots + c_{i-1} f_{i-1})$ und $c_i f_i$. Der Beweis folgt aus dem Beweis für die Linearkombination zweier Funktionen. Somit haben wir durch Induktion bewiesen:

Satz 12.1 *Die Funktionen $f_1, \ldots, f_n$ seien jeweils Lipschitz-stetig auf I mit den Lipschitz-Konstanten $L_1, \ldots, L_n$. Dann ist auch die Linearkombination $c_1 f_1 + \cdots + c_n f_n$ Lipschitz-stetig auf I mit der Lipschitz-Konstanten $|c_1|L_1 + \cdots + |c_n|L_n$.*

Korollar 12.2 *Polynome sind auf jedem beschränkten Intervall Lipschitz-stetig.*

Beispiel 12.12. Wir zeigen, dass die Funktion $f(x) = x^4 - 3x^2$ Lipschitz-stetig ist auf $[-2, 2]$ mit der Konstanten $L_f = 44$. Für x_1 und x_2 in $[-2, 2]$ müssen wir

$$\begin{aligned}
|f(x_2) - f(x_1)| &= \left| (x_2^4 - 3x_2^2) - (x_1^4 - 3x_1^2) \right| \\
&= \left| (x_2^4 - x_1^4) - (3x_2^2 - 3x_1^2) \right| \\
&\leq \left| x_2^4 - x_1^4 \right| + 3 \left| x_2^2 - x_1^2 \right|
\end{aligned}$$

abschätzen. Aus Beispiel 12.11 wissen wir, dass x^4 Lipschitz-stetig ist auf $[-2, 2]$ mit der Konstanten 32, und x^2 Lipschitz-stetig ist auf $[-2, 2]$ mit der Lipschitz-Konstanten 4. Daher gilt

$$|f(x_2) - f(x_1)| \leq 32|x_2 - x_1| + 3 \times 4|x_2 - x_1| = 44|x_2 - x_1|.$$

12.6   Beschränkte Funktionen

Lipschitz-Stetigkeit ist eng mit einer anderen wichtigen Eigenschaft von Funktionen verbunden, die Beschränktheit genannt wird. Eine Funktion

f ist *beschränkt* auf einer Teilmenge der rationalen Zahlen I, wenn eine Konstante M existiert, so dass

$$|f(x)| \leq M \qquad \text{für alle } x \in I,$$

vgl. Abb. 12.4. Wenn wir an die Abschätzungen zurückdenken, die wir gemacht haben, um die Definition der Lipschitz-Stetigkeit (12.2) zu beweisen, so erkennen wir, dass sie immer mit dem Nachweis einhergingen, dass Funktionen auf dem gegebenen Intervall beschränkt waren.

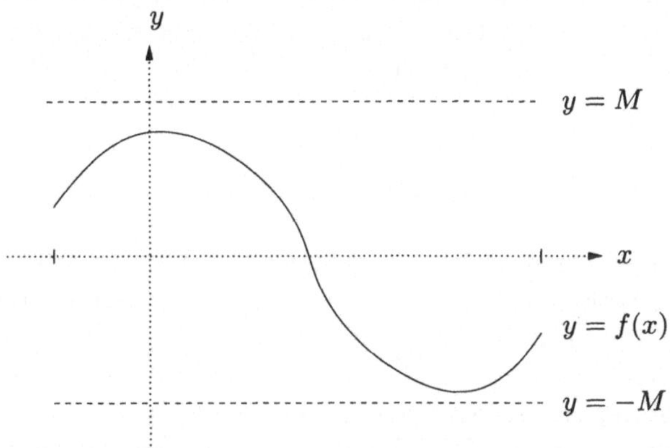

Abb. 12.4. Eine beschränkte Funktion auf I

Beispiel 12.13. Um in Beispiel 12.4 zu zeigen, dass $f(x) = x^2$ auf $[-2, 2]$ Lipschitz-stetig ist, haben wir bewiesen, dass $|x_1 + x_2| \leq 4$ für x_1 und x_2 in $[-2, 2]$ gilt.

Es zeigt sich, dass eine Funktion, die auf einem beschränkten Intervall Lipschitz-stetig ist, auch automatisch auf diesem Definitionsbereich beschränkt ist. Um etwas genauer zu sein, nehmen wir an, dass eine Funktion f auf einer durch a beschränkten Menge I Lipschitz-stetig ist zur Lipschitz-Konstanten L_f. Wir wählen einen Punkt y in I. Dann ist für jeden anderen Punkt x in I

$$|f(x) - f(y)| \leq L_f|x - y|.$$

Zunächst einmal wissen wir, dass $|x - y| \leq |x| + |y| \leq 2a$. Außerdem folgt aus $|b + c| \leq |d|$, dass $|b| \leq |d| + |c|$ für beliebige Zahlen b, c und d. Somit erhalten wir

$$|f(x)| \leq |f(y)| + L_f|x - y| \leq |f(y)| + 2L_f a.$$

Obwohl wir $|f(y)|$ nicht kennen, wissen wir doch, dass der Wert endlich ist. Damit ist $|f(x)|$ beschränkt durch die Konstante $M = |f(y)| + 2L_f a$ für alle $x \in I$. Wir drücken das dadurch aus, dass wir sagen, dass $f(x)$ *auf I beschränkt ist*. So erhalten wir:

Satz 12.3 *Eine auf einer beschränkten Menge I Lipschitz-stetige Funktion ist beschränkt auf I.*

Beispiel 12.14. In Beispiel 12.12 haben wir gezeigt, dass $f(x) = x^4 + 3x^2$ auf $[-2, 2]$ zur Lipschitz-Konstanten $L_f = 44$ Lipschitz-stetig ist. Daraus erhalten wir

$$|f(x)| \leq |f(0)| + 44|x - 0| \leq 0 + 44 \times 2 = 88$$

für alle x in $[-2, 2]$. Da x^4 in $0 \leq x$ anwächst, wissen wir tatsächlich, dass $|f(x)| \leq |f(2)| = 16$ für alle x in $[-2, 2]$. Somit ist die Abschätzung der Größe von $|f|$ mit Hilfe der Lipschitz-Konstanten nicht sehr genau.

12.7   Das Produkt von Funktionen

Als nächsten Schritt bei der Untersuchung der Lipschitz-Stetigkeit von Funktionen betrachten wir das Produkt zweier Lipschitz-stetiger Funktionen auf einem beschränktem Intervall I. Wir zeigen, dass das Produkt auch Lipschitz-stetig ist auf I. Ist f_1 Lipschitz-stetig zur Konstanten L_1 und f_2 Lipschitz-stetig zur Konstanten L_2 auf einem beschränktem Intervall I, dann ist auch $f_1 f_2$ auf I Lipschitz-stetig. Um dies zu zeigen, wählen wir zwei Punkte x und y in I und benutzen den alten Trick, dieselben Ausdrücke zu addieren und zu subtrahieren, um abzuschätzen

$$\begin{aligned}
|f_1(y)f_2(y) &- f_1(x)f_2(x)| \\
&= |f_1(y)f_2(y) - f_1(y)f_2(x) + f_1(y)f_2(x) - f_1(x)f_2(x)| \\
&\leq |f_1(y)f_2(y) - f_1(y)f_2(x)| + |f_1(y)f_2(x) - f_1(x)f_2(x)| \\
&= |f_1(y)|\,|f_2(y) - f_2(x)| + |f_2(x)|\,|f_1(y) - f_1(x)|.
\end{aligned}$$

Nun wenden wir Satz 12.3 an, nach dem Lipschitz-stetige Funktionen beschränkt sind. Demnach existiert eine Konstante M, so dass $|f_1(y)| \leq M$ und $|f_2(x)| \leq M$ für $x, y \in I$. Nun nutzen wir noch die Lipschitz-Stetigkeit von f_1 und f_2 in I aus und erhalten so

$$\begin{aligned}
|f_1(y)f_2(y) - f_1(x)f_2(x)| &\leq ML_1|y - x| + ML_2|y - x| \\
&= M(L_1 + L_2)|y - x|.
\end{aligned}$$

Wir fassen zusammen:

Satz 12.4 *Sind f_1 und f_2 Lipschitz-stetig auf einem beschränkten Intervall I, dann ist auch $f_1 f_2$ Lipschitz-stetig auf I.*

Beispiel 12.15. Die Funktion $f(x) = (x^2 + 5)^{10}$ ist Lipschitz-stetig auf der Menge $I = [-10, 10]$, da $x^2 + 5$ Lipschitz-stetig ist auf I und somit nach Satz 12.4 auch $(x^2 + 5)^{10} = (x^2 + 5)(x^2 + 5) \cdots (x^2 + 5)$.

12.8   Der Quotient von Funktionen

Wir wollen unsere Untersuchung auf den Quotienten zweier Lipschitz-stetiger Funktionen ausdehnen. Für diesen Fall benötigen wir jedoch mehr Informationen als nur die Lipschitz-Stetigkeit über die Funktion im Nenner. Wir müssen auch wissen, dass sie nicht zu klein wird. Wieso das so ist, verdeutlicht folgendes Beispiel.

Beispiel 12.16. Wir zeigen, dass $f(x) = 1/x^2$ auf dem Intervall $I = [1/2, 2]$ Lipschitz-stetig ist zur Lipschitz-Konstanten $L = 64$. Dazu wählen wir zwei Punkte x_1 und x_2 aus I und schätzen die folgende Änderung ab

$$|f(x_2) - f(x_1)| = \left| \frac{1}{x_2^2} - \frac{1}{x_1^2} \right|,$$

wobei wir zunächst einige algebraische Umformungen durchführen:

$$\frac{1}{x_2^2} - \frac{1}{x_1^2} = \frac{x_1^2}{x_1^2 x_2^2} - \frac{x_2^2}{x_1^2 x_2^2} = \frac{x_1^2 - x_2^2}{x_1^2 x_2^2} = \frac{(x_1 + x_2)(x_1 - x_2)}{x_1^2 x_2^2}.$$

Das bedeutet, dass

$$|f(x_2) - f(x_1)| = \left| \frac{x_1 + x_2}{x_1^2 x_2^2} \right| |x_2 - x_1|.$$

Nun haben wir die gewünschte Differenz auf der rechten Seite und müssen nur noch den Faktor abschätzen. Der Zähler ist der gleiche wie in Beispiel 12.4 und wir wissen, dass

$$|x_1 + x_2| \leq 4.$$

Ferner wissen wir, dass

$$\text{aus } x_1 \geq \frac{1}{2} \text{ folgt } \frac{1}{x_1} \leq 2 \text{ daraus folgt } \frac{1}{x_1^2} \leq 4$$

und analog auch $\frac{1}{x_2^2} \leq 4$. Somit erhalten wir

$$|f(x_2) - f(x_1)| \leq 4 \times 4 \times 4 |x_2 - x_1| = 64 |x_2 - x_1|.$$

Bei diesem Beispiel mussten wir ausnutzen, dass die linke Grenze des Intervalls I $1/2$ ist. Je näher die linke Grenze bei Null liegt, desto größer wird die Lipschitz-Konstante und $1/x^2$ ist in der Tat **nicht** Lipschitz-stetig auf $[0, 2]$.

Wir bilden dieses Beispiel im allgemeinen Fall f_1/f_2 nach, indem wir annehmen, dass der Zähler durch eine positive Konstante *von unten beschränkt* ist. Den Beweis des folgenden Satz stellen wir als Übung.

Satz 12.5 *Seien die Funktionen f_1 und f_2 Lipschitz-stetig auf einer beschränkten Menge I zu den Lipschitz-Konstanten L_1 und L_2. Ferner gebe es eine Konstante $m > 0$, so dass $|f_2(x)| \geq m$ für alle $x \in I$ gilt. Dann ist f_1/f_2 Lipschitz-stetig auf I.*

Beispiel 12.17. Die Funktion $f(x) = 1/x^2$ genügt den Annahmen des Satz 12.5 nicht auf dem Intervall $[0, 2]$ und wir wissen, dass sie auf diesem Intervall nicht Lipschitz-stetig ist.

12.9   Zusammengesetzte Funktionen

Wir wollen die Untersuchungen zur Lipschitz-Stetigkeit mit der Betrachtung zusammengesetzter Lipschitz-stetiger Funktionen abschließen. Das ist tatsächlich einfacher als die Betrachtungen bei Produkten oder Quotienten von Funktionen. Die einzige Schwierigkeit dabei ist, dass wir beim Definitionsbereich und dem Wertebereich der Funktionen vorsichtig sein müssen. Wir beginnen mit der zusammengesetzten Funktion $f_2(f_1(x))$. Vermutlich müssen wir x auf ein Intervall einschränken, auf dem f_1 Lipschitz-stetig ist, und wir müssen uns auch vergewissern, dass die Werte von f_1 in der Menge liegen, auf der f_2 Lipschitz-stetig ist.

Daher nehmen wir an, dass f_1 Lipschitz-stetig auf I_1 zur Konstanten L_1 ist und f_2 Lipschitz-stetig auf I_2 zur Konstanten L_2. Sind x und y Punkte in I_1, dann gilt, so lange $f_1(x)$ und $f_1(y)$ in I_2 liegen,

$$|f_2(f_1(y)) - f_2(f_1(x))| \leq L_2|f_1(y) - f_1(x)| \leq L_1 L_2 |y - x|.$$

Wir fassen dies in einem Satz zusammen.

Satz 12.6 *Sei f_1 Lipschitz-stetig auf I_1 zur Lipschitz-Konstanten L_1, und f_2 Lipschitz-stetig auf I_2 zur Lipschitz-Konstanten L_2, so dass $f_1(I_1) \subset I_2$. Dann ist die zusammengesetzte Funktion $f_2(f_1(x)) = f_2 \circ f_1$ Lipschitz-stetig auf I_1 zur Lipschitz-Konstanten $L_1 L_2$.*

Beispiel 12.18. Die Funktion $f(x) = (2x - 1)^4$ ist Lipschitz-stetig auf jedem beschränkten Intervall, da $f_1(x) = 2x - 1$ und $f_2(x) = x^4$ auf jedem beschränkten Intervall Lipschitz-stetig sind. Wenn wir das Intervall $[-0, 5; 1, 5]$ betrachten, dann ist $f_1(I) \subset [-2, 2]$. Aus Beispiel 12.10 wissen wir, dass x^4 Lipschitz-stetig auf $[-2, 2]$ ist, mit der Lipschitz-Konstanten 32. Die Lipschitz-Konstante von $2x - 1$ ist 2. Daher ist auch f Lipschitz-stetig auf $[-0, 5; 1, 5]$ mit der Konstanten 64.

Beispiel 12.19. Die Funktion $1/(x^2 - 4)$ ist Lipschitz-stetig auf jedem abgeschlossenen Intervall, das weder 2 noch -2 enthält. Das ergibt sich daraus, dass $f_1(x) = x^2 - 4$ Lipschitz-stetig ist auf jedem abgeschlossenen Intervall, wohingegen $f_2(x) = 1/x$ Lipschitz-stetig ist auf jedem abgeschlossenen Intervall, das nicht die 0 enthält. Um die Null zu vermeiden, müssen wir verhindern, dass $x^2 = 4$, d.h. $x = \pm 2$.

12.10 Funktionen zweier rationaler Variablen

Bis jetzt haben wir Funktionen $f(x)$ einer rationalen Variablen x betrachtet. Aber natürlich gibt es auch Funktionen, die von mehr als einem Argument abhängen, wie z.B. die Funktion

$$f(x_1, x_2) = x_1 + x_2,$$

die jedem Paar rationaler Zahlen x_1 und x_2 deren Summe $x_1 + x_2$ zuordnet. Wir können dies in der Form $f : \mathbb{Q} \times \mathbb{Q} \to \mathbb{Q}$ schreiben. Dies bedeutet, dass wir zu jedem $x_1 \in \mathbb{Q}$ und $x_2 \in \mathbb{Q}$ einen Wert $f(x_1, x_2) \in \mathbb{Q}$ zuordnen, wie beispielsweise $f(x_1, x_2) = x_1 + x_2$. Wir sagen, dass $f(x_1, x_2)$ eine *Funktion zweier unabhängiger rationaler Variablen x_1 und x_2* ist. Dabei stellen wir uns $\mathbb{Q} \times \mathbb{Q}$ als die Menge aller Paare (x_1, x_2) mit $x_1 \in \mathbb{Q}$ und $x_2 \in \mathbb{Q}$ vor.

Wir schreiben auch $\mathbb{Q}^2 = \mathbb{Q} \times \mathbb{Q}$ und betrachten $f(x_1, x_2) = x_1 + x_2$ als eine Funktion $f : \mathbb{Q}^2 \to \mathbb{Q}$. Wir werden auch die Funktion $f : I \times J \to \mathbb{Q}$ betrachten, wobei I und J Teilmengen, wie z.B. Intervalle, von $\mathbb{Q}$ sind. Dies bedeutet nichts anderes, als dass wir zu jedem $x_1 \in I$ und $x_2 \in J$ einen Wert $f(x_1, x_2) \in \mathbb{Q}$ zuordnen.

Wir können Lipschitz-Stetigkeit ganz natürlich auf Funktionen zweier rationaler Variablen ausdehnen. Wir sagen dann, dass $f : I \times J \to \mathbb{Q}$ Lipschitz-stetig ist zur Lipschitz-Konstanten L_f, wenn

$$|f(x_1, y_1) - f(x_2, y_2)| \leq L_f(|x_1 - x_2| + |y_1 - y_2|)$$

für $x_1, x_2 \in I$ und $y_1, y_2 \in J$.

Beispiel 12.20. Die Funktion $f : \mathbb{Q}^2 \to \mathbb{Q}$, definiert durch $f(x_1, x_2) = x_1 + x_2$ ist Lipschitz-stetig zur Lipschitz-Konstanten $L_f = 1$.

Beispiel 12.21. Die Funktion $f : [0, 2] \times [0, 2] \to \mathbb{Q}$, definiert durch $f(x_1, x_2) = x_1 x_2$ ist Lipschitz-stetig zur Lipschitz-Konstanten $L_f = 2$, da für $x_1, x_2 \in [0, 2]$

$$|x_1 x_2 - y_1 y_2| = |x_1 x_2 - y_1 x_2 + y_1 x_2 - y_1 y_2|$$
$$\leq |x_1 - y_1| x_2 + y_1 |x_2 - y_2| \leq 2(|x_1 - y_1| + |x_2 - y_2|).$$

12.11 Funktionen mehrerer rationaler Variablen

Die Überlegungen zu einer Funktion zweier rationaler Variablen lassen sich auch auf mehrere Variablen übertragen, d.h. wir betrachten Funktionen $f(x_1, \ldots, x_d)$ mit d rationalen Variablen. Wir schreiben $f : \mathbb{Q}^d \to \mathbb{Q}$, wenn für vorgegebene d rationale Zahlen $x_1, \ldots, x_d$ eine rationale Zahl $f(x_1, \ldots, x_d)$ zugeordnet wird.

Die Definition der Lipschitz-Stetigkeit lässt sich ebenfalls direkt übertragen. Wir sagen, dass $f : \mathbb{Q}^d \to \mathbb{Q}$ Lipschitz-stetig ist zur Lipschitz-Konstanten L_f, wenn für alle $x_1, \ldots, x_d \in \mathbb{Q}$ und $y_1, \ldots, y_d \in \mathbb{Q}$

$$|f(x_1, \ldots, x_d) - f(y_1, \ldots, y_d)| \leq L_f(|x_1 - y_1| + \cdots + |x_d - y_d|)$$

gilt.

Beispiel 12.22. Die Funktion $f : \mathbb{Q}^d \to \mathbb{Q}$, definiert durch $f(x_1, \ldots, x_d) = x_1 + x_2 + \cdots + x_d$, ist Lipschitz-stetig mit der Lipschitz-Konstanten $L_f = 1$.

Aufgaben zu Kapitel 12

12.1. Beweisen Sie die Aussagen in Beispiel 12.7.

12.2. Zeigen Sie, dass $f(x) = x^2$ auf $[10, 13]$ Lipschitz-stetig ist und bestimmen Sie eine Lipschitz-Konstante.

12.3. Zeigen Sie, dass $f(x) = 2x - x^2$ auf $[-2, 2]$ Lipschitz-stetig ist und bestimmen Sie eine Lipschitz-Konstante.

12.4. Zeigen Sie, dass $f(x) = |x|$ auf $\mathbb{Q}$ Lipschitz-stetig ist und bestimmen Sie eine Lipschitz-Konstante.

12.5. In Beispiel 12.10 haben wir gezeigt, dass x^4 Lipschitz-stetig ist auf $[-2, 2]$ mit der Lipschitz-Konstanten $L = 32$. Erklären Sie, warum das eine sinnvolle Wahl für die Lipschitz-Konstante ist.

12.6. Zeigen Sie, dass $f(x) = 1/x^2$ auf $[1, 2]$ Lipschitz-stetig ist und bestimmen Sie eine Lipschitz-Konstante.

12.7. Zeigen Sie, dass $f(x) = 1/(x^2 + 1)$ auf $[-2, 2]$ Lipschitz-stetig ist und bestimmen Sie eine Lipschitz-Konstante.

12.8. Bestimmen Sie die Lipschitz-Konstante für $f(x) = 1/x$ auf dem Intervall (a) $[0, 1; 1]$, (b) $[0, 01; 1]$ und (c) $[0, 001; 1]$.

12.9. Bestimmen Sie die Lipschitz-Konstante für die Funktion $f(x) = \sqrt{x}$ mit $D(f) = (\delta, \infty)$ für ein vorgegebenes $\delta > 0$.

12.10. Erklären Sie, warum $f(x) = 1/x$ nicht auf $(0, 1]$ Lipschitz-stetig ist.

12.11. (a) Erklären Sie, warum die Funktion

$$f(x) = \begin{cases} 1, & x < 0 \\ x^2, & x \geq 0 \end{cases}$$

nicht auf $[-1, 1]$ Lipschitz-stetig ist. (b) Ist f Lipschitz-stetig auf $[1, 4]$?

12.12. Angenommen, die Lipschitz-Konstante L einer Funktion f sei $L = 10^{100}$. Diskutieren Sie die Stetigkeitseigenschaften von $f(x)$ und entscheiden Sie insbesondere aus rein praktischen Gesichtspunkten, ob f stetig ist.

12.13. Angenommen, f_1 sei Lipschitz-stetig mit der Lipschitz-Konstanten L_1 und f_2 sei Lipschitz-stetig mit der Lipschitz-Konstanten L_2 auf einer Menge I. Sei ferner c eine Zahl. Zeigen Sie, dass $f_1 - f_2$ Lipschitz-stetig ist mit der Lipschitz-Konstanten $L_1 + L_2$ auf I, und dass cf_1 Lipschitz-stetig ist auf I mit der Konstanten cL_1.

12.14. Zeigen Sie, dass auf dem Intervall $[-c, c]$ die Lipschitz-Konstante eines Polynoms $f(x) = \sum_{i=0}^{n} a_i x^i$

$$L = \sum_{i=1}^{n} |a_i| i c^{i-1} = |a_1| + 2c|a_2| + \cdots + n c^{n-1} |a_n|$$

beträgt.

12.15. Erklären Sie, warum $f(x) = 1/x$ auf $[-1, 0]$ nicht beschränkt ist.

12.16. Beweisen Sie Satz 12.5.

12.17. Zeigen Sie mit Hilfe der Sätze dieses Kapitels, dass die folgenden Funktionen auf den gegebenen Intervallen Lipschitz-stetig sind und versuchen Sie eine Abschätzung der Lipschitz-Konstanten oder beweisen Sie, dass sie nicht Lipschitz-stetig sind.

(a) $f(x) = 2x^4 - 16x^2 + 5x$ auf $[-2, 2]$ (b) $\dfrac{1}{x^2 - 1}$ auf $\left[-\dfrac{1}{2}, \dfrac{1}{2} \right]$

(c) $\dfrac{1}{x^2 - 2x - 3}$ auf $[2, 3)$ (d) $\left(1 + \dfrac{1}{x} \right)^4$ auf $[1, 2]$.

12.18. Zeigen Sie, dass die Funktion

$$f(x) = \frac{1}{c_1 x + c_2(1 - x)}$$

auf $[0, 1]$ Lipschitz-stetig ist mit $c_1 > 0$ und $c_2 > 0$.

13
Folgen und Grenzwerte

Er setzte sich und dachte in der nachdenklichsten Weise nach, auf
die er nachdenken konnte. (Pu-Bär)

13.1   Ein erstes Treffen mit Folgen und Grenzwerten

Die Dezimalentwicklung rationaler Zahlen, die wir im Kapitel „Rationale
Zahlen" diskutiert haben, führt uns zu den Begriffen *Folge, konvergierende
Folge* und *Grenzwert* einer Folge, die eine zentrale Rolle in der Mathematik spielen. Die Entwicklung der Infinitesimalrechnung war zum großen
Teil ein Kampf um schwer zugängliche Gesichtspunkte dieser Begriffe. Wir
bemühen uns, einige dieser Mysterien zu enthüllen, indem wir so konkret
sind wie möglich und mit beiden Füßen auf dem Boden bleiben.

Wir beginnen mit der Wiederholung der Dezimalentwicklung $1,11\ldots$ von
$\frac{10}{9}$ in (7.7):

$$\frac{10}{9} = 1,11\cdots 11_n + \frac{1}{9}10^{-n}. \tag{13.1}$$

Wir erhalten die folgende *Abschätzung* der Differenz zwischen $1,111\ldots 11_n$
und $10/9$, wobei wir zur Vereinfachung $\frac{1}{9}10^{-n}$ durch die obere Grenze 10^{-n}
ersetzen:

$$\left| \frac{10}{9} - 1,11\ldots 11_n \right| \le 10^{-n}. \tag{13.2}$$

Diese Abschätzung zeigt, dass wir $1,11\ldots11_n$ als Näherung für $10/9$ auffassen können, die umso genauer wird, je größer die Zahl der Dezimalstellen n ist. Anders formuliert kann der *Fehler* $|10/9 - 1,11\ldots11_n|$ so klein gemacht werden, wie wir wollen, wenn wir nur n genügend groß wählen. Wenn der Fehler kleiner oder gleich 10^{-10} sein soll, wählen wir einfach $n \geq 10$.

Wir können die aufeinander folgenden Näherungen $1,1$, $1,11$, $1,111$, $1,11\ldots11_n$ und so weiter als eine *Folge* von Zahlen a_n auffassen, mit $n = 1,2,3,\ldots$, wobei $a_1 = 1,1$, $a_2 = 1,11$, $\ldots$, $a_n = 1,11\ldots11_n,\ldots$, die *Elemente der Folge* genannt werden. Allgemeiner formuliert ist eine Folge $a_1, a_2, a_3, \ldots$ eine nicht endende Auflistung von Elementen $a_1, a_2, a_3, \ldots$, wobei der Index der Reihe nach die Werte der natürlichen Zahlen $1, 2, 3, \ldots$ annimmt. Eine *Folge rationaler Zahlen* ist eine Auflistung $a_1, a_2, a_3, \ldots$, wobei jedes Element a_n eine rationale Zahl ist. Wir verwenden die Schreibweise

$$\{a_n\}_{n=1}^{\infty}$$

für die nicht endende Auflistung $a_1, a_2, a_3, \ldots$ von Elementen a_n, wobei der Index n die natürlichen Zahlen $n = 1, 2, 3, \ldots$ durchläuft. Das „Unendlich" bezeichnete Symbol ∞ deutet an, dass die Auflistung für immer in dem Sinne fortgesetzt werden kann, wie die natürlichen Zahlen $1, 2, 3, \ldots$ für immer fortgesetzt werden können, ohne dabei an ein Ende zu kommen.

Wir kehren nun zu der Folge rationaler Zahlen $\{a_n\}_{n=1}^{\infty}$ zurück, wobei $a_n = 1,11\ldots11_n$, d.h. die Folge $\{1,11\ldots11_n\}_{n=1}^{\infty}$. Die Genauigkeit von Element $a_n = 1,11\ldots11_n$ als Näherung für $\frac{10}{9}$ wächst mit der Anzahl Dezimalstellen n. Jede Zahl in der Folge ist ihrerseits eine bessere Näherung an $10/9$ als die vorangehende Zahl und wenn wir dies fortsetzen, liegen die Zahlen immer näher an $10/9$. Der entscheidende Vorteil bei der Betrachtung der Folge $\{1,11\ldots11_n\}_{n=1}^{\infty}$, oder der nicht endenden Auflistung $1,1; 1,11; 1,111;\ldots$ ist, dass wir in der Lage sind, jede mögliche Genauigkeitsanforderung zu übertreffen. Betrachten wir nur ein Element, z.B. $1,11\ldots11_{10}$, so könnten wir keine Genauigkeitsanforderung von 10^{-15} bei der Abschätzung von $\frac{10}{9}$ erfüllen. Wenn wir aber die komplette Folge zur Hand haben, können wir $1,11\ldots11_{16}$ oder $1,11\ldots11_{17}$, oder allgemeiner $1,11\ldots11_n$ mit $n \geq 15$, als eine dezimale Näherung für $\frac{10}{9}$ mit einem Fehler unter 10^{-15} herausgreifen. Die Folge liefert uns also einen ganzen „Rucksack" voller Zahlen, oder eine Sammlung von Näherungen von $\frac{10}{9}$, mit der wir jede gewünschte Genauigkeit erfüllen können. Die Folge $1,1,\ldots,1,11\ldots11_n,\ldots$ kann also als Sammlung von Näherungen an $\frac{10}{9}$ betrachtet werden, die der Reihe nach genauer werden, so dass wir jede gewünschte Genauigkeit erzielen können.

Wir sagen, dass die Folge $\{1,11\ldots11_n\}_{n=1}^{\infty}$ gegen den Wert $\frac{10}{9}$ *konvergiert*, da der Unterschied zwischen $\frac{10}{9}$ und $1,11\ldots11_n$ kleiner wird als jede vorgegebene positive Zahl, falls wir n nur groß genug wählen. Dies folgt aus (13.2). Wir sagen, dass $\frac{10}{9}$ *Grenzwert* der Folge $\{a_n\}_{n=1}^{\infty} = \{1,11\ldots11_n\}_{n=1}^{\infty}$ ist und drücken die Konvergenz der Folge $\{a_n\}_{n=1}^{\infty}$ mit den Elementen $a_n = 1,11\ldots11_n$ wie folgt aus:

$$\lim_{n\to\infty} a_n = \frac{10}{9} \quad \text{oder} \quad \lim_{n\to\infty} 1,11..11_n = \frac{10}{9}.$$

Der Grenzwert $\frac{10}{9}$ besitzt keine endliche Dezimaldarstellung. Die Elemente $1,11\ldots11_n$ der konvergenten Folge $\{1,11\ldots11_n\}_{n=1}^{\infty}$ sind Näherungen mit endlich vielen Dezimalstellen des Grenzwertes $\frac{10}{9}$, wobei der Fehler kleiner ist als jede vorgegebene positive Zahl, falls wir n nur groß genug wählen.

Angenommen, wir beschränken uns darauf, mit endlichen Dezimaldarstellungen zu arbeiten, so wie es ein Computer normalerweise tut. Dann können wir den Wert $\frac{10}{9}$ mit den vorhandenen Mitteln nicht exakt darstellen, da $\frac{10}{9}$ keine endliche Dezimaldarstellung hat. Als Stellvertreter oder Näherung können wir beispielsweise $1,11\ldots11_{10}$ wählen, aber dieses einzelne Element hat nur eine begrenzte Genauigkeit. Es wäre nicht vollständig richtig, wenn wir behaupten würden, dass $\frac{10}{9} = 1,11\ldots11_{10}$. Steht uns stattdessen die komplette Folge $\{1,11\ldots11_n\}_{n=1}^{\infty}$ zur Verfügung, können wir jede Genauigkeitsanforderung erfüllen, indem wir das Element $1,11\ldots11_n$ mit groß genugem n wählen. Indem wir mehr und mehr Dezimalstellen anhängen, können wir die Genauigkeit auf jedes gewünschte Niveau anheben.

Die Folge $\{1,11\ldots11_n\}_{n=1}^{\infty}$ enthält endliche Dezimaldarstellungen von $\frac{10}{9}$, die jede gewünschte positive Toleranz oder Genauigkeitsanforderung erfüllen. Dies wird manchmal durch

$$1,111\ldots = \frac{10}{9}$$

ausgedrückt, wobei die drei Punkte andeuten, dass jede Genauigkeit erreicht werden kann, indem genügend viele Dezimalstellen (alle gleich 1) berücksichtigt werden. Eine andere Schreibweise dafür ist

$$\lim_{n\to\infty} 1,11\ldots11_n = \frac{10}{9},$$

bei der eine mögliche Doppeldeutigkeit durch die drei kleinen Punkte vermieden wird.

13.2 Ringschraubenschlüsselsatz

Um eine sechseckige Schraube mit Durchmesser 2/3 anzuziehen oder zu lösen, benötigt ein Mechaniker einen etwas größeren Schraubenschlüssel. Die Toleranz beim Unterschied zwischen dem Schraubenkopf und dem Schlüssel hängt von der Festigkeit, dem Material der Schraube und des

Schlüssels ab und davon, ob die Schraube eingerostet ist oder das Schraubengewinde geölt ist. Ist der Schraubenschlüssel zu groß, wird der Schraubenkopf einfach nur beschädigt, bevor die Schraube angezogen oder gelöst ist. In Abb. 13.1 haben wir zwei Schlüssel mit unterschiedlichen Toleranzen dargestellt.

Ein *Amateurmechaniker* wird einen Schlüssel, etwa mit der Größe 0,7 haben. Ein *professioneller Mechaniker* mag 10 verschiedene Schlüssel in den Größen $0,7, 0,67, 0,667, \ldots, 0,66\ldots667_{10}$ bei sich haben. Sowohl der Amateurmechaniker wie der professionelle Mechaniker werden bei entsprechend schwierigen Bedingungen nicht weiterkommen, da die Schlüssel für ihre Aufgabe zu groß sind.

Abb. 13.1. Zwei Ringschraubenschlüssel mit unterschiedlichen Toleranzen

Ein *idealer Profimechaniker* würde die komplette Folge $\{0,66\ldots67_n\}_{n=1}^{\infty}$ bereit haben, wobei der Fehler beim Ringschraubenschlüssel n durch

$$\left| 0,66\ldots67_n - \frac{2}{3} \right| \leq 10^{-n}$$

abschätzbar ist. Somit kann ein idealer Profimechaniker in seinen Werkzeugkoffer greifen und einen Schraubenschlüssel herausnehmen, der jedweden Genauigkeitsanforderungen gerecht wird. Er wäre somit in der Lage, die Schraube unter beliebig schwierigen Bedingungen zu drehen oder jedes Kurbeldrehmoment zu erzeugen, das Fahrradhersteller angegeben haben. Genauer formuliert kann man sich den idealen Profimechaniker als jemanden vorstellen, der in der Lage ist, einen Schraubenschlüssel selbst *herzustellen*, der jede Toleranz oder Genauigkeit erfüllt. Falls nötig, könnte der ideale Profimechaniker etwa einen Schlüssel mit der Größe $0,66\ldots67_{20}$ *herstellen*, falls er nicht genau so einen Schlüssel bereits in seinem (großen) Werkzeugkoffer hat. Der Amateurmechaniker und der professionelle Mechaniker wären nicht in der Lage, ihre eigenen Ringschraubenschlüssel herzustellen, sondern müssten mit ihren fabrikgefertigten Schlüsselsätzen (die sie in einem Baumarkt kaufen können) zufrieden sein. Wir gehen davon aus, dass die Kosten für die Herstellung eines Schlüssels der Größe $0,66\ldots67_n$

(schnell) mit n anwächst, da die Genauigkeit bei der Herstellung vergrößert werden muss.

Ganz allgemein kostet die Berechnung der Zahlen $0,66\ldots67_n$ aus $\frac{2}{3}$ nach der Schuldivisionsmethode mehr Arbeit, wenn n anwächst. Wir gewinnen durch diese Mehrarbeit eine bessere Genauigkeit in $0,66\ldots67_n$ als Näherung an $\frac{2}{3}$. Arbeit gegen Genauigkeit einzutauschen ist die Grundidee hinter der Lösung von Gleichungen durch Berechnung, insbesondere auf einem Computer. Eine Abschätzung wie (13.2) liefert ein quantitatives Maß dafür, wie viel größere Genauigkeit wir mit mehr Arbeit gewinnen. Daher sind solche Näherungen nicht nur für Mathematiker wichtig, sondern auch für Ingenieure und Naturwissenschaftler.

Die Notwendigkeit einer immer besseren Annäherung kann in diesem Fall als Inkompatibilität zweier Systeme angesehen werden: Die Schraube hat die Größe $\frac{2}{3}$ im System der rationalen Zahlen, währenddessen die Schraubenschlüssel im Dezimalsystem $0,7$, $0,67$, $0,667$, $\ldots$ fabriziert werden. Es gibt keinen Schraubenschlüssel mit der exakten Größe $\frac{2}{3}$.

13.3   J.P. Johanssons verstellbarer Schraubenschlüssel

Der verstellbare Schraubenschlüssel ist eine schwedische Erfindung aus dem Jahre 1891 vom genialen J.P. Johansson (1839–1924), vgl. Abb. 13.2. Prinzipiell ist der verstellbare Schraubenschlüssel ein analoges Gerät, das zu jedem Schraubenkopf innerhalb eines gewissen Bereichs passt. Jeder Mechaniker weiß, dass ein verstellbarer Schraubenschlüssel Probleme verursachen kann, die mit einem exakt passenden Ringschraubenschlüssel nicht auftreten, da die Größe des verstellbaren Schraubenschlüssels bei wachsendem Drehmoment nicht vollständig stabil ist.

13.4   Die Macht der Sprache: Von unendlich Vielen zu Einem

Die Dezimalentwicklung $0,6666\ldots$ von $\frac{2}{3}$ besitzt unendlich viele Dezimalstellen. Die Folge $\{0,66\ldots667_n\}_{n=1}^{\infty}$ besitzt unendlich viele Elemente, die sich mit wachsender Genauigkeit an $\frac{2}{3}$ nähern. Über unendlich viele Dezimalstellen oder unendlich viele Elemente zu reden oder daran zu denken, bedeutet eine ernsthafte Schwierigkeit, die mit der Einführung des Begriffs der Folge erleichtert wird. Eine Folge besteht aus *unendlich vielen Elementen*, ist selbst aber nur eine *einzige Größe*. Wir ordnen also die unendlich vielen Elemente in einer Folge zusammen und gelangen so von der Unendlichkeit zu einem. Nach diesem semantischem Kunstgriff sind wir daher in

Abb. 13.2. Der schwedische Erfinder J.P. Johansson mit zwei verschiedenen Modellen verstellbarer Schraubenschlüssel

der Lage, von *einer* Folge zu reden und können für den Augenblick vergessen, dass eine Folge tatsächlich unendlich viele Elemente enthält.

Das ist so, als ob wir von dem Werkzeugkoffer des idealen Profimechanikers, der die Folge $\{0,66\ldots667_n\}_{n=1}^{\infty}$ unendlich vieler Schraubenschlüssel enthält, als einer Größe sprechen würden: Einem Werkzeugkoffer mit unendlich vielen Schraubenschlüsseln. Einen Werkzeugkoffer Schraubenschlüssel zu nennen, klingt zunächst merkwürdig, aber wenn wir den Werkzeugkoffer zunächst einmal so etwas wie „Superschraubenschlüssel" nennen würden, und dann später das „Super" weglassen?

Ähnlich können wir $0,6666\ldots$ als „Superzahl" bezeichnen, da sie unendlich viele Dezimalstellen hat, dann das „Super" vergessen und sagen, dass $0,6666\ldots$ eine Zahl ist. Das macht tatsächlich auch Sinn, da wir $0,6666\ldots$ mit $\frac{2}{3}$, einer Zahl, identifizieren. Im Folgenden werden wir auf nicht periodische unendliche Dezimalentwicklungen treffen, die keine rationale Zahlen sind. Zunächst können wir von diesen Zahlen als eine Art „Superzahlen" denken. Später werden wir solche Zahlen als „reelle Zahlen" bezeichnen.

Die Diskussion veranschaulicht die Nützlichkeit der Vorstellung *einer* Menge oder Folge mit *unendlich* vielen Elementen. Natürlich sollten wir uns der Gefahr bewusst sein, Sprache zu benutzen, um Tatsachen zu verschleiern. Politische Sprache wird oft auf diese Art benutzt, was ein Grund für die schwindende Glaubwürdigkeit von Politikern ist. Für uns als Mathematiker gibt es keinen Grund zu versuchen, so ehrlich wie möglich zu sein und Sprache so klar wie möglich einzusetzen.

13.5   Die $\epsilon - N$ Definition eines Grenzwertes

Die mathematische Formulierung eines Grenzwertes besagt, dass die Elemente a_n einer konvergenten Folge $\{a_n\}_{n=1}^{\infty}$ sich vom Grenzwert A beliebig wenig unterscheiden, wenn nur der Index n groß genug ist, und wir haben dafür die Schreibweise

$$\lim_{n \to \infty} a_n = A$$

eingeführt. Es gibt dafür einen mathematischen Jargon, der äußerst populär geworden ist. Er wurde von Karl Weierstrass (1815–97), vgl. Abb. 13.3, entwickelt und lautet folgendermaßen: Der Grenzwert der Folge $\{a_n\}_{n=1}^{\infty}$

Abb. 13.3. Weierstrass zu Sonya Kovalevskaya: „...geträumt und wurde bezaubert von so vielen Rätseln, die für uns noch zu lösen sind, in endlichen und unendlichen Räumen, zur Stabilität des Weltsystems und zu allen anderen größeren Probleme der Mathematik und der Physik der Zukunft....Sie waren mir nahe ...mein ganzes Leben lang ..., und nie habe ich jemand anderen gefunden, der mir soviel Verständnis für die höchsten Ziele der Wissenschaft entgegengebracht hat und eine so freudvolle Übereinstimmung mit meinen Plänen und Grundvorstellungen hatte wie sie"

ist gleich A, und wir schreiben

$$\lim_{n \to \infty} a_n = A,$$

falls für jedes (rationale) $\epsilon > 0$ eine natürliche Zahl N existiert, so dass

$$|a_n - A| \leq \epsilon \quad \text{für alle} \quad n \geq N.$$

Wir wissen beispielsweise, dass der Wert 10/9 durch das Element $1,11\ldots 1_n$ der Folge $\{1,11\ldots 1_n\}$ auf jede angegebene Genauigkeit (größer als 0) angenähert werden kann, wenn n groß genug gewählt wird. Von (13.2) wissen wir, dass

$$\left|\frac{10}{9} - 1,11\ldots 1_n\right| \leq 10^{-n}$$

und folglich

$$\left| \frac{10}{9} - 1,11\ldots1_n \right| \leq \epsilon$$

gilt, falls $10^{-n} \leq \epsilon$. Wir können dies so formulieren, dass

$$\left| \frac{10}{9} - 1,11\ldots1_n \right| \leq \epsilon,$$

wenn $n \geq N$ mit $10^{-N} \leq \epsilon$. Ist $\epsilon = 0, p_1 p_2 \ldots$ mit $p_1 = p_2 = \ldots = p_m = 0$ und $p_{m+1} \neq 0$, so können wir dazu jedes N mit $N \geq m$ wählen. Wir sagen, dass eine kleinere Wahl von ϵ ein größeres N verlangt. Somit hängt N von ϵ ab.

Wir wollen betonen, dass die $\epsilon - N$ Definition der Konvergenz etwas ausgefallen für die Aussage ist, dass der Abstand $|A - a_n|$ kleiner als jede gegebene Zahl gemacht werden kann, wenn nur n groß genug gewählt wird.

Das Risiko (und die Versuchung) besteht darin, die $\epsilon - N$ Definition der Konvergenz zu benutzen, statt der etwas schwerfälligeren „so klein wir wollen, wenn nur n groß genug ist". Die Aussage „$|A - a_n|$ kann kleiner gemacht werden als jede vorgegebene positive Zahl, wenn nur n groß genug ist", ist eine sehr qualitative Aussage. Nichts wird darüber gesagt, *wie groß* n sein muss, um eine gewisse Genauigkeit zu erreichen. Eine sehr qualitative Aussage ist notwendigerweise etwas vage. Auf der anderen Seite, sieht die Aussage „für jedes $\epsilon > 0$ existiert ein N, so dass $|A - a_n| \leq \epsilon$, wenn $n \geq N$" sehr präzise aus, wobei sie tatsächlich so qualitativ ist wie die erste Aussage, wenn die Abhängigkeit von N von ϵ nicht klar ausgedrückt wird. Das Risiko liegt also darin, dass wir bei der Benutzung des $\epsilon - N$-Jargons verwirrt werden und glauben, dass etwas Vages tatsächlich sehr präzise sei. Natürlich liegt darin auch eine Versuchung, die eng mit der allgemeinen Vorstellung zur Mathematik als etwas extrem Präzises verknüpft ist. Seien Sie also vorsichtig und lassen Sie Sich nicht durch einfache Tricks zum Narren halten: Die $\epsilon - N$ Definition eines Grenzwerts ist vage, in dem Maße, wie die Abhängigkeit von N von ϵ vage ist.

Der Begriff eines Grenzwerts einer Zahlenfolge ist fundamental für die Infinitesimalrechnung. Er ist eng verbunden mit nicht endenden Dezimalentwicklungen, d.h. Dezimalentwicklungen mit unendlich vielen von Null verschiedenen Dezimalen. Die Elemente mit dieser Eigenschaft werden dadurch erhalten, dass nach und nach mehr und mehr Dezimale berücksichtigt werden. Tatsächlich stammt das Hauptinteresse an Folgen von dieser Eigenschaft. Wie so oft hat die Vorstellung einer Folge und von Grenzwerten ein Eigenleben entwickelt, das viele Studenten der Infinitesimalrechnung geplagt hat. Wir werden uns bemühen, Ausschweifungen in diese Richtung zu vermeiden und stattdessen eine enge Verbindung zu der ursprünglichen Motivation, die zur Einführung von Folgen und Grenzwerten führte, zu halten, nämlich die, immer bessere und bessere Näherungen für die Lösungen von Gleichungen zu suchen.

Wir werden nun an Hand einiger Beispiele den $\epsilon - N$-Jargon praktizieren, um zu zeigen, dass gewisse Folgen Grenzwerte besitzen. Die Folgen, die wir vorstellen, sind „künstlich", d.h. zurechtgebastelt, aber wir benutzen sie, um grundlegende Gesichtspunkte zu veranschaulichen. Nach dem Durcharbeiten dieser Beispiele, sollte der Leser in der Lage sein, das offenbare Mysterium der $\epsilon - N$ Definition zu durchschauen, und verstehen, dass es eigentlich etwas sehr Einfaches ausdrückt. Aber bedenken Sie: Die $\epsilon - N$ Definition eines Grenzwerts ist in dem Maße vage, als die Abhängigkeit von N von ϵ vage ist.

Beispiel 13.1. Der Grenzwert der Folge $\{\frac{1}{n}\}_{n=1}^{\infty}$ ist 0, d.h.

$$\lim_{n\to\infty} \frac{1}{n} = 0.$$

Das liegt auf der Hand, da $\frac{1}{n}$ so weit an 0 angenähert werden kann, wie wir mögen, indem wir n groß genug wählen. Wir werden nun diese offensichtliche (und triviale) Tatsache im $\epsilon - N$-Jargon formulieren. Wir müssen also den verschlagenen Mathematiker zufriedenstellen, der ein $\epsilon > 0$ vorgibt und nach einer natürlichen Zahl N fragt, so dass

$$\left| \frac{1}{n} - 0 \right| \leq \epsilon \tag{13.3}$$

für alle $n \geq N$ gilt. Um diese Anforderung zu erfüllen, wählen wir irgendeine natürliche Zahl größer (oder gleich) $1/\epsilon$ für N, beispielsweise die kleinste natürliche Zahl, die größer oder gleich $1/\epsilon$ ist. Dann ist (13.3) für $n \geq N$ erfüllt und wir haben die verschlagene Anforderung erfüllt und wissen jetzt, dass $\lim_{n\to\infty} \frac{1}{n} = 0$. In diesem Beispiel ist die Verbindung zwischen ϵ und N völlig klar: Wir können N als kleinste natürliche Zahl wählen, die größer oder gleich $1/\epsilon$ ist. Ist beispielsweise $\epsilon = 1/100$, dann $N = 100$. Wir hoffen, dass die Leserin/der Leser die Verbindung zwischen der einfachen Vorstellung, dass $1/n$ so nahe an 0 herankommt, wie wir mögen, indem wir n genügend groß wählen, und der pompösen Formulierung dieses Gedankens im $\epsilon - N$-Jargon knüpfen kann.

Beispiel 13.2. Als Nächstes zeigen wir, dass der Grenzwert der Folge $\{\frac{n}{n+1}\}_{n=1}^{\infty} = \{\frac{1}{2}, \frac{2}{3}, \ldots\}$ gleich 1 ist, d.h.

$$\lim_{n\to\infty} \frac{n}{n + 1} = 1. \tag{13.4}$$

Zunächst berechnen wir

$$\left| 1 - \frac{n}{n+1} \right| = \left| \frac{n + 1 - n}{n + 1} \right| = \frac{1}{n + 1}.$$

Daraus sehen wir, dass $\frac{n}{n+1}$ beliebig nahe an 1 herankommt, wenn n groß genug ist, wodurch die Aussage bewiesen ist. Wir formulieren dies nun im

$\epsilon - N$-Jargon. Sei ein $\epsilon > 0$ gegeben. $\frac{1}{n+1} \leq \epsilon$ gilt für $n \geq 1/\epsilon - 1$. Daher ist $\left| 1 - \frac{n}{n+1} \right| \leq \epsilon$ für alle $n \geq N$, vorausgesetzt, dass $N \geq 1/\epsilon - 1$ gewählt wurde. Dadurch ist die Aussage ebenfalls bewiesen.

Beispiel 13.3. Die Summe

$$1 + r + r^2 + \cdots + r^n = \sum_{i=0}^{n} r^i = s_n$$

wird *endliche geometrische Reihe der Ordnung n mit Faktor r* genannt. Sie enthält die Potenzen r^i des Faktors r bis $i = n$. Wir haben diese Reihe bereits oben mit $r = 0,1$ und $s_n = 1,11 \ldots 11_n$ kennen gelernt. Wir betrachten nun einen beliebigen Wert für den Faktor r im Intervall $|r| < 1$. Wir wiederholen die Formel

$$s_n = \sum_{i=0}^{n} r^i = \frac{1 - r^{n+1}}{1 - r},$$

die für alle $r \neq 1$ gilt. Was passiert, wenn die Anzahl n von Ausdrücken größer und größer wird? Es liegt auf der Hand, die Folge $\{s_n\}_{n=1}^{\infty}$ zu betrachten, um diese Frage zu beantworten. Wir werden beweisen, dass für $|r| < 1$

$$\lim_{n \to \infty} s_n = \lim_{n \to \infty} (1 + r + r^2 + \cdots + r^n) = \frac{1}{1 - r} \tag{13.5}$$

gilt, was wir in der Form

$$\sum_{i=0}^{\infty} r^i = \frac{1}{1 - r}, \quad \text{für } |r| < 1$$

schreiben. Rein intuitiv fühlen wir, dass dies stimmt, da r^{n+1} so klein wird wie wir mögen, indem wir n groß genug wählen (bedenken Sie, dass $|r| < 1$). Wir nennen $\sum_{i=0}^{\infty} r^i$ eine *unendliche geometrische Reihe mit Faktor r*.

Wir wollen nun einen $\epsilon - N$-Beweis für (13.5) geben. Dazu müssen wir zeigen, dass für ein $\epsilon > 0$ ein N existiert, so dass

$$\left| \frac{1 - r^{n+1}}{1 - r} - \frac{1}{1 - r} \right| = \left| \frac{r^{n+1}}{1 - r} \right| \leq \epsilon$$

für alle $n \geq N$ gilt. An dieser Stelle ist es ausreichend, da $|r| < 1$ ist, ein N zu finden, mit

$$|r|^{N+1} \leq \epsilon |1 - r|. \tag{13.6}$$

Da $|r| < 1$ ist, können wir $|r|^{N+1}$ so klein machen, wie wir wollen, indem wir N genügend groß wählen. Deswegen können wir die Ungleichung (13.6) erfüllen, indem wir N genügend groß machen. Unten werden wir die Logarithmus-Funktion definieren und damit einen genauen Wert für N als Funktion von ϵ in (13.6) erhalten.

13.6 Konvergente Folgen haben eindeutige Grenzwerte

Der Grenzwert einer konvergenten Folge ist eindeutig definiert. Das sollte eigentlich selbsterklärend sein, da es unmöglich ist, gleichzeitig beliebig nahe an zwei verschiedenen Zahlen heranzukommen. Versuchen Sie es! Wir geben hier einen etwas längeren Beweis und benutzen dabei typische Argumente, wie sie oft in Mathematikbüchern gefunden werden. Die Leserin/der Leser kann aus diesen Argumenten lernen und verstehen, dass etwas scheinbar Schwieriges tatsächlich eine sehr einfache Idee verstecken kann.

Wir beginnen mit der folgenden Form der *Dreiecksungleichung*, s. (7.15):

$$|a - b| \leq |a - c| + |c - b|. \tag{13.7}$$

Sie gilt für alle a, b und c. Angenommen, die Folge $\{a_n\}_{n=1}^{\infty}$ konvergiere zu zwei unterschiedlichen Zahlen A_1 und A_2. Aus (13.7) erhalten wir für jedes n mit $a = A_1$, $b = A_2$ und $c = a_n$

$$|A_1 - A_2| \leq |A_1 - a_n| + |a_n - A_2|.$$

Da a_n gegen A_1 konvergiert, können wir $|A_1 - a_n|$ beliebig klein machen, für ein genügend großes n insbesondere auch kleiner als $\frac{1}{4}|A_1 - A_2|$, falls $A_1 \neq A_2$. Entsprechend können wir auch $|a_n - A_2| < \frac{1}{4}|A_1 - A_2|$ erreichen, wenn wir n groß genug wählen. Mit (13.7) bedeutet dies, dass für große n $|A_1 - A_2| \leq \frac{1}{2}|A_1 - A_2|$ gilt, was nur stimmen kann, wenn $A_1 = A_2$, was der Annahme $A_1 \neq A_2$ widerspricht, die folglich falsch sein muss.

Gilt $\lim_{n \to \infty} a_n = A$, dann beispielsweise auch $\lim_{n \to \infty} a_{n+1} = A$ und $\lim_{n \to \infty} a_{n+7} = A$. Anders ausgedrückt interessiert für den Grenzwert $\lim_{n \to \infty} a_n$ nur der „Schwanz" einer Folge $\{a_n\}$.

13.7 Lipschitz-stetige Funktionen und Folgen

Ein entscheidender Grund für die Einführung Lipschitz-stetiger Funktionen $f : \mathbb{Q} \to \mathbb{Q}$ ist die folgende Verbindung zu Folgen rationaler Zahlen. Sei $\{a_n\}$ eine konvergierende Folge mit dem rationalen Grenzwert $\lim_{n \to \infty} a_n$ und sei $f : \mathbb{Q} \to \mathbb{Q}$ eine Lipschitz-stetige Funktion mit der Lipschitz-Konstanten L. Welche Aussagen sind bezüglich der Folge $\{f(a_n)\}$ möglich? Konvergiert sie und falls ja, wozu?

Die Antwort ist einfach: Die Folge $\{f(a_n)\}$ konvergiert gegen

$$\lim_{n \to \infty} f(a_n) = f\left(\lim_{n \to \infty} a_n\right).$$

Der Beweis ist ebenfalls einfach. Aus der Lipschitz-Stetigkeit von $f : \mathbb{Q} \to \mathbb{Q}$ ergibt sich

$$\left| f(a_m) - f\left(\lim_{n \to \infty} a_n\right) \right| \leq L \left| a_m - \lim_{n \to \infty} a_n \right|.$$

Da $\{a_n\}$ gegen A konvergiert, kann die rechte Seite durch ein genügend großes m kleiner gemacht werden als jede vorgegebene positive Zahl. Somit wird auch die linke Seite kleiner als jede positive Zahl, falls m groß genug gewählt wird, wodurch der Beweis geliefert ist.

Beachten Sie, dass, da $\lim_{n\to\infty} a_n$ eine rationale Zahl ist, der Funktionswert $f(\lim_{n\to\infty} a_n)$ wohl definiert ist, da wir von $f : \mathbb{Q} \to \mathbb{Q}$ ausgehen.

Dabei genügt es, dass $f(x)$ Lipschitz-stetig ist auf einem Intervall I, das alle Elemente a_n und den Grenzwert $\lim_{n\to\infty} a_n$ enthält. Somit haben wir das folgende wichtige Ergebnis bereits bewiesen.

Satz 13.1 *Sei $\{a_n\}$ eine Folge mit rationalem Grenzwert $\lim_{n\to\infty} a_n$. Sei $f : I \to \mathbb{Q}$ eine Lipschitz-stetige Funktion mit $a_n \in I$ für alle n und $\lim_{n\to\infty} a_n \in I$. Dann gilt*

$$\lim_{n\to\infty} f(a_n) = f\left(\lim_{n\to\infty} a_n\right). \tag{13.8}$$

Beachten Sie, dass die Wahl eines abgeschlossenen Intervalls I garantiert, dass $\lim_{n\to\infty} a_n \in I$, falls $a_n \in I$ für alle n.

Wir wollen jetzt einige Beispiele betrachten.

Beispiel 13.4. Bei dem Modell zum Bakterienwachstum im Kapitel „Rationale Zahlen", müssen wir

$$\lim_{n\to\infty} P_n = \lim_{n\to\infty} \frac{1}{\dfrac{1}{2^n}Q_0 + \dfrac{1}{K}\left(1 - \dfrac{1}{2^n}\right)}$$

berechnen. Die Folge $\{P_n\}$ wird durch Anwendung der Funktion

$$f(x) = \frac{1}{Q_0 x + \frac{1}{K}(1 - x)}$$

auf die Elemente der Folge $\{\frac{1}{2^n}\}$ erhalten. Da $\lim_{n\to\infty} 1/2^n = 0$, erhalten wir $\lim_{n\to\infty} P_n = f(0) = K$, da f beispielsweise auf dem Intervall $[0, 1/2]$ Lipschitz-stetig ist. Die Lipschitz-Stetigkeit ergibt sich aus der Tatsache, dass $f(x)$ aus der Funktion $f_1(x) = Q_0 x + \frac{1}{K}(1 - x)$ und der Funktion $f_2(y) = 1/y$ zusammengesetzt ist.

Beispiel 13.5. Die Funktion $f(x) = x^2$ ist Lipschitz-stetig auf beschränkten Intervallen. Konvergiert $\{a_n\}_{n=1}^{\infty}$ gegen einen rationalen Grenzwert A, so folgern wir, dass

$$\lim_{n\to\infty} (a_n)^2 = A^2.$$

Im nächsten Kapitel werden wir uns mit der Berechnung von $\lim_{n\to\infty} (a_n)^2$ für eine spezielle Folge $\{a_n\}_{n=1}^{\infty}$, die wir aus dem Modell für den schlammigen Hof kennen, beschäftigen, was mit einer Überraschung enden wird. Können Sie erraten, um was es dabei geht?

Beispiel 13.6. Aus Satz 13.1 ergibt sich bei entsprechender Wahl (welcher?) von $f(x)$:

$$\lim_{n\to\infty}\left(\frac{3+\frac{1}{n}}{4+\frac{2}{n}}\right)^9 = \left(\lim_{n\to\infty}\frac{3+\frac{1}{n}}{4+\frac{2}{n}}\right)^9 = \left(\frac{\lim_{n\to\infty}(3+\frac{1}{n})}{\lim_{n\to\infty}(4+\frac{2}{n})}\right)^9 = \left(\frac{3}{4}\right)^9.$$

Beispiel 13.7. Aus Satz 13.1 folgt

$$\lim_{n\to\infty}(2^{-n})^7 + 14(2^{-n})^4 - 3(2^{-n}) + 2 = 0^7 + 14 \times 0^4 - 3 \times 0 + 2 = 2.$$

13.8 Verallgemeinerung auf Funktionen zweier Variablen

Wir wiederholen, dass eine Funktion $f : I \times J \to \mathbb{Q}$ zweier rationaler Variablen, wobei I und J abgeschlossene Intervalle in $\mathbb{Q}$ sind, Lipschitz-stetig ist, wenn es eine Konstante L gibt, so dass

$$|f(x_1, x_2) - f(\bar{x}_1, \bar{x}_2)| \leq L(|x_1 - \bar{x}_1| + |x_2 - \bar{x}_2|),$$

für $x_1, \bar{x}_1 \in I$ und $x_2, \bar{x}_2 \in J$.

Seien nun $\{a_n\}$ und $\{b_n\}$ zwei konvergente Folgen rationaler Zahlen, mit $a_n \in I$ und $b_n \in J$. Dann gilt

$$f\left(\lim_{n\to\infty} a_n, \lim_{n\to\infty} b_n\right) = \lim_{n\to\infty} f(a_n, b_n). \tag{13.9}$$

Der Beweis folgt sofort:

$$\left|f\left(\lim_{n\to\infty} a_n, \lim_{n\to\infty} b_n\right) - f(a_m, b_m)\right| \leq L\left(\left|\lim_{n\to\infty} a_n - a_m\right| + \left|\lim_{n\to\infty} b_n - b_m\right|\right) \tag{13.10}$$

da die rechte Seite beliebig klein gemacht werden kann, indem m groß genug gewählt wird.

Wir geben eine erste Anwendung dieses Ergebnisses für die Funktion $f(x_1, x_2) = x_1 + x_2$, die auf $\mathbb{Q} \times \mathbb{Q}$ Lipschitz-stetig zur Lipschitz-Konstanten $L = 1$ ist. Wir folgern aus (13.9)

$$\lim_{n\to\infty}(a_n + b_n) = \lim_{n\to\infty} a_n + \lim_{n\to\infty} b_n, \tag{13.11}$$

was besagt, dass der Grenzwert einer Summe gleich der Summe der Grenzwerte ist.

Ähnlich ergibt sich natürlich für die Funktion $f(x_1, x_2) = x_1 - x_2$:

$$\lim_{n\to\infty}(a_n - b_n) = \lim_{n\to\infty} a_n - \lim_{n\to\infty} b_n.$$

Als Spezialfall ergibt sich durch die Wahl $a_n = a$ für alle n

$$\lim_{n \to \infty} (a + b_n) = a + \lim_{n \to \infty} b_n.$$

Als Nächstes betrachten wir die Funktion $f(x_1, x_2) = x_1 x_2$, die auf $I \times J$ Lipschitz-stetig ist, falls I und J abgeschlossene beschränkte Intervalle in $\mathbb{Q}$ sind. Mit Hilfe von (13.9) ergibt sich für zwei konvergente Folgen rationaler Zahlen $\{a_n\}$ und $\{b_n\}$, dass

$$\lim_{n \to \infty} (a_n \times b_n) = \lim_{n \to \infty} a_n \times \lim_{n \to \infty} b_n$$

gilt, was besagt, dass der Grenzwert von Produkten gleich dem Produkt der Grenzwerte ist.

Als Spezialfall ergibt sich durch die Wahl $a_n = a$ für alle n

$$\lim_{n \to \infty} (a \times b_n) = a \lim_{n \to \infty} b_n.$$

Wir wollen jetzt die Funktion $f(x_1, x_2) = x_1/x_2$ betrachten, die auf $I \times J$ Lipschitz-stetig ist, falls I und J abgeschlossene Intervalle in $\mathbb{Q}$ sind und J nicht die 0 enthält. Ist $b_n \in J$ für alle n und $\lim_{n \to \infty} b_n \neq 0$, dann gilt

$$\lim_{n \to \infty} (a_n/b_n) = \frac{\lim_{n \to \infty} a_n}{\lim_{n \to \infty} b_n},$$

was besagt, dass der Grenzwert eines Quotienten gleich dem Quotienten der Grenzwerte ist, falls der Grenzwert des Nenners ungleich Null ist.

13.9   Berechnung von Grenzwerten

Wir werden nun die obigen Regeln für die Berechnung einiger Grenzwerte benutzen.

Beispiel 13.8. Wir betrachten $\{2 + 3n^{-4} + (-1)^n n^{-1}\}_{n=1}^{\infty}$.

$$\lim_{n \to \infty} \left(2 + 3n^{-4} + (-1)^n n^{-1}\right)$$
$$= \lim_{n \to \infty} 2 + 3 \lim_{n \to \infty} n^{-4} + \lim_{n \to \infty} (-1)^n n^{-1}$$
$$= 2 + 3 \times 0 + 0 = 2.$$

Wir nutzen (13.11), um dieses Beispiel zu lösen und die Tatsache, dass

$$\lim_{n \to \infty} n^{-p} = \left(\lim_{n \to \infty} n^{-1}\right)^p = 0^p = 0$$

für jede natürliche Zahl p gilt.

Weitere wichtige Ergebnisse sind

$$\lim_{n\to\infty} r^n = \begin{cases} 0 & \text{falls } |r| < 1, \\ 1 & \text{falls } r = 1, \\ \text{divergiert zu } \infty & \text{falls } r > 1, \\ \text{divergiert} & \text{sonst.} \end{cases}$$

Wir bewiesen dies für $r = 1/2$ im Beispiel 13.4 und Sie werden die Verallgemeinerung später als Aufgabe zeigen.

Beispiel 13.9. Mit Hilfe von Beispiel 13.3 können wir die Grenzwerte für das Bakterienwachstum, vgl. Beispiel 13.4, bestimmen. Es gilt

$$\lim_{n\to\infty} P_n = \frac{1}{\displaystyle\lim_{n\to\infty} \frac{1}{2^n} Q_0 + \lim_{n\to\infty} \frac{1}{K}\left(1 - \frac{1}{2^n}\right)}$$

$$= \frac{1}{0 + \dfrac{1}{K}(1 - 0)} = K.$$

Anders formuliert strebt eine Bakterienpopulation, die mit einschränkenden Ressourcen wächst, nach dem Verhulst Modell gegen eine konstante Population.

Beispiel 13.10. Wir untersuchen

$$\left\{ 4\,\frac{1 + n^{-3}}{3 + n^{-2}} \right\}_{n=1}^{\infty}.$$

Wir berechnen den Grenzwert mit Hilfe verschiedener Regeln:

$$\lim_{n\to\infty} 4\,\frac{1 + n^{-3}}{3 + n^{-2}} = 4\,\frac{\lim_{n\to\infty}(1 + n^{-3})}{\lim_{n\to\infty}(3 + n^{-2})}$$

$$= 4\,\frac{1 + \lim_{n\to\infty} n^{-3}}{3 + \lim_{n\to\infty} n^{-2}}$$

$$= 4\,\frac{1 + 0}{3 + 0} = \frac{4}{3}.$$

Beispiel 13.11. Wir untersuchen

$$\left\{ \frac{6n^2 + 2}{4n^2 - n + 1000} \right\}_{n=1}^{\infty}.$$

Überlegen Sie Sich, was passiert, wenn n groß wird, bevor wir den Grenzwert berechnen. Im Zähler wird $6n^2$ viel größer als 2, wenn n groß ist und ganz ähnlich wird im Zähler $4n^2$ betragsmäßig viel größer als $-n + 1000$, wenn n groß ist. Daher könnten wir vermuten, dass für große n

$$\frac{6n^2 + 2}{4n^2 - n + 1000} \approx \frac{6n^2}{4n^2} = \frac{6}{4}$$

gilt. Das wäre ein guter Tipp für den Grenzwert. Um zu sehen, dass dies wirklich stimmt, benutzen wir einen Trick, der die Folge in eine bessere Form für die Grenzwertberechnung bringt:

$$\lim_{n \to \infty} \frac{6n^2 + 2}{4n^2 - n + 1000} = \lim_{n \to \infty} \frac{(6n^2 + 2)n^{-2}}{(4n^2 - n + 1000)n^{-2}}$$

$$= \lim_{n \to \infty} \frac{6 + 2n^{-2}}{4 - n^{-1} + 1000n^{-2}}$$

$$= \frac{6}{4},$$

womit wir, wie im vorherigen Beispiel, die Berechnung abgeschlossen haben.

Der Trick, Zähler und Nenner eines Bruchs mit einer Potenz zu multiplizieren, lässt sich auch einsetzen, um herauszufinden, ob eine Folge gegen Null konvergiert oder gegen Unendlich divergiert.

Beispiel 13.12.

$$\lim_{n \to \infty} \frac{n^3 - 20n^2 + 1}{n^8 + 2n} = \lim_{n \to \infty} \frac{(n^3 - 20n^2 + 1)n^{-3}}{(n^8 + 2n)n^{-3}}$$

$$= \lim_{n \to \infty} \frac{1 - 20n^{-1} + n^{-3}}{n^5 + 2n^{-2}}.$$

Hieraus erkennen wir, dass der Zähler gegen 1 konvergiert und der Nenner beliebig groß wird. Daher gilt

$$\lim_{n \to \infty} \frac{n^3 - 20n^2 + 1}{n^8 + 2n} = 0.$$

Beispiel 13.13.

$$\lim_{n \to \infty} \frac{-n^6 + n + 10}{80n^4 + 7} = \lim_{n \to \infty} \frac{(-n^6 + n + 10)n^{-4}}{(80n^4 + 7)n^{-4}}$$

$$= \lim_{n \to \infty} \frac{-n^2 + n^{-3} + 10n^{-4}}{80 + 7n^{-4}}.$$

Hieraus erkennen wir, dass der Zähler ohne Beschränkung ins Negative anwächst, während der Zähler gegen 80 konvergiert. Daher

$$\text{divergiert} \quad \left\{\frac{-n^6 + n + 10}{80n^4 + 7}\right\}_{n=1}^{\infty} \quad \text{gegen } -\infty.$$

13.10 Computerdarstellung rationaler Zahlen

Die Dezimalentwicklung $\pm p_m p_{m-1} \ldots p_1 p_0, q_1 q_2 \ldots q_n$ basiert auf der Basis 10, und folglich kann jede der Ziffern p_i und q_j einen der 10 Werte $0, 1, 2, \ldots 9$ annehmen. Natürlich können auch andere Basen als 10 benutzt werden. So nutzten beispielsweise die Babylonier die Basis sechzig und ihre Ziffern umfassten daher den Bereich von 0 bis 59. Computer arbeiten mit der Basis 2 und den zwei Ziffern 0 und 1. Eine Zahl in Basis 2 hat die Form

$$\pm p_m 2^m + p_{m-1} 2^{m-1} + \cdots + p_2 2^2 + p_1 2^1 + p_0 2^0 + q_1 2^{-1} + q_2 2^{-2}$$
$$+ \cdots + q_{n-1} 2^{-(n-1)} + q_n 2^{-n},$$

was wir wiederum in der Kurzform

$$\pm p_m p_{m-1} \ldots p_1 p_0, q_1 q_2 \ldots q_n = p_m p_{m-1} \ldots p_1 p_0 + 0, q_1 q_2 \ldots q_n$$

schreiben können, wobei n und m natürliche Zahlen sind und p_i und q_j jeweils den Wert 0 oder 1 annehmen. So ist beispielsweise in Basis zwei

$$11, 101 = 1 \cdot 2^1 + 1 \cdot 2^0 + 1 \cdot 2^{-1} + 1 \cdot 2^{-3}.$$

In der Fließkomma-Arithmetik eines Computers werden Zahlen mit den üblichen 32 Bits in der Form
$$\pm r 2^N$$
dargestellt, wobei $1 \leq r \leq 2$ die *Mantisse* ist. Der *Exponent* N ist eine ganze Zahl. Von den 32 Bits werden 23 Bits für die Speicherung der Mantisse benutzt, 8 Bits werden für den Exponenten verwendet und ein Bit wird für das Vorzeichen benötigt. Da $2^{10} \approx 10^3$ ist, kann die Mantisse zwischen 6 und 7 Dezimalstellen darstellen. Der Exponent N kann sich zwischen -126 und 127 bewegen, woraus folgt, dass sich der Absolutbetrag von Zahlen, die in einem Computer gespeichert werden können, etwa zwischen 10^{-40} und 10^{40} bewegt. Zahlen außerhalb dieses Bereichs können mit 32 Bits im Computer nicht dargestellt werden. Einige Sprachen erlauben die Verwendung von doppelt genauen Variablen (double precision) mit 64 Bits, wobei 11 Bits für den Exponenten benutzt werden, der somit den Bereich $-1022 \leq N \leq 1023$ abdeckt, und 52 Bits werden für die Speicherung der Mantisse eingesetzt, was circa 15 Dezimalstellen entspricht.

Wir betonen, dass die endliche Speicherungsfähigkeit eines Computers zwei Effekte beim Umgang mit rationalen Zahlen hat. Der erste Effekt ist dem Effekt bei der Speicherung ganzer Zahlen ähnlich, nämlich der, dass nur Zahlen in einem endlichen Bereich gespeichert werden können. Der zweite Effekte ist etwas spitzfindig, hat aber weitaus ernstere Konsequenzen. Das ist die Tatsache, dass Zahlen nur mit einer gewissen Anzahl von Stellen gespeichert werden. Jede rationale Zahl, die mehr als eine endliche

Anzahl von Stellen in ihrer Dezimalentwicklung benötigt, was beispielsweise auf alle rationalen Zahlen mit unendlichen periodischen Entwicklungen zutrifft, werden deshalb auf dem Computer mit einem Fehler behaftet gespeichert. So wird beispielsweise 2/11 als 0, 1818181 oder 0, 1818182 gespeichert, je nachdem ob der Computer rundet oder nicht.

Aber das ist noch nicht alles. Ein Fehler in der 7. oder 15. Stelle wäre nicht so problematisch, wenn man von der Tatsache absähe, dass solche *Rundungsfehler* sich beim Ausführen arithmetischer Operationen akkumulieren. Anders ausgedrückt kann das Ergebnis der Addition zweier mit einem kleinen Fehler behafteter Zahlen einen größeren Fehler aufweisen, der der Summe der einzelnen Fehler entspricht (wenn die Fehler nicht unterschiedliches Vorzeichen haben oder sich sogar gegenseitig auslöschen).

Wir geben weiter unten im Kapitel „Reihen" ein Beispiel, das überraschende Ergebnisse aufzeigt, wie Sie beim Arbeiten mit endlichen Dezimaldarstellungen mit Rundungsfehler auftreten können.

13.11   Sonya Kovalevskaya: Die erste Frau auf einem Mathematiklehrstuhl

Sonya Kovalevskaya (1850–91) war bei Weierstrass Studentin und sie erhielt 1889 als erste Frau überhaupt eine Professur in Mathematik an der Universität Stockholm, vgl. Abb. 13.4. Ihr Mentor war der berühmte schwedische

Abb. 13.4. Sonya Kovalevskaya, erste Frau mit einer Mathematikprofessur: „Ich fühlte allmählich eine so starke Anziehung zur Mathematik, dass ich meine anderen Studien mehr und mehr vernachlässigte" (im Alter von 11)

Mathematiker Gösta Mittag-Leffler (1846–1927), der die Prestigezeitschrift Acta Mathematica gründete, vgl. Abschnitt 22.12.

Kovalevskaya erhielt 1886 den mit 5.000 Francs dotierten Prix Bordin für ihre Veröffentlichung *Mèmoire sur un cas particulier du problème de le rotation d'un corps pesant autour d'un point fixe, ou l'intgration s'effectue l'aide des fonctions ultraelliptiques du temps.* Sie starb auf dem Höhepunkt ihrer Karriere mit nur 41 Jahren an einer Grippe, die durch eine Lungenentzündung kompliziert wurde.

Aufgaben zu Kapitel 13

13.1. Zeichnen Sie die Funktionen (a) 2^{-n}, (b) 5^{-n} und (c) 10^{-n} für natürliche Zahlen n. Vergleichen Sie die Kurven.

13.2. Zeichnen Sie die Funktion $f(n) = \frac{10}{9}(1 - 10^{-n-1})$, $n \in \mathbb{N}$.

13.3. Schreiben Sie die folgenden Folgen in Index-Schreibweise:

(a) $\{1, 3, 9, 27, \ldots\}$ (b) $\{16, 64, 256, \ldots\}$

(c) $\{1, -1, 1, -1, 1, \ldots\}$ (d) $\{4, 7, 10, 13, \ldots\}$

(e) $\{2, 5, 8, 11, \ldots\}$ (f) $\{125, 25, 5, 1, \frac{1}{5}, \frac{1}{25}, \frac{1}{125}, \ldots\}$.

13.4. Beweisen Sie die folgenden Grenzwerte mit Hilfe der formalen Definition des Grenzwertes:

(a) $\lim\limits_{n \to \infty} \dfrac{8}{3n + 1} = 0$ (b) $\lim\limits_{n \to \infty} \dfrac{4n + 3}{7n - 1} = \dfrac{4}{7}$ (c) $\lim\limits_{n \to \infty} \dfrac{n^2}{n^2 + 1} = 1$.

13.5. Zeigen Sie, dass $\lim\limits_{n \to \infty} r^n = 0$ für ein beliebiges r mit $|r| \leq 1/2$.

13.6. Eines der klassischen Paradoxa, das von griechischen Philosophen aufgestellt wurde, lässt sich mit Hilfe geometrischer Reihen lösen. Angenommen, Sie befinden sich mit Ihrem Fahrrad in der Lüneburger Heide, 32 Kilometer von zu Hause weg. Eine Speiche ist gebrochen, Sie haben kein Essen mehr, eben das letzte Wasser ausgetrunken, Sie haben kein Geld bei sich und jetzt fängt es auch noch an zu regnen. Während Sie nach Hause fahren, kommt Ihnen ein schrecklicher Gedanke: Sie können nie nach Hause kommen! Sie denken: Zunächst muss ich 16 Kilometer fahren, dann 8 Kilometer, dann 4, dann 2, dann 1, dann 1/2, dann 1/4 u.s.w. Offensichtlich bleibt immer ein kleiner Weg übrig, den Sie noch zurücklegen müssen, egal wie nahe Sie auch sind. Sie müssen eine unendliche Anzahl von Strecken zurücklegen, um irgendwohin zu kommen! Die griechischen Philosophen wussten nicht mit Grenzwerten von Folgen umzugehen, so dass dieses Problem ihnen einiges Kopfzerbrechen bereitete. Erklären Sie mit Hilfe der Summe einer geometrischen Reihe, warum hier kein Paradoxon vorliegt.

13.7. Beweisen Sie folgende Aussagen mit Hilfe der formalen Definition der Divergenz gegen Unendlich:

$$\text{(a) } \lim_{n\to\infty} -4n + 1 = -\infty \qquad \text{(b) } \lim_{n\to\infty} n^3 + n^2 = \infty.$$

13.8. Zeigen Sie, dass $\lim_{n\to\infty} r^n = \infty$ für ein beliebiges r mit $|r| \geq 2$.

13.9. Finden Sie die Ergebnisse von

(a) $1 - 0,5 + 0,25 - 0,125 + \cdots$

(b) $3 + \dfrac{3}{4} + \dfrac{3}{16} + \cdots$

(c) $5^{-2} + 5^{-3} + 5^{-4} + \cdots$

13.10. Finden Sie Formeln für die Summen der folgenden Reihen mit Hilfe der Formel für die Summe der geometrischen Reihe für $|r| < 1$:

(a) $1 + r^2 + r^4 + \cdots$

(b) $1 - r + r^2 - r^3 + r^4 - r^5 + \cdots$

13.11. Bestimmen Sie, wie viele verschiedene Folgen sich in der folgenden Auflistung verbergen, und identifizieren Sie gleiche Folgen.

$$\text{(a) } \left\{\frac{4^{n/2}}{4 + (-1)^n}\right\}_{n=1}^{\infty} \qquad \text{(b) } \left\{\frac{2^n}{4 + (-1)^n}\right\}_{n=1}^{\infty}$$

$$\text{(c) } \left\{\frac{2^{\text{car}}}{4 + (-1)^{\text{car}}}\right\}_{\text{car}=1}^{\infty} \qquad \text{(d) } \left\{\frac{2^{n-1}}{4 + (-1)^{n-1}}\right\}_{n=2}^{\infty}$$

$$\text{(e) } \left\{\frac{2^{n+2}}{4 + (-1)^{n+2}}\right\}_{n=0}^{\infty} \qquad \text{(f) } \left\{8\frac{2^n}{4 + (-1)^{n+3}}\right\}_{n=-2}^{\infty}.$$

13.12. Schreiben Sie die Folge $\left\{\dfrac{2 + n^2}{9^n}\right\}_{n=1}^{\infty}$ um, so dass: (a) der Index n von -4 gegen ∞ läuft, (b) der Index n von 3 gegen ∞ läuft, (c) der Index n von 2 gegen $-\infty$ läuft.

13.13. Zeigen Sie, dass (7.14) bei den folgenden Fällen gilt: $a < 0$, $b < 0$; $a < 0$, $b > 0$; $a > 0$, $b < 0$; $a > 0$, $b > 0$. Zeigen Sie mit Hilfe von (7.14) und $a - c + c - b = a - b$, dass (13.7) gilt.

13.14. Angenommen $\{a_n\}_{n=1}^{\infty}$ konvergiere gegen A und $\{b_n\}_{n=1}^{\infty}$ gegen B. Zeigen Sie, dass $\{a_n - b_n\}_{n=1}^{\infty}$ gegen $A - B$ konvergiert.

13.15. (*Schwierig*) Angenommen $\{a_n\}_{n=1}^{\infty}$ konvergiere gegen A und $\{b_n\}_{n=1}^{\infty}$ gegen B. Zeigen Sie, dass für $b_n \neq 0$ für alle n und $B \neq 0$, $\{a_n/b_n\}_{n=1}^{\infty}$ gegen A/B konvergiert. Hinweis: Schreiben Sie

$$\frac{a_n}{b_n} - \frac{A}{B} = \frac{a_n}{b_n} - \frac{a_n}{B} + \frac{a_n}{B} - \frac{A}{B}.$$

Nutzen Sie, dass für n groß genug, $|b_n| \geq B/2$, wobei Sie dies erst schlüssig zeigen sollten!

13.16. Berechnen Sie die Grenzwerte der Folgen $\{a_n\}_{n=1}^{\infty}$ mit folgenden Elementen oder beweisen Sie deren Divergenz.

$$\text{(a) } a_n = 1 + \frac{7}{n} \qquad\qquad \text{(b) } a_n = 4n^2 - 6n$$

$$\text{(c) } a_n = \frac{(-1)^n}{n^2} \qquad\qquad \text{(d) } a_n = \frac{2n^2 + 9n + 3}{6n^2 + 2}$$

$$\text{(e) } a_n = \frac{(-1)^n n^2}{7n^2 + 1} \qquad\qquad \text{(f) } a_n = \left(\frac{2}{3}\right)^n + 2$$

$$\text{(g) } a_n = \frac{(n-1)^2 - (n+1)^2}{n} \qquad\qquad \text{(h) } a_n = \frac{1 - 5n^8}{4 + 51n^3 + 8n^8}$$

$$\text{(i) } a_n = \frac{2n^3 + n + 1}{6n^2 - 5} \qquad\qquad \text{(j) } a_n = \frac{\left(\frac{7}{8}\right)^n - 1}{\left(\frac{7}{8}\right)^n + 1}.$$

13.17. Berechnen Sie die folgenden Grenzwerte:

$$\text{(a) } \lim_{n\to\infty} \left(\frac{n+3}{2n+8}\right)^{37} \qquad \text{(b) } \lim_{n\to\infty} \left(\frac{31}{n^2} + \frac{2}{n} + 7\right)^4$$

$$\text{(c) } \lim_{n\to\infty} \frac{1}{\left(2 + \frac{1}{n}\right)^8} \qquad \text{(d) } \lim_{n\to\infty} \left(\left(\left(\left(1 + \frac{2}{n}\right)^2\right)^3\right)^4\right)^5.$$

13.18. Schreiben Sie auf drei verschiedene Arten diese Folgen, als Funktion angewendet, auf eine andere Folge:

$$\text{(a) } \left\{\left(\frac{n^2 + 2}{n^2 + 1}\right)^3\right\}_{n=1}^{\infty} \qquad \text{(b) } \left\{(n^2)^4 + (n^2)^2 + 1\right\}_{n=1}^{\infty}.$$

13.19. Zeigen Sie, dass die unendliche Dezimalentwicklung $0,9999\ldots$ gleich 1 ist. Anders ausgedrückt, zeigen Sie, dass

$$\lim_{n\to\infty} 0,99\ldots 99_n = 1,$$

wobei $0,99\ldots 99_n$ n Dezimalstellen, alle gleich 9, besitzt.

13.20. Bestimmen Sie die Anzahl Ziffern, die für die Speicherung rationaler Zahlen in der von Ihnen benutzten Programmiersprache benutzt wird. Rundet die Sprache die Zahlen oder werden Zahlen abgeschnitten?

13.21. Die *Maschinengenauigkeit* u ist die kleinste in einem Computer darstellbare positive Zahl u, die $1 + u > 1$ erfüllt. Beachten Sie, dass u nicht Null ist! In einer einfach-genauen Sprache ist beispielsweise $1 + 0,0000000001 = 1$. Erklären Sie, warum. Schreiben Sie ein kleines Programm, dass u für Ihren Computer und Ihre Programmiersprache berechnet. Hinweis: $1 + 0,5 > 1$ in jeder Programmiersprache. Ebenso ist $1 + 0,25 > 1$. Setzen Sie dies fort.

14
Wurzel Zwei

Der ist es nicht wert, ein Mann genannt zu werden, der nicht weiß, dass die Diagonale eines Quadrates nicht vergleichbar ist mit seiner Seite. (Platon)

Genauso wie die Einführung der irrationalen Zahlen ein vereinfachender Mythos ist, der die Gesetze der Arithmetik vereinfacht ... so sind physikalische Objekte postulierte Größen, die die Darstellung unseres Lebensflusses abrunden und vereinfachen... Die Begriffswelt physikalischer Objekte ähnelt einem praktischen Mythos, einfacher als literarische Wahrheiten, und doch enthält sie diese literarischen Wahrheiten als Einzelteil. (Quine)

14.1 Einleitung

Wir haben die Gleichung $x^2 = 2$ bereits im Zusammenhang mit dem schlammigen Hof kennen gelernt, wo wir versuchten die Länge der Diagonale eines Quadrats mit Seitenlänge 1 zu bestimmen. In der Schule haben wir gelernt, dass $x = \sqrt{2}$ die (positive) Lösung der Gleichung $x^2 = 2$ ist. Aber einmal ehrlich, was *ist* $\sqrt{2}$? Wir können der Einfachheit halber sagen, dass es die Lösung der Gleichung $x^2 = 2$ ist oder „die Zahl, die quadriert 2 ergibt". Aber das führt uns auf einen Zirkelschluss, der uns nicht viel beim Kauf eines Rohrs der Länge $\sqrt{2}$ helfen wird.

Sie mögen aus der Schulzeit noch wissen, dass $\sqrt{2} \approx 1,41$, aber die Rechnung $1,41^2 = 1,9881$ zeigt uns, dass $\sqrt{2}$ nicht wirklich gleich ist mit $1,41$. Ein besserer Tipp ist $1,414$, aber damit erhalten wir $1,414^2 = 1,999386$.

Wir benutzen $MAPLE^{©}$, um die Dezimalentwicklung von $\sqrt{2}$ auf 415 Dezimale genau zu berechnen:

$$
\begin{aligned}
x = 1,&41421356237309504880168872420969807856967187537694807317\\
&66679737990732478462107038850387534327641572735013846230912\\
&29702492483605585073721264412149709993583141322266592750559\\
&27557999505011527820605714701095599716059702745345968620147\\
&28517418640889198609552329230484308714321450839762603627995\\
&25140798968725339654633180882964062061525835239505474575028\\
&77599617298355752203375318570113543746034084988471603868999\\
&70699.
\end{aligned}
$$

Wenn wir wieder mit $MAPLE^{©}$ damit x^2 berechnen, erhalten wir

$$
\begin{aligned}
x^2 = 1,&99999999999999999999999999999999999999999999999\\
&99999999999999999999999999999999999999999999999\\
&99999999999999999999999999999999999999999999999\\
&99999999999999999999999999999999999999999999999\\
&99999999999999999999999999999999999999999999999\\
&99999999999999999999999999999999999999999999999\\
&99999999999999999999999999999999999999999999999\\
&99999999999999999999999999999999999999999999999\\
&99999999999999999999999999999999999999999999999\\
&9999999999986381037002790393547544921481567520\\
&7193643367223922486271791890987870158099602326\\
&4059726131264076040569129995030929574783188859\\
&6950070887405605833650165227157380944559332069\\
&0045817264222173935969533242515158760233604272\\
&9948891418035989710382049561848123333216251601\\
&6097283137123064499497943653479698629776683334\\
&0665770240318513306002427232125175273043547767\\
&4866080899878079357977475964587708250317006887\\
&0585486010.
\end{aligned}
$$

Die Zahl $x = 1,4142\ldots699$ genügt der Gleichung $x^2 = 2$ mit hoher Genauigkeit, aber nicht exakt. Tatsächlich erhalten wir mit einer endlichen Dezimalentwicklung, egal wie viele Nachkommastellen wir dabei auch benutzen, niemals eine Zahl, die quadriert genau 2 ergibt. Allem Anschein nach haben wir nicht wirklich den genauen Wert von $\sqrt{2}$ erhalten. Wie lautet er also?

Um einen Hinweis zu bekommen, können wir die Dezimalentwicklung von $\sqrt{2}$ auf ein Muster hin untersuchen. Allerdings besitzen die ersten 415 Nachkommastellen kein periodisches Muster.

14.2 $\sqrt{2}$ ist keine rationale Zahl!

In diesem Abschnitt zeigen wir, dass $\sqrt{2}$ keine rationale Zahl der Form p/q, wobei p und q ganze Zahlen sind, sein kann, und dass folglich die Dezimalentwicklung von $\sqrt{2}$ nicht periodisch sein kann. Im Beweis werden wir die Eindeutigkeit der Primzahlzerlegung natürlicher Zahlen ausnutzen, die wir im Kapitel „Natürliche und ganze Zahlen" gezeigt haben. Eine Folge der Faktorisierung in Primzahlen ist die folgende Tatsache: Angenommen, 2 ist ein Faktor von n. Ist $n = pq$ eine Faktorisierung von n in ganze Zahlen p und q, dann folgt daraus, dass mindestens einer der Faktoren p oder q durch 2 ohne Rest teilbar sein muss.

Wir argumentieren über einen Widerspruch, indem wir zeigen, dass die Annahme, dass $\sqrt{2}$ rational ist, zu einem Widerspruch führt, und somit $\sqrt{2}$ nicht rational sein kann. Wir nehmen an, dass $\sqrt{2} = p/q$, wobei p und q teilerfremd sind. Hätten also beispielsweise p und q den Teiler 3, so ersetzen wir p durch $p/3$ und q durch $q/3$, was den Quotienten p/q nicht verändert. Wir schreiben unsere Annahme um in $\sqrt{2}q = p$, wobei p und q wie gesagt teilerfremd sind und quadrieren beide Seiten zu $2q^2 = p^2$. Da die linke Seite den Faktor 2 enthält, muss auch die rechte Seite p^2 durch 2 teilbar sein, d.h. p muss eine gerade Zahl sein. Daher können wir $p = 2 \times \bar{p}$ schreiben, wobei $\bar{p}$ eine natürliche Zahl ist. Wir folgern daraus, dass $2q^2 = 4 \times \bar{p}^2$, d.h. $q^2 = 2 \times \bar{p}^2$. Somit ergibt dieselbe Argumentation, dass q durch 2 teilbar sein muss. Also sind sowohl p als auch q durch 2 teilbar, was unserer Ausgangsannahme widerspricht, dass p und q teilerfremd sind. Die Annahme, dass $\sqrt{2}$ eine rationale Zahl ist, führt also zu einem Widerspruch und daher kann $\sqrt{2}$ keine rationale Zahl sein.

Die eben ausgeführte Argumentation war bereits den Pythagoräern bekannt, die also wussten, dass $\sqrt{2}$ keine rationale Zahl ist. Dieses Wissen verursachte viele Probleme. Auf der einen Seite steht $\sqrt{2}$ für die Diagonale eines Quadrats mit der Kantenlänge eins, weswegen die Existenz von $\sqrt{2}$ gesichert scheint. Auf der anderen Seite baute die pythagoräische Schule für Philosophie auf dem Prinzip auf, dass alles durch natürliche Zahlen beschrieben werden kann. Die Entdeckung, dass $\sqrt{2}$ keine rationale Zahl war, d.h., dass $\sqrt{2}$ sich nicht durch ein Paar natürlicher Zahlen ausdrücken lässt, wirkte wie ein Schock! Der Legende nach wurde die Person, die diesen Beweis entdeckte, von den Göttern bestraft, weil sie eine Unvollkommenheit im Universum aufdeckte. Die Pythagoräer versuchten die

Entdeckung geheim zu halten und lehrten sie nur einigen Auserwählten, aber die Entdeckung wurde dennoch aufgedeckt und danach löste sich die pythagoräische Schule schnell auf. Zur selben Zeit wurde die euklidische Schule, die auf Geometrie statt auf Zahlen fußte, einflussreicher. Aus dem geometrischen Blickwinkel schien sich das Problem mit $\sqrt{2}$ „aufzulösen", da niemand in Frage stellte, dass eine Quadrat der Kantenlänge 1 eine Diagonale mit einer bestimmten Länge hat, und somit lässt sich $\sqrt{2}$ einfach als diese Länge definieren. Die Schule der euklidische Geometrie übernahm die Führung und war durch das Mittelalter hindurch bis Descartes im 17. Jahrhundert beherrschend. Descartes ließ die pythagoräische Schule, die auf Zahlen aufbaute, in Form der analytischen Geometrie wieder auferstehen. Da die heutigen digitalen Computer auf natürlichen Zahlen aufbauen oder besser auf Folgen von $0en$ und $1en$, können wir sagen, dass die Vorstellungen von Pythagoras heute sehr lebendig sind: Alles kann durch natürliche Zahlen ausgedrückt werden. Andere pythagoräische Dogmen, wie „iss keine Bohne" und „hebe nichts auf, was heruntergefallen ist", haben die Zeit nicht so gut überlebt.

14.3   Berechnung von $\sqrt{2}$ durch Bisektion

Wir stellen jetzt einen Algorithmus vor, mit dessen Hilfe eine Folge rationaler Zahlen berechnet werden kann, die die Gleichung $x^2 = 2$ besser und besser erfüllt. D.h. wir konstruieren eine Folge rationaler Näherungslösungen für die Gleichung

$$f(x) = 0, \tag{14.1}$$

mit $f(x) = x^2 - 2$. Der Algorithmus baut auf einer Strategie des Ausprobierens auf, die auf $f(r) < 0$ oder $f(r) > 0$ für eine vorgegebene Zahl r prüft, d.h. ob $r^2 < 2$ oder $r^2 > 2$. Alle Zahlen r, die so konstruiert werden, sind rational, so dass keine davon jemals gleich sein kann mit $\sqrt{2}$.

Wir beginnen damit, dass $f(1) < 0$, da $1^2 < 2$ und $f(2) > 0$ da $2^2 > 2$. Da aus $0 < x < y$ folgt, dass $x^2 < xy < y^2$, wissen wir, dass $f(x) < 0$ für alle $0 < x \leq 1$ und $f(x) > 0$ für alle $x \geq 2$. Daher muss jede Lösung von (14.1) zwischen 1 und 2 liegen und deswegen wählen wir den nächsten Punkt zwischen 1 und 2 und prüfen das Vorzeichen von f in diesem Punkt. Aus Symmetriegründen wählen wir den Punkt in der Mitte $1,5 = (1+2)/2$ zwischen 1 und 2 und erhalten $f(1,5) > 0$. Wir erinnern uns daran, dass $f(1) < 0$ und folgern, dass eine (positive) Lösung von (14.1) zwischen 1 und $1,5$ liegen muss.

Wir fahren mit dem Mittelwert $1,25$ zwischen 1 und $1,5$ fort und finden $f(1,25) < 0$. Das bedeutet, dass eine Lösung von (14.1) zwischen $1,25$ und $1,5$ liegen muss. Als Nächstes wählen wir den Punkt in der Mitte dieser beiden, $1,375$, für den wir $f(1,375) < 0$ erhalten, woraus folgt, dass eine Lösung von (14.1) zwischen $1,375$ und $1,5$ liegen muss. Wir können unsere

Suche so lange wir mögen auf diese Art fortsetzen und bei jedem Schritt zwei rationale Zahlen bestimmen, die eine Lösung von (14.1) „einschließen". Dieser Prozess wird *Bisektionsalgorithmus* genannt.

1. Wähle Anfangswerte x_0 und X_0 so, dass $f(x_0) < 0$ und $f(X_0) > 0$. Setze $i = 1$.

2. Bei zwei gegebenen rationalen Zahlen x_{i-1} und X_{i-1}, mit $f(x_{i-1}) < 0$ und $f(X_{i-1}) > 0$, setze $\bar{x}_i = (x_{i-1} + X_{i-1})/2$.

   - Stopp, falls $f(\bar{x}_i) = 0$.
   - Ist $f(\bar{x}_i) < 0$, setze $x_i = \bar{x}_i$ und $X_i = X_{i-1}$.
   - Ist $f(\bar{x}_i) > 0$, setze $x_i = x_{i-1}$ und $X_i = \bar{x}_i$.

3. Erhöhe i um 1 und fahre mit Schritt 2 fort.

Wir geben die Ausgabe mit $x_0 = 1$ und $X_0 = 2$ für 20 Schritte dieses Algorithmuses mit einem *MATLAB*© m-file in Abb. 14.1 wieder.

i	x_i	X_i
0	1,00000000000000	2,00000000000000
1	1,00000000000000	1,50000000000000
2	1,25000000000000	1,50000000000000
3	1,37500000000000	1,50000000000000
4	1,37500000000000	1,43750000000000
5	1,40625000000000	1,43750000000000
6	1,40625000000000	1,42187500000000
7	1,41406250000000	1,42187500000000
8	1,41406250000000	1,41796875000000
9	1,41406250000000	1,41601562500000
10	1,41406250000000	1,41503906250000
11	1,41406250000000	1,41455078125000
12	1,41406250000000	1,41430664062500
13	1,41418457031250	1,41430664062500
14	1,41418457031250	1,41424560546875
15	1,41418457031250	1,41421508789062
16	1,41419982910156	1,41421508789062
17	1,41420745849609	1,41421508789062
18	1,41421127319336	1,41421508789062
19	1,41421318054199	1,41421508789062
20	1,41421318054199	1,41421413421631

Abb. 14.1. 20 Schritte mit dem Bisektionsalgorithmus

14.4 Der Bisektionsalgorithmus konvergiert!

Indem wir den Bisektionsalgorithmus weiterführen ohne aufzuhören, erhalten wir zwei Folgen rationaler Zahlen $\{x_i\}_{i=0}^{\infty}$ und $\{X_i\}_{i=0}^{\infty}$:

$$x_0 \leq x_1 \leq x_2 \leq \ldots \quad \text{und} \quad X_0 \geq X_1 \geq X_2 \geq \ldots$$
$$x_i < X_j \quad \text{für alle } i, j = 0, 1, 2, \ldots$$

Anders formuliert bleiben mit anwachsendem i die Ausdrücke x_i entweder gleich oder wachsen an, während die X_i immer abnehmen oder konstant bleiben und jedes der x_i ist kleiner als jedes X_j. Außerdem bedeutet die Wahl des Mittelpunkts, dass der Abstand zwischen X_i und x_i mit anwachsendem i stets streng abnimmt. Tatsächlich gilt

$$0 \leq X_i - x_i \leq 2^{-i} \quad \text{für } i = 0, 1, 2, \ldots, \tag{14.2}$$

d.h. der Unterschied zwischen x_i, für das $f(x_i) < 0$ gilt, und X_i, für das $f(X_i) > 0$ gilt, wird bei jedem Schritt halbiert. Das bedeutet, dass bei anwachsendem i mehr und mehr Ziffern in den Dezimalentwicklungen von x_i und X_i übereinstimmen. Da $2^{10} \approx 10^3$ ist, gewinnen wir etwa 3 Dezimalstellen alle 10 Schritte des Bisektionsalgorithmuses. Das können wir in Abb. 14.1 erkennen.

Die Abschätzung (14.2) für die Differenz von $X_i - x_i$ impliziert ferner, dass sich die Elemente der Folge $\{x_i\}_{i=0}^{\infty}$ mit wachsendem Index annähern. Das folgt daraus, dass $x_i \leq x_j < X_j \leq X_i$ für $j > i$. Daher folgt aus (14.2)

$$|x_i - x_j| \leq |x_i - X_i| \leq 2^{-i} \quad \text{falls } j \geq i,$$

d.h.

$$|x_i - x_j| \leq 2^{-i} \quad \text{falls } j \geq i. \tag{14.3}$$

Wir veranschaulichen dies in Abb. 14.2. Insbesondere bedeutet dies, dass für $2^{-i} \leq 10^{-N-1}$, die ersten N Dezimalstellen von x_j mit denen von x_i identisch sind für alle $j \geq i$.

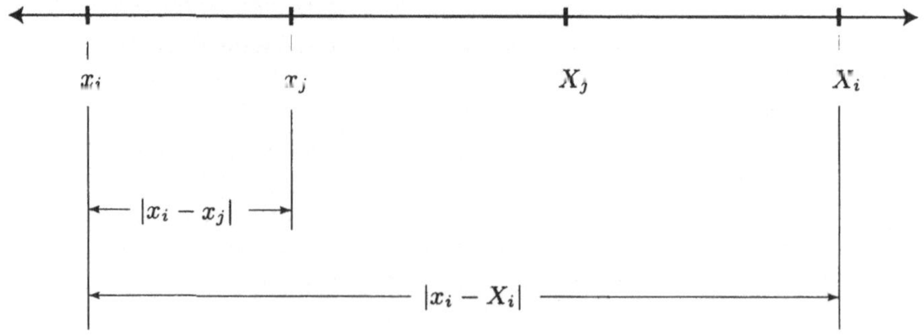

Abb. 14.2. $|x_i - x_j| \leq |X_i - x_i|$

Anders formuliert, stimmen mehr und mehr führende Dezimalstellen der Zahlen x_i überein, während wir mehr und mehr Zahlen x_i berechnen. Wir schließen daraus, dass die Folge $\{x_i\}_{i=0}^{\infty}$, eine bestimmte (unendliche) Dezimalentwicklung festlegt. Um die ersten N Ziffern dieser Entwicklung zu erhalten, nehmen wir einfach die ersten N Ziffern irgendeines x_j in der Folge mit $2^{-j} \leq 10^{-N-1}$. Aus der Ungleichheitsrelation (14.3) folgt, dass alle derartigen x_j in den ersten N Ziffern übereinstimmen.

Wäre diese unendliche Dezimalentwicklung die Dezimalentwicklung einer rationalen Zahl $\bar{x}$, würde natürlich gelten

$$\bar{x} = \lim_{i \to \infty} x_i.$$

Wir haben jedoch oben gezeigt, dass die durch die Folge $\{x_i\}_{i=0}^{\infty}$ definierte (unendliche) Dezimalentwicklung nicht periodisch sein kann. Daher gibt es keine rationale Zahl $\bar{x}$, die Grenzwert der Folge x_i sein kann.

Wir sind jetzt an dem Punkt angelangt, an dem die Pythagoräer vor 2.500 Jahren nicht weiter kamen. Die Folge x_i „versucht" gegen einen Grenzwert „zu konvergieren", aber der Grenzwert ist keine Zahl von der Art, die wir kennen, d.h. eine rationale Zahl. Um nicht das gleiche Schicksal wie die Pythagoräer zu erleiden, müssen wir einen Weg aus diesem Dilemma finden. Der Grenzwert scheint eine neue Art Zahl zu sein, weswegen es nahe liegt, die rationalen Zahlen irgendwie zu erweitern. Diese Erweiterung erhalten wir dadurch, dass wir jede unendliche Dezimalentwicklung, sei sie periodisch oder nicht, als eine Art Zahl betrachten, genauer gesagt als eine *reelle Zahl*. Dadurch erhalten wir offensichtlich eine Erweiterung der Menge der rationalen Zahlen, da die rationalen Zahlen nur periodische Dezimalentwicklungen enthalten. Wir bezeichnen nicht periodische Dezimalentwicklungen als *irrationale Zahlen*.

Damit die Erweiterung der rationalen zu den reellen Zahlen Sinn macht, müssen wir zeigen, dass wir mit irrationalen Zahlen genauso gut rechnen können, wie mit rationalen Zahlen. Wir werden sehen, dass dies tatsächlich möglich ist und wir werden erkennen, dass der Umgang mit irrationalen Zahlen dem natürlichen Vorgehen entspricht: Wir benutzen abgeschnittene Dezimalentwicklungen! Im nächsten Kapitel, das den reellen Zahlen gewidmet ist, werden wir dies näher erläutern.

Wir wollen jetzt zusammenfassen und uns alles nochmals klar vor Augen führen: Wir erhalten eine Folge $\{x_i\}_{i=0}^{\infty}$, indem wir den Bisektionsalgorithmus auf die Gleichung $x^2 - 2 = 0$ anwenden, die

$$|x_i - x_j| \leq 2^{-i} \quad \text{falls } j \geq i \tag{14.4}$$

erfüllt. Die Folge $\{x_i\}_{i=0}^{\infty}$ definiert eine unendliche nicht periodische Dezimalentwicklung, die wir als irrationale Zahl bezeichnen. Wir geben dieser irrationalen Zahl den *Namen* $\sqrt{2}$. Wir benutzen also $\sqrt{2}$ als *Symbol*, um eine bestimmte unendliche Dezimalentwicklung zu kennzeichnen, die wir aus dem Bisektionsalgorithmus für die Gleichung $x^2 - 2 = 0$ gewonnen haben.

Als Nächstes müssen wir Rechenregeln für die irrationalen Zahlen angeben. Wenn wir das erledigt haben, bleibt zu zeigen, dass die spezielle irrationale Zahl, die wir $\sqrt{2}$ genannt haben, tatsächlich auch die Gleichung $x^2 = 2$ erfüllt. D.h. wir müssen, nachdem wir die Multiplikation von irrationalen Zahlen wie $\sqrt{2}$ definiert haben, nachweisen, dass

$$\sqrt{2}\sqrt{2} = 2. \tag{14.5}$$

Beachten Sie, dass obige Gleichheit nicht direkt aus der Definition folgt. So wäre es gewesen, wenn wir $\sqrt{2}$ als „das Ding" definiert hätten, das mit sich selbst multipliziert 2 ergibt (was keinen Sinn macht, da wir nicht wissen, ob „das Ding" existiert). Stattdessen haben wir $\sqrt{2}$ als unendliche Dezimalentwicklung definiert, die der Bisektionsalgorithmus für $x^2 - 2 = 0$ liefert und es ist ein nicht trivialer Schritt, zuerst zu definieren, was wir unter der Multiplikation von $\sqrt{2}$ mit $\sqrt{2}$ verstehen, und dann zu zeigen, dass tatsächlich $\sqrt{2}\sqrt{2} = 2$ gilt. Die Pythagoräer schafften dies nicht, was verheerende Folgen für ihre Gemeinschaft hatte.

Wir kehren zum Beweis von (14.5) zurück, nachdem wir im nächsten Kapitel gezeigt haben, wie mit reellen Zahlen gerechnet wird, so dass wir insbesondere wissen, wie die irrationale Zahl $\sqrt{2}$ mit sich selbst multipliziert wird!

14.5 Erste Begegnung mit Cauchy-Folgen

Wir kommen nochmals darauf zurück, dass die Folge $\{x_i\}$, die durch den Bisektionsalgorithmus bei der Lösung der Gleichung $x^2 = 2$ definiert wird, der Ungleichung

$$|x_i - x_j| \leq 2^{-i} \quad \text{falls } j \geq i \tag{14.6}$$

genügt, woraus wir folgerten, dass die Folge $\{x_i\}_{i=1}^{\infty}$ eine bestimmte unendliche Dezimalentwicklung definiert. Um die ersten N Dezimalstellen der Entwicklung zu erhalten, nehmen wir die ersten N Dezimalstellen irgendeiner Zahl x_j aus der Folge mit $2^{-j} \leq 10^{-N-1}$. Zwei so herausgegriffene Zahlen x_j stimmen in N Dezimalstellen überein und ihre Differenz beträgt höchstens 1 in der $(N+1)$-ten Stelle.

Die Folge $\{x_i\}$, die (14.6) erfüllt, ist ein Beispiel einer Cauchy-Folge rationaler Zahlen. Ganz allgemein wird eine Folge y_i rationaler Zahlen *Cauchy-Folge* genannt, falls für jedes $\epsilon > 0$ eine natürliche Zahl N existiert, so dass

$$|y_i - y_j| \leq \epsilon \quad \text{falls } i, j \geq N.$$

Um zu zeigen, dass eine Folge $\{x_i\}$, die (14.6) erfüllt, tatsächlich eine Cauchy-Folge ist, wählen wir zunächst ein $\epsilon > 0$ und wählen dann ein N, so dass $2^{-N} \leq \epsilon$.

Wir wollen als ein wichtiges Beispiel zeigen, dass die Folge $\{x_i\}_{i=1}^{\infty}$ mit $x_i = \frac{i-1}{i}$ eine Cauchy-Folge ist. Für $j > i$ erhalten wir

$$\left| \frac{i-1}{i} - \frac{j-1}{j} \right| = \left| \frac{(i-1)j - i(j-1)}{ij} \right| = \left| \frac{i-j}{ij} \right| \leq \frac{1}{i}.$$

Für ein vorgegebenes $\epsilon > 0$ wählen wir die natürliche Zahl $N \geq 1/\epsilon$, so dass $\frac{1}{N+1} \leq \epsilon$, womit wir

$$\left| \frac{i-1}{i} - \frac{j-1}{j} \right| \leq \epsilon \quad \text{für } i,j \geq N$$

erhalten. Dies zeigt, dass $\{x_i\}$ mit $x_i = \frac{i-1}{i}$ eine Cauchy-Folge ist, und somit gegen einen Grenzwert $\lim_{i\to\infty} x_i$ konvergiert. Wir haben oben gezeigt, dass $\lim_{i\to\infty} x_i = 1$.

14.6 Berechnung von $\sqrt{2}$ mit dem Dekasektionsalgorithmus

Wir beschreiben nun für $x^2 - 2 = 0$ eine Variante des Bisektionsalgorithmuses, der Dekasektionsalgorithmus genannt wird. Wie die Bisektion erzeugt auch der Dekasektionsalgorithmus eine Zahlenfolge $\{x_i\}_{i=1}^{\infty}$, die gegen $\sqrt{2}$ konvergiert. Beim Dekasektionsalgorithmus stimmt x_i mit $\sqrt{2}$ in i Dezimalstellen überein, wodurch sich die Konvergenzgeschwindigkeit leicht bestimmen lässt.

Beim Dekasektionsalgorithmus wird im Unterschied zum Bisektionsalgorithmus bei jedem Schritt das aktuelle Intervall in 10 Unterintervalle, anstatt in 2, unterteilt. Wir beginnen wieder mit $f(x) = x^2 - 2$, $x_0 = 1$ und $X_0 = 2$, so dass $f(x_0) < 0$ und $f(X_0) > 0$. Nun berechnen wir den Wert von f in den dazwischen liegenden rationalen Punkten $1,1; 1,2; \ldots;$ $1,9$ und wählen daraus zwei aufeinander folgende Zahlen x_1 und X_1, so dass $f(x_1) < 0$ und $f(X_1) > 0$. Diese beiden aufeinander folgenden Punkte existieren, da wir wissen, dass $f(x_0) = f(1) < 0$. Dann ist entweder $f(y) < 0$ für alle $y = 1,1; 1,2; \ldots; 1,9$ und wir erhalten $x_1 = 1,9$ und $X_1 = 2,0$, da $f(X_1) > 0$ oder es gilt bereits $f(y) > 0$ für einen dazwischen liegenden Punkt. Wir finden heraus, dass $x_1 = 1,4$ und $X_1 = 1,5$ diese Forderungen erfüllen. Nun setzen wir die Prozedur fort und berechnen f in den rationalen Zahlen $1,41, 1,42, \ldots, 1,49$ und wählen daraus zwei aufeinander folgende Zahlen x_2 und X_2 mit $f(x_2) < 0$ und $f(X_2) > 0$. Wir erhalten so $x_2 = 1,41$ und $X_2 = 1,42$. Dann bearbeiten wir die dritte, vierte, fünfte, $\ldots$ Dezimalstelle und erhalten so zwei Folgen $\{x_i\}_{i=0}^{\infty}$ und $\{X_i\}_{i=0}^{\infty}$, die beide gegen $\sqrt{2}$ konvergieren. Wir haben die ersten 14 Schritte dieses Algorithmuses mit Hilfe eines $MATLAB^{\copyright}$ m-files ausgeführt und in Abb. 14.3 wiedergegeben.

i	x_i	X_i
0	1,00000000000000	2,00000000000000
1	1,40000000000000	1,50000000000000
2	1,41000000000000	1,42000000000000
3	1,41400000000000	1,41500000000000
4	1,41420000000000	1,41430000000000
5	1,41421000000000	1,41422000000000
6	1,41421300000000	1,41421400000000
7	1,41421350000000	1,41421360000000
8	1,41421356000000	1,41421357000000
9	1,41421356200000	1,41421356300000
10	1,41421356230000	1,41421356240000
11	1,41421356237000	1,41421356238000
12	1,41421356237300	1,41421356237400
13	1,41421356237300	1,41421356237310
14	1,41421356237309	1,41421356237310

Abb. 14.3. 14 Schritte des Dekasektionsalgorithmuses

Durch die Konstruktion gilt

$$|x_i - X_i| \leq 10^{-i},$$

und somit

$$|x_i - x_j| \leq 10^{-i} \quad \text{für } j \geq i. \tag{14.7}$$

Aus der Ungleichung (14.7) folgt, dass $\{x_i\}$ eine Cauchy-Folge ist und somit eine unendliche Dezimalentwicklung definiert. Da wir mit dem Dekasektionsalgorithmus eine Dezimalstelle pro Schritt gewinnen, können wir das Element x_i der Folge mit der nach i Stellen abgeschnittenen Dezimalentwicklung identifizieren. In diesem Fall gibt es somit eine sehr einfache Verbindung zwischen der Cauchy-Folge und der Dezimalentwicklung.

Aufgaben zu Kapitel 14

14.1. Benutzen Sie die *evalf* Funktion von *MAPLE*©, um $\sqrt{2}$ auf 1000 Dezimalstellen zu berechnen. Quadrieren Sie das Ergebnis und vergleichen Sie es mit 2.

14.2. (a) Zeigen Sie, dass $\sqrt{3}$ (vgl. Aufgabe 3.5) irrational ist. Hinweis: Nutzen Sie eine mächtige mathematische Technik: Versuchen Sie einen Beweis zu nutzen, den Sie bereits kennen. (b) Wiederholen Sie das Gleiche für $\sqrt{a}$, wobei a eine Primzahl ist.

14.3. Geben Sie mit Hilfe der Ziffern 3 und 4 drei verschiedene irrationale Zahlen an.

14.4. Programmieren Sie den Bisektionsalgorithmus. Schreiben Sie die Ausgabe für 30 Schritte beginnend bei: (a) $x_0 = 1$ und $X_0 = 2$, (b) $x_0 = 0$ und $X_0 = 2$, (c) $x_0 = 1$ und $X_0 = 3$, (d) $x_0 = 1$ und $X_0 = 20$. Vergleichen Sie die Genauigkeiten der Methoden in jedem Schritt, indem Sie die Werte von x_i mit den oben angegebene Dezimalentwicklung von $\sqrt{2}$ vergleichen. Erklären Sie den Genauigkeitsunterschied, der sich bei den verschiedenen Anfangswerten ergibt.

14.5. (a) Benutzen Sie das Programm aus Aufgabe 14.4 und schreiben Sie die Ausgabe für 40 Schritte mit $x_0 = 1$ und $X_0 = 2$. (b) Beschreiben Sie alles Auffällige betreffend der letzten 10 Werte von x_i und X_i. (c) Erklären Sie Ihre Beobachtung. (Hinweis: Denken Sie an die Darstellung von Fließkommazahlen im Rechner).

14.6. Benutzen Sie die Ergebnisse aus Aufgabe 14.4(a). Zeichnen Sie: (a) $|X_i - x_i|$ gegen i, (b) $|x_i - x_{i-1}|$ gegen i und (c) $|f(x_i)|$ gegen i. Bestimmen Sie jeweils, ob die Größen bei jedem Schritt um den Faktor $1/2$ abnehmen.

14.7. Lösen Sie die Gleichung $x^2 = 3$ und $x^3 = 2$ mit dem Bisektionsalgorithmus. Finden Sie außerdem mit dem Algorithmus die negative Lösung von $x^2 = 3$.

14.8. Zeigen Sie für $a < 0$ und $b > 0$, dass aus $b - a < c$ folgt: $|b| < c$ und $|a| < c$.

14.9. (a) Schreiben Sie einen Algorithmus für die Dekasektion. (b) Programmieren Sie den Algorithmus aus (a) und berechnen Sie damit 16 Schritte, ausgehend von $x_0 = 0$ und $X_0 = 2$.

14.10. (a) Konstruieren Sie einen „Trisektionsalgorithmus" und (b) implementieren Sie ihn. Berechnen Sie 30 Schritte, ausgehend von $x_0 = 0$ und $X_0 = 2$. (c) Zeigen Sie, dass der Trisektionsalgorithmus eine Dezimalentwicklung liefert und nennen Sie diese $\bar{x}$. (d) Zeigen Sie, dass $\bar{x} = \sqrt{2}$. (e) Schätzen Sie $|x_i - \bar{x}|$ ab.

14.11. Berechnen Sie den Aufwand für den Trisektionsalgorithmus aus Aufgabe 14.10 und vergleichen Sie ihn mit dem Aufwand für die Bisektion und die Dekasektion.

14.12. Benutzen Sie das Bisektionsprogramm aus Aufgabe 14.4, um $\sqrt{3}$ zu berechnen (berücksichtigen Sie Aufgabe 3.5). Hinweis: $1 < \sqrt{3} < 2$.

15

Reelle Zahlen

Solange du das, worüber du sprichst, messen kannst oder mit Zahlen
ausdrücken kannst, sage ich, du weißt etwas darüber; aber wenn du
es nicht in Zahlen ausdrücken kannst, ist dein Wissen nur spärlich
und unbefriedigend; möglicherweise ist es der Anfang des Verstehens,
aber du bist in deinen Gedanken kaum zur Stufe der Wissenschaft
vorgedrungen, worum es sich dabei auch handeln mag. (Kelvin 1889)

Das Wasser weicht zurück
die Steine werden sichtbar.

Seit dem letzten Mal ist eine lange Zeit vergangen.
Eigentlich haben sie sich nicht verändert.

Die alten Steine.

(Der Brunnen, Lars Gustafsson, 1977)

15.1   Einleitung

Jetzt sind wir bereit, die *reellen Zahlen* einzuführen. Wir werden reelle Zahlen so betrachten, als wären sie durch *unendliche Dezimalentwicklungen*
der Form

$$\pm p_m \dots p_0, q_1 q_2 q_3 \dots$$

spezifiziert, mit nicht endenden Dezimalstellen $q_1 q_2 q_3 \dots$, wobei jedes der
p_i und q_j eine der 10 Ziffern 0, 1, $\dots$, 9 ist. Wir trafen bereits oben auf die

Dezimalentwicklung $1,4142135623\ldots$ von $\sqrt{2}$. Die zugehörige Folge $\{x_i\}_{i=1}^{\infty}$ abgeschnittener Dezimalentwicklungen ist durch die rationalen Zahlen

$$x_i = \pm p_m \ldots p_0, q_1 \ldots q_i = \pm(p_m 10^m + \ldots + q_i 10^{-i})$$

gegeben. Für $j > i$ haben wir

$$|x_i - x_j| = |0,0\ldots 0 q_{i+1} \ldots q_j| \le 10^{-i}. \tag{15.1}$$

Wir folgern, dass die Folge $\{x_i\}_{i=1}^{\infty}$ abgeschnittener Dezimalentwicklungen der unendlichen Dezimalentwicklung $\pm p_m \ldots p_0, q_1 q_2 q_3 \ldots$ eine Cauchy-Folge rationaler Zahlen ist.

Im Allgemeinen wissen wir aus Kapitel „Folgen und Grenzwerte", dass jede Cauchy-Folge rationaler Zahlen eine unendliche Dezimalentwicklung angibt, und dass daher eine Cauchy-Folge rationaler Zahlen eine reelle Zahl spezifiziert. Wir können daher eine reelle Zahl entweder als eine unendliche Dezimalentwicklung oder als Cauchy-Folge rationaler Zahlen betrachten. Wir benutzen dabei wieder den semantischen Trick, eine unendliche Dezimalentwicklung als eine einzige reelle Zahl zu bezeichnen.

Wir unterteilen die reellen Zahlen in zwei verschiedene Typen: *Rationale Zahlen* mit periodischen Dezimalentwicklungen und *irrationale Zahlen* mit nicht periodischen Dezimalentwicklungen. Bedenken Sie, dass wir natürlich auch rationale Zahlen mit endlich vielen von Null verschiedenen Dezimalstellen einbeziehen, wie $0,25$, als besondere periodische Dezimalentwicklung, bei der für große i alle Stellen $q_i = 0$ sind.

Wir sagen, dass die unendliche Dezimalentwicklung $\pm p_m \ldots p_0, q_1 q_2 q_3 \ldots$ die *reelle Zahl* $x = \pm p_m \ldots p_0, q_1 q_2 q_3 \ldots$ spezifiziert, und wir einigen uns darauf

$$\lim_{i \to \infty} x_i = x \tag{15.2}$$

zu schreiben, wobei $\{x_i\}_{i=1}^{\infty}$ die zugehörige Folge abgeschnittener Dezimalentwicklungen von x ist. Ist $x = \pm p_m \ldots p_0, q_1 q_2 q_3 \ldots$ eine periodische Entwicklung, d.h. wenn x eine rationale Zahl ist, dann stimmt diese Definition mit unserer vorherigen aus Kapitel „Folgen und Grenzwerte" für den Grenzwert einer Folge $\{x_i\}_{i=1}^{\infty}$ abgeschnittener Dezimalentwicklungen von x überein. Wir wiederholen, dass

$$\frac{10}{9} = \lim_{i \to \infty} x_i, \quad \text{mit } x_i = 1,11\ldots 1_i.$$

Ist $x = \pm p_0 \ldots p_0, q_1 q_2 q_3 \ldots$ nicht periodisch, d.h. wenn x eine *irrationale Zahl* ist, dann dient (15.2) als Definition. Dabei wird die reelle Zahl durch die Dezimalentwicklung $x = \pm p_m \ldots p_0, q_1 q_2 q_3 \ldots$ definiert, d.h. die reelle Zahl x, definiert durch die Cauchy-Folge $\{x_i\}_{i=1}^{\infty}$ abgeschnittener Dezimalentwicklungen von x, wird als $\lim_{i \to \infty} x_i$ *geschrieben*. Alternativ dient (15.2) dazu, den Grenzwert $\lim_{i \to \infty} x_i$ als $\pm p_m \ldots p_0, q_1 q_2 q_3 \ldots$ zu schreiben.

Wir haben beschlossen, für die Folge $\{x_i\}_{i=1}^{\infty}$, die wir aus dem Bisektionsalgorithmus für $x^2 - 2 = 0$ erhalten, $\sqrt{2} = \lim_{i \to \infty} x_i$ zu schreiben. Somit können wir auch $\sqrt{2} = 1,412\ldots$ schreiben, wobei $1,412\ldots$ die unendliche Dezimalentwicklung, definiert durch den Bisektionsalgorithmus, bezeichnet.

Wir werden im Folgenden Regeln für das Rechnen mit den so definierten reellen Zahlen angeben, insbesondere wie reelle Zahlen addiert, subtrahiert, multipliziert und dividiert werden. Natürlich werden wir dabei so vorgehen, dass wir unsere Erfahrungen im Umgang mit rationalen Zahlen erweitern. Damit schließen wir den Prozess ab, die natürlichen Zahlen zunächst zu den ganzen Zahlen, dann zu den rationalen Zahlen und schließlich zu den reellen Zahlen zu erweitern.

Wir bezeichnen die Menge aller reellen Zahlen mit $\mathbb{R}$, d.h. die Menge aller möglichen unendlichen Dezimalentwicklungen. Wir werden diese Definition unten im Kapitel „Streiten Mathematiker?" diskutieren.

15.2   Addition und Subtraktion reeller Zahlen

Um unser Anliegen zu erläutern, betrachten wir die Addition zweier reeller Zahlen x und $\bar{x}$, spezifiziert durch die Dezimalentwicklungen

$$x = \pm p_m \ldots p_0, q_1 q_2 q_3 \ldots = \lim_{i \to \infty} x_i,$$
$$\bar{x} = \pm \bar{p}_m \ldots \bar{p}_0, \bar{q}_1 \bar{q}_2 \bar{q}_3 \ldots = \lim_{i \to \infty} \bar{x}_i$$

mit den zugehörigen abgeschnittenen Dezimalentwicklungen

$$x_i = \pm p_m \ldots p_0, q_1 \ldots q_i,$$
$$\bar{x}_i = \pm \bar{p}_m \ldots \bar{p}_0, \bar{q}_1 \ldots \bar{q}_i.$$

Wie x_i und $\bar{x}_i$ zu addieren sind, wissen wir: Wir beginnen rechts, addieren die Dezimalen q_i und $\bar{q}_i$, erhalten so eine neue i-te Dezimalstelle und möglicherweise einen Übertrag zur Summe der nächsten Ziffern q_{i-1} und $\bar{q}_{i-1}$, usw. Dabei ist es wichtig, dass wir von rechts beginnen (kleinste Dezimale) und nach links wandern (größere Dezimale).

Versuchen wir so die beiden unendlichen Folgen $x = \pm p_m \ldots p_0, q_1 q_2 q_3 \ldots$ und $\bar{x} = \pm \bar{p}_m \ldots \bar{p}_0, \bar{q}_1 \bar{q}_2 \bar{q}_3 \ldots$ zu addieren, indem wir rechts beginnen, haben wir ein Problem, da es kein rechtes Ende gibt, bei dem wir anfangen könnten. Was sollen wir tun?

Der Ausweg ist natürlich, die Folge $\{y_i\}$, die wir aus $y_i = x_i + \bar{x}_i$ erhalten, zu betrachten. Da sowohl $\{x_i\}$ als auch $\{\bar{x}_i\}$ Cauchy-Folgen sind, folgt, dass auch $\{y_i\}$ eine Cauchy-Folge ist, die somit eine Dezimalentwicklung, d.h. eine reelle Zahl definiert. Folgende Definition ist nahe liegend und richtig:

$$x + \bar{x} = \lim_{i \to \infty} y_i = \lim_{i \to \infty} (x_i + \bar{x}_i)$$

Das entspricht der Formel

$$\lim_{i \to \infty} x_i + \lim_{i \to \infty} \bar{x}_i = \lim_{i \to \infty} (x_i + \bar{x}_i).$$

Wir geben ein konkretes Beispiel und berechnen die Summe von

$$x = \sqrt{2} = 1,41421356237309504\overline{88}\ldots$$

und

$$\bar{x} = \frac{1043}{439} = 2,3758542141230068337\ldots.$$

Dazu berechnen wir $y_i = x_i + \bar{x}_i$ für $i = 1, 2, \ldots$, die die Dezimalentwicklung von $x + \bar{x}$ definiert, vgl. Abb. 15.1. Gelegentlich beeinflusst das Hin-

i	$x_i + \bar{x}_i$
1	3
2	3,7
3	3,78
4	3,789
5	3,7900*
6	3,79006
7	3,790067
8	3,7900677
9	3,79006777
10	3,790067776
11	3,7900677764
12	3,79006777649
13	3,790067776496
14	3,7900677764960
15	3,79006777649609
16	3,790067776496101*
17	3,7900677764961018
18	3,79006777649610187
19	3,790067776496101881*
20	3,7900677764961018825*
$\vdots$	$\vdots$

Abb. 15.1. Berechnung der Dezimalentwicklung von $\sqrt{2} + 1043/439$ mit Hilfe abgeschnittener Dezimalfolgen. Beachten Sie die mit $*$ markierten Zahlen, bei denen vorhandene Stellen durch die Addition neuer Ziffern verändert werden

zufügen neuer Stellen die links davon stehenden Ziffern, wie beispielsweise bei $0,9999 + 0,0001 = 1,0000$.

Natürlich wird die Differenz $x - \bar{x}$ zweier reeller Zahlen $x = \lim_{i \to \infty} x_i$ und $\bar{x} = \lim_{i \to \infty} \bar{x}_i$ ähnlich definiert:

$$x - \bar{x} = \lim_{i \to \infty} (x_i - \bar{x}_i).$$

15.3 Verallgemeinerung zur Lipschitz-stetigen Funktion $f(x,\bar{x})$

Wir verallgemeinern nun zu weiteren Kombinationen reeller Zahlen. Angenommen, wir wollen die reellen Zahlen x und $\bar{x}$ zu einer Größe $f(x,\bar{x})$, die von x und $\bar{x}$ abhängt, kombinieren. Beispielsweise, können wir $f(x,\bar{x}) = x + \bar{x}$ wählen, was der Summation $x + \bar{x}$ zweier reeller Zahlen x und $\bar{x}$ entspricht, oder aber $f(x,\bar{x}) = x\bar{x}$, entsprechend der Multiplikation von x mit $\bar{x}$.

Wir nehmen an, dass $f : \mathbb{Q} \times \mathbb{Q} \to \mathbb{Q}$ Lipschitz-stetig ist, um $f(x,\bar{x})$ ähnlich wie bei $f(x,\bar{x}) = x + \bar{x}$ zu definieren. Dies ist eine ganz entscheidende Annahme und die Einführung der Lipschitz-Stetigkeit wurde zum Großteil wegen der Anwendbarkeit in diesem Zusammenhang motiviert.

Wir wissen vom Kapitel „Folgen und Grenzwerte", dass

$$f(x,\bar{x}) = f(\lim_{i\to\infty} x_i, \lim_{i\to\infty} \bar{x}_i) = \lim_{i\to\infty} f(x_i,\bar{x}_i),$$

falls $x = \lim_{i\to\infty} x_i$ und $\bar{x} = \lim_{i\to\infty} \bar{x}_i$ rational sind. Sind $x = \lim_{i\to\infty} x_i$ und $\bar{x} = \lim_{i\to\infty} \bar{x}_i$ irrational, nutzen wir diese Formel einfach, um die reelle Zahl $f(x,\bar{x})$ zu *definieren*. Dies ist möglich, da $\{f(x_i,\bar{x}_i)\}$ eine Cauchy-Folge ist und somit eine reelle Zahl definiert. Dabei ist $\{f(x_i,\bar{x}_i)\}$ eine Cauchy-Folge, da $\{x_i\}$ und $\{\bar{x}_i\}$ Cauchy-Folgen sind und $f : \mathbb{Q} \times \mathbb{Q} \to \mathbb{Q}$ Lipschitz-stetig ist. Die Formel für diese entscheidende Folgerung ist

$$|f(x_i,\bar{x}_i) - f(x_j,\bar{x}_j)| \le L(|x_i - x_j| + |\bar{x}_i - \bar{x}_j|),$$

wobei L die Lipschitz-Konstante von f ist.

Wir wenden diese Argumentation auf den Fall $f : \mathbb{Q} \times \mathbb{Q} \to \mathbb{Q}$ mit $f(x,\bar{x}) = x + \bar{x}$ an, die Lipschitz-stetig zur Lipschitz-Konstanten $L = 1$ ist und definieren die Summe $x + \bar{x}$ zweier reeller Zahlen $x = \lim_{i\to\infty} x_i$ und $\bar{x} = \lim_{i\to\infty} \bar{x}_i$ durch

$$x + \bar{x} = \lim_{i\to\infty} (x_i + \bar{x}_i)$$

d.h.

$$\lim_{i\to\infty} x_i + \lim_{i\to\infty} \bar{x}_i = \lim_{i\to\infty} (x_i + \bar{x}_i). \tag{15.3}$$

Dies ist exakt dasselbe, was wir oben getan haben.

Wir wiederholen: Die wichtige Formel ist

$$f(\lim_{i\to\infty} x_i, \lim_{i\to\infty} \bar{x}_i) = \lim_{i\to\infty} f(x_i,\bar{x}_i),$$

die wir bereits von rationalen Zahlen $x = \lim_{i\to\infty} x_i$ und $\bar{x} = \lim_{i\to\infty} \bar{x}_i$ kennen und wodurch $f(x,\bar{x})$ für irrationale x und $\bar{x}$ definiert wird. Wir wiederholen nochmal, dass die Lipschitz-Stetigkeit von f entscheidend ist.

Wir können dies direkt auf Lipschitz-stetige Funktionen $f : I \times J \to \mathbb{Q}$ ausweiten, wobei I und J Intervalle in $\mathbb{Q}$ sind, unter der Annahme, dass $x_i \in I$ und $\bar{x}_i \in J$ für $i = 1, 2, \ldots$.

15.4   Multiplikation und Division reeller Zahlen

Die Funktion $f(x, \bar{x}) = x\bar{x}$ ist Lipschitz-stetig für $x \in I$ und $\bar{x} \in J$, wobei I und J beschränkte Intervalle in $\mathbb{Q}$ sind. Daher können wir das Produkt $x\bar{x}$ zweier reeller Zahlen $x = \lim_{i \to \infty} x_i$ und $\bar{x} = \lim_{i \to \infty} \bar{x}_i$ wie folgt definieren:

$$x\bar{x} = \lim_{i \to \infty} x_i \bar{x}_i.$$

Die Funktion $f(x, \bar{x}) = \frac{x}{\bar{x}}$ ist Lipschitz-stetig für $x \in I$ und $\bar{x} \in J$, falls I und J beschränkte Intervalle in $\mathbb{Q}$ sind und J nicht die Null enthält. Daher können wir den Quotienten $\frac{x}{\bar{x}}$ zweier reeller Zahlen $x = \lim_{i \to \infty} x_i$ und $\bar{x} = \lim_{i \to \infty} \bar{x}_i$ mit $\bar{x} \neq 0$ wie folgt definieren:

$$\frac{x}{\bar{x}} = \lim_{i \to \infty} \frac{x_i}{\bar{x}_i}.$$

15.5   Der Absolutbetrag

Die Funktion $f(x) = |x|$ ist Lipschitz-stetig auf $\mathbb{Q}$. Daher können wir den Absolutbetrag $|x|$ einer reellen Zahl $x = \lim_{i \to \infty} x_i$ wie folgt definieren:

$$|x| = \lim_{i \to \infty} |x_i|.$$

Ist x_i eine Folge abgeschnittener Dezimalentwicklungen von $x = \lim_{i \to \infty} x_i$, erhalten wir mit (15.1) $|x_j - x_i| \leq 10^{-i}$ für $j > i$. Unter Benutzung des Grenzwertes für j gegen unendlich, ergibt sich

$$|x - x_i| \leq 10^{-i} \quad \text{für } i = 1, 2, \ldots \tag{15.4}$$

15.6   Vergleich zweier reeller Zahlen

Seien $x = \lim_{i \to \infty} x_i$ und $\bar{x} = \lim_{i \to \infty} \bar{x}_i$ reelle Zahlen mit den zugehörigen Folgen abgeschnittener Dezimalentwicklungen $\{x_i\}_{i=1}^{\infty}$ und $\{\bar{x}_i\}_{i=1}^{\infty}$. Wie können wir entscheiden, ob $x = \bar{x}$? Ist es nötig, dass $x_i = \bar{x}_i$ für alle i? Nicht ganz. Betrachten Sie beispielsweise die zwei Zahlen $x = 0,9999\ldots$ und $\bar{x} = 1,0000\ldots$. Tatsächlich ist es ganz natürlich, die Aussage etwas zu lockern und stattdessen $x = \bar{x}$ zu sagen, dann und nur dann, wenn

$$|x_i - \bar{x}_i| \leq 10^{-i} \quad \text{für } i = 1, 2, \ldots \tag{15.5}$$

Diese Bedingung ist sicherlich ausreichend, um zu sagen $x = \bar{x}$, da der Unterschied $|x_i - \bar{x}_i|$ so klein wird wie wir wollen, wenn wir nur i groß genug wählen. Anders ausgedrückt, haben wir somit

$$|x - \bar{x}| = \lim_{i \to \infty} |x_i - \bar{x}_i| = 0$$

und somit $x = \bar{x}$.

Falls (15.5) nicht gilt, existiert auf der anderen Seite ein positives ϵ und i, so dass

$$x_i - \bar{x}_i > 10^{-i} + \epsilon \quad \text{oder} \quad x_i - \bar{x}_i < 10^{-i} - \epsilon.$$

Da $|x_i - x_j| \leq 10^{-i}$ für $j > i$, muss folglich

$$x_j - \bar{x}_j > \epsilon \quad \text{oder} \quad x_j - \bar{x}_j < -\epsilon \quad \text{für } j > i$$

gelten und somit, wenn wir den Grenzwert einsetzen für j gegen unendlich

$$x - \bar{x} \geq \epsilon \quad \text{oder} \quad x - \bar{x} \leq -\epsilon.$$

Daraus folgern wir, dass für zwei reelle Zahlen x und $\bar{x}$ entweder $x = \bar{x}$ gilt, oder $x < \bar{x}$ oder $x > \bar{x}$.

Diese Folgerung versteckt jedoch einen wunden Punkt. Zu wissen ob zwei reelle Zahlen gleich sind oder nicht, kann die vollständige Kenntnis der Dezimalentwicklungen verlangen, was nicht immer realistisch ist. Setzen wir beispielsweise $x = 10^{-p}$, wobei p den Anfang von 59 Dezimalstellen, die alle gleich 1 sind, in der Dezimalentwicklung von $\sqrt{2}$, angibt. Um die Definition von x zu vervollständigen, setzen wir $x = 0$ sonst. Wie sollen wir wissen, ob $x > 0$ oder $x = 0$ ist, wenn wir nicht zufälligerweise die Sequenz von 59 Dezimalstellen, die alle gleich 1 sind, unter den ersten 10^{50} Dezimalstellen von $\sqrt{2}$ oder wie viele Dezimalstellen wir möglicherweise zu berechnen in der Lage sind, finden. In so einem Fall scheint es sinnvoller zu sein zu sagen, dass wir nicht wissen können, ob $x = 0$ oder $x > 0$ ist.

15.7 Zusammenfassung der Arithmetik reeller Zahlen

Mit diesen Definitionen können wir ganz einfach zeigen, dass die üblichen Kommutativ-, Distributiv- und Assoziativgesetze für rationale Zahlen alle auch für reelle Zahlen gelten. So ist die Addition beispielsweise kommutativ, weil

$$x + \bar{x} = \lim_{i \to \infty} (x_i + \bar{x}_i) = \lim_{i \to \infty} (\bar{x}_i + x_i) = \bar{x} + x.$$

15.8 Warum $\sqrt{2}\sqrt{2}$ gleich 2 ist

Seien $\{x_i\}$ und $\{X_i\}$ die Folgen, die sich aus dem Bisektionsalgorithmus für die Gleichung $x^2 = 2$, wie oben konstruiert, ergeben. Wir haben

$$\sqrt{2} = \lim_{i \to \infty} x_i \tag{15.6}$$

definiert, d.h. wir bezeichnen mit $\sqrt{2}$ die unendliche, nicht periodische Dezimalentwicklung, die sich aus dem Bisektionsalgorithmus für die Gleichung $x^2 = 2$ ergibt.

Wir beweisen jetzt, dass $\sqrt{2}\sqrt{2} = 2$, was wir oben noch offen gelassen haben. Aus der Definition der Multiplikation reeller Zahlen ergibt sich

$$\sqrt{2}\sqrt{2} = \lim_{i \to \infty} x_i^2, \tag{15.7}$$

und wir müssen daher beweisen, dass

$$\lim_{i \to \infty} x_i^2 = 2. \tag{15.8}$$

Wir nutzen die Lipschitz-Stetigkeit der Funktion $x \to x^2$ auf $[0, 2]$ mit der Lipschitz-Konstanten $L = 4$ um dies zu beweisen. Wir erkennen, dass

$$|(x_i)^2 - (X_i)^2| \le 4|x_i - X_i| \le 2^{-i+2},$$

wobei wir die Ungleichung $|x_i - X_i| \le 2^{-i}$ benutzen. Aus der Konstruktion ist $x_i^2 < 2 < X_i^2$ und somit tatsächlich

$$|x_i^2 - 2| \le 2^{-i+2},$$

woraus

$$\lim_{i \to \infty} x_i^2 = 2$$

und somit (15.8) folgt.

Wir fassen den Ansatz, den wir bei der Berechnung und Definition von $\sqrt{2}$ benutzten, wie folgt zusammen:

- Wir definieren eine Folge rationaler Zahlen $\{x_i\}_{i=0}^{\infty}$ durch den Bisektionsalgorithmus für die Gleichung $x^2 = 2$. Diese Folge konvergiert gegen einen Grenzwert, den wir $\sqrt{2} = \lim_{i \to \infty} x_i$ bezeichnen.

- Wir definieren $\sqrt{2}\sqrt{2} = \lim_{i \to \infty} (x_i)^2$.

- Wir zeigen, dass $\lim_{i \to \infty} (x_i)^2 = 2$.

- Wir folgern, dass $\sqrt{2}\sqrt{2} = 2$, woraus folgt, dass $\sqrt{2}$ die Gleichung $x^2 = 2$ löst.

15.9 Betrachtungen über $\sqrt{2}$

Wir können nun zu den folgenden zwei Definitionen von $\sqrt{2}$ zurückkehren:

1. $\sqrt{2}$ ist „das Ding", das quadriert 2 ergibt.

2. $\sqrt{2}$ ist die Bezeichnung für die Dezimalentwicklung der Folge $\{x_i\}_{i=1}^{\infty}$, die sich mit dem Bisektionsalgorithmus für die Gleichung $x^2 = 2$ ergibt und die mit einer geeigneten Definition der Multiplikation die Gleichung $\sqrt{2}\sqrt{2} = 2$ erfüllt.

Diese sind analog zu den folgenden zwei Definition von $\frac{1}{2}$:

1. $\frac{1}{2}$ ist „das Ding", das mit 2 multipliziert 1 ergibt.

2. $\frac{1}{2}$ ist das geordnete Paar $(1,2)$, das mit einer geeigneten Definition der Multiplikation die Gleichung $(2,1) \times (1,2) = (1,1)$ erfüllt.

Wir können zusammenfassen, dass in beiden Fällen die erste Aussage kritisiert werden könnte, weil sie uns im Unklaren lässt, was „das Ding" wirklich ist und in welcher Beziehung es zu uns Bekanntem steht. Außerdem kann man den Zirkelschluss bei dieser Aussage ahnen und den Verdacht haben, dass es sich dabei nur um ein Wortspiel handelt. Daraus folgern wir, dass nur die zweite Definition eine solide konstruktive Basis besitzt, obwohl wir intuitiv die erste benutzen, wenn wir daran *denken*.

Gelegentlich können wir Berechnungen mit $\sqrt{2}$ durchführen und dabei nur ausnutzen, dass $(\sqrt{2})^2 = 2$, ohne dabei die Dezimalentwicklung von $\sqrt{2}$ zu benötigen. So können wir beispielsweise zeigen, dass $(\sqrt{2})^4 = 4$, indem wir nur von der Gleichung $(\sqrt{2})^2 = 2$ Gebrauch machen, ohne eine einzige Dezimalstelle von $\sqrt{2}$ zu kennen. In solchen Fällen benutzen wir $\sqrt{2}$ als ein *Symbol* für „das Ding", das quadriert 2 ergibt. Es ist allerdings selten, dass diese Art symbolische Manipulation uns allein schon zum Ziel führt und die endgültige Antwort liefert.

Wir stellen fest, dass die Tatsache, dass $\sqrt{2}$ die Gleichung $x^2 = 2$ löst, eine Art von Konvention oder Übereinstimmung oder Definition beinhaltet. Was wir wirklich taten, war der Beweis, dass das Quadrat der abgeschnittenen Dezimalentwicklung von $\sqrt{2}$ beliebig an 2 angenähert werden kann. Wir nahmen dies als Definition oder Übereinstimmung, dass $(\sqrt{2})^2 = 2$. Indem wir dies taten, haben wir das Dilemma der Pythagoräer gelöst und so können wir (fast) sagen, dass wir das Problem gelöst haben, indem wir *übereinstimmen*, dass das Problem gar nicht existierte. Dies kann in (schwierigen) Fällen der einzige Ausweg sein.

In der Tat vertrat der berühmte Philosoph Wittgenstein den Standpunkt, dass der einzige Weg zur Lösung *philosophischer Probleme* der sei, (mit viel Mühe) zu zeigen, dass das vorgegebene Problem gar nicht existiere. Das Nettoergebnis dieser Art Gedanken scheint Null zu sein: Zuerst wird ein Problem gestellt und dann gezeigt, dass es gar nicht existiert. Jedoch vermittelt der Weg selbst, der zu dieser Schlussfolgerung zurückgelegt werden musste, wichtige zusätzliche Einsichten, nicht das Ergebnis als solches. Dieser Ansatz könnte sich auch außerhalb der Philosophie oder der Mathematik als fruchtbar erweisen.

15.10   Cauchy-Folgen reeller Zahlen

Wir können die Schreibweise für Folgen und Cauchy-Folgen auf reelle Zahlen ausweiten. Wir sagen, dass $\{x_i\}_{i=1}^{\infty}$ eine Folge reeller Zahlen ist, wenn die Elemente x_i reelle Zahlen sind. Die Definition der Konvergenz ist identisch zu der für Folgen rationaler Zahlen. Eine Folge $\{x_i\}_{i=1}^{\infty}$ reeller Zahlen konvergiert gegen eine reelle Zahl x, wenn für jedes $\epsilon > 0$ eine natürliche Zahl N existiert, so dass $|x_i - x| < \epsilon$ für $i \geq N$. Wir schreiben $x = \lim_{i \to \infty} x_i$.

Wir sagen, dass eine Folge $\{x_i\}_{i=1}^{\infty}$ reeller Zahlen eine Cauchy-Folge ist, wenn für alle $\epsilon > 0$ eine natürliche Zahl N existiert, so dass

$$|x_i - x_j| \leq \epsilon \quad \text{für } i, j \geq N. \tag{15.9}$$

Ist $\{x_i\}_{i=1}^{\infty}$ eine konvergente Folge reeller Zahlen mit Grenzwert $x = \lim_{i \to \infty} x_i$, so gilt nach der Dreiecksungleichung

$$|x_i - x_j| \leq |x - x_i| + |x - x_j|,$$

wobei wir $x_i - x_j = x_i - x + x - x_j$ ausgenutzt haben. Dies zeigt, dass $\{x_i\}_{i=1}^{\infty}$ eine Cauchy-Folge ist. Wir formulieren dieses (offensichtliche) Ergebnis in einem Satz.

Satz 15.1 *Eine konvergente Folge reeller Zahlen ist ein Cauchy-Folge reeller Zahlen.*

Eine Cauchy-Folge reeller Zahlen bestimmt, auf dieselbe Art wie eine Folge rationaler Zahlen, eine Dezimalentwicklung. Wir können annehmen, möglicherweise nach Entfernen von Elementen und Änderung der Indizierung, dass eine Cauchy-Folge reeller Zahlen $|x_i - x_j| \leq 2^{-i}$ für $j \geq i$ genügt.

Wir folgern, dass eine Cauchy-Folge reeller Zahlen gegen eine reelle Zahl konvergiert. Dies ist ein fundamentales Ergebnis für die reellen Zahlen, das wir als Satz formulieren:

Satz 15.2 *Eine Cauchy-Folge reeller Zahlen konvergiert eindeutig gegen eine reelle Zahl.*

Die Benutzung von Cauchy-Folgen war seit den Tagen des großen Mathematikers Cauchy in der ersten Hälfte des 19. Jahrhunderts sehr populär. Cauchy war Lehrer an der Ecole Polytechnique in Paris, die von Napoleon gegründet wurde und ein Modell für technische Universitäten in ganz Europa wurde (Chalmers 1829, Helsinki 1849, ...). Cauchys Reformierung der Vorlesung über Infinitesimalrechnung im Ingenieurwesen, die seine berühmte Cours d'Analyse einbezieht, wurde ebenso ein Modell, das bis heute einen Großteil des Unterrichts in Infinitesimalrechnung durchdringt.

15.11 Erweiterung von $f : \mathbb{Q} \to \mathbb{Q}$ zu $f : \mathbb{R} \to \mathbb{R}$

In diesem Kapitel möchten wir zeigen, wie eine gegebene Lipschitz-stetige Funktion $f : \mathbb{Q} \to \mathbb{Q}$ zu einer Funktion $f : \mathbb{R} \to \mathbb{R}$ *erweitert* werden kann. Dazu nehmen wir an, dass $f(x)$ für rationale x definiert ist, und dass $f(x)$ eine rationale Zahl ist. Wir wollen zeigen, wie $f(x)$ für irrationale x zu definieren ist. Tatsächlich hängt unsere Motivation für die Einführung der Lipschitz-Stetigkeit größtenteils mit seiner Verwendbarkeit in diesem Zusammenhang zusammen.

Wir haben die grundlegenden Probleme schon bei der Definition der Rechenregeln für reelle Zahlen kennen gelernt und wir werden nun dieselben Ideen für eine allgemeine Funktion $f : \mathbb{Q} \to \mathbb{Q}$ anwenden. Ist $x = \lim_{i \to \infty} x_i$ eine irrationale reelle Zahl und die Folge $\{x_i\}_{i=1}^{\infty}$ die zugehörige abgeschnittene Dezimalentwicklung von x, so können wir $f(x)$ als die reelle Zahl definieren, die durch

$$f(x) = \lim_{i \to \infty} f(x_i) \tag{15.10}$$

definiert ist. Ist nämlich $f(x)$ Lipschitz-stetig zur Lipschitz-Konstanten L, so gilt

$$|f(x_i) - f(x_j)| \le L|x_i - x_j|,$$

woraus wir folgern, dass $\{f(x_i)\}_{i=1}^{\infty}$ eine Cauchy-Folge ist, da $\{x_i\}_{i=1}^{\infty}$ eine Cauchy-Folge ist. Somit existiert $\lim_{i \to \infty} f(x_i)$ und er definiert eine reelle Zahl $f(x)$. Auf diese Weise wird $f : \mathbb{R} \to \mathbb{R}$ definiert und wir sagen, dass diese Funktion die *Erweiterung* von $f : \mathbb{Q} \to \mathbb{Q}$ ist; von den rationalen Zahlen $\mathbb{Q}$ zu den reellen Zahlen $\mathbb{R}$.

Ganz ähnlich können wir eine Lipschitz-stetige Funktion $f : I \to \mathbb{Q}$, definiert auf einem Intervall rationaler Zahlen $I = \{x \in \mathbb{Q} : a \le x \le b\}$, verallgemeinern und zu einer Funktion $f : J \to \mathbb{R}$ erweitern, die auf dem entsprechenden Intervall reeller Zahlen $J = \{x \in \mathbb{R} : a \le x \le b\}$ definiert ist. Offensichtlich erfüllt die erweiterte Funktion $f : J \to \mathbb{R}$

$$f(\lim_{i \to \infty} x_i) = \lim_{i \to \infty} f(x_i), \tag{15.11}$$

für jede konvergente Folge $\{x_i\}$ in J (wobei automatisch $\lim_{i \to \infty} x_i \in J$ gilt, da J abgeschlossen ist).

15.12 Lipschitz-Stetigkeit erweiterter Funktionen

Ist $f : \mathbb{Q} \to \mathbb{Q}$ Lipschitz-stetig zur Lipschitz-Konstanten L_f, dann ist ihre Erweiterung $f : \mathbb{R} \to \mathbb{R}$ ebenfalls Lipschitz-stetig zu derselben Lipschitz-Konstanten L_f. Gilt nämlich $x = \lim_{i \to \infty} x_i$ und $y = \lim_{i \to \infty} y_i$, dann ist

$$|f(x) - f(y)| = \left| \lim_{i \to \infty} (f(x_i) - f(y_i)) \right| \le L \lim_{i \to \infty} |x_i - y_i| = L|x - y|.$$

Daraus folgt sofort, dass die Eigenschaften Lipschitz-stetiger Funktionen $f : \mathbb{Q} \to \mathbb{Q}$, die oben angeführt sind, auch für die zugehörige erweiterte Funktion $f : \mathbb{R} \to \mathbb{R}$ gelten. Dies fassen wir in folgendem Satz zusammen:

Satz 15.3 *Eine Lipschitz-stetige Funktion $f : I \to \mathbb{R}$, wobei $I = [a,b]$ ein Intervall reeller Zahlen ist, erfüllt*

$$f(\lim_{i \to \infty} x_i) = \lim_{i \to \infty} f(x_i) \tag{15.12}$$

für jede konvergente Folge $\{x_i\}$ in I. Sind $f : I \to \mathbb{R}$ und $g : I \to \mathbb{R}$ Lipschitz-stetig und α und β reelle Zahlen, dann ist die Linearkombination $\alpha f(x) + \beta g(x)$ Lipschitz-stetig auf I. Ist das Intervall I beschränkt, dann sind auch $f(x)$ und $g(x)$ beschränkt und $f(x)g(x)$ ist Lipschitz-stetig auf I. Ist I beschränkt und außerdem $|g(x)| \geq c > 0$ für alle $x \in I$ für eine beliebige Konstante c, dann ist $f(x)/g(x)$ Lipschitz-stetig auf I.

Beispiel 15.1. Wir können jedes Polynom so erweitern, dass es auf den reellen Zahlen definiert ist. Dies ist möglich, da jedes Polynom auf jedem beschränkten Intervall rationaler Zahlen Lipschitz-stetig ist.

Beispiel 15.2. Aus dem vorangegangenen Beispiel folgt, dass wir die Funktion $f(x) = x^n$ für jede ganze Zahl n auf reelle Zahlen erweitern können. Wir können ferner zeigen, dass $f(x) = x^{-n}$ auf jedem abgeschlossenen Intervall rationaler Zahlen, das nicht die 0 enthält, Lipschitz-stetig ist. Daher kann $f(x) = x^n$ auf reelle Zahlen erweitert werden, wobei n eine ganze Zahl ist, unter der Voraussetzung, dass für $n < 0$ auch $x \neq 0$ gilt.

15.13 Graphen von $f : \mathbb{R} \to \mathbb{R}$

Das Erstellen von Graphen für Funktionen $f : \mathbb{R} \to \mathbb{R}$ folgt denselben Prinzipien wie bei Funktionen $f : \mathbb{Q} \to \mathbb{Q}$.

15.14 Erweiterung einer Lipschitz-stetigen Funktion

Angenommen $f : (a,b] \to \mathbb{R}$ sei Lipschitz-stetig zur Lipschitz-Konstanten L_f auf dem halb offenen Intervall $(a,b]$ und der Wert von $f(a)$ ist nicht definiert. Gibt es eine Möglichkeit $f(a)$ so zu definieren, dass die erweiterte Funktion $f : [a,b] \to \mathbb{R}$ Lipschitz-stetig ist? Die Antwort lautet ja. Um dies zu erkennen, sei $\{x_i\}_{i=1}^{\infty}$ eine Folge reeller Zahlen in $(a,b]$, die gegen a konvergiert, d.h. $\lim_{i \to \infty} x_i = a$. Die Folge $\{x_i\}_{i=1}^{\infty}$ ist eine Cauchy-Folge, und da $f(x)$ Lipschitz-stetig ist auf $(a,b]$, ist auch die Folge $\{f(x_i)\}_{i=1}^{\infty}$

eine Cauchy-Folge, dessen Grenzwert $\lim_{i\to\infty} f(x_i)$ existiert. Daher können wir $f(a) = \lim_{i\to\infty} f(x_i)$ definieren. Daraus ergibt sich direkt, dass die erweiterte Funktion $f : [a, b] \to \mathbb{R}$ Lipschitz-stetig ist zur selben Lipschitz-Konstanten.

Wir geben eine Anwendung für diese Überlegungen, die bei der Betrachtung von Quotienten zweier Funktionen auftritt. Klar, dass wir Punkte vermeiden müssen, in denen der Nenner Null und der Zähler von Null verschieden ist. Sind jedoch Zähler und Nenner in einem Punkte beide gleich Null, kann die Funktion um diesen Punkt erweitert werden, wenn die Quotientenfunktion um diesen Punkt Lipschitz-stetig ist. Wir geben zunächst ein „triviales" Beispiel.

Beispiel 15.3. Betrachten Sie den Quotienten

$$\frac{x - 1}{x - 1}$$

mit Definitionsbereich $\{x \in \mathbb{R} : x \neq 1\}$. Da

$$x - 1 = 1 \times (x - 1) \tag{15.13}$$

für alle x, ist es ganz natürlich die Polynome zu „dividieren" und so

$$\frac{x - 1}{x - 1} = 1 \tag{15.14}$$

zu erhalten. Der Definitionsbereich der konstanten Funktion 1 ist $\mathbb{R}$, so dass die linke und die rechte Seite von (15.14) unterschiedliche Definitionsbereiche haben und deswegen zwei verschiedene Funktionen repräsentieren müssen. Wir veranschaulichen diese zwei Funktionen in Abb. 15.2 und wir erkennen, dass die beiden Funktionen in jedem Punkt, außer dem „fehlenden" Punkt $x = 1$, übereinstimmen.

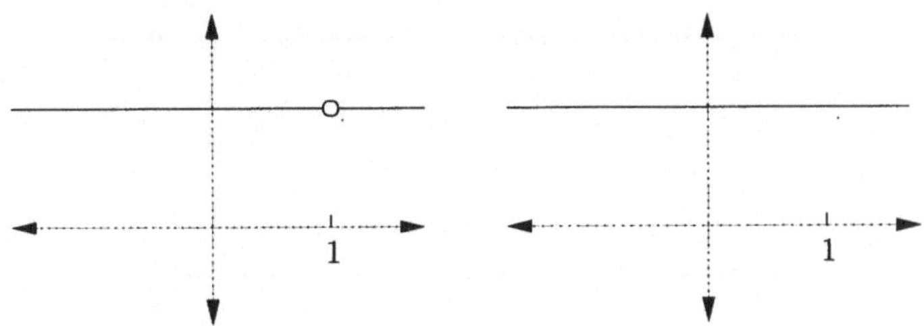

Abb. 15.2. Zeichnungen von $(x - 1)/(x - 1)$ (*links*) und 1 (*rechts*)

Beispiel 15.4. Da $x^2 - 2x - 3 = (x - 3)(x + 1)$, gilt für $x \neq 3$

$$\frac{x^2 - 2x - 3}{x - 3} = x + 1.$$

Die auf $\{x \in \mathbb{R} : x \neq 4\}$ definierte Funktion $(x^2 - 2x - 3)/(x - 3)$ kann zur Funktion $x + 1$ erweitert werden, die für alle $x \in \mathbb{R}$ definiert ist.

Beachten Sie jedoch, dass alleine die Tatsache, dass zwei Funktionen f_1 und f_2 im selben Punkte Null sind, nicht genügt, um ihren Quotienten gegen eine Funktion auszutauschen, die auf allen Punkten definiert ist.

Beispiel 15.5. Die auf $\{x \in \mathbb{R} : x \neq 1\}$ definierte Funktion

$$\frac{x - 1}{(x - 1)^2}$$

ist gleich der Funktion $1/(x - 1)$, die ebenfalls auf $\{x \in \mathbb{R} : x \neq 1\}$ definiert ist und die sich nicht auf $x = 1$ erweitern lässt.

15.15   Intervalle reeller Zahlen

Seien a und b zwei reelle Zahlen mit $a < b$. Die Menge reeller Zahlen x, mit $x > a$ und $x < b$, d.h. $\{x \in \mathbb{R} : a < x < b\}$, wird *offenes Intervall* zwischen a und b genannt und (a, b) bezeichnet. Zur Veranschaulichung zeichnen wir eine dicke Linie zwischen zwei Kreisen um a und b, wie in Abb. 15.3. Die Bezeichnung „offen" bezieht sich auf die strenge Ungleichheit, mit der (a, b) definiert wird, und wir benutzen runde Klammern „(" und Kreislinien auf der Zahlengerade, um dies auszudrücken. a und b werden *Endpunkte* des Intervalls genannt. Ein offenes Intervall enthält seine Endpunkte nicht. Das *abgeschlossene Intervall* $[a, b]$ ist die Menge $\{x : a \leq x \leq b\}$. Auf der Zahlengerade wird es mit Hilfe gefüllter Kreise gezeichnet und wir benutzen „eckige" Klammern. Ein abgeschlossenes Intervall enthält seine Endpunkte. Schließlich gibt es noch *halb offene Intervalle* mit einer offenen und einer abgeschlossenen Seite, wie $(a, b] = \{x : a < x \leq b\}$, vgl. Abb. 15.3.

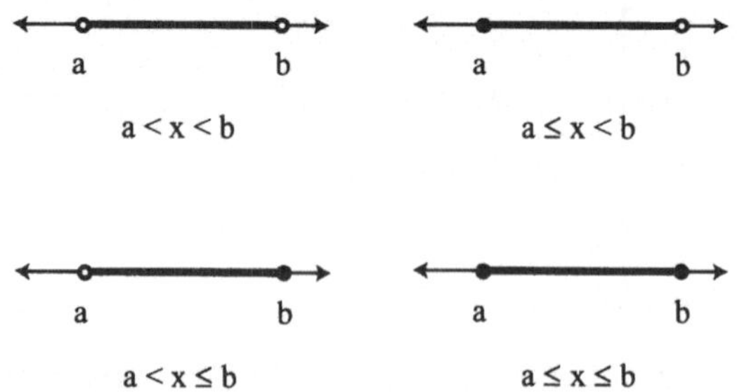

Abb. 15.3. Reelle Intervalle zwischen zwei reellen Zahlen a und b. Beachten Sie die gefüllten Kreise und die Kreislinien für die vier Fälle

Es gibt auch „unendliche" Intervalle, wie $(-\infty, a) = \{x : x < a\}$ und $[b, \infty) = \{x : b \leq x\}$, die wir in Abb. 15.4 veranschaulichen. Mit dieser

Schreibweise können wir die Menge der reellen Zahlen als $\mathbb{R} = (-\infty, \infty)$ schreiben.

Damit können wir jetzt Lipschitz-stetige Funktionen $f : I \to \mathbb{R}$ auf Intervallen $I \subset \mathbb{R}$ definieren.

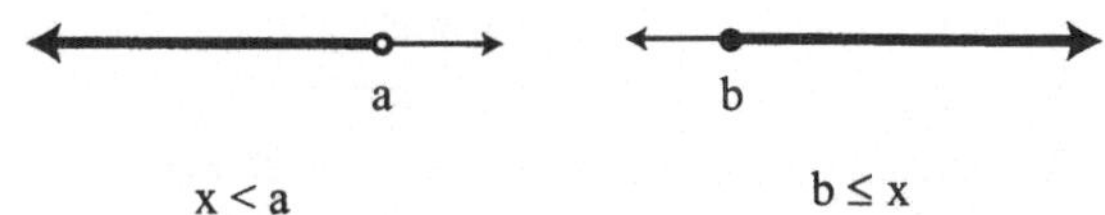

Abb. 15.4. Unendliche Intervalle $(-\infty, a)$ und $[b, \infty)$

15.16   Was ist $f(x)$ für irrationales x?

Wenn x irrational ist, werden die Folgen abgeschnittener Dezimalentwicklungen für x und $f(x)$ gleichzeitig bestimmt. Je mehr Dezimalstellen wir für x erhalten, desto mehr erhalten wir für $f(x)$. Das ergibt sich einfach aus $f(x) = \lim_{i \to \infty} f(x_i)$ für die Folge $\{x_i\}_{i=1}^{\infty}$ abgeschnittener Dezimalentwicklungen von x. Dies ist klar aus Abb. 15.5 ersichtlich. Damit erscheint auch die Vorstellung, dass $f(x)$ eine Funktion von x ist, in einem neuen Licht. Bei der traditionellen Betrachtung von $f(x)$, denken wir uns x gegeben und verknüpfen dann den Wert $f(x)$ mit x. Wir können das sogar in der Form $x \to f(x)$ schreiben, die andeutet, dass wir *von x zu $f(x)$* gelangen.

Ist x jedoch irrational, so haben wir gerade erkannt, dass wir nicht damit beginnen können, alle Dezimalstellen von x zu kennen, um daraus $f(x)$ zu berechnen. Stattdessen bestimmen wir nach und nach die Dezimalentwicklungen x_i zusammen mit den zugehörigen Funktionswerten $f(x_i)$, d.h. wir können $x_i \to f(x_i)$ für $i = 1, 2, \ldots$ schreiben, aber nicht wirklich $x \to f(x)$. Es ist so, als ob wir zwischen Näherungen x_i von x und Näherungen $f(x_i)$ von $f(x)$ hin und her springen. Das bedeutet, dass wir x nicht exakt kennen, wenn wir $f(x)$ berechnen. Damit dieses Verfahren Sinn macht, muss die Funktion $f(x)$ Lipschitz-stetig sein. Dann verursachen kleine Änderungen in x kleine Veränderungen in $f(x)$, wodurch das Verfahren ermöglicht wird.

Beispiel 15.6. Wir berechnen $f(x) = 0,4x^3 - x$ in $x = \sqrt{2}$, mit Hilfe der abgeschnittenen Dezimalfolge x_i in Abb. 15.5.

Dies führt uns zur Überlegung, dass wir nur Lipschitz-stetige Funktionen behandeln können. Ist eine Verknüpfung von x-Werten zu Werten $f(x)$ nicht Lipschitz-stetig, dann sollte sie es nicht verdient haben, Funktion genannt zu werden. Das führt uns zur Folgerung, dass *alle Funktionen Lipschitz-stetig sind* (mehr oder weniger).

i	x_i	$0,4x_i^3 - x_i$
1	1	$-0,6$
2	$1,4$	$0,0976$
3	$1,41$	$0,1212884$
4	$1,414$	$0,1308583776$
5	$1,4142$	$0,1313383005152$
6	$1,41421$	$0,1313623002245844$
7	$1,414213$	$0,1313695002035846388$
8	$1,4142135$	$0,13137070020305452415$
9	$1,41421356$	$0,1313708442030479314744064$
10	$1,414213562$	$0,13137084900304792215352811312$
$\vdots$	$\vdots$	$\vdots$

Abb. 15.5. Berechnung der Dezimalentwicklung von $f(\sqrt{2})$ für $f(x) = 0,4x^3 - x$ mit Hilfe der abgeschnittenen Dezimalfolge

Diese Aussage wäre für viele Mathematiker, die Tag und Nacht mit diskontinuierlichen Funktionen arbeiten, schockierend. Tatsächlich wird in großen Bereichen der Mathematik (z.B. der Integrationstheorie) extrem diskontinuierlichen „Funktionen" viel Aufmerksamkeit geschenkt. Besonders populär ist

$$f(x) = 0 \quad \text{für } x \quad \text{rational,}$$
$$f(x) = 1 \quad \text{für } x \quad \text{irrational.}$$

Was immer dies sei, es ist keine Lipschitz-stetige Funktion und aus unserem Blickwinkel daher überhaupt keine Funktion, denn für ein Argument x kann es extrem schwer sein zu entscheiden ob x rational oder irrational ist, und dann wüssten wir nicht, welchen der Funktionswerte $f(x) = 0$ oder $f(x) = 1$ zu wählen ist. Um zu entscheiden, ob x rational ist oder nicht, müssten wir die unendliche Dezimalentwicklung von x kennen, was für uns menschliche Wesen unmöglich sein kann. Würden wir beispielsweise die kluge Argumentation, die beweist, dass $x = \sqrt{2}$ nicht rational sein kann, nicht kennen, dann wären wir bei jeder abgeschnittenen Dezimalentwicklung von $\sqrt{2}$ nicht in der Lage zu entscheiden, ob $f(x) = 0$ oder $f(x) = 1$.

Wir kämen sogar in Schwierigkeiten, die folgende „Funktion" $f(x)$ zu definieren

$$f(x) = a \quad \text{für } x < \bar{x},$$
$$f(x) = b \quad \text{für } x \geq \bar{x},$$

bei der ein „Sprung" in $\bar{x}$ zwischen einem Wert a und einem Wert b vorliegt. Ist $\bar{x}$ irrational, dann mögen uns alle Dezimalstellen von $\bar{x}$ nicht bekannt sein, weswegen die Entscheidung, ob $x < \bar{x}$ oder $x \geq \bar{x}$ für ein x, praktisch unmöglich sein kann. Natürlicher wäre es da, sich die „Funktion mit einem Sprung" aus *zwei Funktionen* zusammengesetzt zu denken, und zwar aus der Lipschitz-stetigen Funktion

$$f(x) = a \quad \text{für } x \leq \bar{x}$$

und der Lipschitz-stetigen Funktion

$$f(x) = b \quad \text{für } x \geq \bar{x},$$

mit zwei möglichen Werten $a \neq b$ für $x = \bar{x}$: Den Wert a von links ($x \leq \bar{x}$) und den Wert b von rechts ($x \geq \bar{x}$), vgl. Abb. 15.6.

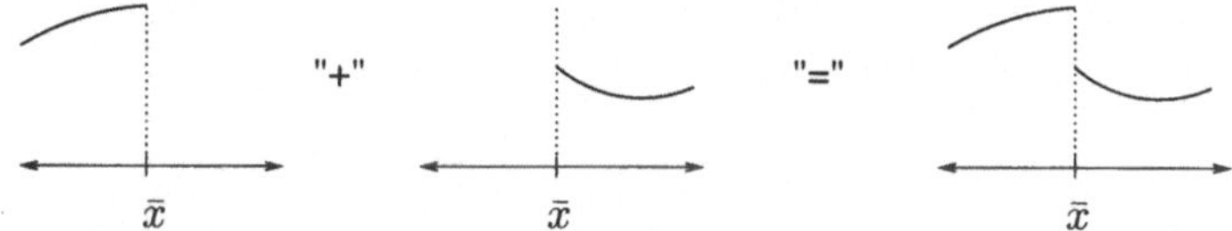

Abb. 15.6. Eine „Sprungfunktion", betrachtet als zwei Funktionen

Es scheint also, dass wir die bloße Vorstellung einer diskontinuierlichen Funktion $f(x)$ verwerfen müssen. Dies folgt daraus, dass wir nicht annehmen können, dass wir x genau kennen und somit können wir nur Situationen betrachten, bei denen kleine Änderungen in x kleine Veränderungen in $f(x)$ bewirken, was ja gerade der Kern der Lipschitz-Stetigkeit ist. Stattdessen werden wir dahin geleitet, Funktionen mit Sprüngen als Kombinationen von Lipschitz-stetigen Funktionen mit zwei möglichen Werten bei den Sprüngen, einer, der von rechts, und einer, der von links erreicht wird, zu betrachten.

15.17 Stetigkeit versus Lipschitz-Stetigkeit

Wie bereits angedeutet, benutzen wir eine Stetigkeitsdefinition (Lipschitz-Stetigkeit), die sich von der in den meisten Lehrbüchern der Infinitesimalrechnung unterscheidet. Wir erinnern an die grundlegende Eigenschaft einer Lipschitz-stetigen Funktion $f : I \to \mathbb{R}$:

$$f \left(\lim_{i \to \infty} x_i \right) = \lim_{i \to \infty} f(x_i), \tag{15.15}$$

für jede konvergente Folge $\{x_i\}$ in I mit $\lim_{i \to \infty} x_i \in I$. Die Standarddefinition der Stetigkeit einer Funktion $f : I \to \mathbb{R}$ beginnt bei (15.15) und klingt folgendermaßen: Die Funktion $f : I \to \mathbb{R}$ heißt *stetig* auf I (entsprechend der Standarddefinition), falls (15.15) für alle konvergenten Folgen x_i in I mit $\lim_{i \to \infty} x_i \in I$ erfüllt ist. Offensichtlich ist eine Lipschitz-stetige Funktion stetig nach der Standarddefinition, wohingegen das Gegenteil nicht wahr zu sein scheint. Anders ausgedrückt benutzen wir eine Definition, die etwas strenger ist als die Standarddefinition.

Die Standarddefinition genügt einer Maximalitätsanforderung (erstrebenswert für viele reine Mathematiker), leidet aber unter der (oft verwirrenden) Benutzung von Grenzwerten. Tatsächlich kann die intuitive Vorstellung der „stetigen Abhängigkeit" der Funktionswerte $f(x)$ von einer reellen Variablen x durch „$f(x)$ ist nahe bei $f(y)$, wenn x nahe bei y ist" ersetzt werden, für die die Lipschitz-Stetigkeit eine quantitative präzise Formulierung gibt, wohingegen die Standarddefinition etwas weit hergeholt ist. Stimmt's?

Aufgaben zu Kapitel 15

15.1. Definieren Sie einen „Satz" als eine beliebige Kombination von 500 Buchstaben, wählbar aus 26 verschiedenen Zeichen und Zwischenräumen, die in einer Zeile aneinander gereiht sind. Berechnen Sie (näherungsweise) die Anzahl aller möglichen Sätze.

15.2. Angenommen x und y seien zwei reelle Zahlen und $\{x_i\}$ und $\{y_i\}$ seien die durch abgeschnittene Dezimalentwicklungen erzeugte Folgen. Treffen Sie mit Hilfe von (7.14) und (15.4) Abschätzungen für (a) $|(x+y) - (x_i + y_i)|$ und (b) $|xy - x_i y_i|$. Hinweis: Benutzen Sie für (b) $xy - x_i y_i = (x - x_i)y + x_i(y - y_i)$ und erklären Sie, warum aus (15.4) folgt, dass $|x_i| \leq |x| + 1$ für genügend großes i.

15.3. Finden Sie ein möglichst kleines i, so dass $|xy - x_i y_i| \leq 10^{-6}$ für $x \approx 100$ und $y \approx 1$. Finden Sie möglichst kleine i und j, so dass $|xy - x_i y_j| \leq 10^{-6}$.

15.4. Seien $x = 0,37373737\ldots$, $y = \sqrt{2}$ und $\{x_i\}$ und $\{y_i\}$ seien die durch Abschneiden der Dezimalentwicklungen erzeugten Folgen. Berechnen Sie die ersten 10 Ausdrücke der Folgen, die $x + y$ und $x - y$ definieren, und die ersten 5 Ausdrücke der Folgen, die xy und x/y definieren. Hinweis: Folgen Sie dem Beispiel in Abb. 15.1.

15.5. Sei x der Grenzwert der Folge $\left\{ \dfrac{i}{i+1} \right\}$. Ist $x < 1$? Begründen Sie Ihre Antwort.

15.6. Sei x der Grenzwert einer Folge rationaler Zahlen $\{x_i\}$, bei der die ersten $i-1$ Dezimalstellen von x_i mit den $i-1$ Dezimalstellen von $\sqrt{2}$ übereinstimmen. Die i. Dezimalstelle sei 3 und die restlichen Dezimalstellen seien Null. Ist $x = \sqrt{2}$? Begründen Sie Ihre Antwort.

15.7. Seien x, y und z reelle Zahlen. Beweisen Sie folgende Aussagen:

    (a) $x < y$ und $y < z$ impliziert $x < z$.

    (b) $x < y$ impliziert $x + z < y + z$.

    (c) $x < y$ impliziert $-x > -y$.

15.8. Finden Sie die Mengen $\{x\}$, die (a) $|\sqrt{2} - 3| \leq 7$ und (b) $|3x - 6\sqrt{2}| > 2$ erfüllen.

15.9. Zeigen Sie, dass die Dreiecksungleichung (7.14) auch für reelle Zahlen s und t gilt.

15.10. *(Schwierig)* (a) Sei p eine rationale Zahl, x eine reelle Zahl und $\{x_i\}$ eine beliebige Folge rationaler Zahlen, die gegen x konvergiert. Zeigen Sie, dass $p < x$ impliziert, dass $p < x_i$ für alle genügend großen i. (b) Seien x und y reelle Zahlen und $\{y_i\}$ eine beliebige Folge, die gegen y konvergiert. Zeigen Sie, dass $x < y_i$ aus $x < y$ folgt für alle i, die genügend groß sind.

15.11. Zeigen Sie, dass die folgenden Folgen Cauchy-Folgen sind:

$$\text{(a) } \left\{\frac{1}{(i+1)^2}\right\} \qquad \text{(b) } \left\{4 - \frac{1}{2^i}\right\} \qquad \text{(c) } \left\{\frac{i}{3i+1}\right\}.$$

15.12. Zeigen Sie, dass die Folge $\{i^2\}$ **keine** Cauchy-Folge ist.

15.13. Sei x_i eine Folge reeller Zahlen, die folgendermaßen definiert ist:

$$x_1 = 0,373373337\ldots$$
$$x_2 = 0,337733377333377\ldots$$
$$x_3 = 0,333777333377733333777\ldots$$
$$x_4 = 0,3333777733333777733333337777\ldots$$
$$\vdots$$

(a) Zeigen Sie, dass die Folge eine Cauchy-Folge ist. (b) Finden Sie $\lim_{i\to\infty} x_i$. Dieses Beispiel zeigt, dass eine Folge irrationaler Zahlen gegen eine rationale Zahl konvergieren kann.

15.14. Kann eine Zahl der Form $sx + t$, wobei s und t rational sind und x irrational ist, eine rationale Zahl sein?

15.15. Seien $\{x_i\}$ und $\{y_i\}$ Cauchy-Folgen mit den Grenzwerten x und y. (a) Zeigen Sie, dass $\{x_i - y_i\}$ eine Cauchy-Folge ist und berechnen Sie den Grenzwert. (b) Angenommen, es gäbe eine Konstante c, so dass $y_i \geq c > 0$ für alle i. Zeigen Sie dass $\left\{\dfrac{x_i}{y_i}\right\}$ eine Cauchy-Folge ist und berechnen Sie den Grenzwert.

15.16. Zeigen Sie, dass eine konvergierende Folge eine Cauchy-Folge ist. Hinweis: Konvergiert $\{x_i\}$ gegen x, so schreiben Sie $x_i - x_j = (x_i - x) + (x - x_j)$ und benutzen Sie die Dreiecksungleichung.

15.17. *(Schwierig)* Sei $\{x_i\}$ eine anwachsende Folge $x_{i-1} \leq x_i$, die nach oben beschränkt ist, d.h. es existiert eine Zahl c, so dass $x_i \leq c$ für alle i. Beweisen Sie, dass x_i konvergiert. Hinweis: Benutzen Sie eine Variante der Argumentation, die bei der Konvergenz des Bisektionsalgorithmuses verwendet wurde.

15.18. Berechnen Sie die ersten fünf Ausdrücke der Folge, die den Wert der Funktion $f(x) = \frac{x}{x+2}$ in $x = \sqrt{2}$ definiert. Hinweis: Folgen Sie Abb. 15.5 und nutzen Sie die *evalf* Funktion von *MAPLE*$^{©}$, um alle Dezimalstellen zu bestimmen.

15.19. Sei x_i die Folge mit $x_i = 3 - \frac{2}{i}$ und $f(x) = x^2 - x$. Wie lautet der Grenzwert der Folge $f(x_i)$?

15.20. Zeigen Sie, dass $|x|$ Lipschitz-stetig ist auf $\mathbb{R}$.

15.21. Sei n eine natürliche Zahl. Zeigen Sie, dass $\frac{1}{x^n}$ Lipschitz-stetig ist auf der Menge rationaler Zahlen $I = \{x : 0,01 \leq x \leq 1\}$ und bestimmen Sie die Lipschitz-Konstante ohne Hilfe von Satz 15.3. Hinweis: Benutzen Sie die Identität

$$
x_2^n - x_1^n = (x_2 - x_1)\big(x_2^{n-1} + x_2^{n-2}x_1 + x_2^{n-3}x_1^2
$$
$$
+ \cdots + x_2^2 x_1^{n-3} + x_2 x_1^{n-2} + x_1^{n-1}\big)
$$
$$
= (x_2 - x_1) \sum_{j=0}^{n-1} x_2^{n-1-j}\, x_1^j,
$$

nachdem Sie diese bewiesen haben. Beachten Sie, dass in der letzten Summe n Ausdrücke auftreten und dass die Lipschitz-Konstante von n abhängt.

15.22. Beweisen Sie Satz 15.3.

15.23. Schreiben Sie die folgenden Mengen als Intervalle und veranschaulichen Sie die Mengen auf der Zahlengeraden.

(a) $\{x : -2 < x \leq 4\}$ (b) $\{x : -3 < x < -1\} \cup \{x : -1 < x \leq 2\}$
(c) $\{x : x = -2,\ 0 \leq x\}$ (b) $\{x : x < 0\} \cup \{x : x > 1\}$.

15.24. Erzeugen Sie ein Intervall, das alle Punkte $3 - 10^j$ für $j \geq 0$ enthält, aber nicht 3.

15.25. Stellen Sie mit Hilfe von *MATLAB*$^{©}$ oder *MAPLE*$^{©}$ die folgenden Funktionen in einem Graphen dar: $y = 1 \times x$, $y = 1,4 \times x$, $y = 1,41 \times x$, $y = 1,414 \times x$, $y = 1,4142 \times x$, $y = 1,41421 \times x$. Benutzen Sie Ihre Ergebnisse, um zu erklären, wie Sie $y = \sqrt{2} \times x$ darstellen könnten.

15.26. (a) Definieren Sie ein Intervall (a, b), wobei a und b reelle Zahlen sind, mit Hilfe von Intervallen mit rationalen Endpunkten. (b) Wiederholen Sie dies für $[a, b]$.

15.27. Erklären Sie, warum es unendlich viele reelle Zahlen zwischen zwei unterschiedlichen reellen Zahlen gibt, indem Sie diese systematisch hinschreiben. Hinweis: Betrachten Sie zunächst den Fall, dass die zwei unterschiedlichen Zahlen ganze Zahlen sind, und bearbeiten Sie eine Dezimalstelle nach der anderen.

15.28. Finden Sie die Lipschitz-Konstante der Funktion $f(x) = \sqrt{x}$ mit $D(f) = (\delta, \infty)$ für ein gegebenes $\delta > 0$.

Euklid behandelt in Band X seines Hauptwerks „Die Elemente" allgemeine Untersuchungen über Kommensurabilitäten und aufgrund der Postulate auftretende irrationale Strecken. Diese Untersuchungen hatten in der Schule des Pythagoras ihren Ursprung, wurden aber entschieden durch den Athener Theaetetus, der berechtigterweise für seine natürliche Haltung in dieser wie anderen Feldern der Mathematik bewundert wurde, weiterentwickelt. Als einer der begabtesten Männer widmete er sich geduldig Untersuchungen der in diesen Wissenschaftszweigen enthaltenen Wahrheiten ... und er war meiner Meinung nach der Kopf hinter der Formulierung exakter Unterscheidungen und unwiderlegbarer Beweise im Zusammenhang mit den oben angeführten Größen. (Pappus (etwa) 290–350)

16
Bisektion für $f(x) = 0$

Divide ut regnes (Teile und herrsche). (Machiavelli 1469–1527)

16.1 Bisektion

Wir verallgemeinern jetzt den Bisektionsalgorithmus, mit dessen Hilfe wir oben die positive Lösung der Gleichung $x^2 - 2 = 0$ berechnet haben, um Lösungen der Gleichung

$$f(x) = 0 \tag{16.1}$$

zu finden, d.h. wir suchen Nullstellen von f, wobei $f : \mathbb{R} \to \mathbb{R}$ eine Lipschitz-stetige Funktion ist. Der Bisektionsalgorithmus funktioniert wie folgt, wobei TOL eine vorgegebene positive Toleranz ist:

1. Wähle Anfangswerte x_0 und X_0 mit $x_0 < X_0$, so dass $f(x_0)f(X_0) < 0$. Setze $i = 1$.

2. Ausgehend von zwei rationalen Zahlen $x_{i-1} < X_{i-1}$ mit der Eigenschaft, dass $f(x_{i-1})f(X_{i-1}) < 0$, setze $\bar{x}_i = (x_{i-1} + X_{i-1})/2$.

   - Ist $f(\bar{x}_i) = 0$, dann stopp.
   - Ist $f(\bar{x}_i)f(X_{i-1}) < 0$, setze $x_i = \bar{x}_i$ und $X_i = X_{i-1}$.
   - Ist $f(\bar{x}_i)f(x_{i-1}) < 0$, setze $x_i = x_{i-1}$ und $X_i = \bar{x}_i$.

3. Stopp, wenn $X_i - x_i \leq TOL$.

4. Addiere 1 zu i und gehe zurück zu Schritt 2.

Die Gleichung $f(x) = 0$ kann viele Lösungen haben. Die Wahl der Anfangswerte x_0 und X_0 mit $f(x_0)f(X_0) \leq 0$ schränkt die Suche einer oder mehrerer Lösungen auf das Intervall $[x_0, X_0]$ ein. Um alle Nullstellen einer Funktion zu finden, kann es notwendig werden, systematisch alle möglichen Startintervalle $[x_0, X_0]$ zu durchsuchen.

Der Beweis für die Konvergenz des Bisektionsalgorithmuses ist analog zum speziellen Fall $f(x) = x^2 - 2$, der oben gegeben wurde. Aus seiner Konstruktion ergibt sich nach i Schritten, unter den Annahmen, dass wir nicht wegen $f(\bar{x}) = 0$ aufhören und dass $X_0 - x_0 = 1$, dass

$$0 \leq X_i - x_i \leq 2^{-i}$$

und wie oben, dass

$$|x_i - x_j| \leq 2^{-i} \quad \text{für } j \geq i.$$

Wie ausgeführt, ist $\{x_i\}_{i=1}^{\infty}$ eine Cauchy-Folge, die folglich gegen eine eindeutige reelle Zahl $\bar{x}$ konvergiert. Aus der Konstruktion ergibt sich

$$|x_i - \bar{x}| \leq 2^{-i} \quad \text{und} \quad |X_i - \bar{x}| \leq 2^{-i}.$$

Bleibt noch zu zeigen, dass $\bar{x}$ eine Lösung von $f(x) = 0$ ist, d.h. dass $f(\bar{x}) = 0$ gilt. Nach Definition gilt $f(\bar{x}) = f(\lim_{i \to \infty} x_i) = \lim_{i \to \infty} f(x_i)$ und somit müssen wir zeigen, dass $\lim_{i \to \infty} f(x_i) = 0$. Dazu nutzen wir die Lipschitz-Stetigkeit und erhalten

$$|f(x_i) - f(X_i)| \leq L|x_i - X_i| \leq L2^{-i}.$$

Da $f(x_i)f(X_i) < 0$, d.h. $f(x_i)$ und $f(X_i)$ haben unterschiedliche Vorzeichen, ist dadurch bewiesen, dass tatsächlich

$$|f(x_i)| \leq L2^{-i} \quad \text{(und somit auch } |f(X_i)| \leq L2^{-i}\text{)},$$

womit $\lim_{i \to \infty} f(x_i) = 0$ gilt und damit auch $f(\bar{x}) = \lim_{i \to \infty} f(x_i) = 0$, was wir zeigen wollten.

Wir fassen dies als Satz zusammen, der nach dem katholischen Priester B. Bolzano (1781–1848), der als einer der ersten analytische Beweise zu Eigenschaften stetiger Funktionen führte, *Satz von Bolzano* benannt ist.

Satz 16.1 (Satz von Bolzano) *Ist $f : [a, b] \to \mathbb{R}$ eine Lipschitz-stetige Funktion und $f(a)f(b) < 0$, dann gibt es eine reelle Zahl $\bar{x} \in [a, b]$, so dass $f(\bar{x}) = 0$.*

Eine Folgerung aus diesem Satz wird *Zwischenwertsatz* genannt. Er besagt, dass eine Lipschitz-stetige Funktion $g(x)$ auf einem Intervall $[a, b]$ alle Werte zwischen $g(a)$ und $g(b)$ mindestens einmal annimmt, wenn x sich in $[a, b]$ bewegt. Dies folgt aus dem Satz von Bolzano, angewendet auf die Funktion $f(x) = g(x) - y = 0$, wobei y zwischen $g(a)$ und $g(b)$ liegt.

Satz 16.2 (Zwischenwertsatz) *Ist $f : [a, b] \to \mathbb{R}$ eine Lipschitz-stetige Funktion, so gibt es für jede reelle Zahl y im Intervall zwischen $f(a)$ und $f(b)$ eine reelle Zahl $x \in [a, b]$, so dass $f(x) = y$.*

Abb. 16.1. Bernard Placidus Johann Nepomuk Bolzano (1781–1848), tschechischer Mathematiker, Philosoph und katholischer Priester: „Mein besonderes Vergnügen an der Mathematik beruhte auf seinen rein theoretischen Teilen, mit anderen Worten, ich schätzte nur die Teile der Mathematik, die auch philosophischer Natur waren"

16.2 Ein Beispiel

Als Anwendung des Bisektionsalgorithmuses berechnen wir die Lösung der chemischen Gleichgewichtsgleichung (7.13) aus dem Kapitel „Rationale Zahlen":

$$S(0,02 + 2S)^2 - 1,57 \times 10^{-9} = 0. \tag{16.2}$$

Der Graph der Funktion ist in Abb. 16.2 dargestellt. Offensichtlich gibt es Lösungen bei $-0,01$ und 0. Um sie zu berechnen, scheint es zunächst

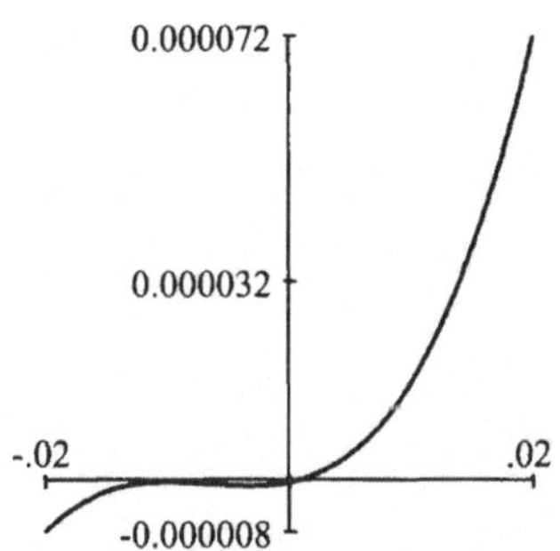

Abb. 16.2. Graph der Funktion $S(0,02 + 2S)^2 - 1,57 \times 10^{-9}$

angebracht, die Gleichung zu skalieren und beide Seiten von (16.2) mit 10^9 zu multiplizieren:

$$10^9 \times S(0,02 + 2S)^2 - 1,57 = 0.$$

Wir formulieren dies neu zu

$$10^9 \times S\,(0,02 + 2S)^2 = 10^3 \times S \times 10^6 \times (0,02 + 2S)^2$$

$$= 10^3 \times S \times \left(10^3\right)^2 \times (0,02 + 2S)^2 = 10^3 \times S \times \left(10^3 \times (0,02 + 2S)\right)^2$$

$$= 10^3 \times S \times \left(20 + 2 \times 10^3 \times S\right)^2.$$

Wenn wir nun noch die neue Variable $x = 10^3 S$ einführen, erhalten wir die folgende zu lösende Gleichung:

$$f(x) = x(20 + 2x)^2 - 1,57 = 0. \tag{16.3}$$

Das Polynom $f(x)$ hat vernünftigere Koeffizienten und die Lösungen sind nicht annähernd so klein wie bei der ursprünglichen Formulierung. Wenn wir eine Lösung x von $f(x) = 0$ finden, ergibt sich die physikalische Variable $S = 10^{-3}x$. Wir wollen noch festhalten, dass in diesem Modell nur positiven Lösungen eine Bedeutung zukommt, da es keine „negativen" Löslichkeiten geben kann.

Die Funktion $f(x)$ ist ein Polynom und daher Lipschitz-stetig auf jedem beschränkten Intervall. Daher kann die Bisektion zur Berechnung der Lösungen verwendet werden. In Abb. 16.3 ist $f(x)$ wiedergegeben. Wir vermuten daraus eine Lösung von $f(x) = 0$ bei 0 und bei -10.

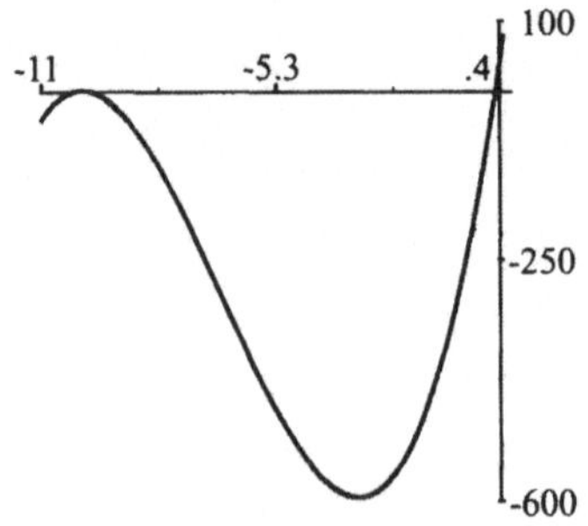

Abb. 16.3. Graph der Funktion $f(x) = x(20 + 2x)^2 - 1,57$

Um eine positive Lösung zu berechnen, wählen wir $x_0 = -0,1$ und $X_0 = 0,1$ und führen 20 Schritte des Bisektionsalgorithmuses aus. Die Ergebnisse sind in Abb. 16.4 wiedergegeben. Wir erkennen, dass $x \approx 0,00392$ Gleichung (16.3) löst und somit $S \approx 3,92 \times 10^{-6}$.

i	x_i	X_i
0	$-0{,}10000000000000$	$0{,}10000000000000$
1	$0{,}00000000000000$	$0{,}10000000000000$
2	$0{,}00000000000000$	$0{,}05000000000000$
3	$0{,}00000000000000$	$0{,}02500000000000$
4	$0{,}00000000000000$	$0{,}01250000000000$
5	$0{,}00000000000000$	$0{,}00625000000000$
6	$0{,}00312500000000$	$0{,}00625000000000$
7	$0{,}00312500000000$	$0{,}00468750000000$
8	$0{,}00390625000000$	$0{,}00468750000000$
9	$0{,}00390625000000$	$0{,}00429687500000$
10	$0{,}00390625000000$	$0{,}00410156250000$
11	$0{,}00390625000000$	$0{,}00400390625000$
12	$0{,}00390625000000$	$0{,}00395507812500$
13	$0{,}00390625000000$	$0{,}00393066406250$
14	$0{,}00391845703125$	$0{,}00393066406250$
15	$0{,}00391845703125$	$0{,}00392456054688$
16	$0{,}00392150878906$	$0{,}00392456054688$
17	$0{,}00392150878906$	$0{,}00392303466797$
18	$0{,}00392150878906$	$0{,}00392227172852$
19	$0{,}00392189025879$	$0{,}00392227172852$
20	$0{,}00392189025879$	$0{,}00392208099365$

Abb. 16.4. 20 Schritte des Bisektionsalgorithmuses für (16.3) mit $x_0 = -0,1$ und $X_0 = 0,1$

16.3　Berechnungsaufwand

Wir haben oben den Dekasektionsalgorithmus zur Berechnung von $\sqrt{2}$ angewendet. Natürlich können wir diesen Algorithmus ebenso zur Lösung allgemeiner Gleichungen benutzen. Da wir mehr als eine Methode zur Berechnung einer Lösung kennen, ist es nahe liegend, nach der „besten" Methode zu fragen. Zunächst müssen wir natürlich entscheiden, was wir unter „am besten" verstehen. Bei diesem Problem könnte beispielsweise am besten „am genauesten" oder „am billigsten" bedeuten. Das Kriterium richtet sich nach unseren Bedürfnissen.

Das Kriterium kann von vielen Dingen abhängen, wie z.B. die zu erzielende Genauigkeit. Natürlich hängt dies von der Anwendung und dem Berechungsaufwand ab. Im Modell für den schlammigen Hof genügen praktisch gesehen einige Dezimalstellen. Falls wir beispielsweise versuchen würden, die Diagonale mit einem Maßband zu messen, würden wir bis auf einige Zentimeter genau sein können, selbst wenn wir von der Schwierigkeit absehen, entlang einer Geraden zu messen. Für eine höhere Genauigkeit könnten wir einen Laser einsetzen und den Abstand bis auf einige Wellenlängen genau messen. Deswegen könnten wir mit einer Genauigkeit von vielen Dezimalstellen rechnen wollen. Das wäre bei diesem Beispiel sicherlich zu viel des Guten, könnte aber bei Anwendungen in der Astronomie oder der Geodäsie (z.B. bei der Kontinentalverschiebung) notwendig sein. In der Physik werden bestimmte Größen mit vielen Dezimalstellen Genauigkeit benötigt. So möchte man beispielsweise die Masse von Elektronen sehr genau kennen. Bei Anwendungen aus der Mechanik genügen oft eine Hand voll Dezimalstellen.

Bei der Dekasektion und der Bisektion ist Genauigkeit offensichtlich kein Thema, da beide Algorithmen so lange ausgeführt werden können, bis wir auf 16 Stellen genau sind, oder wie viele Stellen die Darstellung einer Fließkommazahl besitzen möge. Deswegen ist es vernünftig, diese Methoden über die Rechenzeit, die für das Erreichen einer gewissen Genauigkeit notwendig ist, zu bewerten. Rechenzeiten werden oft auch *Berechnungskosten* bezeichnet, ein Überbleibsel aus der Zeit, als Rechenzeiten auf dem Computer sekundenweise abgerechnet wurden.

Der Aufwand bei diesen Algorithmen kann so bestimmt werden, dass zunächst die Kosten per Iteration ermittelt werden, um dann mit der Zahl der Schritte zu multiplizieren, die wir für die gewünschte Genauigkeit benötigen. Bei einem Schritt des Bisektionsalgorithmuses muss der Computer den Mittelpunkt zwischen zwei Punkten berechnen, die Funktion f in diesem Punkt auswerten, das Ergebnis kurzfristig zwischenspeichern, das Vorzeichen des Funktionswertes überprüfen und dann die neuen Werte für x_i und X_i speichern. Wir nehmen an, dass die Zeit im Computer für jede dieser Operationen gemessen werden kann, und wir definieren

$$C_m = \text{Kosten für die Mittelpunktsberechnung}$$
$$C_f = \text{Kosten für die Funktionsauswertung in diesem Punkt}$$
$$C_\pm = \text{Kosten für Vorzeichenüberprüfung einer Variablen}$$
$$C_s = \text{Kosten für die Speicherung einer Variablen.}$$

Die Gesamtkosten für einen Schritt Bisektion sind $C_m + C_f + C_\pm + 4C_s$, und die Kosten nach N_b Schritten daher

$$N_b(C_m + C_f + C_\pm + 4C_s). \tag{16.4}$$

Ein Schritt des Dekasektionsalgorithmuses verursacht entschieden höhere Kosten, da 9 Zwischenpunkte getestet werden müssen. Die Gesamtkosten nach N_d Schritten des Dekasektionsalgorithmuses belaufen sich zu

$$N_d(9C_m + 9C_f + 9C_\pm + 20C_s). \tag{16.5}$$

Andererseits nimmt der Unterschied $|x_i - \bar{x}|$ um einen Faktor $1/10$ bei jedem Schritt der Dekasektion ab, verglichen mit einem Faktor $1/2$ bei der Bisektion. Da $1/2^3 > 1/10 > 1/2^4$, werden mit der Bisektion zwischen drei- und viermal so viele Schritte benötigt wie bei der Dekasektion, um den Anfangsabstand $|x_0 - \bar{x}|$ entsprechend zu reduzieren, d.h. $N_b \approx 4N_d$. Somit betragen die Kosten für den Bisektionsalgorithmus

$$4N_d(C_m + C_f + C_\pm + 4C_s) = N_d(4C_m + 4C_f + 4C_\pm + 16C_s).$$

Vergleicht man dies mit (16.5), so erkennt man, dass die Bisektion billiger anzuwenden ist als der Dekasektionsalgorithmus.

17

Streiten Mathematiker?*

Die Beweise der Sätze von Bolzano und Weierstrass haben einen entschieden nicht konstruktiven Charakter. Sie liefern keine Methode, um eine Nullstelle oder einen Extremwert einer Funktion mit einer vorgegebenen Genauigkeit in einer endlichen Zahl von Schritten zu finden. Nur die pure Existenz oder die Absurdität einer Nicht-Existenz des gewünschten Wertes wird bewiesen. Dies ist ein weiteres wichtiges Beispiel, gegen das die „Intuitionisten" Einspruch erhoben haben; einige bestanden sogar darauf, solche Sätze aus der Mathematik zu streichen. Studierende der Mathematik sollten dies nicht ernster nehmen als die meisten Kritiker. (Courant)

Ich weiß, dass der große Hilbert sagte: „Wir werden nicht aus dem Paradies getrieben, das Cantor für uns erschaffen hat", und ich antworte: „Für mich gibt es keinen Grund hineinzugehen". (R. Hamming)

Es gibt einen Begriff, der alle anderen verdirbt und umwirft. Ich meine nicht das Böse, das auf Moral beschränkt ist; ich meine das Unendliche. (Borges)

Entweder ist die Mathematik zu groß für den menschlichen Verstand oder der menschliche Verstand ist mehr als eine Maschine. (Gödel)

17.1 Einleitung

Mathematik wird gerne als „absolute Wissenschaft" betrachtet, in der es eine klare Unterscheidung zwischen wahr und unwahr oder richtig und falsch gibt, die allgemein von allen berufsmäßigen Mathematikern und jedem aufgeklärten Laien akzeptiert werden sollte. Dies ist im Großen und Ganzen richtig, aber es gibt wichtige Aspekte der Mathematik, in denen Übereinstimmung fehlte und immer noch fehlt. Die Entwicklung der Mathematik beinhaltet tatsächlich so heftige Kämpfe wie in jeder anderen Wissenschaft. Zu Beginn des 20. Jahrhunderts waren die Grundlagen der Mathematik heftig umstritten. Gleichzeitig entwickelte sich eine Aufspaltung in „reine" und „angewandte" Mathematik, die es vorher nicht gegeben hatte. Traditionell waren Mathematiker Generalisten, die Arbeiten in theoretischer Mathematik mit Anwendungen der Mathematik und sogar Arbeiten in der Mechanik, der Physik und anderen Disziplinen kombinierten. Leibniz, Lagrange, Gauss, Poincaré und von Neumann arbeiteten alle mit konkreten Problemen der Mechanik, Physik und einer Vielzahl von Anwendungen wie auch Fragen der theoretischen Mathematik.

Bei den mathematischen Grundlagen gibt es verschiedene „mathematische Schulen", die etwas unterschiedlich mit grundlegenden Begriffen und Axiomen umgehen und die etwas unterschiedliche Argumente bei ihrer Arbeit benutzen. Die drei Hauptschulen sind die *Formalisten*, die *Logiker* und schließlich die *Intuitionisten*, die auch als *Konstruktivisten* bekannt sind.

Wie wir im Folgenden erklären werden, fassen wir die Formalisten und die Logiker unter einer *idealistischen* Tradition zusammen und die Konstruktivisten unter einer *realistischen* Tradition. Es ist auch möglich, die idealistische Tradition mit einem „aristokratischen" Standpunkt und die realistische Tradition mit einem „demokratischen" Standpunkt zu assoziieren. Die Geschichte der westlichen Zivilisation kann in großen Zügen als Kampf zwischen idealistischen/aristokratischen und einer realistischen/demokratischen Tradition betrachtet werden. Der griechische Philosoph Platon ist die Portalfigur der idealistischen/aristokratischen Tradition, wohingegen, zusammen mit der im 16. Jahrhundert eingeleiteten wissenschaftlichen Revolution, die realistische/demokratische Tradition eine führende Rolle in unserer Gesellschaft übernommen hat.

Die Auseinandersetzung zwischen Formalisten/Logikern und den Konstruktivisten hatte ihren Höhepunkt in den 1930ern, als das von den Formalisten und Logikern vorgeschlagene Programm einen schweren Schlag durch den Logiker Kurt Gödel, vgl. Abb. 17.1, erlitt. Gödel zeigte, zur Überraschung der Welt und großer Mathematiker wie Hilbert, dass es in jeder axiomatischen mathematischen Theorie, die die Axiome für die natürlichen Zahlen enthalten, Tatsachen gebe, die sich aus den Axiomen nicht beweisen lassen. Dies ist die berühmte *Unvollständigkeitstheorie* von Gödel.

Alan Turing (1912–1954, Doktorarbeit am Kings College, Cambridge 1935) schlug in seinem 1936 erschienenen berühmten Aufsatz *On Computable Numbers, with an application to the Entscheidungsproblem* eine ähnliche Gedankenlinie ein, in Gestalt der Berechenbarkeit reeller Zahlen. In seinem Aufsatz stellte Turing eine abstrakte Maschine vor, die nun *Turing Maschine* genannt wird, die zum Prototypen des modernen programmierba-

Abb. 17.1. Kurt Gödel (mit Einstein 1950): „Jedes formale System ist unvollständig"

Abb. 17.2. Alan Turing: „Ich frage mich, ob meine Maschine ein Ende findet?"

ren Computers wurde. Er zeigte, dass π berechenbar sei, stellte jedoch fest, dass die meisten reellen Zahlen nicht berechenbar seien. Er gab Beispiele für „nicht entscheidbare Probleme", die er als Frage formulierte, ob seine Maschine ein Ende finden würde oder nicht, vgl. Abb. 17.2. Turing entwickelte, zur selben Zeit als die ENIAC in den Vereinigten Staaten entstand, Pläne für einen elektronischen Computer mit Namen Analytical Computing Engine ACE, in Anlehnung an die analytische Maschine von Babbage.

Gödels und Turings Arbeiten kennzeichneten eine klare Niederlage für die Formalisten/Logiker und einen klaren Sieg für die Konstruktivisten. Paradoxerweise gewannen die Formalisten/Logiker kurz nach ihrer Niederlage die Kontrolle über die mathematischen Abteilungen, und die Konstruktivisten mussten neue Abteilungen der Informatik und Numerik, die auf konstruktiver Mathematik aufbauen, gründen. Anscheinend reichte das durch Gödel und Turing hervorgerufene Trauma zur Unvollständigkeit axiomatischer Methoden und der Nicht-Berechenbarkeit so tief, dass die vorherige Koexistenz von Formalisten/Logikern und Konstruktivisten nicht länger möglich war. Auch heute noch wird die mathematische Welt von dieser Trennung stark beeinflusst.

Wir werden auf den Disput zwischen Formalisten/Logikern und Konstruktivisten unten zurückkommen und ihn benutzen, um grundlegende Gesichtspunkt der Mathematik zu veranschaulichen, was hoffentlich unserem Verständnis dienen kann.

17.2   Die Formalisten

Die Schule der *Formalisten* sagt, dass die *eigentliche* Bedeutung grundlegender Begriffe unwichtig sei, da sich die Mathematik mit Beziehungen zwischen diesen grundlegenden Begriffen beschäftige, was sie auch bedeuten mögen. Daher müssen (und können) wir die grundlegenden Begriffe nicht erklären oder definieren und können Mathematik als eine Art „Spiel" auffassen. Einem Formalisten wäre jedoch der Nachweis äußerst wichtig, dass es in seinem formalen System nicht möglich ist, *Widersprüche* zu finden; falls doch, würde sein Spiel Gefahr laufen auseinander zu fallen. Ein Formalist würde daher großen Wert auf die *Konsistenz* seines formalen Systems legen. Ein Formalist würde ferner gerne wissen, dass er, zumindest prinzipiell, in der Lage ist, sein eigenes Spiel vollständig zu verstehen, d.h., dass er prinzipiell in der Lage wäre, eine mathematische Erklärung oder Beweis für jede wahre Eigenschaft des Spiels zu geben. Der Mathematiker Hilbert war die führende Figur in der Schule der Formalisten. Hilbert war von den Ergebnissen von Gödel schockiert.

17.3   Die Logiker und die Mengentheorie

Die Logiker versuchten die Mathematik auf Logik und *Mengentheorie* aufzubauen. Die Mengentheorie wurde während der zweiten Hälfte des 19.

Abb. 17.3. Bertrand Russell: „Ich protestiere“

Jahrhunderts entwickelt und die Sprache der Mengentheorie wurde Bestandteil unserer Alltagssprache und sie wurde sehr von Schulen der Formalisten wie der Logiker geschätzt, wohingegen die Konstruktivisten ihr etwas reserviert gegenüberstanden. Eine Menge ist eine Ansammlung von Dingen, die die Elemente der Menge sind. Ein Element einer Menge heißt zugehörig zur Menge. Beispielsweise kann ein Essen als Menge verschiedener Gerichte (Vorspeise, Hauptspeise, Nachtisch, Kaffee) angesehen werden. Eine Familie (die Müllers) kann als Menge betrachtet werden, die aus einem Vater (Herr Müller), einer Mutter (Frau Müller) und zwei Kindern (Anja und Thomas) besteht. Ein Fußballverein (z.B. der FC Freiburg) besteht aus der Menge aller Spieler der Mannschaft. Die Menschheit kann als Menge aller menschlichen Wesen betrachtet werden.

Mengentheorie erlaubt es, von Ansammlungen von Objekten zu sprechen, als ob sie ein einzelnes Objekt seien. Das ist sowohl in den Wissenschaften wie der Politik sehr beliebt, da es die Möglichkeit bietet, neue Begriffe und Gruppen in hierarchische Strukturen anzuordnen. Aus alten Mengen lassen sich neue Mengen bilden, deren Elemente die alten Mengen sind. Mathematiker lieben es, über die *Menge aller reellen Zahlen*, bezeichnet mit $\mathbb{R}$, die *Menge aller positiven reellen Zahlen*, die *Menge aller Primzahlen*, etc. zu sprechen und ein Politiker, der einen Wahlkampf plant, mag an die Menge aller demokratischen Wähler, die Menge aller Selbstständigen, die Menge aller weiblichen Erstwählerinnen oder an die Menge aller armen, arbeitslosen männlichen Kriminellen denken. Ferner kann man sich Gewerkschaften als Mengen von Arbeitern in einer bestimmten Fabrik oder mit einem bestimmten Berufsbild denken und dass Gewerkschaften sich vereinigen und Mengen von Gewerkschaften bilden.

Eine Menge kann durch die Angabe aller seiner Elemente beschrieben werden. Das kann zu einer großen Herausforderung werden, wenn die Menge viele Elemente (wenn beispielsweise die Menge die Menschheit ist) hat. Alternativ kann eine Menge über eine gemeinsame Eigenschaft beschrieben werden, wie die Menge aller Menschen mit der Eigenschaft, gleichzeitig arm, arbeitslos, männlich und kriminell zu sein. Die Menschheit als Menge aller menschlichen Wesen mit der gemeinsamen Eigenschaft menschlich zu sein, gleicht jedoch eher einem Wortspiel als etwas sehr Nützlichem.

Die führende Persönlichkeit der Schule der Logiker war der Philosoph und Friedensaktivist Bertrand Russell (1872–1970), vgl Abb. 17.3. Russell entdeckte, dass die Definition von Mengen von Mengen, die sich nicht selbst enthalten, nicht widerspruchsfrei sei, was die Glaubwürdigkeit des gesamten logischen Systems gefährdete. Russell formulierte Varianten des alten Lügner-Paradoxons und des Barbier-Paradoxons, die wir hier wiedergeben. Gödels Satz kann als Variante dieses Paradoxons betrachtet werden.

Das Lügner-Paradoxon

Das Lügner-Paradoxon lautet wie folgt: Eine Person sagt: „Ich lüge". Wie lässt sich dieser Satz interpretieren? Angenommen, es stimmt, was diese Person sagt. Das bedeutet, dass sie lügt und somit ist das, was sie sagt nicht wahr. Wenn man auf der anderen Seite annimmt, dass es nicht wahr ist, was sie sagt, d.h. sie lügt, dann sagt sie die Wahrheit. Wie auch immer, scheint man auf einen Widerspruch zu stoßen, oder? Vergleichen Sie Abb. 17.4.

Abb. 17.4. „Ich lüge (nicht)"

Das Barbier-Paradoxon

Das Barbier-Paradoxon lautet folgendermaßen: Der Barbier eines Dorfes hat beschlossen jedermann im Dorf zu rasieren, der sich nicht selbst ra-

siert. Was tut der Barbier bei sich? Wenn er sich entschließt sich selbst
zu rasieren, dann gehört er zu der Gruppe von Menschen, die sich selbst
rasieren, und getreu seiner Entscheidung sollte er sich nicht rasieren, was
zu einem Widerspruch führt. Entscheidet er sich andererseits dafür, sich
nicht zu rasieren, dann gehört er zu der Gruppe von Menschen, die sich
nicht selbst rasieren, und entsprechend dieser Entscheidung sollte er sich
selbst rasieren, was wiederum zu einem Widerspruch führt. Vgl. Abb. 17.5.

Abb. 17.5. Einstellungen zum „Barbier-Paradoxon": entspannt oder sehr nach-
denklich

17.4   Die Konstruktivisten

Die *Intuitionisten/Konstruktivisten* verlangen von grundlegenden Begriffen, dass sie direkt „intuitiv" von unseren Gehirnen und Körpern durch
Erfahrung verstanden werden, ohne weitere Erklärung zu bedürfen. Ferner
würden die Intuitionisten gerne konkrete oder „konstruktive" Argumente
benutzen, damit ihre Mathematik immer eine intuitive „reale" Bedeutung
hat und nicht nur Formalität ist, wie in einem Spiel.

Ein Intuitionist mag sagen, dass die natürlichen Zahlen 1, 2, 3, . . . durch
wiederholtes Addieren von 1 zu 1 erhalten werden. So sind wir bei der
Einführung der natürlichen Zahlen vorgegangen. Wir wissen, dass aus der
Sicht eines Konstruktivisten, die natürlichen Zahlen in einer Art endlosem
Prozess erzeugt werden. Ist eine natürliche Zahl n gegeben, so gibt es immer
eine nächste natürliche Zahl $n+1$ und der Prozess endet nie. Ein Konstruktivist würde nicht davon sprechen, dass die Menge der natürlichen Zahlen
etwas Vollständiges ist und eine Größe für sich selbst, so wie Formalisten
oder Logiker die Menge aller natürlichen Zeiten auffassen. Gauss machte
deutlich, dass „die Menge aller natürlichen Zahlen" eher eine „Sprachrege-
lung" ist als eine existierende Menge.

Ein Intuitionist würde keine Notwendigkeit für eine „Rechtfertigung" oder einen Konsistenzbeweis durch eine eigene Argumentation benötigen, sondern würde sagen, dass die Rechtfertigung bereits dem eigentlichen konstruktiven Prozess beim Aufbau innewohnt. Ein Konstruktivist würde sozusagen eine Maschine bauen, die fliegen kann (ein Flugzeug), und eben dieser konstruktive Prozess wäre für sich bereits der Beweis dafür, dass der Bau eines Flugzeugs möglich ist. Ein Konstruktivist ähnelt im Geiste einem praktischen Ingenieur. Ein Formalist würde nicht wirklich ein Flugzeug bauen, sondern eher ein Modell eines Flugzeuges, und er bräuchte dann Argumente, um Investoren und Passagiere zu überzeugen, dass das Flugzeug fliegen kann; zumindest prinzipiell. Die führende Persönlichkeit der Schule der Intuitionisten war Brouwer (1881–1967), vgl. Abb. 17.6. Ein

Abb. 17.6. Luitzen Egbertus Jan Brouwer 1881–1966: „Man kann die Grundlagen und die Natur der Mathematik nicht untersuchen, ohne auf die Frage nach den Operationen einzugehen, wodurch mathematische Aktivitäten des Verstandes geleitet werden. Wird dies nicht berücksichtigt, bleibt man bei der Untersuchung des mathematischen Formalismus stehen, ohne zur Essenz der Mathematik vorzudringen"

echter Konstruktivist zu sein machte das Leben sehr schwer (wie ausgeprägter Vegetarismus), und da die Schule der Konstruktivisten von Brouwer sehr fundamental war, wurden es schnell sehr wenige und sie verloren in den 1930ern ihren Einfluss. Das Zitat von Courant zu Beginn zeigt die starken Gefühle, um die es dabei ging, was damit zusammenhängt, dass sehr fundamentale Dogmen auf dem Spiel standen, und es zeigt den allgemein verbreiteten Mangel an rationalen Argumenten gegen die Kritik der Intuitionisten, die stattdessen oft Lächerlichkeit und Unterdrückung preisgegeben wurden.

Van der Waerden, Mathematiker, studierte von 1919 bis 1923 in Amsterdam: „Brouwer kam [zur Universität], um seine Vorlesungen abzuhalten, lebte aber in Laren. Er kam nur einmal die Woche. Normalerweise ist das nicht erlaubt - er hätte in Amsterdam leben müssen - aber für ihn wurde eine Ausnahme gemacht. ... Ich unterbrach ihn einmal während einer Vorlesung, um eine Frage zu stellen. Vor der Vorlesung in der folgenden Woche, kam sein Assistent zu mir, um mir mitzuteilen, dass Brouwer während der Vorlesung keine Fragen gestellt haben möchte. Er wollte es einfach nicht. Er schaute immer zur Tafel und nie zu den Studenten. ... Obwohl seine wichtigsten Forschungsbeiträge in der Topologie lagen, hielt Brouwer nie eine Vorlesung über Topologie, sondern immer über - und das ausschließlich - die Grundlagen des Intuitionismus. Es schien, dass er nicht länger von seinen Ergebnissen in der Topologie überzeugt war, da sie aus dem Blickwinkel des Intuitionismus nicht korrekt waren, und er beurteilte alles, was er vorher getan hatte, auch seine größten Leistungen, als falsch im Sinne seiner Philosophie. Er war eine sehr seltsame Person, vollständig verliebt in seine Philosophie".

17.5   Peano'sche Axiome für natürliche Zahlen

Der italienische Mathematiker Peano (1858–1932) formulierte Axiome für die natürlichen Zahlen mit den undefinierten Begriffen „natürliche Zahl", „Nachfolger", „gehört zu", „Menge" und „gleich mit". Seine fünf Axiome lauten:

1. 1 ist eine natürliche Zahl.

2. 1 ist kein Nachfolger irgendeiner anderen natürlichen Zahl.

3. Jede natürliche Zahl n hat einen Nachfolger.

4. Sind die Nachfolger von n und m gleich, dann auch n und m.

Es gibt ein fünftes Axiom, das Axiom der *mathematischen Induktion*. Es besagt, dass eine Eigenschaft für *alle natürlichen Zahlen* gilt, wenn sie für jede natürliche Zahl n gilt, falls sie für die n vorangehende natürliche Zahl und für $n = 1$ gilt. Aufbauend auf diesen fünf Axiomen können alle oben angeführten grundlegenden Eigenschaften der reellen Zahlen hergeleitet werden.

Wir erkennen, dass die Peano'schen Axiome unser intuitives Gefühl für natürliche Zahlen, dass sie durch wiederholtes Addieren von 1 ohne jemals aufzuhören entstehen, im Kern einfangen. Offen bleibt die Frage, ob uns die Peano'schen Axiome eine klarere Vorstellung von den natürlichen Zahlen vermitteln, als wir sie ohnedies intuitiv haben. Mag sein, dass die Peano'schen Axiome uns helfen, die grundlegenden Eigenschaften natürlicher Zahlen zu identifizieren, aber so richtig deutlich wird nicht, worin die verbesserte Einsicht nun besteht.

Der Logiker Russell schlug in *Principia Mathematica* vor, die natürlichen Zahlen mit Hilfe der Mengentheorie und Logik zu definieren. Beispielsweise könnte die Zahl 1 als die Menge aller Single, die Zahl zwei als die Menge aller Dyaden oder Paare, die Zahl drei als die Menge aller Triple, etc. definiert werden. Wieder stellt sich die Frage, ob unsere Vorstellung von den natürlichen Zahlen dadurch vertieft wird?

17.6 Reelle Zahlen

Viele Lehrbücher der Infinitesimalrechnung beginnen mit der Annahme, dass der Leser bereits mit *reellen Zahlen* vertraut ist. Sie führen schnell die Bezeichnung $\mathbb{R}$ zur Kennzeichnung der Menge der *reellen Zahlen* ein. Der Leser wird normalerweise daran erinnert, dass die reellen Zahlen als Punkte auf der *reellen Zahlengeraden*, einer waagerechten (dünnen, schwarzen und durchgezogenen) Linie mit Markierungen für 1, 2 und vielleicht auch Zahlen wie $1, 1, 1, 2, \sqrt{2}, \pi$ etc., dargestellt werden können. Die Idee, *Arithmetisches*, d.h. Zahlen, auf *Geometrisches* zurückzuführen, geht auf Euklid zurück, der diesen Weg einschlug, um so die Probleme der irrationalen Zahlen zu vermeiden, die von den Pythagoräern entdeckt wurden. Allein auf geometrische Argumente zu vertrauen, ist jedoch sehr unpraktisch und Descartes drehte den Spieß im 17. Jahrhundert um und baute Geometrie auf Arithmetik auf, wodurch der Weg zur Revolution der Infinitesimalrechnung frei wurde. Die Probleme mit der Nichtfassbarkeit irrationaler Zahlen, die den Pythagoräern Probleme bereiteten, traten natürlich wieder auf, und die damit zusammenhängenden Fragen, die die innersten Grundlagen der Mathematik berührten, entwickelten sich zu einem Streit mit aggressiven Beiträgen vieler der größten Mathematiker, der in den 1930ern seinen Höhepunkt erreichte und der die mathematische Welt von heute geprägt hat.

Wir kamen oben zum Standpunkt, dass eine reelle Zahl durch seine Dezimalentwicklung definiert werden kann. Eine rationale Zahl hat eine Dezimalentwicklung, die vielleicht periodisch wird. Eine irrationale Zahl hat eine Dezimalentwicklung, die unendlich und nicht periodisch ist. Wir haben $\mathbb{R}$ als die Menge aller möglichen unendlichen Dezimalentwicklungen definiert und dabei darauf hingewiesen, dass diese Definition etwas vage ist, da die Bedeutung von „möglich" vage bleibt. Man könnte sagen, dass wir eine konstruktivistische/intuitionistische Definition von $\mathbb{R}$ benutzen.

Formalisten/Logiker würden lieber $\mathbb{R}$ als die Menge aller unendlichen Dezimalentwicklungen definieren oder als Menge aller Cauchy-Folgen rationaler Zahlen, in einer Art universellen Big Brother Definition.

Die Menge der reellen Zahlen wird oft als „Kontinuum" der reellen Zahlen bezeichnet. Die Vorstellung eines „Kontinuums" ist grundlegend in der klassischen Mechanik, bei der sowohl Raum als auch Zeit als „kontinuierlich" und nicht als „diskret" angesehen werden. Bei der Quantenmechanik, der modernen Version der Mechanik, die auf atomaren und molekularen Skalen arbeitet, zeigt sich die Materie eher diskret als kontinuierlich. Dies spiegelt den berühmten Teichen-Welle Dualismus in der Quantenmechanik wider, wobei das Teilchen diskret und die Welle kontinuierlich ist. Abhängig von der Brille, die wir aufsetzen, erscheinen Phänomene mehr oder weniger diskret oder kontinuierlich und keine einzelne Beschreibungsart scheint auszureichen. Die Diskussionen um die Natur der reellen Zahlen mag mit diesem Dilemma verwurzelt sein und daher niemals aufgelöst werden.

17.7   Cantor versus Kronecker

Wir wollen einen kurzen Blick in die Diskussionen um die reellen Zahlen werfen, die von zwei führenden Persönlichkeiten, nämlich Cantor (1845–1918) auf der Seite der *Formalisten* und Kronecker (1823–91) auf der Seite der *Konstruktivisten*, geführt wurden. Diese beiden Mathematiker waren Ende des 19. Jahrhunderts in einen tiefen akademischen Streit verwickelt, der bis in ihr berufliches Leben reichte (was bei Cantor zu einer tragischen geistigen Unordnung geführt haben mag). Cantor erschuf die *Mengentheorie*, insbesondere eine Theorie über Mengen mit *unendlich* vielen Zahlen. Cantors Theorie wurde von Kronecker und vielen anderen kritisiert, die einfach nicht an Cantors geistige Gebilde glauben konnten oder sie für wichtig halten konnten. Kronecker schlug einen nüchternen Weg ein und sagte, dass nur Mengen mit endlich vielen Elementen von menschlichen Gehirnen richtig verstanden werden können („Gott erschuf die ganzen Zahlen, alles andere ist Menschenwerk"). Kronecker sagte weiter, dass nur mathematische Objekte *existieren*, die in *endlich* vielen Schritten „konstruiert" werden

Abb. 17.7. Cantor (*links*): „Ich erkenne, dass ich mich bei diesem Unterfangen in eine gewisse Opposition zu weitverbreiteten Ansichten über das mathematisch Unendliche und der häufig vertretenen Meinung über die Natur von Zahlen begebe". Kronecker (*rechts*): „Gott erschuf die ganzen Zahlen, alles andere ist Menschenwerk"

können, wohingegen Cantor unendlich viele Schritte bei einer „Konstruktion" erlaubte. Cantor würde sagen, dass die Menge *aller natürlichen Zahlen*, d.h. die Menge mit den Elementen $1, 2, 3, 4, \ldots$ als ein Objekt „existiere", als *Menge aller natürlichen Zahlen*, die vom menschlichen Gehirn erfasst werden könne, wohingegen Kronecker etwas derartiges ablehnte und einem höheren Wesen zuschrieb. Natürlich behauptete Kronecker nicht, dass es nur endlich viele natürliche Zahlen gebe oder dass es eine größte natürliche Zahl gebe, aber er würde (Aristoteles folgend) sagen, dass die Existenz einer beliebig großen natürlichen Zahl eher eine „Möglichkeit" sei als eine tatsächliche Realität.

Die erste Runde ging an Kronecker, da Cantors Theorien über das Unendliche von vielen Mathematikern des späten 19. und des frühen 20. Jahrhunderts verworfen wurden. Aber in der nächsten Runde schlug sich der einflussreiche Mathematiker Hilbert, Führer der Schule der Formalisten, auf die Seite von Cantor. Bertrand Russell und Norbert Whitehead versuchten in ihrer gewaltigen *Principia Mathematica* (1910–13) Mathematik auf ein Fundament aus Logik und Mengentheorie zu stellen und können ebenso zu den Unterstützern von Cantor gezählt werden. So haben, trotz des Schlags von Gödel in den 1930ern, die Schulen der Formalisten/Logikern die Szene übernommen und die Mathematikausbildung bis in unsere Zeit beherrscht. Heute wendet sich mit der Entwicklung der Computer allmählich das Blatt zugunsten der Konstruktivisten, einfach deswegen, weil kein Computer unendlich viele Operationen ausführen kann oder unendlich viele Zahlen speichern kann. Deswegen mag der alte Kampf wieder aufleben.

Cantors Theorien über unendliche Zahlen sind größtenteils vergessen, bis auf ein Überbleibsel, das in den meisten Grundlagen der Infinitesimalrechnung zu finden ist, nämlich Cantors Argumentation, dass das Ausmaß an Unendlichkeit bei den reellen Zahlen streng größer ist als das der rationalen oder natürlichen Zahlen. Cantor argumentierte wie folgt: Angenommen, wir versuchen die reellen Zahlen, beginnend bei r_1, und dann r_2 usw., zu zählen. Cantor behauptete, dass in jeder derartigen Aufzählung reelle Zahlen fehlen müssten, beispielsweise alle reelle Zahlen, die sich von r_1 in der ersten Dezimalstelle, von r_2 in der zweiten Dezimalstelle usw. unterscheiden. Oder? Kronecker argumentierte gegen diese Konstruktion, indem er einfach vollständige Information etwa über r_1 verlangte, d.h. vollständige Information über alle Dezimalstellen von r_1. Gut, diese Information ist verfügbar, wenn r_1 rational ist. Ist r_1 jedoch irrational, wäre die alleinige Auflistung aller Dezimalstellen von r_1 niemals beendet, weswegen die Idee einer Aufzählung der reellen Zahlen für sich gesehen nicht sehr sinnvoll ist. Also, was ist Ihre Meinung? Cantor oder Kronecker?

Cantor dachte nicht nur über verschiedene Ausmaße an Unendlichkeit nach, sondern klärte auch konkretere Fragen, wie beispielsweise die Konvergenz trigonometrischer Reihen, bei denen reelle Zahlen als Grenzwerte von Cauchy-Folgen rationaler Zahlen auf ziemlich genau die gleiche Weise, wie wir sie präsentiert haben, betrachtet werden.

17.8 Wann sind Zahlen rational oder irrational?

Wir verweilen noch etwas bei den reellen Zahlen. Sei x eine reelle Zahl, von der wir die Dezimalstellen eine nach der anderen durch einen bestimmten Algorithmus bestimmen können. Wie können wir entscheiden, ob x rational oder irrational ist? Rein theoretisch ist x rational, wenn die Dezimalentwicklung periodisch ist, ansonsten irrational. Es gibt jedoch ein praktisches Problem mit dieser Antwort, da wir nur eine endliche Zahl von Dezimalstellen berechnen können, etwa niemals mehr als 10^{100}. Wie können wir sicher sein, dass die Dezimalentwicklung sich danach nicht zu wiederholen beginnt? Ehrlich gesagt scheint die Frage sehr schwer beantwortbar zu sein. Tatsächlich ist eine Voraussage darüber, was in einer vollständigen Dezimalentwicklung passiert, unmöglich, wenn man nur eine endliche Zahl von Dezimalstellen betrachtet. Die einzige Möglichkeit um zu entscheiden, ob eine Zahl x rational oder irrational ist, ist sich ein kluges Argument auszudenken, wie etwa das der Pythagoräer, mit dem sie zeigten, dass $\sqrt{2}$ irrational ist. Solche Argumente für besondere Zahlen wie π und e zu finden, hat eine Menge Mathematiker über die Jahre interessiert.

Andererseits kann der Computer nur rationale Zahlen berechnen und sogar nur rationale Zahlen mit endlichen Dezimalentwicklungen. Wenn irrationale Zahlen bei praktischen Berechnungen nicht existieren, ist es dann wirklich sinnvoll, darüber nachzudenken, ob sie wirklich existieren. Konstruktivistische Mathematiker wie Kronecker und Brouwer würden nicht behaupten, dass irrationale Zahlen wirklich existieren.

17.9 Die Menge aller möglichen Bücher

Wir schlagen vor, die Menge aller reellen Zahlen $\mathbb{R}$ als *die Menge aller möglichen Dezimalentwicklungen* oder gleichbedeutend *die Menge aller möglichen Cauchy-Folgen rationaler Zahlen* zu definieren. Periodische Dezimalentwicklungen gehören zu rationalen Zahlen und nicht periodische Entwicklungen zu irrationalen Zahlen. Die Menge $\mathbb{R}$ setzt sich folglich aus der Menge aller rationalen Zahlen zuzüglich der Menge der irrationalen Zahlen zusammen. Wir wissen, das üblicherweise das Wort „möglich" bei der vorgeschlagenen Definition von $\mathbb{R}$ weggelassen wird und $\mathbb{R}$ als „die Menge aller reellen Zahlen" oder als „die Menge aller unendlichen Dezimalentwicklungen" definiert wird.

Wir wollen an Hand einer Analogie kontrollieren, ob sich dahinter etwas Trickreiches verbirgt. Angenommen wir definieren ein „Buch" als eine endliche Buchstabenfolge. Es gibt besondere Bücher, wie „Der alte Mann und das Meer" von Ernest Hemingway, „Die Buddenbrocks" von Thomas Mann, „Alice im Wunderland" von Lewis Carrol und „1984" von George Orwell, über die wir uns unterhalten. Wir könnten **B** als die „Menge aller möglichen Bücher", die aus allen Büchern, die schon geschrieben sind und wahrscheinlich noch geschrieben werden, einführen und dieser Menge noch all die „Bücher", die aus zufällig angeordneten Buchstaben bestehen, hinzufügen. Damit wären auch die wunderbaren Werke enthalten, die von Schimpansen geschrieben hätten werden können, die mit einer Schreibmaschine spielen. Wahrscheinlich könnten wir diese Art Terminologie ohne größere Probleme bewältigen und wir wären uns einig, dass „1984" ein Element von **B** ist. Ganz allgemein könnten wir sagen, dass ein beliebiges Buch ein Element von **B** ist. Obwohl diese Aussage kaum verneint werden kann, ist es doch schwer zu behaupten, dass sie besonders nützlich ist.

Angenommen, wir lassen nun das Wort möglich weg und beginnen damit, von **B** als „der Menge aller Bücher" zu sprechen. Das würde uns den Eindruck vermitteln, dass **B** in gewisser Weise etwas Existentes ist, anstelle etwas Potentielles, wie wenn wir über „mögliche Bücher" sprechen. Die Menge **B** könnte als Bibliothek, in der alle Bücher stehen, betrachtet werden. Diese Bibliothek wäre enorm groß und die meisten der „Bücher" wären für Niemanden von Interesse. Zu glauben, dass die Menge aller Bücher real „existiert", mag für die meisten Menschen nicht natürlich sein.

Die Menge der reellen Zahlen $\mathbb{R}$ hat denselben Beigeschmack wie die Menge aller Bücher **B**. Es muss eine sehr große Menge an Zahlen sein, von denen nur relativ wenige, wie die rationalen Zahlen und einige bestimmte irrationale Zahlen, jemals in der Praxis angetroffen werden. Dennoch wird $\mathbb{R}$ traditionell als die Menge aller reellen Zahlen definiert und nicht als die „Menge aller möglichen reellen Zahlen". Der Leser mag die Interpretation von $\mathbb{R}$ nach seinem eigenen Geschmack wählen. Ein wahrer Idealist würde behaupten, dass die Menge aller reellen Zahlen „existiert", wohingegen eine bodenständige Person eher von der Menge aller möglichen reellen Zahlen sprechen würde. Vielleicht endet es mit einem persönlichen religiösen Gefühl; einige Menschen scheinen zu glauben, dass der Himmel existiert, wohingegen andere es als Möglichkeit oder als poetische Möglichkeit betrachten, um etwas zu beschreiben, das schwer zu begreifen ist.

Welche Interpretation Sie auch immer wählen, so werden Sie sicherlich damit übereinstimmen, dass einige reelle Zahlen klarer spezifiziert sind als andere und dass die Spezifikation einer reellen Zahl einen Algorithmus erfordert, der es erlaubt, so viele Stellen der reellen Zahl zu berechnen wie möglicherweise (oder vernünftigerweise) gewünscht werden.

17.10   Rezepte und gutes Essen

Der Bisektionsalgorithmus erlaubt es, jede beliebige Anzahl von Dezimalstellen von $\sqrt{2}$ zu berechnen, falls genug Rechenleistung zur Verfügung steht. Einen Algorithmus einzusetzen, um eine Zahl zu spezifizieren, ist analog zur Benutzung eines Rezepts um beispielsweise *Großvaters Scho-*

koladenkuchen zu spezifizieren. Wenn wir dem Rezept folgen, können wir einen Kuchen backen, der eine mehr oder weniger genaue Näherung an den Idealkuchen (den nur Großvater selbst backen kann) darstellt, die von unseren Fertigkeiten, Ausstattung und Zutaten abhängt. Zwischen dem Rezept und dem damit hergestellten Kuchen besteht ein klarer Unterschied, da wir den Kuchen mit Genuss essen können, aber nicht das Rezept. Das Rezept ist wie ein Algorithmus, der angibt, wie vorzugehen ist, wie viele Eier beispielsweise benutzt werden, wohingegen der Kuchen das Ergebnis der tatsächlichen Anwendung des Algorithmuses mit echten Eiern ist.

Natürlich gibt es Leute, die es scheinbar genießen, Rezepte zu lesen oder auch nur Bilder von Essen in Zeitschriften anzuschauen und darüber zu reden. Aber falls sie selbst nie etwas kochen, werden ihre Freunde wahrscheinlich das Interesse an dieser Beschäftigung verlieren. Ganz ähnlich kann man es genießen, die Symbole π, $\sqrt{2}$ etc. anzuschauen, über sie zu sprechen oder sie auf Papier zu malen, aber wenn man sie niemals wirklich berechnet, wird man sich irgendwann fragen, was man eigentlich macht.

In diesem Buch werden wir auf viele mathematische Größen treffen, die nur näherungsweise mit Hilfe eines Computer-Algorithmuses berechenbar sind. Beispiele für solche Größen sind $\sqrt{2}$, π und die Basis e des natürlichen Logarithmuses. Später werden wir sehen, dass auch Funktionen, sogar Elementarfunktionen wie $\sin(x)$ und $\exp(x)$, für verschiedene Werte von x berechnet werden müssen. Genauso, wie wir einen Kuchen erst backen müssen, bevor wir ihn genießen können, müssen wir solche idealen mathematischen Größen erst mit bestimmten Algorithmen berechnen, bevor wir sie für andere Zwecke benutzen können.

17.11 „Neue Mathematik" in der Grundschule

Nach der Niederlage der Formalisten in den 1930ern durch die Argumente von Gödel gewann die Schule der Formalisten paradoxerweise an Einfluss und die Mengentheorie bekam ihre zweite Chance. Wie eine Welle erfasste diese Entwicklung den Mathematikunterricht in der Grundschule in den 1960ern als „neue Mathematik". Zahlen wurden mit Hilfe der Mengentheorie erklärt, so wie Russell und Whitehead es 60 Jahre zuvor in ihrer *Principia* versucht hatten. So lernten Kinder, dass eine Menge, die aus einer Kuh, zwei Bechern, einem Stuhl und einer Orange besteht, fünf Elemente hat. So sollte die Zahl 5 erklärt werden, statt fünf an den Fingern abzuzählen oder 5 Orangen aus einem Stapel Orangen herauszunehmen. Die „neue Mathematik" verwirrte die Kinder und viel mehr noch die Eltern und Lehrer und wurde nach einigen turbulenten Jahren vergessen.

17.12   Die Suche nach Stringenz in der Mathematik

Die Formalisten versuchten, die Mathematik streng formal aufzubauen. Die Suche nach Stringenz begann mit Cauchy und Weierstrass, die versuchten, präzise Definitionen für die Begriffe Grenzwert, Ableitung und Integral zu geben. Sie wurde von Cantor und Dedekind fortgesetzt, die versuchten, die präzise Bedeutung von Begriffen wie Kontinuum, reelle Zahl, die Menge reeller Zahlen etc. klarzustellen. Die Bemühungen, Mathematik auf eine vollständig rationale Basis zu stellen, brachen schließlich zusammen, wie wir oben angedeutet haben.

Wir können zwei Arten von Stringenz ausmachen:

- konstruktive Stringenz

- formale Stringenz.

Konstruktive Stringenz ist notwendig, um schwierige Aufgaben bewältigen zu können, wie beispielsweise eine Herzoperation auszuführen, einen Menschen auf den Mond zu schicken, eine schmale Hängebrücke zu bauen, den Mount Everest zu besteigen oder ein langes Computerprogramm zu schreiben, das korrekt funktioniert. In allen Fällen kann die kleinste Einzelheit wichtig sein und falls das gesamte Unternehmen nicht mit extremer Stringenz durchgeführt wird, wird es wahrscheinlich misslingen. Letztendlich ist es eine Stringenz, die Materielles oder tatsächliche Vorgänge betrifft.

Formale Stringenz ist andersartig und besitzt keine direkten konkreten Objekte, wie die oben angeführten. Formale Stringenz mag an einem königlichen Hof exerziert werden oder in der Diplomatie. Es ist eine Stringenz, die sich in Sprache (Worten) oder Benehmen ausdrückt. Die Scholastiker im Mittelalter waren Formalisten, die formale Stringenz liebten. Sie konnten beispielsweise mit sehr komplizierten Argumenten die Frage diskutieren, wie viele Engel auf einer Messerspitze Platz fänden. Einige Menschen benutzen eine formal korrekte Sprache, die als Ausdruck einer formalen Stringenz betrachtet werden kann. Autoren legen großen Wert auf sprachliche Formalitäten und können stundenlang einen einzigen Satz polieren, bis er die richtige Form bekommt. Ganz allgemein können formale Gesichtspunkte in der Kunst und der Ästhetik sehr wichtig sein. Sie dient aber einem anderen Zweck als konstruktive Stringenz. Konstruktive Stringenz dient der Sicherstellung, dass etwas tatsächlich wie gewünscht abläuft. Formale Stringenz kann dazu dienen, Menschen zu kontrollieren oder zu beeindrucken oder auch nur um Menschen ein gutes Gefühl zu vermitteln oder um diplomatische Verhandlungen zu führen. Formale Stringenz kann in einem Spiel oder einem Wettbewerb mit gewissen aber sehr spezifischen Regeln exerziert werden, die sehr streng sind, aber keinem direkten praktischen Zweck außerhalb des Spiels dienen.

Auch in der Mathematik kann zwischen konkreter und formaler Stringenz unterschieden werden. Eine Berechnung, wie die Multiplikation zweier natürlichen Zahlen, ist eine konkrete Aufgabe und Stringenz bedeutet einfach, dass die Berechnung richtig ausgeführt wird. Das mag in der Wirtschaft oder im Ingenieurwesen sehr wichtig sein. Die Wichtigkeit dieser Art von Stringenz ist nicht schwer zu erklären und Studierende haben keine Schwierigkeiten für sich selbst zu formulieren, welche Kriterien konstruktiver Stringenz in verschiedenen Zusammenhängen angebracht sind.

Formale Stringenz in der Infinitesimalrechnung wurde von Weierstrass mit dem Ziel voran getrieben, grundlegende Begriffe und Argumente wie das Kontinuum reeller Zahlen oder Grenzwertprozesse „formal korrekter" zu machen. Die Vorstellung formaler Stringenz ist noch sehr lebendig in Mathematikausbildungen, die von der Schule der Formalisten beherrscht wird. Üblicherweise können Studierende die Bedeutung dieser Art von „formal strenger Überlegung" nicht verstehen und sehr selten können sie diese Art formaler Stringenz ohne Anleitung des Lehrers anwenden.

Wir werden einem Ansatz folgen, der versucht, konstruktive Stringenz in einem begründbaren Maß zu erreichen und wir werden versuchen, formale Stringenz begrifflich verständlich zu machen und einige ihrer Tugenden zu erklären.

17.13   Ein nicht konstruktiver Beweis

Wir geben nun einen nicht konstruktiven Beweis als Beispiel, der in vielen Büchern der Infinitesimalrechnung eine wichtige Rolle spielt, obwohl der Beweis, wegen seiner nicht konstruktiven Vorgehensweise als so schwierig betrachtet wird, dass nur ausgewählte fortgeschrittene Mathematiker dafür Verständnis haben.

Er lautet folgendermaßen: Wir betrachten eine beschränkte anwachsende Folge $\{a_n\}_1^\infty$ reeller Zahlen, d.h. $a_n \leq a_{n+1}$ für $n = 1, 2, \ldots$ mit einer Konstanten C, so dass $a_n \leq C$ für $n = 1, 2, \ldots$. Die Behauptung ist, dass die Folge $\{a_n\}_1^\infty$ gegen einen Grenzwert A konvergiert. Es folgt der Beweis: Alle Zahlen a_n liegen im Intervall $I = [a_1, C]$. Der Einfachheit halber sei $a_1 = 0$ und $C = 1$. Wir teilen nun das Intervall $[0, 1]$ in zwei Intervalle $[0, 1/2]$ und $[1/2, 1]$ und treffen die folgende Wahl: Ist eine der reellen Zahlen $a_n \in [1/2, 1]$, dann wählen wir das rechte Intervall $[1/2, 1]$, ansonsten das linke Intervall $[0, 1/2]$. Dann wiederholen wir die Unterteilung in ein rechtes und linkes Intervall und wählen eines der Intervalle nach derselben Methode: Liegt die reelle Zahl a_n im rechten Intervall, dann wählen wir dieses, ansonsten das linke Intervall. So erhalten wir eine verschachtelte Folge von Intervallen, deren Länge gegen Null geht, die eine eindeutige reelle Zahl definieren, die offensichtlich Grenzwert der Folge $\{a_n\}_1^\infty$ ist. Sind Sie davon überzeugt? Falls nicht, müssen Sie ein Konstruktivist sein.

Also, wo ist der nicht konstruktive Haken bei diesem Beweis? Er liegt natürlich in der Intervallwahl: Um das richtige Intervall auszuwählen, muss man prüfen können, ob eines der a_n im rechten Intervall liegt, d.h. wir müssen prüfen, ob a_n für genügend großes n im rechten Intervall liegt. Beim konstruktivistischen Standpunkt stellt sich die Frage, ob wir diese Überprüfung in einer endlichen Zahl von Schritten ausführen können. Das mag von der besonderen Folge $a_n \le a_{n+1}$ abhängen. Wir wollen zunächst eine Folge betrachten, die so einfach ist, dass wir mit Fug und Recht sagen können, alles Interessante darüber zu wissen: Beispielsweise die Folge $\{a_n\}_1^\infty$ mit $a_n = 1-2^{-n}$, d.h. die Folge $1/2, 3/4, 7/8, 15/16, 31/32, \dots$ Eine beschränkte anwachsende Folge, die offensichtlich gegen 1 konvergiert. Für diese Folge könnten wir stets das richtige Intervall (das rechte) auswählen, weil sie so einfach ist.

Als Nächstes wollen wir die Folge $\{a_n\}_1^\infty$ mit $a_n = \sum_1^n \frac{1}{k^2}$ betrachten, die offensichtlich anwachsend ist. Es ist ganz einfach zu zeigen, dass sie beschränkt ist. In diesem Fall ist die Wahl des Intervalls bedeutend schwieriger und es ist nicht klar, wie wir die Wahl konstruktiv treffen können ohne vorher den Grenzwert zu konstruieren. Nun stehen wir da und können uns fragen, welchen Wert ein nicht konstruktiver Beweis zur Existenz eines Grenzwertes hat, wenn wir den Grenzwert auf jeden Fall vorher konstruieren müssen.

Wie auch immer fassen wir hier das Ergebnis, das wir unten einige Male benutzen werden, zusammen:

Satz 17.1 (nicht konstruktiv!) *Eine beschränkte anwachsende Folge ist konvergent.*

17.14   Zusammenfassung

Nach Platon existieren ideale Punkte und Geraden in einer Art Himmel, während Punkte und Geraden, mit denen Menschen umgehen, mehr oder weniger unvollständige Kopien oder Schatten oder Bilder dieser Ideale sind. Das ist Platons *idealistischer* Ansatz, der mit der Schule der Formalisten verbunden ist. Ein Intuitionist würde sagen, dass die Existenz der Ideale nicht sicher belegt ist, und dass wir uns stattdessen auf die mehr oder weniger unvollständigen Kopien konzentrieren sollten, die wir als menschliche Wesen selbst *konstruieren* können. Die Frage nach der tatsächlichen Existenz der Ideals wird zur Frage der *Metaphysik* oder der *Religion* und wahrscheinlich gibt es keine definitive Antwort dafür. Unseren eigenen Empfindungen folgend, können wir selbst wählen, ob wir eher Idealist/Formalist oder Intuitionist/Konstruktivist sein wollen oder irgendetwas dazwischen.

Die Autoren dieses Buch haben einen Mittelweg zwischen den konstruktivistischen und formalistischen Schulen gewählt. Wir versuchen von einem praktischen Standpunkt aus so konstruktiv wie möglich zu sein, aber oft nutzen wir aus Bequemlichkeitsgründen eine formalistische Sprache. Der konstruktive Ansatz hat seinen Schwerpunkt auf konkreten Aspekten der

Mathematik und schafft Nähe zum Ingenieurwesen und dem „Leib". Der mystische Charakter der Mathematik wird dadurch reduziert und es hilft dem Verständnis. Andererseits kann Mathematik nicht eine Ingenieurswissenschaft oder nur „Leib" sein und die weniger konkreten Aspekte oder die „Seele" sind ebenso wertvoll für unser Denken und das Modellieren der Welt um uns herum. So suchen wir eine gute Synthese der konstruktivistischen und der formalistischen Mathematik oder eine Synthese von Body & Soul.

Wenn wir zum Anfang unserer kleinen Diskussion zurückgehen, so assoziieren wir die Schulen der Logiker und der Formalisten mit der idealistischen/aristokratischen Tradition and die Konstruktivisten mit der konstruktiven/demokratischen Tradition. Als Studierende würden wir wahrscheinlich einen konstruktiven/demokratischen Ansatz schätzen, da es dem Verständnis hilft und den Studierenden eine aktive Rolle einräumt. Andererseits sind gewisse Dinge tatsächlich sehr schwer zu verstehen oder zu konstruieren, und dann bietet der idealistische/aristokratische Ansatz eine Möglichkeit, um dieses Dilemma zu lösen.

Der konstruktivistische Ansatz, wo immer er eingesetzt werden kann, ist vom Ausbildungsstandpunkt sehr attraktiv, da er den Studierenden eine aktive Rolle einräumt. Studierende sind aufgefordert, selbst zu konstruieren und nicht nur einem omnipotenten Lehrer zu folgen, der vorgefertigte Beispiele aus dem Hut zaubert.

Die Entwicklung moderner Computer hat für die konstruktive Mathematik einen immensen Schub bedeutet, da der Computer konstruktiv arbeitet. Die Mathematikausbildung wird immer noch von der Schule der Formalisten beherrscht, und die meisten heutigen Probleme im Zusammenhang mit der Mathematikausbildung haben ihre Ursache in der Überbetonung der idealistischen Schulen in Zeiten, da die konstruktive Mathematik die Anwendungen beherrscht.

Turings Prinzip einer „universellen Rechenmaschine" (mit dem Schlüsselartikel *Computable Numbers*) verbindet direkt die Arbeiten am Fundament der Mathematik in den 1930ern mit der Entwicklung moderner Computer in den 1940ern (mit ACE als Schlüsselwort) und verdeutlicht so konkret die Kraft der (konstruktiven!) Mathematik.

Aufgaben zu Kapitel 17

17.1. Können Sie begreifen, wie das Barbier-Paradoxon konstruiert ist? Angenommen, der Barbier kommt aus einem anderen Dorf. Löst das das Paradox?

17.2. Folgendes ist ein ähnliches Paradoxon: Betrachten Sie alle natürlichen Zahlen, die Sie mit höchstens 100 Worten oder Buchstaben beschreiben können. Z.B. können Sie die Zahl 10 000 durch das Wort „zehntausend" beschreiben, oder „eine eins mit vier Nullen". Beschreiben Sie nun eine Zahl, indem Sie sie als die kleinste natürliche Zahl spezifizieren, die nicht mit höchsten hundert Worten beschrieben werden kann. Aber der Satz „die kleinste natürliche Zahl, die nicht mit höchstens hundert Worten beschreibbar ist" ist eine Beschreibung einer bestimmten Zahl in weniger als 100 Worten (es sind genau 12), was der Definition dieser Zahl als nicht in weniger als 100 Worten beschreibbare Zahl, widerspricht. Können Sie herausfinden, wie dieses Paradoxon entsteht?

17.3. Beschreiben Sie so genau wie möglich, was Sie unter *Punkt* oder *Gerade* verstehen. Bitten Sie einen Freund, das gleiche zu tun und vergleichen Sie die Begriffe.

17.4. Studieren Sie auf den ersten Seiten eines Buches über Infinitesimalrechnung in der nächsten Bibliothek oder in ihrem Bücherregal, wie der Begriff reelle Zahl eingeführt wird.

17.5. Definieren Sie die Zahl $\omega \in (0,1)$ folgendermaßen: Die erste Stelle von ω sei 1 in der Position, in der bei der Dezimalentwicklung von $\sqrt{2}$ zum zehnten Mal die 1 auftritt; die anderen Stellen seien 0. Die zweite Stelle von ω sei gleich 1 bei der 20. 1 in der Dezimalentwicklung von $\sqrt{2}$, ansonsten Null, usw. Ist ω eine wohl definierte reelle Zahl? Wie viele Stellen von ω können ihrer Meinung nach höchstens berechnet werden?

17.6. Führen Sie eine Abstimmung darüber durch, was Menschen unter einer reellen Zahl verstehen, bei Freunden, Verwandten, Politikern, Rock Musikern bis hin zu Physikern und Mathematikprofessoren.

> Einige angesehene Mathematiker haben neulich verfochten, nicht konstruktive Beweise mehr oder weniger vollständig aus der Mathematik zu verbannen. Selbst wenn ein solches Programm wünschenswert wäre, würde es doch immense Probleme aufwerfen und sogar die teilweise Zerstörung der Körper lebender Mathematiker. Daher ist es nicht weiter verwunderlich, dass die Schule der „Intuitionisten", die dieses Programm vertritt, auf großen Widerstand stieß, und dass sogar die eingefleischtesten Intuitionisten nicht immer nach ihren Überzeugungen leben können. (Courant)

> Das Schreiben gewaltiger Bücher ist ein mühseliger und erschöpfender Luxus. Auf fünfhundert Seiten eine Idee zu entwickeln, die mündlich in einigen wenigen Minuten erschöpfend vorgestellt werden kann! Da ist es doch besser vorzutäuschen, dass diese Bücher bereits existieren und stattdessen eine Zusammenfassung, einen Kommentar anzubieten.... Weil ich vernünftiger, plumper und träger bin, habe ich es vorgezogen, Anmerkungen über imaginäre Bücher zu schreiben. (Borges, 1941)

> Ich habe mir das Paradies immer als eine Art Bibliothek vorgestellt. (Borges)

> Mein Buchpreis der Sherbourne Schule (von Neumanns „Mathematische Grundlagen der Quantenmechanik") erweist sich als sehr interessant und überhaupt nicht schwer lesbar, obwohl die angewandten Mathematiker es scheinbar sehr „heftig" finden. (Turing, Alter 21)

Abb. 17.8. Blick auf den Fluss Cam in Cambridge 2003 mit ACE im Vordergrund (und „UNTHINKABLE" rechts im Hintergrund)

18

Die Funktion $y = x^r$

Mit gleicher Leidenschaft habe ich nach Erkenntnis gestrebt. Ich wollte das Herz der Menschen ergründen. Ich wollte begreifen, warum die Sterne scheinen. Ich habe die Kraft zu erfassen gesucht, durch die nach den Pythagoräern die Zahl den Strom des Seins beherrscht. Ein wenig davon, wenn auch nicht viel, ist mir gelungen. (Bertrand Russell 1872–1970)

18.1 Die Funktion $\sqrt{x}$

Wir haben oben gezeigt, dass wir die Gleichung $x^2 = a$ für jede positive rationale Zahl a mit Hilfe des Bisektionsalgorithmuses lösen können. Die eindeutige positive Lösung ist eine reelle Zahl, geschrieben $\sqrt{a}$. Wir können $\sqrt{a}$ als eine Funktion von a betrachten, definiert für $a \in \mathbb{Q}_+$. Natürlich können wir die Funktion $\sqrt{a}$ auf $[0, \infty)$ erweitern, da $0^2 = 0$ oder $\sqrt{0} = 0$.

Tauschen wir den Namen a gegen x, so können wir die Funktion $f(x) = \sqrt{x}$ betrachten, mit $D(f) = \mathbb{Q}_+$ und $f : \mathbb{Q}_+ \to \mathbb{R}_+$. Wie im Kapitel „Reelle Zahlen" erläutert, können wir sie zu einer Funktion $f : \mathbb{R}_+ \to \mathbb{R}_+$ erweitern mit $f(x) = \sqrt{x}$, da wie oben diskutiert, $\sqrt{x}$ auf Intervallen (δ, ∞) mit $\delta > 0$ Lipschitz-stetig ist. Da nach Definition $\sqrt{x}$ die Lösung der Gleichung $y^2 = x$ mit der Unbekannten y ist, haben wir für $x \in \mathbb{R}_+$

$$(\sqrt{x})^2 = x. \tag{18.1}$$

Wir stellen die Funktion $\sqrt{x}$ in Abb. 18.1 graphisch dar.

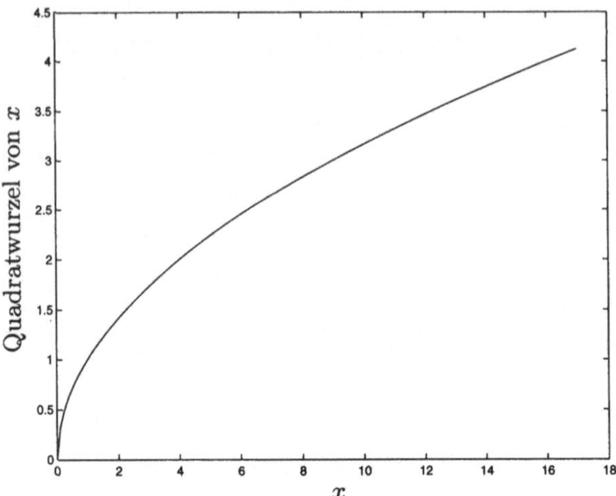

Abb. 18.1. Die Funktion $\sqrt{x}$ von x

Die Funktion $y = \sqrt{x}$ ist ansteigend: Ist $x > \bar{x}$, dann $\sqrt{x} > \sqrt{\bar{x}}$. Ist ferner $\{x_i\}$ eine Folge positiver reeller Zahlen mit $\lim_{i\to\infty} x_i = 0$, so ist offensichtlich $\lim_{i\to\infty} \sqrt{x_i} = 0$, d.h.

$$\lim_{x\to 0^+} \sqrt{x} = 0. \tag{18.2}$$

18.2   Rechnen mit der Funktion $\sqrt{x}$

Ist $x^2 = a$ und $y^2 = b$, dann $(xy)^2 = ab$. Daraus erhalten wir die folgende Eigenschaft der Quadratwurzelfunktion:

$$\sqrt{a}\sqrt{b} = \sqrt{ab}. \tag{18.3}$$

Ganz ähnlich erhalten wir

$$\frac{\sqrt{a}}{\sqrt{b}} = \sqrt{\frac{a}{b}}. \tag{18.4}$$

18.3   Ist $\sqrt{x}$ Lipschitz-stetig auf $\mathbb{R}^+$?

Um zu prüfen, ob die Funktion $f(x) = \sqrt{x}$ Lipschitz-stetig ist auf $\mathbb{R}^+$, betrachten wir

$$f(x) - f(\bar{x}) = \sqrt{x} - \sqrt{\bar{x}} = \frac{1}{\sqrt{x} + \sqrt{\bar{x}}}(x - \bar{x}),$$

da $(\sqrt{x} - \sqrt{\bar{x}})(\sqrt{x} + \sqrt{\bar{x}}) = x - \bar{x}$. Da

$$\frac{1}{\sqrt{x} + \sqrt{\bar{x}}}$$

beliebig groß werden kann, wenn x und $\bar{x}$ (positiv) klein werden, hat die Funktion $f(x) = \sqrt{x}$ keine beschränkte Lipschitz-Konstante auf $\mathbb{R}_+$, d.h. $f(x) = \sqrt{x}$ ist *nicht* Lipschitz-stetig auf $\mathbb{R}_+$. Dies spiegelt die Beobachtung wider, dass die „Steigung" von $\sqrt{x}$ scheinbar ohne Beschränkung anwächst, wenn x sich an Null annähert. Dagegen ist $f(x) = \sqrt{x}$ Lipschitz-stetig auf jedem Intervall (δ, ∞), wobei δ eine feste positive Zahl ist, da wir dann die Lipschitz-Konstante L_f zu $\frac{1}{2\delta}$ wählen können.

18.4   Die Funktion x^r für rationales $r = \frac{p}{q}$

Wir betrachten die Gleichung $y^q = x^p$ mit der Unbekannten y, wobei p und q vorgegebene ganze Zahlen sind und x eine positive reelle Zahl. Mit dem Bisektionsalgorithmus lässt sich beweisen, dass diese Gleichung eine eindeutige Lösung y für jede gegebene positive Zahl x hat. Wir nennen die Lösung $y = x^{\frac{p}{q}} = x^r$, mit $r = \frac{p}{q}$. Auf diese Art definieren wir eine Funktion $f(x) = x^r$ auf $\mathbb{R}^+$, bekannt als „x hoch r". Die Eindeutigkeit folgt daraus, dass $y = x^r$ mit x ansteigt. Anscheinend ist $\sqrt{x} = x^{\frac{1}{2}}$.

18.5   Rechnen mit der Funktion x^r

Aus der Definitionsgleichung $y^q = x^p$ erhalten wir für $x \in \mathbb{R}^+$ und $r, s \in \mathbb{Q}$:

$$x^r x^s = x^{r+s}, \quad \frac{x^r}{x^s} = x^{r-s}. \tag{18.5}$$

18.6   Verallgemeinerung der Lipschitz-Stetigkeit

Es gibt folgende natürliche Verallgemeinerung der Lipschitz-Stetigkeit. Sei $0 < \theta \leq 1$ eine vorgegebene Zahl und L eine positive Konstante. Angenommen, $f : \mathbb{R} \to \mathbb{R}$ genüge

$$|f(x) - f(y)| \leq L|x - y|^\theta \quad \text{für alle } x, y \in \mathbb{R}.$$

Wir nennen $f : \mathbb{R} \to \mathbb{R}$ Lipschitz-stetig mit Exponenten θ und Lipschitz-Konstanten L (oder *Hölder-stetig* mit Exponenten θ und Konstanten L).

Dadurch wird die vorherige Bezeichnung der Lipschitz-Stetigkeit verallgemeinert, für die $\theta = 1$ gilt. Da θ kleiner als 1 sein kann, betrachten wir somit eine größere Klasse von Funktionen. Beispielsweise können wir zeigen, dass die Funktion $f(x) = \sqrt{x}$ Lipschitz-stetig ist auf $(0, \infty)$ mit dem Exponenten $\theta = 1/2$ zur Lipschitz-Konstanten $L = 1$, d.h.

$$|\sqrt{x} - \sqrt{\bar{x}}| \leq |x - \bar{x}|^{1/2}. \tag{18.6}$$

Für den Beweis nehmen wir an, dass $x > \bar{x}$ und rechnen rückwärts, beginnend bei $\bar{x} \leq \sqrt{x}\sqrt{\bar{x}}$, und erhalten so $x + \bar{x} - 2\sqrt{x}\sqrt{\bar{x}} \leq x - \bar{x} = |x - \bar{x}|$, was als

$$(\sqrt{x} - \sqrt{\bar{x}})^2 \leq (|x - \bar{x}|^{1/2})^2$$

geschrieben werden kann, woraus die gewünschte Abschätzung durch Ziehen der Wurzel gewonnen wird. Der Fall $\bar{x} > x$ ist identisch.

Lipschitz-stetige Funktionen mit Lipschitz-Exponenten $\theta < 1$ können ziemlich „wild" sein. Im „schlimmsten Fall", können sie sich „überall" so „schlecht" benehmen wie $\sqrt{x}$ in $x = 0$. Ein Beispiel ist die Weierstrass-Funktion, die im Kapitel „Fourierreihen" vorgestellt wird. Riskieren Sie einen Blick!

18.7 Turbulente Strömung ist Hölder-(Lipschitz-)stetig zum Exponenten $\frac{1}{3}$

Im Kapitel „Navier-Stokes, schnell und einfach" argumentieren wir, dass turbulente Strömungen Hölder-(Lipschitz-)stetig sind zum Exponenten $\frac{1}{3}$, so dass eine turbulente Geschwindigkeit $u(x)$

$$|u(x) - u(y)| \sim L|x - y|^{\frac{1}{3}}$$

genügt. Solch eine turbulente Geschwindigkeit ist eine ziemlich „wilde" Funktion, die sich sehr schnell ändert. Somit ist Hölder-(Lipschitz-)Stetigkeit mit $\theta < 1$ nichts Unbekanntes für die Natur.

Aufgaben zu Kapitel 18

18.1. Seien $x, y \in \mathbb{R}$ und $r, s \in \mathbb{Q}$. Beweisen Sie die folgenden Rechenregeln: (a) $x^{r+s} = x^r x^s$, (b) $x^{r-s} = x^r/x^s$, (c) $x^{rs} = (x^r)^s$ und (d) $(xy)^r = x^r y^r$.

18.2. Ist $f(x) = \sqrt[3]{x}$ verallgemeinert Lipschitz-stetig auf $(0, \infty)$? Falls ja, finden Sie die Lipschitz-Konstante und den Exponenten.

18.3. Eine Lipschitz-stetige Funktion zur Lipschitz-Konstanten L mit $0 \leq L < 1$ wird auch *Kontraktion* genannt. Welche der folgenden Funktionen sind Kontraktionen auf $\mathbb{R}$?   (a) $f(x) = \sin x$, (b) $f(x) = \frac{1}{1+x^2}$, (c) $f(x) = (1 + x^2)^{-1/2}$ oder (d) $f(x) = x^3$.

18.4. Sei $f(x) = 1$ für $x \leq 0$ und $f(x) = \sqrt{1 + x^2}$ für $x > 0$. Ist f eine Kontraktion?

19
Fixpunkte und kontrahierende Abbildungen

Gebt mir einen festen Punkt und ich werde die Erde aus den Angeln heben. (Archimedes)

19.1 Einleitung

Ein Spezialfall für die Lösung einer algebraischen Gleichung $f(x) = 0$ hat die Form: Finde $\bar{x}$ so, dass

$$\bar{x} = g(\bar{x}) \tag{19.1}$$

gilt, wobei $g : \mathbb{R} \to \mathbb{R}$ eine gegebene Lipschitz-stetige Funktion ist. Gleichung (19.1) besagt, dass $\bar{x}$ ein *Fixpunkt* der Funktion $y = g(x)$ ist, d.h. das Resultat $g(\bar{x})$ stimmt mit dem Argument $\bar{x}$ überein. Anschaulich gesprochen, suchen wir den Schnittpunkt des Graphen der Geraden $y = x$ mit der Kurve $y = g(x)$, vgl. Abb. 19.1.

Um die Gleichung $x = g(x)$ zu lösen, können wir sie zu $f(x) = 0$ mit (beispielsweise) $f(x) = x - g(x)$ umschreiben und dann die Bisektion (oder Dekasektion) auf $f(x) = 0$ anwenden. Beachten Sie, dass die beiden Gleichungen $f(x) = 0$ mit $f(x) = x - g(x)$ und $x = g(x)$ exakt die gleichen Lösungen haben, d.h., die beiden Gleichungen sind *äquivalent*.

In diesem Kapitel wollen wir einen anderen Algorithmus zur Lösung von (19.1) betrachten, der von zentraler Bedeutung in der Mathematik ist. Das ist die *Fixpunkt-Iteration*, die folgendermaßen aussieht: Beginnend bei x_0, berechnen wir für $i = 1, 2, \ldots$

$$x_i = g(x_{i-1}) \quad \text{für } i = 1, 2, 3, \ldots . \tag{19.2}$$

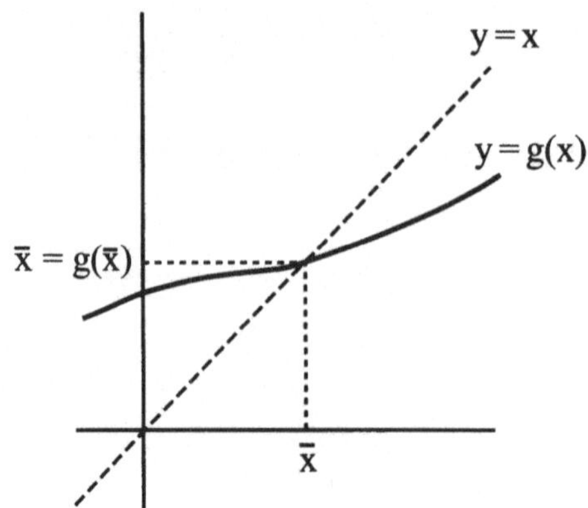

Abb. 19.1. Veranschaulichung eines Fixpunktproblems $g(\bar{x}) = \bar{x}$

In Worte gefasst, beginnen wir mit einer Anfangsnäherung x_0, berechnen dann $x_1 = g(x_0)$, $x_2 = g(x_1)$, $x_3 = g(x_2)$ usw. Wir berechnen für das aktuelle Argument x_{i-1} das zugehörige Resultat $g(x_{i-1})$ und wählen dann $x_i = g(x_{i-1})$ als neues Argument. Wenn wir diese Prozedur wiederholen, erhalten wir eine Folge $\{x_i\}_{i=1}^{\infty}$.

Wir werden unten die folgenden wichtigen Fragen zur Folge $\{x_i\}_{i=1}^{\infty}$, die durch die Fixpunkt-Iteration erzeugt wird, untersuchen:

- Konvergiert $\{x_i\}_{i=1}^{\infty}$, d.h. existiert $\bar{x} = \lim_{i\to\infty} x_i$?

- Ist $\bar{x} = \lim_{i\to\infty} x_i$ ein Fixpunkt von $y = g(x)$, d.h. ist $\bar{x} = g(\bar{x})$?

Wir werden ferner untersuchen, ob ein Fixpunkt $\bar{x}$ eindeutig bestimmt ist oder nicht.

19.2   Kontrahierende Abbildungen

Wir werden in diesem Abschnitt beweisen, dass es für die beiden oben gestellten Fragen bejahende Antworten gibt, falls $g(x)$ Lipschitz-stetig ist zur Lipschitz-Konstanten $L < 1$, d.h.

$$|g(x) - g(y)| \leq L|x - y| \quad \text{für alle } x, y \in \mathbb{R} \tag{19.3}$$

mit $L < 1$. Wir werden auch erkennen, dass wir umso glücklicher sind je kleiner L ist, weil die Folge $\{x_i\}$ dann schneller gegen den Fixpunkt konvergiert.

Eine Funktion $g : \mathbb{R} \to \mathbb{R}$, die (19.3) mit $L < 1$ erfüllt, heißt *kontrahierende Abbildung*. Wir können die grundlegenden Ergebnisse dieses Abschnitts folgendermaßen zusammenfassen: Eine kontrahierende Abbildung hat einen eindeutigen Fixpunkt und zwar den Grenzwert der Folge, die mit der Fixpunkt-Iteration erzeugt wird. Dies ist ein mathematisch höchst wichtiges Ergebnis mit einer Fülle von Anwendungen, das auch als Banachscher Fixpunktsatz bezeichnet wird. Banach war ein berühmter polnischer Mathematiker, der die *Funktionalanalysis*, die eine Verallgemeinerung der Infinitesimalrechnung und der linearen Algebra ist, mitbegründete.

19.3 $f(x) = 0$ umformuliert zu $x = g(x)$

Die Fixpunkt-Iteration ist ein Algorithmus, um Lösungen für Gleichungen der Form $x = g(x)$ zu berechnen. Wenn eine Gleichung der Form $f(x) = 0$ gegeben ist, kann es sein, dass wir diese Gleichung als Fixpunktgleichung $x = g(x)$ umschreiben wollen. Dafür gibt es viele verschiedene Möglichkeiten, z.B.

$$g(x) = x + \alpha f(x),$$

wobei α eine wählbare von Null verschiedene reelle Zahl ist. Offensichtlich erhalten wir $\bar{x} = g(\bar{x})$ genau dann, wenn $f(\bar{x}) = 0$. Um schnelle Konvergenz zu erhalten, versuchen wir α so zu wählen, dass die Lipschitz-Konstante der zugehörenden Funktion $g(x)$ klein ist. Wir werden sehen, dass uns die Suche nach derartigen Werten von α in die wunderbare Welt des *Newtonschen Verfahrens* zur Lösung von Gleichung führen wird, einem sehr wichtigen Verfahren in der Mathematik.

Die Suche nach einem guten Wert von α, mit dem $g(x) = x + \alpha f(x)$ eine kleine Lipschitz-Konstante hat, könnte folgendermaßen aussehen:

$$g(x) - g(y) = x + \alpha f(x) - (y + \alpha f(y)) = x - y + \alpha(f(x) - f(y))$$

$$= \left(1 + \alpha \frac{f(x) - f(y)}{x - y}\right) |x - y|$$

unter der Annahme $x > y$, woraus sich eine Wahl für α von

$$-\frac{1}{\alpha} = \frac{f(x) - f(y)}{x - y}$$

anbietet. Wir erhalten dieselbe Formel für $x < y$. Wir werden später zu ihr zurückkommen. Insbesondere wollen wir auf den Quotienten

$$\frac{f(x) - f(y)}{x - y}$$

hinweisen, der der Steigung der Sekante, die die Punkte $(x, f(x))$ und $(y, f(y))$ in $\mathbb{R}^2$ verbindet, entspricht, vgl. Abb. 19.2.

Wir betrachten nun zwei Modelle aus dem täglichen Leben, die zu einem Fixpunktproblem führen und benutzen die Fixpunkt-Iteration, um sie zu lösen. In beiden Fällen repräsentiert der Fixpunkt einen Balancepunkt für Einkommen und Ausgaben, wobei das Argument dem Resultat gleich ist. Dann werden wir den Kontraktionssatz beweisen.

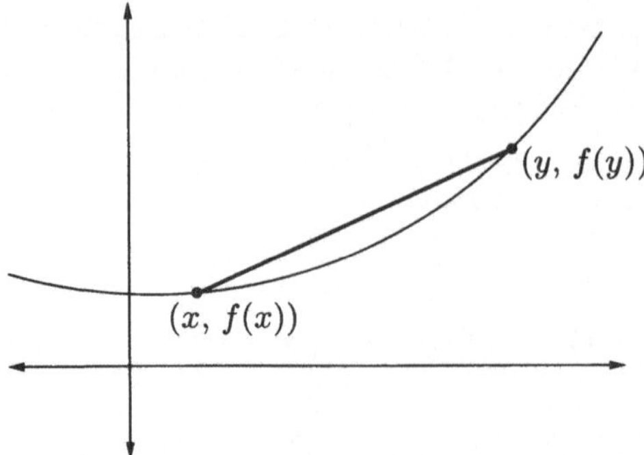

Abb. 19.2. Verbindungssekante der Punkte $(x, f(x))$ und $(y, f(y))$ in $\mathbb{R}^2$

19.4   Kartenverkaufsmodell

Ein Hausierer, der Grußkarten verkauft, hat einen Lizenzvertrag mit der folgenden Preisabsprache mit einer Vertriebsfirma. Die Lieferung der Karten kostet eine Pauschale von 25 Euro. Dazu kommt eine zusätzliche Abgabe von 25% für jede verkaufte Karte. Mathematisch formuliert, bezahlt er, wenn wir in Einheiten von x-hundert Euro rechnen, an die Vertriebsfirma

$$g(x) = \frac{1}{4} + \frac{1}{4}x, \qquad (19.4)$$

wobei g das Vielfache von hundert Euro wiedergibt. Wir fragen nach der Gewinnschwelle, d.h. der Zahl der Verkäufe $\bar{x}$, bei denen das eingenommene Geld $(= \bar{x})$ genau die Kosten $(= g(\bar{x}))$ ausgleicht. Natürlich freut sich der Hausierer schon auf seinen Gewinn, den er ab diesem Punkt einzustreichen hofft.

Wir veranschaulichen das Problem in Abb. 19.3 mit Hilfe zweier Linien. Die erste Linie $y = x$ steht für die Einnahmen beim Verkauf von x. Hierbei messen wir die Einnahmen in Euro, statt in der Anzahl verkaufter Karten, so dass wir $y = x$ schreiben können. Die zweite Gerade $y = g(x) = \frac{1}{4}x + \frac{1}{4}$ steht für die Kosten, die an die Herstellerfirma zu bezahlen sind. Wegen der Anfangspauschalen von 25 Euro beginnt der Hausierer mit einem Verlust. Mit jeder verkauften Karte nähert er sich der Gewinnschwelle $\bar{x}$, ab der er schließlich Gewinn erzielt.

Beim Kartenverkaufsmodell ist es einfach, die Gewinnschwelle für den Hausierer analytisch zu berechnen, d.h. den Fixpunkt $\bar{x}$, da wir die Gleichung

$$\bar{x} \stackrel{!}{=} g(\bar{x}) = \frac{1}{4}\bar{x} + \frac{1}{4}$$

direkt lösen können und $\bar{x} = 1/3$ erhalten.

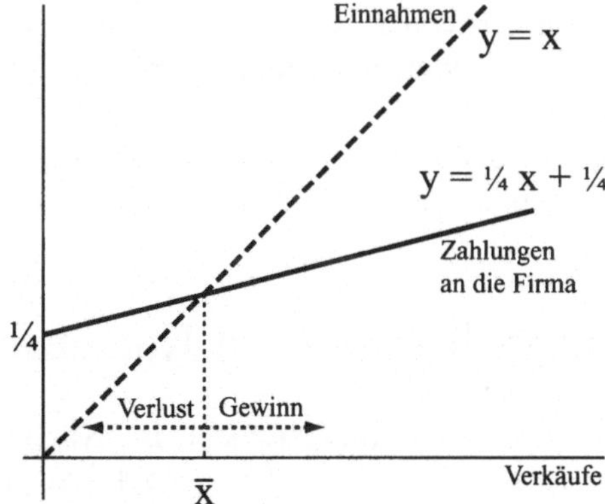

Abb. 19.3. Veranschaulichung der Gewinnschwelle für den Hausierer. Verkaufszahlen oberhalb der Gewinnschwelle $\bar{x}$ ergeben einen Gewinn für den Hausierer, aber Verkaufszahlen unterhalb dieses Punktes bedeuten einen Verlust

19.5 Modell für das Privateinkommen

Ihre Freundin hat für ihr Privateinkommen das folgende Modell formuliert: Bezeichne x das Netto-Einkommen, das veränderlich ist und Beiträge von der Familie, einem Stipendium und Gelegenheitsarbeit in einer Imbissbude umfasst. Die Ausgaben setzen sich aus einem Fixbetrag von 1 (in Einheiten von 500 Euro pro Monat) für Miete und Versicherungen, einem variablen Betrag von $x/2$ für gutes Essen, gute Bücher und intellektuelle Filme und einem variablen Betrag $1/x$ für Fastfood, Zigaretten und schlechte Filme zusammen. Dieses Modell beruht auf der Beobachtung, dass die Lebensführung Ihrer Freundin umso bürgerlicher ist, je mehr Geld sie hat. Die Gesamtausgaben betragen folglich

$$g(x) = \frac{x}{2} + 1 + \frac{1}{x}.$$

Die Kunst liegt darin, eine Balance zwischen Einnahmen und Ausgaben zu finden, d.h. das Einkommen $\bar{x}$ zu finden, so das $\bar{x} = g(\bar{x})$ und die Ausgaben den Einnahmen gleich sind. Sind die Einnahmen größer als $\bar{x}$, dann wird Ihre Freundin nicht all ihr Geld verbrauchen, was ihrer Natur zuwider ist. Sind ihre Einnahmen kleiner als $\bar{x}$, geraten die Eltern Ihrer Freundin aus der Fassung, da sie die resultierenden Schulden ausgleichen müssen.

Auch in diesem Fall kann der Fixpunkt $\bar{x}$ direkt durch Lösen der Gleichung

$$\bar{x} = \frac{\bar{x}}{2} + 1 + \frac{1}{\bar{x}}$$

analytisch berechnet werden und wir erhalten $\bar{x} = 1 + \sqrt{3} \approx 2,73$.

Falls wir nicht genug motiviert sind, den Lösungsweg nachzuvollziehen, könnten wir es stattdessen mit einer Fixpunkt-Iteration versuchen. Wir würden mit Einnahmen von $x_0 = 1$ beginnen und daraus die Ausgaben zu $g(1) = 2,5$ berechnen, dann die Einnahmen zu $x_1 = 2,5$ wählen, daraus die Ausgaben zu $g(2,5) = 2,65$ berechnen, dann $x_2 = 2,65$ setzen und $g(x_2) = \ldots$ usw. Natürlich erwarten wir, dass $\lim_i x_i = \bar{x} = 1 + \sqrt{3}$, was wir unten als tatsächlich richtig zeigen werden!

19.6   Fixpunkt-Iteration im Kartenverkaufsmodell

Wir benutzen nun die Fixpunkt-Iteration im Kartenverkaufsmodell. Wir zeichnen in Abb. 19.4 die Funktion $g(x) = \frac{1}{4}x + \frac{1}{4}$ zusammen mit $y = x$ und dem Fixpunkt $\bar{x}$. Wir wählen $x_0 < \bar{x}$, da die Verkäufe bei Null beginnen und

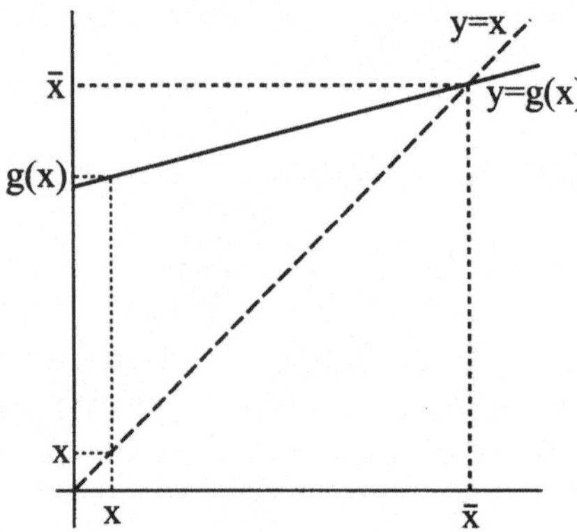

Abb. 19.4. Erster Schritt der Fixpunkt-Iteration im Kartenverkaufsmodell: $g(x)$ ist näher an $\bar{x}$ als x

dann anwachsen. Aus der Abbildung können wir erkennen, dass $x_1 = g(x_0)$ näher an $\bar{x}$ ist als x_0, d.h.

$$|g(x_0) - \bar{x}| < |x_0 - \bar{x}|.$$

Tatsächlich können wir die Differenzen exakt berechnen, da $\bar{x} = 1/3$:

$$|g(x_0) - \bar{x}| = \left|\frac{1}{4}x_0 + \frac{1}{4} - \frac{1}{3}\right| = \left|\frac{1}{4}\left(x_0 - \frac{1}{3}\right)\right| = \frac{1}{4}|x_0 - \bar{x}|.$$

Also ist der Abstand von $x_1 = g(x_0)$ zu $\bar{x}$ genau viermal kleiner als der Abstand von x_0 zu $\bar{x}$. Dieselbe Argumentation ergibt, dass der Abstand von $x_2 = g(x_1)$ zu $\bar{x}$ viermal kleiner ist als der Abstand von x_1 zu $\bar{x}$ und somit 1/16 des Abstands von x_0 zu $\bar{x}$:

$$|x_2 - \bar{x}| = \frac{1}{4}|x_1 - \bar{x}| = \frac{1}{16}|x_0 - \bar{x}|.$$

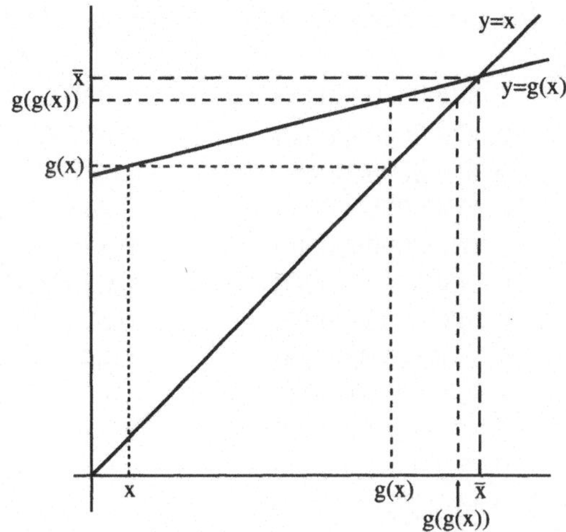

Abb. 19.5. Zwei Schritte der Fixpunkt-Iteration für das Problem in Modell 19.4. Der Abstand von $g(g(x))$ zu $\bar{x}$ ist $1/4$ des Abstands von $g(x)$ zu $\bar{x}$ und $1/16$ des Abstands von x zu $\bar{x}$

Wir haben dies in Abb. 19.5 dargestellt. Ganz allgemein ergibt sich

$$|x_i - \bar{x}| = \frac{1}{4}|x_{i-1} - \bar{x}|$$

und daher für $i = 1, 2, \ldots$

$$|x_i - \bar{x}| = 4^{-i}|x_0 - \bar{x}|.$$

Da 4^{-i} so klein wird, wie wir wollen, wenn i genügend groß wird, zeigt diese Abschätzung, dass die Fixpunkt-Iteration für das Kartenverkaufsmodell konvergiert, d.h. $\lim_{i \to \infty} x_i = \bar{x}$.

Wir betrachten einige weitere Beispiele, bevor wir die Frage nach der Konvergenz der Fixpunkt-Iteration für allgemeine Fälle behandeln.

Beispiel 19.1. Um besser vergleichen zu können, zeigen wir die Ergebnisse des Fixpunktproblems in Modell 19.4, indem wir die Fixpunkt-Iteration auf $g(x) = \frac{1}{4}x + \frac{1}{4}$ anwenden und gleichzeitig den Bisektionsalgorithmus auf das äquivalente Problem $f(x) = -\frac{3}{4}x + \frac{1}{4}$. Um fair zu sein, benutzen wir $x_0 = 1$ als Anfangswert für die Fixpunkt-Iteration und die Punkte $x_0 = 0$ und $X_0 = 1$ für den Bisektionsalgorithmus und vergleichen die Werte von X_i vom Bisektionsalgorithmus mit x_i der Fixpunkt-Iteration in Abb. 19.6. Der Fehler der Fixpunkt-Iteration nimmt bei jedem Schritt um den Faktor $1/4$ ab, im Unterschied zum Fehler beim Bisektionsalgorithmus, der um den Faktor $1/2$ abnimmt. Dies ist aus der Ergebnistabelle offensichtlich. Da beide Methoden eine Funktionsauswertung und eine Speicherung pro Iteration brauchen, der Bisektionsalgorithmus außerdem noch einen

i	Bisektionsalgorithmus X_i	Fixpunkt-Iteration x_i
0	1,00000000000000	1,00000000000000
1	0,50000000000000	0,50000000000000
2	0,50000000000000	0,37500000000000
3	0,37500000000000	0,34375000000000
4	0,37500000000000	0,33593750000000
5	0,34375000000000	0,33398437500000
6	0,34375000000000	0,33349609375000
7	0,33593750000000	0,33337402343750
8	0,33593750000000	
9	0,33398437500000	
10	0,33398437500000	
11	0,33349609375000	
12	0,33349609375000	
13	0,33337402343750	

Abb. 19.6. Ergebnisse für das Fixpunktproblem in Modell 19.4 mit dem Bisektionsalgorithmus und der Fixpunkt-Iteration. Der Fehler der Fixpunkt-Iteration nimmt mit jeder Iteration stärker ab

zusätzlichen Vorzeichentest, kostet die Fixpunkt-Iteration sogar noch etwas weniger pro Iteration. Wir fassen zusammen, dass die Fixpunkt-Iteration wahrlich „schneller" für dieses Problem ist als die Bisektion.

Beispiel 19.2. Bei der Ermittlung der Löslichkeit von $Ba(IO_3)_2$ in Modell 7.10 haben wir das Problem (16.3)

$$x(20 + 2x)^2 - 1,57 = 0$$

mit dem Bisektionsalgorithmus gelöst. Die Ergebnisse sind in Abb. 16.4 zusammengestellt. Nun wollen wir die Fixpunkt-Iteration auf das äquivalente Fixpunktproblem

$$g(x) = \frac{1,57}{(20 + 2x)^2} = x \tag{19.5}$$

anwenden. Wir wissen, dass g auf jedem Intervall ohne $x = -10$ Lipschitzstetig ist (und wir wissen auch, dass der Fixpunkt/die Lösung nahe bei Null ist). Wir beginnen die Iteration mit $x_0 = 1$ und geben die Ergebnisse in Abb. 19.7 wieder.

Beispiel 19.3. Im Fall der Fixpunkt-Iteration für das Kartenverkaufsmodell können wir die Iterierten explizit berechnen:

$$x_1 = \frac{1}{4}x_0 + \frac{1}{4}$$

i	x_i
0	1,00000000000000
1	0,00484567901235
2	0,00392880662465
3	0,00392808593169
4	0,00392808536527
5	0,00392808536483

Abb. 19.7. Ergebnisse der Fixpunkt-Iteration für (19.5)

und

$$x_2 = \frac{1}{4}x_1 + \frac{1}{4} = \frac{1}{4}\left(\frac{1}{4}x_0 + \frac{1}{4}\right) + \frac{1}{4}$$

$$= \frac{1}{4^2}x_0 + \frac{1}{4^2} + \frac{1}{4}.$$

Ganz ähnlich erhalten wir

$$x_3 = \frac{1}{4^3}x_0 + \frac{1}{4^3} + \frac{1}{4^2} + \frac{1}{4}$$

und nach n Schritten

$$x_n = \frac{1}{4^n}x_0 + \sum_{i=1}^{n}\frac{1}{4^i}. \tag{19.6}$$

Der erste Term auf der rechten Seite von (19.6), $\frac{1}{4^n}x_0$ konvergiert gegen 0, falls n gegen Unendlich wächst. Der zweite Ausdruck stimmt überein mit

$$\sum_{i=1}^{n}\frac{1}{4^i} = \frac{1}{4} \times \sum_{i=0}^{n-1}\frac{1}{4^i} = \frac{1}{4} \times \frac{1 - \frac{1}{4^n}}{1 - \frac{1}{4}} = \frac{1 - \frac{1}{4^n}}{3},$$

wobei die Formel für die geometrische Summe Anwendung findet. Daher konvergiert der zweite Ausdruck gegen 1/3, dem Fixpunkt von (19.4), falls n gegen Unendlich wächst.

Eine wichtige Beobachtung beim letzten Beispiel ist, dass die Iteration konvergiert, weil $g(x) = \frac{1}{4}x + \frac{1}{4}$ die Steigung 1/4 < 1 hat. Dies erzeugt einen Faktor 1/4 bei jeder Iteration und zwingt die rechte Seite von (19.6) zur Konvergenz, wenn n gegen Unendlich wächst. Wir erinnern uns, dass die Steigung einer Geraden der Lipschitz-Konstanten entspricht. Wir können daher sagen, dass das Beispiel konvergiert, da g die Lipschitz-Konstante $L = 1/4 < 1$ hat.

Im Gegenzug, würde das Analogon von (19.6) nicht konvergieren, wenn die Lipschitz-Konstante, oder Steigung, von g größer als 1 wäre. Wir veranschaulichen dies in Abb. 19.8 für die Funktion $g(x) = 2x + \frac{1}{4}$. Der Abstand zwischen aufeinander folgenden Iterationen wächst mit jeder Iteration an und die Fixpunkt-Iteration konvergiert nicht. Aus der Zeichnung

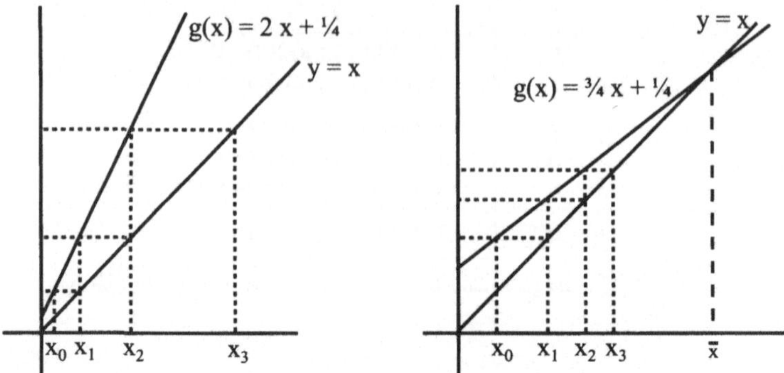

Abb. 19.8. *Links* zeigen wir die ersten drei Fixpunkt-Iterierten für $g(x) = 2x + \frac{1}{4}$. Die Iterierten wachsen bei fortlaufender Iteration ohne Grenze. *Rechts* zeigen wir die ersten drei Fixpunkt-Iterierten für $g(x) = \frac{3}{4}x + \frac{1}{4}$. In diesem Fall konvergiert die Iteration zum Fixpunkt

wird deutlich, dass kein positiver Fixpunkt existiert. Andererseits wird die Fixpunkt-Iteration konvergieren, wenn sie auf irgendeine lineare Funktion mit der Lipschitz-Konstanten $L < 1$ angewendet wird. Wir veranschaulichen die Konvergenz für $g(x) = \frac{3}{4}x + \frac{1}{4}$ in Abb. 19.8. Wenn wir dabei an (19.6) denken, ist der Grund einfach der, dass die geometrische Reihe mit dem Faktor L konvergiert, wenn $L < 1$.

19.7 Eine kontrahierende Abbildung hat einen eindeutigen Fixpunkt

Wir kehren jetzt zu dem allgemeinen Fall zurück, den wir im einleitenden Überblick vorstellten. Wir werden beweisen, dass eine kontrahierende Abbildung $g : \mathbb{R} \to \mathbb{R}$ einen eindeutigen Fixpunkt $\bar{x} \in \mathbb{R}$ hat, der Grenzwert einer Folge, die von der Fixpunkt-Iteration erzeugt wird, ist. Wir wiederholen, dass eine kontrahierende Abbildung $g : \mathbb{R} \to \mathbb{R}$ eine Lipschitz-stetige Funktion auf $\mathbb{R}$ ist zur Lipschitz-Konstanten $L < 1$. Wir organisieren den Beweis folgendermaßen:

1. Beweis, dass $\{x_i\}_{i=1}^{\infty}$ eine Cauchy-Folge ist.

2. Beweis, dass $\bar{x} = \lim_{i \to \infty} x_i$ ein Fixpunkt ist.

3. Beweis, dass $\bar{x}$ eindeutig ist.

Beweis, dass $\{x_i\}_{i=1}^{\infty}$ eine Cauchy-Folge ist

Wir beweisen zunächst eine Abschätzung für zwei aufeinander folgende Indizes, um $|x_i - x_j|$ für $j > i$ abzuschätzen, d.h. eine Abschätzung für

$|x_{k+1} - x_k|$. Dazu subtrahieren wir $x_k = g(x_{k-1})$ von $x_{k+1} = g(x_k)$ und erhalten

$$x_{k+1} - x_k = g(x_k) - g(x_{k-1}).$$

Mit Hilfe der Lipschitz-Stetigkeit von $g(x)$, ergibt sich folglich

$$|x_{k+1} - x_k| \leq L|x_k - x_{k-1}|. \tag{19.7}$$

Ähnlich gilt

$$|x_k - x_{k-1}| \leq L|x_{k-1} - x_{k-2}|$$

und somit

$$|x_{k+1} - x_k| \leq L^2|x_{k-1} - x_{k-2}|.$$

Indem wir das Argument wiederholen, erhalten wir

$$|x_{k+1} - x_k| \leq L^k|x_1 - x_0|. \tag{19.8}$$

Wir können nun mit dieser Abschätzung $|x_i - x_j|$ für $j > i$ abschätzen. Wir erhalten

$$|x_i - x_j| = |x_i - x_{i+1} + x_{i+1} - x_{i+2} + x_{i+2} - \cdots + x_{j-1} - x_j|$$

und mit der Dreiecksungleichung

$$|x_i - x_j| \leq |x_i - x_{i+1}| + |x_{i+1} - x_{i+2}| + \cdots + |x_{j-1} - x_j| = \sum_{k=i}^{j-1} |x_k - x_{k+1}|.$$

Wir benutzen nun (19.8) für jeden Summenausdruck $|x_k - x_{k+1}|$ und erhalten

$$|x_i - x_j| \leq \sum_{k=i}^{j-1} L^k |x_1 - x_0| = |x_1 - x_0| \sum_{k=i}^{j-1} L^k.$$

Mit Hilfe der Formel für die Summe einer geometrischen Reihe berechnen wir

$$\sum_{k=i}^{j-1} L^k = L^i \left(1 + L + L^2 + \cdots + L^{j-i-1}\right) = L^i \frac{1 - L^{j-i}}{1 - L}.$$

Nun nutzen wir, dass $L < 1$ ist und erhalten so $0 \leq 1 - L^{j-i} \leq 1$. Daraus ergibt sich für $j < i$:

$$|x_i - x_j| \leq \frac{L^i}{1 - L} |x_1 - x_0|.$$

Da $L < 1$, kann der Faktor L^i so klein gemacht werden wie wir wollen, indem wir i groß genug machen. Damit ist $\{x_i\}_{i=1}^{\infty}$ eine Cauchy-Folge, die folglich gegen einen Grenzwert $\bar{x} = \lim_{i \to \infty} x_i$ konvergiert.

Beachten Sie die Idee, $|x_i - x_j|$ für $j > i$ durch $|x_k - x_{k+1}|$ mit Hilfe der Formel für eine geometrische Reihe abzuschätzen. Wir werden diese Idee auch weiterhin benutzen.

Beweis, dass $\bar{x} = \lim_{i\to\infty} x_i$ ein Fixpunkt ist

Da $g(x)$ Lipschitz-stetig ist, gilt

$$g(\bar{x}) = g\left(\lim_{i\to\infty} x_i\right) = \lim_{i\to\infty} g(x_i).$$

Aufgrund der Vorschrift $x_i = g(x_{i-1})$ bei der Fixpunkt-Iteration, gilt

$$\lim_{i\to\infty} g(x_{i-1}) = \lim_{i\to\infty} x_i = \bar{x}.$$

Da natürlich

$$\lim_{i\to\infty} g(x_{i-1}) = \lim_{i\to\infty} g(x_i),$$

erhalten wir, wie gewünscht $g(\bar{x}) = \bar{x}$. Daraus folgern wir, dass der Grenzwert $\lim_i x_i = \bar{x}$ ein Fixpunkt ist.

Beweis der Eindeutigkeit

Seien x und y zwei Fixpunkte, d.h. $g(x) = x$ und $g(y) = y$. Da $g : \mathbb{R} \to \mathbb{R}$ eine kontrahierende Abbildung ist, gilt

$$|x - y| = |g(x) - g(y)| \le L|x - y|,$$

was nur möglich ist für $x = y$, da $L < 1$. Damit ist der Beweis beendet. Jetzt haben wir bewiesen, dass eine kontrahierende Abbildung $g : \mathbb{R} \to \mathbb{R}$ einen Fixpunkt hat, den die Fixpunkt-Iteration liefert. Dies fassen wir in folgendem wichtigen Satz zusammen:

Satz 19.1 *Eine kontrahierende Abbildung hat einen eindeutigen Fixpunkt $\bar{x} \in \mathbb{R}$ und jede Folge einer Fixpunkt-Iteration konvergiert gegen $\bar{x}$.*

19.8   Verallgemeinerung auf $g : [a, b] \to [a, b]$

Wir können dieses Ergebnis direkt verallgemeinern, indem wir $\mathbb{R}$ durch ein beliebiges abgeschlossenes Intervall $[a, b] \in \mathbb{R}$ ersetzen. Die Wahl eines abgeschlossenen Intervalls $[a, b]$ garantiert, dass $\lim_i x_i \in [a, b]$, falls $x_i \in [a, b]$. Kritisch ist nur, dass g das Intervall $[a, b]$ auf *sich selbst* abbildet.

Satz 19.2 *Eine kontrahierende Abbildung $g : [a, b] \to [a, b]$ hat einen eindeutigen Fixpunkt $\bar{x} \in [a, b]$. Eine Folge $\{x_i\}_i^\infty$, die durch eine Fixpunkt-Iteration, beginnend bei $x_0 \in [a, b]$, erzeugt wird, konvergiert gegen $\bar{x}$.*

Beispiel 19.4. Wir wenden diesen Satz auf $g(x) = x^4/(10 - x)^2$ an. Wir können zeigen, dass g Lipschitz-stetig auf $[-1, 1]$ ist mit $L = 0,053$ und die Fixpunkt-Iteration, beginnend bei jedem $x_0 \in [-1, 1]$, konvergiert schnell zum Fixpunkt $\bar{x} = 0$. Auf $[-9, 9; 9, 9]$ ist dagegen die Lipschitz-Konstante von g etwa 20×10^6 und die Fixpunkt-Iteration divergiert für $x_0 = 9, 9$.

19.9   Lineare Konvergenz der Fixpunkt-Iteration

Sei $\bar{x} = g(\bar{x})$ der Fixpunkt der kontrahierenden Abbildung $g : \mathbb{R} \to \mathbb{R}$ und $\{x_i\}_{i=1}^{\infty}$, die durch die Fixpunkt-Iteration erzeugte Folge. Wir können sehr einfach eine Abschätzung erhalten, wie schnell der Fehler der Fixpunkt-Iterierten x_i abnimmt, wenn i anwächst; man spricht von Konvergenzgeschwindigkeit. Da $\bar{x} = g(\bar{x})$, erhalten wir

$$|x_i - \bar{x}| = |g(x_{i-1}) - g(\bar{x})| \leq L|x_{i-1} - \bar{x}|, \tag{19.9}$$

woran wir erkennen, dass der Fehler *mindestens* um einen Faktor $L < 1$ bei jeder Iteration abnimmt. Je kleiner L ist, desto schneller ist die Konvergenz!

Der Fehler kann genau um den Faktor L abnehmen, wie im Kartenverkaufsmodell mit $g(x) = \frac{1}{4}x + \frac{1}{4}$, bei dem der Fehler genau um den Faktor $L = 1/4$ in jeder Iteration abnimmt.

Wenn der Fehler um (mindestens) einen konstanten Faktor $\theta < 1$ bei jeder Iteration abnimmt, dann sprechen wir von *linearer* Konvergenz mit dem *Konvergenzfaktor* θ. Die auf eine kontrahierende Abbildung $g(x)$ zur Lipschitz-Konstanten $L < 1$ angewendete Fixpunkt-Iteration konvergiert linear mit Konvergenzfaktor L.

i	x_i für $\frac{1}{9}x + \frac{3}{4}$	x_i für $\frac{1}{5}x + 2$
0	1,00000000000000	1,00000000000000
1	0,86111111111111	2,20000000000000
2	0,84567901234568	2,44000000000000
3	0,84396433470508	2,48800000000000
4	0,84377381496723	2,49760000000000
5	0,84375264610747	2,49952000000000
6	0,84375029401194	2,49990400000000
7	0,84375003266799	2,49998080000000
8	0,84375000362978	2,49999616000000
9	0,84375000040331	2,49999923200000
10	0,84375000004481	2,49999984640000
11	0,84375000000498	2,49999996928000
12	0,84375000000055	2,49999999385600
13	0,84375000000006	2,49999999877120
14	0,84375000000001	2,49999999975424
15	0,84375000000000	2,49999999995085
16	0,84375000000000	2,49999999999017
17	0,84375000000000	2,49999999999803
18	0,84375000000000	2,49999999999961
19	0,84375000000000	2,49999999999992
20	0,84375000000000	2,49999999999998

Abb. 19.9. Ergebnisse der Fixpunkt-Iterationen für $\frac{1}{9}x + \frac{3}{4}$ und $\frac{1}{5}x + 2$

In Abb. 19.9 vergleichen wir die Konvergenzgeschwindigkeiten der Fixpunkt-Iterationen für $g(x) = \frac{1}{9}x + 34$ und $g(x) = \frac{1}{5}x + 2$. Die Iteration für $\frac{1}{9}x + \frac{3}{4}$ erreicht innerhalb von 15 Iterationen eine Genauigkeit von 15 Dezimalstellen, wohingegen die Iteration für $\frac{1}{5}x + 2$ nach 20 Iterationen nur auf 14 Stellen genau ist.

19.10   Schnellere Konvergenz

Die Funktionen $\frac{1}{2}x$ und $\frac{1}{2}x^2$ sind beide Lipschitz-stetig auf $[-1/2, 1/2]$ zur Lipschitz-Konstanten $L = 1/2$ und besitzen einen eindeutigen Fixpunkt $\bar{x} = 0$. Nach der Abschätzung (19.9) erwarten wir die gleiche Konvergenzrate für beide Fixpunkt-Iterationen. Wir zeigen die Ergebnisse der Fixpunkt-Iteration für beide in Abb. 19.10. Wir erkennen, dass die Fixpunkt-Iteration

i	x_i für $\frac{1}{2}x$	x_i für $\frac{1}{2}x^2$
0	0,50000000000000	0,50000000000000
1	0,25000000000000	0,25000000000000
2	0,12500000000000	0,06250000000000
3	0,06250000000000	0,00390625000000
4	0,03125000000000	0,00001525878906
5	0,01562500000000	0,00000000023283
6	0,00781250000000	0,00000000000000

Abb. 19.10. Ergebnisse der Fixpunkt-Iterationen für $\frac{1}{2}x$ und $\frac{1}{2}x^2$

für $\frac{1}{2}x^2$ sehr viel schneller konvergiert und nach 7 Iterationen bereits 15 genaue Stellen hat. Die Abschätzung (19.9) sagt daher nicht die ganze Wahrheit.

Wir werden nun für die Funktion $g(x) = \frac{1}{2}x^2$ etwas genauer hinter die Argumentation bei (19.9) schauen. Wie oben erhalten wir mit $\bar{x} = 0$

$$x_i - 0 = \frac{1}{2}x_{i-1}^2 - \frac{1}{2}0^2 = \frac{1}{2}(x_{i-1} + 0)(x_{i-1} - 0),$$

somit also

$$|x_i - 0| = \frac{1}{2}|x_{i-1}|\,|x_{i-1} - 0|.$$

Wir folgern daraus, dass der Fehler der Fixpunkt-Iteration für $\frac{1}{2}x^2$ um den Faktor $\frac{1}{2}|x_{i-1}|$ bei der i. Iteration abnimmt. Anders ausgedrückt

für $i = 1$ ist der Faktor $\frac{1}{2}|x_0|$,

für $i = 2$ ist der Faktor $\frac{1}{2}|x_1|$,

für $i = 3$ ist der Faktor $\frac{1}{2}|x_2|$,

usw. Wir erkennen, dass der Reduktionsfaktor vom Wert der aktuellen Iterierten abhängt.

Was passiert, wenn die Iteration fortschreitet und die Iterierten x_{i-1} immer näher an Null kommen? Der Faktor, um den der Fehler in jedem Schritt abnimmt, wird kleiner mit anwachsendem i! Anders ausgedrückt nähern sich die Iterierten schneller an Null, je näher sie zur Null kommen. Die Abschätzung in (19.9) *überschätzt* den Fehler der Fixpunkt-Iteration für $\frac{1}{2}x^2$ beträchtlich, da sie davon ausgeht, dass der Fehler stets um einen konstanten Faktor abnimmt. Sie kann daher nicht verwendet werden, um die schnelle Konvergenz dieser Funktion vorherzusagen. Der erste Teil von (19.9) besagt dasselbe für eine Funktion g:

$$|x_i - \bar{x}| = |g(x_{i-1}) - g(\bar{x})|.$$

Der Fehler von x_i hängt von der Änderung in g zwischen $\bar{x}$ und der vorherigen Iterierten x_{i-1} ab. Diese Änderung kann von x_{i-1} abhängen und dann konvergiert die Fixpunkt-Iteration nicht linear.

19.11 Quadratische Konvergenz

Wir betrachten ein zweites wichtiges Beispiel, bei dem wir quadratische Konvergenz feststellen. Wir wissen, dass der Bisektionsalgorithmus zur Berechnung der Lösung von $f(x) = x^2 - 2$ linear mit dem Konvergenzfaktor $1/2$ konvergiert: Der Fehler wird bei jedem Schritt um den Faktor $1/2$ kleiner. Wir können die Gleichung $x^2 - 2 = 0$ als Fixpunktgleichung schreiben:

$$x = g(x) = \frac{1}{x} + \frac{x}{2}. \tag{19.10}$$

Wir erkennen das nach Multiplikation von (19.10) mit x. Wir wenden nun die Fixpunkt-Iteration auf (19.10) an, um $\sqrt{2}$ zu berechnen, und zeigen das Ergebnis in Abb. 19.11. Wir bemerken, dass wir nur 5 Iterationen benötigen, um 15 Stellen Genauigkeit zu erreichen. Die Konvergenz scheint sehr schnell zu sein.

i	x_i
0	1,00000000000000
1	1,50000000000000
2	1,41666666666667
3	1,41421568627451
4	1,41421356237469
5	1,41421356237310
6	1,41421356237310

Abb. 19.11. Fixpunkt-Iteration für (19.10)

Wir suchen eine Beziehung zwischen dem Fehler in zwei aufeinander folgenden Schritten, um die tatsächliche Konvergenzgeschwindigkeit zu bestimmen. Wir erhalten, wenn wir wie in (19.9) vorgehen, dass

$$\left| x_i - \sqrt{2} \right| = \left| g\left(x_{i-1} \right) - g\left(\sqrt{2} \right) \right|$$

$$= \left| \frac{x_{i-1}}{2} + \frac{1}{x_{i-1}} - \left(\frac{\sqrt{2}}{2} + \frac{1}{\sqrt{2}} \right) \right|$$

$$= \left| \frac{x_{i-1}^2 + 2}{2x_{i-1}} - \sqrt{2} \right|.$$

Wir suchen nun einen gemeinsamen Teiler für die Brüche auf der rechten Seite und benutzen dabei, dass

$$\left(x_{i-1} - \sqrt{2} \right)^2 = x_{i-1}^2 - 2\sqrt{2}x_{i-1} + 2$$

und erhalten so:

$$\left| x_i - \sqrt{2} \right| = \frac{\left(x_{i-1} - \sqrt{2} \right)^2}{2x_{i-1}} \approx \frac{1}{2\sqrt{2}} \left(x_{i-1} - \sqrt{2} \right)^2. \tag{19.11}$$

Wir fassen zusammen, dass der Fehler in x_i dem Quadrat des Fehlers in x_{i-1} bis auf einen Faktor $\frac{1}{2\sqrt{2}}$ entspricht. Das entspricht *quadratischer* Konvergenz, die sehr schnell ist. Bei jedem Iterationsschritt verdoppelt sich die Zahl der akkuraten Dezimalstellen!

Abb. 19.12. Archimedes, wie er die Erde mit einem Hebel und einem Fixpunkt bewegt

Aufgaben zu Kapitel 19

19.1. Ein Hausierer, der Staubsauger verkauft, hat folgenden Lizenzvertrag. Bei einer Lieferung von Staubsaugern bezahlt der Hausierer eine Gebühr von 100 Euro und dann einen Prozentsatz der Einnahmen, gemessen in Einheiten von 100 Euro, der mit den Einnahmen abnimmt. Bei Einnahmen von x beträgt der Prozentsatz $20x\%$. Zeigen Sie, dass dieses Modell zu einem Fixpunktproblem führt und machen Sie eine Zeichnung, die die Lage des Fixpunktes anzeigt.

19.2. Schreiben Sie die folgenden Fixpunktprobleme auf drei verschiedene Arten als Nullstellensuche:

$$\text{(a) } \frac{x^3 - 1}{x + 2} = x \qquad \text{(b) } x^5 - x^3 + 4 = x.$$

19.3. Schreiben Sie die folgenden Nullstellenprobleme auf drei verschiedene Arten als Fixpunktproblem:

$$\text{(a) } 7x^5 - 4x^3 + 2 = 0 \qquad \text{(b) } x^3 - \frac{2}{x} = 0.$$

19.4. (a) Zeichnen Sie eine Lipschitz-stetige Funktion g auf dem Intervall $[0, 1]$, die drei Fixpunkte hat, so dass $g(0) > 0$ und $g(1) < 1$. (b) Zeichnen Sie eine Lipschitz-stetige Funktion g auf dem Intervall $[0, 1]$, die drei Fixpunkte hat, so dass $g(0) > 0$ und $g(1) > 1$.

19.5. Schreiben Sie ein Programm, das Algorithmus 19.2 implementiert. Das Programm soll zwei Methoden als Kriterium zur Beendigung benutzen: (1) wenn die Zahl der Iterationen eine wählbare Zahl überschreitet und (2) wenn der Unterschied zwischen aufeinander folgende Iterierte $|x_i - x_{i-1}|$ kleiner ist als eine wählbare Toleranz. Testen Sie Ihr Programm, indem Sie die Ergebnisse in Abb. 19.9, die mit $MATLAB^{©}$ berechnet wurden, reproduzieren.

19.6. Sei K_{sp} für Ba(IO$_3$)$_2$ gleich $1,8 \times 10^{-5}$ (Abschnitt 7.10). Berechnen Sie die Löslichkeit S mit dem Programm aus Aufgabe 19.5 auf 10 Dezimalstellen genau. Schreiben Sie dazu das Problem als geeignetes Fixpunktproblem. Hinweis: $1,8 \times 10^{-5} = 18 \times 10^{-6}$ und $10^{-6} = 10^{-2} \times 10^{-4}$.

19.7. Berechnen Sie die Löslichkeit von Ba(IO$_3$)$_2$ (Abschnitt 7.10) in einer $0,037$ molaren (Mol/Liter) Lösung von KIO$_3$ auf 10 Dezimalstellen genau. Schreiben Sie dazu das Problem als geeignetes Fixpunktproblem und benutzen Sie das Programm aus Aufgabe 19.5.

19.8. Die Energie P eines Verstärkers der Klasse A mit Ausgangswiderstand Q und Ausgangsspannung E bei der Leistung R beträgt

$$P = \frac{E^2 R}{(Q + R)^2}.$$

Suchen Sie alle möglichen Lösungen R für $P = 1$, $Q = 3$ und $E = 4$ auf 10 Dezimalstellen genau. Schreiben Sie dazu das Problem als geeignetes Fixpunktproblem und benutzen Sie das Programm aus Aufgabe 19.5.

19.9. Das van der Waalsche Modell für ein Mol eines idealen Gases unter Berücksichtigung der Molekülgröße und der gegenseitigen Anziehungskräfte beträgt

$$\left(P + \frac{a}{V^2}\right)(V - b) = RT,$$

mit dem Druck P, dem vom Gas eingenommenen Volumen V, der Temperatur T und der idealen Gaskonstante R. a ist eine Konstante, die von der Molekülgröße und den Anziehungskräften abhängt und b ist eine Konstante, die vom Volumen, das alle Moleküle eines Mols einnehmen, abhängt. Suchen Sie alle möglichen Volumina V des Gases für $P = 2$, $T = 15$, $R = 3$, $a = 50$ und $b = 0,011$ auf 10 Dezimalstellen genau. Schreiben Sie dazu das Problem als geeignetes Fixpunktproblem und benutzen Sie das Programm aus Aufgabe 19.5.

19.10. Zeigen Sie, dass (19.6) gültig ist.

19.11. (a) Finden Sie eine explizite Formel (ähnlich (19.6)) für die n. Fixpunkt-Iterierte x_n für die Funktion $g(x) = 2x + \frac{1}{4}$. (b) Zeigen Sie, dass x_n gegen ∞ divergiert, wenn n gegen ∞ strebt.

19.12. (a) Finden Sie eine explizite Formel (ähnlich (19.6)) für die n. Fixpunkt-Iterierte x_n für die Funktion $g(x) = \frac{3}{4}x + \frac{1}{4}$. (b) Zeigen Sie, dass x_n konvergiert, wenn n gegen ∞ strebt und bestimmen Sie den Grenzwert.

19.13. (a) Finden Sie eine explizite Formel (ähnlich (19.6)) für die n. Fixpunkt-Iterierte x_n für die Funktion $g(x) = mx + b$. (b) Zeigen Sie, dass x_n konvergiert, wenn n gegen ∞ strebt unter der Voraussetzung, dass $L = |m| < 1$ ist und bestimmen Sie den Grenzwert.

19.14. Zeichnen Sie eine Lipschitz-stetige Funktion g, für die *nicht* aus $x \in [0, 1]$ folgt, dass $g(x)$ in $[0, 1]$ liegt.

19.15. (a) Finden Sie, falls möglich, Intervalle, um die Fixpunkt-Iteration auf jedes der drei Fixpunktprobleme in Aufgabe 19.3(a) anzuwenden. (b) Finden Sie, falls möglich, Intervalle, um die Fixpunkt-Iteration auf jedes der drei Fixpunktprobleme in Aufgabe 19.3(b) anzuwenden. In allen Fällen ist ein geeignetes Intervall eines, auf der die Funktion eine kontrahierende Abbildung ist.

19.16. *Schwierig* Wenden Sie Satz 19.2 auf die Funktion $g(x) = 1/(1 + x^2)$ an und zeigen Sie, dass die Fixpunkt-Iteration auf jedem Intervall $[a, b]$ konvergiert.

19.17. Berechnen Sie aus den folgenden Ergebnissen der Fixpunkt-Iteration für eine Funktion $g(x)$

i	x_i
0	14,00000000000000
1	14,25000000000000
2	14,46875000000000
3	14,66015625000000
4	14,82763671875000
5	14,97418212890625

die Lipschitz-Konstante L für g. Hinweis: Betrachten Sie (19.8).

19.18. Verifizieren Sie die Details von Beispiel 19.4.

19.19. (a) Zeigen Sie, dass $g(x) = \frac{2}{3}x^3$ Lipschitz-stetig ist auf $[-1/2, 1/2]$ zur Lipschitz-Konstanten $L = 1/2$. (b) Benutzen Sie das Programm von Aufgabe 19.5, um mit $x_0 = 0,5$ sechs Fixpunkt-Iterationen zu berechnen und vergleichen Sie sie mit den Ergebnissen in Abb. 19.10. (c) Zeigen Sie, dass der Fehler von x_i ungefähr kubisch mit i abnimmt.

19.20. Beweisen Sie, dass (19.11) wahr ist.

19.21. (a) Zeigen Sie, dass das Nullstellenproblem von $f(x) = x^2 + x - 6$ als Fixpunktproblem $g(x) = x$ mit $g(x) = \frac{6}{x+1}$ geschrieben werden kann. Zeigen Sie, dass der Fehler von x_i linear zum Fixpunkt $\bar{x} = 2$ abnimmt, und schätzen Sie den Konvergenzfaktor von x_i nahe bei 2 ab. (b) Zeigen Sie, dass das Nullstellenproblem von $f(x) = x^2 + x - 6$ als Fixpunktproblem $g(x) = x$ mit $g(x) = \frac{x^2+6}{2x+1}$ geschrieben werden kann. Zeigen Sie, dass der Fehler von x_i quadratisch abnimmt, wenn die Fixpunkt-Iteration gegen 2 konvergiert.

19.22. Entscheiden Sie aus den folgenden Ergebnissen einer Fixpunkt-Iteration, ob die Konvergenzrate linear ist oder nicht.

i	x_i
0	0,50000000000000
1	0,70710678118655
2	0,84089641525371
3	0,91700404320467
4	0,95760328069857
5	0,97857206208770

19.23. Die *Regula falsi Methode* ist eine Variante der Bisektionsmethode, um die Lösung von $f(x) = 0$ zu finden. Angenommen $f(x_{i-1})$ und $f(x_i)$ haben unterschiedliche Vorzeichen. Definieren Sie für $i \geq 1$ x_{i+1} den Punkt, wo die Gerade durch $(x_{i-1}, f(x_{i-1}))$ und $(x_i, f(x_i))$ die x-Achse schneidet. Schreiben Sie das Problem als Fixpunkt-Iteration, indem Sie ein geeignetes $g(x)$ angeben und schätzen Sie den zugehörigen Konvergenzfaktor ab.

20
Analytische Geometrie in $\mathbb{R}^2$

Die Philosophie ist in dem großen Buch niedergeschrieben, das immer offen vor unseren Augen liegt, dem Universum. Aber dieses Buch ist nicht zu verstehen, ehe man nicht gelernt hat, die Sprache zu verstehen, und die Buchstaben kennt, in denen es geschrieben ist. Es ist in der Sprache der Mathematik geschrieben, und die Buchstaben sind Dreiecke, Kreise und andere geometrische Figuren. Ohne diese Mittel ist es dem Menschen unmöglich, ein einziges Wort davon zu verstehen; ohne sie ist es ein vergebliches Umherirren in einem dunklen Labyrinth. (Galileo)

20.1 Einleitung

Wir geben eine kurze Einführung in die *analytische Geometrie* in zwei Dimensionen, das entspricht der linearen Algebra in der *euklidischen Ebene*. Die übliche Schulbildung hat uns eine intuitive *geometrische* Vorstellung der euklidischen Ebene vermittelt, als eine unendliche flache Ebene, die aus Punkten besteht, ohne Grenzen. Wir haben auch eine intuitive geometrische Vorstellung von geometrischen Objekten wie Geraden, Dreiecken und Kreisen in der Ebene. Unsere Kenntnisse und Intuitionen in Geometrie wurden im Kapitel „Pythagoras und Euklid" etwas aufpoliert. Wir haben auch ein Koordinatensystem in der euklidischen Ebene eingeführt, das aus zwei senkrechten Kopien von $\mathbb{Q}$ besteht, wodurch wir jedem Punkt in der Ebene zwei Koordinaten (a_1, a_2) zuordnen können und wir betrachten $\mathbb{Q}^2$ als die Menge aller geordneter Paare rationaler Zahlen. Allein mit den rationalen Zahlen $\mathbb{Q}$ stoßen wir schnell auf Probleme, da wir Abstände zwischen Punkten in $\mathbb{Q}^2$ nicht berechnen können. So ist beispielsweise der Abstand zwischen den Punkten $(0,0)$ und $(1,1)$ die Länge der Diagonale des Einheitsquadrats, also gleich $\sqrt{2}$, was keine rationale Zahl ist. Die Probleme werden gelöst, wenn wir reelle Zahlen benutzen, d.h. $\mathbb{Q}^2$ zu $\mathbb{R}^2$ erweitern.

In diesem Kapitel stellen wir grundlegende Gesichtspunkte der analytischen Geometrie in der euklidischen Ebene vor, indem wir ein Koordinatensystem benutzen, das sich mit $\mathbb{R}^2$ identifizieren lässt. Wir folgen dabei den Vorstellungen von Descartes, Geometrie mit Zahlen auszudrücken. Unten erweitern wir die analytische Geometrie zum dreidimensionalen euklidischen Raum, der sich mit $\mathbb{R}^3$ identifizieren lässt, bevor wir schließlich zur analytischen Geometrie im $\mathbb{R}^n$ übergehen, wobei die Dimension n jede natürliche Zahl sein kann. Die Betrachtung von $\mathbb{R}^n$ führt für $n \geq 4$ zur *linearen Algebra*, die eine Fülle von Anwendungen außerhalb der euklidischen Geometrie besitzt, auf die wir unten treffen werden. Die Begriffe und Werkzeuge, die wir in diesem Kapitel für die analytische Geometrie im $\mathbb{R}^2$ entwickeln, werden für uns bei den Verallgemeinerungen der Geometrie zum $\mathbb{R}^3$ und $\mathbb{R}^n$ und zur linearen Algebra immens wichtig sein.

Die geometrischen Werkzeuge von Euklid waren das Lineal und der Kompass, wohingegen die Werkzeuge der analytischen Geometrie der Rechner zum Umgang mit Zahlen ist. Daher können wir sagen, dass Euklid eine *analoge* Technik repräsentiert, wohingegen analytische Geometrie eine *digitale* Technik ist, die auf Zahlen beruht. Heute explodiert die digitale Technik förmlich in der Kommunikation, der Musik und allen Arten der virtuellen Realität.

20.2 Descartes, Erfinder der analytischen Geometrie

René Descartes (1596–1650) legte im *Discours de la méthode pour bien conduire sa raison et chercher la vérité dans les sciences* im Jahre 1637 das Fundament moderner Wissenschaften. Die *Methode* enthielt als Anhang *La Géometrie* mit der ersten Behandlung analytischer Geometrie. Descartes glaubte, dass nur Mathematik abgesichert sei, und dass daher alles auf Mathematik aufgebaut werden müsse, dem Fundament der *kartesischen* Sicht auf die Welt.

Im Jahre 1649 überredete Königin Christina von Schweden Descartes nach Stockholm zu gehen, um sie Mathematik zu lehren. Die Königin wollte jedoch um 5 Uhr in der Frühe Tangenten zeichnen, und so musste Descartes mit seiner Gewohnheit brechen, um 11 Uhr aufzustehen, vgl. Abb. 20.1. Nach nur wenigen Monaten im kalten nordischen Klima, wo er jeden Morgen um 5 Uhr zum Palast gehen musste, starb er an Lungenentzündung.

Abb. 20.1. Descartes: „Das Prinzip, dem ich bei meinen Studien stets folgte und das mir am meisten geholfen hat, mein Wissen zu erlangen, war, niemals mehr als einige wenige Stunden täglich in Gedanken zu verbringen, die die Vorstellungskraft beschäftigen und einige wenige Stunden im Jahr, die meine Auffassungsgabe beschäftigen und all den Rest meiner Zeit der Entspannung der Sinne und der Gelassenheit des Geistes zu widmen"

20.3   Descartes: Dualismus von Leib und Seele

Descartes setzte mit seinem Werk *De Homine*, das 1633 fertig gestellt wurde, für lange Zeit den Standard für Studien von Leib und Seele. Descartes schlug darin einen Mechanismus für die automatische Reaktion als Antwort auf externe Vorgänge durch Nervenfasern vor, vgl. Abb. 20.2. Nach Descartes' Vorstellung kann die rationale Seele, ein vom Leib verschiedenes

Abb. 20.2. Automatische Reaktion als Antwort auf eine externe Stimulation aus Descartes' *De Homine*, erschienen 1644

Wesen, das mit dem Leib in der Epiphyse verbunden ist, die unterschiedlichen Impulse der *Lebensgeister* (spiritus animales) durch die Nervenfasern wahrnehmen oder wahlweise nicht wahrnehmen. Bei solch einer Wahrnehmung war das Ergebnis eine bewusste Empfindung - der Leib beeinflusst die Seele. Im Gegenzug kann die Seele in freiwilliger Handlung einen unterschiedlichen Impuls der Lebensgeister einleiten. Die Seele konnte somit auch den Leib beeinflussen.

Im Jahre 1649 beendete Descartes *Les passions de l'ame* mit einer Darstellung kausaler Leib/Seele Wechselwirkungen und der Vermutung einer Lokalisierung der Kontaktstelle zwischen Leib und Seele in der Epiphyse. Descartes wählte die Epiphyse, da es für ihn das einzige Organ im Hirn war, das nicht bilateral dupliziert vorliegt und weil er fälschlicherweise glaubte, dass nur der Mensch darüber verfüge; Descartes betrachtete Tiere als reine physische Automaten ohne Verstand.

20.4   Die euklidische Ebene $\mathbb{R}^2$

Wir wählen ein *Koordinatensystem* für die euklidische Ebene, das aus zwei Geraden besteht, die sich in einem Winkel von 90° im *Ursprung* schneiden. Eine dieser Geraden wird x_1-Achse genannt und die anderen x_2-Achse und jede dieser Geraden ist eine Kopie der reellen Zahlengeraden $\mathbb{R}$. Die *Koordinaten* eines Punktes a in der Ebene sind ein geordnetes Paar reeller Zahlen (a_1, a_2), wobei a_1 dem Schnittpunkt der Geraden durch a parallel zur x_2-Achse mit der x_1-Achse entspricht und a_2 dem Schnittpunkt der Geraden durch a parallel zur x_1-Achse mit der x_2-Achse, vgl. Abb. 20.3. Die Koordinaten des Ursprungs sind $(0, 0)$.

So können wir jeden Punkt a in der Ebene durch seine Koordinaten (a_1, a_2) identifizieren und somit die euklidische Ebene mit $\mathbb{R}^2$, wobei $\mathbb{R}^2$

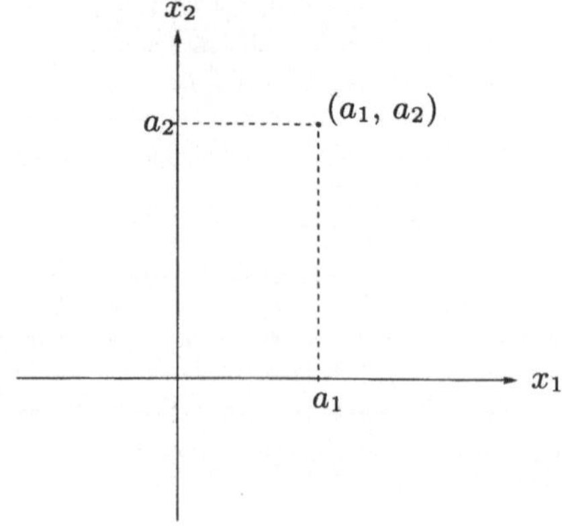

Abb. 20.3. Koordinatensystem für $\mathbb{R}^2$

die Menge geordneter Paare (a_1, a_2) reeller Zahlen a_1 und a_2 ist, d.h.

$$\mathbb{R}^2 = \{(a_1, a_2) : a_1, a_2 \in \mathbb{R}\}.$$

Wir haben $\mathbb{R}^2$ bereits oben als Koordinatensystem benutzt, als wir Funktionen $f : \mathbb{R} \to \mathbb{R}$ zeichneten, wobei Paare reeller Zahlen $(x, f(x))$ als geometrische Punkte in der euklidischen Ebene (einer Buchseite) dargestellt werden.

Um genauer zu sein, können wir die euklidische Ebene mit $\mathbb{R}^2$ identifizieren, nachdem wir (i) den Ursprung, (ii) die Richtung und (iii) die Skalierung der Koordinatenachsen gewählt haben. Es gibt viele mögliche Koordinatensysteme mit verschiedenen Ursprüngen und Richtungen/Skalierungen der Koordinatenachsen, und die Koordinaten eines geometrischen Punktes hängen von der Wahl des Koordinatensystems ab. Damit stellt sich die Frage, wie sich Koordinaten beim Wechsel von einem System in ein anderes ändern. Dies wird unten ein wichtiges Thema.

Oft ordnen wir die Achsen so an, dass die x_1-Achse waagerecht liegt und nach rechts anwächst. Die x_2-Achse erhalten wir, wenn wir die x_1-Achse um $90°$, das entspricht einem Viertel einer vollen Drehung, gegen den Uhrzeigersinn drehen, vgl. Abb. 20.3. In Abb. 20.4 ist das Koordinatensystem von $MATLAB^{©}$ wiedergegeben. Die positive Richtung jeder Koordinatenachse kann durch einen Pfeil in Richtung anwachsender Koordinaten angedeutet werden.

Dies ist jedoch nur eine Möglichkeit. Beispielsweise wird die Position eines Punktes auf dem Computerbildschirm oder ein Fenster auf dem Bildschirm, in einem Koordinatensystem mit dem Ursprung in der oberen linken Ecke angegeben, wobei die positive x_2-Achse abwärts zeigt und die negative aufwärts.

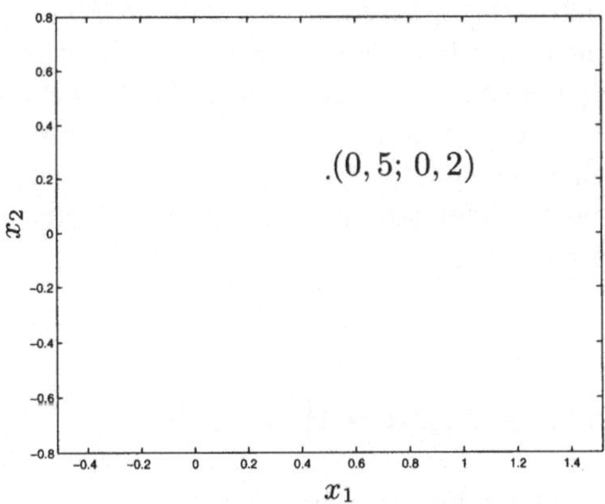

Abb. 20.4. Das Koordinatensystem für eine Ebene in $MATLAB^{©}$

20.5 Vermesser und Navigatoren

Erinnern Sie sich noch an unseren Freund, den Vermesser, der Land in Grundstücke einteilt und den Navigator, der ein Schiff steuert? In beiden Fällen gehen wir davon aus, dass die betrachteten Abstände so klein sind, dass die Krümmung der Erde vernachlässigbar ist und wir die Erde als $\mathbb{R}^2$ betrachten können. Grundlegende Probleme für den Vermesser sind (v1) Punkte in der Natur zu finden, die vorgegebene Koordinaten auf einer Karte haben und (v2) die Fläche eines Grundstücks zu berechnen, von dem man die Ecken kennt. Grundlegende Probleme für einen Navigator sind, (n1) die Koordinaten auf der Karte zu seiner aktuellen Position in der Natur zu finden und (n2) die Richtung festzulegen, um ans Ziel zu gelangen.

Aus dem Kapitel „Pythagoras und Euklid" wissen wir, dass sich das Problem (n1) mit einem GPS Empfänger lösen lässt, der die Koordinaten (a_1, a_2) der aktuellen Position auf Knopfdruck liefert. Auch Problem (v1) lässt sich mit Hilfe eines GPS Empfängers iterativ, gewissermaßen „invers", lösen: Mit Knopfdruck und Vergleich der Position und entsprechender Bewegung, falls wir am falschen Ort sind. In der Praxis bestimmt die Genauigkeit des GPS Systems seine Nützlichkeit und eine Erhöhung der Genauigkeit öffnet üblicherweise neue Anwendungsfelder. Das normale GPS mit einer Genauigkeit von 10m mag für einen Navigator genügen, aber nicht für einen Vermesser, der bis auf Meter oder Zentimeter genau arbeiten muss, was von der Größe des Grundstücks abhängt. Wissenschaftler, die die Kontinentalverschiebung oder einen beginnenden Erdrutsch vermessen, verwenden eine weiterentwickelte Variante des GPS mit einer Genauigkeit von Millimetern.

Nachdem wir die Probleme (v1) und (n1), die nach der Koordinate für einen vorgegebenen Punkt in der Natur suchten oder umgekehrt, gelöst haben, gibt es noch viele verwandte Probleme vom Typ (v2) und (n2), die mathematisch gelöst werden können. Das Berechnen einer Grundstücksfläche aus vorgegebenen Koordinaten oder die Berechnung der Richtung einer Strecke bei vorgegebenen Anfangs- und Endpunkten sind Beispiele dafür. Wir wollen diese, neben anderen wichtigen geometrischen Problemen, mit Hilfe von Werkzeugen der analytischen Geometrie oder der linearen Algebra lösen.

20.6 Ein erster Blick auf Vektoren

Bevor wir in die analytische Geometrie einsteigen, stellen wir fest, dass $\mathbb{R}^2$, den wir bisher als Menge geordneter Paare reeller Zahlen betrachten, noch für anderes als nur die Festlegung der Positionen geometrischer Punkte benutzbar ist. Um beispielsweise das aktuelle Wetter zu beschreiben, könnten wir uns darauf einigen $(27, 1013)$ zu schreiben, um anzudeuten, dass die Temperatur 27°C beträgt bei 1013 Millibar Luftdruck. Dann können wir eine bestimmte Wetterlage als geordnetes Zahlenpaar beschreiben, wie $(27, 1013)$. Natürlich ist die *Anordnung* der beiden Zahlen für die Interpretation kritisch. Eine Wetterlage zum Paar $(1013, 27)$ mit einer Temperatur von 1013°C und 27mb Druck ist sicherlich ganz verschieden von $(27, 1013)$ mit 27°C und 1013 Millibar.

Nachdem wir uns von der Vorstellung freigemacht haben, dass ein Zahlenpaar die Koordinaten eines Punktes in einer euklidischen Ebene repräsentieren muss, finden wir rasch weitere Möglichkeiten Zahlenpaare zu formen, wobei die Zahlen für unterschiedliche Dinge stehen. Jede neue Interpretation kann als eine neue Interpretation des $\mathbb{R}^2$ betrachtet werden.

In einem weiteren Beispiel, das mit Wetter zu tun hat, könnten wir uns darauf verständigen $(8, NNE)$ zu schreiben, um anzudeuten, dass der Wind mit 8m/s in Richtung Nordnordost (aus Südsüdwest kommend) weht. Nun ist NNE keine reelle Zahl und wir ersetzen NNE durch den zugehörigen Winkel, um zu $\mathbb{R}^2$ zu gelangen, d.h. $22, 5°$. Dabei rechnen wir positiv beginnend bei Nord im Uhrzeigersinn. Daher können wir eine bestimmte Windstärke und -richtung durch das geordnete Paar $(8;22,5)$ beschreiben. Sie sind sicherlich damit vertraut, wie die Wetterfee den Wind auf der Wetterkarte mit einem Pfeil veranschaulicht.

Der Windpfeil könnte auch mit einem anderen Zahlenpaar beschrieben werden, nämlich dadurch, wie sehr er nach Osten und nach Norden gedreht ist, d.h. durch das Paar $(8\sin(22, 5°), 8\cos(22, 5°)) \approx (3, 06; 7, 39)$. Wir könnten sagen, dass $3, 06$ der „Anteil Osten" ist und $7, 39$ der „Anteil Norden" an der Windgeschwindigkeit. Nun geben wir noch die *Windstärke* 8 an, wobei wir uns die Windstärke als *Absolutwert* der Windgeschwindigkeit $(3, 06; 7, 39)$ denken. Wir stellen uns also die Windgeschwindigkeit mit einer Richtung und einem „absoluten Wert" oder „Länge" vor. In diesem Fall betrachten wir ein geordnetes Paar (a_1, a_2) als *Vektor*, nicht als Punkt, und wir können dann den Vektor durch einen Pfeil veranschaulichen.

Wir werden bald sehen, dass geordnete Paare, die als Vektoren betrachtet werden, durch Multiplikation mit einer reellen Zahl skaliert werden können, und dass sich zwei Vektoren addieren lassen.

Die Addition von Geschwindigkeitsvektoren lässt sich auf dem Fahrrad spüren, wenn sich die Windgeschwindigkeit und unsere eigene Geschwindigkeit relativ zum Boden addieren, um eine Gesamtgeschwindigkeit relativ zur umgebenden Atmosphäre zu ergeben, die sich im gefühlten Luftwiderstand äußert. Um die Flugzeit über den Atlantik zu berechnen, addiert der Pilot den Geschwindigkeitsvektor des Flugzeuges gegenüber der Atmosphäre zur Geschwindigkeit des Jetstreams, um die Geschwindigkeit des Flugzeuges gegenüber dem Boden zu erhalten. Wir werden unten auf Anwendungen der analytischen Geometrie in der Mechanik zurückkommen und dabei wieder auf diese Beispiele treffen.

20.7 Geordnete Paare als Punkte oder Vektoren/Pfeile

Wir haben gesehen, dass wir geordnete Paare reeller Zahlen (a_1, a_2) als *Punkt* im $\mathbb{R}^2$ mit den Koordinaten a_1 und a_2 interpretieren können. Daher können wir kurz $a = (a_1, a_2)$ schreiben und sagen, dass a_1 die erste und a_2 die zweite Koordinate des Punktes a ist.

Alternativ können wir ein geordnetes Paar $(a_1, a_2) \in \mathbb{R}^2$ als einen *Pfeil* interpretieren, mit dem Ende im Ursprung und dem Kopf im Punkt $a = (a_1, a_2)$, vgl. Abb. 20.5. Benutzen wir die Interpretation von (a_1, a_2) als Pfeil, dann bezeichnen wir (a_1, a_2) als *Vektor*. Wiederum schreiben wir $a = (a_1, a_2)$ und sagen, dass a_1 und a_2 *Komponenten* des Pfeils/Vektors $a = (a_1, a_2)$ sind und nennen a_1 die erste und a_2 die zweite Komponente.

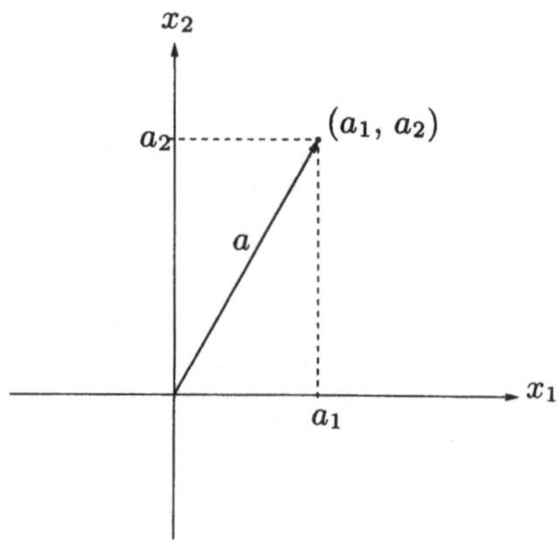

Abb. 20.5. Vektor mit Ende im Ursprung und Kopf im Punkt $a = (a_1, a_2)$

Somit können wir ein geordnetes Paar $(a_1, a_2) \in \mathbb{R}^2$ zweierlei interpretieren: Als einen Punkt mit den Koordinaten (a_1, a_2) oder als einen Pfeil/Vektor mit den Komponenten (a_1, a_2), der im Ursprung beginnt und im Punkt (a_1, a_2) endet. Offensichtlich hängen die Punkt- und die Pfeil-Interpretation eng zusammen, da der Punkt Kopf des Pfeils ist (unter der Annahme, dass das Ende im Ursprung liegt). In Anwendungen werden *Positionen* in der Punkt-Interpretation dargestellt und *Geschwindigkeiten* und *Kräfte* in der Pfeil-/Vektor-Interpretation. Wir werden unten die Pfeil-/Vektor-Interpretation auf Pfeile mit Ende in anderen Punkten als dem Ursprung verallgemeinern. Welche Interpretation die geeignetste ist, ergibt sich aus dem Kontext. Oft wechselt die Interpretation von $a = (a_1, a_2)$ zwischen Punkt und Pfeil völlig unbemerkt. Daher müssen wir flexibel sein und die Interpretation benutzen, die am geeignetsten oder am bequemsten ist. Wenn wir zu Anwendungen aus der Mechanik übergehen, werden wir noch etwas mehr Fantasie benötigen.

Manchmal werden Vektoren wie $a = (a_1, a_2)$ fett geschrieben oder mit einem Pfeil versehen, wie **a** oder $\vec{a}$ oder $\underline{a}$ oder andere Schreibweisen. Wir ziehen es vor, diese ausgeklügelten Schreibweisen nicht zu benutzen, da es zunächst einmal das Schreiben vereinfacht, aber vor allem, weil es die Fantasie des Lesers anregt, sich die richtige Interpretation des Buchstaben a als eine einfache (skalare) Zahl oder als Vektor $a = (a_1, a_2)$ oder sonst etwas anderes vorzustellen.

20.8   Vektoraddition

Als Nächstes definieren wir die Addition von Vektoren und deren Multiplikation mit reellen Zahlen im $\mathbb{R}^2$. In diesem Zusammenhang interpretieren wir $\mathbb{R}^2$ als die Menge von Vektoren, die durch Pfeile dargestellt werden und deren Enden im Ursprung liegen.

Seien $a = (a_1, a_2)$ und $b = (b_1, b_2)$ Vektoren im $\mathbb{R}^2$. Wir schreiben $a + b$ für den Vektor $(a_1 + b_1, a_2 + b_2)$ in $\mathbb{R}^2$, der durch getrennte Addition der Komponenten entsteht. Wir nennen $a+b$ die durch *Vektoraddition* erhaltene *Summe* von a und b. Sind $a = (a_1, a_2)$ und $b = (b_1, b_2)$ Vektoren im $\mathbb{R}^2$, dann gilt daher

$$(a_1, a_2) + (b_1, b_2) = (a_1 + b_1, a_2 + b_2). \tag{20.1}$$

Dies besagt, dass wir die Vektoraddition durch getrennte Addition der Komponenten ausführen. Wir halten fest, dass $a + b = b + a$, da $a_1 + b_1 = b_1 + a_1$ und $a_2 + b_2 = b_2 + a_2$. Wir nennen $0 = (0, 0)$ den *Nullvektor*, da $a + 0 = 0 + a = a$ für jeden Vektor a. Beachten Sie den Unterschied zwischen dem *Vektor* Null und seinen zwei Komponenten Null, die normalerweise Skalare sind.

Beispiel 20.1. Es gilt $(2, 5) + (7, 1) = (9, 6)$ und $(2, 1; 5, 3) + (7, 6; 1, 9) = (9, 7; 7, 2)$.

20.9   Vektoraddition und das Parallelogramm

Wir können Vektoradditionen geometrisch mit Hilfe eines Parallelogramms darstellen. Der Vektor $a + b$ entspricht dem Pfeil entlang der Diagonalen des Parallelogramms, das durch die Pfeile a und b aufgespannt wird, vgl. Abb. 20.6. Dies liegt daran, dass die Koordinaten des Kopfes von $a + b$ durch getrennte Addition der Koordinaten von a und b erhalten werden. Dies ist in Abb. 20.6 dargestellt.

Den Punkt (a_1+b_1, a_2+b_2) können wir mit unserer Definition der Vektoraddition auf drei verschiedene Wege erreichen. Als Erstes folgen wir einfach dem Pfeil $(a_1 + b_1, a_2 + b_2)$ zum Kopf, was einem Weg auf der Diagonalen

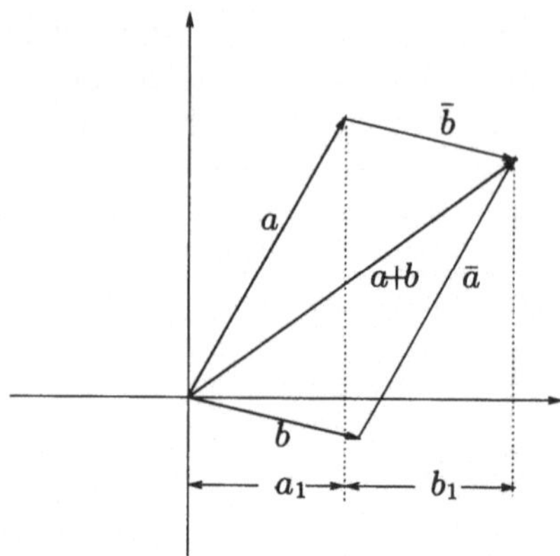

Abb. 20.6. Vektoraddition im Parallelogramm

des durch a und b aufgespannten Parallelogramms entspricht. Als Zweites könnten wir dem Pfeil a vom Ursprung zum Kopf im Punkt (a_1, a_2) folgen und von dort zum Kopf des Pfeils $\bar{b}$, der parallel zu b verläuft und die gleiche Länge wie b besitzt, aber sein Ende in (a_1, a_2) hat. Alternativ können wir auch dem Vektor b vom Ursprung aus bis zum Kopf in (b_1, b_2) folgen und dann zum Kopf des Vektors $\bar{a}$, der parallel zu a verläuft und die gleiche Länge wie a besitzt, aber sein Ende in (b_1, b_2) hat. Diese drei verschiedenen Wege zum Punkt $(a_1 + b_1, a_2 + b_2)$ sind in Abb. 20.6 dargestellt.

Wir fassen dies in folgendem Satz zusammen:

Satz 20.1 *Die Addition zweier Vektoren $a = (a_1, a_2)$ und $b = (b_1, b_2)$ zur Summe $a + b = (a_1 + b_1, a_2 + b_2)$ entspricht in $\mathbb{R}^2$ der Addition der Pfeile a und b im Parallelogramm.*

Insbesondere können wir einen Vektor als eine Summe seiner Komponenten in Richtung der Koordinatenachsen, vgl. Abb. 20.7, schreiben:

$$(a_1, a_2) = (a_1, 0) + (0, a_2). \tag{20.2}$$

20.10 Multiplikation eines Vektors mit einer reellen Zahl

Sei λ eine reelle Zahl und $a = (a_1, a_2) \in \mathbb{R}^2$ ein Vektor. Wir definieren einen neuen Vektor $\lambda a \in \mathbb{R}^2$ durch

$$\lambda a = \lambda(a_1, a_2) = (\lambda a_1, \lambda a_2). \tag{20.3}$$

Beispielsweise ist $3\,(1, 1; 2, 3) = (3, 3; 6, 9)$. Wir sagen, dass λa durch *Multiplikation* des Vektors $a = (a_1, a_2)$ mit der reellen Zahl λ erhalten wird und

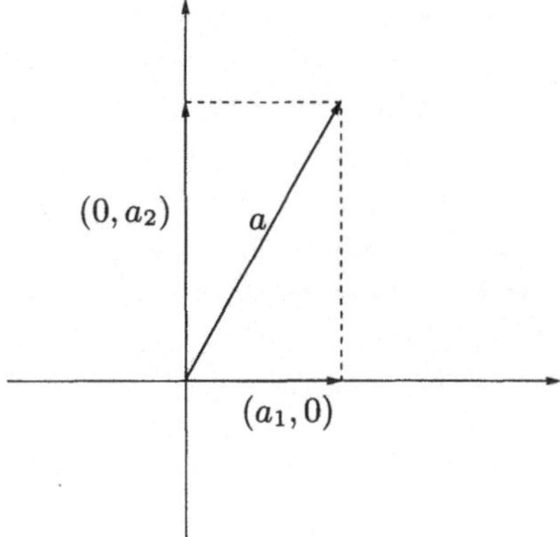

Abb. 20.7. Vektor, dargestellt als Summe zweier Vektoren, die parallel zu den Koordinatenachsen sind

nennen diese Operation *Multiplikation eines Vektors mit einem Skalar*. Unten werden wir noch auf andere Multiplikationsarten treffen, nämlich das *Skalarprodukt von Vektoren* und das *Vektorprodukt von Vektoren*, die sich beide von der Multiplikation eines Vektors mit einem Skalar unterscheiden.

Wir definieren $-a = (-1)a = (-a_1, -a_2)$ und $a - b = a + (-b)$. Wir halten fest, dass $a - a = a + (-a) = (a_1 - a_1, a_2 - a_2) = (0,0) = 0$ und geben ein Beispiel in Abb. 20.8.

20.11   Die Norm eines Vektors

Wir definieren die *euklidische Norm* $|a|$ eines Vektors $a = (a_1, a_2) \in \mathbb{R}^2$ durch

$$|a| = \left(a_1^2 + a_2^2\right)^{1/2}. \tag{20.4}$$

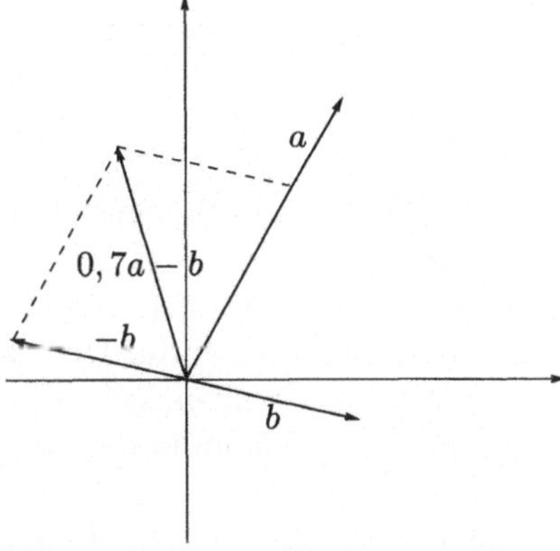

Abb. 20.8. Summe $0,7a - b$ der Vielfachen $0,7a$ und $(-1)b$ von a und b

Aus dem Satz von Pythagoras und Abb. 20.9 folgt, dass die euklidische Norm $|a|$ eines Vektors $a = (a_1, a_2)$ gleich der Länge der Hypotenuse des rechtwinkligen Dreiecks mit Seiten a_1 und a_2 ist. Mit anderen Worten ist die euklidische Norm eines Vektors $a = (a_1, a_2)$ gleich dem Abstand vom Ursprung zum Punkt (a_1, a_2) oder einfach nur die Länge des Pfeils (a_1, a_2). Es gilt $|\lambda a| = |\lambda||a|$ für $\lambda \in \mathbb{R}$ und $a \in \mathbb{R}^2$; Multiplikation eines Vektors mit der reellen Zahl λ verändert die Norm des Vektors um den Faktor $|\lambda|$. Der Nullvektor $(0, 0)$ hat die euklidische Norm 0. Hat ein Vektor die euklidische Norm 0, dann muss es der Nullvektor sein.

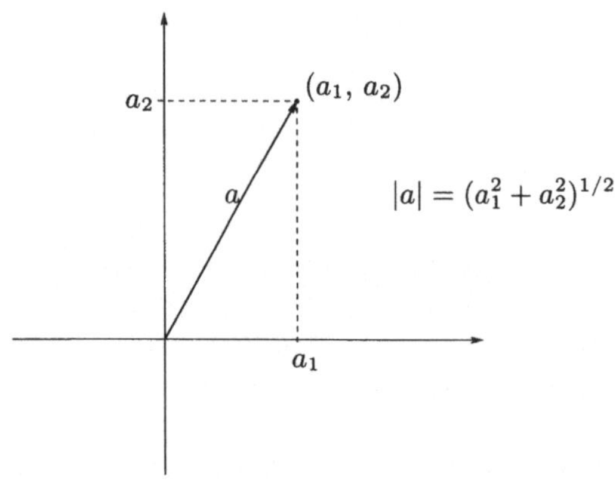

Abb. 20.9. Die Norm $|a|$ des Vektors $a = (a_1, a_2)$ ist $|a| = \left(a_1^2 + a_2^2\right)^{1/2}$

Die euklidische Norm eines Vektors misst seine „Länge" oder „Größe". Es gibt viele Möglichkeiten, die „Größe" eines Vektors mit zugehörigen Normen zu messen. Wir werden auf verschiedene alternative Normen eines Vektors $a = (a_1, a_2)$ treffen, wie $|a_1| + |a_2|$ oder $\max(|a_1|, |a_2|)$. In Abschnitt 12.10 benutzten wir $|a_1| + |a_2|$ bei der Definition der Lipschitz-Stetigkeit von $f : \mathbb{Q}^2 \to \mathbb{Q}$.

Beispiel 20.2. Ist $a = (3, 4)$, dann $|a| = \sqrt{9 + 16} = 5$ und $|2a| = 10$.

20.12 Polardarstellung von Vektoren

Die Punkte $a = (a_1, a_2) \in \mathbb{R}^2$ mit $|a| = 1$, die zu Vektoren a mit der euklidischen Norm 1 gehören, bilden einen im Ursprung zentrierten Kreis mit Radius 1, den wir *Einheitskreis* nennen, vgl. Abb. 20.10.

Jeder Punkt auf dem Einheitskreis kann in der Form $a = (\cos(\theta), \sin(\theta))$ für einen Winkel θ geschrieben werden, den wir *Richtungswinkel* oder *Richtung* des Vektors a nennen. Das folgt aus der Definition von $\cos(\theta)$ und $\sin(\theta)$ im Kapitel „Pythagoras und Euklid", vgl. Abb. 20.10.

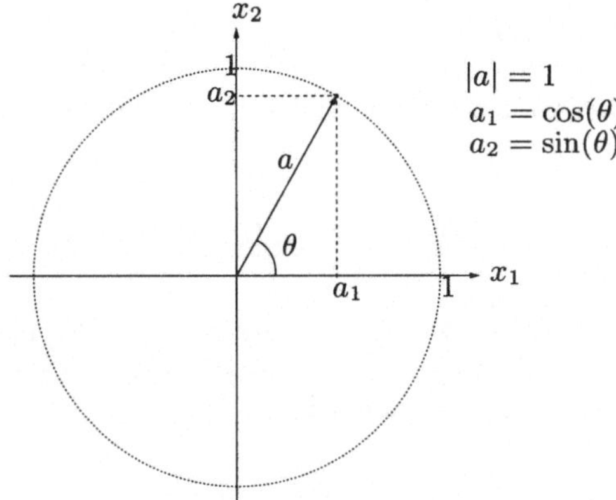

Abb. 20.10. Vektoren der Länge 1 können als $(\cos(\theta), \sin(\theta))$ geschrieben werden

Jeder Vektor $a = (a_1, a_2) \neq (0, 0)$ lässt sich als

$$a = |a|\hat{a} = r(\cos(\theta), \sin(\theta)) \tag{20.5}$$

schreiben, wobei $r = |a|$ die Norm von a ist, und $\hat{a} = (a_1/|a|, a_2/|a|)$ ist ein Vektor der Länge 1 mit Richtungswinkel θ von $\hat{a}$, vgl. Abb. 20.11. Wir bezeichnen (20.5) als *Polardarstellung* von a. Wir nennen θ die Richtung von a und r die Länge von a, vgl. Abb. 20.11.

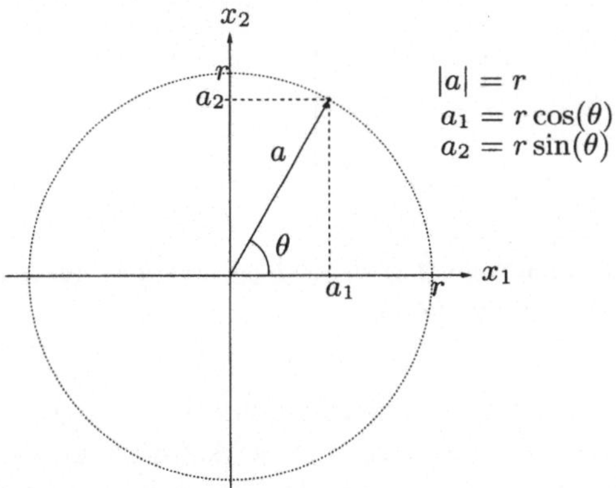

Abb. 20.11. Vektoren der Länge r werden durch $a = r(\cos(\theta), \sin(\theta)) = (r\cos(\theta), r\sin(\theta))$ gegeben, mit $r = |a|$

Ist $b = \lambda a$, wobei $\lambda > 0$ und $a \neq 0$, dann hat b dieselbe Richtung wie a. Ist $\lambda < 0$, hat b die entgegengesetzte Richtung. In beiden Fällen ändern sich die Normen um den Faktor $|\lambda|$; wir haben $|b| = |\lambda||a|$.

Ist $b = \lambda a$ mit $\lambda \neq 0$, so sagen wir, dass b *parallel* zu a ist. Parallele Vektoren haben die gleiche oder entgegengesetzte Richtungen.

Beispiel 20.3. Wir haben

$$(1,1) = \sqrt{2}(\cos(45°), \sin(45°)) \text{ und } (-1,1) = \sqrt{2}(\cos(135°), \sin(135°)).$$

20.13 Standardisierte Basisvektoren

Wir bezeichnen die Vektoren $e_1 = (1,0)$ und $e_2 = (0,1)$ als *standardisierte Basisvektoren* oder *Einheitsvektoren* in $\mathbb{R}^2$. Ein Vektor $a = (a_1, a_2)$ kann durch die Basisvektoren ausgedrückt werden:

$$a = a_1 e_1 + a_2 e_2,$$

da

$$a_1 e_1 + a_2 e_2 = a_1(1,0) + a_2(0,1) = (a_1, 0) + (0, a_2) = (a_1, a_2) = a.$$

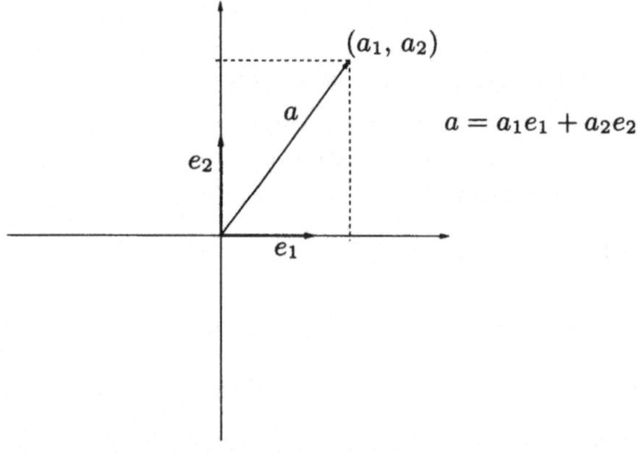

Abb. 20.12. Einheitsvektoren e_1 und e_2 und $a = (a_1, a_2) = a_1 e_1 + a_2 e_2$ als Linearkombination von e_1 und e_2

Wir nennen $a_1 e_1 + a_2 e_2$ Linearkombination von e_1 und e_2 mit den *Koeffizienten* a_1 und a_2. Jeder Vektor in $\mathbb{R}^2$ kann daher als Linearkombination der Basisvektoren e_1 und e_2 mit den Koordinaten a_1 und a_2 als Koeffizienten ausgedrückt werden, vgl. Abb. 20.12.

Beispiel 20.4. Wir haben $(3,7) = 3(1,0) + 7(0,1) = 3e_1 + 7e_2$.

20.14 Skalarprodukt

Während die Addition von Vektoren und das Skalieren von Vektoren mit einer reellen Zahl natürliche Interpretationen haben, werden wir nun ein (erstes) *Produkt zweier Vektoren* einführen, das auf den ersten Blick weniger anschaulich ist.

Seien $a = (a_1, a_2)$ und $b = (b_1, b_2)$ zwei Vektoren in $\mathbb{R}^2$, so definieren wir ihr *Skalarprodukt* $a \cdot b$ durch

$$a \cdot b = a_1 b_1 + a_2 b_2. \tag{20.6}$$

Wir halten fest, dass das Skalarprodukt $a \cdot b$ zweier Vektoren a und b in $\mathbb{R}^2$, wie die Bezeichnung suggeriert, einen *Skalar*, d.h. eine Zahl in $\mathbb{R}$ liefert, wohingegen die Faktoren a und b *Vektoren* in $\mathbb{R}^2$ sind. Beachten Sie, dass die Bildung des Skalarproduktes zweier Vektoren nicht nur Multiplikation bedeutet, sondern auch eine Summation beinhaltet!

Wir stellen die folgende Verbindung zwischen Skalarprodukt und Norm fest:

$$|a| = (a \cdot a)^{\frac{1}{2}}. \tag{20.7}$$

Unten werden wir eine andere Art der Multiplikation von Vektoren definieren, das als Ergebnis einen Vektor liefert. Wir betrachten daher zwei verschiedene Arten von Produkten von Vektoren, die wir entsprechend *Skalarprodukt* oder *Vektorprodukt* bezeichnen. Zunächst könnten wir, solange wir Vektoren im $\mathbb{R}^2$ untersuchen, das Vektorprodukt als eine einzige Zahl betrachten. Im $\mathbb{R}^3$ ist das Vektorprodukt aber tatsächlich ein Vektor im $\mathbb{R}^3$. (Natürlich gibt es auch das (triviale) „komponentenweise" Vektorprodukt wie $a * b = (a_1 b_1, a_2 b_2)$ in $MATLAB^{©}$.)

Wir können das Skalarprodukt als Funktion $f : \mathbb{R}^2 \times \mathbb{R}^2 \to \mathbb{R}$ betrachten, mit $f(a, b) = a \cdot b$. Jedem Paar von Vektoren $a, b \in \mathbb{R}^2$ ordnen wir eine Zahl $f(a, b) = a \cdot b \in \mathbb{R}$ zu. Ähnlich können wir die Summation zweier Vektoren als Funktion $f : \mathbb{R}^2 \times \mathbb{R}^2 \to \mathbb{R}^2$ betrachten. Hier bedeutet $\mathbb{R}^2 \times \mathbb{R}^2$ natürlich die Menge aller geordneten Paare (a, b) von Vektoren $a = (a_1, a_2)$ und $b = (b_1, b_2)$ in $\mathbb{R}^2$.

Beispiel 20.5. Wir erhalten $(3, 7) \cdot (5, 2) = 15 + 14 = 29$ und $(3, 7) \cdot (3, 7) = 9 + 49 = 58$, so dass $|(3, 7)| = \sqrt{58}$.

20.15 Eigenschaften des Skalarproduktes

Das Skalarprodukt $a \cdot b$ in $\mathbb{R}^2$ ist *linear* in jedem der Argumente a und b, d.h.

$$a \cdot (b + c) = a \cdot b + a \cdot c,$$
$$(a + b) \cdot c = a \cdot c + b \cdot c,$$
$$(\lambda a) \cdot b = \lambda\, a \cdot b, \quad a \cdot (\lambda b) = \lambda\, a \cdot b,$$

für alle $a, b \in \mathbb{R}^2$ und $\lambda \in \mathbb{R}$. Dies folgt direkt aus der Definition (20.6). So haben wir beispielsweise

$$a \cdot (b + c) = a_1(b_1 + c_1) + a_2(b_2 + c_2)$$
$$= a_1 b_1 + a_2 b_2 + a_1 c_1 + a_2 c_2 = a \cdot b + a \cdot c.$$

Mit der Schreibweise $f(a,b) = a \cdot b$ lässt sich die lineare Eigenschaft auch formulieren als

$$f(a, b + c) = f(a,b) + f(a,c), \qquad f(a + b, c) = f(a,c) + f(b,c),$$
$$f(\lambda a, b) = \lambda f(a,b), \qquad f(a, \lambda b) = \lambda f(a,b).$$

Wir sagen auch, dass das Skalarprodukt $a \cdot b = f(a,b)$ eine *bilinear Form* auf $\mathbb{R}^2 \times \mathbb{R}^2$ ist, d.h. eine Funktion von $\mathbb{R}^2 \times \mathbb{R}^2$ auf $\mathbb{R}$ ist, da $a \cdot b = f(a,b)$ für jedes Paar von Vektoren a und b in $\mathbb{R}^2$ eine reelle Zahl ist und $a \cdot b = f(a,b)$ in beiden Variablen (oder Argumenten) a und b linear ist. Das Skalarprodukt $a \cdot b = f(a,b)$ ist außerdem *symmetrisch*, in dem Sinne, dass

$$a \cdot b = b \cdot a \quad \text{oder} \quad f(a,b) = f(b,a)$$

und *positiv definit*, d.h.

$$a \cdot a = |a|^2 > 0 \quad \text{für} \quad a \neq 0 = (0,0).$$

Wir können zusammenfassend sagen, dass das Skalarprodukt $a \cdot b = f(a,b)$ eine *bilineare symmetrische positiv definite Form auf* $\mathbb{R}^2 \times \mathbb{R}^2$ ist.

Für die Basisvektoren $e_1 = (1,0)$ und $e_2 = (0,1)$ stellen wir fest, dass

$$e_1 \cdot e_2 = 0, \quad e_1 \cdot e_1 = 1, \quad e_2 \cdot e_2 = 1.$$

Mit Hilfe dieser Beziehungen können wir unter Ausnutzung der Linearität das Skalarprodukt zweier beliebiger Vektoren $a = (a_1, a_2)$ und $b = (b_1, b_2)$ in $\mathbb{R}^2$ folgendermaßen berechnen:

$$a \cdot b = (a_1 e_1 + a_2 e_2) \cdot (b_1 e_1 + b_2 e_2)$$
$$= a_1 b_1 \, e_1 \cdot e_1 + a_1 b_2 \, e_1 \cdot e_2 + a_2 b_1 \, e_2 \cdot e_1 + a_2 b_2 \, e_2 \cdot e_2 = a_1 b_1 + a_2 b_2.$$

Daher können wir das Skalarprodukt alleine für die Basisvektoren definieren und es dann mit Hilfe der Linearität in jeder Variablen auf beliebige Vektoren ausweiten.

20.16 Geometrische Interpretation des Skalarproduktes

Wir werden nun beweisen, dass das Skalarprodukt $a \cdot b$ zweier Vektoren a und b in $\mathbb{R}^2$ in der Form

$$a \cdot b = |a||b| \cos(\theta) \tag{20.8}$$

ausgedrückt werden kann, wobei θ der Winkel zwischen den Vektoren a und b ist, vgl. Abb. 20.13. Diese Formel hat eine geometrische Interpretation. Unter der Annahme, dass $|\theta| \leq 90°$, so dass $\cos(\theta)$ positiv ist, betrachten wir das rechtwinklige Dreieck OAC in Abb. 20.13. Die Länge der Seite OC ist $|a|\cos(\theta)$. Somit ist $a \cdot b$ gleich dem Produkt der Seitenlängen OC und OB. Wir nennen OC die *Projektion* von OA auf OB und somit können wir sagen, dass $a \cdot b$ gleich dem Produkt der Länge der Projektion OA auf OB und der Länge von OB ist. Aufgrund der Symmetrie, können wir ebenso $a \cdot b$ mit der Projektion von OB auf OA verbinden und folgern, dass $a \cdot b$ dem Produkt der Länge der Projektion von OB auf OA und der Länge OA entspricht.

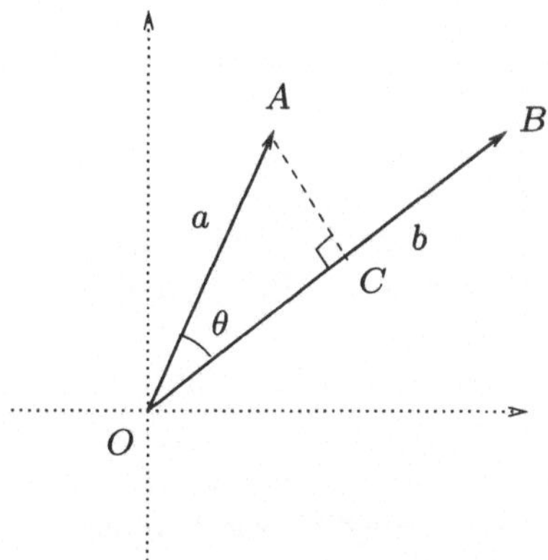

Abb. 20.13. $a \cdot b = |a||b|\cos(\theta)$

Um (20.8) zu beweisen, schreiben wir mit Hilfe der Polardarstellung

$$a = (a_1, a_2) = |a|(\cos(\alpha), \sin(\alpha)), \qquad b = (b_1, b_2) = |b|(\cos(\beta), \sin(\beta)),$$

wobei α der Richtungswinkel von a und β der Richtungswinkel von b ist. Mit der grundlegenden trigonometrischen Formel (8.4) erhalten wir

$$a \cdot b = a_1 b_1 + a_2 b_2 = |a||b|(\cos(\alpha)\cos(\beta) + \sin(\alpha)\sin(\beta))$$
$$= |a||b|\cos(\alpha - \beta) = |a||b|\cos(\theta),$$

wobei $\theta = \alpha - \beta$ der Winkel zwischen a und b ist. Da $\cos(\theta) = \cos(-\theta)$, können wir den Winkel zwischen a und b aus $\alpha - \beta$ oder $\beta - \alpha$ berechnen.

20.17   Orthogonalität und Skalarprodukt

Wir sagen, dass zwei von Null verschiedene Vektoren a und b in $\mathbb{R}^2$ *geometrisch orthogonal* sind, geschrieben $a \perp b$, wenn der Winkel zwischen den

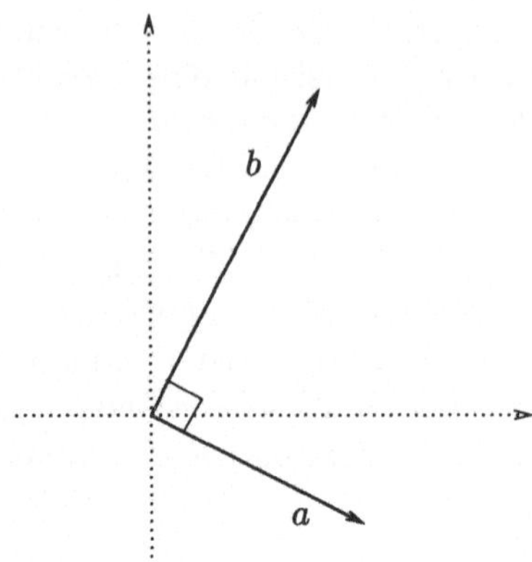

Abb. 20.14. Orthogonale Vektoren a und b

Vektoren 90° oder 270° beträgt, vgl. Abb. 20.14. Die standardisierten Basisvektoren e_1 und e_2 sind Beispiele für geometrisch orthogonale Vektoren, vgl. Abb. 20.12.

Seien a und b zwei von Null verschiedene Vektoren, die einen Winkel von θ einschließen. Aus (20.8) wissen wir, dass $a \cdot b = |a||b|\cos(\theta)$, und somit $a \cdot b = 0$ dann und nur dann, wenn $\cos(\theta) = 0$, d.h. genau dann, wenn $\theta = 90°$ oder $\theta = 270°$. Wir haben inzwischen den folgenden Satz bewiesen:

Satz 20.2 *Zwei von Null verschiedene Vektoren a und b sind dann und nur dann geometrisch orthogonal, wenn $a \cdot b = 0$.*

Dieses Ergebnis stimmt mit unserer Erfahrung im Kapitel „Pythagoras und Euklid" überein. Schließen nämlich zwei im Ursprung O beginnende Strecken OA endend im Punkt $A = (a_1, a_2)$ und OB endend im Punkt $B = (b_1, b_2)$ den Winkel OAB ein, so ist dieser genau dann ein rechter Winkel, wenn

$$a_1 b_1 + a_2 b_2 = 0.$$

Zusammengefasst haben wir die *geometrische* Bedingung, dass zwei Vektoren $a = (a_1, a_2)$ und $b = (b_1, b_2)$ geometrisch orthogonal sind, in eine *algebraische* Bedingung $a \cdot b = a_1 b_1 + a_2 b_2 = 0$ übersetzt.

In einem allgemeineren Kontext werden wir dies unten umdrehen und zwei Vektoren a und b als *orthogonal* definieren, wenn $a \cdot b = 0$, wobei $a \cdot b$ das Skalarprodukt von a und b ist. Wir haben gerade gesehen, dass diese algebraische Definition der Orthogonalität als Erweiterung unseren intuitiven Vorstellung der geometrischen Orthogonalität in $\mathbb{R}^2$ gesehen werden kann. Dies entspricht dem Grundprinzip der analytischen Geometrie, geometrische Beziehungen algebraisch auszudrücken.

20.18 Projektion eines Vektors auf einen Vektor

Projektionen sind elementar für die lineare Algebra. Wir werden nun zum ersten Mal auf diesen Begriff treffen und ihn unten in verschiedenen Zusammenhängen benutzen.

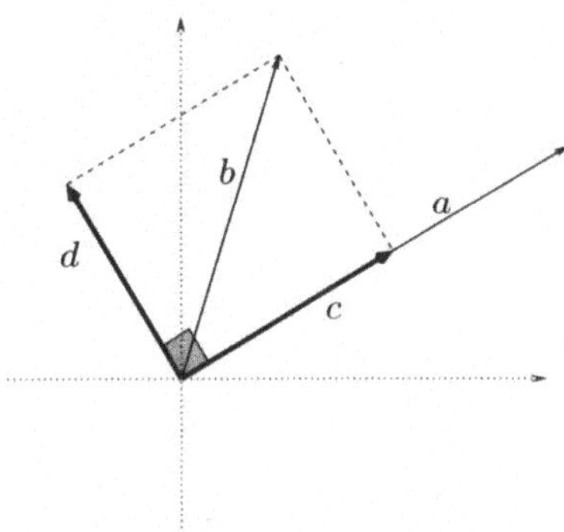

Abb. 20.15. Orthogonale Zerlegung von b

Seien $a = (a_1, a_2)$ und $b = (b_1, b_2)$ zwei von Null verschiedene Vektoren. Wir betrachten das folgende elementare Problem: Gesucht sind Vektoren c und d, so dass c parallel zu a, d orthogonal zu a ist und $c + d = b$, vgl. Abb. 20.15. Wir nennen $b = c + d$ *orthogonale Zerlegung* von b. Wir bezeichnen den Vektor c als die *Projektion von b in Richtung a* oder die *Projektion von b auf a* und schreiben dies als $P_a(b) = c$. Wir können die Zerlegung von b dann als $b = P_a(b) + (b - P_a(b))$, mit $c = P_a(b)$ und $d = b - P_a(b)$ schreiben. Die folgenden Eigenschaften der Zerlegung ergeben sich sofort:

$$P_a(b) = \lambda a \quad \text{für ein } \lambda \in \mathbb{R},$$
$$(b - P_a(b)) \cdot a = 0.$$

Wir setzen die erste Gleichung in die zweite ein und erhalten die Gleichung $(b - \lambda a) \cdot a = 0$ für λ, woraus wir

$$\lambda = \frac{b \cdot a}{a \cdot a} = \frac{b \cdot a}{|a|^2}$$

erhalten und folgern, dass die Projektion $P_a(b)$ von b auf a durch

$$P_a(b) = \frac{b \cdot a}{|a|^2} a \tag{20.9}$$

gegeben ist. Die Länge von $P_a(b)$ berechnen wir zu

$$|P_a(b)| = \frac{|a \cdot b|}{|a|^2}|a| = \frac{|a|\,|b|\,|\cos(\theta)|}{|a|} = |b||\cos(\theta)|, \tag{20.10}$$

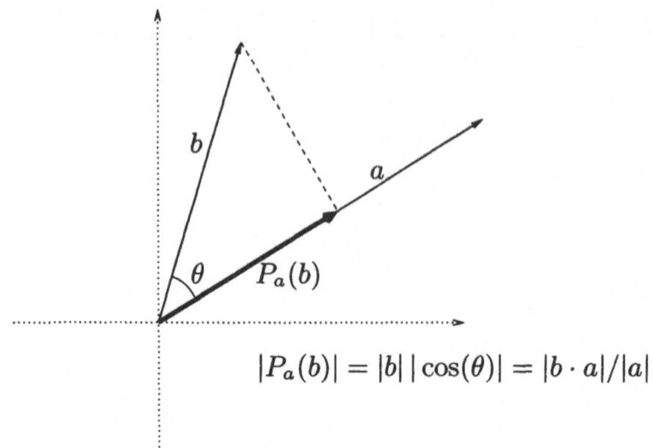

$$|P_a(b)| = |b|\,|\cos(\theta)| = |b \cdot a|/|a|$$

Abb. 20.16. Die Projektion $P_a(b)$ von b auf a

wobei θ der Winkel zwischen a und b ist und wir (20.8) benutzen. Wir stellen fest, dass

$$|a \cdot b| = |a|\,|P_a(b)|, \qquad (20.11)$$

was unserer Erfahrung mit dem Skalarprodukt in Abschnitt 20.16 übereinstimmt, vgl. Abb. 20.16.

Wir können die Projektion $P_a(b)$ des Vektors b auf den Vektor a als Abbildung von $\mathbb{R}^2$ auf $\mathbb{R}^2$ betrachten: Für den Vektor $b \in \mathbb{R}^2$ definieren wir den Vektor $P_a(b) \in \mathbb{R}^2$ durch

$$P_a(b) = \frac{b \cdot a}{|a|^2}\, a. \qquad (20.12)$$

Wir schreiben in Kurzform $Pb = P_a(b)$, unterdrücken dabei die Abhängigkeit von a und die Klammern, und halten fest, dass die durch $x \to Px$ definierte Abbildung $P : \mathbb{R}^2 \to \mathbb{R}^2$ linear ist. Es gelten nämlich

$$P(x + y) = Px + Py, \quad \text{und } P(\lambda x) = \lambda Px \qquad (20.13)$$

für alle x und y in $\mathbb{R}^2$ und $\lambda \in \mathbb{R}$ (wobei wir den Namen der unabhängigen Variablen von b in x oder y geändert haben), vgl. Abb. 20.17.

Wir bemerken, dass $P(Px) = Px$ für alle $x \in \mathbb{R}^2$, was auch als $P^2 = P$ geschrieben werden kann und eine charakteristische Eigenschaft von Projektionen ist. Eine wiederholte Projektion hat keinen Einfluss!

Wir fassen zusammen:

Satz 20.3 *Die Projektion $x \to Px = P_a(x)$ auf einen vorgegebenen von Null verschiedenen Vektor $a \in \mathbb{R}^2$ ist eine lineare Abbildung $P : \mathbb{R}^2 \to \mathbb{R}^2$ mit der Eigenschaft, dass $PP = P$.*

Beispiel 20.6. Für $a = (1,3)$ und $b = (5,2)$ ist $P_a(b) = \frac{(1,3)\cdot(5,2)}{1^2+3^2}(1,3) = (1,1;3,3)$.

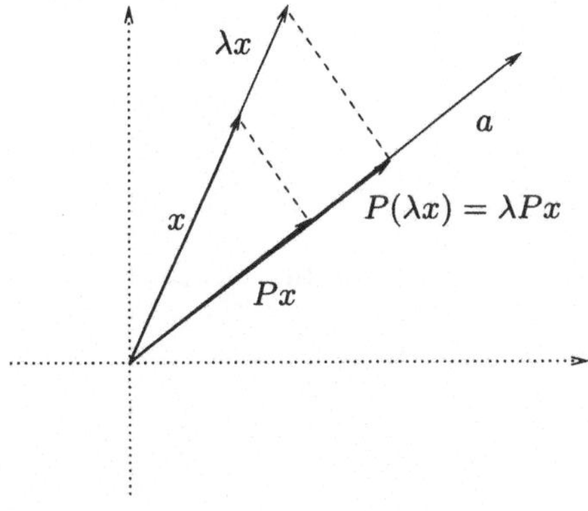

Abb. 20.17. $P(\lambda x) = \lambda P x$

20.19 Drehung um 90°

Wir haben oben gesehen, dass für eine orthogonale Zerlegung $b = c + d$ mit c parallel zu a nur c gefunden werden musste, da $d = b - c$. Stattdessen, hätten wir zuerst nach einem d, das orthogonal zu a sein muss, suchen können. Dies führt uns zum Problem, eine zu einer vorgegebenen Richtung senkrechte Richtung zu finden, d.h. zu dem Problem einen vorgegebenen Vektor um 90° zu drehen. Damit wollen wir uns nun beschäftigen.

Sei $a = (a_1, a_2)$ ein gegebener Vektor in $\mathbb{R}^2$. Eine schnelle Berechnung zeigt, dass der Vektor $(-a_2, a_1)$ die gewünschte Eigenschaft hat, da sein Skalarprodukt mit $a = (a_1, a_2)$

$$(-a_2, a_1) \cdot (a_1, a_2) = (-a_2)a_1 + a_1 a_2 = 0.$$

Daher ist $(-a_2, a_1)$ orthogonal zu (a_1, a_2). Außerdem folgt sofort, dass der Vektor $(-a_2, a_1)$ die gleiche Länge hat wie a.

Sei $a = |a|(\cos(\alpha), \sin(\alpha))$. Aus den Gleichungen $-\sin(\alpha) = \cos(\alpha + 90°)$ und $\cos(\alpha) = \sin(\alpha + 90°)$ können wir erkennen, dass der Vektor $(-a_2, a_1) = |a|(\cos(\alpha + 90°), \sin(\alpha + 90°))$ dadurch erhalten wird, dass wir den Vektor (a_1, a_2) gegen den Uhrzeigersinn um 90° drehen, vgl. Abb. 20.18. Ganz ähnlich wird der Vektor $(a_2, -a_1) = -(-a_2, a_1)$ durch Drehung von (a_1, a_2) um 90° im Uhrzeigersinn erhalten.

Wir können die Drehung eines Vektors um 90° gegen den Uhrzeigersinn als *Abbildung* betrachten: Sei der Vektor $a = (a_1, a_2)$ gegeben, so erhalten wir einen anderen Vektor $a^\perp = f(a)$ durch die Formel

$$a^\perp = f(a) = (-a_2, a_1),$$

wobei wir das Bild des Vektors a sowohl mit $a^\perp$ als auch $f(a)$ bezeichnen. Durch die Abbildung $a \to a^\perp = f(a)$ definieren wir eine lineare Funktion

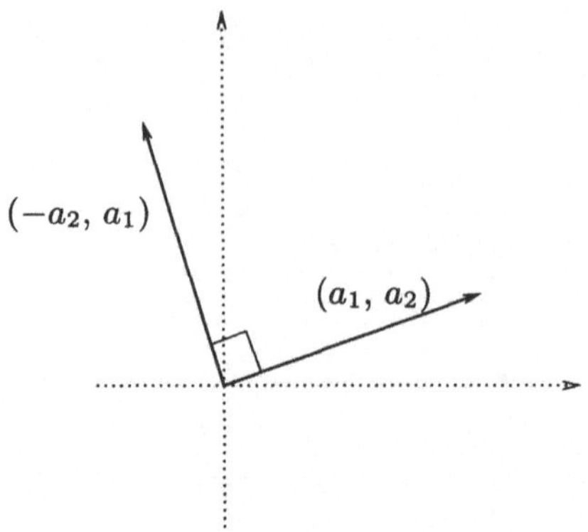

Abb. 20.18. Drehung um $90°$ gegen den Uhrzeigersinn von $a = (a_1, a_2)$

$f : \mathbb{R}^2 \to \mathbb{R}^2$, da

$$f(a+b) = (-(a_2+b_2), a_1+b_1) = (-a_2, a_1) + (-b_2, b_1) = f(a) + f(b),$$
$$f(\lambda a) = (-\lambda a_2, \lambda a_1) = \lambda(-a_2, a_1) = \lambda f(a).$$

Es genügt, die Wirkung auf die Basisvektoren e_1 und e_2 anzugeben, um die Wirkung von $a \to a^{\perp} = f(a)$ auf einen beliebigen Vektor a auszudrücken:

$$e_1^{\perp} = f(e_1) = (0,1) = e_2 \quad \text{und} \quad e_2^{\perp} = f(e_2) = (-1,0) = -e_1.$$

Aufgrund der Linearität können wir so berechnen:

$$a^{\perp} = f(a) = f(a_1 e_1 + a_2 e_2) = a_1 f(e_1) + a_2 f(e_2)$$
$$= a_1(0,1) + a_2(-1,0) = (-a_2, a_1).$$

Beispiel 20.7. Drehung des Vektors $(1,2)$ um $90°$ gegen den Uhrzeigersinn ergibt den Vektor $(-2,1)$.

20.20   Drehung um einen beliebigen Winkel θ

Wir verallgemeinern nun zu Drehungen gegen den Uhrzeigersinn um einen beliebigen Winkel θ. Sei $a = |a|(\cos(\alpha), \sin(\alpha))$ ein gegebener Vektor in $\mathbb{R}^2$. Wir suchen einen Vektor $R_{\theta}(a) \in \mathbb{R}^2$ mit gleicher Länge, den wir durch Drehung von a gegen den Uhrzeigersinn um den Winkel θ erhalten. Aus der Definition des Vektors $R_{\theta}(a)$, als Ergebnis der Rotation des Vektors $a = |a|(\cos(\alpha), \sin(\alpha))$ um θ, ergibt sich

$$R_{\theta}(a) = |a|(\cos(\alpha + \theta), \sin(\alpha + \theta)).$$

Mit Hilfe der trigonometrischen Formeln (8.4) und (8.5),

$$\cos(\alpha + \theta) = \cos(\alpha)\cos(\theta) - \sin(\alpha)\sin(\theta),$$
$$\sin(\alpha + \theta) = \sin(\alpha)\cos(\theta) + \cos(\alpha)\sin(\theta),$$

können wir die Formel für den gedrehten Vektor $R_\theta(a)$ folgendermaßen schreiben:

$$R_\theta(a) = (a_1 \cos(\theta) - a_2 \sin(\theta), a_1 \sin(\theta) + a_2 \cos(\theta)). \tag{20.14}$$

Wir können die Drehung eines Vektors gegen den Uhrzeigersinn um einen Winkel θ als *Abbildung* betrachten: Ist ein Vektor $a = (a_1, a_2)$ gegeben, so erhalten wir einen neuen Vektor $R_\theta(a)$ durch Drehung um θ, entsprechend der obigen Formel. Natürlich können wir diese Abbildung auch als Funktion $R_\theta(a) : \mathbb{R}^2 \to \mathbb{R}^2$ betrachten. Dass diese Funktion linear ist, lässt sich einfach zeigen. Es genügt, die Auswirkungen von R_θ auf die Basisvektoren e_1 und e_2 anzugeben, um die Auswirkungen von R_θ auf einen beliebigen Vektor a zu spezifizieren:

$$R_\theta(e_1) = (\cos(\theta), \sin(\theta)), \quad \text{und} \quad R_\theta(e_2) = (-\sin(\theta), \cos(\theta)).$$

Formel (20.14) kann somit auch unter Ausnutzung der Linearität folgendermaßen gewonnen werden:

$$\begin{aligned}
R_\theta(a) &= R_\theta(a_1 e_1 + a_2 e_2) = a_1 R_\theta(e_1) + a_2 R_\theta(e_2) \\
&= a_1(\cos(\theta), \sin(\theta)) + a_2(-\sin(\theta), \cos(\theta)) \\
&= (a_1 \cos(\theta) - a_2 \sin(\theta), a_1 \sin(\theta) + a_2 \cos(\theta)).
\end{aligned}$$

Beispiel 20.8. Wenn wir den Vektor $(1, 2)$ um $30°$ drehen, so erhalten wir den Vektor $(\cos(30°) - 2\sin(30°), \sin(30°) + 2\cos(30°)) = (\frac{\sqrt{3}}{2} - 1, \frac{1}{2} + \sqrt{3})$.

20.21 Nochmals Drehung um θ!

Wir wollen noch einen anderen Weg zu (20.14) aufzeigen, der darauf beruht, dass die Abbildung $R_\theta : \mathbb{R}^2 \to \mathbb{R}^2$ einer Drehung um θ gegen den Uhrzeigersinn durch folgende Eigenschaften definiert wird:

$$\text{(i)} \quad |R_\theta(a)| = |a|, \quad \text{und} \quad \text{(ii)} \quad R_\theta(a) \cdot a = \cos(\theta)|a|^2. \tag{20.15}$$

Eigenschaft (i) besagt, dass die Drehung die Länge erhält und (ii) verknüpft die Richtungsänderung mit dem Skalarprodukt. Wir wollen nun $R_\theta(a)$ aus (i) und (ii) bestimmen. Sei $a \in \mathbb{R}^2$. Wir setzen $a^\perp = (-a_2, a_1)$ und drücken $R_\theta(a)$ in der Form $R_\theta(a) = \alpha a + \beta a^\perp$ mit geeigneten reellen Zahlen α und β aus. Wir bilden nun das Skalarprodukt mit a und nutzen dabei, dass $a \cdot a^\perp = 0$. Aus (ii) erhalten wir, dass $\alpha = \cos(\theta)$. Im Weiteren besagt (i), dass $|a|^2 = |R_\theta(a)|^2 = (\alpha^2 + \beta^2)|a|^2$, woraus wir folgern, dass $\beta = \pm\sin(\theta)$ und schließlich $\beta = \sin(\theta)$ aufgrund der Drehung gegen den Uhrzeigersinn. Wir folgern, dass

$$R_\theta(a) = \cos(\theta)a + \sin(\theta)a^\perp = (a_1 \cos(\theta) - a_2 \sin(\theta), a_1 \sin(\theta) + a_2 \cos(\theta))$$

und haben so wiederum (20.14) erhalten.

20.22 Drehung eines Koordinatensystems

Angenommen, wir rotieren die Basisvektoren $e_1 = (1,0)$ und $e_2 = (0,1)$ gegen den Uhrzeigersinn um den Winkel θ und erhalten so die neuen Vektoren $\hat{e}_1 = \cos(\theta)e_1 + \sin(\theta)e_2$ und $\hat{e}_2 = -\sin(\theta)e_1 + \cos(\theta)e_2$. Wir können $\hat{e}_1$ und $\hat{e}_2$ als neues Koordinatensystem benutzen und nach dem Zusammenhang zwischen den Koordinaten eines gegebenen Vektors (oder Punktes) im alten und im neuen Koordinatensystem fragen. Seien (a_1, a_2) die Koordinaten in der Einheitsbasis e_1 und e_2 und $(\hat{a}_1, \hat{a}_2)$ die Koordinaten in der neuen Basis $\hat{e}_1$ und $\hat{e}_2$. Wir haben

$$
\begin{aligned}
a_1 e_1 + a_2 e_2 &= \hat{a}_1 \hat{e}_1 + \hat{a}_2 \hat{e}_2 \\
&= \hat{a}_1(\cos(\theta)e_1 + \sin(\theta)e_2) + \hat{a}_2(-\sin(\theta)e_1 + \cos(\theta)e_2) \\
&= (\hat{a}_1 \cos(\theta) - \hat{a}_2 \sin(\theta))e_1 + (\hat{a}_1 \sin(\theta) + \hat{a}_2 \cos(\theta))e_2
\end{aligned}
$$

und die Eindeutigkeit der Koordinaten im Hinblick auf e_1 und e_2 impliziert

$$
\begin{aligned}
a_1 &= \cos(\theta)\hat{a}_1 - \sin(\theta)\hat{a}_2, \\
a_2 &= \sin(\theta)\hat{a}_1 + \cos(\theta)\hat{a}_2.
\end{aligned}
\tag{20.16}
$$

Da wir e_1 und e_2 durch Drehung von $\hat{e}_1$ und $\hat{e}_2$ im Uhrzeigersinn um den Winkel θ erhalten, gilt

$$
\begin{aligned}
\hat{a}_1 &= \cos(\theta)a_1 + \sin(\theta)a_2, \\
\hat{a}_2 &= -\sin(\theta)a_1 + \cos(\theta)a_2.
\end{aligned}
\tag{20.17}
$$

Der Zusammenhang zwischen den Koordinaten in den beiden Koordinatensystemen wird somit durch (20.16) und (20.17) gegeben.

Beispiel 20.9. Drehung gegen den Uhrzeigersinn um $45°$ liefert die folgende Beziehung zwischen alten und neuen Koordinaten:

$$
\hat{a}_1 = \frac{1}{\sqrt{2}}(a_1 + a_2), \quad \text{und} \quad \hat{a}_2 = \frac{1}{\sqrt{2}}(-a_1 + a_2).
$$

20.23 Vektorprodukt

Wir definieren nun das *Vektorprodukt* $a \times b$ zweier Vektoren $a = (a_1, a_2)$ und $b = (b_1, b_2)$ in $\mathbb{R}^2$ durch die Formel

$$
a \times b = a_1 b_2 - a_2 b_1.
\tag{20.18}
$$

Das Vektorprodukt $a \times b$ wird wegen seiner Schreibweise auch *Kreuzprodukt* genannt (bringen Sie dies nicht mit dem „$\times$" in der „Produktmenge" $\mathbb{R}^2 \times \mathbb{R}^2$ durcheinander). Das Vektorprodukt oder Kreuzprodukt kann als

Funktion $\mathbb{R}^2 \times \mathbb{R}^2 \to \mathbb{R}$ betrachtet werden. Diese Funktion ist bilinear, was einfach zu zeigen ist und *anti-symmetrisch*, d.h.

$$a \times b = -b \times a, \qquad (20.19)$$

was für ein Produkt erstaunlich ist.

Da das Vektorprodukt bilinear ist, können wir seine Auswirkungen auf zwei beliebige Vektoren a und b durch seine Wirkung auf die Basisvektoren spezifizieren:

$$e_1 \times e_1 = 0, \ e_2 \times e_2 = 0, \ e_1 \times e_2 = 1, \ e_2 \times e_1 = -1. \qquad (20.20)$$

Mit Hilfe dieser Beziehungen erhalten wir

$$a \times b = (a_1 e_1 + a_2 e_2) \times (b_1 e_1 + b_2 e_2) = a_1 b_2 e_1 \times e_2 + a_2 b_1 e_2 \times e_1$$

$$= a_1 b_2 - a_2 b_1.$$

Wir zeigen jetzt, dass die Bilinearität und die Anti-Symmetrie tatsächlich das Vektorprodukt in $\mathbb{R}^2$ bis auf eine Konstante charakterisieren. Beachten Sie zunächst, dass Anti-Symmetrie und Bilinearität

$$e_1 \times e_1 + e_1 \times e_2 = e_1 \times (e_1 + e_2) = -(e_1 + e_2) \times e_1$$

$$= -e_1 \times e_1 - e_2 \times e_1$$

implizieren. Da $e_1 \times e_2 = -e_2 \times c_1$, erhalten wir $e_1 \times e_1 = 0$. Ähnlich erhalten wir $e_2 \times e_2 = 0$. Wir folgern daraus, dass die Wirkung des Vektorproduktes auf die Basisvektoren tatsächlich mit (20.20) bis auf eine Konstante übereinstimmt.

Als Nächstes beobachten wir, dass

$$a \times b = (-a_2, a_1) \cdot (b_1, b_2) = a_1 b_2 - a_2 b_1$$

eine Beziehung zwischen Vektorprodukt $a \times b$ und Skalarprodukt $a^\perp \cdot b$ mit dem um 90° gegen den Uhrzeigersinn gedrehten Vektor $a^\perp = (-a_2, a_1)$ herstellt. Wir fassen zusammen, dass das Vektorprodukt $a \times b$ zweier von Null verschiedenen Vektoren a und b genau dann Null ist, wenn a und b parallel sind. Wir fassen dieses wichtige Ergebnis in einem Satz zusammen.

Satz 20.4 *Zwei von Null verschiedene Vektoren a und b sind dann und nur dann parallel, wenn $a \times b = 0$.*

Wir können somit überprüfen, ob zwei von Null verschiedene Vektoren a und b parallel sind, indem wir auf $a \times b = 0$ prüfen. Dies ist ein weiteres Beispiel für die Übersetzung geometrischer Bedingungen (Parallelität zweier Vektoren a und b) in algebraische Bedingungen ($a \times b = 0$).

Wir wollen jetzt noch mehr Information aus der Beziehung $a \times b = a^{\perp} \cdot b$ ziehen. Dazu nehmen wir an, dass a und b den Winkel θ einschließen und somit schließen $a^{\perp}$ und b den Winkel $\theta + 90°$ ein:

$$|a \times b| = |a^{\perp} \cdot b| = |a^{\perp}| \, |b| \left| \cos\left(\theta + \frac{\pi}{2}\right) \right|$$

$$= |a| \, |b| \, |\sin(\theta)|,$$

wobei wir ausgenutzt haben, dass $|a^{\perp}| = |a|$ und $|\cos(\theta \pm \pi/2)| = |\sin(\theta)|$. Daher ist

$$|a \times b| = |a||b||\sin(\theta)|, \tag{20.21}$$

wobei $\theta = \alpha - \beta$ der Winkel zwischen a und b ist, vgl. Abb. 20.19.

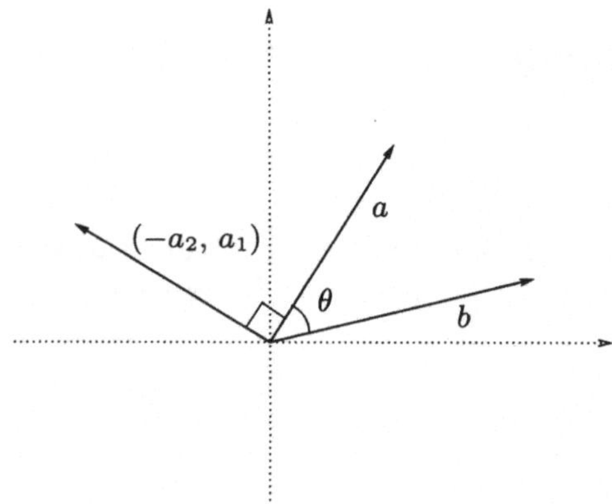

Abb. 20.19. Warum $|a \times b| = |a||b||\sin(\theta)|$ ist

Wir können Formel (20.21) noch präzisieren, indem wir die Absolutbeträge um $a \times b$ und den Sinusfaktor entfernen und uns auf eine geeignete Vorzeichenkonvention einigen. Dies führt uns zur genaueren Version von (20.21), die wir als Satz formulieren, vgl. Abb. 20.20.

Satz 20.5 *Für zwei von Null verschiedene Vektoren a und b gilt*

$$a \times b = |a||b|\sin(\theta), \tag{20.22}$$

wobei θ der Winkel zwischen a und b ist, der bei einer Bewegung von a nach b gegen den Uhrzeigersinn positiv und bei einer Bewegung im Uhrzeigersinn negativ ist.

20.24 Die Fläche eines Dreiecks mit einer Ecke im Ursprung

Wir betrachten ein Dreieck OAB mit Ecken im Ursprung O und den Punkten $A = (a_1, a_2)$ und $B = (b_1, b_2)$, die durch die Vektoren $a = (a_1, a_2)$ und

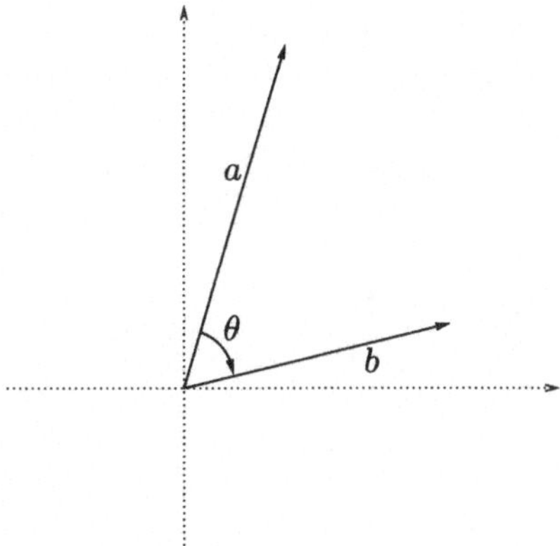

Abb. 20.20. $a \times b = |a||b|\sin(\theta)$ ist hier negativ, da der Winkel θ negativ ist

$b = (b_1, b_2)$ gebildet werden, vgl. Abb. 20.21. Wir sagen auch, dass das Dreieck OAB durch die Vektoren a und b *aufgespannt* wird. Wir sind mit der Formel vertraut, dass die Fläche dieses Dreiecks gleich der Grundseite $|a|$ mal der Höhe $|b||\sin(\theta)|$ mal $\frac{1}{2}$ ist, wobei θ der Winkel zwischen a und b ist, vgl. Abb. 20.21. Mit Rückgriff auf (20.21) fassen wir zusammen:

Satz 20.6

$$\textit{Fläche}(OAB) = \frac{1}{2}|a|\,|b|\,|\sin(\theta)| = \frac{1}{2}\,|a \times b|.$$

Die Fläche des Dreiecks OAB kann mit Hilfe des Vektorproduktes in $\mathbb{R}^2$ berechnet werden.

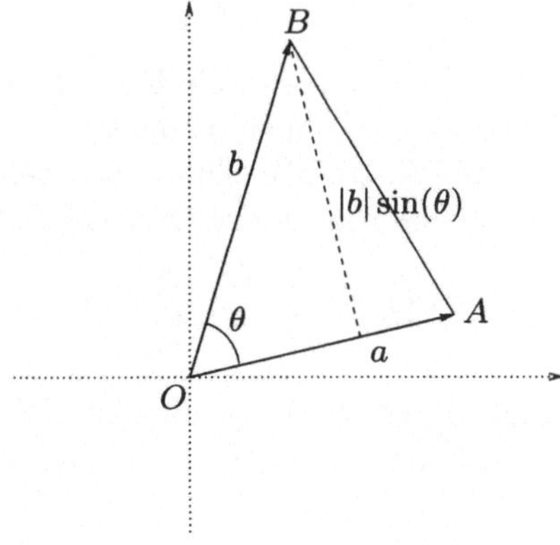

Abb. 20.21. Die Vektoren a und b spannen ein Dreieck der Fläche $\frac{1}{2}|a \times b|$ auf

20.25   Fläche eines beliebigen Dreiecks

Wir betrachten ein Dreieck CAB mit Ecken in den Punkten $C = (c_1, c_2)$, $A = (a_1, a_2)$ und $B = (b_1, b_2)$ und stellen die Frage nach der Fläche dieses

Dreiecks. Wir haben das Problem oben für $C = O$ gelöst, wobei O der Ursprung ist. Wir können das aktuelle Problem auf obigen Fall zurückführen, wenn wir das Koordinatensystem wie folgt ändern: Wir betrachten ein neues Koordinatensystem mit Ursprung in $C = (c_1, c_2)$ mit einer $\hat{x}_1$-Achse parallel zur x_1-Achse und einer $\hat{x}_2$-Achse parallel zur x_2-Achse, vgl. Abb. 20.22.

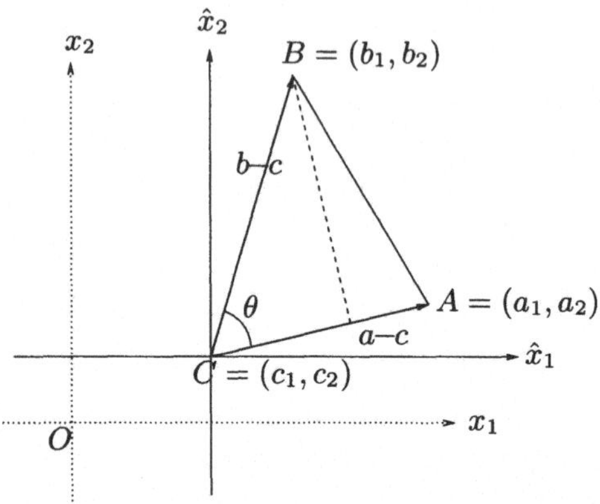

Abb. 20.22. Die Vektoren $a - c$ und $b - c$ spannen ein Dreieck mit der Fläche $\frac{1}{2}|(a - c) \times (b - c)|$ auf

Angenommen, $(\hat{a}_1, \hat{a}_2)$ bezeichne die Koordinaten im neuen Koordinatensystem. Die neuen Koordinaten sind durch

$$\hat{a}_1 = a_1 - c_1, \quad \hat{a}_2 = a_2 - c_2$$

mit den alten Koordinaten verbunden. Die Koordinaten der Punkte A, B und C im neuen Koordinatensystem sind somit $(a_1 - c_1, a_2 - c_2) = a - c$, $(b_1 - c_1, b_2 - c_2) = b - c$ und $(0, 0)$. Mit Hilfe des Ergebnisses im vorherigen Abschnitt erhalten wir für die Fläche des Dreiecks CAB

$$\text{Fläche}(CAB) = \frac{1}{2}\,|(a - c) \times (b - c)|. \tag{20.23}$$

Beispiel 20.10. Die Fläche des Dreiecks mit den Koordinaten $A = (2, 3)$, $B = (-2, 2)$ und $C = (1, 1)$ ist $\text{Fläche}(CAB) = \frac{1}{2}|(1, 2) \times (-3, 1)| = \frac{7}{2}$.

20.26 Die Fläche eines durch zwei Vektoren aufgespannten Parallelogramms

Die Fläche des durch zwei Vektoren a und b aufgespannten Parallelogramms, vgl. Abb. 20.23, ist gleich $|a \times b|$, da die Fläche des Parallelogramms doppelt so groß ist wie die Fläche des durch a und b aufgespannten

Dreiecks. Wenn wir die Fläche eines durch die Vektoren a und b aufgespannten Parallelogramms mit $V(a, b)$ bezeichnen, so lautet die Formel

$$V(a, b) = |a \times b|. \tag{20.24}$$

Dies ist eine grundlegende Formel mit wichtigen Verallgemeinerungen im $\mathbb{R}^3$ und $\mathbb{R}^n$.

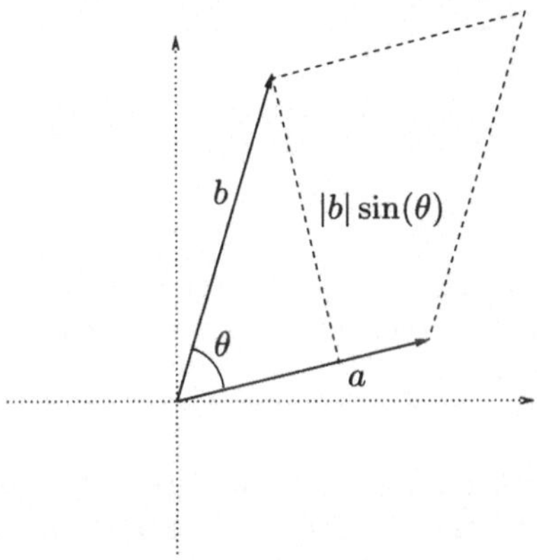

Abb. 20.23. Die Vektoren a und b spannen ein Parallelogramm auf, das die Fläche $|a \times b| = |a||b|| \sin(\theta)|$ besitzt

20.27   Geraden

Sei $n = (n_1, n_2) \in \mathbb{R}^2$ ein gegebener, von Null verschiedener, Vektor. Dann bilden die Punkte $x = (x_1, x_2)$ in der Ebene $\mathbb{R}^2$, die die Bedingung

$$n_1 x_1 + n_2 x_2 = n \cdot x = 0 \tag{20.25}$$

erfüllen, eine Gerade durch den Ursprung, die zu (n_1, n_2) senkrecht steht, vgl. Abb. 20.24. Wir nennen (n_1, n_2) *Normale* zur Geraden. Wir können die Punkte $x \in \mathbb{R}^2$ der Geraden in der Form

$$x = sn^{\perp}, \quad s \in \mathbb{R}$$

schreiben, wobei $n^{\perp} = (-n_2, n_1)$ orthogonal zu n ist, vgl. Abb. 20.24. Aufgrund seiner Wichtigkeit formulieren wir dies in einem Satz.

Satz 20.7 *Eine Gerade in $\mathbb{R}^2$, die durch den Ursprung verläuft und normal zu $n \in \mathbb{R}^2$ ist, kann entweder als Punkte $x \in \mathbb{R}^2$, die $n \cdot x = 0$ genügen, oder als Menge von Punkten der Form $x = sn^{\perp}$, mit $n^{\perp} \in \mathbb{R}^2$ orthogonal zu n und $s \in \mathbb{R}$, formuliert werden.*

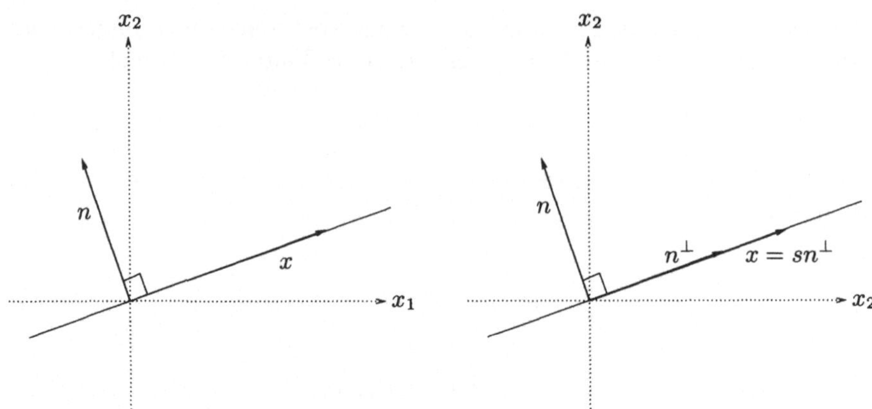

Abb. 20.24. Die Vektoren $x = sn^{\perp}$ erzeugen eine Gerade durch den Ursprung mit Normaler n, wobei $n^{\perp}$ orthogonal zum gegebenen Vektor n ist

Sei andererseits $n = (n_1, n_2) \in \mathbb{R}^2$ ein gegebener, von Null verschiedener, Vektor und d eine gegebene Konstante. Dann erzeugen die Punkte (x_1, x_2) in $\mathbb{R}^2$ mit

$$n_1 x_1 + n_2 x_2 = d \tag{20.26}$$

eine Gerade, die nicht durch den Ursprung verläuft, wenn $d \neq 0$. Wir erkennen, dass dann n normal zur Geraden ist, da für zwei Punkte x und $\hat{x}$ auf der Geraden $(x - \hat{x}) \cdot n = d - d = 0$ ist, vgl. Abb. 20.25. Wir können die Gerade als die Punkte $x = (x_1, x_2)$ in $\mathbb{R}^2$ definieren, so dass die Projektion $\frac{n \cdot x}{|n|^2} n$ des Vektors $x = (x_1, x_2)$ in Richtung n gleich $\frac{d}{|n|^2} n$. Dies folgt aus der Definition der Projektion und der Tatsache, dass $n \cdot x = d$.

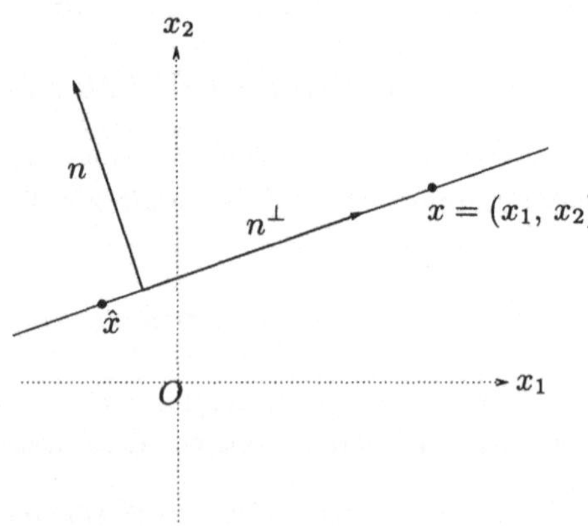

Abb. 20.25. Die Gerade durch die Punkte $\hat{x}$ und x, die durch den Richtungsvektor $n^{\perp}$ erzeugt wird

Die Gerade in Abb. 20.24 kann auch als eine Menge von Punkten

$$x = \hat{x} + sn^\perp \quad \text{mit } s \in \mathbb{R}$$

dargestellt werden, wobei $\hat{x}$ ein beliebiger Punkt auf der Geraden ist (und somit $n \cdot \hat{x} = d$ genügt). Dies ergibt sich daher, dass jeder Punkt x der Form $x = sn^\perp + \hat{x}$ offensichtlich $n \cdot x = n \cdot \hat{x} = d$ genügt. Wir fassen dies in einem Satz zusammen.

Satz 20.8 *Die Punkte $x \in \mathbb{R}^2$, für die $n \cdot x = d$ gilt, wobei $n \in \mathbb{R}^2$ ein gegebener, von Null verschiedener, Vektor ist und d eine gegebene Konstante, beschreiben eine Gerade im $\mathbb{R}^2$. Die Gerade kann auch in der Form $x = \hat{x} + sn^\perp$ für $s \in \mathbb{R}$ formuliert werden, wobei $\hat{x} \in \mathbb{R}^2$ ein Punkt auf der Geraden ist.*

Beispiel 20.11. Die Gerade $x_1 + 2x_2 = 3$ kann alternativ auch als Menge von Punkten $x = (1,1) + s(-2,1)$ mit $s \in \mathbb{R}$ formuliert werden.

20.28 Projektion eines Punktes auf eine Gerade

Sei b ein Punkt im $\mathbb{R}^2$, der nicht auf der Geraden $n \cdot x = d$ liege. Wir suchen den Punkt Pb auf der Geraden, der b am nächsten kommt, vgl. Abb. 20.28. Er wird *Projektion* des Punktes b auf die Gerade genannt. Dies ist äquivalent zur Suche nach einem Punkt Pb auf der Geraden, so dass $b - Pb$ orthogonal zur Geraden ist, d.h. wir suchen einen Punkt Pb, so dass

$$n \cdot Pb = d \quad (Pb \text{ ist ein Punkt auf der Geraden}),$$

$b - Pb$ ist parallel zur Normalen n, $(b - Pb = \lambda n, \quad \text{für ein } \lambda \in \mathbb{R})$.

Offensichtlich gilt $Pb = b - \lambda n$ und die Gleichung $n \cdot Pb = d$ führt zu $n \cdot (b - \lambda n) = d$, d.h. $\lambda = \frac{b \cdot n - d}{|n|^2}$. Somit ist

$$Pb = b - \frac{b \cdot n - d}{|n|^2}\, n. \tag{20.27}$$

Ist $d = 0$, d.h. die Gerade $n \cdot x = d = 0$ geht durch den Ursprung, dann (vgl. Aufgabe 20.26) gilt

$$Pb = b - \frac{b \cdot n}{|n|^2}\, n. \tag{20.28}$$

20.29 Wann sind zwei Geraden parallel?

Seien

$$a_{11}x_1 + a_{12}x_2 = b_1,$$
$$a_{21}x_1 + a_{22}x_2 = b_2,$$

zwei Geraden in $\mathbb{R}^2$ mit den Normalen (a_{11}, a_{12}) und (a_{21}, a_{22}). Wie erfahren wir, ob die Geraden parallel sind? Natürlich sind die Geraden genau dann parallel, wenn ihre Normalen parallel sind. Aus obigem wissen wir, dass Normale genau dann parallel sind, wenn

$$(a_{11}, a_{12}) \times (a_{21}, a_{22}) = a_{11}a_{22} - a_{12}a_{21} = 0$$

und folgerichtig *nicht parallel* (und somit schneiden sie sich irgendwo) dann und nur dann, wenn

$$(a_{11}, a_{12}) \times (a_{21}, a_{22}) = a_{11}a_{22} - a_{12}a_{21} \neq 0. \qquad (20.29)$$

Beispiel 20.12. Die zwei Geraden $2x_1 + 3x_2 = 1$ und $3x_1 + 4x_2 = 1$ sind nicht parallel, da $2 \cdot 4 - 3 \cdot 3 = -1 \neq 0$.

20.30   Ein System zweier linearen Gleichungen mit zwei Unbekannten

Sind $a_{11}x_1 + a_{12}x_2 = b_1$ und $a_{21}x_1 + a_{22}x_2 = b_2$ zwei Geraden im $\mathbb{R}^2$ mit Normalen (a_{11}, a_{12}) und (a_{21}, a_{22}), dann wird ihr Schnittpunkt durch das *lineare Gleichungssystem*

$$\begin{aligned}
a_{11}x_1 + a_{12}x_2 &= b_1, \\
a_{21}x_1 + a_{22}x_2 &= b_2
\end{aligned} \qquad (20.30)$$

gegeben. Es besagt, dass wir einen Punkt $(x_1, x_2) \in \mathbb{R}^2$ suchen, der auf beiden Geraden liegt. Dies ist ein *System zweier linearen Gleichungen mit zwei Unbekannten* x_1 und x_2 oder ein 2×2-System. Die Zahlen a_{ij}, $i, j = 1, 2$ sind die *Koeffizienten* des Gleichungssystems und die b_i, $i = 1, 2$, die zugehörige *rechte Seite*.

Sind die Normalen (a_{11}, a_{12}) und (a_{21}, a_{22}) nicht parallel und somit nach (20.29) $a_{11}a_{22} - a_{12}a_{21} \neq 0$, dann müssen sich die Geraden schneiden und das System (20.30) hat eine eindeutige Lösung (x_1, x_2). Um x_1 zu bestimmen, multiplizieren wir die erste Gleichung mit a_{22} und erhalten

$$a_{11}a_{22}x_1 + a_{12}a_{22}x_2 = b_1 a_{22}.$$

Multiplikation der zweiten Gleichung mit a_{12} ergibt

$$a_{21}a_{12}x_1 + a_{22}a_{12}x_2 = b_2 a_{12}.$$

Beim Subtrahieren beider Gleichungen löschen sich die Ausdrücke mit x_2 aus und wir erhalten die folgende Gleichung in der Unbekannten x_1:

$$a_{11}a_{22}x_1 - a_{21}a_{12}x_1 = b_1 a_{22} - b_2 a_{12}.$$

Auflösen nach x_1 ergibt

$$x_1 = (a_{22}b_1 - a_{12}b_2)(a_{11}a_{22} - a_{12}a_{21})^{-1}.$$

Ähnlich erhalten wir x_2, indem wir die erste Gleichung mit a_{21} multiplizieren, davon die mit a_{11} multiplizierte zweite Gleichung abziehen, wodurch der x_1 Ausdruck wegfällt. Alles in allem erhalten wir die Lösungsformeln

$$x_1 = (a_{22}b_1 - a_{12}b_2)(a_{11}a_{22} - a_{12}a_{21})^{-1}, \tag{20.31a}$$

$$x_2 = (a_{11}b_2 - a_{21}b_1)(a_{11}a_{22} - a_{12}a_{21})^{-1}. \tag{20.31b}$$

Diese Formeln liefern die eindeutigen Lösungen von (20.30), unter der Annahme, dass $a_{11}a_{22} - a_{12}a_{21} \neq 0$.

Unter der Annahme, dass $a_{11}a_{22} - a_{12}a_{21} \neq 0$, können wie die Lösungsformeln (20.31) auch anders erhalten. Dazu definieren wir $a_1 = (a_{11}, a_{21})$ und $a_2 = (a_{12}, a_{22})$. a_1 und a_2 beschreiben nun *Vektoren* mit $a_1 \times a_2 = a_{11}a_{22} - a_{12}a_{21} \neq 0$. Wir formulieren nun die beiden Gleichungen (20.30) in Vektorschreibweise:

$$x_1 a_1 + x_2 a_2 = b. \tag{20.32}$$

Wir bilden das Vektorprodukt dieser Gleichung mit a_2 und a_1 und nutzen dabei, dass $a_2 \times a_2 = a_1 \times a_1 = 0$:

$$x_1 a_1 \times a_2 = b \times a_2, \quad x_2 a_2 \times a_1 = b \times a_1.$$

Da $a_1 \times a_2 \neq 0$, erhalten wir

$$x_1 = \frac{b \times a_2}{a_1 \times a_2}, \quad x_2 = \frac{b \times a_1}{a_2 \times a_1} = -\frac{b \times a_1}{a_1 \times a_2}, \tag{20.33}$$

was mit den Gleichungen (20.31) übereinstimmt.

Wir beenden diesen Abschnitt mit der Diskussion des Falles $a_1 \times a_2 = a_{11}a_{22} - a_{12}a_{21} = 0$, d.h. wenn a_1 und a_2 parallel sind oder äquivalent die beiden Geraden parallel sind. In diesem Fall ist $a_2 = \lambda a_1$ für ein $\lambda \in \mathbb{R}$ und das Gleichungssystem (20.30) hat genau dann eine Lösung, wenn $b_2 = \lambda b_1$ gilt, da sich dann die zweite Gleichung aus der ersten nach Multiplikation mit λ ergibt. In diesem Fall gibt es unendlich viele Lösungen, da die beiden Geraden zusammenfallen. Wählen wir insbesondere $b_1 = b_2 = 0$, so bestehen die Lösungen aus allen (x_1, x_2) für die $a_{11}x_1 + a_{12}x_2 = 0$, was einer Geraden durch den Ursprung entspricht. Ist auf der anderen Seite $b_2 \neq \lambda b_1$, dann beschreiben die beiden Gleichungen zwei unterschiedliche parallele Geraden, die sich nicht schneiden. Folglich gibt es keine Lösung für (20.30).

Wir fassen unsere Erfahrungen mit zwei Gleichungen für zwei Unbekannte wie folgt zusammen:

Satz 20.9 *Das lineare Gleichungssystem $x_1 a_1 + x_2 a_2 = b$, wobei a_1, a_2 und b gegebene Vektoren in $\mathbb{R}^2$ sind, hat eine eindeutige Lösung (x_1, x_2) mit (20.33) falls $a_1 \times a_2 \neq 0$. Für den Fall $a_1 \times a_2 = 0$ hat das System in Abhängigkeit von b keine oder unendlich viele Lösungen.*

Beispiel 20.13. Die Lösung des Gleichungssystems

$$x_1 + 2x_2 = 3,$$
$$4x_1 + 5x_2 = 6,$$

lautet

$$x_1 = \frac{(3,6) \times (2,5)}{(1,4) \times (2,5)} = \frac{3}{-3} = -1, \quad x_2 = -\frac{(3,6) \times (1,4)}{(1,4) \times (2,5)} = -\frac{6}{-3} = 2.$$

20.31   Lineare Unabhängigkeit und Basis

Wir haben oben das System (20.30) in der Vektorschreibweise

$$x_1 a_1 + x_2 a_2 = b$$

geschrieben, wobei $b = (b_1, b_2)$, $a_1 = (a_{11}, a_{21})$ und $a_2 = (a_{12}, a_{22})$ Vektoren in $\mathbb{R}^2$ sind und x_1 und x_2 reelle Zahlen. Wir sagen, dass

$$x_1 a_1 + x_2 a_2$$

eine *Linearkombination* der Vektoren a_1 und a_2 ist oder eine Linearkombination der Vektoren der Menge $\{a_1, a_2\}$, mit den reellen Zahlen x_1 und x_2 als Koeffizienten. Wir nennen x_1 und x_2 *Koordinaten* von b, bezogen auf die Vektoren der Menge $\{a_1, a_2\}$, was wir auch als geordnetes Paar (x_1, x_2) schreiben können.

Die Lösungsformeln (20.33) besagen somit, dass für $a_1 \times a_2 \neq 0$, ein beliebiger Vektor b in $\mathbb{R}^2$ als Linearkombination der Vektoren der Menge $\{a_1, a_2\}$ mit eindeutig bestimmten Koeffizienten x_1 und x_2 geschrieben werden kann. Das bedeutet, dass uns für $a_1 \times a_2 \neq 0$ die Menge $\{a_1, a_2\}$ als *Basis* für $\mathbb{R}^2$ dienen kann, in dem Sinne, dass jeder Vektor b in $\mathbb{R}^2$ eindeutig als Linearkombination $b = x_1 a_1 + x_2 a_2$ der Vektoren $\{a_1, a_2\}$ geschrieben werden kann. Die Vektoren $\{a_1, a_2\}$ werden auch Basissatz genannt. Wir nennen das geordnete Paar (x_1, x_2) *Koordinaten* von b in der Basis $\{a_1, a_2\}$. Das Gleichungssystem $b = x_1 a_1 + x_2 a_2$ beschreibt somit die Kopplung zwischen den Koordinaten (b_1, b_2) des Vektors b in der Einheitsbasis und den Koordinaten (x_1, x_2) in der Basis $\{a_1, a_2\}$. Insbesondere sind $x_1 = 0$ und $x_2 = 0$ für $b = 0$.

Andererseits ist für $a_1 \times a_2 = 0$, d.h. wenn a_1 und a_2 parallel sind, jeder von Null verschiedene Vektor b, der orthogonal zu a_1 ist, auch orthogonal zu a_2 und kann daher nicht in der Form $b = x_1 a_1 + x_2 a_2$ ausgedrückt werden. Somit kann $\{a_1, a_2\}$ mit $a_1 \times a_2 = 0$ nicht als Basis dienen. Damit haben wir den folgenden grundlegenden Satz bewiesen:

Satz 20.10 *Eine Menge $\{a_1, a_2\}$ zweier von Null verschiedener Vektoren a_1, a_2 kann dann und nur dann als Basis für $\mathbb{R}^2$ dienen, wenn $a_1 \times a_2 \neq 0$*

ist. Die Koordinaten (b_1, b_2) eines Vektors b in der Einheitsbasis und die Koordinaten (x_1, x_2) von b in der Basis $\{a_1, a_2\}$ sind durch das lineare Gleichungssystem $b = x_1 a_1 + x_2 a_2$ verknüpft.

Beispiel 20.14. Die zwei Vektoren $a_1 = (1, 2)$ und $a_2 = (2, 1)$ (formuliert in der Einheitsbasis) bilden eine Basis im $\mathbb{R}^2$, da $a_1 \times a_2 = 1 - 4 = -3$. Sei $b = (5, 4)$ in der Einheitsbasis. Um b in der Basis $\{a_1, a_2\}$ auszudrücken, suchen wir reelle Zahlen x_1 und x_2, so dass $b = x_1 a_1 + x_2 a_2$. Mit Hilfe der Lösungsformeln (20.33) erhalten wir $x_1 = 1$ und $x_2 = 2$. Die Koordinaten von b im Basissatz $\{a_1, a_2\}$ lauten somit $(1, 2)$, während die Koordinaten von b in der Einheitsbasis $(5, 4)$ sind.

Als Nächstes wollen wir *lineare Unabhängigkeit* einführen, die im Folgenden eine wichtige Rolle spielen wird. Wir nennen eine Menge $\{a_1, a_2\}$ zweier von Null verschiedener Vektoren a_1 und a_2 in $\mathbb{R}^2$ *linear unabhängig*, wenn das Gleichungssystem

$$x_1 a_1 + x_2 a_2 = 0$$

die eindeutige Lösung $x_1 = x_2 = 0$ hat. Wir wissen, dass aus $a_1 \times a_2 \neq 0$ die lineare Unabhängigkeit von a_1 und a_2 folgt (da aus $b = (0, 0)$ folgt $x_1 = x_2 = 0$). Andererseits sind a_1 und a_2 parallel, wenn $a_1 \times a_2 = 0$, so dass $a_1 = \lambda a_2$ für ein $\lambda \neq 0$ gilt. Dann gibt es viele Möglichkeiten für x_1 und x_2, so dass $x_1 a_1 + x_2 a_2 = 0$ erfüllt ist, wie z.B. $x_1 = -1$ und $x_2 = \lambda$ neben $x_1 = x_2 = 0$. Somit haben wir bewiesen:

Satz 20.11 *Die Menge $\{a_1, a_2\}$ zweier von Null verschiedener Vektoren a_1 und a_2 ist dann und nur dann linear unabhängig, wenn $a_1 \times a_2 \neq 0$.*

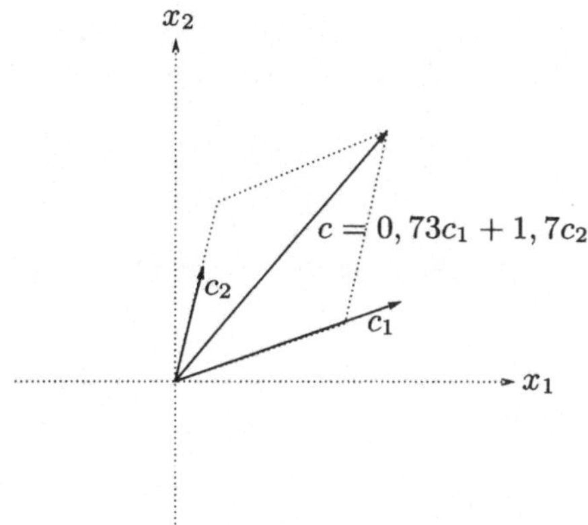

Abb. 20.26. c als Linearkombination zweier linear unabhängigen Vektoren c_1 und c_2

20.32 Die Verbindung zur Infinitesimalrechnung einer Variablen

Wir haben die Infinitesimalrechnung reellwertiger Funktionen $y = f(x)$ einer reellen Variablen $x \in \mathbb{R}$ untersucht und ein Koordinatensystem in $\mathbb{R}^2$ benutzt, um die Graphen von Funktionen $y = f(x)$, wobei x und y die zwei Koordinatenachsen repräsentieren, zu zeichnen. Alternativ können wir den Graphen als Menge von Punkten $(x_1, x_2) \in \mathbb{R}^2$ betrachten, der aus Paaren (x_1, x_2) reeller Zahlen x_1 und x_2 besteht, so dass $x_2 = f(x_1)$ gilt, bzw. $x_2 - f(x_1) = 0$, wobei x_1 für x und x_2 für y steht. Wir bezeichnen das geordnete Paar $(x_1, x_2) \in \mathbb{R}^2$ als Vektor $x = (x_1, x_2)$ mit den Komponenten x_1 und x_2.

Wir haben auch Eigenschaften linearer Funktionen $f(x) = ax + b$ untersucht, wobei a und b reelle Konstanten sind. Deren Graphen sind Geraden $x_2 = ax_1 + b$ in $\mathbb{R}^2$. Noch allgemeiner ist eine Gerade in $\mathbb{R}^2$ eine Menge von Punkten $(x_1, x_2) \in \mathbb{R}^2$, so dass $x_1 a_1 + x_2 a_2 = b$, wobei a_1, a_2 und b reelle Konstanten sind, mit $a_1 \neq 0$ und/oder $a_2 \neq 0$. Wir stellen fest, dass (a_1, a_2) als Richtung in $\mathbb{R}^2$ betrachtet werden kann, die senkrecht oder normal zur Geraden $a_1 x_1 + a_2 x_2 = b$ ist, und dass $(b/a_1, 0)$ bzw. $(0, b/a_2)$ die Punkte sind, in denen die Gerade die x_1-, bzw. die x_2-Achse schneidet.

20.33 Lineare Abbildungen $f : \mathbb{R}^2 \to \mathbb{R}$

Eine Funktion $f : \mathbb{R}^2 \to \mathbb{R}$ heißt *linear*, wenn für jedes $x = (x_1, x_2)$ und $y = (y_1, y_2)$ in $\mathbb{R}^2$ und jedes λ in $\mathbb{R}$

$$f(x + y) = f(x) + f(y) \quad \text{und} \quad f(\lambda x) = \lambda f(x) \qquad (20.34)$$

gilt. Indem wir $c_1 = f(e_1) \in \mathbb{R}$ und $c_2 = f(e_2) \in \mathbb{R}$ setzen, wobei $e_1 = (1, 0)$ und $e_2 = (0, 1)$ die Einheitsbasisvektoren in $\mathbb{R}^2$ sind, können wir $f : \mathbb{R}^2 \to \mathbb{R}$ folgendermaßen formulieren:

$$f(x) = x_1 c_1 + x_2 c_2 = c_1 x_1 + c_2 x_2,$$

mit $x = (x_1, x_2) \in \mathbb{R}^2$. Wir nennen eine lineare Funktion auch lineare *Abbildung*.

Beispiel 20.15. Die Funktion $f(x_1, x_2) = x_1 + 3x_2$ definiert eine lineare Abbildung $f : \mathbb{R}^2 \to \mathbb{R}$.

20.34 Lineare Abbildungen $f : \mathbb{R}^2 \to \mathbb{R}^2$

Eine Funktion $f : \mathbb{R}^2 \to \mathbb{R}^2$, die die Werte $f(x) = (f_1(x), f_2(x)) \in \mathbb{R}^2$ annimmt, heißt *linear*, wenn die Funktionen $f_1 : \mathbb{R}^2 \to \mathbb{R}$ und $f_2 : \mathbb{R}^2 \to \mathbb{R}$

linear sind. Indem wir $a_{11} = f_1(e_1)$, $a_{12} = f_1(e_2)$, $a_{21} = f_2(e_1)$ und $a_{22} = f_2(e_2)$ setzen, können wir $f : \mathbb{R}^2 \to \mathbb{R}^2$ als $f(x) = (f_1(x), f_2(x))$ schreiben, wobei

$$f_1(x) = a_{11}x_1 + a_{12}x_2, \qquad (20.35a)$$
$$f_2(x) = a_{21}x_1 + a_{22}x_2 \qquad (20.35b)$$

gilt und die a_{ij} reelle Zahlen sind.

Eine lineare Abbildung $f : \mathbb{R}^2 \to \mathbb{R}^2$ bildet (parallele) Geraden in (parallele) Geraden ab, da $f(x) = f(\hat{x} + sb) = f(\hat{x}) + sf(b)$ für $x = \hat{x} + sb$, vgl. Abb. 20.27.

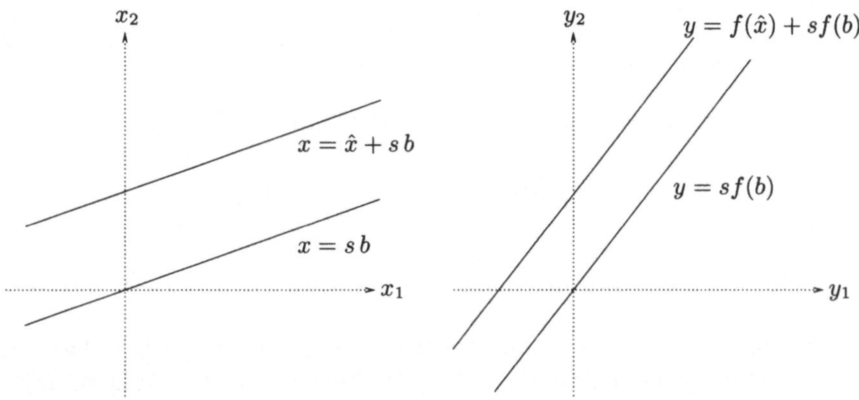

Abb. 20.27. Eine lineare Abbildung $f : \mathbb{R}^2 \to \mathbb{R}^2$ bildet (parallele) Geraden in (parallele) Geraden ab und somit Parallelogramme in Parallelogramme

Beispiel 20.16. Die Funktion $f(x_1, x_2) = (x_1 + 3x_2, 2x_1 - x_2)$ definiert eine lineare Abbildung $\mathbb{R}^2 \to \mathbb{R}^2$.

20.35 Lineare Abbildungen und lineare Gleichungssysteme

Sei $b \in \mathbb{R}^2$ ein Vektor und $f : \mathbb{R}^2 \to \mathbb{R}^2$ eine lineare Abbildung. Wir suchen ein $x \in \mathbb{R}^2$, so dass

$$f(x) = b.$$

Angenommen, $f(x)$ sei in der Form (20.35), dann suchen wir die Lösung $x \in \mathbb{R}^2$ für das 2×2 lineare Gleichungssystem

$$a_{11}x_1 + a_{12}x_2 = b_1, \qquad (20.36a)$$
$$a_{21}x_1 + a_{22}x_2 = b_2, \qquad (20.36b)$$

wobei die Koeffizienten a_{ij} und die Koordinaten b_i auf der rechten Seite gegeben sind.

20.36 Eine erste Begegnung mit Matrizen

Wir schreiben die linke Seite von (20.36), wie folgt, um:

$$\begin{pmatrix} a_{11} & a_{12} \\ a_{21} & a_{22} \end{pmatrix} \begin{pmatrix} x_1 \\ x_2 \end{pmatrix} = \begin{pmatrix} a_{11}x_1 + a_{12}x_2 \\ a_{21}x_1 + a_{22}x_2 \end{pmatrix}. \tag{20.37}$$

Das quadratische Feld

$$\begin{pmatrix} a_{11} & a_{12} \\ a_{21} & a_{22} \end{pmatrix}$$

wird 2×2-*Matrix* genannt. Wir können diese Matrix als Kombination zweier Zeilen

$$\begin{pmatrix} a_{11} & a_{12} \end{pmatrix} \quad \text{und} \quad \begin{pmatrix} a_{21} & a_{22} \end{pmatrix}$$

oder zweier Spalten

$$\begin{pmatrix} a_{11} \\ a_{21} \end{pmatrix} \quad \text{und} \quad \begin{pmatrix} a_{12} \\ a_{22} \end{pmatrix}$$

betrachten. Jede Zeile kann als 1×2-Matrix mit 1 waagrechten Feld mit 2 Elementen betrachtet werden. Jede Spalte kann als 2×1-Matrix mit 1 vertikalen Feld mit 2 Elementen betrachtet werden. Insbesondere kann das Feld

$$\begin{pmatrix} x_1 \\ x_2 \end{pmatrix}$$

als 2×1-Matrix betrachtet werden. Wir nennen eine 2×1-Matrix auch einen 2-*Spaltenvektor* und eine 1×2-Matrix einen 2-*Zeilenvektor*. Wenn wir $x = (x_1, x_2)$ schreiben, dann kann x als 1×2-Matrix oder 2-Zeilenvektor betrachtet werden. In Matrixschreibweise ist es jedoch natürlich, $x = (x_1, x_2)$ als 2-Spaltenvektor zu betrachten.

Der Ausdruck (20.37) definiert das *Produkt* einer 2×2-Matrix mit einer 2×1-Matrix bzw. einem 2-Spaltenvektor. Das Produkt kann auch als

$$\begin{pmatrix} a_{11} & a_{12} \\ a_{21} & a_{22} \end{pmatrix} \begin{pmatrix} x_1 \\ x_2 \end{pmatrix} = \begin{pmatrix} c_1 \cdot x \\ c_2 \cdot x \end{pmatrix} \tag{20.38}$$

interpretiert werden, wobei wir $c_1 = (a_{11}, a_{12})$ und $c_2 = (a_{21}, a_{22})$ als zwei geordnete Paare sehen können, die den beiden Zeilen der Matrix entsprechen und x ist das geordnete Paar (x_1, x_2). Dabei bilden wir das Skalarprodukt der geordneten Paare c_1 und c_2, die den 2-Zeilenvektoren der Matrix entsprechen, mit dem geordneten Paar, das dem 2-Spaltenvektor $x = \begin{pmatrix} x_1 \\ x_2 \end{pmatrix}$ entspricht.

Indem wir

$$A = \begin{pmatrix} a_{11} & a_{12} \\ a_{21} & a_{22} \end{pmatrix} \quad \text{und } x = \begin{pmatrix} x_1 \\ x_2 \end{pmatrix} \quad \text{und } b = \begin{pmatrix} b_1 \\ b_2 \end{pmatrix} \tag{20.39}$$

schreiben, können wir das Gleichungssystem (20.36) in komprimierter Form in der folgenden *Matrixgleichung* schreiben:

$$Ax = b, \qquad \text{oder} \qquad \begin{pmatrix} a_{11} & a_{12} \\ a_{21} & a_{22} \end{pmatrix} \begin{pmatrix} x_1 \\ x_2 \end{pmatrix} = \begin{pmatrix} b_1 \\ b_2 \end{pmatrix}.$$

Wir haben jetzt einen ersten Eindruck von Matrizen erhalten, inklusive der grundlegenden Operation der Multiplikation einer 2×2-Matrix mit einer 2×1-Matrix bzw. einem 2-Spaltenvektor. Unten werden wir die Rechenmethoden für Matrizen verallgemeinern auf Additionen von Matrizen, Multiplikationen von Matrizen mit einer reellen Zahl und der Multiplikation von Matrizen miteinander. Wir werden auch eine Art der Matrixdivision entdecken, die wir Inversion von Matrizen nennen, die es uns ermöglicht, die Lösung eines Systems $Ax = b$ als $x = A^{-1}b$ zu formulieren, unter der Bedingung, dass die Spalten (oder äquivalent die Zeilen) von A linear unabhängig sind.

20.37   Erste Anwendungen der Matrixschreibweise

Um die Nützlichkeit der eben eingeführten Matrixschreibweise zu zeigen, wollen wir einige der linearen Gleichungssysteme und Abbildungen umschreiben, die wir oben kennengelernt haben.

Drehung um θ

Die Abbildung $R_\theta : \mathbb{R}^2 \to \mathbb{R}^2$, die eine Drehung eines Vektors x um den Winkel θ beschreibt, wird durch (20.14) gegeben, d.h.

$$R_\theta(x) = (x_1 \cos(\theta) - x_2 \sin(\theta), x_1 \sin(\theta) + x_2 \cos(\theta)). \tag{20.40}$$

Mit Hilfe der Matrixschreibweise können wir $R_\theta(x)$, wie folgt, schreiben:

$$R_\theta(x) = Ax = \begin{pmatrix} \cos(\theta) & -\sin(\theta) \\ \sin(\theta) & \cos(\theta) \end{pmatrix} \begin{pmatrix} x_1 \\ x_2 \end{pmatrix}.$$

Dabei ist A die 2×2-Matrix

$$A = \begin{pmatrix} \cos(\theta) & -\sin(\theta) \\ \sin(\theta) & \cos(\theta) \end{pmatrix}. \tag{20.41}$$

Projektion auf einen Vektor a

Die durch (20.9) gegebene Projektion $P_a(x) = \frac{x \cdot a}{|a|^2} a$ eines Vektors $x \in \mathbb{R}^2$ auf einen gegebenen Vektor $a \in \mathbb{R}^2$ kann in Matrixschreibweise, wie folgt, ausgedrückt werden:

$$P_a(x) = Ax = \begin{pmatrix} a_{11} & a_{12} \\ a_{21} & a_{22} \end{pmatrix} \begin{pmatrix} x_1 \\ x_2 \end{pmatrix}.$$

Dabei ist A die 2×2-Matrix

$$A = \begin{pmatrix} \frac{a_1^2}{|a|^2} & \frac{a_1 a_2}{|a|^2} \\ \frac{a_1 a_2}{|a|^2} & \frac{a_2^2}{|a|^2} \end{pmatrix}. \tag{20.42}$$

Basiswechsel

Das lineare System (20.17), das einen Basiswechsel beschreibt, kann in Matrixschreibweise als

$$\begin{pmatrix} \hat{x}_1 \\ \hat{x}_2 \end{pmatrix} = \begin{pmatrix} \cos(\theta) & \sin(\theta) \\ -\sin(\theta) & \cos(\theta) \end{pmatrix} \begin{pmatrix} x_1 \\ x_2 \end{pmatrix}$$

oder in kompakter Form als $\hat{x} = Ax$ geschrieben werden, wobei x, $\hat{x}$ 2-Spaltenvektoren sind und A die Matrix

$$A = \begin{pmatrix} \cos(\theta) & \sin(\theta) \\ -\sin(\theta) & \cos(\theta) \end{pmatrix}.$$

20.38 Addition von Matrizen

Sei A eine gegebene 2×2-Matrix mit den Elementen a_{ij}, $i, j = 1, 2$, d.h.

$$A = \begin{pmatrix} a_{11} & a_{12} \\ a_{21} & a_{22} \end{pmatrix}.$$

Wir schreiben $A = (a_{ij})$. Sei $B = (b_{ij})$ eine weitere 2×2-Matrix. Wir definieren die Summe $C = A + B$ als die Matrix $C = (c_{ij})$ mit den Elementen $c_{ij} = a_{ij} + b_{ij}$ für $i, j = 1, 2$. Anders formuliert, addieren wir zwei Matrizen elementweise:

$$A + B = \begin{pmatrix} a_{11} & a_{12} \\ a_{21} & a_{22} \end{pmatrix} + \begin{pmatrix} b_{11} & b_{12} \\ b_{21} & b_{22} \end{pmatrix} = \begin{pmatrix} a_{11} + b_{11} & a_{12} + b_{12} \\ a_{21} + b_{21} & a_{22} + b_{22} \end{pmatrix} = C.$$

20.39 Multiplikation einer Matrix mit einer reellen Zahl

Sei A eine 2×2-Matrix mit den Elementen a_{ij}, $i, j = 1, 2$ und λ eine reelle Zahl. Wir definieren die Matrix $C = \lambda A$ durch die Elemente $c_{ij} = \lambda a_{ij}$. Anders ausgedrückt, werden alle Elemente a_{ij} mit λ multipliziert:

$$\lambda A = \lambda \begin{pmatrix} a_{11} & a_{12} \\ a_{21} & a_{22} \end{pmatrix} = \begin{pmatrix} \lambda a_{11} & \lambda a_{12} \\ \lambda a_{21} & \lambda a_{22} \end{pmatrix} = C.$$

20.40 Multiplikation zweier Matrizen

Seien $A = (a_{ij})$ und $B = (b_{ij})$ zwei 2×2-Matrizen. Wir definieren das Produkt $C = AB$ durch die Elemente c_{ij} mit

$$c_{ij} = \sum_{k=1}^{2} a_{ik} b_{kj}.$$

Wenn wir die Summe ausschreiben, erhalten wir

$$AB = \begin{pmatrix} a_{11} & a_{12} \\ a_{21} & a_{22} \end{pmatrix} \begin{pmatrix} b_{11} & b_{12} \\ b_{21} & b_{22} \end{pmatrix}$$

$$= \begin{pmatrix} a_{11}b_{11} + a_{12}b_{21} & a_{11}b_{12} + a_{12}b_{22} \\ a_{21}b_{11} + a_{22}b_{21} & a_{21}b_{12} + a_{22}b_{22} \end{pmatrix} = C.$$

Anders formuliert, erhalten wir das Element c_{ij} des Produktes $C = AB$, indem wir das Skalarprodukt der Zeile i von A mit der Spalte j von B bilden.

Im Allgemeinen ist das Matrixprodukt nicht kommutativ, so dass meist $AB \neq BA$.

Wir sagen, dass beim Produkt AB die Matrix A von rechts mit der Matrix B multipliziert wird und dass B von links mit der Matrix A multipliziert wird. Nicht-Kommutativität der Matrixmultiplikation bedeutet, dass Multiplikation von rechts oder links unterschiedliche Ergebnisse liefern kann.

Beispiel 20.17. Wir haben

$$\begin{pmatrix} 1 & 2 \\ 1 & 1 \end{pmatrix} \begin{pmatrix} 1 & 3 \\ 1 & 1 \end{pmatrix} = \begin{pmatrix} 3 & 5 \\ 2 & 4 \end{pmatrix}, \quad \text{wohingegen} \quad \begin{pmatrix} 1 & 3 \\ 1 & 1 \end{pmatrix} \begin{pmatrix} 1 & 2 \\ 1 & 1 \end{pmatrix} = \begin{pmatrix} 4 & 5 \\ 2 & 3 \end{pmatrix}.$$

Beispiel 20.18. Wir berechnen $BB = B^2$, wobei B die Projektionsmatrix aus (20.42) ist, d.h.

$$B = \begin{pmatrix} \frac{a_1^2}{|a|^2} & \frac{a_1 a_2}{|a|^2} \\ \frac{a_1 a_2}{|a|^2} & \frac{a_2^2}{|a|^2} \end{pmatrix} = \frac{1}{|a|^2} \begin{pmatrix} a_1^2 & a_1 a_2 \\ a_1 a_2 & a_2^2 \end{pmatrix}.$$

Wir erhalten

$$BB = \frac{1}{|a|^4} \begin{pmatrix} a_1^2 & a_1 a_2 \\ a_1 a_2 & a_2^2 \end{pmatrix} \begin{pmatrix} a_1^2 & a_1 a_2 \\ a_1 a_2 & a_2^2 \end{pmatrix}$$

$$= \frac{1}{|a|^4} \begin{pmatrix} a_1^2(a_1^2 + a_2^2) & a_1 a_2(a_1^2 + a_2^2) \\ a_1 a_2(a_1^2 + a_2^2) & a_2^2(a_1^2 + a_2^2) \end{pmatrix} = \frac{1}{|a|^2} \begin{pmatrix} a_1^2 & a_1 a_2 \\ a_1 a_2 & a_2^2 \end{pmatrix} = B,$$

woran wir, wie erwartet, sehen, dass $BB = B$.

Beispiel 20.19. Als weitere Anwendung wollen wir das Produkt zweier Matrizen, die Drehungen um die Winkel α und β repräsentieren, berechnen:

$$A = \begin{pmatrix} \cos(\alpha) & -\sin(\alpha) \\ \sin(\alpha) & \cos(\alpha) \end{pmatrix} \quad \text{und} \quad B = \begin{pmatrix} \cos(\beta) & -\sin(\beta) \\ \sin(\beta) & \cos(\beta) \end{pmatrix}. \tag{20.43}$$

Wir berechnen

$$AB = \begin{pmatrix} \cos(\alpha) & -\sin(\alpha) \\ \sin(\alpha) & \cos(\alpha) \end{pmatrix} \begin{pmatrix} \cos(\beta) & -\sin(\beta) \\ \sin(\beta) & \cos(\beta) \end{pmatrix}$$

$$\begin{pmatrix} \cos(\alpha)\cos(\beta) - \sin(\alpha)\sin(\beta) & -\cos(\alpha)\sin(\beta) - \sin(\alpha)\cos(\beta) \\ \cos(\alpha)\sin(\beta) + \sin(\alpha)\cos(\beta) & \cos(\alpha)\cos(\beta) - \sin(\alpha)\sin(\beta) \end{pmatrix}$$

$$= \begin{pmatrix} \cos(\alpha + \beta) & -\sin(\alpha + \beta) \\ \sin(\alpha + \beta) & \cos(\alpha + \beta) \end{pmatrix},$$

wobei wir wieder die Formeln für $\cos(\alpha + \beta)$ (8.4) und $\sin(\alpha + \beta)$ (8.5) benutzt haben. Wir folgern, dass, wie erwartet, zwei aufeinander folgende Drehungen um die Winkel α und β einer Drehung um den Winkel $\alpha + \beta$ entspricht.

20.41 Die Transponierte einer Matrix

Sei A eine 2×2-Matrix mit den Elementen a_{ij}. Wir definieren die *Transponierte* von A, geschrieben $A^\top$, als Matrix $C = A^\top$ mit den Elementen $c_{11} = a_{11}$, $c_{12} = a_{21}$, $c_{21} = a_{12}$, $c_{22} = a_{22}$. Anders ausgedrückt, die Zeilen von A sind die Spalten von $A^\top$ und umgekehrt. Beispielsweise:

$$\text{Ist} \quad A = \begin{pmatrix} 1 & 2 \\ 3 & 4 \end{pmatrix} \quad \text{dann} \quad A^\top = \begin{pmatrix} 1 & 3 \\ 2 & 4 \end{pmatrix}.$$

Natürlich ist $(A^\top)^\top = A$. Zweimaliges Transponieren liefert die Ausgangsmatrix. Wir können die Gültigkeit für die folgenden Rechenregeln mit der Transponierten sofort erkennen:

$$(A + B)^\top = A^\top + B^\top, \quad (\lambda A)^\top = \lambda A^\top,$$
$$(AB)^\top = B^\top A^\top.$$

20.42   Die Transponierte eines 2-Spaltenvektors

Die Transponierte eines 2-Spaltenvektors ist der 2-Zeilenvektor mit denselben Elementen:

$$\text{Ist}\quad x = \begin{pmatrix} x_1 \\ x_2 \end{pmatrix}, \quad \text{dann}\quad x^\top = \begin{pmatrix} x_1 & x_2 \end{pmatrix}.$$

Wir können das Produkt einer 1×2-Matrix (2-Zeilenvektor) $x^\top$ mit einer 2×1-Matrix (2-Spaltenvektor) y, wie folgt, definieren:

$$x^\top y = \begin{pmatrix} x_1 & x_2 \end{pmatrix} \begin{pmatrix} y_1 \\ y_2 \end{pmatrix} = x_1 y_1 + x_2 y_2.$$

Insbesondere können wir

$$|x|^2 = x \cdot x = x^\top x$$

schreiben, wobei wir x als ein geordnetes Paar und als einen 2-Spaltenvektor interpretieren.

20.43   Die Einheitsmatrix

Die 2×2-Matrix

$$\begin{pmatrix} 1 & 0 \\ 0 & 1 \end{pmatrix}$$

wird *Einheitsmatrix* genannt und mit I geschrieben. Es gilt $IA = A$ und $AI = A$ für jede 2×2-Matrix A.

20.44   Die Inverse einer Matrix

Sei A eine 2×2-Matrix mit Elementen a_{ij} und $a_{11}a_{22} - a_{12}a_{21} \neq 0$. Wir definieren die *inverse* Matrix A^{-1} durch

$$A^{-1} = \frac{1}{a_{11}a_{22} - a_{12}a_{21}} \begin{pmatrix} a_{22} & -a_{12} \\ -a_{21} & a_{11} \end{pmatrix}. \tag{20.44}$$

Die direkte Berechnung liefert $A^{-1}A = I$ und $AA^{-1} = I$. Dies ist eine Eigenschaft, die wir von einer „Inversen" erwarten. Wir erhalten die erste Spalte von A^{-1} mit Hilfe der Formel (20.31) mit $b = (1,0)$ und die zweite Spalte mit der Wahl $b = (0,1)$.

Die Lösung des Gleichungssystems $Ax = b$ kann als $x = A^{-1}b$ geschrieben werden, was wir durch Multiplikation von $Ax = b$ von links mit A^{-1} erhalten.

Wir können die Gültigkeit der folgenden Rechenregeln für die Inverse sofort überprüfen:

$$(\lambda A)^{-1} = \lambda^{-1} A^{-1}$$

$$(AB)^{-1} = B^{-1} A^{-1}.$$

20.45   Nochmals Drehung in Matrixschreibweise!

Wir haben gesehen, dass die Drehung eines Vektors x um den Winkel θ in den Vektor y durch $y = R_\theta x$ geschrieben werden kann, wobei R_θ die Rotationsmatrix

$$R_\theta = \begin{pmatrix} \cos(\theta) & -\sin(\theta) \\ \sin(\theta) & \cos(\theta) \end{pmatrix} \tag{20.45}$$

ist. Wir haben auch gesehen, dass zwei aufeinander folgende Drehungen um die Winkel α und β in der Form

$$y = R_\beta R_\alpha x \tag{20.46}$$

geschrieben werden können, wobei $R_\beta R_\alpha = R_{\alpha+\beta}$. Dadurch wird die offensichtliche Tatsache formuliert, dass zwei aufeinander folgende Drehungen um α und β in einer einzigen Drehung um den Winkel $\alpha+\beta$ erreicht werden können.

Wir berechnen nun mit Hilfe von (20.44) die Inverse R_θ^{-1} der Drehung R_θ:

$$R_\theta^{-1} = \frac{1}{\cos(\theta)^2 + \sin(\theta)^2} \begin{pmatrix} \cos(\theta) & \sin(\theta) \\ -\sin(\theta) & \cos(\theta) \end{pmatrix} = \begin{pmatrix} \cos(-\theta) & -\sin(-\theta) \\ \sin(-\theta) & \cos(-\theta) \end{pmatrix},$$

$$\tag{20.47}$$

wobei wir $\cos(\alpha) = \cos(-\alpha)$ und $\sin(\alpha) = -\sin(-\alpha)$ ausnutzen. Wir erkennen, dass $R_\theta^{-1} = R_{-\theta}$. Damit haben wir die (offensichtliche) Tatsache ausgedrückt, dass die Inverse einer Drehung um θ eine Drehung um $-\theta$ ist.

Wir beobachten, dass $R_\theta^{-1} = R_\theta^\top$, wobei $R_\theta^\top$ die Transponierte zu R_θ ist, so dass insbesondere

$$R_\theta R_\theta^\top = I. \tag{20.48}$$

Wir benutzen dies für den Beweis, dass die Länge eines Vektors bei einer Drehung nicht verändert wird. Ist nämlich $y = R_\theta x$, dann auch

$$|y|^2 = y^\top y = (R_\theta x)^\top (R_\theta x) = x^\top R_\theta^\top R_\theta x = x^\top x = |x|^2. \tag{20.49}$$

Ganz allgemein wird das Skalarprodukt bei einer Drehung erhalten. Ist $y = R_\theta x$ und $\hat{y} = R_\theta \hat{x}$, dann gilt

$$y \cdot \hat{y} = (R_\theta x)^\top (R_\theta \hat{x}) = x^\top R_\theta^\top R_\theta \hat{x} = x \cdot \hat{x}. \tag{20.50}$$

Die Gleichung (20.48) besagt, dass die Matrix R_θ *orthogonal* ist. Orthogonale Matrizen spielen eine wichtige Rolle und wir werden zu diesem Thema unten zurückkommen.

20.46 Eine Spiegelung in Matrixschreibweise

Wir betrachten die lineare Abbildung $2P - I$, wobei $Px = \frac{a \cdot x}{|a|^2} a$ die Projektion auf den von Null verschiedenen Vektor $a \in \mathbb{R}^2$ ist, d.h. auf die Gerade $x = sa$, die durch den Ursprung verläuft. Diese kann in Matrixschreibweise, wie folgt, formuliert werden:

$$2P - I = \frac{1}{|a|^2} \begin{pmatrix} a_1^2 - a_2^2 & 2a_1 a_2 \\ 2a_2 a_1 & a_2^2 - a_1^2 \end{pmatrix}.$$

Nach einiger Überlegung(!), mit Hilfe von Abb. 20.28, verstehen wir, dass die Abbildung $I + 2(P - I) = 2P - I$ den Punkt x in sein Spiegelbild zur Geraden durch den Ursprung mit Richtung a abbildet. Wir erkennen,

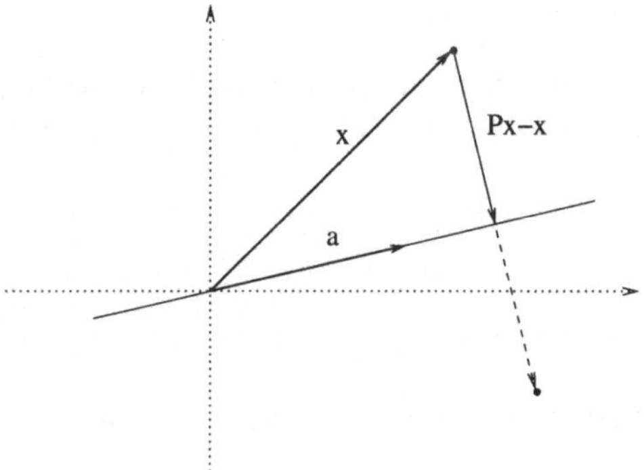

Abb. 20.28. Die Abbildung $2P - I$ bildet Punkte in ihr Spiegelbild relativ zur eingezeichneten Gerade ab

dass $2P - I$ das Skalarprodukt erhält, wenn wir von $y = (2P - I)x$ und $\hat{y} = (2P - I)\hat{x}$ ausgehen und berechnen:

$$y \cdot \hat{y} = ((2P - I)x)^\top (2P - I)\hat{x} = x^\top (2P^\top - I)(2P - I)\hat{x} =$$
$$x^\top (4P^\top P - 2P^\top I - 2PI + I)\hat{x} = x^\top (4P - 4P + I)\hat{x} = x \cdot \hat{x}, \quad (20.51)$$

wobei wir ausnutzten, dass $P = P^\top$ und $P^2 = P$.

20.47 Nochmals Basiswechsel!

Seien $\{a_1, a_2\}$ und $\{\hat{a}_1, \hat{a}_2\}$ zwei verschiedene Basen in $\mathbb{R}^2$. Wir können jedes $b \in \mathbb{R}^2$ als

$$b = x_1 a_1 + x_2 a_2 = \hat{x}_1 \hat{a}_1 + \hat{x}_2 \hat{a}_2 \qquad (20.52)$$

ausdrücken mit Koordinaten (x_1, x_2) in Bezug auf $\{a_1, a_2\}$ und anderen Koordinaten $(\hat{x}_1, \hat{x}_2)$ bzgl. $\{\hat{a}_1, \hat{a}_2\}$.

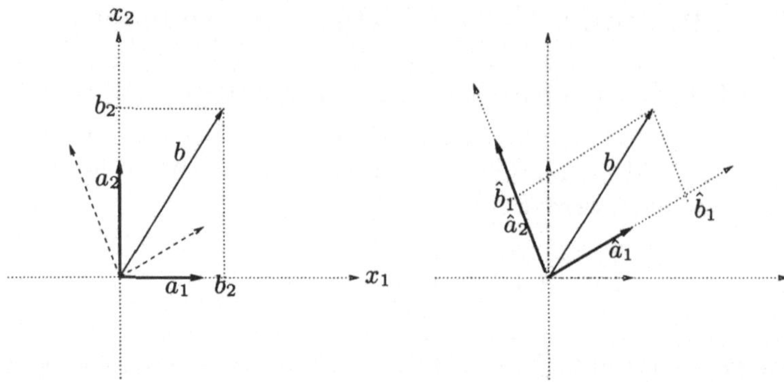

Abb. 20.29. Ein Vektor b kann mit Hilfe der Basis $\{a_1, a_2\}$ oder der Basis $\{\hat{a}_1, \hat{a}_2\}$ ausgedrückt werden

Um eine Verbindung zwischen (x_1, x_2) und $(\hat{x}_1, \hat{x}_2)$ herzustellen, formulieren wir die Basisvektoren $\{\hat{a}_1, \hat{a}_2\}$ in der Basis $\{a_1, a_2\}$:

$$c_{11}a_1 + c_{21}a_2 = \hat{a}_1,$$
$$c_{12}a_1 + c_{22}a_2 = \hat{a}_2,$$

mit bestimmten Koeffizienten c_{ij}. Einsetzen in (20.52) liefert

$$\hat{x}_1(c_{11}a_1 + c_{21}a_2) + \hat{x}_2(c_{12}a_1 + c_{22}a_2) = b.$$

Nach Umsortieren:

$$(c_{11}\hat{x}_1 + c_{12}\hat{x}_2)a_1 + (c_{21}\hat{x}_1 + c_{22}\hat{x}_2)a_2 = b.$$

Wir folgern aufgrund der Eindeutigkeit, dass

$$x_1 = c_{11}\hat{x}_1 + c_{12}\hat{x}_2,$$
$$x_2 = c_{21}\hat{x}_1 + c_{22}\hat{x}_2.$$

Wir erhalten so eine Verbindung zwischen den Koordinaten (x_1, x_2) und $(\hat{x}_1, \hat{x}_2)$, die wir in Matrixschreibweise als $x = C\hat{x}$ schreiben können, mit

$$C = \begin{pmatrix} c_{11} & c_{12} \\ c_{21} & c_{22} \end{pmatrix}.$$

20.48 Königin Christina

Königin Christina von Schweden (1626–1689), Tochter von König Gustaf Vasa von Schweden (1611–1632), wurde im Alter von 5 Jahren zur Königin gekrönt. Die offizielle Krönung fand 1644 statt. Sie dankte 1652 ab, konvertierte zum katholischen Glauben und zog 1655 nach Rom.

Während ihres gesamten Lebens hatte Christina eine Passion für Künste und für das Lernen und sie umgab sich mit Musikern, Schriftstellern, Künstlern, aber auch Philosophen, Theologen, Wissenschaftlern und Mathematikern. Christina besaß eine eindrucksvolle Skulpturen- und Gemäldesammlung und war für ihren Kunst- wie Literaturgeschmack hoch geachtet. Sie schrieb auch mehrere Bücher, u.a. die *Briefe an Descartes* und *Maxims*. Ihr Zuhause, der Palast Farnese, war über mehrere Dekaden das aktive kulturelle und intellektuelle Zentrum in Rom.

Duc de Guise, zitiert in Georgina Massons Biographie über Königin Christina, beschreibt Königin Christina folgendermaßen: „Sie ist nicht schlank, sondern hat eine wohl gefüllte Figur und einen großen Hintern, schöne Arme, weiße Hände. Eine Schulter ist höher als die andere, aber sie versteckt diesen Mangel ausgezeichnet hinter ihrer bizarren Kleidung, Gang und Bewegungen.... Die Form ihres Gesichts ist mittelmäßig, aber eingerahmt von einer besonders außergewöhnlichen Frisur. Es ist eine Männerperücke, sehr schwer und vorne hoch gesteckt, dick hängend an den Seiten und hinten mit einer leichten Ähnlichkeit an eine Frauenfrisur.... Sie trägt stets eine Menge Gesichtscreme und ist darüber sehr dick gepudert".

Abb. 20.30. Königin Christina zu Descartes: „Wenn wir uns die Welt in der riesigen Ausdehnung vorstellen, die Sie ihr geben, dann ist es unmöglich, dass ein Mensch sich darin seinen ehrwürdigen Stand erhält. Vielmehr wird er sich zusammen mit der ganzen Erde, die er bewohnt, nur als etwas Kleines, Winziges vorkommen, das in keinem Verhältnis zur enormen Größe des Universums steht. Er wird wahrscheinlich annehmen, dass diese Sterne Bewohner haben oder sogar, dass die Welten, die sie umkreisen, von Kreaturen bevölkert sind, die intelligenter und besser sind als er. Sicherlich wird er nicht zur Ansicht kommen, dass dieses unendliche Ausmaß der Welt für ihn gemacht sei oder ihm in irgendeiner Weise dienen kann"

Aufgaben zu Kapitel 20

20.1. Gegeben seien die Vektoren a, b und c in $\mathbb{R}^2$ und die Skalare $\lambda, \mu \in \mathbb{R}$. Beweisen Sie die folgenden Aussagen:

$$a + b = b + a, \quad (a + b) + c = a + (b + c), \quad a + (-a) = 0$$
$$a + 0 = a, \quad 3a = a + a + a, \quad \lambda(\mu a) = (\lambda\mu)a,$$
$$(\lambda + \mu)a = \lambda a + \mu a, \quad \lambda(a + b) = \lambda a + \lambda b, \quad |\lambda a| = |\lambda||a|.$$

Versuchen Sie sowohl einen analytischen als auch einen geometrischen Beweis.

20.2. Finden Sie eine Formel für die Abbildung $f : \mathbb{R}^2 \to \mathbb{R}^2$, die eine Reflektion an der Richtung eines gegebenen Vektors $a \in \mathbb{R}^2$ beschreibt und formulieren Sie die zugehörige Matrix.

20.3. Seien $a = (3, 2)$ und $b = (1, 4)$ gegeben. Berechnen Sie (i) $|a|$, (ii) $|b|$, (iii) $|a + b|$, (iv) $|a - b|$, (v) $a/|a|$ und (vi) $b/|b|$.

20.4. Zeigen Sie, dass die Norm von $a/|a|$ für $|a| \in \mathbb{R}^2$, $a \neq 0$ gleich 1 ist.

20.5. Seien $a, b \in \mathbb{R}^2$ gegeben. Beweisen Sie die folgenden Ungleichungen: (i) $|a + b| \leq |a| + |b|$, (ii) $a \cdot b \leq |a||b|$.

20.6. Berechnen Sie $a \cdot b$ für

(i) $a = (1, 2), b = (3, 2)$ (ii) $a = (10, 27), b = (14, -5)$.

20.7. Seien $a, b, c \in \mathbb{R}^2$ gegeben. Bestimmen Sie, welche der folgenden Aussagen sinnvoll sind: (i) $a \cdot b$, (ii) $a \cdot (b \cdot c)$, (iii) $(a \cdot b) + |c|$, (iv) $(a \cdot b) + c$ und (v) $|a \cdot b|$.

20.8. Welchen Winkel schließen $a = (1, 1)$ und $b = (3, 7)$ ein?

20.9. Finden Sie zu $b = (2, 1)$ die Menge aller Vektoren $a \in \mathbb{R}^2$, so dass $a \cdot b = 2$. Geben Sie eine geometrische Deutung des Ergebnisses.

20.10. Finden Sie die Projektion von a auf $b = (1, 2)$ für (i) $a = (1, 2)$, (ii) $a = (-2, 1)$, (iii) $a = (2, 2)$ und (iv) $a = (\sqrt{2}, \sqrt{2})$.

20.11. Zerlegen Sie den Vektor $b = (3, 5)$ in eine Komponente parallel zu a und eine Komponente orthogonal zu a für alle Vektoren a aus der vorherigen Übung.

20.12. Seien a, b und $c = a - b$ in $\mathbb{R}^2$ gegeben, wobei a und b den Winkel φ einschließen. Zeigen Sie:

$$|c|^2 = |a|^2 + |b|^2 - 2|a||b| \cos \varphi.$$

Interpretieren Sie das Ergebnis.

20.13. Beweisen Sie das Kosinusgesetz für ein Dreieck mit Seitenlängen a, b, c:

$$c^2 = a^2 + b^2 - 2ab \cos(\theta),$$

wobei θ der Winkel zwischen den Seiten a und b ist.

20.14. Berechnen Sie Ax und $A^\top x$ für die 2×2-Matrix

$$A = \begin{pmatrix} 1 & 2 \\ 3 & 4 \end{pmatrix}$$

für die folgenden $x \in \mathbb{R}^2$:

(i) $x^\top = (1, 2)$ (ii) $x^\top = (1, 1)$.

20.15. Gegeben seien die 2×2-Matrizen

$$A = \begin{pmatrix} 1 & 2 \\ 3 & 4 \end{pmatrix}, B = \begin{pmatrix} 5 & 6 \\ 7 & 8 \end{pmatrix}.$$

Berechnen Sie (i) AB, (ii) BA, (iii) $A^T B$, (iv) AB^T, (v) $B^T A^T$, (vi) $(AB)^T$, (vii) A^{-1}, (viii) B^{-1}, (ix) $(AB)^{-1}$, (x) $A^{-1}A$.

20.16. Beweisen Sie, dass $(AB)^T = B^T A^T$ und dass $(Ax)^T = x^T A^T$.

20.17. Was lässt sich über A sagen, wenn: (i) $A = A^T$ (ii) $AB = I$?

20.18. Zeigen Sie, dass die Projektion

$$P_a(b) = \frac{b \cdot a}{|a|^2} a$$

in der Form Pb geschrieben werden kann, wobei P eine 2×2-Matrix ist. Zeigen Sie, dass $PP = P$ und $P = P^\top$.

20.19. Berechnen Sie das Spiegelbild eines Punktes bzgl. einer Geraden in $\mathbb{R}^2$, die nicht durch den Ursprung verläuft. Formulieren Sie die Abbildung in Matrix-schreibweise.

20.20. Formulieren Sie die lineare Abbildung einer Drehung eines Vektors um einen bestimmten Winkel als Matrix Vektor Produkt.

20.21. Seien $a, b \in \mathbb{R}^2$ gegeben. Zeigen Sie, dass der „Spiegelvektor" $\bar{b}$, der durch Reflektion von b an a entsteht, als

$$\bar{b} = 2Pb - b$$

ausgedrückt werden kann, wobei P eine bestimmte Projektion ist. Zeigen Sie, dass das Skalarprodukt zwischen zwei Vektoren invariant unter einer Reflektion ist, d.h. dass

$$c \cdot d = \bar{c} \cdot \bar{d}.$$

20.22. Berechnen Sie $a \times b$ und $b \times a$ für (i) $a = (1,2), b = (3,2)$, (ii) $a = (1,2), b = (3,6)$ und (iii) $a = (2,-1), b = (2,4)$.

20.23. Erweitern Sie die $MATLAB^{©}$ Funktionen für Vektoren in $\mathbb{R}^2$ um eine Funktion für das Vektorprodukt (x = vecProd(a, b)) und Drehung (b = vecRotate(a, Winkel)) von Vektoren.

20.24. Überprüfen Sie die Ergebnisse aus der vorherigen Übung mit *MATLAB*©.

20.25. Zeigen Sie, dass die Projektion $Px = P_a(x)$ linear in x ist. Ist sie auch linear in a? Veranschaulichen Sie, wie in Abb. 20.17, dass $P_a(x + y) = P_a(x) + P_a(y)$.

20.26. Zeigen Sie, dass Formel (20.28) für die Projektion eines Punktes auf eine Gerade durch den Ursprung mit (20.9) für die Projektion eines Vektors b auf die Richtung der Geraden übereinstimmt.

20.27. Zeigen Sie, dass für $\hat{a} = \lambda a$, wobei a ein von Null verschiedener Vektor in $\mathbb{R}^2$ ist und $\lambda \neq 0$, für jedes $b \in \mathbb{R}^2$ gilt: $P_{\hat{a}}(b) = P_a(b)$, wobei $P_a(b)$ die Projektion von b auf a ist. Folgern Sie, dass die Projektion auf einen von Null verschiedenen Vektor $a \in \mathbb{R}^2$ nur von der Richtung und nicht von der Norm von a abhängt.

21
Analytische Geometrie in $\mathbb{R}^3$

Wir müssen in aller Bescheidenheit zugeben, dass, während die Zahlen allein ein Produkt unseres Geistes sind, der Raum jenseits des Geistes eine Realität hat, dessen Regeln wir nicht vollständig vorgeben können. (Gauss 1830)

Man kann nicht umhin, jemanden zu respektieren, der DIENSTAG buchstabieren kann, sogar dann nicht, wenn er es nicht richtig buchstabiert. (Das Haus an der Pu-Ecke, Milne)

21.1 Einleitung

Wir dehnen die Diskussion analytischer Geometrie auf den *euklidischen dreidimensionalen Raum* oder in Kurzform den euklidischen 3D Raum aus. Wir stellen uns vor, dass dieser Raum entsteht, wenn wir eine Normale durch den Ursprung einer euklidischen zweidimensionalen Ebene, die durch orthogonale x_1- und x_2-Achsen aufgespannt wird, zeichnen. Diese Normale nennen wir x_3-Achse. Dadurch erhalten wir ein orthogonales Koordinatensystem, das aus drei Achsen x_1, x_2 und x_3 besteht, die sich im Ursprung schneiden, wobei jede Achse eine Kopie von $\mathbb{R}$ ist, vgl. Abb. 21.1.

In unserem täglichen Leben können wir uns ein Zimmer als ein Teil des $\mathbb{R}^3$ vorstellen, wobei der waagerechte Boden ein Stück von $\mathbb{R}^2$ ist, mit den beiden Koordinaten (x_1, x_2) und mit der vertikalen Richtung als dritte Koordinate x_3. Auf einer größeren Skala können wir uns unsere Umgebung in den drei orthogonalen Richtungen West-Ost, Süd-Nord und Unten-Oben

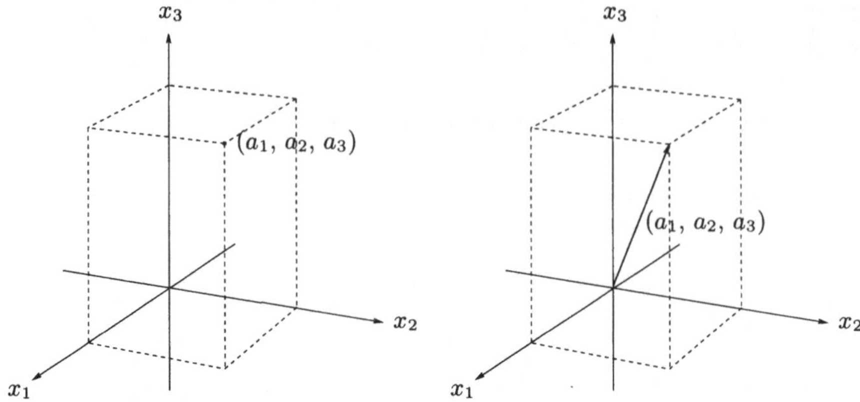

Abb. 21.1. Koordinatensystem für den $\mathbb{R}^3$

vorstellen, wiederum als ein Ausschnitt des $\mathbb{R}^3$, wenn wir die Erdkrümmung vernachlässigen.

Das Koordinatensystem kann mit rechts- oder links-Orientierung aufgestellt werden. Das Koordinatensystem heißt rechts-orientiert, dies ist der Normalfall, wenn das Eindrehen einer normalen Schraube *in Richtung* der positiven x_3-Achse die x_1-Achse auf dem kürzesten Weg in die x_2-Achse überführt, vgl. Abb. 21.2. Alternativ können wir uns die ausgestreckte rechte Hand entlang der x_1-Achse denken, so dass die Finger in Richtung der positiven x_2-Achse zeigen, wenn wir sie nach innen beugen. Zeigt dann der ausgestreckte Daumen in Richtung der positiven x_3-Achse, liegt rechts-Orientierung vor.

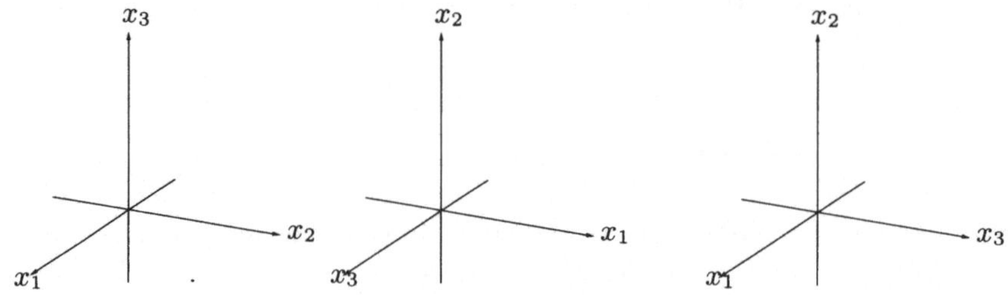

Abb. 21.2. Zwei „rechte" Koordinatensysteme und ein „linkes". Dabei wird die vertikale Achse nach oben positiv angenommen, d.h. die horizontale Ebene wird von oben betrachtet. Was passiert, wenn die vertikale Achse nach oben negativ angenommen wird?

Nachdem wir ein rechts-orientiertes Koordinatensystem gewählt haben, können wir jedem Punkt a drei Koordinaten (a_1, a_2, a_3) nach denselben Regeln wie bei der euklidischen Ebene zuweisen, vgl. Abb. 21.1. Auf diese Art können wir den euklidischen 3D Raum als die Menge aller geordneter 3-Tupel $a = (a_1, a_2, a_3)$ repräsentieren, mit $a_i \in \mathbb{R}$ für $i = 1, 2, 3$ oder als $\mathbb{R}^3$. Natürlich können wir verschiedene Koordinatensysteme mit unterschiedlichem Ursprung, Koordinatenrichtungen oder Skalierungen der Koordinatenachsen wählen. Unten werden wir auf den Wechsel von einem zu einem anderen Koordinatensystem zurückkommen.

21.2 Vektoraddition und Multiplikation mit einem Skalar

Die meisten Begriffe und die Schreibweise der analytischen Geometrie in der euklidischen Ebene, repräsentiert durch $\mathbb{R}^2$, lässt sich auf den euklidischen 3D Raum, der durch $\mathbb{R}^3$ repräsentiert wird, erweitern.

Insbesondere können wir einen geordneten 3-Tupel $a = (a_1, a_2, a_3)$ entweder als Punkt im dreidimensionalen Raum mit den Koordinaten a_1, a_2 und a_3 betrachten oder als Vektor/Pfeil mit Ende im Ursprung und Kopf im Punkt (a_1, a_2, a_3), vgl. Abb. 21.1.

Wir definieren die Summe $a + b$ zweier Vektoren $a = (a_1, a_2, a_3)$ und $b = (b_1, b_2, b_3)$ in $\mathbb{R}^3$ durch die komponentenweise Addition

$$a + b = (a_1 + b_1, a_2 + b_2, a_3 + b_3)$$

und die Multiplikation eines Vektors $a = (a_1, a_2, a_3)$ mit einer reellen Zahl λ durch

$$\lambda a = (\lambda a_1, \lambda a_2, \lambda a_3).$$

Der *Nullvektor* ist der Vektor $0 = (0, 0, 0)$. Ebenso schreiben wir $-a = (-1)a$ und $a - b = a + (-1)b$. Die geometrische Interpretation dieser Definition ist analog zu der in $\mathbb{R}^2$. So sind beispielsweise zwei von Null verschiedene Vektoren a und b in $\mathbb{R}^3$ parallel, wenn $b = \lambda a$ für eine von Null verschiedene reelle Zahl λ gilt. Die üblichen Regeln gelten und die Vektoraddition ist *kommutativ*, $a + b = b + a$ und *assoziativ*, $(a + b) + c = a + (b + c)$. Ferner gilt $\lambda(a + b) = \lambda a + \lambda b$ und $\kappa(\lambda a) = (\kappa\lambda)a$ für Vektoren a und b und reelle Zahlen λ und κ.

Die Einheitsbasisvektoren im $\mathbb{R}^3$ sind $e_1 = (1, 0, 0)$, $e_2 = (0, 1, 0)$ und $e_3 = (0, 0, 1)$.

21.3 Skalarprodukt und Norm

Das normale *Skalarprodukt* $a \cdot b$ zweier Vektoren $a = (a_1, a_2, a_3)$ und $b = (b_1, b_2, b_3)$ in $\mathbb{R}^3$ wird durch

$$a \cdot b = \sum_{i=1}^{3} a_i b_i = a_1 b_1 + a_2 b_2 + a_3 b_3 \qquad (21.1)$$

definiert. Das Skalarprodukt in $\mathbb{R}^3$ hat dieselben Eigenschaften wie sein Vetter in $\mathbb{R}^2$, d.h. es ist bilinear, symmetrisch und positiv definit und wir nennen zwei Vektoren a und b *orthogonal*, wenn $a \cdot b = 0$.

Die euklidische *Länge* oder *Norm* $|a|$ eines Vektors $a = (a_1, a_2, a_3)$ wird definiert durch

$$|a| = (a \cdot a)^{\frac{1}{2}} = \left(\sum_{i=1}^{3} a_i^2 \right)^{\frac{1}{2}}. \tag{21.2}$$

Dadurch wird der Satz von Pythagoras in 3D ausgedrückt und wir erhalten ihn, indem wir den üblichen 2D Satz von Pythagoras zweimal anwenden. Der Abstand $|a - b|$ zwischen zwei Punkten $a = (a_1, a_2, a_3)$ und $b = (b_1, b_2, b_3)$ ist

$$|a - b| = \left(\sum_{i=1}^{3} (a_i - b_i)^2 \right)^{1/2}.$$

Die *Cauchysche Ungleichung* besagt, dass für zwei Vektoren a und b in $\mathbb{R}^3$

$$|a \cdot b| \le |a||b| \tag{21.3}$$

gilt. Wir beweisen die Cauchysche Ungleichung unten im Kapitel „Analytische Geometrie in $\mathbb{R}^n$". Wir stellen fest, dass die Cauchysche Ungleichung im $\mathbb{R}^2$ direkt daraus folgt, dass $a \cdot b = |a||b| \cos(\theta)$, wobei θ der Winkel zwischen a und b ist.

21.4   Projektion eines Vektors auf einen Vektor

Sei a ein von Null verschiedener Vektor in $\mathbb{R}^3$. Wir definieren die Projektion $Pb = P_a(b)$ eines Vektors b in $\mathbb{R}^3$ auf den Vektor a durch die Formel

$$Pb = P_a(b) = \frac{a \cdot b}{a \cdot a}\, a = \frac{a \cdot b}{|a|^2}\, a. \tag{21.4}$$

Dies ist eine direkte Verallgemeinerung der entsprechenden Formel im $\mathbb{R}^2$, die darauf beruht, dass Pb parallel zu a und $b - Pb$ orthogonal zu a ist, vgl. Abb. 21.3, d.h.

$$Pb = \lambda a \quad \text{für ein } \lambda \in \mathbb{R} \quad \text{und} \quad (b - Pb) \cdot a = 0.$$

Daraus erhalten wir die Formel (21.4) mit $\lambda = \frac{a \cdot b}{|a|^2}$.

Die Abbildung $P : \mathbb{R}^3 \to \mathbb{R}^3$ ist linear, d.h. für jedes b und $c \in \mathbb{R}^3$ und $\lambda \in \mathbb{R}$ gilt

$$P(b + c) = Pb + Pc, \quad P(\lambda b) = \lambda Pb,$$

und $PP = P$.

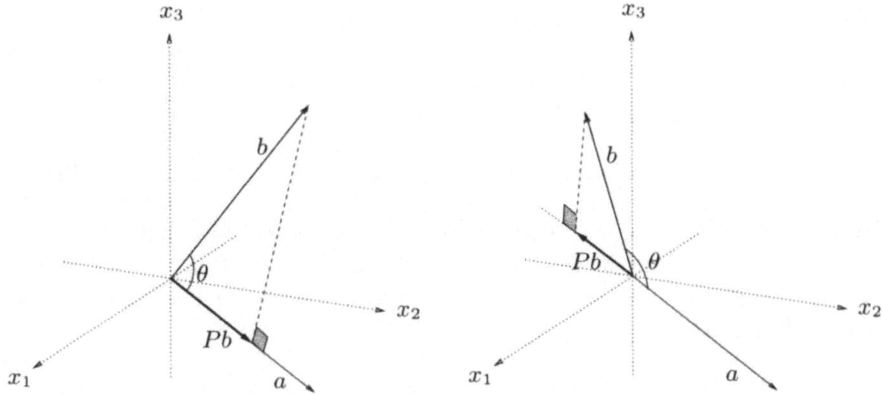

Abb. 21.3. Projektion Pb eines Vektors b auf einen Vektor a

21.5 Der Winkel zwischen zwei Vektoren

Wir definieren den Winkel θ zwischen zwei von Null verschiedenen Vektoren a und b in $\mathbb{R}^3$ durch

$$\cos(\theta) = \frac{a \cdot b}{|a|\,|b|}, \tag{21.5}$$

wobei wir annehmen, dass $0 \le \theta \le 180°$. Da nach der Cauchyschen Ungleichung (21.3) $|a \cdot b| \le |a|\,|b|$, gibt es einen Winkel θ, der (21.5) genügt und der eindeutig definiert ist, wenn wir zusätzlich $0 \le \theta \le 180°$ fordern. Wir können (21.5) auch in der Form

$$a \cdot b = |a||b|\cos(\theta) \tag{21.6}$$

schreiben, wobei θ der Winkel zwischen a und b ist. Offensichtlich werden dadurch die entsprechenden Ergebnisse aus dem $\mathbb{R}^2$ erweitert.

Wir definieren den Winkel zwischen zwei Vektoren a und b über das Skalarprodukt $a \cdot b$ in (21.5), was sich als *algebraische* Definition betrachten lässt. Natürlich hätten wir es gerne, wenn diese Definition mit der üblichen *geometrischen* Definition übereinstimmt. Liegen a und b in der $x_1 - x_2$-Ebene, dann wissen wir aus Kapitel „Analytische Geometrie in $\mathbb{R}^2$", dass die beiden Definitionen übereinstimmen. Wir werden unten sehen, dass das Skalarprodukt $a \cdot b$ gegenüber Drehungen des Koordinatensystems invariant ist (d.h. es verändert sich nicht), was bedeutet, dass wir für beliebige Vektoren a und b das Koordinatensystem so drehen können, dass a und b in der $x_1 - x_2$-Ebene liegen. Daraus folgern wir, dass die algebraische Definition (21.5) des Winkels zwischen zwei Vektoren mit der üblichen geometrischen Definition übereinstimmt. Insbesondere sind zwei von Null verschiedene Vektoren dann und nur dann geometrisch orthogonal, in dem Sinne, dass der geometrische Winkel θ zwischen den Vektoren $\cos(\theta) = 0$ genügt, wenn $a \cdot b = |a||b|\cos(\theta) = 0$.

21.6 Vektorprodukt

Jetzt definieren wir das *Vektorprodukt* $a \times b$ zweier Vektoren $a = (a_1, a_2, a_3)$ und $b = (b_1, b_2, b_3)$ in $\mathbb{R}^3$ durch die Formel

$$a \times b = (a_2 b_3 - a_3 b_2,\, a_3 b_1 - a_1 b_3,\, a_1 b_2 - a_2 b_1)\,. \tag{21.7}$$

Wir stellen fest, dass das Vektorprodukt $a \times b$ zweier Vektoren a und b in $\mathbb{R}^3$ wieder ein Vektor in $\mathbb{R}^3$ ist. Anders formuliert, ist $f(a, b) = a \times b$ mit $f : \mathbb{R}^3 \to \mathbb{R}^3$. Wir nennen das Vektorprodukt wegen seiner Schreibweise auch *Kreuzprodukt*.

Beispiel 21.1. Ist $a = (3, 2, 1)$ und $b = (4, 5, 6)$, dann ist $a \times b = (12 - 5, 4 - 18, 15 - 8) = (7, -14, 7)$.

Daneben gibt es auch noch das triviale komponentenweise „Vektorprodukt", das über (in *MATLAB*© Schreibweise) $a * b = (a_1 b_1, a_2 b_2, a_3 b_3)$ definiert ist. Das oben definierte Vektorprodukt ist jedoch etwas ganz anderes!

Die Formel für das Vektorprodukt mag etwas seltsam (und kompliziert) aussehen und wir werden nun sehen, wie es entsteht. Wir beginnen mit der Feststellung, dass der Ausdruck $a_1 b_2 - a_2 b_1$ in (21.7) dem Vektorprodukt zweier Vektoren (a_1, a_2) und (b_1, b_2) in $\mathbb{R}^2$ entspricht; somit haben wir wenigstens ein Muster.

Wir können direkt überprüfen, ob das Vektorprodukt $a \times b$ sowohl in a als auch b linear ist:

$$a \times (b + c) = a \times b + a \times c, \quad (a + b) \times c = a \times c + b \times c,$$
$$(\lambda a) \times b = \lambda\, a \times b, \quad a \times (\lambda b) = \lambda\, a \times b,$$

wobei die Produkte $\times$ vor einer anderen Operation berechnet werden, falls die Klammerung nicht etwas anderes vorgibt. Dies ergibt sich direkt daraus, dass die Komponenten von $a \times b$ linear von den Komponenten von a und b abhängen.

Da das Vektorprodukt in a und b linear ist, nennen wir $a \times b$ *bilinear*. Wir sehen ferner, dass das Vektorprodukt $a \times b$ *anti-symmetrisch* ist, da

$$a \times b = -\, b \times a. \tag{21.9}$$

Somit ist das Vektorprodukt $a \times b$ anti-symmetrisch und bilinear und außerdem können wir feststellen, dass diese beiden Eigenschaften wie in $\mathbb{R}^2$ das Vektorprodukt bis auf eine Konstante festlegen.

Für die Vektorprodukte der Basisvektoren e_i erhalten wir (nachprüfen!)

$$e_i \times e_i = 0,\ i = 1, 2, 3,$$
$$e_1 \times e_2 = e_3, \quad e_2 \times e_3 = e_1, \quad e_3 \times e_1 = e_2, \tag{21.10}$$
$$e_2 \times e_1 = -e_3, \quad e_3 \times e_2 = -e_1, \quad e_1 \times e_3 = -e_2.$$

Wir sehen, dass $e_1 \times e_2 = e_3$ sowohl zu e_1 als auch e_2 orthogonal ist. Ganz ähnlich ist $e_2 \times e_3 = e_1$ sowohl zu e_2 als auch e_3 orthogonal und $e_1 \times e_3 = -e_2$ ist sowohl zu e_1 als auch e_3 orthogonal.

Dieses Muster lässt sich verallgemeinern. Tatsächlich ist der Vektor $a \times b$ für beliebige von Null verschiedene Vektoren a und b orthogonal zu a und b, da

$$a \cdot (a \times b) = a_1(a_2 b_3 - a_3 b_2) + a_2(a_3 b_1 - a_1 b_3) + a_3(a_1 b_2 - a_2 b_1) = 0, \quad (21.11)$$

und ähnlich erhalten wir $b \cdot (a \times b) = 0$.

Wir können das Vektorprodukt zweier Vektoren $a = (a_1, a_2, a_3)$ und $b = (b_1, b_2, b_3)$ mit Hilfe der Linearität und (21.10) wie folgt berechnen:

$$\begin{aligned}
a \times b &= (a_1 e_1 + a_2 e_2 + a_3 e_3) \times (b_1 e_1 + b_2 e_2 + b_3 e_3) \\
&= a_1 b_2\, e_1 \times e_2 + a_2 b_1\, e_2 \times e_1 \\
&\quad + a_1 b_3\, e_1 \times e_3 + a_3 b_1\, e_3 \times e_1 \\
&\quad + a_2 b_3\, e_2 \times e_3 + a_3 b_2\, e_3 \times e_2 \\
&= (a_1 b_2 - a_2 b_1)e_3 + (a_3 b_1 - a_1 b_3)e_2 + (a_2 b_3 - a_3 b_2)e_1 \\
&= (a_2 b_3 - a_3 b_2, a_3 b_1 - a_1 b_3, a_1 b_2 - a_2 b_1).
\end{aligned}$$

Dies stimmt mit (21.7) überein.

21.7 Geometrische Interpretation des Vektorprodukts

Wir werden nun eine geometrische Interpretation des Vektorprodukts $a \times b$ zweier Vektoren a und b in $\mathbb{R}^3$ geben.

Dazu beginnen wir mit der Annahme, dass $a = (a_1, a_2, 0)$ und $b = (b_1, b_2, 0)$ zwei von Null verschiedene Vektoren in der x_1-x_2-Ebene sind. Der Vektor $a \times b = (0, 0, a_1 b_2 - a_2 b_1)$ ist offensichtlich zu a und b orthogonal. Mit Hilfe von (20.21) zum Vektorprodukt in $\mathbb{R}^2$ wissen wir, dass

$$|a \times b| = |a||b|\,|\sin(\theta)|, \quad (21.12)$$

wobei θ der Winkel zwischen a und b ist.

Wir wollen nun beweisen, dass sich dieses Ergebnis auf beliebige Vektoren $a = (a_1, a_2, a_3)$ und $b = (b_1, b_2, b_3)$ in $\mathbb{R}^3$ verallgemeinern lässt. Zunächst einmal wurde im vorherigen Abschnitt bewiesen, dass $a \times b$ sowohl zu a als auch b orthogonal ist. Dann halten wir fest, dass wir durch Multiplikation der trigonometrischen Gleichung $\sin^2(\theta) = 1 - \cos^2(\theta)$ mit $|a|^2 |b|^2$ unter Zuhilfenahme von (21.6)

$$|a|^2 |b|^2 \sin^2(\theta) = |a|^2 |b|^2 - (a \cdot b)^2 \quad (21.13)$$

erhalten. Schließlich liefert uns (eine etwas umständliche) Berechnung

$$|a \times b|^2 = |a|^2|b|^2 - (a \cdot b)^2,$$

womit (21.12) bewiesen ist. Wir fassen dies im folgenden Satz zusammen.

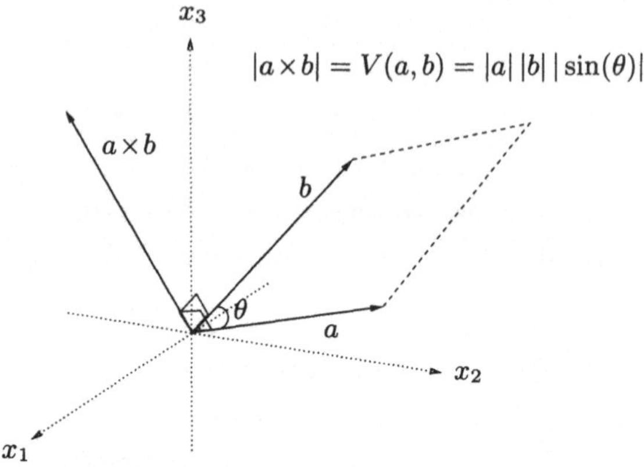

Abb. 21.4. Geometrische Interpretation des Vektorprodukts

Satz 21.1 *Das Vektorprodukt $a \times b$ zweier von Null verschiedener Vektoren a und b in $\mathbb{R}^3$ ist sowohl zu a als auch b orthogonal und $|a \times b| = |a||b||\sin(\theta)$, wobei θ der Winkel zwischen a und b ist. Insbesondere sind a und b dann und nur dann parallel, wenn $a \times b = 0$.*

Wir können den Satz noch präzisieren, indem wir die folgende Regel für das Vorzeichen hinzufügen: Der Vektor $a \times b$ weist in die gleiche Richtung wie eine normale Schraube, die auf kürzestem Weg den Vektor a in den Vektor b dreht.

21.8 Zusammenhang zwischen den Vektorprodukten in $\mathbb{R}^2$ und $\mathbb{R}^3$

Wir stellen fest, dass

$$a \times b = (0, 0, a_1 b_2 - a_2 b_1) \tag{21.14}$$

für $a = (a_1, a_2, 0)$ und $b = (b_1, b_2, 0)$. Die zunächst präsentierte Formel $a \times b = a_1 b_2 - a_2 b_1$ für $a = (a_1, a_2)$ und $b = (b_1, b_2)$ in $\mathbb{R}^2$ kann daher als Kurzschreibweise für (21.14) gesehen werden, wobei $a_1 b_2 - a_2 b_1$ die dritte Koordinate von $a \times b$ in $\mathbb{R}^3$ ist. Für die Vorzeichenregelungen in $\mathbb{R}^2$ und $\mathbb{R}^3$ halten wir fest, dass $a_1 b_2 - a_2 b_1 \geq 0$, wenn eine Schraubendrehung in positiver x_3-Richtung a auf dem kürzesten Weg in b dreht. Dies entspricht einer Drehung von a nach b gegen den Uhrzeigersinn und dass $\sin(\theta) \geq 0$ für den Winkel θ zwischen a und b gilt.

21.9 Volumen eines von drei Vektoren aufgespannten schiefen Würfels

Betrachten Sie den von drei Vektoren a, b und c aufgespannten schiefen Würfel in Abb. 21.5.

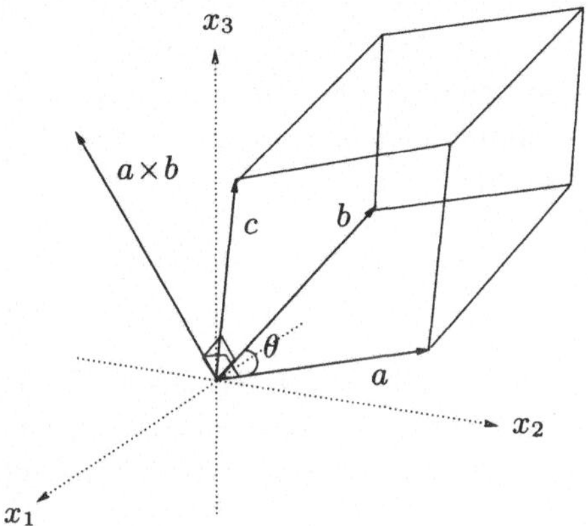

Abb. 21.5. Von drei Vektoren aufgespannter schiefer Würfel

Wir suchen nach einer Formel für das *Volumen* $V(a,b,c)$ eines schiefen Würfels. Wir erinnern uns, dass das Volumen $V(a,b,c)$ sich aus der von den Vektoren a und b aufgespannten Grundfläche $V(a,b)$ multipliziert mit der Höhe h ergibt. Diese erhalten wir als Projektion von c auf einen zur Grundfläche senkrechten Vektor. Da $a \times b$ zu a und b senkrecht ist, ergibt sich die Höhe h als Länge der Projektion von c auf $a \times b$. Aus (21.12) und (21.4) wissen wir, dass

$$V(a,b) = |a \times b|, \quad h = \frac{|c \cdot (a \times b)|}{|a \times b|}$$

und somit

$$V(a,b,c) = |c \cdot (a \times b)|. \tag{21.15}$$

Natürlich können wir das Volumen auch berechnen, indem wir die Grundfläche von b und c aufspannen lassen, oder auch von a und c. Somit ist

$$V(a,b,c) = |a \cdot (b \times c)| = |b \cdot (a \times c)| = |c \cdot (a \times b)|. \tag{21.16}$$

Beispiel 21.2. Das Volumen $V(a,b,c)$ des von $a = (1,2,3)$, $b = (3,2,1)$ und $c = (1,3,2)$ aufgespannten schiefen Würfels ist $a \cdot (b \times c) = (1,2,3) \cdot (1,-5,7) = 12$.

21.10   Das Dreifach-Produkt $a \cdot b \times c$

Der Ausdruck $a \cdot (b \times c)$ tritt in den Formeln (21.15) und (21.16) auf. Er wird *Dreifach-Produkt* der drei Vektoren a, b und c genannt. Üblicherweise schreiben wir das Dreifach-Produkt ohne Klammern, da nach den Regeln das Vektorprodukt $\times$ zuerst berechnet wird. Tatsächlich macht eine alternative Interpretation $(a \cdot b) \times c$ gar keinen Sinn, da $a \cdot b$ ein Skalar ist und das Vektorprodukt einen Vektor als Faktor braucht!

Die folgenden Eigenschaften des Dreifach-Produkts lassen sich einfach durch direkte Anwendung der Definitionen für das Skalarprodukt und das Vektorprodukt beweisen:

$$a \cdot b \times c = c \cdot a \times b = b \cdot c \times a,$$
$$a \cdot b \times c = -a \cdot c \times b = -b \cdot a \times c = -c \cdot b \times a.$$

Wir merken uns diese Formeln folgendermaßen: Tauschen zwei Vektoren ihre Plätze, so verändert sich das Vorzeichen. Werden alle drei Vektoren zyklisch vertauscht (beispielsweise a, b, c gegen c, a, b oder b, c, a), so bleibt das Vorzeichen erhalten.

Mit Hilfe des Dreifach-Produkts $a \cdot b \times c$ können wir die geometrische Eigenschaft des Volumens $V(a, b, c)$ eines von a, b und c aufgespannten schiefen Würfels algebraisch exakt angeben:

$$V(a, b, c) = |a \cdot b \times c|. \tag{21.17}$$

Wir werden diese Formel unten oft benutzen. Beachten Sie, dass wir später noch mit Hilfe der Infinitesimalrechnung beweisen werden, dass das Volumen eines schiefen Würfels aus dem Produkt von Grundfläche und Höhe berechnet wird.

21.11   Eine Formel für das von drei Vektoren aufgespannte Volumen

Seien $a_1 = (a_{11}, a_{12}, a_{13})$, $a_2 = (a_{21}, a_{22}, a_{23})$ und $a_3 = (a_{31}, a_{32}, a_{33})$ drei Vektoren in $\mathbb{R}^3$. Beachten Sie, dass a_1 ein Vektor in $\mathbb{R}^3$ ist, mit $a_1 = (a_{11}, a_{12}, a_{13})$, etc. Wir können eine 3×3 *Matrix* $A = (a_{ij})$ aufstellen, wobei die Zeilen den Koordinaten von a_1, a_2 und a_3 entsprechen:

$$A = \begin{pmatrix} a_{11} & a_{12} & a_{13} \\ a_{21} & a_{22} & a_{23} \\ a_{31} & a_{32} & a_{33} \end{pmatrix}.$$

Wir werden unten auf 3×3 Matrizen zurückkommen. Hier benutzen wir die Matrix nur, um die Koordinaten der Vektoren a_1, a_2 und a_3 handlich zu schreiben.

Wir geben eine explizite Formel für das von den drei Vektoren a_1, a_2 und a_3 aufgespannte Volumen $V(a_1, a_2, a_3)$ an. Beginnend bei (21.17) erhalten wir durch direktes Ausrechnen

$$
\begin{aligned}
\pm V(a_1, a_2, a_3) &= a_1 \cdot a_2 \times a_3 \\
&= a_{11}(a_{22}a_{33} - a_{23}a_{32}) - a_{12}(a_{21}a_{33} - a_{23}a_{31}) \qquad (21.18) \\
&\quad + a_{13}(a_{21}a_{32} - a_{22}a_{31}).
\end{aligned}
$$

Wir halten fest, dass $V(a_1, a_2, a_3)$ eine Summe von Ausdrücken ist, die alle Produkte dreier Faktoren $a_{ij}a_{kl}a_{mn}$ sind, mit gewissen Indizes ij, kl und mn. Wenn wir die Indizes in jedem Ausdruck näher betrachten, erkennen wir, dass die Abfolge der Zeilenindizes ikm (ersten Indizes) stets $\{1, 2, 3\}$ ist. Die Abfolge der Spaltenindizes jln (zweite Indizes) sind *Permutationen* der Folge $\{1, 2, 3\}$, d.h. die Zahlen 1, 2 und 3 treten in irgendeiner Ordnung auf. Somit haben alle Ausdrücke die Form

$$
a_{1j_1} a_{2j_2} a_{3j_3}, \qquad\qquad (21.19)
$$

wobei $\{j_1, j_2, j_3\}$ eine Permutation von $\{1, 2, 3\}$ ist. Das Vorzeichen der Ausdrücke verändert sich mit der Permutation. Bei genauerem Hinsehen erkennen wir das folgende Muster: Können die Permutationen mit einer geraden Zahl von *Umordnungen* in die Reihung $\{1, 2, 3\}$ gebracht werden, dann ist das Vorzeichen $+$. Dabei ist eine Umordnung ein Vertauschen zweier Indizes. Bei einer ungeraden Anzahl von Umordnungen ist das Vorzeichen $-$. So ist beispielsweise die Permutation der zweiten Indizes im Ausdruck $a_{11}a_{23}a_{32}$ $\{1, 3, 2\}$, der eine ungerade Anzahl von Umordnungen benötigt, um zurück zu $\{1, 2, 3\}$ gebracht zu werden und folglich hat der Ausdruck ein negatives Vorzeichen. Als weiteres Beispiel ist die Permutation im Ausdruck $a_{12}a_{23}a_{31}$ $\{2, 3, 1\}$, die durch eine gerade Zahl von Umordnungen, nämlich $\{2, 1, 3\}$ und $\{1, 2, 3\}$ geordnet werden kann.

Wir haben nun eine Technik für die Berechnung von Volumina kennengelernt, die wir unten auf den $\mathbb{R}^n$ verallgemeinern werden. Dies führt uns zu *Determinanten*. Wir werden sehen, dass Formel (21.18) besagt, dass das mit einem Vorzeichen versehene Volumen $\pm V(a_1, a_2, a_3)$ der Determinante der 3×3 Matrix $A = (a_{ij})$ entspricht.

21.12 Geraden

Sei a ein von Null verschiedener Vektor in $\mathbb{R}^3$ und $\hat{x}$ ein gegebener Punkt in $\mathbb{R}^3$. Dann beschreiben die Punkte x im $\mathbb{R}^3$, mit

$$
x = \hat{x} + sa
$$

eine *Gerade* in $\mathbb{R}^3$, wenn die reelle Zahl s ganz $\mathbb{R}$ durchläuft. Die Gerade geht durch den Punkt $\hat{x}$ und hat die gleiche Richtung wie a, vgl. Abb. 21.6. Ist $\hat{x} = 0$, dann verläuft die Gerade durch den Ursprung.

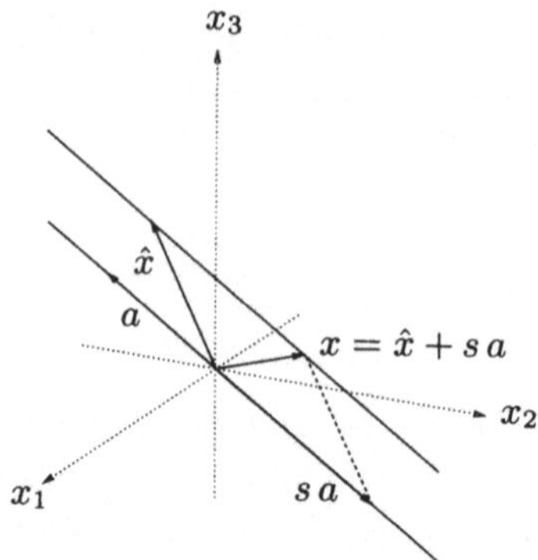

Abb. 21.6. Gerade in $\mathbb{R}^3$ der Form $x = \hat{x} + sa$

Beispiel 21.3. Die Gerade durch $(1,2,3)$ in Richtung $(4,5,6)$ lautet

$$x = (1,2,3) + s(4,5,6) = (1+4s, 2+5s, 3+6s) \quad \text{mit } s \in \mathbb{R}.$$

Die Gerade durch $(1,2,3)$ und $(3,1,2)$ hat die Richtung $(3,1,2) - (1,2,3) = (2,-1,-1)$ und lautet somit $x = (1,2,3) + s(2,-1,-1)$.

Beachten Sie, dass auch andere Richtungen für die Formulierung der Geraden gewählt werden können, wie beispielsweise $x = (1,2,3) + \hat{s}(-2,1,1)$ oder $x = (1,2,3) + \tilde{s}(6,-3,-3)$. Natürlich kann auch der „Aufpunkt" der Geraden, der $s = 0$ entspricht, auf der Geraden beliebig gewählt werden. So könnte der Punkt $(1,2,3)$ durch den Punkt $(-1,3,4)$ ersetzt werden, der auch auf der Geraden liegt.

21.13 Projektion eines Punktes auf eine Gerade

Sei $x = \hat{x} + sa$ eine Gerade in $\mathbb{R}^3$ durch $\hat{x}$ mit Richtung a. Wir suchen die *Projektion* Pb eines gegebenen Punktes $b \in \mathbb{R}^3$ auf die Gerade, d.h. wir suchen $Pb \in \mathbb{R}^3$ mit der Eigenschaft, dass (i) $Pb = \hat{x} + sa$ für ein $s \in \mathbb{R}$ und (ii) $(b - Pb) \cdot a = 0$. Beachten Sie, dass wir b als Punkt betrachten anstatt als Vektor. Einsetzen von (i) in (ii) ergibt die folgende Gleichung für s: $(b - \hat{x} - sa) \cdot a = 0$, woraus wir folgern, dass $s = \frac{b \cdot a - \hat{x} \cdot a}{|a|^2}$ und somit

$$Pb = \hat{x} + \frac{b \cdot a - \hat{x} \cdot a}{|a|^2}a\,. \tag{21.20}$$

Ist $\hat{x} = 0$ und läuft die Gerade somit durch den Ursprung, dann ist $Pb = \frac{b \cdot a}{|a|^2}a$, in Übereinstimmung mit der entsprechenden Formel (20.9) in $\mathbb{R}^2$.

21.14   Ebenen

Seien a_1 und a_2 zwei von Null verschiedene, nicht parallele Vektoren in $\mathbb{R}^3$, d.h. $a_1 \times a_2 \neq 0$. Die Punkte x in $\mathbb{R}^3$, die in der Form

$$x = s_1 a_1 + s_2 a_2 \qquad (21.21)$$

geschrieben werden können, wobei s_1 und s_2 reelle Zahlen sind, bilden eine *Ebene* in $\mathbb{R}^3$, die durch den Ursprung läuft und von den beiden Vektoren a_1 und a_2 *aufgespannt* wird, vgl. Abb. 21.7. Der Vektor $a_1 \times a_2$ ist orthogonal zu a_1 und a_2 und somit zu allen Vektoren x in der Ebene, die ja Linearkombinationen von a_1 und a_2 sind. Somit ist der von Null verschiedene Vektor $n = a_1 \times a_2$ eine *Normale* zur Ebene und die Punkte x in der Ebene lassen sich auch durch die Orthogonalitätsbeziehung

$$n \cdot x = 0 \qquad (21.22)$$

charakterisieren. Dabei ist (21.21) eine Vektorgleichung, die aus drei Skalargleichungen (Komponentengleichungen) besteht, und (21.22) eine Skalargleichung, die sich aus (21.21) ergibt, wenn wir in den darin enthaltenen Skalargleichungen s_1 und s_2 eliminieren.

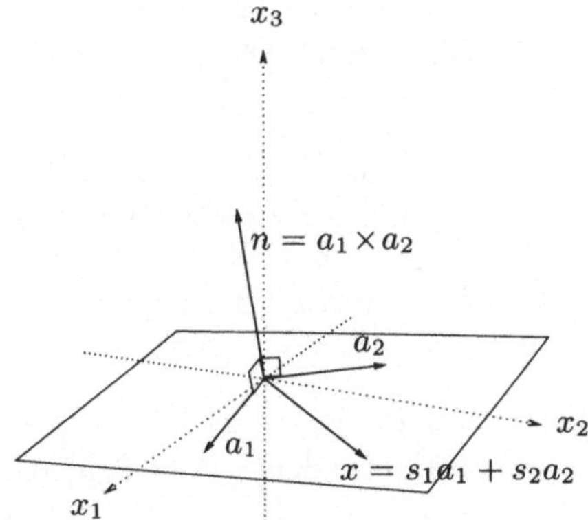

Abb. 21.7. Von a_1 und a_2 aufgespannte Ebene durch den Ursprung mit der Normalen $n = a_1 \times a_2$

Sei $\hat{x}$ ein Punkt in $\mathbb{R}^3$. Die Punkte x in $\mathbb{R}^3$, die in der Form

$$x = \hat{x} + s_1 a_1 + s_2 a_2 \qquad (21.23)$$

geschrieben werden können, wobei s_1 und s_2 reelle Zahlen sind, bilden eine *Ebene* in $\mathbb{R}^3$, die durch den Punkt $\hat{x}$ geht und parallel zur entsprechenden durch den Ursprung laufenden Ebene ist, vgl. Abb. 21.8.

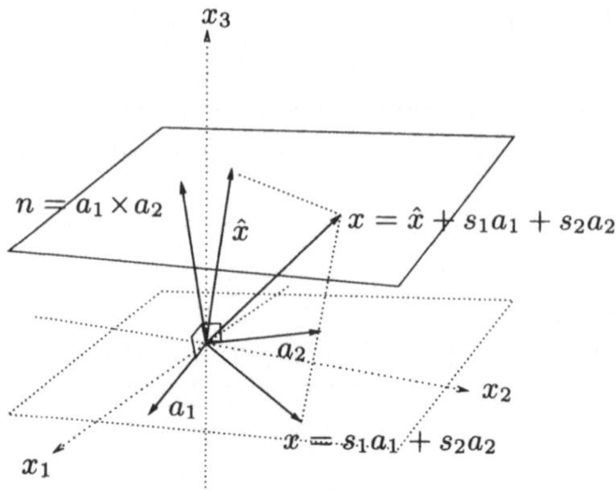

Abb. 21.8. Ebene durch $\hat{x}$ mit der Normalen n, die durch $n \cdot x = d = n \cdot \hat{x}$ definiert ist

Ist $x = \hat{x} + s_1 a_1 + s_2 a_2$, dann gilt $n \cdot x = n \cdot \hat{x}$, da $n \cdot a_i = 0$, $i = 1, 2$. Somit können wir die Punkte x mit $x = \hat{x} + s_1 a_1 + s_2 a_2$ alternativ auch als Vektor x definieren, für den

$$n \cdot x = n \cdot \hat{x} \tag{21.24}$$

gilt. Auch hier erhalten wir die Skalargleichung (21.24), wenn wir die Parameter s_1 und s_2 in (21.23) eliminieren.

Wir fassen zusammen:

Satz 21.2 *Eine Ebene in $\mathbb{R}^3$ durch den Punkt $\hat{x} \in \mathbb{R}^3$ mit Normalen n kann als Menge $\{x \in \mathbb{R}^3 : x = \hat{x} + s_1 a_1 + s_2 a_2 \text{ mit } s_1, s_2 \in \mathbb{R}\}$ formuliert werden, wobei a_1 und a_2 Vektoren sind, für die $n = a_1 \times a_2 \neq 0$ gilt. Alternativ lässt sich die Ebene auch als Menge $\{x \in \mathbb{R}^3 : n \cdot x = d, \text{ mit } d = n \cdot \hat{x}\}$ beschreiben.*

Beispiel 21.4. Wir betrachten die Ebene $x_1 + 2x_2 + 3x_3 = 4$, d.h. die Ebene $(1, 2, 3) \cdot (x_1, x_2, x_3) = 4$ zur Normalen $n = (1, 2, 3)$. Um die Punkte x der Ebene in der Form $x = \hat{x} + s_1 a_1 + s_2 a_2$ zu schreiben, wählen wir zunächst einen Punkt $\hat{x}$ in der Ebene, z.B. $\hat{x} = (2, 1, 0)$, da $n \cdot \hat{x} = 4$. Als Nächstes wählen wir zwei nicht parallele Vektoren a_1 und a_2, so dass $n \cdot a_1 = 0$ und $n \cdot a_2 = 0$, z.B. $a_1 = (-2, 1, 0)$ und $a_2 = -(3, 0, 1)$. Alternativ hätten wir auch einen Vektor a_1 mit $n \cdot a_1 = 0$ wählen und $a_2 = n \times a_1$ setzen können, der zu n und a_1 orthogonal ist. Einen Vektor a_1, für den $a_1 \cdot n = 0$ gilt, finden wir, indem wir einen beliebigen von Null verschiedenen Vektor m, der nicht parallel zu n ist, wählen und $a_1 = m \times n$ setzen, wie z.B. $m = (0, 0, 1)$ und somit $a_1 = (-2, 1, 0)$.

Andersherum erhalten wir die Gleichung $x_1 + 2x_2 + 3x_3 = 4$, wenn die Ebene $x = (2, 1, 0) + s_1(-2, 1, 0) + s_2(-3, 0, 1)$, d.h. $x = \hat{x} + s_1 a_1 + s_2 a_2$ mit $\hat{x} = (2, 1, 0)$, $a_1 = (-2, 1, 0)$ und $a_2 = (-3, 0, 1)$, gegeben ist, indem wir einfach

$n = a_1 \times a_2 = (1, 2, 3)$ berechnen. Da $n \cdot \hat{x} = (1, 2, 3) \cdot (2, 1, 0) = 4$, erhalten wir die Gleichung für die Ebene wie folgt: $n \cdot x = (1, 2, 3) \cdot (x_1, x_2, x_3) = x_1 + 2x_2 + 3x_3 = n \cdot \hat{x} = 4$.

Beispiel 21.5. Wir betrachten die reellwertige Funktion $z = f(x, y) = ax + by + c$ zweier reeller Variablen x und y, wobei a, b und c reelle Zahlen sind. Indem wir $x_1 = x$, $x_2 = y$ und $x_3 = z$ setzen, können wir den Graphen von $z = f(x, y)$ in $\mathbb{R}^3$ als Ebene $ax_1 + bx_2 - x_3 = -c$ mit der Normalen $(a, b, -1)$ beschreiben.

21.15 Schnitt einer Geraden mit einer Ebene

Wir suchen den *Schnitt* einer Geraden $x = \hat{x} + sa$ mit einer Ebene $n \cdot x = d$, d.h. die Menge an Punkten x, die sowohl zur Geraden als auch zur Ebene gehören, wobei $\hat{x}$, a, n und d gegeben sind. Wir erhalten $n \cdot (\hat{x} + sa) = d$, wenn wir $x = \hat{x} + sa$ in $n \cdot x = d$ einsetzen, d.h. $n \cdot \hat{x} + sn \cdot a = d$. Daraus erhalten wir $s = (d - n \cdot \hat{x})/(n \cdot a)$, wenn $n \cdot a \neq 0$ und wir erhalten einen eindeutigen Schnittpunkt

$$x = \hat{x} + (d - n \cdot \hat{x})/(n \cdot a)\, a. \tag{21.25}$$

Diese Formel ist bedeutungslos, wenn $n \cdot a = 0$ ist, d.h., wenn die Gerade parallel zur Ebene ist. Dann gibt es keinen Schnittpunkt, außer wenn $\hat{x}$ ein Punkt in der Ebene ist und die Gerade ein Teil der Ebene ist.

Beispiel 21.6. Wir finden den Schnittpunkt der Ebene $x_1 + 2x_2 + x_3 = 5$ mit der Geraden $x = (1, 0, 0) + s(1, 1, 1)$, indem wir die Gleichung $1 + s + 2s + s = 5$ lösen, wodurch wir $s = 1$ erhalten. Der Schnittpunkt ist folglich $(2, 1, 1)$. Die Ebene $x_1 + 2x_2 + x_3 = 5$ hat keinen Schnittpunkt mit der Geraden $x = (1, 0, 0) + s(2, -1, 0)$, da die Gleichung $1 + 2s - 2s = 5$ keine Lösung hat. Betrachten wir dagegen die Ebene $x_1 + 2x_2 + x_3 = 1$, so liegt die Gerade $x = (1, 0, 0) + s(2, -1, 0)$ in der Ebene, da $1 + 2s - 2s = 1$ für alle reellen s erfüllt ist.

21.16 Zwei sich schneidende Ebenen
ergeben eine Gerade

Seien $n_1 = (n_{11}, n_{12}, n_{13})$ und $n_2 = (n_{21}, n_{22}, n_{23})$ zwei Vektoren in $\mathbb{R}^3$ und d_1 und d_2 zwei reelle Zahlen. Die Punkte $x \in \mathbb{R}^3$, die in der Ebene $n_1 \cdot x = d_1$ und $n_2 \cdot x = d_2$ liegen, genügen dem Gleichungssystem

$$\begin{aligned} n_1 \cdot x &= d_1, \\ n_2 \cdot x &= d_2. \end{aligned} \tag{21.26}$$

Unsere Intuition sagt uns, dass im Allgemeinen die Schnittpunkte zweier Ebenen eine Gerade in $\mathbb{R}^3$ bilden sollten. Können wir die Formel dieser Geraden in der Form $x = \hat{x} + sa$ mit geeigneten Vektoren a und $\hat{x}$ in $\mathbb{R}^3$ und $s \in \mathbb{R}$ bestimmen? Zunächst nehmen wir an, dass $d_1 = d_2 = 0$ und suchen eine Formel für die x, für die $n_1 \cdot x = 0$ und $n_2 \cdot x = 0$ gilt, d.h. die Menge an x-Werten, die sowohl zu n_1 als auch n_2 orthogonal sind. Dies führt uns zu $a = n_1 \times n_2$. Somit können wir die Lösung x für die Gleichungen $n_1 \cdot x = 0$ und $n_2 \cdot x = 0$ als $x = sn_1 \times n_2 \neq 0$ mit $s \in \mathbb{R}$ schreiben. Natürlich gehen wir dabei von der Annahme aus, dass $n_1 \times n_2 \neq 0$, d.h. dass die zwei Normalen n_1 und n_2 nicht parallel sind und folglich auch die Ebenen nicht parallel sind.

Als Nächstes nehmen wir an, dass $(d_1, d_2) \neq (0, 0)$. Wenn wir einen Vektor $\hat{x}$ finden können, so dass $n_1 \cdot x = d_1$ und $n_2 \cdot x = d_2$, dann können wir die Lösung von (21.26), wie folgt, schreiben:

$$x = \hat{x} + sn_1 \times n_2, \quad s \in \mathbb{R}. \tag{21.27}$$

Nun müssen wir noch beweisen, dass wir tatsächlich ein $\hat{x}$ finden können, das $n_1 \cdot \hat{x} = d_1$ und $n_2 \cdot \hat{x} = d_2$ genügt. D.h. wir müssen nach $\hat{x} \in \mathbb{R}^3$ suchen, das das folgende Gleichungssystem erfüllt:

$$n_{11}\hat{x}_1 + n_{12}\hat{x}_2 + n_{13}\hat{x}_3 = d_1,$$
$$n_{21}\hat{x}_1 + n_{22}\hat{x}_2 + n_{23}\hat{x}_3 = d_2.$$

Da $n_1 \times n_2 \neq 0$ müssen einige Komponenten von $n_1 \times n_2$ nicht Null sein. Ist beispielsweise die dritte Komponente von $n_1 \times n_2$ nicht Null, d.h. $n_{11}n_{22} - n_{12}n_{21} \neq 0$, so können wir $\hat{x}_3 = 0$ wählen. Wir erinnern uns jetzt an die Bedingung $n_{11}n_{22} - n_{12}n_{21} \neq 0$ für ein 2×2 Gleichungssystem, weshalb wir eindeutig nach $\hat{x}_1$ und $\hat{x}_2$ in Abhängigkeit von d_1 und d_2 auflösen können und so das gewünschte $\hat{x}$ erhalten. Die Argumentation verläuft ähnlich, wenn die erste oder zweite Komponente von $n_1 \times n_2$ von Null verschieden ist.

Wir fassen zusammen:

Satz 21.3 *Zwei nicht-parallele Ebenen $n_1 \cdot x = d_1$ und $n_2 \cdot x = d_2$, deren Normalen n_1 und n_2 $n_1 \times n_2 \neq 0$ erfüllen, schneiden sich in einer Geraden mit der Richtung $n_1 \times n_2$.*

Beispiel 21.7. Der Schnitt der beiden Ebenen $x_1 + x_2 + x_3 = 2$ und $3x_1 + 2x_2 - x_3 = 1$ lautet $x = \hat{x} + sa$ mit $a = (1, 1, 1) \times (3, 2, -1) = (-3, 4, -1)$ und $\hat{x} = (0, 1, 1)$.

21.17 Projektion eines Punktes auf eine Ebene

Sei $n \cdot x = d$ eine Ebene in $\mathbb{R}^3$ zur Normalen n und sei b ein Punkt in $\mathbb{R}^3$. Wir suchen die *Projektion Pb* von b auf die Ebene $n \cdot x = d$. Dabei ist es natürlich, die folgenden zwei Bedingungen an Pb zu stellen, vgl. Abb. 21.9:

$$n \cdot Pb = d, \text{ d.h. } Pb \text{ ist ein Punkt in der Ebene,}$$
$$b - Pb \text{ ist parallel zur Normalen } n, \text{ d.h. } b - Pb = \lambda n \text{ für ein } \lambda \in \mathbb{R}.$$

Wir folgern, dass $Pb = b - \lambda n$. Die Gleichung $n \cdot Pb = d$ ergibt somit $n \cdot (b - \lambda n) = d$. Folglich ist $\lambda = \frac{b \cdot n - d}{|n|^2}$ und somit

$$Pb = b - \frac{b \cdot n - d}{|n|^2} \, n. \tag{21.28}$$

Geht die Ebene $n \cdot x = d = 0$ durch den Ursprung, d.h. $d = 0$, dann gilt

$$Pb = b - \frac{b \cdot n}{|n|^2} \, n. \tag{21.29}$$

Ist die Ebene in der Form $x = \hat{x} + s_1 a_1 + s_2 a_2$ gegeben, mit zwei nicht parallelen Vektoren a_1 und a_2 in $\mathbb{R}^3$, können wir alternativ die Projektion Pb eines Punktes b auf die Ebene dadurch berechnen, dass wir reelle Zahlen x_1 und x_2 suchen, so dass $Pb = \hat{x} + x_1 a_1 + x_2 a_2$ und $(b - Pb) \cdot a_1 = (b - Pb) \cdot a_2 = 0$. Dies liefert das Gleichungssystem

$$\begin{aligned}
x_1 a_1 \cdot a_1 + x_2 a_2 \cdot a_1 &= b \cdot a_1 - \hat{x} \cdot a_1, \\
x_1 a_1 \cdot a_2 + x_2 a_2 \cdot a_2 &= b \cdot a_2 - \hat{x} \cdot a_2
\end{aligned} \tag{21.30}$$

mit den beiden Unbekannten x_1 und x_2. Damit dieses System eine eindeutige Lösung hat, müssen wir zeigen, dass $\hat{a}_{11}\hat{a}_{22} - \hat{a}_{12}\hat{a}_{21} \neq 0$, wobei $\hat{a}_{11} = a_1 \cdot a_1$, $\hat{a}_{22} = a_2 \cdot a_2$, $\hat{a}_{21} = a_2 \cdot a_1$ und $\hat{a}_{12} = a_1 \cdot a_2$ Dies folgt aber direkt aus der Annahme, dass a_1 und a_2 nicht parallel sind, vgl. Aufgabe 21.24.

Beispiel 21.8. Die Projektion Pb des Punktes $b = (2, 2, 3)$ auf die Ebene $x_1 + x_2 + x_3 = 1$ lautet $Pb = (2, 2, 3) - \frac{7-1}{3}(1, 1, 1) = (0, 0, 1)$.

Beispiel 21.9. Die Projektion Pb des Punktes $b = (2, 2, 3)$ auf die Ebene $x = (1, 0, 0) + s_1(1, 1, 1) + s_2(1, 2, 3)$ mit der Normalen $n = (1, 1, 1) \times (1, 2, 3) = (1, -2, 1)$ ergibt sich zu $Pb = (2, 2, 3) - \frac{(2,2,3) \cdot (1,-2,1)}{6}(1, -2, 1) = (2, 2, 3) - \frac{1}{6}(1, -2, 1) = \frac{1}{6}(11, 14, 17)$.

21.18   Abstand zwischen Punkt und Ebene

Wir sagen, dass der *Abstand* zwischen Punkt b und Ebene $n \cdot x = d$ dem Betrag $|b - Pb|$ entspricht, wobei Pb die Projektion von b auf die Ebene ist. Vom vorherigen Abschnitt wissen wir, dass

$$|b - Pb| = \frac{|b \cdot n - d|}{|n|}.$$

Wir halten fest, dass dieser Abstand der *kürzeste Abstand* zwischen b und irgendeinem Punkt der Ebene ist, vgl. Abb. 21.9 und Aufgabe 21.21.

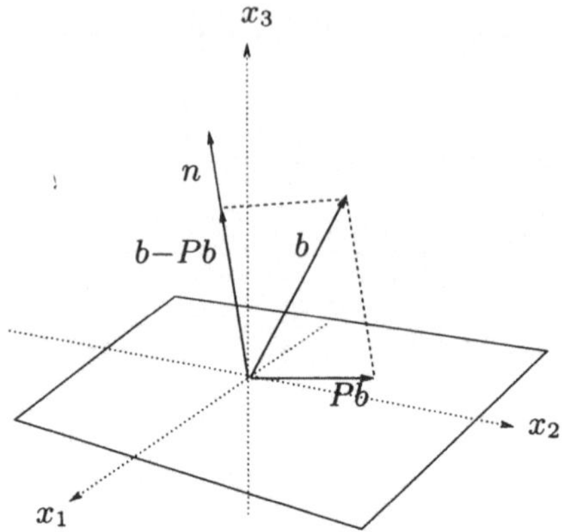

Abb. 21.9. Projektion eines Punktes/Vektors auf eine Ebene

Beispiel 21.10. Der Abstand vom Punkt $(2, 2, 3)$ zur Ebene $x_1 + x_2 + x_3 = 1$ entspricht $\frac{|(2,2,3)\cdot(1,1,1)-1|}{\sqrt{3}} = 2\sqrt{3}$.

21.19   Drehung um einen Vektor

Wir betrachten nun ein etwas schwierigeres Problem. Sei $a \in \mathbb{R}^3$ ein gegebener Vektor und $\theta \in \mathbb{R}^3$ ein gegebener Winkel. Wir suchen die Abbildung $R : \mathbb{R}^3 \to \mathbb{R}^3$, die der Drehung um den Winkel θ um den Vektor a entspricht. Wir erinnern uns an Abschnitt 20.21 und verlangen von $Rx = R(x)$ die folgenden Eigenschaften:

(i) $|Rx - Px| = |x - Px|$,   (ii) $(Rx - Px)\cdot(x - Px) = \cos(\theta)|x - Px|^2$,

wobei $Px = P_a(x)$ die Projektion von x auf a ist, vgl. Abb. 21.10. Wir schreiben $Rx - Px$ als $Rx - Px = \alpha(x - Px) + \beta\, a \times (x - Px)$ mit reellen Zahlen α und β. Dabei ist $Rx - Px$ orthogonal zu a und $a \times (x - Px)$ ist zu a und $x - Px$ orthogonal. Wir bilden mit $(x - Px)$ das Skalarprodukt und erhalten mit (ii) für $\alpha = \cos(\theta)$ und (i) liefert $\beta = \frac{\sin(\theta)}{|a|}$ mit einem sinnvollen Vorzeichen. Somit können wir Rx in Abhängigkeit von der Projektion Px ausdrücken als:

$$Rx = Px + \cos(\theta)(x - Px) + \frac{\sin(\theta)}{|a|}a \times (x - Px). \qquad (21.31)$$

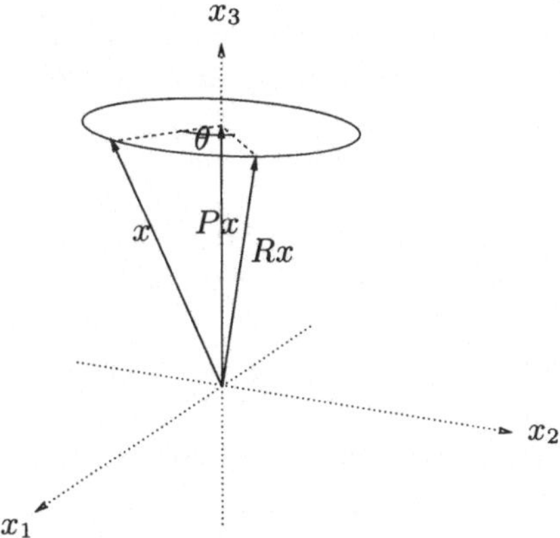

Abb. 21.10. Drehung um $a = (0, 0, 1)$ um den Winkel θ

21.20   Geraden und Ebenen durch den Ursprung sind Unterräume

Geraden und Ebenen in $\mathbb{R}^3$ durch den Ursprung sind Beispiele von *Unterräumen* des $\mathbb{R}^3$. Die typische Eigenschaft eines Unterraums ist, dass Vektoradditionen und skalare Multiplikationen nicht außerhalb des Unterraums führen. Sind beispielsweise x und y zwei Vektoren in der Ebene durch den Ursprung zur Normalen n, d.h. $n \cdot x = 0$ und $n \cdot y = 0$, dann gilt auch $n \cdot (x + y) = 0$ und $n \cdot (\lambda x) = 0$ für jedes $\lambda \in \mathbb{R}^3$. Folglich gehören die Vektoren $x + y$ und λx auch zur Ebene. Gehören andererseits x und y zu einer Ebene zur Normalen n, die nicht durch den Ursprung verläuft, so dass $n \cdot x = d$ und $n \cdot y = d$, wobei d eine von Null verschiedene Konstante ist, dann ist $n \cdot (x + y) = 2d \neq d$, weswegen $x + y$ nicht in der Ebene liegt. Wir folgern, dass Geraden und Ebenen durch den Ursprung Unterräume des $\mathbb{R}^3$ sind, wohingegen Gerade und Ebenen, die nicht durch den Ursprung verlaufen, keine Unterräume sind. Der Begriff des Unterraums ist sehr wichtig und wir werden unten oft auf ihn treffen.

Beachten Sie, dass $n \cdot x = 0$ eine Gerade in $\mathbb{R}^2$ und eine Ebene in $\mathbb{R}^3$ definiert. Die Gleichung $n \cdot x = 0$ erzwingt für x eine Reduktion um eine Dimension, so dass wir in $\mathbb{R}^2$ eine Gerade und in $\mathbb{R}^3$ eine Ebene erhalten.

21.21   3 lineare Gleichungen mit 3 Unbekannten

Wir betrachten nun das folgende System aus 3 linearen Gleichungen mit 3 Unbekannten x_1, x_2 und x_3 (wie Leibniz schon 1683):

$$\begin{aligned}
a_{11}x_1 + a_{12}x_2 + a_{13}x_3 &= b_1, \\
a_{21}x_1 + a_{22}x_2 + a_{23}x_3 &= b_2, \\
a_{31}x_1 + a_{32}x_2 + a_{33}x_3 &= b_3,
\end{aligned} \tag{21.32}$$

mit den Koeffizienten a_{ij} und rechter Seite b_i, $i, j = 1, 2, 3$. Wir können dieses System auch als Vektorgleichung in $\mathbb{R}^3$ schreiben:

$$x_1 a_1 + x_2 a_2 + x_3 a_3 = b, \tag{21.33}$$

wobei $a_1 = (a_{11}, a_{21}, a_{31})$, $a_2 = (a_{12}, a_{22}, a_{32})$, $a_3 = (a_{13}, a_{23}, a_{33})$ und $b = (b_1, b_2, b_3)$ Vektoren in $\mathbb{R}^3$ zu den Koeffizienten und der rechten Seite sind.

Wann ist das System (21.32) bei gegebener rechten Seite b eindeutig für $x = (x_1, x_2, x_3)$ lösbar? Wir werden sehen, dass die eindeutige Lösbarkeit mit dem von den drei Vektoren a_1, a_2 und a_3 aufgespannten Volumen zusammenhängt. Genauer gesagt, muss

$$V(a_1, a_2, a_3) = |a_1 \cdot a_2 \times a_3| \neq 0 \tag{21.34}$$

gelten.

Wir argumentieren nun damit, dass die Bedingung $a_1 \cdot a_2 \times a_3 \neq 0$ tatsächlich die eindeutige Lösbarkeit von (21.32) garantiert. Dazu imitieren wir, was wir schon beim 2×2 Gleichungssystem getan haben: Wir bilden nacheinander das Skalarprodukt auf beiden Seiten der Vektorgleichung $x_1 a_1 + x_2 a_2 + x_3 a_3 = b$ mit $a_2 \times a_3$, $a_3 \times a_1$ und $a_2 \times a_3$. Dabei erhalten wir die folgenden Lösungsformeln (wenn wir uns entsinnen, dass $a_1 \cdot a_2 \times a_3 = a_2 \cdot a_3 \times a_1 = a_3 \cdot a_1 \times a_2$):

$$\begin{aligned}
x_1 &= \frac{b \cdot a_2 \times a_3}{a_1 \cdot a_2 \times a_3}, \\[2mm]
x_2 &= \frac{b \cdot a_3 \times a_1}{a_2 \cdot a_3 \times a_1} = \frac{a_1 \cdot b \times a_3}{a_1 \cdot a_2 \times a_3}, \\[2mm]
x_3 &= \frac{b \cdot a_1 \times a_2}{a_3 \cdot a_1 \times a_2} = \frac{a_1 \cdot a_2 \times b}{a_1 \cdot a_2 \times a_3}.
\end{aligned} \tag{21.35}$$

Dabei haben wir ausgenutzt, dass $a_i \cdot a_j \times a_k = 0$, falls zwei der Indizes i, j oder k gleich sind. Die Lösungsformeln (21.35) liefern eine eindeutige Lösung von (21.32), falls $a_1 \cdot a_2 \times a_3 \neq 0$.

Wir halten fest, dass das Muster der Lösungen in (21.35) sich gleicht. Der Nenner $a_1 \cdot a_2 \times a_3$ ist derselbe und die Zähler für x_i erhält man, wenn man a_i durch b ersetzt. Die Lösungsformeln (21.35) werden auch *Cramersche Regel* genannt. Wir haben den folgenden wichtigen Satz bewiesen:

Satz 21.4 *Das Gleichungssystem* (21.32), *bzw. die identische Vektorgleichung* (21.33) *ist eindeutig nach der Cramerschen Regel* (21.35) *lösbar, wenn* $a_1 \cdot a_2 \times a_3 \neq 0$.

Wir wiederholen: $V(a_1, a_2, a_3) = a_1 \cdot a_2 \times a_3 \neq 0$ bedeutet, dass das durch die drei Vektoren a_1, a_2 und a_3 aufgespannte Volumen nicht Null ist, d.h. dass die drei Vektoren in drei verschiedene Richtungen weisen (so dass die Ebene, die von zwei Vektoren aufgespannt wird, nicht den dritten

Vektor enthält). Wir nennen die Menge dreier Vektoren $\{a_1, a_2, a_3\}$ *linear unabhängig*, wenn $V(a_1, a_2, a_3) \neq 0$, oder einfacher, dass die drei Vektoren a_1, a_2 und a_3 *linear unabhängig* sind.

21.22   Lösung eines 3 × 3 Systems durch Gauss-Elimination

Wir wollen eine Alternative zur Cramerschen Regel für die Lösung des 3 × 3 Gleichungssystems (21.32) geben: Die berühmte *Gauss-Elimination*. Sei $a_{11} \neq 0$. Wir subtrahieren die erste Gleichung multipliziert mit a_{21} von der zweiten Gleichung multipliziert mit a_{11} und ähnlich, die erste Gleichung multipliziert mit a_{31} von der dritten Gleichung multipliziert mit a_{11}. Dadurch wird die Unbekannte x_1 in der zweiten und dritten Gleichung *eliminiert* und (21.32) nimmt folgende Form an:

$$\begin{aligned}
a_{11}x_1 + a_{12}x_2 + a_{13}x_3 &= b_1, \\
(a_{22}a_{11} - a_{21}a_{12})x_2 + (a_{23}a_{11} - a_{21}a_{13})x_3 &= a_{11}b_2 - a_{21}b_1, \\
(a_{32}a_{11} - a_{31}a_{12})x_2 + (a_{33}a_{11} - a_{31}a_{13})x_3 &= a_{11}b_3 - a_{31}b_1.
\end{aligned}$$

$$(21.36)$$

Stattdessen können wir auch

$$\begin{aligned}
a_{11}x_1 + a_{12}x_2 + a_{13}x_3 &= b_1, \\
\hat{a}_{22}x_2 + \hat{a}_{23}x_3 &= \hat{b}_2, \\
\hat{a}_{32}x_2 + \hat{a}_{33}x_3 &= \hat{b}_3
\end{aligned}$$

$$(21.37)$$

schreiben, mit veränderten Koeffizienten $\hat{a}_{ij}$ und $\hat{b}_i$. Unter der Annahme, dass $\hat{a}_{22} \neq 0$, wiederholen wir die Vorgehensweise für das 2 × 2 System mit (x_2, x_3), wodurch wir die abschließende Dreiecksform

$$\begin{aligned}
a_{11}x_1 + a_{12}x_2 + a_{13}x_3 &= b_1, \\
\hat{a}_{22}x_2 + \hat{a}_{23}x_3 &= \hat{b}_2, \\
\tilde{a}_{33}x_3 &= \tilde{b}_3
\end{aligned}$$

$$(21.38)$$

erhalten, mit veränderten Koeffizienten in der letzten Gleichung. Die 3. Gleichung kann nun für x_3 aufgelöst werden. Das Einsetzen von x_3 in die zweite Gleichung liefert x_2 und schließlich x_1, durch das Einsetzen von x_2 und x_3 in die erste Gleichung.

Beispiel 21.11. Hier ein Beispiel für die Gauss-Elimination: Wir lösen das Gleichungssystem

$$\begin{aligned}
x_1 + 2x_2 + 3x_3 &= 6, \\
2x_1 + 3x_2 + 4x_3 &= 9, \\
3x_1 + 4x_2 + 6x_3 &= 13.
\end{aligned}$$

Wir subtrahieren die mit 2 multiplizierte erste Gleichung von der zweiten und die mit 3 multiplizierte erste Gleichung von der dritten und erhalten so

$$\begin{aligned} x_1 &+2x_2 + 3x_3 = & 6, \\ &-x_2 - 2x_3 = & -3, \\ &-2x_2 - 3x_3 = & -5. \end{aligned}$$

Nun subtrahieren wir die mit 2 multiplizierte zweite Gleichung von der dritten:

$$\begin{aligned} x_1 + 2x_2 + \ \ 3x_3 &= & 6, \\ -x_2 - \ \ 2x_3 &= & -3, \\ x_3 &= & 1, \end{aligned}$$

woraus wir $x_3 = 1$ erhalten. Die zweite Gleichung ergibt $x_2 = 1$ und schließlich die erste Gleichung $x_1 = 1$.

21.23 3×3-Matrizen: Summe, Produkt und Transponierte

Wir können die Schreibweise für 2×2-Matrizen direkt verallgemeinern: Wir bezeichnen das quadratische Feld

$$\begin{pmatrix} a_{11} & a_{12} & a_{13} \\ a_{21} & a_{22} & a_{23} \\ a_{31} & a_{32} & a_{33} \end{pmatrix}$$

als 3×3-*Matrix* $A = (a_{ij})$ mit Elementen a_{ij}, $i, j = 1, 2, 3$. Dabei ist i der *Zeilenindex* und j der *Spaltenindex*.

Natürlich können wir auch die Schreibweise eines 2-Zeilenvektors (oder 1×2-Matrix) und eines 2-Spaltenvektors (oder (2×1-Matrix) verallgemeinern. Jede Zeile von A, wobei $(a_{11} \ a_{12} \ a_{13})$ die erste Zeile ist, kann daher als 3-Zeilenvektor (oder 1×3-Matrix) und jede Spalte von A, wobei

$$\begin{pmatrix} a_{11} \\ a_{21} \\ a_{31} \end{pmatrix}$$

die erste Spalte ist, als 3-Spaltenvektor (oder 3×1-Matrix) betrachtet werden. Wir können daher sagen, dass eine 3×3-Matrix aus drei 3-Zeilenvektoren oder aus drei 3-Spaltenvektoren besteht.

Seien $A = (a_{ij})$ und $B = (b_{ij})$ zwei 3×3-Matrizen. Wir definieren die Matrix $C = (c_{ij})$ als Summe $C = A + B$, mit den Elementen $c_{ij} = a_{ij} + b_{ij}$ für $i, j = 1, 2, 3$. Anders ausgedrückt, addieren wir zwei Matrizen, indem wir elementweise addieren.

Sei $A = (a_{ij})$ eine 3×3-Matrix und λ eine reelle Zahl. Wir definieren die Matrix $C = \lambda A$ als Matrix mit den Elementen $c_{ij} = \lambda a_{ij}$. Anders ausgedrückt, alle Elemente von A werden mit λ multipliziert.

Seien $A = (a_{ij})$ und $B = (b_{ij})$ zwei 3×3-Matrizen. Wir definieren das Produkt $C = AB$ als 3×3-Matrix mit den Elementen c_{ij}:

$$c_{ij} = \sum_{k=1}^{3} a_{ik} b_{kj} \quad i, j = 1, 2, 3. \tag{21.39}$$

Matrixmultiplikation ist *assoziativ*, d.h. $(AB)C = A(BC)$ für Matrizen A, B und C, vgl. Aufgabe 21.10. Das Produkt ist jedoch im Allgemeinen *nicht kommutativ*, d.h. es gibt Matrizen A und B, so dass $AB \neq BA$, vgl. Aufgabe 21.11.

Sei $A = (a_{ij})$ eine 3×3-Matrix, so definieren wir die *Transponierte* von A, mit Schreibweise $A^\top$, als die Matrix $C = A^\top$ mit den Elementen $c_{ij} = a_{ji}$, $i, j = 1, 2, 3$. Anders ausgedrückt, sind die Zeilen von A die Spalten von $A^\top$ und umgekehrt. Aus dieser Definition folgt sofort, dass $(A^\top)^\top = A$. Zweifaches Transponieren ergibt die Ausgangsmatrix.

Wir können die folgenden Rechenregeln für Transponierte direkt verifizieren:

$$(A + B)^\top = A^\top + B^\top, \quad (\lambda A)^\top = \lambda A^\top,$$
$$(AB)^\top = B^\top A^\top.$$

Ähnlich ist die Transponierte eines 3-Spaltenvektors ein 3-Zeilenvektor mit denselben Elementen. Betrachten wir andererseits die 3×1-Matrix

$$x = \begin{pmatrix} x_1 \\ x_2 \\ x_3 \end{pmatrix}$$

als 3-Spaltenvektor, so ist die Transponierte $x^\top$ der entsprechende 3-Zeilenvektor (x_1, x_2, x_3). Wir definieren das Produkt einer 1×3-Matrix (3-Zeilenvektor) $x^\top$ mit einer 3×1-Matrix (3-Spaltenvektor) y auf natürliche Weise, als

$$x^\top y = \begin{pmatrix} x_1 & x_2 & x_3 \end{pmatrix} \begin{pmatrix} y_1 \\ y_2 \\ y_3 \end{pmatrix} = x_1 y_1 + x_2 y_2 + x_3 y_3 = x \cdot y,$$

womit wir die Verbindung zum Skalarprodukt in $\mathbb{R}^3$ geschaffen haben. Wir machen daher die wichtige Beobachtung, dass das Produkt einer 1×3-Matrix (3-Zeilenvektor) mit einer 3×1-Matrix (3-Spaltenvektor) identisch ist mit dem Skalarprodukt der entsprechenden Vektoren. Somit können wir die Elemente c_{ij} des Produkts $C = AB$ entsprechend (21.39) als Skalarprodukt der Zeile i von A mit der Spalte j von B formulieren:

$$c_{ij} = \begin{pmatrix} a_{i1} & a_{i2} & a_{i3} \end{pmatrix} \begin{pmatrix} b_{1j} \\ b_{2j} \\ b_{3j} \end{pmatrix} = \sum_{k=1}^{3} a_{ik} b_{kj}.$$

Wir halten fest, dass
$$|x|^2 = x \cdot x = x^\top x,$$
wobei wir x sowohl als geordnetes 3-Tupel als auch als 3-Spaltenvektor betrachten.

Die 3×3-Matrix
$$\begin{pmatrix} 1 & 0 & 0 \\ 0 & 1 & 0 \\ 0 & 0 & 1 \end{pmatrix}$$
wird 3×3-*Einheitsmatrix* genannt und I geschrieben. Für jede 3×3-Matrix A gilt $IA = A$ und $AI = A$.

Sei $A = (a_{ij})$ eine 3×3-Matrix und $x = (x_i)$ eine 3×1-Matrix mit Elementen x_i. Dann ist das Produkt Ax die 3×1-Matrix mit den Elementen
$$\sum_{k=1}^{3} a_{ik}x_k \quad i = 1,2,3.$$

Das lineare Gleichungssystem
$$\begin{aligned} a_{11}x_1 + a_{12}x_2 + a_{13}x_3 &= b_1, \\ a_{21}x_1 + a_{22}x_2 + a_{23}x_3 &= b_2, \\ a_{31}x_1 + a_{32}x_2 + a_{33}x_3 &= b_3 \end{aligned}$$

kann in Matrixschreibweise
$$\begin{pmatrix} a_{11} & a_{12} & a_{13} \\ a_{21} & a_{22} & a_{23} \\ a_{31} & a_{32} & a_{33} \end{pmatrix} \begin{pmatrix} x_1 \\ x_2 \\ x_3 \end{pmatrix} = \begin{pmatrix} b_1 \\ b_2 \\ b_3 \end{pmatrix}$$

geschrieben werden, d.h.
$$Ax = b,$$

mit $A = (a_{ij})$, $x = (x_i)$ und $b = (b_i)$.

21.24 Betrachtungsweisen für lineare Gleichungssysteme

Wir können eine 3×3-Matrix $A = (a_{ij})$
$$\begin{pmatrix} a_{11} & a_{12} & a_{13} \\ a_{21} & a_{22} & a_{23} \\ a_{31} & a_{32} & a_{33} \end{pmatrix}$$

als Anordnung der Spaltenvektoren $a_1 = (a_{11}, a_{21}, a_{31})$, $a_2 = (a_{12}, a_{22}, a_{32})$ und $a_3 = (a_{13}, a_{23}, a_{33})$ oder dreier Zeilenvektoren $\hat{a}_1 = (a_{11}, a_{12}, a_{13})$, $\hat{a}_2 =$

(a_{21}, a_{22}, a_{23}) und $\hat{a}_3 = (a_{31}, a_{32}, a_{33})$ betrachten. Entsprechend können wir das Gleichungssystem

$$\begin{pmatrix} a_{11} & a_{12} & a_{13} \\ a_{21} & a_{22} & a_{23} \\ a_{31} & a_{32} & a_{33} \end{pmatrix} \begin{pmatrix} x_1 \\ x_2 \\ x_3 \end{pmatrix} = \begin{pmatrix} b_1 \\ b_2 \\ b_3 \end{pmatrix},$$

als Vektorgleichung dreier Spaltenvektoren

$$x_1 a_1 + x_2 a_2 + x_3 a_3 = b \tag{21.40}$$

oder als System dreier skalarer Gleichungen

$$\begin{aligned} \hat{a}_1 \cdot x &= b_1 \\ \hat{a}_2 \cdot x &= b_2 \\ \hat{a}_3 \cdot x &= b_3 \end{aligned} \tag{21.41}$$

betrachten, wobei die Zeilen $\hat{a}_i$ als Normale zu Ebenen interpretierbar sind. Wir wissen aus der Diskussion nach (21.34), dass (21.40) eindeutig lösbar ist, wenn $\pm V(a_1, a_2, a_3) = a_1 \cdot a_2 \times a_3 \neq 0$.

Ferner wissen wir von Satz 21.3, dass die $x \in \mathbb{R}^3$, die die beiden letzten Gleichungen in (21.41) erfüllen, eine Gerade in Richtung $\hat{a}_2 \times \hat{a}_3$ bilden, falls $\hat{a}_2 \times \hat{a}_3 \neq 0$. Ist $\hat{a}_1$ nicht orthogonal zu $\hat{a}_2 \times \hat{a}_3$, so erwarten wir, dass diese Gerade die Ebene, die durch die erste Gleichung von (21.41) definiert wird, in einem Punkt trifft. Somit sollte (21.41) eindeutig lösbar sein, wenn $\hat{a}_1 \cdot \hat{a}_2 \times \hat{a}_3 \neq 0$. Das lässt uns vermuten, dass $V(a_1, a_2, a_3) \neq 0$ dann und nur dann, wenn $V(\hat{a}_1, \hat{a}_2, \hat{a}_3) \neq 0$. Tatsächlich liefert eine genauere Betrachtung von (21.18) das etwas präzisere Ergebnis:

Satz 21.5 *Sind a_1, a_2 und a_3 die drei Spaltenvektoren einer 3×3-Matrix A und $\hat{a}_1$, $\hat{a}_2$ und $\hat{a}_3$ die Zeilenvektoren von A, dann ist $V(a_1, a_2, a_3) = V(\hat{a}_1, \hat{a}_2, \hat{a}_3)$.*

21.25   Nicht-singuläre Matrizen

Sei A eine 3×3-Matrix aus drei 3-Spaltenvektoren a_1, a_2 und a_3. Ist $V(a_1, a_2, a_3) \neq 0$, so nennen wir A *nicht-singulär*. Ist $V(a_1, a_2, a_3) = 0$, so nennen wir A *singulär*. Aus Abschnitt 21.21 wissen wir, dass die Gleichung $Ax = b$ für jedes $b \in \mathbb{R}^3$ eine eindeutige Lösung x hat, wenn A nicht-singulär ist. Ferner liegen die drei Vektoren a_1, a_2 und a_3 in einer Ebene, wenn A singulär ist, weswegen wir einen dieser Vektoren als Linearkombination der beiden anderen ausdrücken können. Daraus folgt, dass es einen von Null verschiedenen Vektor $x = (x_1, x_2, x_3)$ gibt, so dass $Ax = 0$. Wir fassen zusammen:

Satz 21.6 *Ist A eine nicht-singuläre 3×3-Matrix, dann ist das Gleichungssystem $Ax = b$ für jedes $b \in \mathbb{R}^3$ eindeutig lösbar. Ist A singulär, dann hat das System $Ax = 0$ eine von Null verschiedene Lösung x.*

21.26 Die Inverse einer Matrix

Sei A eine nicht-singuläre 3×3-Matrix. Seien $c_i \in \mathbb{R}^3$ die Lösungen zu den Gleichungen $Ac_i = e_i$ für $i = 1, 2, 3$, wobei e_i die drei Einheitsvektoren als 3-Spaltenvektor sind. Sei $C = (c_{ij})$ die Matrix, deren Spalten den Vektoren c_i entsprechen. Dann gilt $AC = I$, wobei I die 3×3-Einheitsmatrix ist, da $Ac_i = e_i$. Wir nennen C die *Inverse* von A und schreiben $C = A^{-1}$. Wir halten fest, dass A^{-1} eine 3×3-Matrix ist, für die

$$AA^{-1} = I, \tag{21.42}$$

d.h. Multiplikation von A mit A^{-1} von rechts ergibt die Einheitsmatrix. Nun wollen wir noch beweisen, dass auch $A^{-1}A = I$, d.h. dass Multiplikation von A mit A^{-1} von links auch die Einheitsmatrix liefert. Dazu halten wir zunächst fest, dass A^{-1} auch nicht-singulär sein muss, da ansonsten ein von Null verschiedener Vektor x existieren würde, so dass $A^{-1}x = 0$. Multiplikation von A von links ergibt $AA^{-1}x = 0$, was zum Widerspruch führt, da nach (21.42) $AA^{-1}x = Ix = x \neq 0$. Multiplikation von $AA^{-1} = I$ mit A^{-1} von links liefert $A^{-1}AA^{-1} = A^{-1}$, woraus wir $A^{-1}A = I$ erhalten, wenn wir von rechts mit der Inversen von A^{-1} multiplizieren. Diese existiert, da A^{-1} nicht-singulär ist.

Wir stellen fest, dass $(A^{-1})^{-1} = A$, was einer Umformulierung von $A^{-1}A = I$ entspricht. Ferner ist

$$(AB)^{-1} = B^{-1}A^{-1},$$

da $B^{-1}A^{-1}AB = B^{-1}B = I$. Wir fassen zusammen:

Satz 21.7 *Seien A, B nicht-singuläre 3×3-Matrizen, dann existiert die Inverse 3×3-Matrix A^{-1} und $AA^{-1} = A^{-1}A = I$. Ferner gilt $(AB)^{-1} = B^{-1}A^{-1}$.*

21.27 Verschiedene Basen

Sei $\{a_1, a_2, a_3\}$ eine linear unabhängige Menge dreier Vektoren in $\mathbb{R}^3$, d.h. wir nehmen an, dass $V(a_1, a_2, a_3) \neq 0$. Aus Satz 21.4 folgt, dass sich jeder Vektor $b \in \mathbb{R}^3$ eindeutig als Linearkombination von $\{a_1, a_2, a_3\}$,

$$b = x_1 a_1 + x_2 a_2 + x_3 a_3 \tag{21.43}$$

schreiben lässt oder in Matrix Schreibweise

$$\begin{pmatrix} b_1 \\ b_2 \\ b_3 \end{pmatrix} = \begin{pmatrix} a_{11} & a_{12} & a_{13} \\ a_{21} & a_{22} & a_{23} \\ a_{31} & a_{32} & a_{33} \end{pmatrix} \begin{pmatrix} x_1 \\ x_2 \\ x_3 \end{pmatrix} \quad \text{oder} \quad b = Ax,$$

wobei die Vektoren $a_1 = (a_{11}, a_{21}, a_{31})$, $a_2 = (a_{12}, a_{22}, a_{32})$, und $a_3 = (a_{13}, a_{23}, a_{33})$ die Spalten der Matrix $A = (a_{ij})$ bilden. Da $V(a_1, a_2, a_3) \neq 0$, hat das Gleichungssystem $Ax = b$ eine eindeutige Lösung $x \in \mathbb{R}^3$ für jedes $b \in \mathbb{R}^3$ und somit kann jedes $b \in \mathbb{R}^3$ eindeutig als Linearkombination $b = x_1 a_1 + x_2 a_2 + x_3 a_3$ von der Menge von Vektoren $\{a_1, a_2, a_3\}$ mit den Koeffizienten (x_1, x_2, x_3) geschrieben werden. Dies bedeutet, dass $\{a_1, a_2, a_3\}$ eine *Basis* für den $\mathbb{R}^3$ ist. Wir bezeichnen (x_1, x_2, x_3) als *Koordinaten* von b bezüglich der Basis $\{a_1, a_2, a_3\}$. Die Verbindung zwischen den Koordinaten (b_1, b_2, b_3) von b in der Einheitsbasis und den Koordinaten x von b in der Basis $\{a_1, a_2, a_3\}$ wird durch $Ax = b$ oder $x = A^{-1}b$ gegeben.

21.28   Linear unabhängige Menge von Vektoren

Ist $V(a_1, a_2, a_3) \neq 0$, dann nennen wir die Menge $\{a_1, a_2, a_3\}$ der drei Vektoren in $\mathbb{R}^3$ *linear unabhängig*. Wir haben gerade gesehen, dass eine linear unabhängige Menge $\{a_1, a_2, a_3\}$ dreier Vektoren als Basis für den $\mathbb{R}^3$ verwendet werden kann.

Ist $\{a_1, a_2, a_3\}$ linear unabhängig, dann hat das System $Ax = 0$, wobei die Spalten der 3×3-Matrix von den Koeffizienten von a_1, a_2 und a_3 gebildet werden, keine andere Lösung als $x = 0$.

Umgekehrt können wir als Test für die lineare Unabhängigkeit auch das folgende Kriterium nutzen: Folgt aus $Ax = 0$, dass $x = 0$, dann ist $\{a_1, a_2, a_3\}$ linear unabhängig und somit $V(a_1, a_2, a_3) \neq 0$.

Wir fassen zusammen:

Satz 21.8 *Eine Menge $\{a_1, a_2, a_3\}$ dreier Vektoren in $\mathbb{R}^3$ ist linear unabhängig und kann daher als Basis für den $\mathbb{R}^3$ benutzt werden, wenn das Volumen $\pm V(a_1, a_2, a_3) = a_1 \cdot a_2 \times a_3 \neq 0$. Eine Menge $\{a_1, a_2, a_3\}$ dreier Vektoren in $\mathbb{R}^3$ ist dann und nur dann linear unabhängig, wenn aus $Ax = 0$ folgt, dass $x = 0$.*

21.29   Orthogonale Matrizen

Eine 3×3-Matrix Q für die $Q^{\top}Q = I$ gilt heißt *orthogonale Matrix*. Eine orthogonale Matrix ist nicht-singulär mit Inverser $Q^{-1} = Q^{\top}$ und somit gilt auch $QQ^{\top} = I$. Eine orthogonale Matrix ist somit durch die Beziehung $Q^{\top}Q = QQ^{\top} = I$ charakterisiert.

Seien $q_i = (q_{1i}, q_{2i}, q_{3i})$ für $i = 1, 2, 3$ die Spaltenvektoren von Q, d.h. die Zeilenvektoren von $Q^{\top}$. Die Aussage $Q^{\top}Q = I$ ist identisch mit den Forderungen

$$q_i \cdot q_j = 0 \quad \text{für } i \neq j, \quad \text{und } |q_i| = 1,$$

d.h. die Spalten einer orthogonalen Matrix Q sind paarweise orthogonal und haben die Länge eins.

Beispiel 21.12. Die Matrix

$$Q = \begin{pmatrix} \cos(\theta) & -\sin(\theta) & 0 \\ \sin(\theta) & \cos(\theta) & 0 \\ 0 & 0 & 1 \end{pmatrix}, \tag{21.44}$$

ist orthogonal und entspricht einer Drehung um die x_3-Achse um den Winkel θ.

21.30 Lineare Abbildungen vs. Matrizen

Sei $A = (a_{ij})$ eine 3×3-Matrix. Die Abbildung $x \to Ax$, d.h. die Funktion $y = f(x) = Ax$ ist eine Abbildung vom $\mathbb{R}^3$ in den $\mathbb{R}^3$. Diese Abbildung ist linear, da $A(x+y) = Ax + Ay$ und $A(\lambda x) = \lambda Ax$ für $\lambda \in \mathbb{R}^3$. Somit erzeugt eine 3×3-Matrix eine lineare Abbildung $f : \mathbb{R}^3 \to \mathbb{R}^3$ mit $f(x) = Ax$.

Umgekehrt können wir jeder linearen Abbildung $f : \mathbb{R}^3 \to \mathbb{R}^3$ eine Matrix A zuordnen, deren Koeffizienten

$$a_{ij} = f_i(e_j)$$

entsprechen, mit $f(x) = (f_1(x), f_2(x), f_3(x))$. Aus der Linearität von $f(x)$ folgt

$$f(x) = \left(f_1\left(\sum_{j=1}^{3} x_j e_j \right), f_2\left(\sum_{j=1}^{3} x_j e_j \right), f_3\left(\sum_{j=1}^{3} x_j e_j \right) \right)^{\top}$$

$$= \left(\sum_{j=1}^{3} f_1(e_j)x_j, \sum_{j=1}^{3} f_2(e_j)x_j, \sum_{j=1}^{3} f_3(e_j)x_j \right)^{\top}$$

$$= \left(\sum_{j=1}^{3} a_{1j}x_j, \sum_{j=1}^{3} a_{2j}x_j, \sum_{j=1}^{3} a_{3j}x_j \right)^{\top} = Ax.$$

Wir erkennen, dass eine lineare Abbildung $f : \mathbb{R}^3 \to \mathbb{R}^3$ als $f(x) = Ax$ formulierbar ist, wobei die Matrix $A = (a_{ij})$ die Koeffizienten $a_{ij} = f_i(e_j)$ hat.

Beispiel 21.13. Die Projektion $Px = \frac{x \cdot a}{|a|^2} a$ auf einen von Null verschiedenen Vektor $a \in \mathbb{R}^3$ hat die Matrixschreibweise

$$Px = \begin{pmatrix} \frac{a_1^2}{|a|^2} & \frac{a_1 a_2}{|a|^2} & \frac{a_1 a_3}{|a|^2} \\ \frac{a_2 a_1}{|a|^2} & \frac{a_2^2}{|a|^2} & \frac{a_2 a_3}{|a|^2} \\ \frac{a_3 a_1}{|a|^2} & \frac{a_3 a_2}{|a|^2} & \frac{a_3^2}{|a|^2} \end{pmatrix} \begin{pmatrix} x_1 \\ x_2 \\ x_3 \end{pmatrix}.$$

Beispiel 21.14. Die Projektion $Px = x - \frac{x \cdot n}{|n|^2} n$ auf eine Ebene $n \cdot x = 0$ durch den Ursprung hat die Matrixschreibweise

$$Px = \begin{pmatrix} 1 - \frac{n_1^2}{|n|^2} & -\frac{n_1 n_2}{|n|^2} & -\frac{n_1 n_3}{|n|^2} \\ -\frac{n_2 n_1}{|n|^2} & 1 - \frac{n_2^2}{|n|^2} & -\frac{n_2 n_3}{|n|^2} \\ -\frac{n_3 n_1}{|n|^2} & -\frac{n_3 n_2}{|n|^2} & 1 - \frac{n_3^2}{|n|^2} \end{pmatrix} \begin{pmatrix} x_1 \\ x_2 \\ x_3 \end{pmatrix}.$$

Beispiel 21.15. Das Spiegelbild eines Punktes x bezüglich einer Ebene durch den Ursprung $(2P - I)x$, wobei Px die Projektion von x auf die Ebene ist, hat die Matrixschreibweise

$$(2P - I)x = \begin{pmatrix} 2\frac{a_1^2}{|a|^2} - 1 & 2\frac{a_1 a_2}{|a|^2} & 2\frac{a_1 a_3}{|a|^2} \\ 2\frac{a_2 a_1}{|a|^2} & 2\frac{a_2^2}{|a|^2} - 1 & 2\frac{a_2 a_3}{|a|^2} \\ 2\frac{a_3 a_1}{|a|^2} & 2\frac{a_3 a_2}{|a|^2} & 2\frac{a_3^2}{|a|^2} - 1 \end{pmatrix} \begin{pmatrix} x_1 \\ x_2 \\ x_3 \end{pmatrix}.$$

21.31 Das Skalarprodukt ist invariant unter orthogonalen Abbildungen

Sei Q die Matrix $\{q_1, q_2, q_3\}$, die aus den Basisvektoren q_j gebildet wird. Wir nehmen an, dass Q orthogonal ist, was identisch ist zur Annahme, dass $\{q_1, q_2, q_3\}$ eine orthogonale Basis ist, d.h. dass die q_j paarweise orthogonal sind und die Länge 1 haben. Die Koordinaten $\hat{x}$ eines Vektors in der Einheitsbasis bezüglich der Basis $\{q_1, q_2, q_2\}$ werden durch $\hat{x} = Q^{-1}x = Q^\top x$ erhalten. Wir wollen nun beweisen, dass aus $\hat{y} = Q^\top y$ folgt, dass

$$\hat{x} \cdot \hat{y} = x \cdot y.$$

Dies besagt, dass das Skalarprodukt invariant unter einem orthogonalen Basiswechsel ist. Wir berechnen

$$\hat{x} \cdot \hat{y} = (Q^\top x) \cdot (Q^\top y) = x \cdot (Q^\top)^\top Q^\top y = x \cdot y,$$

wobei wir ausnutzen, dass für jede 3×3-Matrix $A = (a_{ij})$ und $x, y \in \mathbb{R}^3$

$$(Ax) \cdot y = \sum_{i=1}^{3} \left(\sum_{j=1}^{3} a_{ij} x_j \right) y_i = \sum_{j=1}^{3} \left(\sum_{i=1}^{3} a_{ij} y_i \right) x_j \tag{21.45}$$
$$= (A^\top y) \cdot x = x \cdot (A^\top y),$$

mit $A = Q^\top$ und außerdem, dass $(Q^\top)^\top = Q$ und $QQ^\top = I$.

Wir können jetzt die Argumentation zur geometrischen Interpretation des Skalarprodukts zu Beginn dieses Kapitels abschließen. Bei zwei nicht parallelen Vektoren a und b können wir uns eine orthogonale Abbildung denken, die a und b in die x_1-x_2-Ebene dreht und somit gilt auch hier die geometrische Interpretation aus Kapitel „Analytische Geometrie in $\mathbb{R}^2$".

21.32 Ausblick auf Funktionen $f : \mathbb{R}^3 \to \mathbb{R}^3$

Wir trafen lineare Abbildungen $f : \mathbb{R}^3 \to \mathbb{R}^3$ der Form $f(x) = Ax$, wobei A eine 3×3-Matrix ist. Unten werden wir auf allgemeinere (nicht lineare) Abbildungen $f : \mathbb{R}^3 \to \mathbb{R}^3$ treffen, die jedem $x = (x_1, x_2, x_3) \in \mathbb{R}^3$ einen Vektor $f(x) = (f_1(x), f_2(x), f_3(x)) \in \mathbb{R}^3$ zuordnen. Beispielsweise

$$f(x) = f(x_1, x_2, x_3) = (x_2 x_3, \, x_1^2 + x_3, \, x_3^4 + 5)$$

mit $f_1(x) = x_2 x_3$, $f_2(x) = x_1^2 + x_3$ und $f_3(x) = x_3^4 + 5$. Wir werden sehen, dass wir ganz natürlich die Begriffe Lipschitz-Stetigkeit und Differenzierbarkeit von Funktionen $f : \mathbb{R} \to \mathbb{R}$ auf Funktionen $f : \mathbb{R}^3 \to \mathbb{R}^3$ übertragen können. Beispielsweise sagen wir, dass $f : \mathbb{R}^3 \to \mathbb{R}^3$ Lipschitz-stetig ist in $\mathbb{R}^3$, wenn es eine Konstante L_f gibt, so dass

$$|f(x) - f(y)| \le L_f |x - y| \quad \text{für alle } x, y \in \mathbb{R}^3.$$

Aufgaben zu Kapitel 21

21.1. Zeigen Sie, dass die Norm $|a|$ eines Vektors $a = (a_1, a_2, a_3)$ gleich dem Abstand vom Ursprung $0 = (0, 0, 0)$ zum Punkt $a = (a_1, a_2, a_3)$ ist. Hinweis: Benutzen Sie zweimal den Satz von Pythagoras.

21.2. Welche der folgenden Koordinatensysteme sind rechts-orientiert?

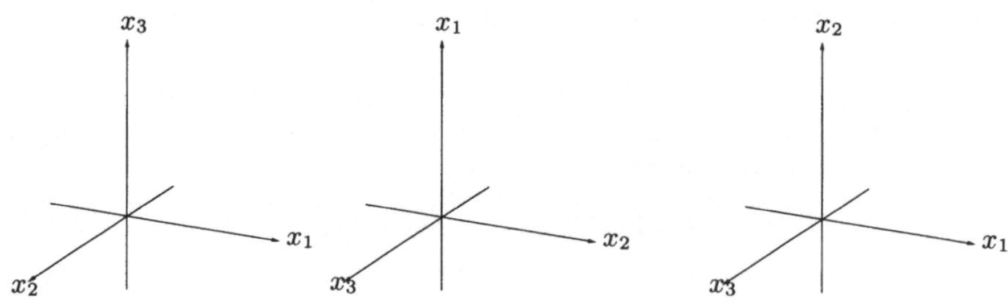

21.3. Deuten Sie die Richtung von $a \times b$ und $b \times a$ in Abb. 21.1 an, wenn b in Richtung der x_1-Achse zeigt. Beantworten Sie dieselbe Frage für Abb. 21.2.

21.4. Gegeben seien $a = (1, 2, 3)$ und $b = (1, 3, 1)$. Berechnen Sie $a \times b$.

21.5. Berechnen Sie das Volumen des schiefen Würfels, der von den drei Vektoren $(1, 0, 0)$, $(1, 1, 1)$ und $(-1, -1, 1)$ aufgespannt wird.

21.6. Berechnen Sie die Fläche des Dreiecks mit den drei Punkten: $(1, 1, 0)$, $(2, 3, -1)$ und $(0, 5, 1)$.

21.7. Seien $b = (1, 3, 1)$ und $a = (1, 1, 1)$ gegeben. Berechnen Sie (a) den Winkel zwischen a und b, (b) die Projektion von b auf a, (c) einen Einheitsvektor senkrecht zu a und b.

21.8. Betrachten Sie die Ebene durch den Ursprung zur Normalen $n = (1, 1, 1)$ und den Vektor $a = (1, 2, 3)$. Welcher Punkt p in der Ebene besitzt den kürzesten Abstand zu a?

21.9. Gelten die folgenden Aussagen oder nicht für beliebige 3×3-Matrizen A, B und C und eine Zahl λ: (a) $A + B = B + A$, (b) $(A + B) + C = A + (B + C)$, (c) $\lambda(A + B) = \lambda A + \lambda B$?

21.10. Beweisen Sie, dass für 3×3-Matrizen A, B und C gilt: $(AB)C = A(BC)$. Hinweis: $D = (AB)C$ hat die Elemente $d_{ij} = \sum_{k=1}^{3} (\sum_{l=1}^{3} a_{il} b_{lk}) c_{kj}$. Führen Sie die Summation in veränderter Reihenfolge aus.

21.11. Geben Sie Beispiele für 3×3-Matrizen A und B für die $AB \neq BA$. Ist es schwer, solche Beispiele zu finden, d.h. ist es die Ausnahme oder „normal", dass $AB \neq BA$.

21.12. Beweisen Sie Satz 21.5.

21.13. Formulieren Sie die drei Matrizen, die Drehungen um die x_1-, x_2- und x_3-Achse beschreiben.

21.14. Bestimmen Sie die Matrix, die eine Drehung um den Winkel θ um einen gegebenen Vektor b in $\mathbb{R}^3$ beschreibt.

21.15. Formulieren Sie die Matrix, die die Spiegelung eines Vektors an der x_1-x_2-Ebene beschreibt.

21.16. Betrachten Sie eine lineare Abbildung, die zwei Punkte p_1 und p_2 in $\mathbb{R}^3$ auf zwei Punkte $\hat{p}_1$ und $\hat{p}_2$ abbildet. Zeigen Sie, dass alle Punkte, die auf der Geraden zwischen p_1, p_2 liegen, in Punkte auf der Geraden zwischen $\hat{p}_1$, $\hat{p}_2$ abgebildet werden.

21.17. Betrachten Sie die zwei Geraden in $\mathbb{R}^3$: $a + \lambda b$ und $c + \mu d$ für $a, b, c, d \in \mathbb{R}^3$ und $\lambda, \mu \in \mathbb{R}$. Wie groß ist der kürzeste Abstand zwischen beiden Geraden?

21.18. Berechnen Sie den Schnitt der beiden Geraden: $(1, 1, 0) + \lambda(1, 2, -3)$ und $(2, 0, -3) + \mu(1, 1, -3)$. Ist es die Regel oder eine Ausnahme, dass ein Schnittpunkt existiert?

21.19. Berechnen Sie den Schnitt zweier Ebenen durch den Ursprung zu den Normalen $n_1 = (1, 1, 1)$ und $n_2 = (2, 3, 1)$. Berechnen Sie auch den Schnitt dieser Ebenen mit der x_1-x_2-Ebene.

21.20. Beweisen Sie, dass (21.42) die Existenz der Inversen A^{-1} impliziert.

21.21. Zeigen Sie, dass der Abstand zwischen einem Punkt b und seiner Projektion auf eine Ebene $n \cdot x = d$, dem kürzesten Abstand zwischen b und irgendeinem Punkt der Ebene entspricht. Geben Sie sowohl einen geometrischen Beweis mit Hilfe des Satzes von Pythagoras als auch einen analytischen Beweis. Hinweis: Schreiben Sie für x in der Ebene $|b - x|^2 = |b - Pb + (Pb - x)|^2 = (b - Pb + (Pb - x), b - Pb + (Pb - x))$ und benutzen Sie $(b - Pb, Pb - x) = 0$.

21.22. Betrachten Sie eine Ebene durch den Punkt r zur Normalen n. Bestimmen Sie die Reflektion eines Lichtstrahls parallel zur Richtung von a.

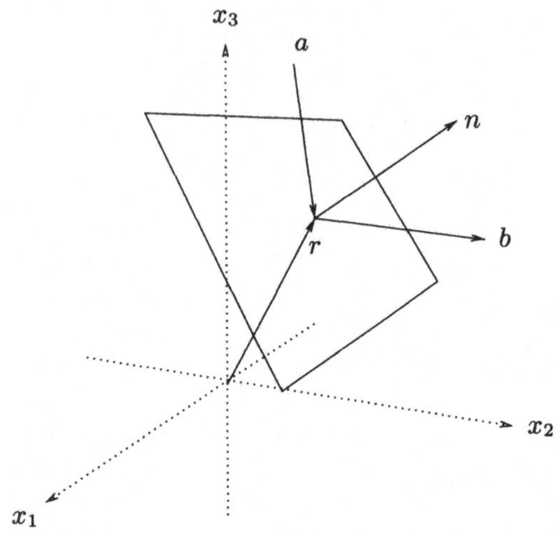

21.23. Schreiben Sie (21.31) in Matrixschreibweise.

21.24. Beenden Sie den Beweis zur eindeutigen Lösbarkeit von (21.30).

22
Komplexe Zahlen

Imaginäre Zahlen sind eine vortreffliche und wundervolle Zuflucht des göttlichen Geistes, fast wie eine Amphibie zwischen Sein und Nicht-Sein. (Leibniz)

Das Schreiben gewaltiger Bücher ist ein mühseliger und erschöpfender Luxus. Auf fünfhundert Seiten eine Idee zu entwickeln, die mündlich in einigen wenigen Minuten vorgestellt werden kann! Da ist es doch entschieden besser vorzutäuschen, dass diese Bücher bereits existieren und stattdessen eine Zusammenfassung, einen Kommentar anzubieten.... Weil ich vernünftiger, plumper und träger bin, habe ich es vorgezogen, Anmerkungen über imaginäre Bücher zu schreiben. (Borges, 1941)

22.1 Einleitung

In diesem Kapitel führen wir die Menge der *komplexen Zahlen* $\mathbb{C}$ ein. Eine komplexe Zahl, üblicherweise z geschrieben, ist ein geordnetes Paar $z = (x, y)$ reeller Zahlen x und y. Dabei ist x der *Realteil* von z und y der *Imaginärteil* von z. Wir können daher $\mathbb{C}$ mit $\mathbb{R}^2$ identifizieren und wir bezeichnen $\mathbb{C}$ auch oft als *komplexe Ebene*. Dabei betrachten wir die reelle Zahlengerade $\mathbb{R}$ als x-Achse in der komplexen Ebene $\mathbb{C}$. Ferner identifizieren wir die Menge komplexer Zahlen mit dem Imaginärteil Null mit der Menge der reellen Zahlen und schreiben $(x, 0) = x$. Daher können wir $\mathbb{C}$ als Erweiterung von $\mathbb{R}$ betrachten. Ähnlich identifizieren wir die Menge komplexer Zahlen mit Realteil Null mit der y-Achse und nennen sie auch *rein imaginäre* Zahlen. Die komplexe Zahl $(0,1)$ hat einen besonderen Namen $i = (0,1)$; wir nennen sie *imaginäre Einheit.*

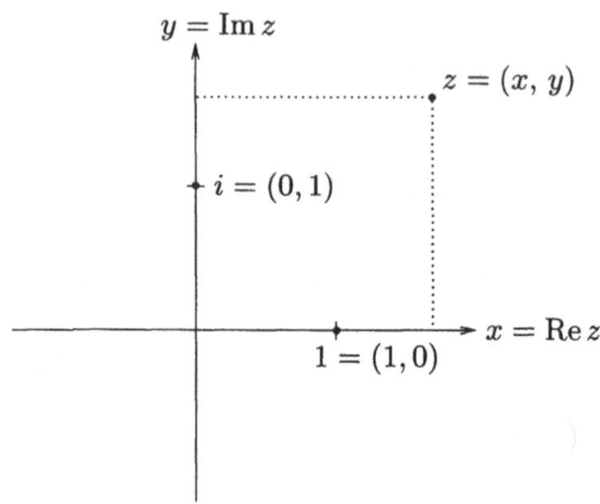

Abb. 22.1. Die komplexe Ebene $\mathbb{C} = \mathbb{R}^2$

Die Addition in $\mathbb{C}$ ist identisch mit der Vektoraddition in $\mathbb{R}^2$. Das Neue in $\mathbb{C}$ ist die Multiplikation komplexer Zahlen, die sich von der skalaren Multiplikation und der Vektormultiplikation in $\mathbb{R}^2$ unterscheidet.

Die Motivation für die Einführung komplexer Zahlen entstammt Polynomialgleichungen wie $x^2 = -1$, die keine Lösung haben, wenn x auf die reellen Zahlen beschränkt ist. Es gibt keine reelle Zahl x, für die $x^2 = -1$ gilt, da $x^2 \geq 0$ für $x \in \mathbb{R}$. Kann x eine komplexe Zahl sein, so wird die Gleichung $x^2 = -1$ lösbar und die beiden Lösungen sind $x = \pm i$. Allgemeiner besagt der Fundamentalsatz der Algebra, dass jede Polynomialgleichung mit reellen oder komplexen Koeffizienten in der Menge der komplexen Zahlen lösbar ist. Tatsächlich ergibt sich, dass eine Polynomialgleichung vom Grade n genau n Lösungen hat.

Die Einführung der komplexen Zahlen schließt unsere Erweiterungsprozedur ab, die wir bei den natürlichen Zahlen anfingen und uns über ganze Zahlen, rationale Zahlen hin zu reellen Zahlen führte, wobei in jedem Schritt eine neue Klasse von Polynomialgleichung gelöst werden konnte. Weitergehende Erweiterungen über die komplexen Zahlen hinaus, z.B. zu *Quaternionen*, die aus Quadrupeln reeller Zahlen bestehen, wurden im 19. Jahrhundert von Hamilton eingeführt. Aber die anfängliche Euphorie über diese Konstrukte verblasste, da keine wirklich überzeugende Anwendung gefunden wurde. Die komplexen Zahlen haben sich dagegen als sehr nützlich erwiesen.

22.2 Addition und Multiplikation

Wir definieren die *Summe* $(a, b) + (c, d)$ zweier komplexer Zahlen (a, b) und (c, d), die wir durch eine *Addition* mit dem Zeichen $+$ erhalten, folgendermaßen:

$$(a, b) + (c, d) = (a + c, b + d), \tag{22.1}$$

d.h. wir addieren die Realteile und die Imaginärteile getrennt. Wir erkennen, dass die Addition zweier komplexer Zahlen der Vektoraddition entsprechender geordneter Paare oder Vektoren in $\mathbb{R}^2$ entspricht. Natürlich definieren wir die Subtraktion ähnlich: $(a, b) - (c, d) = (a - c, b - d)$.

Wir definieren das *Produkt* $(a, b)(c, d)$ zweier komplexer Zahlen (a, b) und (c, d), das wir durch eine *Multiplikation* erhalten, folgendermaßen:

$$(a, b)(c, d) = (ac - bd, ad + bc). \tag{22.2}$$

Wir können durch einfaches Anwenden der Rechenregeln für reelle Zahlen erkennen, dass die Addition und Multiplikation komplexer Zahlen die Kommutativ-, Assoziativ- und Distributiv-Gesetze erfüllen.

Ist $z = (x, y)$ eine komplexe Zahl, so können wir auch

$$z = (x, y) = (x, 0) + (0, y) = (x, 0) + (0, 1)(y, 0) = x + iy \tag{22.3}$$

schreiben, wobei wir komplexe Zahlen der Form $(x, 0)$ mit x (und ähnlich natürlich $(y, 0)$ mit y) identifizieren und $i = (0, 1)$, wie oben eingeführt, benutzen. Wir nennen x den *Realteil* von z und y den Imaginärteil von z und schreiben auch $x = \mathrm{Re}\, z$ und $y = \mathrm{Im}\, z$, d.h.

$$z = \mathrm{Re}z + i\,\mathrm{Im}\, z = (\mathrm{Re}\, z, \mathrm{Im}\, z). \tag{22.4}$$

Insbesondere stellen wir fest, dass

$$i^2 = i\,i = (0, 1)(0, 1) = (-1, 0) = -(1, 0) = -1. \tag{22.5}$$

Somit löst $z = i$ die Gleichung $z^2 + 1 = 0$. Ähnlich ergibt sich $(-i)^2 = -1$ und folglich hat die Gleichung $z^2 + 1 = 0$ die beiden Lösungen $z = \pm i$.

Regel (22.2) für die Multiplikation komplexer Zahlen (a, b) und (c, d) kann nun mit Hilfe von $i^2 = -1$ neu gewonnen werden (wenn wir das Distributiv-Gesetz für gültig erklären):

$$(a, b)(c, d) = (a + ib)(c + id) = ac + i^2bd + i(ad + bc) = (ac - bd, ad + bc).$$

Wir definieren den Absolutwert $|z|$ einer komplexen Zahl $z = (x, y) = x + iy$ durch

$$|z| = (x^2 + y^2)^{1/2}, \tag{22.6}$$

d.h. $|z|$ ist schlicht und einfach die Länge oder Norm des zugehörigen Vektors $(x, y) \in \mathbb{R}^2$. Wir halten fest, dass für $z = x + iy$ insbesondere gilt:

$$|x| = |\mathrm{Re}\, z| \le |z|, \qquad |y| = |\mathrm{Im}\, z| \le |z|. \tag{22.7}$$

22.3 Die Dreiecksungleichung

Sind z_1 und z_2 zwei komplexe Zahlen, dann gilt

$$|z_1 + z_2| \le |z_1| + |z_2|. \tag{22.8}$$

Dies ist die *Dreiecksungleichung für komplexe Zahlen*, die direkt aus der Dreiecksungleichung in $\mathbb{R}^2$ folgt.

22.4 Offene Gebiete

Wir erweitern die Schreibweise für ein offenes Gebiet in $\mathbb{R}^2$ auf $\mathbb{C}$, indem wir ein Gebiet Ω in $\mathbb{C}$ *offen* nennen, wenn das zugehörige Gebiet in $\mathbb{R}^2$ offen ist, d.h. es gibt für jedes $z_0 \in \Omega$ eine positive Zahl r, so dass die komplexen Zahlen z mit $|z - z_0| < r$ auch zu Ω gehören. Beispielsweise ist die Menge $\Omega = \{z \in \mathbb{C} : |z| < 1\}$ offen.

22.5 Polardarstellung komplexer Zahlen

Mit Hilfe der Polarkoordinaten in $\mathbb{R}^2$ können wir komplexe Zahlen auch folgendermaßen formulieren:

$$z = (x, y) = r(\cos(\theta), \sin(\theta)) = r(\cos(\theta) + i\sin(\theta)). \tag{22.9}$$

Dabei ist $r = |z|$ der Betrag von z und $\theta = \arg z$ ist das *Argument* von z.

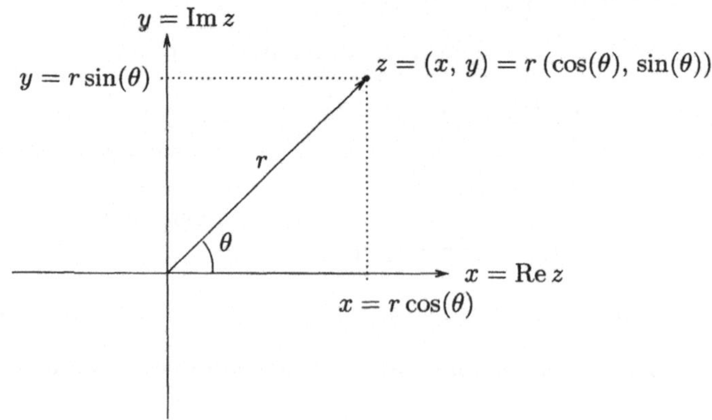

Abb. 22.2. Polardarstellung einer komplexen Zahl

Dabei haben wir auch (22.3) genutzt. Üblicherweise nehmen wir an, dass $\theta \in [0, 2\pi)$, wir können aber auch wegen der Periodizität θ durch $\theta + 2\pi n$

ersetzen, mit $n = \pm 1, \pm 2, \dots$. Durch die Wahl von $\theta \in [0, 2\pi)$ erhalten wir das *Hauptargument* von z, Arg z.

Beispiel 22.1. Die Polardarstellung der komplexen Zahl $z = (1, \sqrt{3})$ lautet $z = 2(\cos(\frac{\pi}{3}), \sin(\frac{\pi}{3}))$ oder $z = 2(\cos(60°), \sin(60°))$.

22.6 Geometrische Interpretation der Multiplikation

Um eine Verbindung zwischen der Multiplikation komplexer Zahlen und Vektoren in $\mathbb{R}^2$ zu finden, benutzen wir Polarkoordinaten

$$z = (x, y) = r(\cos(\theta), \sin(\theta)),$$

wobei $r = |z|$ und $\theta = $ Arg z. Sei $\zeta = (\xi, \eta) = \rho(\cos(\varphi), \sin(\varphi))$ eine andere komplexe Zahl in Polarkoordinaten, so liefern die trigonometrischen Formeln (8.4) und (8.5) aus Kapitel „Pythagoras und Euklid"

$$\begin{aligned}
z\zeta &= r(\cos(\theta), \sin(\theta))\, \rho(\cos(\varphi), \sin(\varphi)) \\
&= r\rho(\cos(\theta)\cos(\varphi) - \sin(\theta)\sin(\varphi), \cos(\theta)\sin(\varphi) + \sin(\theta)\cos(\varphi)) \\
&= r\rho(\cos(\theta + \varphi), \sin(\theta + \varphi)).
\end{aligned}$$

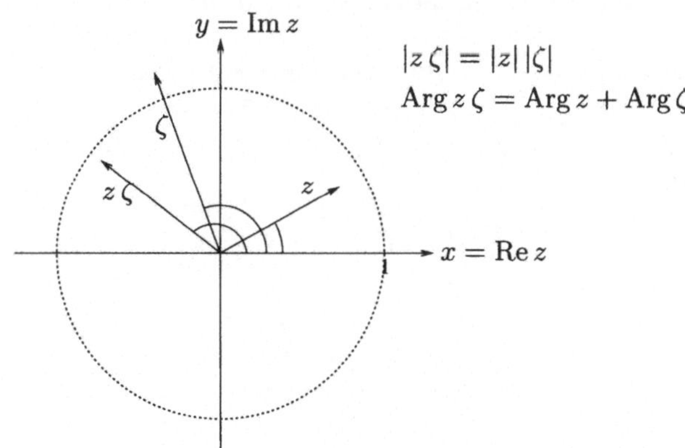

Abb. 22.3. Geometrische Interpretation der Multiplikation komplexer Zahlen

Wir folgern, dass die Multiplikation von $z = r(\cos(\theta), \sin(\theta))$ mit $\zeta = \rho(\cos(\varphi), \sin(\varphi))$ einer Drehung des Vektors z um den Winkel $\varphi = $ Arg ζ entspricht, wobei zusätzlich der Betrag von z um den Faktor $\rho = |\zeta|$ verändert wird. Anders ausgedrückt, erhalten wir

$$\text{arg } z\zeta = \text{Arg } z + \text{Arg } \zeta, \quad |z\zeta| = |z||\zeta|. \tag{22.10}$$

Beispiel 22.2. Multiplikation mit i entspricht einer Drehung gegen den Uhrzeigersinn um $\frac{\pi}{2}$, bzw. $90°$.

22.7   Komplexe Konjugation

Ist $z = x + iy$ eine komplexe Zahl und x, y reell, so definieren wir die (komplex) Konjugierte $\bar{z}$ durch

$$\bar{z} = x - iy.$$

Wir erkennen, dass z dann und nur dann reell ist, wenn $\bar{z} = z$, und dass z *rein imaginär* ist, d.h. Re $z = 0$, dann und nur dann, wenn $\bar{z} = -z$.

Wenn wir $\mathbb{C}$ mit $\mathbb{R}^2$ identifizieren, erkennen wir, dass die komplexe Konjugation der Spiegelung an der reellen Achse entspricht. Wir stellen auch die folgenden Beziehungen fest, die einfach beweisbar sind:

$$|z|^2 = z\bar{z}, \quad \text{Re } z = \frac{1}{2}(z + \bar{z}), \quad \text{Im } z = \frac{1}{2i}(z - \bar{z}). \tag{22.11}$$

22.8   Division

Wir wollen die Division reeller Zahlen (Schreibweise /) auf die Division komplexer Zahlen erweitern, indem wir für $w, u \in \mathbb{C}$ und $u \neq 0$ definieren:

$$z = w/u = \frac{w}{u}, \quad \text{dann und nur dann, wenn } uz = w.$$

Zur Berechnung von w/u für vorgegebene $w, u \in \mathbb{C}$ mit $u \neq 0$ gehen wir, wie folgt, vor:

$$w/u = \frac{w}{u} = \frac{w\bar{u}}{u\bar{u}} = \frac{w\bar{u}}{|u|^2}.$$

Beispiel 22.3. Es gilt

$$\frac{1+i}{2+i} = \frac{(1+i)(2-i)}{5} = \frac{3}{5} + i\frac{1}{5}.$$

Beachten Sie, dass wir komplexe Zahlen als *Skalare* betrachten, obwohl sie viel mit Vektoren in $\mathbb{R}^2$ gemeinsam haben. Der Hauptgrund dafür ist, dass . . . .

22.9   Der Fundamentalsatz der Algebra

Wir betrachten eine Polynomialgleichung $p(z) = 0$ vom Grad n, d.h. $p(z) = a_0 + a_1 z + \ldots + a_n z^n$ mit den komplexen Koeffizienten $a_0, \ldots, a_n$.

Der Fundamentalsatz der Algebra besagt, dass die Gleichung $p(z) = 0$ mindestens eine komplexe Lösung z_1 hat, die $p(z_1) = 0$ erfüllt. Mit Hilfe der Polynomfaktorisierung können wir $p(z)$ faktorisieren:

$$p(z) = (z - z_1)p_1(z),$$

wobei $p_1(z)$ ein Polynom vom Grad kleiner gleich $n - 1$ ist. Tatsächlich liefert die Faktorisierung aus dem Kapitel „Kombinationen von Funktionen" Abschnitt 11.4, dass

$$p(z) = (z - z_1)p_1(z) + c,$$

wobei c eine Konstante ist. Das Einsetzen von z_1 impliziert $c = 0$. Wir wiederholen diese Argumentation und finden so, dass $p(z)$ faktorisiert werden kann, zu

$$p(z) = c(z - z_1) \ldots (z - z_n),$$

wobei $z_1, \ldots, z_n$ die (i.a. komplexen) Nullstellen von $p(z)$ sind.

22.10   Wurzeln

Wir betrachten die Gleichung

$$w^n = z$$

für $w \in \mathbb{C}$, wobei $n = 1, 2, \ldots$ eine ganze Zahl und $z \in \mathbb{C}$ gegeben ist. In den Polarkoordinaten $z = |z|(\cos(\theta), \sin(\theta))$ und $w = |w|(\cos(\varphi), \sin(\varphi))$ nimmt die Gleichung $w^n = z$ folgende Form an:

$$|w|^n(\cos(n\varphi), \sin(n\varphi)) = |z|(\cos(\theta), \sin(\theta)).$$

Wir folgern daraus, dass

$$|w| = |z|^{\frac{1}{n}}, \qquad \varphi = \frac{\theta}{n} + 2\pi\frac{k}{n},$$

mit $k = 0, \ldots, n - 1$. Wir erkennen, dass die Gleichung $w^n = z$ n verschiedene Lösungen auf dem Kreis $|w| = |z|^{\frac{1}{n}}$ hat. Insbesondere hat die Gleichung $w^2 = -1$ die beiden Lösungen $w = \pm i$. Die n Lösungen der Gleichung $w^n = 1$ werden die n-ten *Einheitswurzeln* genannt.

22.11   Lösung der quadratischen Gleichung $w^2 + 2bw + c = 0$

Wir betrachten die quadratische Gleichung in $w \in \mathbb{C}$,

$$w^2 + 2bw + c = 0$$

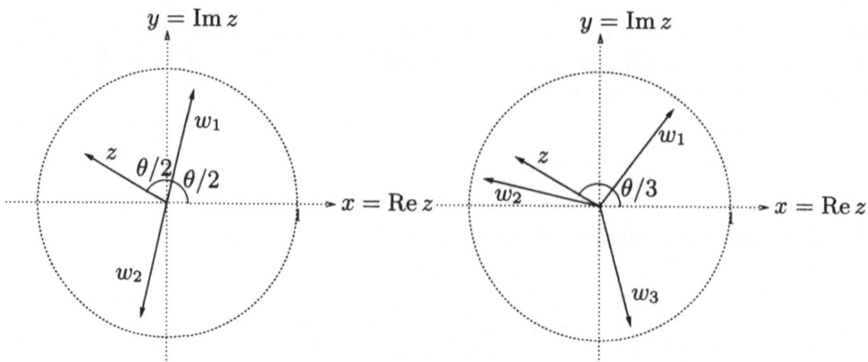

Abb. 22.4. Die „quadratischen" und „kubischen" Wurzeln von z

für $b, c \in \mathbb{C}$. Die quadratische Ergänzung führt zu

$$(w + b)^2 = b^2 - c.$$

Gilt $b^2 - c \geq 0$, dann ist

$$w = -b \pm \sqrt{b^2 - c},$$

wohingegen wir für $b^2 - c < 0$ erhalten:

$$w = -b \pm i\sqrt{c - b^2}.$$

22.12 Gösta Mittag-Leffler

Der schwedische Mentor von Sonya Kovalevskaya war der berühmte schwedische Mathematiker und Gründer der renommierten Zeitschrift „Acta Mathematica", Gösta Mittag-Leffler (1846–1927), vgl. Abb. 22.5. Die riesige Villa von Mittag-Leffler liegt wunderbar in Djursholm gelegen, etwas außerhalb von Stockholm und besitzt eine beeindruckende Bibliothek. Heute beherbergt sie das Institut Mittag-Leffler, das Mathematiker aus aller Welt für Workshops zu verschiedenen mathematischen Themen und deren Anwendung zusammenführt. Mittag-Leffler leistete wertvolle Beiträge zur Funktionentheorie einer komplexen Variablen, vgl. Kapitel „Analytische Funktionen".

Abb. 22.5. Gösta Mittag-Leffler, schwedischer Mathematiker und Gründer der „Acta Mathematica": „Die beste Arbeit eines Mathematikers ist Kunst, eine hoch perfektionierte Kunst, kühn wie die meisten traumhaft schönen Fantasien, klar und durchsichtig. Mathematisches Genie und künstlerisches Genie gleichen einander"

Aufgaben zu Kapitel 22

22.1. Zeigen Sie, dass (a) $\frac{1}{i} = -i$, (b) $i^4 = 1$.

22.2. Bestimmen Sie (a) Re $\frac{1}{1+i}$, (b) Im $\frac{3+4i}{7-i}$, (c) Im $\frac{z}{\bar{z}}$.

22.3. Seien $z_1 = 4 - 5i$ und $z_2 = 2 + 3i$. Bestimmen Sie in der $z = x + iy$ Schreibweise (a) $z_1 z_2$, (b) $\frac{z_1}{z_2}$, (c) $\frac{z_1}{z_1 + z_2}$.

22.4. Zeigen Sie, dass die Menge komplexer Zahlen z, die eine Gleichung der Form $|z - z_0| = r$ für ein $z_0 \in \mathbb{C}$ und $r > 0$ erfüllt, einen Kreis in der komplexen Ebene bildet mit Zentrum z_0 und Radius r.

22.5. Schreiben Sie in Polardarstellung (a) $1 + i$, (b) $\frac{1+i}{1-i}$, (c) $\frac{2+3i}{5+4i}$.

22.6. Lösen Sie die Gleichungen (a) $z^2 = i$, (b) $z^8 = 1$, (c) $z^2 + z + 1 = -i$, (d) $z^4 - 3(1 + 2i)z^2 + 6i = 0$.

22.7. Bestimmen Sie die Mengen in der komplexen Ebene, die durch (a) $|\frac{z+i}{z-i}| = 1$, (b) Im $z^2 = 2$, (c) $|\text{Arg } z| \leq \frac{\pi}{4}$ beschrieben werden.

22.8. Formulieren Sie z/w in Polarkoordinaten, ausgehend von Polarkoordinaten für z und w.

22.9. Beschreiben Sie geometrisch die Abbildungen $f : \mathbb{C} \to \mathbb{C}$ für (a) $f(z) = az + b$, mit $a, b \in \mathbb{C}$, (b) $f(z) = z^2$, (c) $f(z) = z^{\frac{1}{2}}$.

23

Ableitungen

Ich werde euch Unterschiede lehren. (Shakespeare: „König Lear")

Körper ohne Geschwindigkeit verändern ihre Position nicht. (Einstein)

Nichts ist älter in der Natur als Bewegung, und über dieselbe gibt es weder wenige noch geringe Schriften der Philosophen. (Galileo)

23.1 Veränderungsraten

Leben ist Veränderung. Ein Neugeborenes verändert sich jeden Tag und erwirbt neue Fähigkeiten, ein Teenager wird innerhalb einiger Jahre zum Erwachsenen, Menschen in mittleren Jahren möchten sehen, wie ihre Familie, ihr Haus und ihre Karriere Jahr für Jahr gedeihen. Nur Menschen im Ruhestand wollen die Welt anhalten, um für immer Golf zu spielen, sie bemerken aber, dass dies unmöglich ist und sie verstehen, dass es ein Ende gibt, nachdem es niemals mehr eine Veränderung geben wird.

Wenn sich etwas verändert, sprechen wir von der *Gesamtveränderung*, der *Änderung pro Abschnitt* oder der *Veränderungsrate*. Wenn unser Gehalt angehoben wird, erwarten wir einen Anstieg der Steuern und wir sprechen von der Gesamtveränderung an Besteuerung (in einem Jahr). Wir können auch die Veränderung der Steuer pro zusätzlichem Euro berechnen, was üblicherweise als *prozentualer Einkommenssteuersatz* bezeichnet wird. Der prozentuale Steuersatz ändert sich mit unserem Einkommen, so dass wir bei höherem Einkommen einen höheren prozentuallen Steuersatz bezahlen.

Ist das Gesamteinkommen 10.000 Euro, dann können wir beispielsweise 30 Cent Steuern für jeden zusätzlich verdienten Euro bezahlen, und wenn unser Gesamteinkommen 50.000 Euro beträgt, dann könnten wir 50 Cent Steuern für jeden zusäzlichen Euro bezahlen. Der prozentuale Einkommenssteuersatz, bzw. die Änderungsrate des Steuersatzes, ist für unser Beispiel 0,3 bei einem Einkommen von 10.000 Euro und 0,5 bei einem Einkommen von 50.000 Euro.

Geschäftsleute reden von *Grenzkosten* eines Artikels, das sind die zusätzlichen Kosten bei Erhöhung der Stückzahl, d.h. der Änderungsrate der Gesamtkosten. Normalerweise hängt der Stückpreis vom Kaufvolumen ab und tatsächlich sinkt der Stückpreis üblicherweise bei steigender Stückzahl. Die Produktionskosten eines Artikels verändern sich ebenfalls mit der hergestellten Stückzahl. Bei einem gewissen Produktionsstand können die Kosten für die Herstellung eines zusätzlichen Artikels sehr gering sein. Muss allerdings eine neue Fabrik gebaut werden, um dieses eine zusätzliche Stück herzustellen, dann sind die Grenzkosten sehr hoch. Somit können sich also die Stückkosten mit der Gesamtproduktion verändern.

Der Begriff einer Funktion $f : D(f) \rightarrow W(f)$ ist ebenfalls eng mit Änderungen verknüpft. Für jedes $x \in D(f)$ gibt es ein $f(x) \in W(f)$ und normalerweise ändert sich $f(x)$ mit x. Ist $f(x)$ für alle x gleich, dann ist die Funktion $f(x)$ eine konstante Funktion, die einfach zu begreifen ist und keiner weiteren Untersuchungen bedarf. Ändert sich jedoch $f(x)$ mit x, so ist es nur natürlich, nach Wegen zu suchen, um die Änderungen von $f(x)$ mit x qualitativ und quantitativ zu erfassen. Wir treffen wieder auf die Änderungsrate, wenn wir beschreiben wollen, wie $f(x)$ sich mit x ändert.

Die *Ableitung* einer Funktion $f(x)$ in Abhängigkeit von x beschreibt die Veränderungsrate von $f(x)$, wenn x sich verändert. Die Ableitung unserer Steuer in Abhängigkeit vom Einkommen ist der Einkommenssteuersatz. Die Ableitung der gesamten Produktionskosten in Abhängigkeit von der Gesamtproduktion sind die Stückkosten.

Die Ableitung ist ein fundamentales Werkzeug der Infinitesimalrechnung. Tatsächlich fällt der Beginn des modernen Wissenschaftszeitalters mit der Erfindung des Begriffs der Ableitung zusammen. Die Ableitung ist ein Maß für Veränderungen.

In diesem Kapitel werden wir den wundervollen mathematischen Begriff der Ableitung einführen, einige seiner Eigenschaften kennen lernen und Ableitungen bei der mathematischen Modellierung benutzen.

23.2 Steuern bezahlen

Wir kehren zum obigen Beispiel zurück und beschreiben die Steuer als eine Funktion des Einkommens. Angenommen, wir bezeichnen mit x unser Gesamteinkommen im nächsten Jahr und mit $f(x)$ die zugehörige Steu-

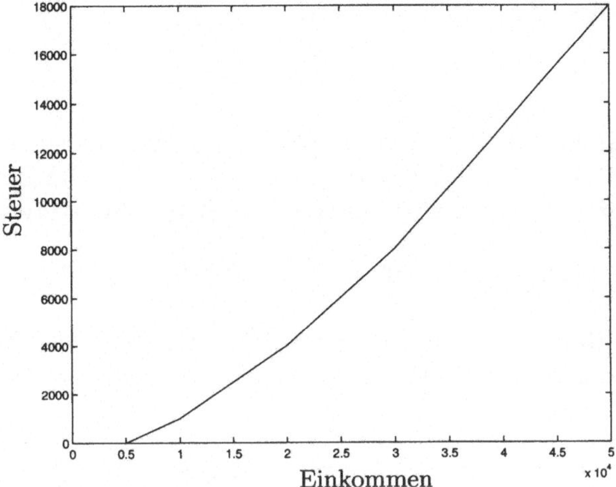

Abb. 23.1. Einkommenssteuer $f(x)$ in Abhängigkeit vom Einkommen x

er, die wir zu bezahlen haben. Die Funktion $f(x)$ beschreibt, wie sich die Einkommenssteuer mit dem Einkommen x ändert. Für ein gegebenes Einkommen x existiert eine zugehörige zu bezahlende Einkommenssteuer $f(x)$. Wir zeigen eine mögliche Funktion $f(x)$ in Abb. 23.1.

Die Funktion $f(x)$ unseres Beispiels ist stückweise linear und Lipschitzstetig. Die Wert von $f(x)$ ist bis zum Gesamteinkommen 5000 Null, die Steigung beträgt im Intervall $[5\,000, 10\,000]$ $0, 2$, $0, 3$ in $[10\,000, 20\,000]$, $0, 4$ in $[20\,000, 30\,000]$ und $0, 5$ in $[30\,000, \infty)$.

Für ein gegebenes x entspricht die Steigung der Geraden, die $f(x)$ in der Nähe von $\bar{x}$ repräsentiert, dem Einkommenssteuersatz. Wir bezeichnen die Steigung von $f(x)$ in $\bar{x}$ mit $m(\bar{x})$. Wir erkennen, dass sich die Steigung $m(\bar{x})$ mit $\bar{x}$ ändert. Beispielsweise ist $m(\bar{x}) = 0, 3$ für $x \in (10\,000, 20\,000)$. Verdienen wir bei einem Einkommen von $\bar{x} \in (10\,000, 20\,000)$ einen Euro mehr, dann wird unsere Einkommenssteuer um $0, 3$ Euro wachsen.

Der Einkommenssteuersatz entspricht der Steigung der Geraden, die die Einkommenssteuer $f(x)$ als Funktion des Einkommens x repräsentiert. Daher ist beim Einkommen $\bar{x}$ der Einkommenssteuersatz $m(\bar{x})$. Der Steuersatz ist Null bis zu einem Einkommen von $5\,000$, der Steuersatz beträgt $0, 2$ im Einkommensbereich $[5\,000, 10\,000]$, $0, 3$ im Bereich $[10\,000, 20\,000]$, $0, 4$ im Bereich $[20\,000, 30\,000]$ und $0, 5$ für Einkommen im Bereich $[30\,000, \infty)$. Wir können mit den folgenden Formeln angeben, wie sich $f(x)$ für jeden Einkommensbereich verändert:

$$f(x) = 0 \quad \text{für } x \in [0, 5\,000]$$
$$f(x) = 0, 2(x - 5\,000) \quad \text{für } x \in [5\,000, 10\,000]$$
$$f(x) = f(10\,000) + 0, 3(x - 10\,000) \quad \text{für } x \in [10\,000, 20\,000]$$
$$f(x) = f(20\,000) + 0, 4(x - 20\,000) \quad \text{für } x \in [20\,000, 30\,000]$$
$$f(x) = f(30\,000) + 0, 5(x - 30\,000) \quad \text{für } x \in [30\,000, \infty).$$

Wir können diese Formeln in der Form

$$f(x) = f(\bar{x}) + m(\bar{x})(x - \bar{x}) \tag{23.1}$$

zusammenfassen, wobei $\bar{x}$ für ein vorgegebenes Einkommen steht mit der zugehörigen Steuer $f(\bar{x})$. Wir sind an der Steuer $f(x)$ beim Einkommen x in einem Intervall, das $\bar{x}$ enthält, interessiert. So beschreibt etwa die Formel

$$f(x) = f(15\,000) + m(15\,000)(x - 15\,000) \quad \text{für } x \in [10\,000, 20\,000],$$

wie sich die Steuer mit dem Einkommen x in der Nähe des Einkommens $\bar{x} = 15\,000$ verändert, vgl. Abb. 23.2, wobei $m(15\,000) = 0,3$ der Einkommenssteuersatz ist.

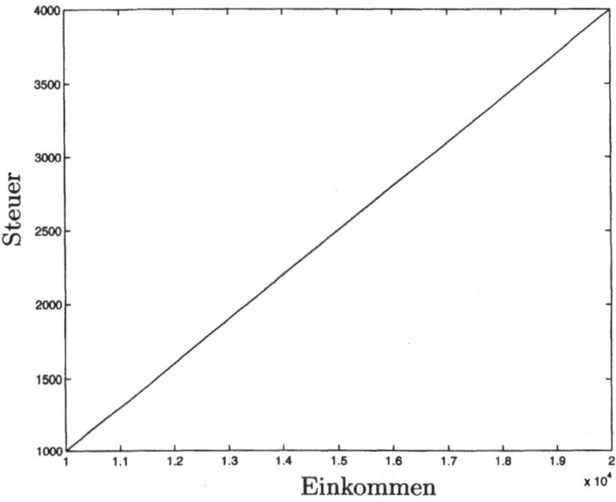

Abb. 23.2. Steuer $f(x)$ für ein Einkommen x im Bereich $[10\,000, 20\,000]$

Die Ableitung der Funktion $f(x) = f(\bar{x}) + m(\bar{x})(x - \bar{x})$ ist bei $x = \bar{x}$ gleich dem Steuersatz $m(\bar{x})$. Die Formel $f(x) = f(\bar{x}) + m(\bar{x})(x - \bar{x})$ beschreibt, wie sich $f(x)$ mit x in einem Intervall um $\bar{x}$ ändert. Die Formel besagt, dass $f(x)$ in der Nähe von $\bar{x}$ eine Gerade mit Steigung $m(\bar{x})$ ist.

Ganz allgemein können wir für eine lineare Funktion $f(x) = mx + b$ auch

$$f(x) = f(\bar{x}) + m(x - \bar{x})$$

schreiben, da $f(\bar{x}) = b + m\bar{x}$. Der Koeffizient m, mit dem die Änderung $x - \bar{x}$ multipliziert wird, entspricht der Ableitung von $f(x)$ in $\bar{x}$. In diesem Fall ist die Ableitung konstant gleich m für alle $\bar{x}$. Die Änderung in $f(x)$ ist der Änderung in x proportional mit dem Proportionalitätsfaktor m:

$$f(x) - f(\bar{x}) = m(x - \bar{x}), \tag{23.2}$$

d.h. für $x \neq \bar{x}$ beträgt die Steigung m

$$m = \frac{f(x) - f(\bar{x})}{x - \bar{x}}. \tag{23.3}$$

Wir können die Steigung m als Änderung in $f(x)$ pro Einheitsschritt in x oder als Veränderungsrate von $f(x)$ in Abhängigkeit von x betrachten.

23.3 Wandern

Wir wollen nun dem obigen Beispiel eine andere Interpretation verleihen. Dazu nehmen wir an, dass x die Zeit in Sekunden ist und $f(x)$ der Abstand in Meter, den ein Wanderer auf seinem Pfad beginnend bei der Anfangszeit $x = 0$ zurücklegt. Entsprechend der obigen Formeln ist $f(x) = 0$ für $x \in [0, 5\,000]$, was bedeutet, dass der Ausflug mit einer Pause von $5\,000$ Sekunden anfängt (vielleicht, um etwas an der Ausrüstung zu reparieren). Für $x \in [5\,000, 10\,000]$ gilt $f(x) = 0,2(x - 5\,000)$, was besagt, dass der Wanderer $0,2$ Meter pro Sekunde zurücklegt, d.h. sich mit der *Geschwindigkeit* $0,2$ Meter pro Sekunde bewegt. Im Zeitbereich $[10\,000, 20\,000]$ gilt $f(x) = f(10\,000) + 0,3(x - 10\,000)$, was bedeutet, dass die Geschwindigkeit des Wanderers nun bei $0,3$ Meter pro Sekunde liegt, u.s.w.

Wir halten fest, dass die Steigung $m(\bar{x})$ der Geraden $f(x) = f(\bar{x}) + m(\bar{x})(x - \bar{x})$ die Geschwindigkeit bei $\bar{x}$ repräsentiert. Wir können daher sagen, dass die Ableitung des Abstands $f(x)$ nach der Zeit x, d.h. die Steigung $m(\bar{x})$, gleich der Geschwindigkeit ist. Wir werden die Interpretation der Ableitung als Geschwindigkeit unten wieder finden.

23.4 Definition der Ableitung

Wir wollen jetzt die *Ableitung* einer gegebenen Funktion $f : \mathbb{R} \to \mathbb{R}$ in einem gegebenen Punkt $\bar{x}$ definieren. Wir werden dabei der Vorstellung folgen, dass die Ableitung von $f(x)$ in $\bar{x}$ gleich m ist, wenn $f(x)$ sich besonders gut durch die lineare Funktion $f(\bar{x}) + m(x - \bar{x})$ für x in der Nähe von $\bar{x}$ annähern lässt. Anders ausgedrückt, setzen wir die Ableitung von $f(x)$ in $\bar{x}$ gleich der Steigung m der Näherungsfunktion $f(\bar{x}) + m(x - \bar{x})$. Natürlich ist der Schlüsselschritt dabei, wie wir die „besonders gute" Näherung von $f(x)$ durch $f(x) + m(x - \bar{x})$ interpretieren wollen. Wir werden auf die natürliche Forderung, dass der Fehler proportional zu $|x - \bar{x}|^2$ ist, d.h. dass der Fehler quadratisch im Abstand $x - \bar{x}$ ist, stoßen. Geometrisch entspricht dies der Forderung, dass die Gerade $y = f(\bar{x}) + m(x - \bar{x})$ die Tangente zum Graphen $y = f(x)$ in $(\bar{x}, f(\bar{x}))$ ist. Wir werden sehen, dass die Forderung, dass der Fehler quadratisch in $x - \bar{x}$ ist, ziemlich gut ist. Insbesondere wäre die

Forderung, dass der Fehler noch kleiner ist, beispielsweise proportional zu $|x - \bar{x}|^3$, eine zu starke Anforderung.

Bevor wir die Ableitung definieren, wollen wir etwas zurücktreten, um uns vorzubereiten und verschiedene lineare Näherungen $b + m(x - \bar{x})$ der gegebenen Funktion $f(x)$ für x in der Nähe von $\bar{x}$ betrachten. Es gibt viele unterschiedliche Geraden, die $f(x)$ in der Nähe von $\bar{x}$ annähern. Einige gute und schlechtere Näherungen sind in Abb. 23.3 gezeigt. Links zeigen wir einige schlechtere lineare Näherungen der Funktion $f(x)$ in der Nähe von $\bar{x}$. Rechts sind bessere lineare Näherungen aufgetragen.

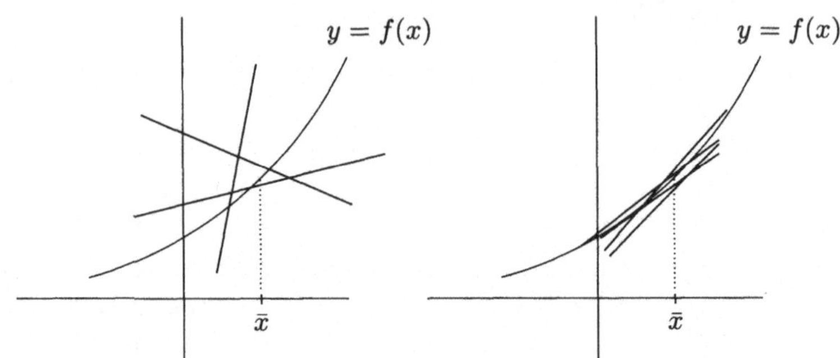

Abb. 23.3. Lineare Näherungen von $f(x)$ in der Nähe von $\bar{x}$

Offen bleibt die Frage, welche der vielen Näherungsgeraden eine besonders gute Wahl ist.

Wir verfügen über Informationen, die wir nutzen sollten. Wir wissen nämlich, dass der Wert von $f(x)$ für $x = \bar{x}$ gleich $f(\bar{x})$ ist. Daher betrachten wir nur Geraden $b + m(x - \bar{x})$, die den Wert $f(\bar{x})$ für $x = \bar{x}$ annehmen, d.h. wir wählen $b = f(\bar{x})$. Derartige Geraden *interpolieren* $f(x)$ in $\bar{x}$ und sind daher durch die Gleichung

$$y = f(\bar{x}) + m(x - \bar{x}) \tag{23.4}$$

gegeben. Wir begannen diesen Abschnitt mit der Betrachtung von Näherungen von $f(x)$ in dieser Form. Wir stellen mehrere Beispiele in Abb. 23.4 mit verschiedenen Steigungen m vor.

Wir möchten natürlich die Steigung m so wählen, dass $f(x)$ besonders gut durch die lineare Funktion $f(\bar{x}) + m(x - \bar{x})$ für x nahe bei $\bar{x}$ angenähert wird. Wir erwarten, dass die Steigung m von $\bar{x}$ abhängt, d.h. $m = m(\bar{x})$.

Von den drei Geraden in Abb. 23.4 nahe $(\bar{x}, f(\bar{x}))$, scheint die mittlere bei weitem die beste zu sein. Diese Gerade ist eine *Tangente* an den Graphen von $f(x)$ im Punkt $\bar{x}$. Die Steigung der Tangente wird dadurch charakterisisert, dass der Fehler zwischen $f(x)$ und der Näherung $f(\bar{x}) + m(\bar{x})(x - \bar{x})$, d.h. die Größe

$$E_f(x, \bar{x}) = f(x) - \big(f(\bar{x}) + m(\bar{x})(x - \bar{x})\big), \tag{23.5}$$

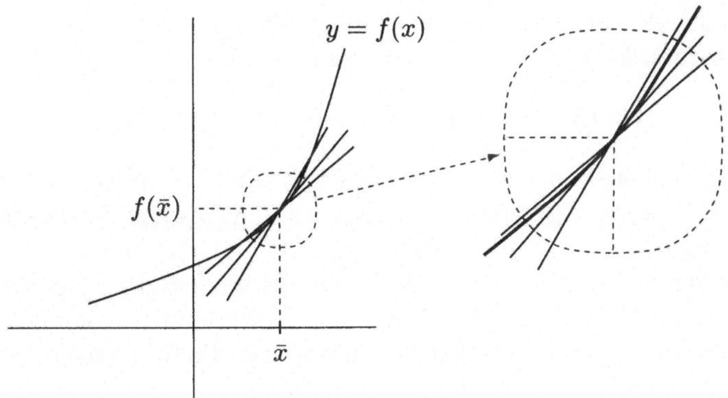

Abb. 23.4. Lineare Näherungen einer Funktion, die alle durch den Punkt $(\bar{x}, f(\bar{x}))$ gehen. Die Umgebung von $(\bar{x}, f(\bar{x}))$ ist *rechts* vergößert

besonders klein ist. Da $f(\bar{x}) + m(\bar{x})(x - \bar{x})$ in $x = \bar{x}$ die Funktion $f(x)$ interpoliert, gilt $E(\bar{x}, \bar{x}) = 0$. Wir schreiben (23.5) neu:

$$f(x) = f(\bar{x}) + m(\bar{x})(x - \bar{x}) + E_f(x, \bar{x}).$$

$E_f(x, \bar{x})$ kann als Korrektur zur linearen Näherung $f(\bar{x}) + m(\bar{x})(x - \bar{x})$ von $f(x)$ betrachtet werden, vgl. Abb. 23.5. Wir erwarten, dass die Korrektur $E_f(x, \bar{x})$ besonders klein ist, wenn sie viel kleiner ist als der Ausdruck $m(x - \bar{x})$, der eine lineare Korrektur zum konstanten Wert $f(\bar{x})$ darstellt. Somit ist $f(\bar{x}) + m(\bar{x})(x - \bar{x})$ eine lineare Näherung an $f(x)$ in der Nähe von $\bar{x}$ ohne Fehler in $x = \bar{x}$ und wir suchen $m(\bar{x})$ so, dass die Korrektur $E_f(x, \bar{x})$ klein ist verglichen zu $m(x - \bar{x})$ für x in der Nähe von $\bar{x}$.

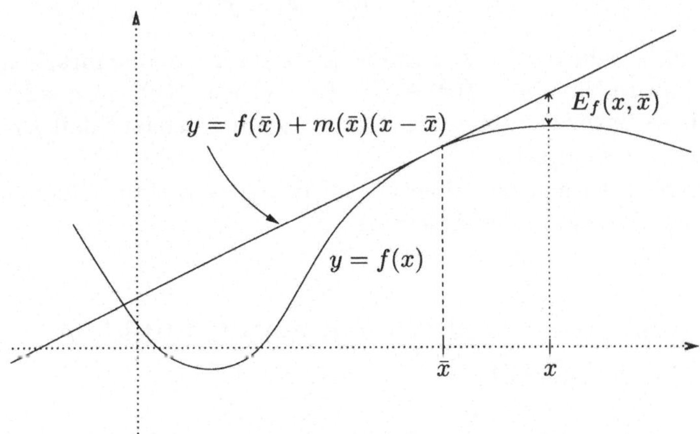

Abb. 23.5. Graph $y = f(x)$, Tangente $y = f(\bar{x}) + m(\bar{x})(x - \bar{x})$ und Fehler $E_f(x, \bar{x})$

Daher ist es eine natürliche Forderung, dass $E_f(x,\bar{x})$ durch einen Ausdruck beschränkt werden kann, der *quadratisch* in $x - \bar{x}$ ist, d.h.

$$|E_f(x,\bar{x})| \leq K_f(\bar{x})|x - \bar{x}|^2 \quad \text{für } x \text{ nahe bei } \bar{x}, \qquad (23.6)$$

wobei $K_f(\bar{x})$ konstant ist. Der Ausdruck $K_f(\bar{x})|x - \bar{x}|^2$ ist viel kleiner als $m(\bar{x})|x - \bar{x}|$, wenn x genügend nahe bei $\bar{x}$ ist, d.h. wenn der Faktor $|x - \bar{x}|$ klein genug ist.

Wir sagen in Kurzform, dass ein Fehlerausdruck $E_f(x,\bar{x})$ *quadratisch* in $x-\bar{x}$ ist, wenn $E_f(x,\bar{x})$ der Abschätzung (23.6) mit einer Konstanten $K_f(\bar{x})$ für x nahe bei $\bar{x}$ genügt. Daher versuchen wir, die Steigung $m = m(\bar{x})$ so zu wählen, dass der Fehler $E_f(x,\bar{x})$ quadratisch in $x - \bar{x}$ ist. Die lineare Funktion $f(\bar{x})+m(\bar{x})(x-\bar{x})$ ist dann *Tangente* von $f(x)$ in $\bar{x}$. Wir erwarten, dass die Steigung der Tangente in $\bar{x}$ von $\bar{x}$ abhängt, was wir durch die Schreibweise $m(\bar{x})$ andeuten.

Nun sind wir in der Lage, die Ableitung von $f(x)$ in $\bar{x}$ zu definieren. Die Funktion $f(x)$ heißt *differenzierbar* in $\bar{x}$, wenn es Konstanten $m(\bar{x})$ und $K_f(\bar{x})$ gibt, so dass für x nahe bei $\bar{x}$

$$f(x) = f(\bar{x}) + m(\bar{x})(x - \bar{x}) + E_f(x,\bar{x}),$$

$$\text{mit } |E_f(x,\bar{x})| \leq K_f(\bar{x})|x - \bar{x}|^2. \quad (23.7)$$

Wir sagen dann, dass die *Ableitung* von $f(x)$ in $\bar{x}$ gleich $m(\bar{x})$ ist und wir schreiben die Ableitung als $f'(\bar{x}) = m(\bar{x})$. Die Ableitung $f'(\bar{x})$ von $f(x)$ in $\bar{x}$ ist gleich der Steigung $m(\bar{x})$ der Tangente $y = f(\bar{x}) + m(\bar{x})(x - \bar{x})$ von $f(x)$ in $\bar{x}$. Die Abhängigkeit von $\bar{x}$ wird in $f'(\bar{x})$ beibehalten.

Wenn wir kurz zusammenfassen, so können wir uns Gleichung (23.7), die die Ableitung von f in $\bar{x}$ definiert, als Definition der linearen Näherung

$$f(\bar{x}) + f'(\bar{x})(x - \bar{x}) \approx f(x)$$

denken, für x nahe bei $\bar{x}$ mit einem Fehler $E_f(x,\bar{x})$, der quadratisch in $x-\bar{x}$ ist. Die lineare Näherung $f(\bar{x}) + f'(\bar{x})(x - \bar{x})$ von $f(x)$ mit quadratischem Fehler in $x - \bar{x}$ wird *Linearisierung* von $f(x)$ in $\bar{x}$ genannt und $E_f(x,\bar{x})$ ist der *Linearisierungsfehler*.

Wir berechnen nun die Ableitungen für einige wichtige Polynome $f(x)$ anhand der Definition der Ableitung.

23.5 Die Ableitung einer linearen Funktion ist konstant

Ist $f(x) = b + mx$ eine lineare Funktion mit reellen Konstanten b und m, dann ist

$$f(x) = b + mx = b + m\bar{x} + m(x - \bar{x}) = f(\bar{x}) + m(x - \bar{x}),$$

wobei die zugehörige Fehlerfunktion $E_f(x,\bar{x}) = 0$ für alle x. Wir folgern daraus, dass $f'(\bar{x}) = m$, falls $f(x) = b + mx$. Somit ist die Ableitung einer linearen Funktion $b + mx$ eine Konstante und entspricht der Steigung m. Wir halten fest, dass für $m > 0$ die Funktion $f(x) = b + mx$ *ansteigt* (mit wachsendem x), d.h. $f(x) > f(\bar{x})$ für $x > \bar{x}$ und $f(x) < f(\bar{x})$ für $x < \bar{x}$. Umgekehrt ist für $m < 0$ die Funktion $f(x)$ *fallend* (mit wachsendem x), d.h. $f(x) < f(\bar{x})$ für $x > \bar{x}$ und $f(x) > f(\bar{x})$ für $x < \bar{x}$. Insbesondere gilt für $b = 0$ und $m = 1$:

$$\text{Für } f(x) = x \quad \text{gilt } f'(x) = 1. \tag{23.8}$$

23.6   Die Ableitung von x^2 ist $2x$

Wir wollen nun die Ableitung der quadratischen Funktion $f(x) = x^2$ im Punkte $\bar{x}$ berechnen. Dabei versuchen wir zunächst, den konstanten Wert $f(\bar{x})$ aus $f(x)$ und einen Faktor $x - \bar{x}$ aus dem verbleibenden Ausdruck „herauszulösen", um so $f(x) = f(\bar{x}) + g(x,\bar{x})(x - \bar{x})$ zu erhalten. Dann werden wir den Ausdruck $g(x,\bar{x})$ durch $g(\bar{x},\bar{x})$ ersetzen und zeigen, dass der sich ergebende Fehlerausdruck $E = (g(x,\bar{x}) - g(\bar{x},\bar{x}))(x-\bar{x})$ die gewünschte Eigenschaft $|E| \leq K|x - \bar{x}|^2$ hat. In unserem Fall haben wir für $f(x) = x^2$

$$x^2 = \bar{x}^2 + (x^2 - \bar{x}^2) = \bar{x}^2 + (x+\bar{x})(x-\bar{x}) = \bar{x}^2 + 2\bar{x}(x-\bar{x}) + (x-\bar{x})^2, \tag{23.9}$$

d.h.

$$f(x) = f(\bar{x}) + 2\bar{x}(x - \bar{x}) + E_f(x,\bar{x}),$$

mit $E_f(x,\bar{x}) = (x-\bar{x})^2$. Daraus ersehen wir, dass $f(x) = x^2$ differenzierbar ist für alle $\bar{x}$ mit $f'(\bar{x}) = 2\bar{x}$, d.h. $f'(x) = 2x$ für $x \in \mathbb{R}$. Wir folgern daraus, vgl. Abb. 23.6, dass

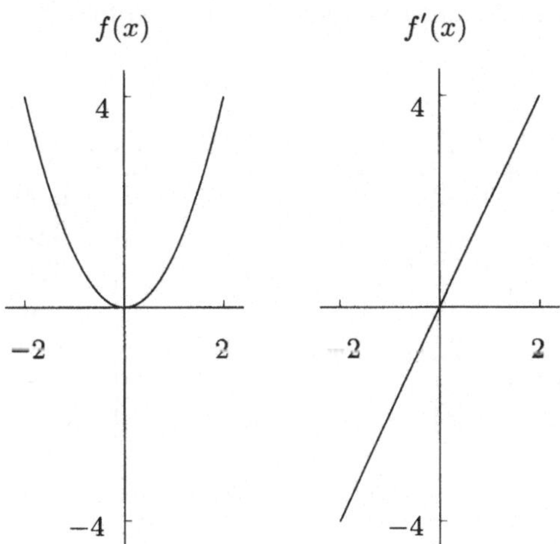

Abb. 23.6. $f(x) = x^2$ und $f'(x) = 2x$

$$\text{für } f(x) = x^2 \quad \text{gilt } f'(x) = 2x. \tag{23.10}$$

Ein alternativer und kürzerer Weg zur Linearisierungsformel (23.9) ist:

$$x^2 = (\bar{x} + (x - \bar{x}))^2 = \bar{x}^2 + 2\bar{x}(x - \bar{x}) + (x - \bar{x})^2. \tag{23.11}$$

Wir sehen, dass x^2 für $x < 0$ abnimmt und für $x > 0$ ansteigt, was dem Vorzeichen der Ableitung $f'(x) = 2x$ entspricht.

Wenn wir, um mit der Argumentation vertraut zu werden, die obigen Berechnungen insbesondere für $\bar{x} = 1$ wiederholen, erhalten wir

$$x^2 = 1 + 2(x - 1) + (x - 1)^2.$$

Somit hat die Ableitung von $f(x) = x^2$ in $\bar{x} = 1$ den Wert $f'(1) = 2$. Wir stellen x^2 und $1 + 2(x - 1)$ in Abb. 23.7 dar. Wir vergleichen einige Werte der Funktion x^2 mit der linearen Näherung $1 + 2(x - 1)$ zusammen mit dem Fehler $(x - 1)^2$ in Abb. 23.8.

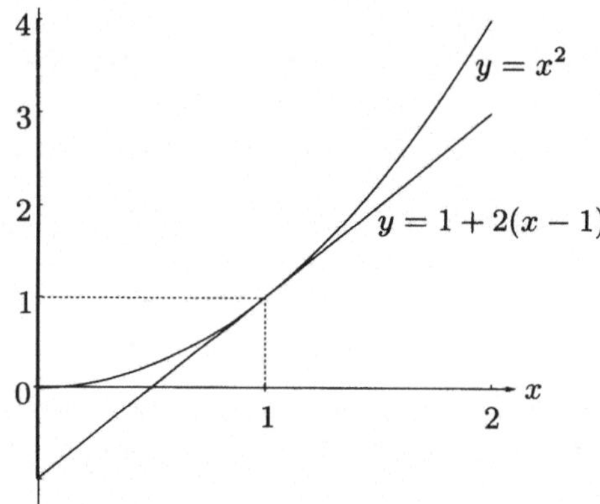

Abb. 23.7. Linearisierung $1 + 2(x - 1)$ für x^2 in $\bar{x} = 1$

x	$f(x)$	$f(1) + f'(1)(x - 1)$	$E_f(x, 1)$
0,7	0,49	0,4	0,09
0,8	0,64	0,6	0,04
0,9	0,81	0,8	0,01
1,0	1,0	1,0	0,0
1,1	1,21	1,2	0,01
1,2	1,44	1,4	0,04
1,3	1,69	1,6	0,09

Abb. 23.8. Einige Werte von $f(x) = x^2$, $f(1) + f'(1)(x - 1) = 1 + 2(x - 1)$ und $E_f(x, 1) = (x - 1)^2$

23.7   Die Ableitung von x^n ist nx^{n-1}

Wir berechnen nun die Ableitung der Monome $f(x) = x^n$ im Punkt $\bar{x}$, wobei $n \geq 2$ eine natürliche Zahl ist. Mit Hilfe der Binomialentwicklung können wir (23.11) verallgemeinern:

$$x^n = (\bar{x} + x - \bar{x})^n = \bar{x}^n + n\bar{x}^{n-1}(x - \bar{x}) + E_f(x, \bar{x}),$$

wobei alle Fehlerausdrücke

$$E_f(x, \bar{x}) = \frac{n(n-1)}{2}\bar{x}^{n-2}(x - \bar{x})^2 + \cdots + (x - \bar{x})^n$$

mindestens zwei Faktoren $(x - \bar{x})$ enthalten, so dass

$$|E_f(x, \bar{x})| \leq K_f(\bar{x})(x - \bar{x})^2.$$

Dabei hängt $K_f(\bar{x})$ von $\bar{x}$, x und n ab und ist sicherlich beschränkt, wenn x und $\bar{x}$ innerhalb eines beschränkten Intervalls liegen. Wir folgern, dass $f'(\bar{x}) = n\bar{x}^{n-1}$ für alle $\bar{x}$, d.h. $f'(x) = nx^{n-1}$ für alle x. Zusammengefasst:

$$\text{Für } f(x) = x^n \quad \text{gilt } f'(x) = nx^{n-1}. \tag{23.12}$$

Für $n = 2$ treffen wir wieder auf die Formel $f'(x) = 2x$ für $f(x) = x^2$.

23.8   Die Ableitung von $\frac{1}{x}$ ist $-\frac{1}{x^2}$ für $x \neq 0$

Wir berechnen nun die Ableitung der Funktion $f(x) = \frac{1}{x}$ für $x \neq 0$. Für ein x nahe bei $\bar{x} \neq 0$ gilt

$$\frac{1}{x} = \frac{1}{\bar{x}} + \left(\frac{1}{x} - \frac{1}{\bar{x}}\right) = \frac{1}{\bar{x}} + \left(-\frac{1}{x\bar{x}}\right)(x - \bar{x}) = \frac{1}{\bar{x}} + \left(-\frac{1}{\bar{x}^2}\right)(x - \bar{x}) + E,$$

mit

$$E = \left(\frac{1}{\bar{x}^2} - \frac{1}{x\bar{x}}\right)(x - \bar{x}) = \frac{1}{x\bar{x}^2}(x - \bar{x})^2.$$

Folglich gilt, wie gewünscht, $|E| \leq K|x - \bar{x}|^2$. Wir folgern, dass $f(x) = \frac{1}{x}$ differenzierbar in $\bar{x}$ ist, mit der Ableitung $f'(\bar{x}) = -\frac{1}{\bar{x}^2}$ für $\bar{x} \neq 0$, d.h.

$$\text{für } f(x) = \frac{1}{x} \quad \text{gilt } f'(\bar{x}) = -\frac{1}{\bar{x}^2} \quad \text{für } \bar{x} \neq 0. \tag{23.13}$$

23.9   Die Ableitung als Funktion

Ist eine Funktion $f(x)$ differenzierbar in allen Punkten $\bar{x}$ eines offenen Intervalls I, dann heißt $f(x)$ *differenzierbar auf I*. Die Ableitung $f'(\bar{x})$ ändert

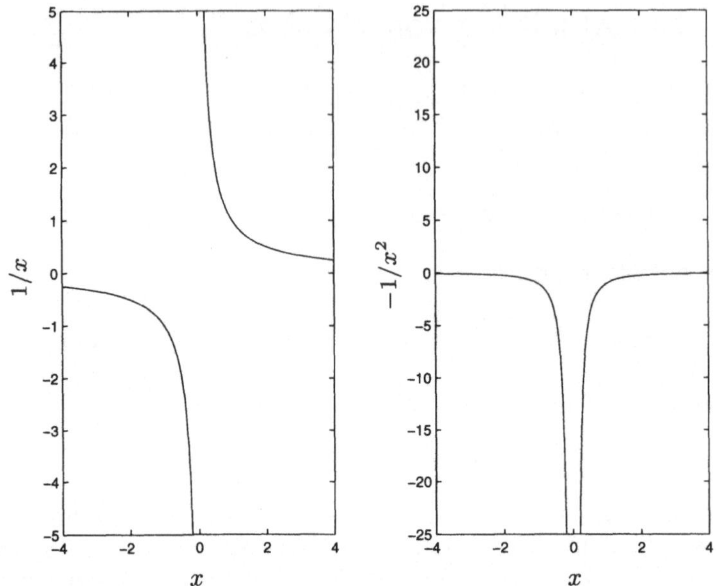

Abb. 23.9. Funktion $f(x) = \frac{1}{x}$ und ihre Ableitung $f'(x) = -\frac{1}{x^2}$ für $x > 0$

sich im Allgemeinen mit $\bar{x}$. Wir können daher die Ableitung $f'(x)$ einer Funktion $f(x)$, die auf einem Intervall I differenzierbar ist, als Funktion von $\bar{x}$ für $\bar{x} \in I$ betrachten. Wie können den Namen der Variablen $\bar{x}$ ändern und über die Ableitung $f'(x)$ als Funktion in x sprechen. Wir haben diesen Schritt bereits oben vollzogen. Somit können wir zu einer auf einem Intervall I differenzierbaren Funktion $f(x)$ die Funktion $f'(x)$ für $x \in I$ zuordnen, die der Ableitung von $f(x)$ entspricht. Wir können daher von der Ableitung $f'(x)$ einer differenzierbaren Funktion $f(x)$ sprechen. So ist beispielsweise die Ableitung von x^2 gleich $2x$ und die Ableitung von x^3 ist $3x^2$.

23.10 Schreibweise der Ableitung von $f(x)$ als $Df(x)$

Wir schreiben die Ableitung $f'(x)$ von $f(x)$ auch $Df(x)$, d.h.

$$f'(x) = Df(x).$$

Beachten Sie, dass $D(f)$ der Definitionsbereich von f ist, wohingegen $Df(x)$ die Ableitung von $f(x)$ nach x bezeichnet.

Wir können die wichtige Formulierung (23.12) auch

$$\text{für } f(x) = x^n \quad \text{gilt } f'(x) = Df(x) = nx^{n-1} \tag{23.14}$$

oder

$$Dx^n = nx^{n-1} \quad \text{für } n = 1, 2, \ldots \tag{23.15}$$

schreiben. Dieses ist eines der wichtigsten Ergebnisse der Infinitesimalrechnung. Dabei nehmen wir an, dass n eine natürliche Zahl ist (inklusive des Sonderfalls $n = 0$, falls wir uns darauf verständigen, dass $x^0 = 1$ für alle x). Unten werden wir diese Formulierung auf rationale n (und schließlich reelle n) erweitern. Wir wiederholen, dass wir oben für $x \neq 0$ bewiesen haben, dass

$$\text{für } f(x) = \frac{1}{x} \quad \text{gilt } f'(x) = Df(x) = -\frac{1}{x^2},$$

was gleichbedeutend ist zu $n = -1$ in (23.14).

Beispiel 23.1. Angenommen, Sie fahren mit einem Auto entlang der x-Achse und Ihre Position zur Zeit t, relativ zum Anfangspunkt (Zeit $t = 0$), sei $s(t) = 3 \times (2t - t^2)$ km. Dabei wird t in Stunden gemessen und die positive Richtung von s zeigt nach rechts. Ihre Geschwindigkeit ist $s'(t) = 6 - 6t = 6(1 - t)$ km/Stunde zur Zeit t. Da die Ableitung für $0 \leq t < 1$ positiv ist, d.h. dass die Tangente an $s(t)$ positive Steigung hat für $0 \leq t < 1$, bewegt sich das Fahrzeug nach rechts bis $t = 1$. Genau bei $t = 1$ stoppen Sie das Auto und fahren dann ($t > 1$) nach links, da die Steigungen der Tangenten dann negativ sind.

23.11   Schreibweise der Ableitung von $f(x)$ als $\frac{df}{dx}$

Wir werden die Ableitung $f'(x)$ einer differenzierbaren Funktion $f(x)$ auch

$$\frac{df}{dx} = f'(x) \tag{23.16}$$

schreiben. Dabei lassen wir in $\frac{df}{dx}$ üblicherweise die Variable x weg und schreiben $\frac{df}{dx}$ anstelle von $\frac{df}{dx}(x)$. Natürlich wurde die Schreibweise $\frac{df}{dx}$ von (23.25) inspiriert, wobei df für die f-Differenz $f(x_i) - f(\bar{x})$ steht und dx für die x-Differenz $x_i - \bar{x}$. Wir können ebenso den Ableitungsoperator D in $Df(x)$ alternativ als $\frac{d}{dx}$ schreiben, wie beispielsweise

$$\frac{d}{dx}(x^n) = nx^{n-1}. \tag{23.17}$$

Somit stehen uns drei verschiedene Schreibweisen für die Ableitung einer Funktion $f(x)$ in Abhängigkeit von x zur Verfügung: $f'(x)$, $Df(x)$ und $\frac{df}{dx}$.

Beachten Sie, dass in der Schreibweise $f'(x)$ und $Df(x)$ für die Ableitung einer Funktion $f(x)$ impliziert wird, dass die Ableitung bezüglich der unabhängigen Variablen x gebildet wird. Dies wird in der Schreibweise $\frac{df}{dx}$ explizit formuliert. Ist also $f = f(y)$, d.h. f ist eine Funktion der Variablen y, dann ist $Df = \frac{df}{dy}$, während für $f = f(x)$ gilt $Df = \frac{df}{dx}$.

23.12 Ableitung als Grenzwert von Differenzenquotienten

Wir wiederholen, dass die Funktion $f(x)$ in $\bar{x}$ differenzierbar ist mit der Ableitung $f'(\bar{x})$, falls für ein x in einem offenen Intervall I, das $\bar{x}$ enthält,

$$f(x) = f(\bar{x}) + f'(\bar{x})(x - \bar{x}) + E_f(x, \bar{x}) \tag{23.18}$$

gilt, wobei

$$|E_f(x, \bar{x})| \le K_f(\bar{x})|x - \bar{x}|^2 \tag{23.19}$$

mit der Konstanten $K_f(\bar{x})$. Ist $x \ne \bar{x}$, können wir für $x \in I$ durch $x - \bar{x}$ dividieren und erhalten

$$\frac{f(x) - f(\bar{x})}{x - \bar{x}} = f'(\bar{x}) + R_f(x, \bar{x}), \tag{23.20}$$

wobei

$$R_f(x, \bar{x}) = \frac{E_f(x, \bar{x})}{x - \bar{x}} \tag{23.21}$$

der folgenden Ungleichung genügt:

$$|R_f(x, \bar{x})| \le K_f(\bar{x})|x - \bar{x}| \quad \text{für } x \in I. \tag{23.22}$$

Ist nun $\{x_i\}_{i=1}^{\infty}$ eine Folge mit $\lim_{i \to \infty} x_i = \bar{x}$ mit $x_i \in I$ und $x_i \ne \bar{x}$ für alle i. Es gibt viele derartige Folgen. So können wir beispielsweise $x_i = \bar{x} + i^{-1}$ wählen oder $x_i = \bar{x} + 10^{-i}$. Aus (23.22) folgt, dass

$$\lim_{i \to \infty} R_f(x_i, \bar{x}) = 0 \tag{23.23}$$

und somit wegen (23.20)

$$f'(\bar{x}) = \lim_{i \to \infty} m_i(\bar{x}), \tag{23.24}$$

mit dem *Differenzenquotienten*

$$m_i(\bar{x}) = \frac{f(x_i) - f(\bar{x})}{x_i - \bar{x}}, \tag{23.25}$$

der von den beiden verschiedenen Punkten $\bar{x}$ und x_i abhängt. Der in (23.25) definierte Differenzenquotient $m_i(\bar{x})$ entspricht der Steigung der *Sekanten*, die die Punkte $(\bar{x}, f(\bar{x}))$ und $(x_i, f(x_i))$ verbindet, vgl. Abb. 23.10, und kann als *durchschnittliche Änderungsrate* von $f(x)$ zwischen $\bar{x}$ und x_i interpretiert werden.

Die Gleichung

$$f'(\bar{x}) = \lim_{i \to \infty} \frac{f(x_i) - f(\bar{x})}{x_i - \bar{x}}, \tag{23.26}$$

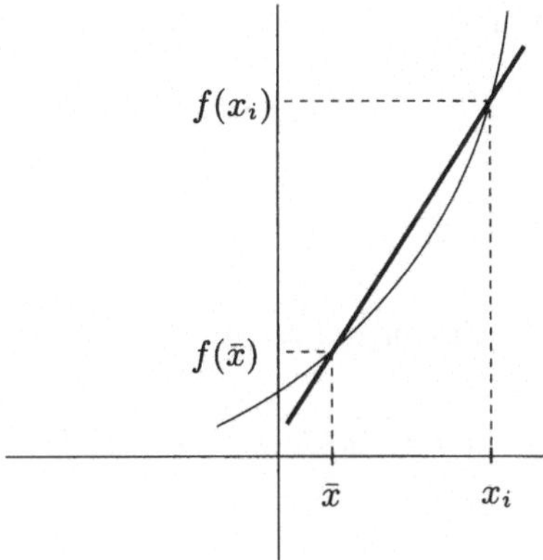

Abb. 23.10. Die Sekante zwischen $(\bar{x}, f(\bar{x}))$ und $(x_i, f(x_i))$

beschreibt die Ableitung $f'(x)$ als Grenzwert der durchschnittlichen Änderungsrate von $f(x)$ über das Intervall $x_i - \bar{x}$ dessen Länge gegen Null geht, wenn i gegen Unendlich strebt. Wir können daher $f'(x)$ als *lokale Änderungsrate* von $f(x)$ in $\bar{x}$ betrachten. Ist $f(x)$ die Steuer zum Einkommen x, entspricht $f'(x)$ dem Einkommenssteuersatz in $\bar{x}$. Ist $f(x)$ ein Abstand und x die Zeit, dann ist $f'(x)$ die *momentane Geschwindigkeit* zur Zeit $\bar{x}$.

Alternativ können wir $f'(\bar{x})$ als Steigung der Tangente von $f(x)$ in $x = \bar{x}$ betrachten, die sich als Grenzwert der Folge von Steigungen $\{m_i(\bar{x})\}$ von Sekanten durch die Punkte $(\bar{x}, f(\bar{x}))$ und $(x_i, f(x_i))$ ergibt, wobei $\{x_i\}_{i=1}^{\infty}$ eine Folge ist mit Grenzwert $\bar{x}$. Wir haben dies in Abb. 23.11 veranschaulicht.

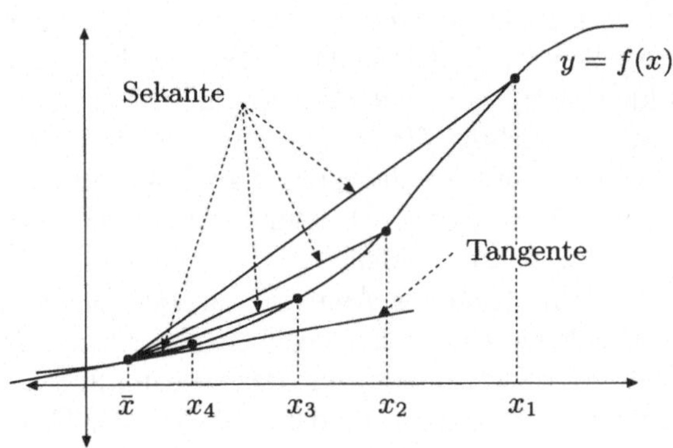

Abb. 23.11. Eine Folge von Sekanten, die sich an die Tangente in $\bar{x}$ annähert

Beispiel 23.2. Wir wollen nun die Ableitung von $f(x) = x^2$ in $\bar{x}$ mit Hilfe von (23.24) berechnen. Sei $x_i = \bar{x} + 1/i$. Die Steigung der Sekante durch

$(\bar{x}, \bar{x}^2)$ und $(x_i, f(x_i)) = (x_i, x_i^2)$ beträgt

$$m_i(\bar{x}) = \frac{x_i^2 - \bar{x}^2}{x_i - \bar{x}} = \frac{(x_i - \bar{x})(x_i + \bar{x})}{x_i - \bar{x}} = (x_i + \bar{x}).$$

Die Gleichung (23.24) liefert

$$f'(\bar{x}) = \lim_{i \to \infty} m_i(\bar{x}) = \lim_{i \to \infty} \left(2\bar{x} + \frac{1}{i}\right) = 2\bar{x}$$

und so erhalten wir die bereits bekannte Formel $Dx^2 = 2x$.

23.13   Wie wird die Ableitung berechnet?

Sei $f(x)$ eine gegebene Funktion, für die wir die Ableitung $f'(x)$ für ein $\bar{x}$ nicht analytisch berechnen können. Wir haben oben zwar analytische Berechnungen für Polynome benutzt, aber keine Strategie vorgestellt, um die Ableitung $f'(x)$ für allgemeinere Funktionen $f(x)$ zu bestimmen. Die Funktion $f(x)$ mag beispielsweise nicht durch eine Formel gegeben sein, sondern als Resultat $f(x)$ für x, das irgendwie berechnet wird.

Dasselbe Problem stellt sich, wenn wir eine physikalische Geschwindigkeit über Messungen bestimmen wollen. Ist etwa der Tachometer in unserem Auto kaputt, wie können wir dann die Geschwindigkeit zu einer gewissen Zeit $\bar{x}$ bestimmen? Natürlich kämen wir auf die Idee, ein Weginkrement $f(x) - f(\bar{x})$ für eine Zeitintervall $x - \bar{x}$ zu messen, wobei $f(x)$ der Gesamtweg ist, und dann den Quotienten $\frac{f(x)-f(\bar{x})}{x-\bar{x}}$ zu bilden, um so die Durchschnittsgeschwindigkeit über das Zeitintervall $(\bar{x}, x)$ zu bestimmen, die als Näherung für die momentane Geschwindigkeit zur Zeit $\bar{x}$ dienen kann. Aber wie sollen wir die Länge des Zeitintervalls $x - \bar{x}$ wählen? Wählen wir $x - \bar{x}$ zu klein, werden wir keine Änderung in der Position feststellen können, d.h. wir beobachten $f(x) = f(\bar{x})$, woraus wir die Geschwindigkeit Null folgern. Wählen wir $x - \bar{x}$ dagegen zu groß, so kann sich die berechnete Durchschnittsgeschwindigkeit sehr stark von der gesuchten momentanen Geschwindigkeit in $\bar{x}$ unterscheiden.

Wir wollen nun mit Hilfe der Analysis das richtige Intervall $x - \bar{x}$ suchen, um die Ableitung $f'(\bar{x})$ einer gegebenen Funktion $f(x)$ in $\bar{x}$ zu bestimmen. Dabei gehen wir davon aus, dass die Funktionswerte $f(x)$ mit einer bestimmten Genauigkeit verfügbar sind. Aus der Definition von $f'(\bar{x})$ erhalten wir für x nahe bei $\bar{x}$, $x \neq \bar{x}$:

$$f'(\bar{x}) = \frac{f(x) - f(\bar{x})}{x - \bar{x}} - \frac{E_f(x, \bar{x})}{x - \bar{x}}$$

mit

$$\left|\frac{E_f(x, \bar{x})}{x - \bar{x}}\right| \leq K_f(\bar{x})|x - \bar{x}|.$$

Der Differenzenquotient

$$\frac{f(x) - f(\bar{x})}{x - \bar{x}}$$

kann daher, bis auf einen Linearisierungsfehler der Größe $K_f(\bar{x})|x - \bar{x}|$, als Näherung von $f'(\bar{x})$ betrachtet werden.

Angenommen, wir würden die Größe $f(x) - f(\bar{x})$ bis auf einen Fehler von δf genau kennen. Wir gehen also davon aus, dass wir x und $\bar{x}$ exakt kennen, aber die Funktionswerte $f(x)$ und $f(\bar{x})$ bei der Berechnung oder der Messung fehlerbehaftet sind, so dass wir einen Fehler von δf in $f(x) - f(\bar{x})$ haben. Wir wissen, dass der Wert $f(x)$ für ein x oft nur näherungsweise aus Rechnungen bekannt ist.

Der Fehler δf in $f(x) - f(\bar{x})$ verursacht einen Fehler in der Größenordnung $|\frac{\delta f}{x - \bar{x}}|$ für den Differenzenquotienten $\frac{f(x) - f(\bar{x})}{x - \bar{x}}$. Somit haben wir einen Gesamtfehler in $f'(\bar{x})$ der Größe

$$\left|\frac{\delta f}{x - \bar{x}}\right| + K_f(\bar{x})|x - \bar{x}|, \qquad (23.27)$$

der aus der Linearisierung und dem Fehler in $f(x) - f(\bar{x})$ herstammt. Wenn wir beide Fehlerbeiträge gleichsetzen, was uns die richtige Balance liefert, erhalten wir die Gleichung

$$\left|\frac{\delta f}{x - \bar{x}}\right| = K_f|x - \bar{x}|,$$

wobei wir $K_f = K_f(\bar{x})$ schreiben, mit deren Hilfe wir das „optimale Inkrement"

$$|x - \bar{x}| = \sqrt{\frac{\delta f}{K_f}} \qquad (23.28)$$

berechnen können. Wählen wir $|x - \bar{x}|$ kleiner, dann dominiert der Fehleranteil $|\frac{\delta f}{x - \bar{x}}|$. Wählen wir dagegen $|x - \bar{x}|$ größer, dann dominiert der Linearisierungsfehler $K_f(\bar{x})|x - \bar{x}|$.

Wenn wir das optimale Inkrement in (23.27) einsetzen, erhalten wir eine „beste" Fehlerabschätzung

$$\left|f'(\bar{x}) - \frac{f(x) - f(\bar{x})}{x - \bar{x}}\right| \le 2\sqrt{\delta f}\sqrt{K_f}. \qquad (23.29)$$

Betrachten wir die zwei Formeln (23.28) und (23.29) für das optimale Inkrement und den zugehörigen kleinsten Fehler in $f'(\bar{x})$, dann erkennen wir, dass dabei einige a priori Kenntnisse von δf und K_f nötig sind. Wenn wir keinerlei Vorstellungen von deren Größenordnungen haben, können wir keine Abschätzung für das Inkrement $x - \bar{x}$ treffen und wir werden nichts über den Fehler in der berechneten Ableitung wissen. Natürlich wird man in vielen Fällen eine Vorstellung von der Größe von δf haben; ein Fehler, der sich aus Berechnungen oder Messungen ergibt. Aber es ist weniger ersichtlich, wie wir eine Vorstellung über die Größenordnung von K_f erhalten. Wir werden unten auf diese Frage zurückkommen.

Wir fassen zusammen: Wenn wir eine Näherung von $f'(\bar{x})$ mit Hilfe des Differenzenquotienten $\frac{f(x)-f(\bar{x})}{x-\bar{x}}$ berechnen, sollten wir $x - \bar{x}$ nicht zu klein wählen, wenn wir einen Fehler in $f(x) - f(\bar{x})$ erwarten. Daher mag die Gleichung

$$f'(\bar{x}) = \lim_{i \to \infty} \frac{f(x_i) - f(\bar{x})}{x_i - \bar{x}},$$

in der $\{x_i\}_{i=1}^{\infty}$ eine zu $\bar{x}$ konvergente Folge mit $x_i \neq \bar{x}$ ist, mit Vorsicht genutzt werden. Wenn wir die Fälle oben untersuchen, bei denen wir die Ableitung analytisch berechnen konnten, wie im Fall $f(x) = x^2$, erkennen wir, dass wir tatsächlich durch $x_i - \bar{x}$ im Quotienten $\frac{f(x_i)-f(\bar{x})}{x_i-\bar{x}}$ dividieren konnten und so das gefährliche Auftauchen von $x_i - \bar{x}$ im Nenner vermeiden können. Beispielsweise nutzten wir bei der analytischen Berechnung von Dx^2, dass

$$\frac{x_i^2 - \bar{x}^2}{x_i - \bar{x}} = \frac{(x_i + \bar{x})(x_i - \bar{x})}{(x_i - \bar{x})} = x_i + \bar{x},$$

woraus wir folgern konnten, dass $x^2 = 2x$.

23.14 Gleichmäßige Differenzierbarkeit auf einem Intervall

Wir bezeichen die Funktion $f(x)$ *differenzierbar* auf dem Intervall I, wenn $f(x)$ für jedes $\bar{x} \in I$ differenzierbar ist, d.h. es gibt für $\bar{x} \in I$ Konstanten $m(\bar{x})$ und $K_f(\bar{x})$, so dass für x nahe bei $\bar{x}$

$$f(x) = (f(\bar{x}) + m(\bar{x})(x - \bar{x})) + E_f(x, \bar{x}),$$
$$|E_f(x, \bar{x})| \leq K_f(\bar{x})|x - \bar{x}|^2.$$

In vielen Fällen können wir ein und dieselbe Konstante $K_f(\bar{x}) = K_f$ für alle $\bar{x} \in I$ wählen. Wir drücken dies dadurch aus, dass wir $f(x)$ gleichmäßig differenzierbar auf I nennen. Lassen wir auch Änderungen von x in I zu, so kommen wir zu folgender Definition, die für uns unten noch sehr nützlich sein wird: Wir sagen, dass die Funktion $f : I \to \mathbb{R}$ *gleichmäßig differenzierbar auf dem Intervall I* mit Ableitung $f'(\bar{x})$ in $\bar{x}$ ist, wenn es eine Konstante K_f gibt, so dass für $x, \bar{x} \in I$

$$f(x) = (f(\bar{x}) + f'(\bar{x})(x - \bar{x})) + E_f(x, \bar{x}),$$

$$|E_f(x, \bar{x})| \leq K_f|x - \bar{x}|^2.$$

Beachten Sie, dass das Wichtige dabei ist, dass K_f nicht von $\bar{x}$ abhängt, aber natürlich sehr wohl von der Funktion f und dem Intervall I.

23.15   Eine beschränkte Ableitung impliziert Lipschitz-Stetigkeit

Angenommen, dass $f(x)$ gleichmäßig auf dem Intervall $I = (a, b)$ differenzierbar sei und dass es eine Konstante L gibt, so dass für $x \in I$

$$|f'(x)| \leq L. \tag{23.30}$$

Wir werden nun zeigen, dass $f(x)$ auf I Lipschitz-stetig zur Lipschitz-Konstanten L ist, d.h. wir werden zeigen, dass

$$|f(x) - f(y)| \leq L|x - y| \quad \text{für } x, y \in I. \tag{23.31}$$

Das Ergebnis scheint uns völlig offensichtlich zu sein: Ist der Betrag der größtmöglichen Änderungsrate der Funktion $f(x)$ durch L beschränkt, so ist der Betrag der insgesamt möglichen Änderung $|f(x) - f(y)|$ beschränkt durch $L|x - y|$.

Steht $f(x)$ für eine zurückgelegte Strecke und somit $f'(x)$ für eine Geschwindigkeit, so besagt die Aussage, dass der Betrag des zurückgelegten Weges $|f(x) - f(y)|$ durch die zur Verfügung stehende Zeitspanne $|x - y|$ multipliziert mit L beschränkt ist, wenn die Geschwindigkeit durch L beschränkt ist. Das ist doch einfach, mein lieber Watson!

Wir werden dieses Ergebnis unten kurz beweisen, benötigen dazu allerdings noch ein Hilfsmittel (den Mittelwertsatz). Wir geben hier einen etwas längeren Beweis.

Nach den Annahmen gilt für $x, y \subset I$

$$f(x) = f(y) + f'(y)(x - y) + E_f(x, y),$$

wobei

$$|E_f(x, y)| \leq K_f|x - y|^2$$

mit einer Konstanten K_f. Wir folgern, dass für $x, y \in I$

$$|f(x) - f(y)| \leq (L + K_f|x - y|)|x - y|,$$

so dass für $x, y \in I$

$$|f(x) - f(y)| \leq \bar{L}|x - y|$$

mit $\bar{L} = L + K(b - a)$. Damit haben wir unser Ziel fast erreicht; allerdings wurde L durch die etwas größere Lipschitz-Konstante $\bar{L}$ ersetzt.

Schränken wir x und y auf ein Teilintervall I_δ von I der Länge δ ein, so erhalten wir

$$|f(x) - f(y)| \leq (L + K\delta)|x - y|.$$

Indem wir δ verkleinern, können wir erreichen, dass $L + K\delta$ so nahe an L kommt, wie wir wollen. Seien nun x und y in I gegeben und sei $x = x_0 < x_1 < \cdots < x_N = y$, mit $x_i - x_{i-1} \leq \delta$, vgl. Abb. 23.12.

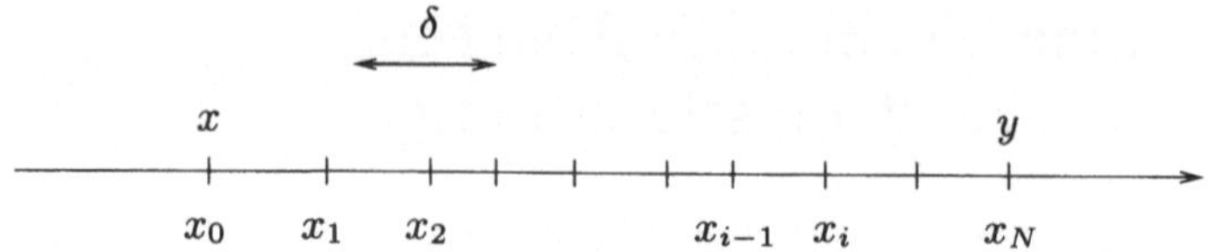

Abb. 23.12. Unterteilung des Intervalls $[x, y]$ in Teilintervalle der Länge $< \delta$

Mit der Dreiecksungleichung erhalten wir

$$|f(x) - f(y)| = \left| \sum_{i=1}^{N} (f(x_i) - f(x_{i-1})) \right|$$

$$\leq \sum_{i=1}^{N} |f(x_i) - f(x_{i-1})| \leq (L + K\delta) \sum_{i=1}^{N} |x_i - x_{i-1}|$$

$$= (L + K\delta)|x - y|.$$

Da diese Ungleichung für jedes $\delta > 0$ gilt, folgern wir, dass tatsächlich

$$|f(x) - f(y)| \leq L|x - y|, \quad \text{für } x, y \in I,$$

womit das Erwünschte bewiesen ist. Wir fassen dies in folgendem Satz zusammen, den wir unten ausführlich benutzen werden:

Satz 23.1 *Angenommen, $f(x)$ sei gleichmäßig differenzierbar auf dem Intervall $I = (a, b)$ und angenommen, es gebe eine Konstante L, so dass*

$$|f'(x)| \leq L, \quad \text{für } x \in I.$$

Dann ist $f(x)$ Lipschitz-stetig auf I zur Lipschitz-Konstanten L.

23.16   Ein etwas anderer Blickwinkel

In vielen Büchern der Infinitesimalrechnung wird die Ableitung einer Funktion $f : \mathbb{R} \to \mathbb{R}$ in einem Punkt $\bar{x}$ folgendermaßen definiert: Existiert der Grenzwert

$$\lim_{i \to \infty} \frac{f(x_i) - f(\bar{x})}{x_i - \bar{x}} \tag{23.32}$$

für jede Folge $\{x_i\}$, die gegen $\bar{x}$ konvergiert ($\lim_{i \to \infty} x_i = \bar{x}$ mit der Annahme, dass $x_i \neq \bar{x}$), so bezeichnen wir den (eindeutigen) Grenzwert als die Ableitung von $f(x)$ in $x = \bar{x}$ und schreiben dafür $f'(\bar{x})$. Wir haben in (23.24) bewiesen, dass

$$f'(\bar{x}) = \lim_{i \to \infty} \frac{f(x_i) - f(\bar{x})}{x_i - \bar{x}},$$

falls $f(x)$ entsprechend unserer Definition mit der Ableitung $f'(\bar{x})$ differenzierbar ist, da wir annehmen, dass

$$\left| f'(\bar{x}) - \frac{f(x_i) - f(\bar{x})}{x_i - \bar{x}} \right| \leq K_f(\bar{x})|x_i - \bar{x}|. \tag{23.33}$$

Das bedeutet, dass unsere Definition der Ableitung etwas stärkere Anforderungen stellt, als es in vielen Infinitesimalbüchern üblich ist. Wir nehmen an, dass die Grenzwertbildung gleichmäßig durch (23.33) erfolgt, während die Definition (23.32) nur fordert, dass der Grenzwert ohne Angabe einer Konvergenzrate existiert (was vielen Mathematikern gefällt, da es größtmögliche Allgemeinheit bedeutet). In den meisten Fällen stimmen beide Konzepte überein, aber in einigen sehr speziellen Fällen würde die Ableitung nach den üblichen Infinitesimalbüchern existieren, aber nicht nach unserer Definition. Wir könnten natürlich unsere Definition lockern und die Beschränkung der rechten Seite in (23.33) zu $K_f(\bar{x})|x_i - \bar{x}|^{\theta}$ mit einer positiven Konstanten $\theta < 1$ lockern, aber die sich ergebende Definition würde immer noch etwas stärkere Anforderungen stellen als nur die Existenz des Grenzwerts. Wenn wir hier eine stärkere Anforderung benutzen, so deswegen, weil wir uns auf Normalität konzentrieren, statt auf extreme oder degenerierte Funktionen. Wir glauben, Studierenden damit zu helfen. Ist die Normalität verstanden, wird es leichter sein, auch Extremfälle zu begreifen.

23.17 Swedenborg

Ein schwedisches Pendant zum Universalgenie Leibniz, der zusammen mit Newton die Infinitesimalrechnung erfand, war Emanuel Swedenborg (1688–1772). Swedenborg führte die Infinitesimalrechnung mit eigenen Beiträgen in Schweden ein. Er brachte 150 Arbeiten in siebzehn verschiedenen Wissenschaften hervor, war Musiker, Bergbauingenieur, Mitglied des schwedischen Parlaments, Erfinder eines Segelfliegers, eines Unterseeboots und eines Hörrohrs für Taube. Er war Mathematiker, der die ersten Bücher zur Algebra und Infinitesimalrechnung auf Schwedisch schrieb und Physiologe, der die Funktion verschiedener Gehirnabschnitte und innersekretorischer Drüsen entdeckte. Daneben war er Baumeister für das (zu seiner Zeit) größte Trockendock der Welt und er schlug die Nebeltheorie für die Bildung von Planeten vor.

Abb. 23.13. Emanuel Swedenborg, schwedisches Universalgenie, als junger Mann: „Der Verkehr zwischen Seele und Leib ist daher nicht durch irgendeinen physischen Strom oder irgendeine Handlung des Körpers auf den Geist oder die Seele beeinflussbar; denn das Niedere kann das Höhere nicht beeinflussen und die Natur kann nicht in Spirituelles eindringen. Dennoch kann sich die Seele an sensorische Änderungen im Gehirn anpassen und geistige Einsichten und Vorstellungen erzeugen. Sie kann auch die Freigabe der in ihr gespeicherten Energie zeitlich steuern und sie aus einem intelligenten Antrieb heraus in motivierte oder lebende Handlungen freisetzen"

Aufgaben zu Kapitel 23

23.1. Beweisen Sie direkt aus der Definition, dass $3x^2$ die Ableitung von x^3 und $4x^3$ die Ableitung von x^4 ist.

23.2. Beweisen Sie direkt aus der Definition, dass die Ableitung der Funktion $f(x) = \sqrt{x} = x^{\frac{1}{2}}$ gleich ist zu $f'(x) = \frac{1}{2}x^{-\frac{1}{2}}$ für $x > 0$. Hinweis: Benutzen Sie $(\sqrt{x} - \sqrt{\bar{x}})(\sqrt{x} + \sqrt{\bar{x}}) = x - \bar{x}$.

23.3. Berechnen Sie die Ableitung von $\sqrt{x}$ numerisch für verschiedene Werte von x und untersuchen Sie, wie der Fehler vom benutzten Inkrement und der Genauigkeit in der Berechnung von $\sqrt{x}$ abhängt.

23.4. Untersuchen Sie die symmetrische Differenzenquotientennäherung

$$f'(\bar{x}) \approx \frac{f(\bar{x} + h) - f(\bar{x} - h)}{h} \quad \text{für} \quad h > 0.$$

Wie sieht eine optimale Wahl von h aus, unter der Annahme, dass $f(\bar{x} \pm h)$ nicht exakt bekannt ist Hinweis: Ein Blick vorwärts zu Taylors Formeln der Ordnung 2 mag hilfreich sein.

23.5. Berechnen Sie die Ableitung von x^n numerisch für verschiedene Werte von x und n und untersuchen Sie, wie der Fehler vom benutzten Inkrement abhängt.

23.6. Können Sie aus der Definition die Ableitung von $\sin(x)$ und $\cos(x)$ berechnen?

23.7. Bestimmen Sie die kleinstmögliche Lipschitz-Konstante für die Funktion $f(x) = x^3$ auf $D(f) = [1, 4]$.

23.8. (*Regel von l'Hopital*). Seien $f : \mathbb{R} \to \mathbb{R}$ und $g : \mathbb{R} \to \mathbb{R}$ differenzierbare Funktionen auf einem offenen Intervall I, das die 0 enthält, und sei $f(0) = g(0) = 0$. Beweisen Sie, dass

$$\lim_{i \to \infty} \frac{f(x_i)}{g(x_i)} = \frac{f'(0)}{g'(0)}$$

für $g'(0) \neq 0$, wobei $\{x_i\}_{i=1}^{\infty}$ eine Folge mit Grenzwert $\lim_{i \to \infty} x_i = 0$ ist und $x_i \neq 0$ für alle i. Dies ist die berühmte *l'Hopitalsche Regel*, die l'Hopital 1713 in seinem Buch *Analyse de infiment petit*, dem ersten Buch zur Infinitesimalrechnung, vorstellte! Beachten Sie, dass $\frac{f(0)}{g(0)} = \frac{0}{0}$ nicht wohl definiert ist. Hinweis: Schreiben Sie $f(x_i) = f(0) + f'(x_i)x_i + E_f(x_i, 0)$ etc.

23.9. Bestimmen Sie $\lim_{i \to \infty} \frac{f(x_i)}{g(x_i)}$ für $f(x) = \sqrt{x} - 1$ und $g(x) = x - 1$. Dabei ist $\{x_i\}_{i=1}^{\infty}$ eine konvergierende Folge mit $\lim_{i \to \infty} x_i = 1$ und $x_i \neq 0$ für alle i. Erweitern Sie das Ergebnis auf $f(x) = x^r - 1$ für rationales r.

24
Ableitungsregeln

Calculemus. (Leibniz)

Wenn ich einen Gedankengang beendet habe, kommt er mir oft so
einfach vor, dass ich mich frage, ob ich ihn von jemandem gestohlen
habe. (Horace Engdahl)

24.1   Einleitung

Wir behaupten und beweisen nun einige Regeln, um Ableitungen von Kombinationen von Funktionen zu berechnen, so dass wir hinterher Kombinationen von Ableitungen der Funktionen haben. Diese Ableitungsregeln bilden
einen Teil der Infinitesimalrechnung, der mit Hilfe von Software zur symbolischen Manipulation automatisiert werden kann. Im Unterschied dazu
werden wir unten sehen, dass Integration, die andere wichtige Operation
der Infinitesimalrechnung, nicht in demselben Ausmaß automatisiert werden kann. Daher kommt es, dass eine bekannte Software zur symbolischen
Manipulation in der Infinitesimalrechnung *Derive* (= bilde Ableitungen)
und nicht *Integrate* (= integriere) heißt.

Die folgenden Ableitungsregeln sind grundlegend und werden im Weiteren oft benutzt. Sie bilden das Rückgrat der symbolischen Infinitesimalrechnung. Wenn wir in die Beweise eintauchen, werden wir mit unterschiedlichen wichtigen Gesichtspunkten der Ableitung vertraut und bereiten uns
so darauf vor, unsere eigene Version von *Derive* zu schreiben.

24.2 Regel für Linearkombinationen

Angenommen, $f(x)$ und $g(x)$ seien zwei auf einem offenen Intervall I differenzierbare Funktionen und sei $\bar{x} \in I$. Nach der Definition gibt es Fehlerfunktionen $E_f(x, \bar{x})$ und $E_g(x, \bar{x})$, die für x nahe bei $\bar{x}$

$$f(x) = f(\bar{x}) + f'(\bar{x})(x - \bar{x}) + E_f(x, \bar{x}),$$
$$g(x) = g(\bar{x}) + g'(\bar{x})(x - \bar{x}) + E_g(x, \bar{x}) \tag{24.1}$$

erfüllen mit

$$|E_f(x, \bar{x})| \le K_f |x - \bar{x}|^2, \quad |E_g(x, \bar{x})| \le K_g |x - \bar{x}|^2, \tag{24.2}$$

wobei K_f und K_g konstant sind. Die Addition ergibt

$$f(x) + g(x) = f(\bar{x}) + g(\bar{x}) + (f'(\bar{x}) + g'(\bar{x}))(x - \bar{x})$$
$$+ E_f(x, \bar{x}) + E_g(x, \bar{x}).$$

Dies kann auch in der Form

$$(f + g)(x) = (f + g)(\bar{x}) + (f'(\bar{x}) + g'(\bar{x}))(x - \bar{x}) + E_{f+g}(x, \bar{x}) \tag{24.3}$$

geschrieben werden mit

$$E_{f+g}(x, \bar{x}) = E_f(x, \bar{x}) + E_g(x, \bar{x}).$$

Aus (24.2) erhalten wir

$$|E_{f+g}(x, \bar{x})| \le (K_f + K_g)|x - \bar{x}|^2.$$

Die Gleichung (24.3) zeigt, dass $(f + g)(x)$ in $\bar{x}$ differenzierbar ist mit

$$(f + g)'(\bar{x}) = f'(\bar{x}) + g'(\bar{x}). \tag{24.4}$$

Wenn wir die erste Zeile von (24.1) mit einer Konstanten c multiplizieren, erhalten wir

$$(cf)(x) = (cf)(\bar{x}) + cf'(\bar{x})(x - \bar{x}) + cE_f(x, \bar{x}). \tag{24.5}$$

Dies beweist, dass $(cf)(x)$ in $\bar{x}$ differenzierbar ist, wenn $f(x)$ in $\bar{x}$ differenzierbar ist, wobei

$$(cf)'(\bar{x}) = cf'(\bar{x}). \tag{24.6}$$

Wir fassen dies zusammen:

Satz 24.1 *Sind $f(x)$ und $g(x)$ differenzierbare Funktionen auf einem offenen Intervall I und c eine Konstante, dann sind auch $(f + g)(x)$ und $(cf)(x)$ auf I differenzierbar für alle $x \in I$:*

$$(f + g)'(x) = f'(x) + g'(x) \quad oder \quad D(f + g)(x) = Df(x) + Dg(x) \tag{24.7}$$

und

$$(cf)'(x) = cf'(x) \quad oder \quad D(cf)(x) = cDf(x). \tag{24.8}$$

Beispiel 24.1.

$$D\Big(2x^3 + 4x^5 + \frac{7}{x}\Big) = 6x^2 + 20x^4 - \frac{7}{x^2}.$$

Beispiel 24.2. Mit Hilfe des Satzes und $Dx^i = ix^{i-1}$ erhalten wir die Ableitung von

$$f(x) = a_0 + a_1 x + a_2 x^2 + \cdots + a_n x^n = \sum_{i=0}^{n} a_i x^i$$

zu

$$f'(x) = a_1 + 2a_2 x^2 + \cdots + na_n x^{n-1} = \sum_{i=1}^{n} i a_i x^{i-1}.$$

24.3 Produktregel

Wenn wir linke und rechte Seite der beiden Gleichungen (24.1) jeweils miteinander multiplizieren, erhalten wir

$$\begin{aligned}
(fg)(x) = f(x)g(x) = {} & f(\bar{x})g(\bar{x}) \\
& + f'(\bar{x})g(\bar{x})(x - \bar{x}) + f(\bar{x})g'(\bar{x})(x - \bar{x}) + f'(\bar{x})g'(\bar{x})(x - \bar{x})^2 \\
& + (g(\bar{x}) + g'(\bar{x})(x - \bar{x}))E_f(x, \bar{x}) \\
& + (f(\bar{x}) + f'(\bar{x})(x - \bar{x}))E_g(x, \bar{x}) + E_f(x, \bar{x})E_g(x, \bar{x}).
\end{aligned}$$

Wir folgern, dass

$$(fg)(x) = (fg)(\bar{x}) + \big(f'(\bar{x})g(\bar{x}) + f(\bar{x})g'(\bar{x})\big)(x - \bar{x}) + E_{fg}(x, \bar{x})$$

mit $E_{fg}(x, \bar{x})$, quadratisch in $x - \bar{x}$. Somit haben wir bewiesen:

Satz 24.2 (Produktregel) *Sind $f(x)$ und $g(x)$ auf I differenzierbar, dann ist auch $(fg)(x)$ auf I differenzierbar mit*

$$(fg)'(x) = f(x)g'(x) + f'(x)g(x), \tag{24.9}$$

d.h.

$$D(fg)(x) = Df(x)g(x) + f(x)Dg(x). \tag{24.10}$$

Beispiel 24.3.

$$\begin{aligned}
D\big((10 + 3x^2 - x^6)(x - 7x^4)\big) \\
= (6x - 6x^5)(x - 7x^4) + (10 + 3x^2 - x^6)(1 - 28x^3).
\end{aligned}$$

24.4   Kettenregel

Wir wollen nun die Ableitung der zusammengesetzten Funktion $(f \circ g)(x) = f(g(x))$ mit Hilfe von Ausdrücken der Ableitungen $f'(y) = \frac{df}{dy}$ und $g'(x) = \frac{dg}{dx}$ berechnen. Angenommen, $g(x)$ sei gleichmäßig differenzierbar auf einem offenen Intervall I. Sei $g(x)$ ferner Lipschitz-stetig auf I zur Lipschitz-Konstanten L_g und $\bar{x} \in I$. Weiterhin sei $f(y)$ gleichmäßig auf einem offenen Intervall J differenzierbar, das $\bar{y} = g(\bar{x})$ enthält. Nach der Definition gibt es Fehlerfunktionen $E_f(y, \bar{y})$ und $E_g(x, \bar{x})$, die für y nahe bei $\bar{y}$ und x nahe bei $\bar{x}$ die Gleichungen

$$f(y) = f(\bar{y}) + f'(\bar{y})(y - \bar{y}) + E_f(y, \bar{y}),$$
$$g(x) = g(\bar{x}) + g'(\bar{x})(x - \bar{x}) + E_g(x, \bar{x}) \qquad (24.11)$$

erfüllen mit

$$|E_f(y, \bar{y})| \le K_f |y - \bar{y}|^2, \quad |E_g(x, \bar{x})| \le K_g |x - \bar{x}|^2, \qquad (24.12)$$

wobei K_f und K_g Konstanten sind, die von y bzw. x unabhängig sind. Aus der Annahme folgt weiter

$$|g(x) - g(\bar{x})| \le L_g |x - \bar{x}|. \qquad (24.13)$$

Wenn wir $y = g(x)$ setzen und daran denken, dass $\bar{y} = g(\bar{x})$, erhalten wir

$$\begin{aligned}
f(g(x)) = f(y) &= f(\bar{y}) + f'(\bar{y})(y - \bar{y}) + E_f(y, \bar{y}) \\
&= f(g(\bar{x})) + f'(g(\bar{x}))(g(x) - g(\bar{x})) + E_f(g(x), g(\bar{x})).
\end{aligned}$$

Die Substitution von $g(x) - g(\bar{x}) = g'(\bar{x})(x - \bar{x}) + E_g(x, \bar{x})$ liefert

$$\begin{aligned}
f(g(x)) = {}& f(g(\bar{x})) + f'(g(\bar{x}))\, g'(\bar{x})(x - \bar{x}) \\
&+ f'(g(\bar{x})) E_g(x, \bar{x}) + E_f(g(x), g(\bar{x})).
\end{aligned}$$

Da aus (24.12) und (24.13) folgt, dass

$$\begin{aligned}
|E_f(g(x), g(\bar{x}))| &\le K_f |g(x) - g(\bar{x})|^2 \le K_f L_g^2 |x - \bar{x}|^2, \\
|f'(g(\bar{x}))\, E_g(x, \bar{x})| &\le |f'(g(\bar{x}))|\, K_g |x - \bar{x}|^2,
\end{aligned}$$

erhalten wir schließlich

$$(f \circ g)(x) = (f \circ g)(\bar{x}) + f'(g(\bar{x}))g'(\bar{x})(x - \bar{x}) + E_{f \circ g}(x, \bar{x}),$$

wobei $E_{f \circ g}(x, \bar{x})$ in $x - \bar{x}$ quadratisch ist. Somit haben wir bewiesen:

Satz 24.3 (Kettenregel) *Sei $g(x)$ gleichmäßig differenzierbar auf einem offenen Intervall I und Lipschitz-stetig auf I. Sei ferner f gleichmäßig* *differenzierbar auf einem offenen Intervall J, das $g(x)$ für $x \in I$ enthält. Dann ist die zusammengesetzte Funktion $f(g(x))$ differenzierbar auf I, mit*

$$(f \circ g)'(x) = f'(g(x))g'(x), \quad \text{für } x \in I \tag{24.14}$$

oder

$$\frac{dh}{dx} = \frac{df}{dy}\frac{dy}{dx}, \tag{24.15}$$

wobei $h(x) = f(y)$ und $y = g(x)$, d.h. $h(x) = f(g(x)) = (f \circ g)(x)$. Eine alternative Schreibweise ist

$$D(f(g(x))) = Df(g(x))Dg(x) \tag{24.16}$$

mit $Df = \frac{df}{dy}$.

Beispiel 24.4. Sei $f(y) = y^5$ und $y = g(x) = 9 - 8x$, so dass $f(g(x)) = (f \circ g)(x) = (9 - 8x)^5$. Wir erhalten $f'(y) = 5y^4$ und $g'(x) = -8$, und somit

$$D((9 - 8x)^5) = 5y^4 \, g'(x) = 5(9 - 8x)^4 \, (-8) = -40(9 - 8x)^4.$$

Beispiel 24.5.

$$D\left(7x^3 + 4x + 6\right)^{18} = 18\left(7x^3 + 4x + 6\right)^{17} D(7x^3 + 4x + 6)$$

$$= 18\left(7x^3 + 4x + 6\right)^{17}(21x^2 + 4).$$

Beispiel 24.6. Wir betrachten die zusammengesetzte Funktion $f(g(x))$ mit $f(y) = 1/y$, d.h. die Funktion $h(x) = \frac{1}{g(x)}$, wobei $g(x)$ eine gegebene Funktion ist, mit $g(x) \neq 0$. Da $Df(y) = -\frac{1}{y^2}$, erhalten wir mit Hilfe der Kettenregel

$$Dh(x) = D\frac{1}{g(x)} = \frac{-1}{(g(x))^2} \, g'(x) = \frac{-g'(x)}{g(x)^2}, \tag{24.17}$$

solange $g(x)$ differenzierbar ist und $g(x) \neq 0$.

Beispiel 24.7. Aus Beispiel 24.6 und der Kettenregel erhalten wir für $n \geq 1$:

$$\frac{d}{dx}x^{-n} = \frac{d}{dx}\left(\frac{1}{x^n}\right) = \frac{-1}{(x^n)^2}\frac{d}{dx}x^n$$

$$= \frac{-1}{x^{2n}} \times nx^{n-1} = -nx^{-n-1}.$$

Dadurch wird die Gleichung $Dx^m = mx^{m-1}$ auf negative ganze Zahlen $m = -1, -2, \ldots$ erweitert.

Beispiel 24.8. Die Kettenregel kann auch rekursiv benutzt werden:

$$\frac{d}{dx}\left(\left(\left(\left(1-x\right)^2+1\right)^3+2\right)^4+3\right)^5$$

$$=5\left(\left(\left(\left(1-x\right)^2+1\right)^3+2\right)^4+3\right)^4\times 4\left(\left(\left(1-x\right)^2+1\right)^3+2\right)^3$$

$$\times 3\left(\left(1-x\right)^2+1\right)^2\times 2(1-x)\times(-1).$$

24.5   Quotientenregel

Seien $f(x)$ und $g(x)$ differenzierbar auf I. Wir suchen die Ableitung von $(\frac{f}{g})(x)=\frac{f(x)}{g(x)}$ in $\bar{x}$. Die Anwendung der Produktregel auf $f(x)\frac{1}{g(x)}=\frac{f(x)}{g(x)}$ liefert mit Beispiel 24.6

$$\left(\frac{f}{g}\right)'(\bar{x})=f'(\bar{x})\frac{1}{g(\bar{x})}+f(\bar{x})\frac{-g'(\bar{x})}{g(\bar{x})^2}=\frac{f'(\bar{x})g(\bar{x})-f(\bar{x})g'(\bar{x})}{g(\bar{x})^2},$$

wenn $g(\bar{x})\neq 0$. Somit haben wir bewiesen:

Satz 24.4   (Quotientenregel) *Seien $f(x)$ und $g(x)$ differenzierbar auf dem offenen Intervall I. Dann gilt für $x\in I$*

$$\left(\frac{f}{g}\right)'(x)=\frac{f'(x)g(x)-f(x)g'(x)}{g(x)^2},$$

falls $g(x)\neq 0$.

Beispiel 24.9.

$$D\left(\frac{3x+4}{x^2-1}\right)=\frac{3\times(x^2-1)-(3x+4)\times 2x}{(x^2-1)^2}.$$

Beispiel 24.10.

$$\frac{d}{dx}\left(\frac{x^3+x}{(8-x)^6}\right)^9$$

$$=9\left(\frac{x^3+x}{(8-x)^6}\right)^8\frac{d}{dx}\left(\frac{x^3+x}{(8-x)^6}\right)$$

$$=9\left(\frac{x^3+x}{(8-x)^6}\right)^8\frac{(8-x)^6\frac{d}{dx}(x^3+x)-(x^3+x)\frac{d}{dx}(8-x)^6}{\left((8-x)^6\right)^2}$$

$$=9\left(\frac{x^3+x}{(8-x)^6}\right)^8\frac{(8-x)^6(3x^2+1)-(x^3+x)6(8-x)^5\times -1}{(8-x)^{12}}.$$

24.6　Ableitungen von Ableitungen: $f^{(n)} = D^n f = \frac{d^n f}{dx^n}$

Sei $f(x)$ eine Funktion mit Ableitung $f'(x)$. Da $f'(x)$ eine Funktion ist, kann sie auch wieder differenzierbar sein. Dadurch würden wir beschreiben, wie sich die Änderungsrate in jedem Punkt x ändert. Die Ableitung der Ableitung $f'(x)$ von $f(x)$ wird *zweite Ableitung* von $f(x)$ genannt und

$$f''(x) = D^2 f(x) = \frac{d^2 f}{dx^2} = (f')'(x)$$

geschrieben.

Beispiel 24.11. Für $f(x) = x^2$, $f'(x) = 2x$ und $f''(x) = 2$.

Beispiel 24.12. Für $f(x) = 1/x$, $f'(x) = -1/x^2 = -x^{-2}$ und $f''(x) = -(-2)x^{-3} = 2/x^3$.

Wir können auch die zweite Ableitung ableiten und erhalten so die dritte Ableitung:

$$f'''(x) = D^3 f(x) = \frac{d^3 f}{dx^3} = (f'')'(x),$$

insofern die Funktionen differenzierbar sind. Wir können die Ableitung $f^{(n)} = D^n f$ von f der Ordnung n rekursiv definieren:

$$f^{(n)}(x) = D^n f(x) = \frac{d^n f}{dx^n} = (f^{(n-1)})'(x) = D(D^{n-1} f)(x),$$

wobei $f'(x) = f^{(1)}(x) = Df(x)$, $f''(x) = f^{(2)}(x) = D^2 f(x)$, usw.

Die Ableitung des Weges nach der Zeit ist die Geschwindigkeit. Die Ableitung der Geschwindigkeit nach der Zeit wird *Beschleunigung* genannt. Die Geschwindigkeit gibt an, wie schnell sich die Position eines Objekts mit der Zeit verändert. Die Beschleunigung gibt an, wie sehr das Objekt mit der Zeit schneller oder langsamer wird (Geschwindigkeitsänderungen).

Beispiel 24.13. Ist $f(x) = x^4$, dann $Df(x) = 4x^3$, $D^2 f(x) = 12x^2$, $D^3 f(x) = 24x$, $D^4 f(x) = 24$ und $D^5 f(x) \equiv 0$.

Beispiel 24.14. Die $n+1$. Ableitung eines Polynoms vom Grade n ist Null.

Beispiel 24.15. Ist $f(x) = 1/x$, dann

$$f(x) = x^{-1}, \, Df(x) = -1 \times x^{-2}, \, D^2 f(x) = 2 \times x^{-3}, \, D^3 f(x) = -6 \times x^{-4}$$

$$\vdots$$

$$D^n f(x) = (-1)^n \times 1 \times 2 \times 3 \times \cdots \times n x^{-n-1} = (-1)^n n! x^{-n-1}.$$

24.7 Einseitige Ableitungen

Wir können auch *Differenzierbarkeit von rechts* in einem Punkt $\bar{x}$ definieren. Die Definition entspricht der, die wir oben gegeben haben, mit der Einschränkung, dass $x \geq \bar{x}$. Um genauer zu sein, wird die Funktion $f : J \to \mathbb{R}$ auf $J = [\bar{x}, b]$ mit $b > \bar{x}$ *rechtsseitig differenzierbar* in $\bar{x}$ genannt, wenn es Konstanten $m(\bar{x})$ und $K_f(\bar{x})$ gibt, so dass für $\bar{x} \in [\bar{x}, b]$

$$|f(x) - (f(\bar{x}) + m(\bar{x})(x - \bar{x}))| \leq K_f(\bar{x})|x - \bar{x}|^2. \tag{24.18}$$

Wir sagen, dass die *rechtsseitige Ableitung* von $f(x)$ in $\bar{x}$ gleich $m(\bar{x})$ ist und wir bezeichnen die rechtsseitige Ableitung mit $f'_+(\bar{x}) = m(\bar{x})$.

Die linksseitige Ableitung $f'_-(\bar{x}) = m(\bar{x})$ definieren wir analog mit der Einschränkung $x \leq \bar{x}$. In beiden Fällen fordern wir einfach, dass die Linearisierungsabschätzung für x auf einer Seite von $\bar{x}$ gilt.

Beispiel 24.16. Die Funktion $f(x) = |x|$ ist für $\bar{x} \neq 0$ differenzierbar mit der Ableitung $f'(\bar{x}) = 1$ für $\bar{x} > 0$ und $f'(\bar{x}) = -1$ für $\bar{x} < 0$. Die Funktion $f(x) = |x|$ ist rechtsseitig differenzierbar in $\bar{x} = 0$ mit der Ableitung $f'_+(0) = 1$ und linksseitig differenzierbar in $\bar{x} = 0$ mit der Ableitung $f'_-(0) = -1$.

Wir nennen $f : [a, b] \to \mathbb{R}$ *differenzierbar auf dem abgeschlossenen Intervall* $[a, b]$, falls $f(x)$ auf dem offenen Intervall (a, b) differenzierbar ist und in a rechtsseitig differenzierbar und in b linksseitig differenzierbar ist. Diese Definition lässt sich selbstverständlich auf halb offene/halb geschlossene Intervalle $(a, b]$ und $[a, b)$ ausdehnen. Ist f entweder differenzierbar oder links- und/oder rechtsseitig differenzierbar in jedem Punkt eines Intervalls, dann nennen wir f *stückweise differenzierbar* auf dem Intervall.

Beispiel 24.17. Die Funktion $|x|$ ist stückweise differenzierbar auf $\mathbb{R}$. Die Funktion $1/x$ ist differenzierbar auf $(0, \infty)$ aber nicht differenzierbar auf $[0, \infty)$.

24.8 Quadratische Näherung: Taylor-Formel zweiter Ordnung

Bei einer differenzierbaren Funktion $f(x)$ wissen wir, wie wir die beste lineare Näherung für x nahe bei $\bar{x}$ erhalten, nämlich

$$f(x) \approx f(\bar{x}) + f'(\bar{x})(x - \bar{x})$$

mit einem Fehler, der quadratisch in $x - \bar{x}$ ist. Manchmal benötigen wir eine bessere Näherung als wir mit einer linearen Funktion erhalten können. Die natürliche Verallgemeinerung ist, nach der „besten" quadratischen Näherung der Form

$$f(x) = f(\bar{x}) + m_1(\bar{x})(x - \bar{x}) + m_2(\bar{x})(x - \bar{x})^2 + E_f(x, \bar{x}) \qquad (24.19)$$

für ein x nahe bei $\bar{x}$ zu suchen, wobei $m_1(\bar{x})$ und $m_2(\bar{x})$ Konstanten sind. Die Fehlerfunktion $E_f(x, \bar{x})$ ist nun *kubisch* in $x - \bar{x}$, d.h.

$$|E_f(x, \bar{x})| \leq K_f(\bar{x})|x - \bar{x}|^3 \qquad (24.20)$$

mit konstantem $K_f(\bar{x})$. Natürlich ist $K_f(\bar{x})|x - \bar{x}|^3$ für kleines $|x - \bar{x}|$ viel kleiner als $m_1(\bar{x})(x - \bar{x})$ und $m_2(\bar{x})(x - \bar{x})^2$, falls $m_1(\bar{x})$ oder $m_2(\bar{x})$ nicht zufälligerweise Null sind.

Wenn (24.19) für x in der Nähe von $\bar{x}$ gilt, dann ist $m_1(\bar{x}) = f'(\bar{x})$, da $m_2(\bar{x})(x - \bar{x})^2 + E_f(x, \bar{x})$ quadratisch in $x - \bar{x}$ ist. Wenn (24.19) gilt, haben wir folglich

$$f(x) = f(\bar{x}) + f'(\bar{x})(x - \bar{x}) + m_2(\bar{x})(x - \bar{x})^2 + E_f(x, \bar{x}). \qquad (24.21)$$

Als Nächstes wollen wir die Konstante $m_2(\bar{x})$ bestimmen. Dazu differenzieren wir (24.21) nach x und erhalten

$$f'(x) = f'(\bar{x}) + 2m_2(\bar{x})(x - \bar{x}) + \frac{d}{dx}E_f(x, \bar{x}). \qquad (24.22)$$

Wir wollen nun annehmen, dass für x nahe bei $\bar{x}$

$$\left|\frac{d}{dx}E_f(x, \bar{x})\right| \leq M_f(\bar{x})|x - \bar{x}|^2 \qquad (24.23)$$

gilt, mit konstantem $M_f(\bar{x})$. Dabei müssen wir beachten, dass die Ableitung die Ordnung von $|x - \bar{x}|$ um eins von 3 auf 2 reduziert. Dieses Phänomen werden wir unten oft wieder finden. Mit (24.23) folgt aus der Definition von $f''(\bar{x})$, dass $f''(\bar{x}) = (f')'(\bar{x}) = 2m_2(\bar{x})$, d.h.

$$m_2(\bar{x}) = \frac{1}{2}f''(\bar{x}).$$

Somit gelangen wir zu einer Näherungsformel der Form

$$f(x) = f(\bar{x}) + f'(\bar{x})(x - \bar{x}) + \frac{1}{2}f''(\bar{x})(x - \bar{x})^2 + E_f(x, \bar{x}), \qquad (24.24)$$

für x nahe bei x, mit $|E_f(x, \bar{x})| \leq K_f(\bar{x})|x - \bar{x}|^3$ für eine Konstante $K_f(\bar{x})$.

Beispiel 24.18. Wir betrachten die Funktion $f(x) = \frac{1}{x}$ für x nahe bei $\bar{x} = 1$. Dabei werden wir ausnutzen, dass für $y \neq -1$

$$\frac{1}{1 + y} = 1 - y\frac{1}{1 + y}$$

gilt, was wir sofort verifizieren können, wenn wir mit $1 + y$ multiplizieren. Somit ist

$$\frac{1}{1+y} = 1 - y\frac{1}{1+y} = 1 - y\left(1 - y\frac{1}{1+y}\right)$$

$$= 1 - y + y^2\frac{1}{1+y} = 1 - y + y^2 - y^3\frac{1}{1+y}.$$

Wir wählen $y = x - 1$ und erhalten

$$\frac{1}{x} = \frac{1}{1+(x-1)} = 1 - (x-1) + (x-1)^2 - \frac{(x-1)^3}{1+(x-1)}. \qquad (24.25)$$

Wir erkennen, dass das quadratische Polynom

$$1 - (x-1) + (x-1)^2$$

eine Näherung für $\frac{1}{x}$ ist für x nahe bei $\bar{x}$. Dabei ist der Fehler kubisch in $x - \bar{x}$. Als direkte Folgerung aus dieser Entwicklung erhalten wir $f(1) = 1$, $f'(1) = -1$ und $f''(1) = 2$. Wir haben die Näherung in Abb. 24.1 dargestellt und einige Wert der Näherung in Abb. 24.2 wiedergegeben.

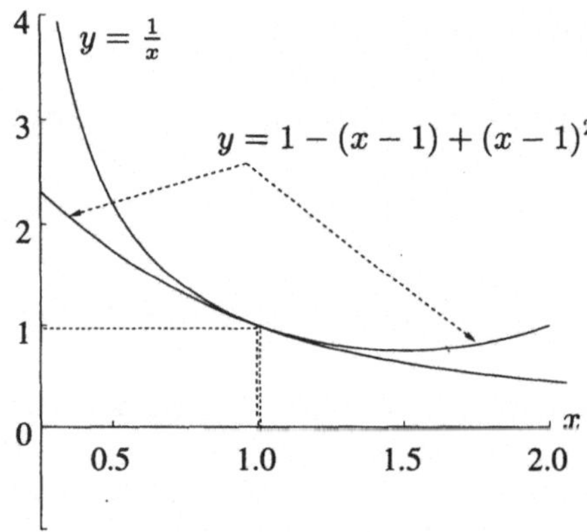

Abb. 24.1. Quadratische Näherung $1 - (x-1) + (x-1)^2$ von $1/x$ nahe $\bar{x} = 1$

Weiter unten werden wir unter der Bezeichnung *Taylor-Formel*,

$$f(x) = f(\bar{x}) + f'(\bar{x})(x - \bar{x}) + \frac{1}{2}f''(\bar{x})(x - \bar{x})^2 + E_f(x, \bar{x}) \qquad (24.26)$$

für x nahe bei $\bar{x}$ schreiben, wenn die Funktion $f(x)$ dreimal differenzierbar ist mit $|f^{(3)}(x)| \leq 6K_f(\bar{x})$ für x nahe bei $\bar{x}$ und einer Konstanten $K_f(\bar{x})$. Dabei ist die Fehlerfunktion $E_f(x, \bar{x})$ kubisch in $x - \bar{x}$, genauer

$$|E_f(x, \bar{x})| \leq K_f(\bar{x})|x - \bar{x}|^3, \quad \text{für } x \text{ nahe bei } \bar{x}. \qquad (24.27)$$

Weiterhin ist $\frac{d}{dx}E_f(x, \bar{x})$ quadratisch in $x - \bar{x}$, d.h. die Taylor-Formel liefert uns die quadratische Näherung, die wir in (24.19) gesucht haben.

x	$1/x$	$1 - (x-1) + (x-1)^2$	$E_f(x,1)$
0,7	1,428571	1,39	0,038571
0,8	1,25	1,22	0,03
0,9	1,111111	1,11	0,00111
1,0	1,0	1,0	0,0
1,1	0,909090	0,91	0,000909
1,2	0,833333	0,84	0,00666
1,3	0,769230	0,79	0,02077

Abb. 24.2. Einige Werte von $f(x) = 1/x$, der quadratischen Näherung $1 - (x-1) + (x-1)^2$ und des Fehlers $E_f(x,1)$

24.9   Ableitung einer inversen Funktion

Sei $f : (a,b) \to \mathbb{R}$ differenzierbar in $\bar{x} \in (a,b)$, so dass für x nahe bei $\bar{x}$

$$f(x) = f(\bar{x}) + f'(\bar{x})(x - \bar{x}) + E_f(x, \bar{x}) \qquad (24.28)$$

gilt, wobei $|E_f(x, \bar{x})| \leq K_f(\bar{x})(x - \bar{x})^2$ mit konstantem $K_f(\bar{x})$. Angenommen, dass $f'(\bar{x}) \neq 0$, so dass $f(x)$ monoton anwachsend oder abfallend ist, für x nahe bei $\bar{x}$. Dann hat die Gleichung $y = f(x)$ eine eindeutige Lösung x für y nahe bei $\bar{y} = f(\bar{x})$. Dadurch wird x als Funktion von y definiert. Diese Funktion wird *Inverse* der Funktion $y = f(x)$ genannt und $x = f^{-1}(y)$ geschrieben, vgl. Abb. 24.3.

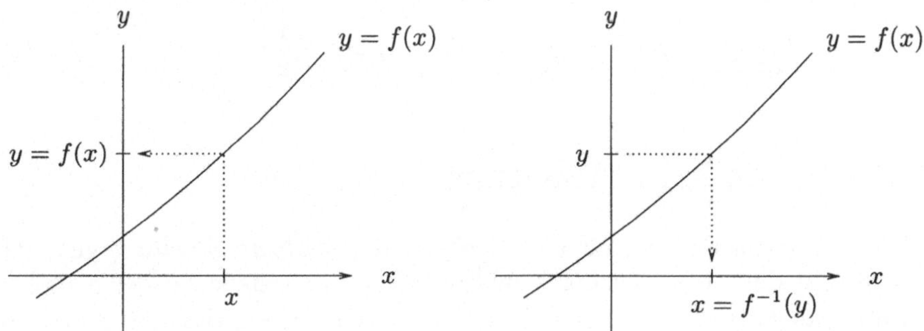

Abb. 24.3. Die Funktion $y = f(x)$ und ihre Inverse $x = f^{-1}(y)$

Können wir die Ableitung der Funktion $x = f^{-1}(y)$ nach y für y nahe bei $\bar{y} = f(\bar{x})$ berechnen? Dazu formulieren wir (24.28) um, zu

$$y = \bar{y} + f'(\bar{x})(f^{-1}(y) - f^{-1}(\bar{y})) + E_f(f^{-1}(y), f^{-1}(\bar{y})),$$

d.h.

$$f^{-1}(y) = f^{-1}(\bar{y}) + \frac{1}{f'(\bar{x})}(y - \bar{y}) - \frac{1}{f'(\bar{x})} E_f(f^{-1}(y), f^{-1}(\bar{y})). \qquad (24.29)$$

Nun nehmen wir an, dass f^{-1} Lipschitz-stetig sei auf einem offenen Intervall J um $\bar{y}$, so dass

$$|f^{-1}(y) - f^{-1}(\bar{y})| \le L_{f^{-1}}|y - \bar{y}| \quad \text{für } y \in J.$$

Dann ist für y benachbart zu $\bar{y}$

$$\left|\frac{1}{f'(\bar{x})} E_f(f^{-1}(y), f^{-1}(\bar{y}))\right| \le \frac{1}{|f'(\bar{x})|} K_f(\bar{x})(L_{f^{-1}})^2 |y - \bar{y}|^2.$$

Wir erkennen mit (24.29), dass die Ableitung $Df^{-1}(\bar{y})$ von $f^{-1}(y)$ nach y gleich $\frac{1}{f'(\bar{x})}$ ist, d.h.

$$Df^{-1}(\bar{y}) = \frac{1}{f'(\bar{x})}, \tag{24.30}$$

wobei $\bar{y} = f(\bar{x})$. Zusammengefasst heißt das:

Satz 24.5 *Sei $y = f(x)$ differenzierbar nach x in $\bar{x}$ und $f'(\bar{x}) \ne 0$. Dann ist die inverse Funktion $x = f^{-1}(y)$ differenzierbar nach y in $\bar{y} = f(\bar{x})$ mit der Ableitung $Df^{-1}(\bar{y}) = \frac{1}{f'(\bar{x})}$.*

Beispiel 24.19. Die Inverse der Funktion $y = f(x) = x^2$ für $x > 0$ ist die Funktion $x = f^{-1}(y) = \sqrt{y}$, die für $y > 0$ definiert ist. Es folgt, dass $D\sqrt{y} = \frac{1}{f'(x)} = \frac{1}{2x} = \frac{1}{2\sqrt{y}}$. Indem wir y gegen x austauschen, erhalten wir für $x > 0$

$$\frac{d}{dx}\sqrt{x} = D\sqrt{x} = \frac{1}{2\sqrt{x}} \quad \text{oder} \quad Dx^{\frac{1}{2}} = \frac{1}{2}x^{-\frac{1}{2}}. \tag{24.31}$$

24.10   Implizite Ableitung

Wir geben ein Beispiel für eine Technik, die *implizite Ableitung* genannt wird, um die Ableitung der Funktion $x^{\frac{p}{q}}$ zu berechnen, wobei p und q ganze Zahlen sind mit $q \ne 0$ und $x > 0$. Wir wissen, dass die Funktion $y = x^{\frac{p}{q}}$ die eindeutige Lösung der Gleichung $y^q = x^p$ ist bei gegebenem $x > 0$. Daher können wir y als Funktion von x betrachten und $y(x) = x^{\frac{p}{q}}$ schreiben und wir erhalten

$$(y(x))^q = x^p \quad \text{für } x > 0. \tag{24.32}$$

Angenommen, dass $y(x)$ nach x differenzierbar sei mit der Ableitung $y'(x)$, dann erhalten wir durch Ableitung beider Seiten von (24.32) nach x mit Hilfe der Kettenregel für die linke Seite:

$$q(y(x))^{q-1}y'(x) = px^{p-1}.$$

Daraus folgern wir, indem wir $y(x) = x^{\frac{p}{q}}$ einsetzen:

$$y'(x) = \frac{p}{q} x^{-\frac{p}{q}(q-1)} x^{p-1} = \frac{p}{q} x^{\frac{p}{q}-1}.$$

Wir schließen damit, dass

$$Dx^r = rx^{r-1} \quad \text{für rationales } r \text{ und } x > 0, \tag{24.33}$$

wobei wir die Berechnung als Anzeichen dafür nehmen, dass die Ableitung tatsächlich existiert.

Vorausgesetzt, dass die Inverse $x = f^{-1}(y)$ zur Funktion $y = f(x)$ existiert, wobei wir $y = y(x) = f(x)$ als Funktion von x und $D = \frac{d}{dy}$ betrachten, dann liefert das Ableiten beider Seiten von $x = f^{-1}(y)$ nach x

$$1 = Df^{-1}(y)f'(x),$$

womit wir wiederum (24.30) erhalten. Damit haben wir die Verbindung zum vorherigen Abschnitt hergestellt.

24.11   Partielle Ableitung

Wir haben inzwischen einige Erfahrung beim Umgang mit Ableitungen reellwertiger Funktionen $f : \mathbb{R} \to \mathbb{R}$ einer reellen Variablen x gewonnen. Unten werden wir reellwertige Funktion *mehrerer reeller Variablen* betrachten, was uns zu *partiellen Ableitungen* führen wird. Wir wollen hier einen ersten Einblick vermitteln und betrachten dazu eine reellwertige Funktion $f : \mathbb{R} \times \mathbb{R} \to \mathbb{R}$ zweier reeller Variablen, d.h. für jedes $x_1 \in \mathbb{R}$ und $x_2 \in \mathbb{R}$ erhalten wir eine reelle Zahl $f(x_1, x_2)$. So steht beispielsweise

$$f(x_1, x_2) = 15x_1 + 3x_2 \tag{24.34}$$

für die Gesamtkosten im Mittagessen/Eiscreme Modell, wobei x_1 für die Menge Fleisch und x_2 für die Menge Eiscreme steht. Um die *partielle Ableitung* der Funktion $f(x_1, x_2) = 15x_1 + 3x_2$ nach x_1 zu berechnen, halten wir die Variable x_2 konstant und berechnen die Ableitung der Funktion $f_1(x_1) = f(x_1, x_2)$ als Funktion von x_1. So erhalten wir $\frac{df_1}{dx_1} = 15$ und wir schreiben

$$\frac{\partial f}{\partial x_1} = 15$$

für die *partielle Ableitung* von $f(x_1, x_2)$ nach x_1. Ähnlich berechnen wir die *partielle Ableitung* der Funktion $f(x_1, x_2) = 15x_1 + 3x_2$ nach x_2, indem wir die Variable x_1 konstant halten und die Ableitung der Funktion $f_2(x_2) = f(x_1, x_2)$ nach x_2 berechnen. So erhalten wir $\frac{df_2}{dx_2} = 3$ und wir schreiben

$$\frac{\partial f}{\partial x_2} = 3.$$

Offensichtlich betragen die zusätzlichen Kosten für ein Kilo Fleisch $\frac{\partial f}{\partial x_1} = 15$ und die zusätzlichen Kosten für eine Einheit Eiscreme betragen $\frac{\partial f}{\partial x_2} = 3$. Der *Fleischkostensatz* ist folglich $\frac{\partial f}{\partial x_1} = 15$ und der für Eiscreme $\frac{\partial f}{\partial x_2} = 3$.

Beispiel 24.20. Sei $f : \mathbb{R} \times \mathbb{R} \to \mathbb{R}$ die Funktion $f(x_1, x_2) = x_1^2 + x_2^3 + x_1 x_2$. Wir berechnen

$$\frac{\partial f}{\partial x_1}(x_1, x_2) = 2x_1 + x_2, \quad \frac{\partial f}{\partial x_2}(x_1, x_2) = 3x_2^2 + x_1,$$

wobei wir den eben erklärten Regeln folgen: Um $\frac{\partial f}{\partial x_1}$ zu berechnen, halten wir x_2 konstant und leiten nach x_1 ab und um $\frac{\partial f}{\partial x_2}$ zu berechnen, halten wir x_1 konstant und leiten nach x_2 ab.

Ganz allgemein können wir auf natürliche Weise die Regeln für die Differenzierbarkeit einer reellwertigen Funktion $f(x)$ in einer reellen Variable x auf die Differenzierbarkeit einer reellwertigen Funktion $f(x_1, x_2)$ zweier reeller Variablen x_1 und x_2, wie folgt, übertragen: Wir sagen, dass die Funktion $f(x_1, x_2)$ in $\bar{x} = (\bar{x}_1, \bar{x}_2)$ *differenzierbar* ist, wenn Konstanten $m_1(\bar{x}_1, \bar{x}_2)$, $m_2(\bar{x}_1, \bar{x}_2)$ und $K_f(\bar{x}_1, \bar{x}_2)$ existieren, so dass für (x_1, x_2) nahe bei $(\bar{x}_1, \bar{x}_2)$

$$f(x_1, x_2) = f(\bar{x}_1, \bar{x}_2) + m_1(\bar{x}_1, \bar{x}_2)(x_1 - \bar{x}_1) + m_2(\bar{x}_1, \bar{x}_2)(x_2 - \bar{x}_2) + E_f(x, \bar{x}),$$

wobei

$$|E_f(x, \bar{x})| \le K_f(\bar{x}_1, \bar{x}_2)((x_1 - \bar{x}_1)^2 + (x_2 - \bar{x}_2)^2).$$

Beachten Sie, dass

$$f(\bar{x}_1, \bar{x}_2) + m_1(\bar{x}_1, \bar{x}_2)(x_1 - \bar{x}_1) + m_2(\bar{x}_1, \bar{x}_2)(x_2 - \bar{x}_2)$$

eine lineare Näherung für $f(x)$ ist mit quadratischem Fehler, deren Graph die *Tangentialebene* an $f(x)$ in $\bar{x}$ darstellt.

Indem wir x_2 konstant gleich $\bar{x}_2$ halten, erkennen wir, das die *partielle Ableitung* von $f(x_1, x_2)$ in $(\bar{x}_1, \bar{x}_2)$ nach x_1 gleich ist mit $m_1(\bar{x}_1, \bar{x}_2)$ und wir schreiben für diese Ableitung

$$\frac{\partial f}{\partial x_1}(\bar{x}_1, \bar{x}_2) = m_1(\bar{x}_1, \bar{x}_2).$$

Ähnlich sagen wir, dass die *partielle Ableitung* von $f(x)$ in $\bar{x}$ nach x_2 gleich ist mit $m_2(\bar{x}_1, \bar{x}_2)$ und schreiben für diese Ableitung $\frac{\partial f}{\partial x_2}(\bar{x}_1, \bar{x}_2) = m_2(\bar{x}_1, \bar{x}_2)$.

Diese Vorstellung lässt sich in natürlicher Weise auf reellwertige Funktionen $f(x_1, \ldots, x_d)$ von d reellen Variablen $x_1, \ldots, x_d$ erweitern und wir können von der partiellen Ableitung von $f(x_1, \ldots, x_d)$ nach $x_1, \ldots, x_d$ sprechen (und sie berechnen) und dabei denselben Regeln folgen. Um die partielle Ableitung $\frac{\partial f}{\partial x_j}$ nach x_j für ein $j = 1, \ldots, d$ zu berechnen, halten wir alle

Variablen außer x_j konstant und berechnen die übliche Ableitung nach x_j. Wir werden unten zum Begriff der partiellen Ableitung zurückkehren und anhand ausführlicher Erfahrungen lernen, dass dieser Begriff eine wichtige Rolle bei der mathematischen Modellierung spielt.

24.12   Zwischenbilanz

Wir haben oben bewiesen, dass

$$Dx^n = \frac{d}{dx}x^n = nx^{n-1} \quad \text{für eine ganze Zahl } n \text{ und } x \neq 0,$$

$$Dx^r = \frac{d}{dx}x^r = rx^{r-1} \quad \text{für rationales } r \text{ und } x > 0.$$

Wir haben auch Regeln bewiesen, wie lineare Kombinationen, Produkte und Quotienten abgeleitet werden und wie wir zusammengesetzte Funktionen und Inverse differenzieren. Das ist soweit alles. Uns fehlen insbesondere noch die Antworten zu folgenden Fragen:

- Welche Funktion $u(x)$ hat die Ableitung $u'(x) = \frac{1}{x}$?

- Welche Ableitung hat die Funktion a^x für konstantes $a > 0$?

Aufgaben zu Kapitel 24

24.1. Konstruieren und differenzieren Sie Funktionen, die Sie durch Kombination von Funktionen der Form x^r durch Linearkombinationen, Produkte, Quotienten, Zusammensetzen von Funktionen und Bilden der Inversen erhalten. Beispielsweise Funktionen wie

$$\sqrt{x^{11} + \sqrt{\frac{x^{111}}{x^{-1,1} + x^{1,1}}}}.$$

24.2. Berechnen Sie die partiellen Ableitung der Funktion $f : \mathbb{R} \times \mathbb{R} \to \mathbb{R}$ mit $f(x_1, x_2) = x_1^2 + x_2^4$.

24.3. Wir haben 2^x für rationales x definiert. Wir wollen die Ableitung $D2^x = \frac{d}{dx}2^x$ nach x in $x = 0$ berechnen. Dies führt uns auf den Quotienten

$$q_n = \frac{2^{\frac{1}{n}} - 1}{\frac{1}{n}},$$

wobei n gegen Unendlich strebt. Führen Sie dies experimentell am Rechner durch. Beachten Sie, dass $2^{\frac{1}{n}} = 1 + \frac{q_n}{n}$, d.h. wir suchen q_n, so dass $(1 + \frac{q_n}{n})^n = 2$. Vergleichen Sie dies mit den Erfahrungen zu $(1 + \frac{1}{n})^n$ aus dem Kapitel „Kurzer Kurs zur Infinitesimalrechnung".

24.4. Angenommen, Sie wüssten, wie die Ableitung von 2^x in $x = 0$ berechnet wird. Wie lautet dann die Ableitung für $x \neq 0$? Hinweis: $2^{x+\frac{1}{n}} = 2^x 2^{\frac{1}{n}}$.

24.5. Betrachten Sie die Funktion $f : (0,2) \to \mathbb{R}$ mit $f(x) = (1 + x^4)^{-1}$ für $0 < x < 1$ und $f(x) = ax + b$ für $1 \leq x < 2$, wobei $a, b \in \mathbb{R}$ konstant sind. Für welche Werte für a und b ist die so definierte Funktion (i) Lipschitz-stetig auf $(0,2)$ und (ii) differenzierbar auf $(0,2)$.

24.6. Berechnen Sie die partiellen Ableitungen der Funktion $f : \mathbb{R}^3 \to \mathbb{R}$ mit $f(x_1, x_2, x_3) = 2x_1^2 x_3 + 5x_2^3 x_3^4$.

25

Die Newton-Methode

Verstand zuerst und dann harte Arbeit. (Das Haus an der Pu-Ecke, Milne)

25.1 Einleitung

Wir wollen die *Newton-Methode* zur Lösung von Gleichungen $f(x) = 0$ als eine wichtige Anwendung der Ableitung untersuchen. Die Newton-Methode ist einer der Bausteine konstruktiver Mathematiker. Als Vorbereitung beginnen wir mit der Konvergenzanalyse der Fixpunkt-Iteration mit Hilfe der Ableitung.

25.2 Konvergenz der Fixpunkt-Iteration

Sei $g : I \to I$ auf dem Intervall $I = (a, b)$ gleichmäßig differenzierbar mit der Ableitung $g'(x)$, die $|g'(x)| \leq L$ erfülle für $x \in I$ mit $L < 1$. Von Satz 23.1 wissen wir, dass $g(x)$ auf I Lipschitz-stetig ist zur Lipschitz-Konstanten L. Da $L < 1$, besitzt die Funktion $g(x)$ einen eindeutigen Fixpunkt $\bar{x} \in I$ mit $\bar{x} = g(\bar{x})$.

Wir wissen, dass $\bar{x} = \lim_{i \to \infty} x_i$, wobei $\{x_i\}_{i=1}^{\infty}$ eine Folge ist, die wir mit der Fixpunkt-Iteration erhalten: $x_{i+1} = g(x_i)$ für $i = 1, 2, \dots$. Um die Konvergenz der Fixpunkt-Iteration zu untersuchen, nehmen wir an, dass $g(x)$ die folgende quadratische Näherung in der Nähe von $\bar{x}$ zulässt, wobei wir uns an (24.26) orientieren:

$$g(x) = g(\bar{x}) + g'(\bar{x})(x - \bar{x}) + \frac{1}{2}g''(\bar{x})(x - \bar{x})^2 + E_g(x, \bar{x}). \qquad (25.1)$$

Dabei ist $|E_g(x, \bar{x})| \leq K_g(\bar{x})|x - \bar{x}|^3$. Wir wählen $x = x_i$, setzen $e_i = x_i - \bar{x}$ und benutzen $\bar{x} = g(\bar{x})$. Dann erhalten wir für i groß genug:

$$e_{i+1} = x_{i+1} - \bar{x} = g(x_i) - g(\bar{x}) = g'(\bar{x})e_i + \frac{1}{2}g''(\bar{x})e_i^2 + E_g(x_i, \bar{x}). \quad (25.2)$$

Dabei ist $|E_g(x_i, \bar{x})| \leq K_g(\bar{x})|e_i|^3$. Diese Formel liefert eine Fehlerentwicklung für e_{i+1} im Schritt $i + 1$ als Polynom von e_i.

Für $g'(\bar{x}) \neq 0$ dominiert der lineare Ausdruck $g'(\bar{x})e_i$, d.h.

$$|e_{i+1}| \approx |g'(\bar{x})||e_i|, \qquad (25.3)$$

woraus wir erkennen, dass der Fehler in jedem Schritt (ungefähr) mit dem Faktor $|g'(\bar{x})|$ abnimmt. Wir sagen, dass *lineare* Konvergenz vorliegt. Ist $g'(\bar{x}) = (0, 1)$, gewinnen wir in jedem Schritt der Fixpunkt-Iteration eine Dezimalstelle Genauigkeit.

Die Konvergenz verbessert sich, wenn $|g'(\bar{x})|$ abnimmt. Im Grenzfall $g'(\bar{x}) = 0$ folgt aus (25.2)

$$e_{i+1} = \frac{1}{2}g''(\bar{x})e_i^2 + E_g(x_i, \bar{x}),$$

so dass wir

$$|e_{i+1}| \approx \frac{1}{2}|g''(\bar{x})|e_i^2 \qquad (25.4)$$

erhalten, wenn wir den kubischen Ausdruck $E_g(x_i, \bar{x})$ vernachlässigen. In diesem Fall ist die Konvergenz *quadratisch*, da der Fehler $|e_{i+1}|$ bis auf den Faktor $|g''(x)/2|$ gleich dem Quadrat des Fehlers $|e_i|$ ist. Ist die Konvergenz quadratisch, so *verdoppelt* sich etwa in jedem Schritt die Zahl der richtigen Dezimalstellen.

25.3 Die Newton-Methode

Im Kapitel „Fixpunkt-Iteration" haben wir gesehen, dass das Problem, eine Lösung für die Gleichung $f(x) = 0$ für eine gegebene Funktion $f(x)$ zu finden, als Fixpunkt-Gleichung $x = g(x)$ umformuliert werden kann. Dabei ist $g(x) = x - \alpha f(x)$ mit einer frei wählbaren Konstanten α. Tatsächlich können wir auch $\alpha(x)$ von x abhängig wählen und $f(x) = 0$ umformulieren zu

$$g(x) = x - \alpha(x)f(x),$$

solange $\alpha(\bar{x}) \neq 0$, wenn $\bar{x}$ die gesuchte Lösung ist. Aus Obigem wissen wir, dass es eine natürliche Strategie ist, α so zu wählen, dass $g'(\bar{x})$ so klein wie möglich ist. Am besten wäre $g'(\bar{x}) = 0$. Ableitung der Gleichung $g(x) = x - \alpha(x)f(x)$ nach x liefert

$$g'(x) = 1 - \alpha'(x)f(x) - \alpha(x)f'(x).$$

Unter der Annahme, dass $f'(\bar{x}) \neq 0$, erhalten wir mit Hilfe von $f(\bar{x}) = 0$:

$$\alpha(\bar{x}) = \frac{1}{f'(\bar{x})}.$$

Wenn wir $\alpha(x) = \frac{1}{f'(x)}$ setzen, erhalten wir die *Newton-Methode* zur Berechnung der Lösung von $f(x) = 0$: Für $i = 0, 1, 2, \ldots$

$$x_{i+1} = x_i - \frac{f(x_i)}{f'(x_i)}, \tag{25.5}$$

mit einer Anfangsnäherung für x_0. Die Newton-Methode entspricht einer Fixpunkt-Iteration mit

$$g(x) = x - \frac{f(x)}{f'(x)}. \tag{25.6}$$

Wenn wir die Newton-Methode anwenden, gehen wir natürlicherweise von $f'(\bar{x}) \neq 0$ aus, wodurch garantiert wird, dass $f'(x_i) \neq 0$ für große i, falls $f'(x)$ Lipschitz-stetig ist.

Beispiel 25.1. Wir benutzen die Newton-Methode, um die Lösungen $\bar{x} = 2, 1, 0, -(0,5), -(1,5)$ der Polynomialgleichung $f(x) = (x - 2)(x - 1)x(x + 0,5)(x + 1,5) = 0$ zu berechnen. Wir sehen, dass $f'(\bar{x}) \neq 0$ für alle gesuchten Lösungen $\bar{x}$. Wir berechnen 21 Newton-Iterationen für $f(x) = 0$, beginnend bei 5000 gleichmäßig verteilten Anfangswerten in $[-3, 3]$. Die entsprechenden gefundenen Lösungen sind in Abb. 25.1 wiedergegeben. Jede der Lösungen ist in einem Intervall enthalten, indem alle Anfangswerte zu Iterationen führen, die gegen diese Lösung konvergieren. Außerhalb dieser Intervalle ist das Verhalten der Iterationen nicht vorhersehbar und nahe liegende Anfangswerte können zu unterschiedlichen Lösungen konvergieren.

25.4 Die Newton-Methode konvergiert quadratisch

Wir wollen nun beweisen, dass die Newton-Methode quadratisch konvergiert, wenn der Anfangswert gut genug ist. Dazu berechnen wir die Ableitung des zugehörigen Fixpunkt-Problems (25.6):

$$g'(\bar{x}) = 1 - \frac{f'(\bar{x})^2 - f(\bar{x})f''(\bar{x})}{f'(\bar{x})^2} = \frac{f(\bar{x})f''(\bar{x})}{f'(\bar{x})^2} = 0,$$

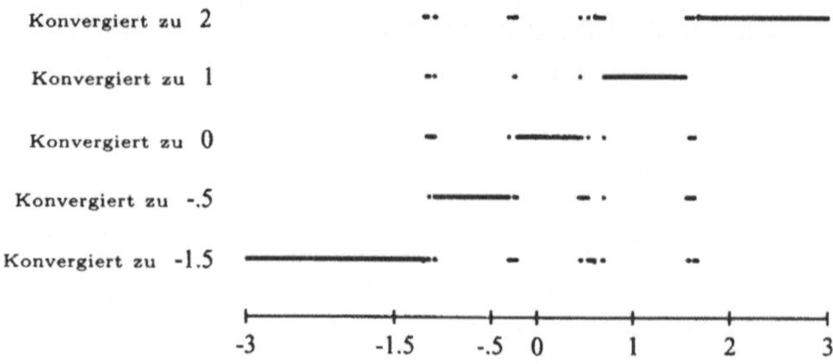

Abb. 25.1. Diese Zeichnung zeigt die Lösungen von $f(x) = (x - 2)(x - 1)x$ $(x + 0,5)(x + 1,5) = 0$, wie sie von der Newton-Methode für 5000 gleichmäßig verteilte Anfangswerte in $[-3, 3]$ gefunden werden. Die waagrechte Position der Punkte zeigt die Lage der Anfangswerte. Die vertikale Position entspricht den Werten nach den ersten einundzwanzig Newton-Iterationen

wobei wir ausgenutzt haben, dass $f(\bar{x}) = 0$ und davon ausgingen, dass $f'(\bar{x}) \neq 0$. Wir folgern, dass die Newton-Methode quadratisch konvergiert, wenn $f'(\bar{x}) \neq 0$. Dieses Ergebnis hat Bestand, wenn wir genügend nahe bei $\bar{x}$ beginnen, so dass insbesondere $f'(x_i) \neq 0$ für alle i.

Um zu sehen, dass die Newton-Methode quadratisch konvergiert, können wir auch einen etwas direkteren Weg einschlagen: Wir subtrahieren $\bar{x}$ von jeder Seite von (25.5) und nutzen dabei aus, dass $f(x_i) = -f'(x_i)(\bar{x} - x_i) - E_f(\bar{x}, x_i)$, was wir aus der Linearisierungsgleichung $f(\bar{x}) = f(x_i) + f'(x_i)(\bar{x} - x_i) + E_f(\bar{x}, x_i)$ erhalten, da $f(\bar{x}) = 0$. Somit erhalten wir

$$x_{i+1} - \bar{x} = x_i - \frac{f(x_i)}{f'(x_i)} - \bar{x} = \frac{E_f(\bar{x}, x_i)}{f'(x_i)}.$$

Wir folgern, dass

$$|x_{i+1} - \bar{x}| = |\frac{E_f(\bar{x}, x_i)}{f'(x_i)}| \leq \frac{K_f}{|f'(x_i)|}|x_i - \bar{x}|^2,$$

was uns die quadratische Konvergenz liefert, wenn $f'(x)$ für x nahe bei $\bar{x}$ von Null entfernt bleibt.

25.5 Geometrische Interpretation der Newton-Methode

Es gibt eine attraktive geometrische Interpretation der Newton-Methode. Sei x_i eine Näherung für eine Lösung $\bar{x}$ von $f(x) = 0$, d.h. $f(\bar{x}) = 0$. Wir betrachten die Tangente an $y = f(x)$ in $x = x_i$,

$$y = f(x_i) + f'(x_i)(x - x_i).$$

Sei x_{i+1} der Schnittpunkt der Tangente mit der x-Achse, vgl. Abb. 25.2, d.h. x_{i+1} erfülle $f(x_i) + f'(x_i)(x_{i+1} - x_i) = 0$, so dass

$$x_{i+1} = x_i - \frac{f(x_i)}{f'(x_i)}, \tag{25.7}$$

was gerade der Newton-Methode entspricht. Wir folgern, dass die Iterierten x_{i+1} der Newton-Methode den Schnitten der Tangenten an $f(x)$ in x_i mit der x-Achse entsprechen. In Worten gefasst: Auf der Suche nach $\bar{x}$ mit $f(\bar{x}) = 0$ ersetzen wir $f(x)$ durch die lineare Näherung

$$\hat{f}(x) = f(x_i) + f'(x_i)(x - x_i),$$

d.h. durch die Tangente in $x = x_i$. Daraus berechnen wir x_{i+1} als Nullstelle von $\hat{f}(x)$. Wir werden sehen, dass dieser Zugang zur Newton-Methode sich sehr einfach auf Systeme von Gleichungen verallgemeinern lässt und uns den Weg öffnet, Nullstellen von $f(x)$ für $f : \mathbb{R}^n \to \mathbb{R}^n$ zu finden.

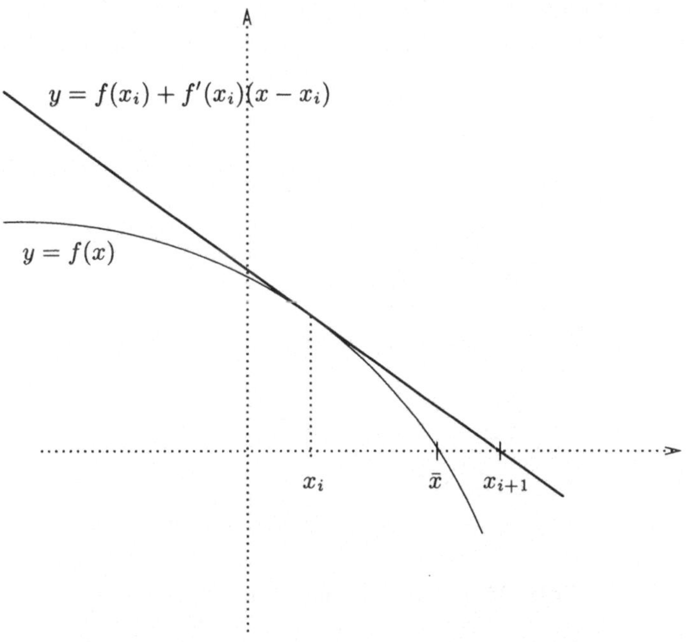

Abb. 25.2. Darstellung eines Schritts der Newton-Methode von x_i zu x_{i+1}

25.6 Wie groß ist der Fehler einer Nullstellennäherung?

Sei x_i eine Näherung einer Nullstelle $\bar{x}$ einer gegebenen Funktion $f(x)$. Können wir eine Aussage über den Fehler $x_i - \bar{x}$ machen, wenn wir $f(x_i)$

kennen? Wir werden immer wieder auf diese Frage treffen. Wir nennen $f(x_i)$ das *Residuum* der Näherung x_i. Für die exakte Lösung $\bar{x}$ ist das Residuum Null, da $f(\bar{x}) = 0$. Für die Näherung x_i ist das Residuum $f(x_i)$ nicht Null (wenn nicht durch ein Wunder $x_i = \bar{x}$ oder x_i eine weitere Lösung von $f(x) = 0$ ist).

Folgendermaßen können wir eine grundlegende Verbindung zwischen dem Residuum $f(x_i)$ und dem Fehler $x_i - \bar{x}$ formulieren. Wenn wir ausnutzen, dass $f(\bar{x}) = 0$ und annehmen, dass $f(x)$ in $\bar{x}$ differenzierbar ist, dann gilt

$$f(x_i) = f(x_i) - f(\bar{x}) = f'(\bar{x})(x_i - \bar{x}) + E_f(x_i, \bar{x}),$$

mit $|E_f(x_i, \bar{x})| \leq K_f(\bar{x})|x_i - \bar{x}|^2$. Angenommen, $f'(\bar{x}) \neq 0$, dann folgern wir, dass

$$x_i - \bar{x} \approx \frac{f(x_i)}{f'(\bar{x})}, \tag{25.8}$$

bis auf den Fehlerausdruck $(f'(\bar{x}))^{-1} E_f(x_i, \bar{x})$, der quadratisch in $x_i - \bar{x}$ ist und somit viel kleiner als $|x_i - \bar{x}|$, wenn x_i nahe bei $\bar{x}$ ist, vgl. Abb. 25.3.

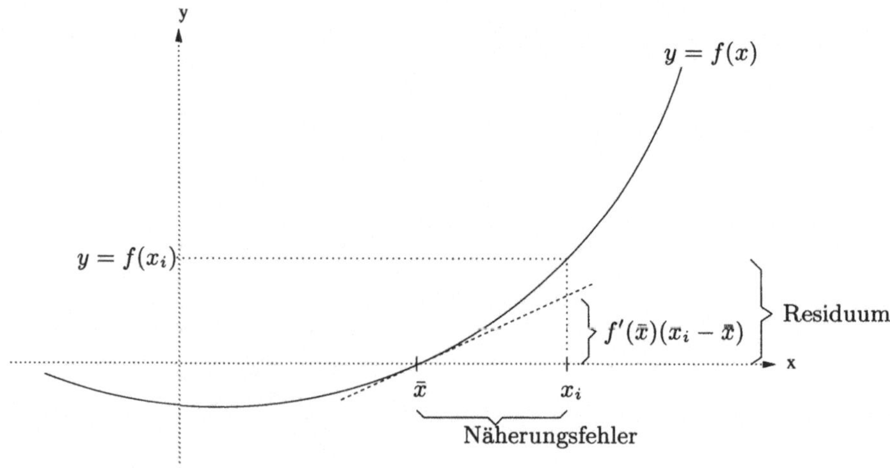

Abb. 25.3. Näherungsfehler und Residuum

Die Beziehung (25.8) zeigt, dass der Lösungsfehler $x_i - \bar{x}$ in etwa proportional zum Residuum ist mit dem Proportionalitätsfaktor $(f'(\bar{x}))^{-1}$, wenn x_i nahe bei $\bar{x}$ ist und $f'(x)$ in der Nähe von $x = \bar{x}$ Lipschitz-stetig ist. Wir fassen dies in dem folgenden wichtigen Satz zusammen (den wir unten mit Hilfe des Mittelwertsatzes vollständig beweisen werden).

Satz 25.1 *Sei $f(x)$ differenzierbar auf dem Intervall I, das die Lösung $\bar{x}$ von $f(x) = 0$ enthält. Sei ferner $|f'(x)|^{-1} \leq M$ für $x \in I$. Dann erfüllt eine Näherungslösung $x_i \in I$ die Abschätzung $|x_i - \bar{x}| \leq M|f(x_i)|$.*

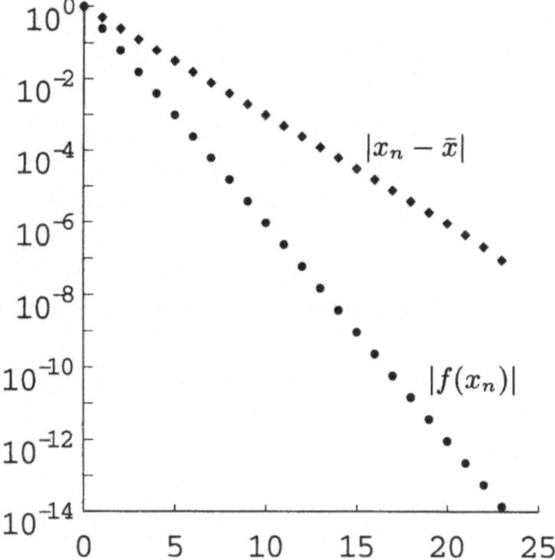

Abb. 25.4. Darstellung der Residuen ● und Fehler ◆ gegen die Iterationszahl bei der Newton-Methode für $f(x) = (x - 1)^2 - 10^{-15}x$ mit Anfangswert $x_0 = 1$

Ist insbesondere $f'(\bar{x})$ sehr klein, kann der Fehler der Nullstellennäherung sehr groß sein, obwohl das Residuum sehr klein ist. In diesem Fall wird die Berechnungsmethode für die Lösung $\bar{x}$ als *schlecht konditioniert* bezeichnet.

Beispiel 25.2. Wir wenden die Newton-Methode auf $f(x) = (x - 1)^2 - 10^{-15}x$ mit der Nullstelle $\bar{x} \approx 1,00000003162278$ an. Hierbei ist $f'(1) = -10^{-15}$ und $f'(\bar{x}) \approx 0,0000000316$ und somit ist $f'(x_n)$ sehr klein für alle x_n nahe bei $\bar{x}$ und das Problem scheint sehr schlecht konditioniert zu sein. Wir stellen die Fehler und Residuen gegen die Iterationszahl in Abb. 25.4 dar. Wir erkennen, dass die Residuen bedeutend schneller kleiner werden als die Fehler.

Wir erhalten die Beziehung

$$|x_i - \bar{x}| \approx |x_{i+1} - x_i|, \tag{25.9}$$

wenn wir die Näherung (25.8) in die Definition der Newton-Methode

$$x_{i+1} = x_i - f(x_i)/f'(x_i)$$

einbauen. Anders formuliert, können wir den Fehler $x_i - \bar{x}$ abschätzen, indem wir einen zusätzlichen Schritt der Newton-Methode zu x_{i+1} ausführen und dann $|x_{i+1} - x_i|$ als Abschätzung für $x_i - \bar{x}$ benutzen. Dies ist eine alternative Formulierung, um den Nullstellenfehler $x_i - \bar{x}$ abzuschätzen, ohne direkt auf die Ableitung $f'(x)$ zurückzugreifen.

Beispiel 25.3. Wir wenden die Newton-Methode auf $f(x) = x^2 - 2$ an. Der Fehler und die Fehlerabschätzung (25.9) sind in Abb. 25.5 wiedergegeben. Die Fehlerabschätzung trifft den Fehler recht gut.

i	$|x_i - \bar{x}|$	$|x_{i+1} - x_i|$
0	$0,586$	$0,5$
1	$0,086$	$0,083$
2	$2,453 \times 10^{-3}$	$2,451 \times 10^{-3}$
3	$2,124 \times 10^{-6}$	$2,124 \times 10^{-6}$
4	$1,595 \times 10^{-12}$	$1,595 \times 10^{-12}$
5	0	0

Abb. 25.5. Fehler und Fehlerschätzung der Newton-Methode für $f(x) = x^2 - 2$ mit $x_0 = 2$

25.7 Endkriterium

Angenommen, wir wollen eine Näherung für die Lösung $\bar{x}$ einer Gleichung $f(x) = 0$ mit einer bestimmten Genauigkeit, oder *Fehlertoleranz TOL* > 0 berechnen. Anders formuliert, wollen wir garantieren, dass

$$|x_i - \bar{x}| \leq TOL, \tag{25.10}$$

wobei x_i eine berechnete Näherung der Lösung $\bar{x}$ ist. Wir können beispielsweise $TOL = 10^{-m}$ wählen, um eine Näherungslösung x_i mit m exakten Dezimalstellen zu finden. Können wir ein *Endkriterium* finden, das uns angibt, wann wir mit den Iterationen mit einem x_i, das (25.10) erfüllt, aufhören können? Das folgende Kriterium, das auf (25.8) beruht, bietet sich an: Wir beenden die Iteration im Schritt i, wenn

$$|(f'(\bar{x}_i))^{-1} f(\bar{x}_i)| \leq TOL. \tag{25.11}$$

Bis auf den Variablennamen $\bar{x}_i$ anstelle von $\bar{x}$ entspricht dieses Kriterium dem gewünschten Fehler aus (25.10).

Als alternatives Endkriterium für die Newton-Methode können wir (25.9) benutzen, d.h. wir akzeptieren die Näherung x_i mit der Toleranz TOL, wenn

$$|x_{i+1} - x_i| \leq TOL. \tag{25.12}$$

25.8 Global konvergente Newton-Methoden

In diesem Kapitel haben wir die quadratische Konvergenz der Newton-Methode unter der Annahme, dass wir nahe genug bei der gesuchten Lösung beginnen, bewiesen, d.h. wir haben die *lokale Konvergenz* der Newton-Methode gezeigt. Um einen genügend guten Anfangswert zu bekommen, können wir die Bisektion benutzen. Somit erhalten wir, indem wir die Bisektion zur Anfangssuche und die Newton-Methode für eine bestimmte Lösung benutzen, eine *global konvergente* Methode, die Effektivität (quadratische Konvergenz) mit Verlässlichkeit (garantierte Konvergenz) verbindet.

Aufgaben zu Kapitel 25

25.1. (a) Beweisen Sie theoretisch, dass die Fixpunkt-Iteration für

$$g(x) = \frac{1}{2}\left(x + \frac{a}{x}\right)$$

mit $\bar{x} = \sqrt{a}$ quadratisch konvergiert. (b) Treffen Sie Aussagen, welche Anfangs-werte Konvergenz garantieren für $a = 3$, indem Sie einige Fixpunkt-Iterationen berechnen.

25.2. (a) Zeigen Sie analytisch, dass die Fixpunkt-Iteration für

$$g(x) = \frac{1}{2}\left(x + \frac{a}{x}\right)$$

in dritter Ordnung zur Berechnung von $\bar{x} = \sqrt{a}$ konvergiert. (b) Berechnen Sie einige Iterationen für $a = 2$ und $x_0 = 1$. Wie viele Dezimalstellen Genauigkeit erhalten Sie in jeder Iteration?

25.3. (a) Betrachten Sie die Newton-Methode für eine differenzierbare Funktion $f(x)$ mit $f(\bar{x}) = f'(\bar{x}) = 0$ aber $f''(\bar{x}) \neq 0$, d.h. $\bar{x}$ ist eine doppelte Nullstelle von $f(x)$. Beweisen Sie, dass die Newton-Methode in diesem Fall linear konvergiert, indem Sie zeigen, dass $g'(\bar{x}) = 1/2$, für $g(x) = x - f(x)/f'(x)$. (b) Wie hoch ist die Konvergenzgeschwindigkeit für die folgende Variante der Newton-Methode für eine doppelte Nullstelle: $g(x) = x - 2f(x)/f'(x)$? Hinweis: Die Nutzung der Regel von l'Hopital kann hilfreich sein.

25.4. Benutzen Sie die Newton-Methode um alle Nullstellen von $f(x) = x^5 + 3x^4 - 3x^3 - 5x^2 + 5x - 1$ zu berechnen.

25.5. Benutzen Sie die Newton-Methode um die kleinste positive Nullstelle von $f(x) = \cos(x) + \sin(x)^2(50x)$ zu berechnen.

25.6. Benutzen Sie die Newton-Methode um die Nullstelle $\bar{x} = 0$ für die Funktion

$$f(x) = \begin{cases} \sqrt{x} & x \geq 0 \\ -\sqrt{-x} & x < 0 \end{cases}$$

zu berechnen. Konvergiert die Methode? Falls ja, quadratisch? Erläutern Sie dies.

25.7. Benutzen Sie die Newton-Methode für $f(x) = x^3 - x$ mit Anfangswert $x_0 = 1/\sqrt{5}$. Konvergiert die Methode? Erläutern Sie ihre Antwort mit Hilfe einer Zeichnung von $f(x)$.

25.8. (a) Leiten Sie eine Näherungsbeziehung zwischen dem Residuum $g(x) - x$ eines Fixpunkt-Problems für g und dem Fehler der Fixpunkt-Iteration $x_n - \bar{x}$ her. (b) Entwickeln Sie zwei Endkriterien für eine Fixpunkt-Iteration. (c) Ändern Sie ihr Fixpunkt-Programm, so dass es (a) und (b) ausnutzt.

25.9. Benutzen Sie die Newton-Methode um die Nullstelle $\bar{x} = 1$ von $f(x) = x^4 - 3x^2 + 2x$ zu berechnen. Konvergiert die Methode quadratisch? Hinweis: Sie können dies überprüfen, indem Sie $|x_n - 1|/|x_{n-1} - 1|$ für $n = 1, 2, \ldots$ graphisch darstellen.

25.10. Angenommen, $f(x)$ habe die Form $f(x) = (x - \bar{x})^2 h(x)$, wobei h eine differenzierbare Funktion ist, mit $h(\bar{x}) \neq 0$. (a) Beweisen Sie, dass $f'(\bar{x}) = 0$ aber $f''(\bar{x}) \neq 0$. (b) Zeigen Sie, dass die Newton-Methode für $f(x)$ zu $\bar{x}$ linear konvergiert und berechnen Sie den Konvergenzfaktor.

26

Galileo, Newton, Hooke, Malthus und Fourier

In einem Medium ohne Widerstand würden alle Körper mit derselben Geschwindigkeit fallen. (Galileo)

Alles, was Galileo über das Fallen von Körpern im leeren Raum sagt, ist bar jeglicher Grundlage; er sollte erst einmal die Natur des Gewichts bestimmen. (Descartes)

Man muss bereits etwas glauben, bevor man es erkennen kann. (Aristoteles)

Galileo war der Erste, der uns die Tür ins Reich der Physik öffnete. (Hobbes)

Provando e riprovando (Beweise eines und verwirf das andere). (Galileo)

Messen was messbar ist und messbar machen, was nicht messbar ist. (Galileo)

26.1   Einleitung

In diesem Kapitel beschreiben wir einige wichtige Modelle für physikalische Phänomene, die die Ableitung einer Funktion bzw. einigen Funktionen beinhalten und die deswegen *Differentialgleichungen* genannt werden. Die Ableitung ist das fundamentale Werkzeug bei der Modellierung in den Naturwissenschaften und den Ingenieurwissenschaften. Differentialgleichungen zu formulieren und zu lösen war seit der Zeit, als Newtons

Bewegungsgesetz aufgestellt wurde, ein wichtiger Teil der Wissenschaften. Heutzutage eröffnet der Computer neue Modellierungsmöglichkeiten für Differentialgleichungen, an die Newton und alle seine wissenschaftlichen Nachfolger durch die Jahrhunderte hindurch nicht einmal im Traum gedacht haben.

Wir formulieren daher in diesem Kapitel einige sehr wichtige Modelle für Differentialgleichungen und wir werden einen Großteil des verbleibenden Buches darauf verwenden, diese Gleichungen oder verwandte Verallgemeinerungen mit Hilfe analytischer oder numerischer Methoden zu lösen.

26.2   Newtons Bewegungsgesetz

Newtons Bewegungsgesetz ist einer der Ecksteine der Newtonschen Physik, mit deren Hilfe wir vieles in der Welt, in der wir leben, beschreiben. Das Newtonsche Gesetz besagt, dass die Ableitung des *Impulses* $m(t)v(t)$ eines Körpers nach der Zeit t, der sich als Produkt der *Masse* $m(t)$ und der *Geschwindigkeit* $v(t)$ des Körpers ergibt, gleich ist der *Kraft* $f(t)$, die auf diesen Körper einwirkt, d.h.

$$(mv)'(t) = f(t). \tag{26.1}$$

Ist $m(t) = m$ unabhängig von der Zeit, so können wir das Newtonsche Gesetz in der Form

$$mv'(t) = f(t) \tag{26.2}$$

schreiben oder in seiner meist verwendeten Form:

$$ma(t) = f(t), \tag{26.3}$$

wobei

$$a(t) = v'(t)$$

die *Beschleunigung* ist.

Da die Geschwindigkeit der Ableitung des *Weges* $s(t)$ nach der Zeit entspricht, können wir das Newtonsche Gesetz (26.2) bei konstanter Masse auch, wie folgt, schreiben:

$$ms''(t) = f(t). \tag{26.4}$$

Wenn wir uns die Kraft $f(t)$ als eine Funktion über die Zeit t denken, dann stellen (26.2) und (26.4) die Differentialgleichungen für die Geschwindigkeit $v(t)$ oder die Position $s(t)$ dar. Die Differentialgleichung beinhaltet somit eine bekannte Funktion ($f(t)$) und eine Unbekannte, die ebenfalls eine Funktion ($v(t)$ oder $s(t)$) ist. Differentialgleichungen beinhalten also typischerweise die Ableitung einer unbekannten Funktion und eine andere bekannte Funktion, die Eingabewerte liefert. Beachten Sie, dass wir üblicherweise eine Funktion $s(t)$ suchen, die die Differentialgleichung (26.4) erfüllt, nicht nur zu einer bestimmten Zeit t, sondern für alle t in einem Intervall.

26.3   Galileos Bewegungsgesetze

Galileo (1564–1642), Mathematiker, Astronom, Philosoph und Mitbegründer der wissenschaftlichen Revolution führte seine berühmten Experimente aus, indem er Körper vom Turm von Pisa fallen ließ und die Zeit zählte, bis die Körper auf dem Boden aufschlugen. Oder er benutzte eine schiefe Ebene, vgl. Abb. 26.1, um seine Bewegungsgesetze zu demonstrieren. Galileo wurde 1632 von der katholischen Kirche verurteilt, weil er in Frage stellte, dass die Erde das Zentrum des Universums sei. Er versuchte mit seinen Experimenten die Natur der *Bewegung* zu verstehen, ein Thema, das bereits die Griechen beschäftigte.

Abb. 26.1. Galileo bei einer Vorführung der Bewegungsgesetze

Galileo fand heraus, dass ein Körper nahe der Oberfläche der Erde, auf den nur die vertikale Gravitationskraft einwirkt, eine konstante Beschleunigung erfährt, die unabhängig von der Masse oder der Lage des Körpers ist. Diese Beobachtung kann als ein Spezialfall des Newtonschen Gesetzes $ma(t) = f(t)$ betrachtet werden, wobei m die Masse des Körpers ist und $a(t)$ die vertikale Beschleunigung. Die Gravitationskraft $f(t)$ entspricht $f(t) = mg$, wobei $g \approx 9,81$ (Meter/Sekunde^2) die berühmte physikalische Konstante ist, die als *Erdbeschleunigung* an der Erdoberfläche bekannt ist. Sowohl Galileo als auch Newton würden folgern, dass die Beschleunigung $a(t) = g$ unabhängig von m und der Lage des Körpers ist, solange der Körper nicht weit von der Oberfläche der Erde entfernt ist.

Wir wollen die Bewegung eines Körpers, der von Galileo senkrecht vom Turm fallen gelassen wird, untersuchen. Wir nehmen an, dass die Masse des Körpers m ist und $s(t)$ die Höhe über dem Boden des Körpers zur Zeit t angibt, wobei die positive Richtung aufwärts zeigt, vgl. Abb. 26.2. In diesem Koordinatensystem bedeutet eine positive Geschwindigkeit $v(t) = s'(t)$, dass der Körper sich aufwärts bewegt. Eine negative Geschwindigkeit bedeutet stattdessen, dass der Körper fällt. Nach dem Newtonschen Gesetz

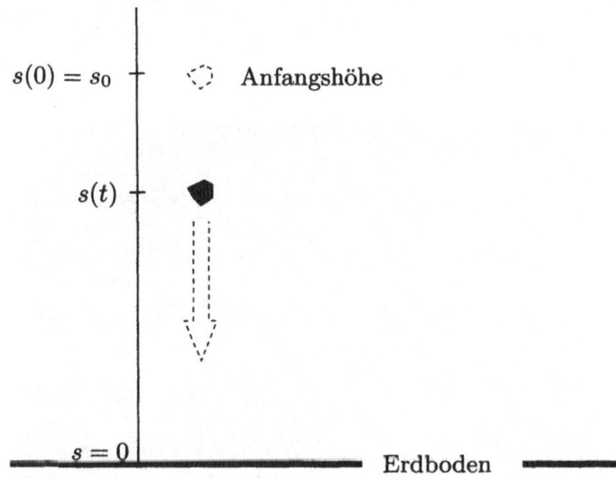

Abb. 26.2. Das Koordinatensystem, das die Position eines frei fallenden Körpers mit Anfangshöhe $s(0) = s_0$ zur Zeit $t = 0$ beschreibt

gilt

$$ms'' = -mg \quad \text{oder} \quad mv'(t) = -mg,$$

wobei das negative Vorzeichen daher kommt, dass die Gravitationskraft nach unten gerichtet ist. Wir erhalten somit im Sinne von Galileo

$$s''(t) = v'(t) = -g, \tag{26.5}$$

nachdem wir durch den gemeinsamen Faktor m dividiert haben. Aus $f(t) = ct$ ergibt sich $f'(t) = c$, mit einer Konstanten c. Daraus folgern wir, dass

$$v(t) = -gt + c, \tag{26.6}$$

wobei die Konstante c noch zu bestimmen ist. Wir sehen, dass $\frac{d}{dt}(-gt + c) = -g$ für alle t. Um nun die Geschwindigkeit eines fallenden Körpers zu bestimmen, genügt es, die Geschwindigkeit zu einer bestimmten Zeit zu kennen. Nehmen wir beispielsweise an, dass die Anfangsgeschwindigkeit $v(0)$ zur Zeit $t = 0$ bekannt ist, $v(0) = v_0$, so erhalten wir die Lösung

$$v(t) = -gt + v_0 \quad \text{für } t > 0. \tag{26.7}$$

Ist beispielsweise $v_0 = 0$, dann ist die Geschwindigkeit aufwärts $v(t) = -gt$ und daher nimmt die Fallgeschwindigkeit gt linear mit der Zeit zu. Dies entspricht der Beobachtung von Galileo (zu seiner Überraschung).

Nun haben wir die Geschwindigkeit $v(t)$ mit (26.7) bestimmt und suchen nun den Weg $s(t)$, der sich als Lösung der Differentialgleichung $s'(t) = v(t)$ ergibt, d.h.

$$s'(t) = -gt + v_0 \quad \text{für } t > 0. \tag{26.8}$$

Wir erinnern uns daran, dass $(t^2)' = 2t$ und dass $(cf(t))' = cf'(t)$. Daher ist die Annahme natürlich, dass die Lösung von (26.8) durch die quadratische Funktion

$$s(t) = -\frac{g}{2}t^2 + v_0 t + d$$

gegeben wird, wobei d eine Konstante ist. Diese Funktion erfüllt (26.8). Um $s(t)$ endgültig zu bestimmen, benötigen wir die Konstante d. Dazu müssen wir $s(t)$ zu einer bestimmten Zeit t kennen. Wenn wir beispielsweise die Anfangsposition $s(0) = s_0$ zur Zeit $t = 0$ kennen, so sehen wir, dass $d = s_0$ und wir erhalten die Lösungsformeln

$$s(t) = -\frac{g}{2}t^2 + v_0 t + s_0, \quad v(t) = -gt + v_0 \quad \text{für } t > 0, \tag{26.9}$$

die uns den Weg $s(t)$ und die Geschwindigkeit $v(t)$ als Funktion der Zeit t für $t > 0$ beschreiben, wenn die Anfangsposition $s(0) = s_0$ und die Anfangsgeschwindigkeit $v(0) = v_0$ bekannt sind. Wir fassen zusammen (die Eindeutigkeit der Lösung wird unten festgestellt):

Satz 26.1 **(Galileo)** *Seien $s(t)$ und $v(t)$ der vertikale Weg und die vertikale Geschwindigkeit eines Körpers im freien Fall zur Zeit $t \geq 0$ mit konstanter Erdbeschleunigung g. Die Aufwärtsrichtung ist dabei positiv. Dann ist $s(t) = -\frac{g}{2}t^2 + v_0 t + s_0$ und $v(t) = -gt + v_0$, wobei $s(0) = s_0$ und $v(0) = v_0$ die vorgegebene Anfangsposition und Geschwindigkeit sind.*

Beispiel 26.1. Die Anfangshöhe eines Körpers sei 15 Meter und er werde aus der Ruhelage fallen gelassen. Wie hoch ist er dann bei $t = 0,5$ Sekunden? Wir erhalten

$$s(0,5) = -\frac{9,8}{2}(0,5)^2 + 0 \times 0,5 + 15 = 13,775 \,\text{Meter}.$$

Wird der Körper mit 2 Meter/Sek. nach oben geworfen, dann ist seine Höhe nach $t = 0,5$ Sekunden

$$s(0,5) = -\frac{9,8}{2}(0,5)^2 + 2 \times 0,5 + 15 = 14,775 \,\text{Meter}.$$

Wird der Körper mit 2 Meter/Sek. nach unten geworfen, dann ist seine Höhe nach $t = 0,5$ Sekunden

$$s(0,5) = -\frac{9,8}{2}(0,5)^2 - 2 \times 0,5 + 15 = 12,775 \,\text{Meter}.$$

Beispiel 26.2. Ein Körper fällt aus der Ruhelage und trifft in $t = 5$ Sekunden auf den Boden. Wie hoch war er? Wir erhalten $s(5) = 0 = -\frac{9,8}{2}5^2 + 0 \times 5 + s_0$ und folglich $s_0 = 122,5$ Meter.

26.4 Das Hookesche Gesetz

Wir betrachten eine Feder der Länge L, die senkrecht im Gleichgewicht von der Decke hängt. Stellen Sie sich ein Koordinatensystem mit Ursprung an der Decke vor, dessen x-Achse nach unten zeigt. Sei $f(x)$ das Gewicht an der Feder als Funktion vom Abstand x zur Decke. Bedenken Sie, dass die belastete Feder zunächst als gewichtslos angenommen wird (wir schalten die Erdgravitation kurz aus), was einer Zugkraft von Null entspricht. Wir stellen uns vor, dass wir die Erdgravitation allmählich anschalten und be-obachten, wie sich die Feder unter dem zunehmenden Gewicht ausdehnt. Sei $u(x)$ die zugehörige *Auslenkung* in x. Können wir die Auslenkung $u(x)$ der Feder und die *Dehnungskraft* $\sigma(x)$ an der Feder als Funktion von x bei voller Stärke der Schwerkraft bestimmen?

Das *Hookesche Gesetz* für eine lineare (ideale) Feder besagt, dass die Dehnungskraft $\sigma(x)$ proportional zur *Auslenkung* $u'(x)$ ist:

$$\sigma(x) = Eu'(x), \tag{26.10}$$

wobei $E > 0$ die Federkonstante ist, die als Elastizitätsmodul der Feder bezeichnet wird. Beachten Sie, dass $u'(x)$ die Änderung der Auslenkung $u(x)$ pro Einheit x bedeutet; das entspricht der Deformation.

Die Änderung der Belastung der Feder durch das Gewicht zwischen x und $x + h$ für $h > 0$ ist ungefähr gleich $f(x)h$, da $f(x)$ das Gewicht pro Einheitslänge angibt. Die Belastung sollte der Änderung der Dehnungskraft entsprechen:

$$-\sigma(x + h) + \sigma(x) \approx f(x)h, \quad \text{d.h.} \quad -\frac{\sigma(x + h) - \sigma(x)}{h} \approx f(x),$$

was uns die *Gleichgewichtsgleichung* $-\sigma'(x) = f(x)$ liefert. Alles in allem erhalten wir die folgende Differentialgleichung, da E unabhängig von x als konstant angenommen wird:

$$-Eu''(x) = f(x), \quad \text{für } 0 < x < L. \tag{26.11}$$

Hierbei ist $f(x)$ eine gegebene Funktion und wir suchen die Auslenkung $u(x)$, die die Differentialgleichung (26.11) erfüllt. Um $u(x)$ zu erhalten, müssen wir zusätzliche Informationen einfließen lassen, beispielsweise, dass die Feder an der Decke verankert ist ($u(0) = 0$) und dass im ausgelenkten Zustand die Dehnungskraft gleich Null ist ($\sigma(L) = 0$, d.h. nach (26.10) $u'(L) = 0$). Setzen wir $L = 1$, $E = 1$ und $f(x) = 1$, was einer homogenen Feder entspricht, so erhalten wir die Auslenkung $u(x) = x - \frac{x^2}{2}$ und die Dehnung $\sigma(x) = 1 - x$.

Hooke (1635–1703) war Kustos an der Royal Society in London. Außer in den Sommerferien musste Hooke jede Woche drei oder vier Experimente vorführen, um neue Naturgesetze zu beweisen. Unter anderem entdeckte Hooke die Zellstruktur von Pflanzen, die Wellennatur des Lichts, die roten Flecken des Jupiter und (wahrscheinlich vor Newton!) das Gravitationsgesetz.

26.5   Newtonsches Gesetz plus Hookesches Gesetz

Wir betrachten eine Masse auf einem reibungslosen Tisch, die mit einer Feder mit der Wand verbunden ist. Das *Hookesche Gesetz* für eine Feder besagt, dass die Kraft, die aufgewendet werden muss, um die Feder zu dehnen oder zusammenzudrücken, proportional zur Auslenkung der Feder aus ihrem kräftefreien Ruhezustand ist. Wir wählen eine waagerechte x-Achse in Richtung der Feder, so dass die Masse im Ruhezustand im Ursprung liegt ($x = 0$). Eine Auslenkung nach rechts, vgl. Abb. 26.3, entspricht dann $x > 0$. Sei nun $u(t)$ die Position der Masse zur Zeit $t > 0$. Das Hookesche Gesetz besagt, dass die Kraft $f(t)$, die auf die Masse wirkt, durch die

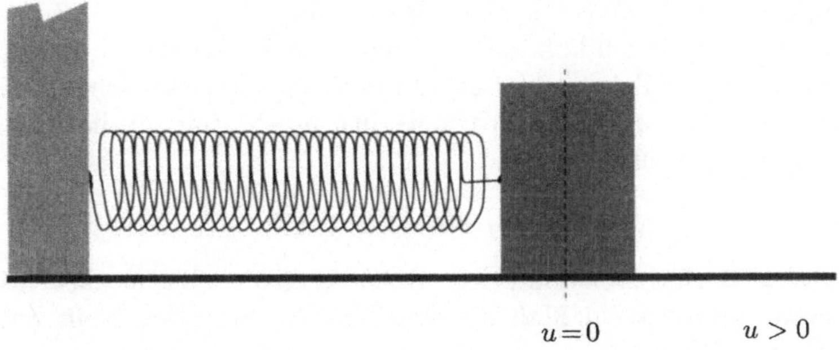

Abb. 26.3. Koordinatensystem für das Feder-Masse System. Die Masse kann sich reibungslos hin und her bewegen

Gleichung

$$f(t) = -ku(t) \tag{26.12}$$

gegeben wird, mit der Proportionalitätskonstante $k = E/L > 0$. Die *Federkonstante* k entspricht dem Elastizitätsmodul aus (26.10) dividiert durch die (natürliche) Länge L der Feder. Auf der anderen Seite besagt das Newtonsche Gesetz, dass $mu''(t) = f(t)$, wodurch wir die folgende Differentialgleichung für das Masse-Feder System erhalten:

$$mu''(t) = -ku(t) \quad \text{oder} \quad mu''(t) + ku(t) = 0, \quad \text{für } t > 0. \tag{26.13}$$

Die Lösung dieser Differentialgleichung führt uns, nach Angabe der Anfangsposition $u(0)$ und der Anfangsgeschwindigkeit $u'(0)$, in die Welt der trigonometrischen Funktionen $\sin(\omega x)$ und $\cos(\omega x)$ mit $\omega = \sqrt{\frac{k}{m}}$.

26.6   Fouriersches Gesetz der Wärmeausbreitung

Fourier war einer der ersten Mathematiker, die den Vorgang der *Wärmeleitung* untersuchten. Fourier entwickelte dazu mit Hilfe von *Fourier-Reihen* eine mathematische Technik, bei der „allgemeine Funktionen" als Linearkombinationen der *trigonometrischen Funktionen* $\sin(nx)$ und $\cos(nx)$ mit $n = 1, 2, \ldots$ ausgedrückt werden, vgl. Kapitel „Fourier-Reihen". Fourier entwickelte das einfachste Modell für die Wärmeausbreitung, indem er behauptete, dass der *Wärmefluß* proportional der *Temperaturdifferenz* oder allgemeiner dem *Temperaturgradienten*, das ist die Änderungsrate der Temperatur, ist.

Wir suchen ein einfaches Modell für die folgende Situation: Sie leben in Nordskandinavien und benötigen eine elektrische Heizung für ihren Automotor, damit Sie den Wagen morgens starten können. Wir können uns die Frage stellen, wann wir die Heizung anstellen müssen und wie kräftig wir dann heizen sollten. Kurze Zeit mit großer Leistung oder lange Zeit mit geringer Leistung, wobei das natürlich auch vom Strompreis abhängt, der unterschiedliche Tarife für Tag und Nacht haben kann.

Ein einfaches Modell könnte folgendermaßen aussehen: Sei $u(t)$ die Motortemperatur zur Zeit t, $q_+(t)$ der Wärmefluß vom elektrischen Heizgerät in den Motor und $q_-(t)$ der Wärmeverlust des Motors an die Umgebung (die Garage). Wir erhalten

$$\lambda u'(t) = q_+(t) - q_-(t),$$

wobei $\lambda > 0$ eine Konstante ist; die so genannte *Wärmekapazität*. Die Wärmekapazität ist ein Maß für den Temperaturanstieg beim Zuführen einer Einheit Wärme.

Das Fouriersche Gesetz besagt, dass

$$q_-(t) = k(u(t) - u_0),$$

wobei u_0 die Temperatur der Garage ist. Zur Einfachheit nehmen wir $u_0 = 0$ an und erhalten so die folgende Differentialgleichung für die Temperatur $u(t)$:

$$\lambda u'(t) + ku(t) = q_+(t) \quad \text{für } t > 0, \ u(0) = 0, \qquad (26.14)$$

wobei wir noch die Anfangsbedingung $u(0) = 0$ eingefügt haben, die besagt, dass der Motor die gleiche Temperatur hat wie die Garage, wenn das Heizgerät zur Zeit $t = 0$ eingeschaltet wird. Wir können nun $q_+(t)$ als bekannte Funktion und λ und k als bekannte Konstanten betrachten und nach der Temperatur $u(t)$ als Funktion der Zeit fragen.

26.7 Newton und der Raketenantrieb

Wir wollen den Flug einer Rakete in den Weltraum, frei von jeglicher Gravitationskraft, untersuchen. Wird der Raketenantrieb gezündet, dann schießen die Verbrennungsgase durch Verbrennen des Treibstoffes mit hoher Geschwindigkeit nach hinten und die Rakete bewegt sich vorwärts, so dass der Gesamtimpuls von Gas plus Rakete erhalten bleibt, vgl. Abb. 26.4. Angenommen, die Rakete bewege sich nach rechts entlang einer Geraden,

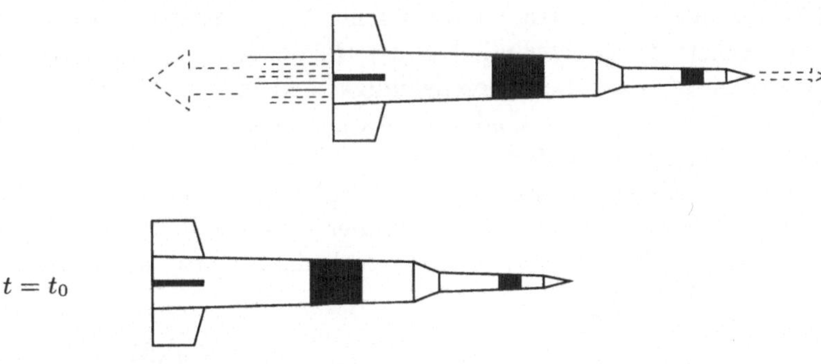

Abb. 26.4. Modell für einen Raketenantrieb

die wir mit der x-Achse identifizieren können. Sei $s(t)$ die Position der Rakete zur Zeit t und $v(t) = s'(t)$ ihre Geschwindigkeit. Ferner sei $m(t)$ die Masse der Rakete zur Zeit t. Wir nehmen an, dass das Verbrennungsgas mit konstanter Geschwindigkeit $u > 0$ relativ zur Rakete in Richtung der negativen x-Achse austritt. Die Gesamtmasse $m_g(t)$ des Gases zur Zeit t sei $m_g(t) = m(0) - m(t)$, wobei $m(0)$ die anfängliche Gesamtmasse der Rakete mit Brennstoff zur Zeit $t = 0$ sei.

Sei Δm_g die ausgestoßene Gasmasse während des Zeitintervalls $(t, t+\Delta t)$. Aus dem Impulserhalt der Rakete plus Gas über das Zeitintervall $(t, t+\Delta t)$ folgt, dass

$$(m(t) - \Delta m_e)(v(t) + \Delta v) + \Delta m_e(v(t) - u) = m(t)v(t),$$

wobei Δv der Geschwindigkeitsanstieg der Rakete ist und $\Delta m_g(v(t) - u)$ den Impuls des Gases, das in der Zeit $(t, t + \Delta t)$ ausgetreten ist, angibt. Bedenken Sie, dass der Impuls sich aus dem Produkt von Masse und Geschwindigkeit ergibt. Dies führt uns mit Hilfe von $\Delta m_g = -\Delta m$, wobei Δm die Änderung in der Raketenmasse ist, zur Beziehung

$$m(t)\Delta v = -u\Delta m.$$

Die Division durch Δt führt uns zur Differentialgleichung

$$m(t)v'(t) = -um'(t) \quad \text{für } t > 0. \tag{26.15}$$

Unten werden wir zeigen, dass sich die Lösung in der Form

$$v(t) = u \log\left(\frac{m(0)}{m(t)}\right) \tag{26.16}$$

schreiben lässt, wobei wir die Logarithmusfunktion $\log(x)$ vorwegnehmen und annehmen, dass $v(0) = 0$ ist. Diese Gleichung verbindet die Geschwindigkeit $v(t)$ mit der Masse $m(t)$. Normalerweise ist $m(t)$ bekannt, da sie von der Verbrennungstechnik abhängt, und wir können dann die zugehörige Geschwindigkeit $v(t)$ aus (26.16) bestimmen. Beispielsweise erkennen wir, dass nach Verbrennen des halben Treibstoffs mit Austrittsgeschwindigkeit u relativ zur Rakete die Geschwindigkeit der Rakete gleich $u \log(2) \approx 0.6931\,u$ ist. Beachten Sie, dass diese Geschwindigkeit kleiner ist als u, da sich die Geschwindigkeit des austretenden Gases zur Zeit t von $-u$ für $t = 0$ zu $v(t) = -u$ für $t > 0$ verändert.

Könnte der Raketenantrieb so betrieben werden, dass die Absolutgeschwindigkeit des austretenden Gases immer $-u$ wäre (d.h. mit stetig wachsender Geschwindigkeit relativ zur Rakete), dann würde der Impulserhaltungssatz ergeben, dass

$$m(t)v(t) = (m(0) - m(t))u, \quad \text{d.h.} \quad v(t) = u\left(\frac{m(0)}{m(t)} - 1\right).$$

Dabei wäre die Raketengeschwindigkeit gleich u, wenn $m(t) = \frac{1}{2}m(0)$.

26.8 Malthus und Populationswachstum

Der englische Priester und Betriebswirt Thomas Malthus (1766–1834) entwickelte ein Modell für das Populationswachstum in seinem Werk „*An Essay on the Theory of Population*", vgl Abb. 26.5. Seine Untersuchungen bereiteten ihm Sorge: Das Modell deutete an, dass die Population schneller wachsen würde als die verfügbaren Ressourcen. Als Abhilfe schlug Malthus späte Eheschließungen vor. Malthus stellte folgendes Modell auf: Angenommen, die Größe einer Population zur Zeit t wird durch die Funktion $u(t)$

gemessen, die Lipschitz-stetig ist in t. Da wir eine ziemlich große Population betrachten, normieren wir zu $u(0) = 1$, wobei die Gesamtzahl der Individuen $P(t)$ der Population gleich ist mit $u(t)P_0$, wobei P_0 die Zahl der Individuen zur Zeit $t = 0$ ist. Das Modell von Malthus für das Populationswachstum lautet

$$u'(t) = \lambda u(t), \quad \text{für } t > 0, \quad u(0) = 1, \tag{26.17}$$

wobei λ eine positive Konstante ist. Malthus geht folglich davon aus, dass die Wachstumsrate $u'(t)$ zu jeder Zeit proportional zur Population $u(t)$ ist, mit der Proportionalitätskonstanten λ, die als Differenz zwischen Geburts- und Todesrate betrachtet werden kann (unter Vernachlässigung anderer Faktoren wie die Aus-/Zuwanderung).

Abb. 26.5. Thomas Malthus: „Ich glaube, zwei Postulate aufstellen zu können. Erstens, dass Essen für die Existenz des Menschen notwendig ist. Zweitens, dass die Leidenschaft zwischen den Geschlechtern notwendig ist und vermutlich unverändert auf dem augenblicklichen Stand bleiben wird

Sei $t_n = kn$, $n = 0, 1, 2, \ldots$ eine Folge diskreter Zeitschritte mit konstanter Schrittweite $k > 0$. Damit können wir die Differentialgleichung (26.17) in das folgende diskrete Modell umformen:

$$U_n = U_{n-1} + k\lambda U_{n-1}, \quad \text{für } n = 1, 2, 3 \ldots, \quad U_0 = 1. \tag{26.18}$$

Formal betrachtet entsteht (26.18) aus $u(t_n) \approx u(t_{n-1}) + ku'(t_{n-1})$, wenn man $u'(t_{n-1}) = \lambda u(t_{n-1})$ einsetzt und U_n als Näherung von $u(t_n)$ betrachtet. Wir sind bereits mit dem Modell (26.18) vertraut und wir wissen, dass die Lösung durch die Formel

$$U_n = (1 + k\lambda)^n, \quad \text{für } n = 0, 1, 2, \ldots \tag{26.19}$$

gegeben ist. Wir erwarten, dass

$$u(kn) \approx (1 + k\lambda)^n, \quad \text{für } n = 0, 1, 2, \ldots \tag{26.20}$$

oder

$$u(t) \approx \left(1 + \frac{t}{n}\lambda\right)^n, \quad \text{für } n = 0, 1, 2, \dots \tag{26.21}$$

Wir werden unten zeigen, dass die Differentialgleichung (26.17) die eindeutige Lösung $u(t)$ hat, die wir in der Form

$$u(t) = \exp(\lambda t) = e^{\lambda t}, \tag{26.22}$$

schreiben werden, wobei $\exp(\lambda t) = e^{\lambda t}$ die berühmte *Exponentialfunktion* ist. Wir werden zeigen, dass

$$\exp(\lambda t) = e^{\lambda t} = \lim_{n \to \infty} \left(1 + \frac{\lambda t}{n}\right)^n, \tag{26.23}$$

was die Tatsache widerspiegelt, dass U_n eine zunehmend bessere Näherung für $u(t)$ für ein $t = nk$ ist, je näher n gegen Unendlich strebt, d.h. der Zeitschritt $k = \frac{t}{n}$ gegen Null geht.

Insbesondere erhalten wir für $\lambda = 1$, dass $u(t) = \exp(t)$ die Lösung der Differentialgleichung

$$u'(t) = u(t), \quad \text{für } t > 0, \quad u(0) = 1 \tag{26.24}$$

ist. Wir haben die Funktion $\exp(t)$ in Abb. 4.4 dargestellt, aus der die Sorge von Malthus verständlich wird. Die Exponentialfunktion wächst nach einiger Zeit tatsächlich schnell!

(26.17) modelliert für $\lambda \in \mathbb{R}$ viele physikalische Probleme, wie den radioaktiven Zerfall ($\lambda < 0$) und den Zinseszins ($\lambda > 0$).

26.9 Einsteinsches Bewegungsgesetz

Einsteins Fassung des Newtonschen Gesetzes $(m_0 v(t))'(t) = f(t)$, das die Bewegung eines Teilchens der Masse m_0 beschreibt, das sich auf einer Geraden unter der Kraft $f(t)$ mit der Geschwindigkeit $v(t)$ bewegt, lautet

$$\frac{d}{dt}\left(\frac{m_0}{\sqrt{1 - v^2(t)/c^2}} v(t)\right) = f(t). \tag{26.25}$$

Dabei ist m_0 die Masse des Teilchens im Ruhezustand und $c \approx 3 \times 10^8$ m/s ist die Geschwindigkeit des Lichts im Vakuum. Wenn wir

$$w(t) = \frac{v(t)}{\sqrt{1 - v^2(t)/c^2}}$$

setzen und annehmen, dass $f(t) = F$ konstant ist und dass $v(0) = 0$, dann erhalten wir $w(t) = \frac{F}{m_0}t$, woraus sich die folgende Gleichung für $v(t)$ ergibt:

$$\frac{v(t)}{\sqrt{1 - v^2(t)/c^2}} = \frac{F}{m_0}t.$$

Das Quadrieren beider Seiten liefert

$$\frac{v^2(t)}{1 - v^2(t)/c^2} = \frac{F^2}{m_0^2}t^2,$$

was wir nach $v(t)$ auflösen können:

$$v^2(t) = c^2 \frac{F^2 t^2}{m_0^2 c^2 + F^2 t^2}. \tag{26.26}$$

Wir folgern, dass $v^2(t) < c^2$ für alle t: Einstein sagt, dass kein Körper auf eine Geschwindigkeit größer oder gleich der Lichtgeschwindigkeit beschleunigt werden kann!

Um die Position des Teilchens zu bestimmen, müssen wir daher die Differentialgleichung

$$s'(t) = v(t) = \frac{cFt}{\sqrt{m_0^2 c^2 + F^2 t^2}} \tag{26.27}$$

lösen. Wir werden unten zu dieser Aufgabe zurückkommen.

26.10 Zusammenfassung

Wir haben oben Differentialgleichungen der folgenden Form bei Modellbetrachtungen hergeleitet:

$$u'(x) = f(x) \quad \text{für } x > 0,\ u(0) = u_0, \tag{26.28}$$

$$u'(x) = u(x) \quad \text{für } x > 0,\ u(0) = u_0, \tag{26.29}$$

$$u''(x) + u(x) = 0 \quad \text{für } x > 0,\ u(0) = u_0,\ u'(0) = u_1, \tag{26.30}$$

$$-u''(x) = f(x) \quad \text{für } 0 < x < 1,\ u(0) = 0,\ u'(1) = 0. \tag{26.31}$$

Hierbei betrachten wir die Funktion $f(x)$ und die Konstanten u_0 und u_1 als gegeben und wir suchen die unbekannte Funktion $u(x)$, die die Differentialgleichung für $x > 0$ löst.

Wir werden im Kapitel „Das Integral" sehen, dass die Lösung $u(x)$ zu (26.28) durch

$$u(x) = \int_0^x f(y)\, dy + u_0$$

gegeben ist.

Nach zweimaliger Integration können wir die Lösung $u(x)$ von (26.31) als Ausdruck von $f(z)$ schreiben:

$$u(x) = \int_0^x g(y)\, dy,\ u'(y) = g(y) = -\int_1^y f(z)\, dz, \quad \text{für } 0 < x < 1.$$

Im Kapitel „Die Exponentialfunktion $\exp(x) = e^x$" sehen wir, dass die Lösung von (26.29) $u(x) = u_0 \exp(x)$ ist und schließlich erkennen wir im Kapitel „Trigonometrische Funktionen ", dass die Lösung $u(x)$ von (26.30) $\sin(x)$ ist, wenn $u_0 = 0$ und $u_1 = 1$ und $\cos(x)$, falls $u_0 = 1$ und $u_1 = 0$.

Wir schließen daraus, dass die wichtigen Elementarfunktionen $\exp(x)$, $\sin(x)$ und $\cos(x)$ Lösungen wichtiger Differentialgleichungen sind. Wir werden erkennen, dass es äußerst fruchtbar ist, diese Elementarfunktionen als Lösungen der entsprechenden Differentialgleichungen zu definieren und dass sich wichtige Eigenschaften dieser Funktionen aus diesen Differentialgleichungen herleiten lassen. So folgt beispielsweise die Tatsache, dass $D\exp(x) = \exp(x)$ aus der definierenden Differentialgleichung $Du(x) = u(x)$. Ferner ergibt sich die Tatsache, dass $D\sin(x) = \cos(x)$ durch Ableitung von $D^2 \sin(x) + \sin(x) = 0$ nach x. Dies ergibt $D^2(D\sin(x)) + D\sin(x) = 0$. Daraus erkennen wir, dass $D\sin(x)$ die Gleichung $u''(x) + u(x) = 0$ mit den Anfangsbedingungen $u_0 = 1$ und $u_1 = Du(0) = D^2 \sin(0) = -\sin(0) = 0$ löst, d.h. $D\sin(x) = \cos(x)$!

Aufgaben zu Kapitel 26

26.1. Ein Körper wird aus einer Höhe $s_0 = 15$ m fallen gelassen. Nach welcher Zeit trifft er auf? Wie verlängert die Anfangsgeschwindigkeit $v_0 = -2$ die Zeit bis zum Aufschlag? Benutzen Sie die (grobe) Näherung $g \approx 10$, um die Berechnungen zu vereinfachen. Wie groß muss die Anfangsgeschwindigkeit sein, um die Fallzeit zu verdoppeln?

26.2. Bestimmen Sie die Auslenkung einer hängenden Feder der Länge $L = 1$ und $E = 1$ bei uneinheitlichem Gewicht $f(x) = x$.

26.3. (Schwierig!) Bestimmen Sie die Auslenkung einer hängenden Feder der Länge $L = 2$, die aus zwei Federn der Länge $L = 1$ mit (a) $E = 1$ und $E = 2$ besteht, wenn das Gewicht einheitlich $f(x) = 1$ beträgt, (b) jeweils $E = 1$ aber mit den Gewichten $f = 1$ und $f = 2$ pro Einheitslänge.

26.4. Leiten Sie (26.12) aus (26.10) her. Hinweis: u in (26.12) entspricht der Auslenkung $L + u$ in (26.10) für $x = L$ und die Auslenkung ist linear in x.

26.5. Stellen Sie kompliziertere Populationsmodelle in der Form von Differentialgleichungssystemen auf.

26.6. Stellen Sie Differentialgleichungssysteme für parallel und in Serie gekoppelte Federn auf.

26.7. Stellen Sie eine Differentialgleichung für einen „bungee jump" auf, wobei ein Körper an einem elastischen Band der Gravitation ausgesetzt ist.

26.8. Sie lassen eine heiße Kaffeetasse in einem Zimmer stehen, das eine Temperatur von 20° Celsius hat. Stellen Sie eine Gleichung für die Änderungsrate der Temperatur des Kaffees mit der Zeit auf.

Show that the median, hce che ech, interecting at royde angles the parilegs of a given obtuse one biscuts both the arcs that are in curveachord behind. Brickbaths. The family umbroglia. A Tullagrove pole to the Heigt of County Fearmanagh has a septain inclininaison and the graphplot for all the functions in Lower County Monachan, whereat samething is rivisible by nighttim. may be involted into the zerois couplet, palls pell inhis heventh glike noughty times ∞, find, if you are literally cooefficient, how minney combinaisies and permutandis can be played on the international surd! pthwndxrclzp!, hids cubid rute being extructed, takin anan illitterettes, ifif at a tom. Answers, (for teasers only). (Finnegans Wake, James Joyce)

Literaturverzeichnis

[1] L. AHLFORS, *Complex Analysis*, McGraw-Hill Book Company, New York, 1979.

[2] K. ATKINSON, *An Introduction to Numerical Analysis*, John Wiley and Sons, New York, 1989.

[3] L. BERS, *Calculus*, Holt, Rinehart, and Winston, New York, 1976.

[4] M. BRAUN, *Differential Equations and their Applications*, Springer-Verlag, New York, 1984.

[5] R. COOKE, *The History of Mathematics. A Brief Course*, John Wiley and Sons, New York, 1997.

[6] R. COURANT AND F. JOHN, *Introduction to Calculus and Analysis*, vol. 1, Springer-Verlag, New York, 1989.

[7] R. COURANT AND H. ROBBINS, *What is Mathematics?*, Oxford University Press, New York, 1969.

[8] P. DAVIS AND R. HERSH, *The Mathematical Experience*, Houghton Mifflin, New York, 1998.

[9] J. DENNIS AND R. SCHNABEL, *Numerical Methods for Unconstrained Optimization and Nonlinear Equations*, Prentice-Hall, New Jersey, 1983.

[10] K. ERIKSSON, D. ESTEP, P. HANSBO, AND C. JOHNSON, *Computational Differential Equations*, Cambridge University Press, New York, 1996.

[11] I. GRATTAN-GUINESS, *The Norton History of the Mathematical Sciences*, W.W. Norton and Company, New York, 1997.

[12] P. HENRICI, *Discrete Variable Methods in Ordinary Differential Equations*, John Wiley and Sons, New York, 1962.

[13] E. ISAACSON AND H. KELLER, *Analysis of Numerical Methods*, John Wiley and Sons, New York, 1966.

[14] M. KLINE, *Mathematical Thought from Ancient to Modern Times*, vol. I, II, III, Oxford University Press, New York, 1972.

[15] J. O'CONNOR AND E. ROBERTSON, *The MacTutor History of Mathematics Archive*, School of Mathematics and Statistics, University of Saint Andrews, Scotland, 2001. http://www-groups.dcs.st-and.ac.uk/~history/.

[16] W. RUDIN, *Principles of Mathematical Analysis*, McGraw–Hill Book Company, New York, 1976.

[17] T. YPMA, *Historical development of the Newton-Raphson method*, SIAM Review, 37 (1995), pp. 531–551.

Sachverzeichnis